| 개정 3판 |

리눅스 커널
심층 분석

i!i
에이콘

| 개정 3판 |

리눅스 커널
심층 분석

로버트 러브 지음 **황정동** 옮김

i!i
에이콘

추천의 글

리눅스 커널과 커널 애플리케이션 사용이 늘어남에 따라 리눅스 개발과 유지보수에 참여하려는 시스템 소프트웨어 개발자도 점점 늘어나는 추세다. 이들 중에는 순전히 개인적인 관심으로 리눅스 개발에 참여하는 사람도 있고, 리눅스 기업 또는 하드웨어 제조사에서 일하기 때문에 혹은 기업 내에서 개발 프로젝트를 하기 때문에 참여하는 사람도 있다.

하지만 이들은 모두 공통된 문제에 부딪힌다. 커널을 배우는 데 걸리는 시간이 더 길어지고, 어려워지고 있다는 점이다. 시스템은 매우 크고, 더욱 더 복잡해지고 있다. 시간이 지날수록 지금 커널을 개발하는 개발자들은 커널에 대해 더욱 깊고 넓은 지식을 쌓을 수 있겠지만, 새로 참여하는 사람과의 격차는 더 벌어질 수밖에 없다.

나는 이렇게 커널 소스에 대한 접근이 점점 어려워지는 현실이 커널의 품질quality에 이미 문제를 일으키고 있으며, 이 문제는 시간이 지남에 따라 더 심해질 것이라고 생각한다. 리눅스의 앞날을 걱정하는 사람이라면 커널 개발에 참여할 수 있는 개발자들의 수를 늘리는 일에도 반드시 관심을 기울여야 한다.

이 문제를 해결하는 방법 중 하나는 깔끔한 코드를 유지하는 것이다. 이해하기 쉬운 인터페이스, 일관성 있는 레이아웃, '한 번에 한 가지만, 제대로 한다' 등과 같은 원칙을 지키는 일이다. 이것이 리누스 토발즈가 선택한 방법이다.

내가 추천하는 또 한 가지 방법은 코드에 많은 주석을 다는 것이다. 주석은 코드를 읽는 사람이 개발자가 개발 당시 무엇을 얻고자 했는지 이해할 수 있을 만큼 충분해야 한다. 의도와 구현의 차이를 파악하는 과정이 바로 디버깅이다. 의도를 알 수 없다면 디버깅은 어려운 일이 된다.

하지만 주석만으로는 주요 서브시스템이 어떤 일을 해야 하는지 전체를 살펴볼 수 있는 시각과 개발자들이 그 목적을 달성하려고 어떤 방법을 사용했는지에 대한 정보를 얻을 수 없다. 따라서 커널을 이해하기 위한 출발점으로는 가장 필요한 것은 잘 작성된 문서다.

로버트 러브Robert Love가 쓴 이 책은 숙련된 개발자만이 알 수 있는 커널 서브시스템에 대한 본질적인 이해와, 이를 구현하려고 개발자들이 어떤 일들을 했는지에 대해 알려준다. 따라서 이 책은 호기심에 커널을 공부하려는 사람들뿐 아니라, 애플리케이션 개발자, 커널 설계를 분석하려는 사람 등 많은 사람에게 충분한 지식을 제공해 줄 수 있다.

또한, 이 책은 커널 개발자가 뚜렷한 목적을 가지고 커널을 수정할 수 있는 다음 단계로 나아가는 데도 도움을 준다. 나는 이런 개발자들에게 많은 시도를 해 볼 것을 권한다. 커널의 특정 부분을 이해하는 가장 좋은 방법은 그 부분을 변경해보는 것이다. 커널을 직접 수정해보면 코드를 읽기만 할 때는 볼 수 없었던 많은 것들을 이해할 수 있다. 더 적극적인 커널 개발자라면 개발자 메일링 리스트에 가입해 다른 개발자들과 의견을 나눠 보는 것도 좋다. 이 방식이 바로 그 동안 커널 개발에 기여한 사람들이 커널을 배웠던, 그리고 계속 배우고 있는 방법이기도 하다. 로버트의 책은 커널 개발의 중요한 부분인 이런 체계와 문화에 대해서도 다룬다.

로버트의 책을 즐기고, 또 많은 것을 배울 수 있기를 바란다. 또 여러분 중 많은 사람이 한발 더 나아가 커널 개발 공동체의 일원이 되기를 진심으로 바란다. 우리는 사람을 공헌도에 따라 평가한다. 여러분이 무언가 리눅스에 기여하게 되었을 때 여러분의 작업으로 얻어진 지식도 수억 아니, 수십억의 인류에게 작지만 즉각적인 도움을 주었다고 평가받을 수 있을 것이다. 이것은 우리에게 주어진 아주 유익한 특권이면서 책임이기도 하다.

앤드류 모튼Andrew Morton

5

에이콘출판의 기틀을 마련하신 故 정완재 선생님 (1935-2004)

저자 소개

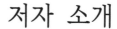

로버트 러브 Rovert Love

오픈 소스 개발자, 강연자, 저자로 15년 이상 리눅스를 사용하면서 리눅스 발전에 기여했다. 로버트는 현재 구글의 선임 소프트웨어 엔지니어로 일하며, 안드로이드 모바일 플랫폼을 개발한 팀에 속해 있다. 구글 이전에는 노벨Novell 사에서 리눅스 데스크탑 책임 설계자를 맡았다. 노벨 사 이전에는 몬타비스타 소프트웨어MontaVista Software와 지미안Ximian에서 커널 엔지니어로 일했다.

로버트는 선점형 커널, 프로세스 스케줄러, 커널 이벤트 계층, inotify, 가상 메모리 개선, 디바이스 드라이버 개발 등의 커널 프로젝트에 참가했다.

로버트는 리눅스 커널에 대해 수많은 강연을 했으며, 리눅스 커널에 대한 글도 여러 편 썼다. 「리눅스 저널Linux Journal」의 편집 기자이기도 한 로버트의 다른 책으로는 『Linux System Programming』, 『Linux in a Nutshell』 등이 있다.

로버트는 플로리다 대학에서 수학학사와 전산학사 학위를 받았으며, 현재 보스턴에서 살고 있다.

개정 3판에 즈음한 감사의 글

대부분의 저자와 마찬가지로 나는 이 책을 동굴에서 혼자 쓰지 않았다(동굴에는 곰이 있었을 테니 다행스러운 일이다). 따라서 많은 사람들이 이 책의 원고를 완성하는 데 도움을 주었다. 그들을 다 열거할 수는 없지만, 이 책을 위해 많은 격려와 지식을 보태주고 건설적인 비평을 해준 많은 친구와 동료에게 감사의 마음을 전한다.

먼저, 더 좋은 책을 만들기 위해 오래도록 열심히 일해준 Addison-Wesley와 Pearson 출판사의 담당 팀에게 감사한다. 이번 3판의 초안부터 마지막까지를 진두 지휘해준 Mark Taber, 개발 편집자 Michael Thurston, 프로젝트 편집자 Tonya Simpson에게 감사한다.

이 책의 기술 편집자인 Robert P.J. Day에게 특별한 감사를 전한다. 그의 통찰과 경험, 교정은 이 책을 개선하는 데 정말 큰 도움이 되었다. 그의 이런 노력에도 불구하고 오류가 남아 있다면 그것은 전적으로 나의 잘못이다. 아직도 그 진가를 발휘하고 있는 1판과 2판의 훌륭한 기술 편집을 담당했던 Adam Belay, Zack Brown, Martin Pool, Chris Rivera에게도 같은 감사를 전한다.

많은 동료 커널 개발자들이 자문과 지원을 아끼지 않았으며, 심지어는 책에 쓸 수 있는 재미있는 코드를 보내주기도 했다. 그 동료들이 바로 Andrea Arcangeli, Alan Cox, Dave Miller, Patrick Mochel, Andrew Morton, Nick Piggin, Linus Torvalds다.

가장 창의적이고 지적인 그룹에서 어느 때보다도 즐겁게 함께 일하고 있는 구글의 내 동료들에게도 크게 감사한다. 모두에게 인사를 전하기엔 이 페이지가 너무 좁지만 몇몇을 꼽자면, Alan Blount, Jay Crim, Chris Danis, Chris DiBona, Eric Flatt, Mike Lockwood, San Mehat, Brian Rogan, Brian Swetland, Jon Trowbridge, Steve Vinter. 이들의 우정과 지식과 후원에 감사한다.

Paul Amici, Mikey Babbitt, Keith Barbag, Jacob Berkman, Nat Friedman, Dustin Hall, Joyce Hawkins, Miguel de Icaza, Jimmy Krehl, Doris Love, Linda Love, Brette Luck, Randy O'Dowd, Sal Ribaudo와 어머니, Chris Rivera, Carolyn Rodon, Joey Shaw, Sarah Stewart, Jeremy VanDoren과 그의 가족, Luis Villa, Steve Weisberg와 그의 가족, Helen Whisnant에게 존경과 사랑의 말을 전한다.

마지막으로 나의 부모님께, 특히 균형 잡힌 귀를 물려주신 데 대해 정말 감사한다.

Happy Hacking!

옮긴이 소개

황정동 jeongdong.hwang@gmail.com

서울대학교에서 전산학과 물리학을 전공. 졸업 후 네오위즈에서 시스템 프로그래밍, 시스템 및 네트워크 운영 등의 업무를 맡아 대규모 리눅스 시스템과 네트워크를 관리하고 설계했다. 검색전문 회사 첫눈에서 웹로봇을 개발했으며, NHN 검색센터에서는 언어처리 관련 라이브러리 개발에 참여했다. Cauly 등의 모바일 광고 플랫폼 개발 경험도 있으며, 현재는 LINE+에서 대규모 메시징 플랫폼 개발 및 운영에 참여하고 있다.

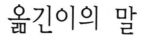

옮긴이의 말

잡지 부록으로 딸려온 알짜 리눅스 배포본을 가지고 사용하던 PC에 리눅스를 처음 설치해 본 때가 아련히 떠오릅니다. 그 후 제법 많은 시간이 흘렀습니다. 그 사이 리눅스는 수많은 개발자들의 자발적인 노력을 통해 진화를 거듭해 그 영역을 넓혀 왔습니다. 대부분의 인터넷 서비스가 리눅스 서버로 운영되고 있으며, 슈퍼 컴퓨터 에서 손 안의 스마트폰까지 컴퓨터가 관련된 곳에서 리눅스가 쓰이지 않는 분야를 찾기가 더 어렵습니다. 제가 그 동안 해온 일들도 리눅스를 떼어 놓고는 생각할 수 없습니다.

2011년 7월, 리눅스의 창시자인 리누스 토발즈는 리눅스 출시 20주년을 기념해 리눅스의 버전 3.0을 선언합니다. 특별히 주목할 만한 큰 변경 사항이 없었음에도 주 버전을 바꾼 이유에 대해 리누스는 버전 숫자가 너무 커져서(2.6 버전은 2.6.39까지 있습니다) 불편해서라고 밝히기도 했습니다. 그도 틀린 말은 아니었겠지만, 한편으로 는 2.6 버전의 안정적인 집권이 장기간 이어짐에 따라, 이제는 리눅스 커널 완성도에 대한 자신감의 표현으로 보는 것도 타당할 것입니다. 아직 현장에서는 2.6 버전을 사용한 리눅스 배포판이 많이 쓰이고, 지원도 지속되고 있습니다. 그렇기 때문에, 커널 버전 2.6.34를 주 대상으로 삼은 이 책의 내용은 3.0 버전으로 바뀐 이 시점에도 그대로 유효합니다. 저자의 말마따나 성숙 단계에 접어듦에 따라 변경의 가능성은 점점 적어지므로, 현 상태에서 얻는 지식의 유효 기간도 길어지고 있는 것입니다.

이 책은 코드를 무작정 늘어 놓고 구구절절 내용을 설명하는 책이 아닙니다. 세부 코드에 대한 내용은 과감히 생략하고, 더욱 중요한 커널의 설계 방향과 의도를 설명 하는 데 집중합니다. 이 때문에 커널이나 어셈블러에 대한 경험이 없는 개발자도 쉽게 내용을 따라갈 수 있습니다. 그렇다고 해서 대충 겉핥기로 넘어가지도 않습니 다. 커널 동작을 이해하는 데 꼭 필요한 부분은 부족하지 않을 정도로 충분히 설명합 니다. 세부적인 내용은 말로 설명하기보다는 코드를 읽어 보고 스스로 코드를 작성해보는 것이 더 효과적인 것이 사실입니다. 제한된 지면하에서 리눅스 커널의 핵심 내용을 효율적으로 전달하는 훌륭한 구성입니다.

이 책은 꼭 리눅스 커널 개발자에게만 유용한 것은 아닙니다. 리눅스 커널은 대부분 C로 작성되어 있습니다. C++, 오브젝티브C, 자바 등의 객체지향 언어가 주류를 이루는 요즘, C로 작성된 커널은 거리감을 더하는 것이 사실입니다. 하지만, 리눅스 커널에는 컴퓨터의 등장과 함께한 운영체제의 역사가 녹아 들어 있습니다. 운영체제에서 사용하는 알고리즘, 인터페이스 설계 등은 프로그램 작성 과정에서 마주치는 많은 문제에 대한 지금까지의 고민 결과를 담고 있습니다. 문제를 해결한다는 본질에 있어서 사용하는 언어는 수단에 불과합니다. 일부 리눅스 서브시스템은 C 언어하에서도 객체지향 프로그래밍이 가능하다는 것을 보여주기도 합니다. 커널 개발을 하지 않는다 하더라도 커널이 문제를 해결하는 방식을 살펴보는 것은 일반적인 개발 업무에도 큰 도움이 되리라 믿습니다. 특히 커널과 비슷한 고민을 하는 프로그램을 작성하거나 이미 C로 구현된 기존 프로젝트를 손질하는 경우라면 커널에서 의외의 힌트를 얻을 수도 있습니다.

객관적으로 보면 우리나라는 IT 분야의 선진국임에 분명합니다. 인구 5천만에 불과한 나라에서 세계 최고 수준의 하드웨어를 생산하고, 세계 최고 수준의 통신 인프라를 갖췄으며, 세계적인 수준의 서비스를 개발, 운영하고 있습니다. 이 같은 현실이 만들어진 데에는 여러 유능한 개발자와 리눅스 같은 오픈 소스 제품들이 큰 역할을 했을 것입니다. 하지만 사람들의 관심사가 쉽게 결과를 얻는 쪽으로만 편중된다는 점과 그 과정에서 얻어진 오픈 소스 관련 지식이 공유되지 못하고 파편화된다는 점이 아쉬움으로 남습니다. 지금도 커널 코드를 붙들고 씨름하고 있는 분들이 물론 적지 않겠지만, 실제로는 당장의 돈벌이에 도움이 되기 힘든 커널에 관심을 가진 사람이 많지 않은 것이 현실입니다. 커널이라는 분야는 어찌보면 전산학에 있어서 기초과학으로 비유할 수 있을 것 같습니다. 탄탄한 기초과학 발전이 산업혁명을 가능케 했듯이,

많은 분이 커널 개발에 참여함으로써 또 다른 발전을 이끌어 나갈 수도 있지 않을까 생각해 봅니다. 이 책을 통해 리눅스 커널에 대한 이해를 높이고 커널 개발에 참여하는 개척자 분들이 많이 나오길 기대합니다.

책을 준비하는 짧지 않은 기간 동안 많은 분께 신세를 졌습니다. 이 자리를 빌려 감사 인사를 전합니다. 무엇보다 많은 주말 시간을 희생해준 사랑하는 아내와 윤정, 현웅 우리 가족에게 감사를 전합니다. 가까이서 멀리서 늘 많은 도움을 받고 있는 석찬 형과 민석, 병찬에게도 고마움을 표하고 싶습니다. 부족한 점이 많은 제게 이런 좋은 책을 번역할 기회를 마련해 주신 김희정 부사장님, 황지영 과장님을 비롯한 에이콘 출판사 식구분들께도 감사합니다. 마지막으로 인연을 이끌어 주신, 타지에서 고생하고 계신 양석호 님께도 감사합니다.

황정동

차 례

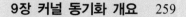

들어가며

리눅스 커널에 대한 나의 경험을 책으로 펴 내리라고 처음 결정했을 때 솔직히 어떻게 해야 할지를 몰랐다. 무엇이 내 책을 이 분야의 가장 좋은 책으로 만들어줄 것인가? 나는 어떻게 하면 이 책이 특별한 책이 될 수 있을까에 대해 고심했다.

결국 커널에 대해 아주 특별한 접근 방법을 생각해 낼 수 있었다. 내 일은 커널을 해킹하는 것이다. 내 취미도 커널을 해킹하는 것이다. 내가 사랑하는 것도 커널을 해킹하는 것이다. 수년간 이렇게 지내오면서, 나는 재미있는 일화와 중요한 기법들을 모아 두었다. 내 경험을 통해 나는 어떻게 커널을 해킹하는지(그리고 그에 못지 않게 중요한) 어떻게 해야 커널을 망가뜨리지 않을지에 대한 책을 펴낼 수 있었다. 이 책의 주요 주제는 물론 리눅스 커널의 설계와 구현이다. 하지만 다른 책들과 달리 이 책은 실제 일에 도움이 되는, 그리고 일을 올바르게 할 수 있는 방법을 배우는 데 중점을 두고 있다. 나는 실용 엔지니어이고 이 책 또한 실용 서적이다. 이 책은 재미있고 읽기 쉬우며 유용할 것이다.

나는 독자가 이 책을 통해 (기록된 또한 기록되지 않은) 리눅스 커널의 규칙을 잘 이해하게 되기를 바란다. 그리고 여러분이 이 책과 커널 소스를 읽은 다음 유용하고, 제대로 동작하며, 깔끔하게 구현된 커널 소스를 작성할 수 있기를 기대한다. 물론 재미 삼아 읽는 것도 좋다.

여기까지는 1판에 대한 이야기였다. 시간이 흘렀고, 다시 한번 도전의 시간이 돌아왔다. 이번 개정 3판은 1판과 2판에 비해 많은 것이 바뀌었다. 많은 부분이 개선되고 수정되었으며, 새로운 내용도 많이 추가되었다. 이번 판은 2판 이후 커널 변화를 반영했다. 중요한 사실은 리눅스 커널 공동체가 2.7 커널 개발을 빠른 시일 내에 진행하지 않을 것임을 선언한 것이다. 대신 커널 개발자들은 2.6 커널 개발 및 안정화 작업을 계속하기로 했다. 이 결정은 많은 것을 시사하는데, 그 중 이 책과 관련해 중요한 부분은 바로 최근에 나와 있는 2.6 커널에 대한 책이 한동안 계속 그 유용함을 유지할 수 있다는 것이다. 리눅스 커널이 성숙단계에 접어듦에 따라, 앞으로도 존속할 커널의 내용에 대해 공부하는 것은 더욱 의미 있는 일이 되었다. 이 책은 리눅스 커널의 역사를 이해함과 동시에 미래를 준비하는 관점에서 커널에 대해 서술함으로써 리눅스 커널에 대한 교과서적인 책이 되기를 기대한다.

이 책의 사용 방법

커널 코드를 개발하는 데는 천부적인 재능이나 마법, 덥수룩한 유닉스 해커 수염 따위가 필요하지 않다. 물론 커널만의 재미있고 독특한 규칙이 있기는 하지만, 다른 큰 소프트웨어와 별반 다를 바 없다. 커널은 큰 프로젝트이므로 배워야 하는 것이 많지만, 그 차이는 양적인 것이지 질적인 것이 아니다.[1]

커널에서는 소스를 잘 이용하는 것이 매우 중요하다. 리눅스 시스템의 소스 코드가 개방되어 있다는 것은 쉽게 얻을 수 있는 선물이 아니다. 이를 당연한 것으로 여기면 안 된다. 하지만, 소스를 읽는 것만으로는 충분하지 않다. 여러분은 소스를 파고들어 스스로 변경해봐야 한다. 버그를 찾고 고쳐 보자. 여러분의 하드웨어를 위해 드라이버를 개선해 보자. 사소한 기능이라 할지라도 몇 가지 새로운 기능을 추가해 보자. 가려운 곳을 찾아 긁어라! 스스로 코드를 작성할 때에만 모든 것이 여러분의 손에 들어올 것이다.

커널 버전

이 책은 2.6 리눅스 커널 시리즈를 바탕으로 한다. 역사적인 관련성을 설명할 때를 제외하고는 예전 커널에 대해서는 다루지 않는다. 예를 들면 2.4 리눅스 커널 시리즈의 특정 서브시스템의 간단한 구현이 개념을 이해하는 데 도움이 되기 때문에, 그 구현 방식에 대해 살펴보는 경우가 있을 수 있다. 구체적으로 이 책은 2.6.34 리눅스 커널 버전까지 반영하고 있다. 커널이 계속 움직이는 목표물이기 때문에 이 역동적인 야수를 시차없이 따라잡을 수는 없겠지만, 나는 이 책이 예전 커널이나 새로운 커널의 개발자와 사용자 모두에게 도움이 되기를 기대한다.

이 책은 2.6.34 버전 커널까지 다루지만, 다루는 내용이 2.6.32 커널에 대해서도

---

1. 이런 결정은 2004년 여름, 캐나다 오타와에서 열렸던 리눅스 개발자 서밋에서 이루어졌다. 이 책의 저자도 초대받아 참석했다.(2011년 7월 22일 리눅스 20주년을 즈음하여 리눅스 커널 버전 3.0 버전이 출시되었다. 하지만 2.6 버전과 큰 차이는 없으며, 리누스는 2.6 버전의 세 번째 자리수가 너무 높아져서 편의를 위해 변경했다고 밝혔다.)

실제적으로 틀린 부분이 없게 했다. 2.6.32 버전은 여러 리눅스 배포본에서 '기업용' 커널로 인정받은 버전으로, 실제 서비스 시스템에서 계속 접할 가능성이 높으며, 수 년간 이 버전을 기반으로 한 개발이 활발히 진행되는 중이다(비슷한 '장수' 배포본으로 2.6.9, 2.6.18, 2.6.27이 있다).

이 책의 대상 독자

이 책은 리눅스 커널을 이해하고자 하는 소프트웨어 개발자를 대상으로 쓰여졌다. 이 책은 커널 소스를 줄 단위로 설명하는 해설서가 아니다. 또한 드라이버 개발을 위한 가이드도, 커널 API 참고도서도 아니다. 이 책의 목적은 리눅스 커널의 설계와 구현에 대한 충분한 정보를 제공하여, 프로그래머가 커널 코드 개발을 시작할 수 있게 해주는 것이다. 커널 개발은 재미있고 보람찬 일이므로, 나는 독자를 가능한 한 순조롭게 이 세상으로 이끌고자 한다. 이 책은 학구적인 독자와 실용적인 독자 모두를 만족시키기 위해 이론과 응용 모두를 다룬다. 나는 항상 응용을 이해하려면 이론부터 이해해야 한다고 생각하지만, 이 책에서는 둘 사이의 균형을 맞추려고 노력했다. 여러분이 리눅스 커널을 공부하려는 동기가 무엇이든, 이 책의 커널 설계와 구현에 대한 설명이 여러분의 필요를 충분히 만족시킬 수 있기를 바란다.

이 책은 핵심 커널 시스템의 동작 방법과 그 설계 및 구현을 모두 다룬다. 중요한 부분이므로 잠시 설명하고 넘어가자. 좋은 예가 바로 후반부 처리bottom half를 이용하는 장치 드라이버 구성 요소를 다루는 8장 '후반부 처리와 지연된 작업'이다. 이 장에서는 (핵심 커널 개발자나 학구적인 독자가 관심을 가질 만한) 커널 후반부 처리의 설계와 구현에 대해서 다루고, (장치 드라이버 개발자나 통상적인 해커가 흥미를 느낄 만한) 커널이 제공하는 인터페이스를 이용해 실제 후반부 처리를 구현하는 방법에 대해서도 다룬다. 양측 모두 두 가지 측면의 논의가 필수적이라는 사실을 알 수 있을 것이다. 커널의 내부 작동 방식을 확실히 알고 있어야 하는 핵심 커널 개발자는 인터페이스가 실제 사용되는 방식에 대해서도 잘 알고 있어야 한다. 그와 동시에, 장치 드라이버 개발자 역시 인터페이스 너머의 내부 구현에 대해 이해함으로써 드라이버 개발 작업에 도움을 받을 수 있다.

이는 라이브러리의 API를 배우는 것과 라이브러리의 실제 구현을 공부하는 것의 관계와 비슷하다. 언뜻 보기에 애플리케이션 개발자는 API만 알면 될 것 같다. 사실 인터페이스를 블랙박스처럼 다루어야 한다고 배우는 경우가 많다. 마찬가지로 라이브러리 개발자는 라이브러리 설계와 구현에 대해서만 신경 쓴다. 하지만 나는 양자 모두가 서로 반대편 사정을 이해하기 위해 노력해야 한다고 생각한다. 하부 운영체제를 잘 이해하는 애플리케이션 개발자는 운영체제를 훨씬 더 잘 활용할 수 있다. 마찬가지로 라이브러리 개발자는 라이브러리를 이용하는 애플리케이션이 처한 현실과 실제 상황을 외면해서는 안 된다. 따라서 이 책이 양쪽 사람들에게 유용하기를 바랄 뿐 아니라, 책 내용 전체가 양측에 도움이 되기를 바라는 마음으로 커널 서브시스템의 설계와 구현 모두를 설명할 것이다.

나는 독자들이 C 프로그래밍에 대해 알고 있으며, 리눅스에 익숙하다고 가정했다. 운영체제 설계나 다른 전산 분야의 개념에 대한 경험이 있으면 도움이 되겠지만, 이런 개념들에 대해 최대한 많이 설명하려고 노력했다. 부족하다면, 운영체제 설계에 대한 훌륭한 책이 포함된 참고 문헌 항목을 살펴보라.

이 책은 학부 수준의 운영체제 설계 과목에서 이론을 다루는 입문서와 함께 응용 분야의 보조 교과서로 활용하기에 적합하다. 또한 이 책은 별도의 교재 없이 고급 학부 과목이나 대학원 수준의 과목에서도 사용할 수 있다.

1장
리눅스 커널 입문

이 장에서는 유닉스 역사에서 차지하는 위치의 관점에서 리눅스 커널과 리눅스 운영체제에 대해 알아본다. 오늘날 유닉스라 함은 비슷한 애플리케이션 인터페이스(API)가 구현되어 있는 일군의 운영체제들을 뜻하는데, 서로 설계를 공유하며 만들어졌다. 아울러 유닉스는 40여 년 전에 처음 만들어진 한 운영체제의 이름이기도 하다. 리눅스를 이해하려면 먼저 최초의 유닉스 시스템을 알아야 한다.

유닉스의 역사

40여 년 넘게 사용하고 있지만, 전산학자들은 유닉스 운영체제를 현존하는 가장 강력하고 세련된 시스템으로 인정한다. 데니스 리치Dennis Ritche와 켄 톰슨Ken Thompson이 1969년에 만든 유닉스는 이름이 몇 번 바뀌기는 했지만, 세월의 시련을 꿋꿋이 견디며 그 전설을 이어가고 있다.

유닉스는 벨 연구소의 실패한 다중 사용자 운영체제 프로젝트인 멀틱스Multics에서 태어났다. 멀틱스 프로젝트가 종료된 시점에 벨 연구소 전산학 연구센터 연구원들은 목표했던 대화형 운영체제를 완성하지 못했다. 1969년 여름, 벨 연구소의 프로그래머들은 파일시스템을 설계하게 되는데, 결국 이것이 발전하여 유닉스가 되었다. 톰슨은 별다른 용도로 쓰고 있지 않던 PDP-7에 이 새로운 시스템을 구현했다. 1971년 유닉스는 PDP-11으로 이식되었으며, 1973년 C언어로 재작성되었다. 이는 당시로써는 상당히 파격적인 일이었으며, 향후 유닉스에 이식성을 부여하는 토대가 되었다. 벨 연구소 밖에서도 널리 사용되기 시작한 최초의 유닉스는 유닉스 시스템의 여섯 번째 버전으로 보통 V6라고 불렸다.

다른 회사들도 유닉스를 신제품에 이식하기 시작했다. 이식 작업 중에 기능 개선 작업이 같이 진행되면서 여러 변종 운영체제가 등장했다. 1977년 벨 연구소가 다양한 변종을 취합해 유닉스 시스템 III라는 하나의 시스템을 발표했다. 1982년에는 AT&T에서 시스템 V를 발표한다.[1]

유닉스의 단순한 설계는 소스 코드가 함께 배포된다는 점과 결합되면서 외부 기관의 후속 개발을 이끌어냈다. 이중에서 가장 영향력이 컸던 곳은 버클리 대학University of California at Berkeley이다. 버클리에서 제작된 유닉스는 BSDBerkeley Software Distribution라고 불렸다. 버클리의 첫 번째 배포판인 1BSD는 1977년에 발표됐는데,

---

1. 시스템 IV는 어디로? 시스템 IV는 내부 개발 버전이었다.

벨 연구소의 유닉스를 기초로 해서 다양한 패치를 적용하고, 몇 가지 소프트웨어를 추가한 것이다. 같은 맥락으로 1978년에 발표된 2BSD에는 지금 유닉스에도 남아 있는 csh과 vi가 추가되었다. 최초의 독자적인 버클리 유닉스는 1979년에 발표된 3BSD이다. 이 버전에서 충분히 인상적이었던 유닉스의 기능 목록에 가상 메모리VM가 추가되었다. 3BSD 이후 4.0BSD, 4.1BSD, 4.3BSD 등 일련의 4BSD가 발표되었다. 이때 작업 제어, 동적 페이징, TCP/IP 등의 기능이 유닉스에 추가되었다. 1994년 버클리 대학은 재작성한 가상 메모리 시스템으로 무장한 최후의 공식 배포본인 4.4BSD를 발표했다. BSD의 관대한 저작권 정책에 힘입어 BSD 개발은 Darwin, FreeBSD, NetBSD, OpenBSD 등으로 오늘날에도 이어지고 있다.

1980~1990년대에 들어서면서 워크스테이션 및 서버 제조사들이 자체적인 상용 유닉스를 발표하기 시작했다. 이런 시스템은 모두 AT&T 또는 버클리 유닉스를 기반으로 했으며, 자신들의 특정 아키텍처에 맞는 고급 기능을 추가했다. Digital의 Tru64, Hewlett Packard의 HP-UX, IBM의 AIX, Sequent의 DYNIX/ptx, SGI의 IRIX, Sun의 Solaris와 SunOS 등이 이에 해당한다.

유닉스 시스템의 독창적이면서도 세련된 설계와 수년에 걸친 개선, 발전 과정을 통해 유닉스는 매우 강력하고 신뢰성 있으며 안정적인 운영체제로 자리매김하게 된다. 유닉스가 이런 힘을 가지게 된 밑바탕에는 유닉스의 몇 가지 특성이 중요한 역할을 한다. 첫째, 유닉스는 단순하다. 설계의도가 불분명한 수천 가지 시스템 호출 system call을 사용하는 운영체제도 있는데 반해, 유닉스는 매우 직관적인, 심지어 기초적인 설계를 가진 수백 가지의 시스템 호출만을 사용한다. 둘째, 유닉스에서는 모든 것이 파일이다.[2] 이를 통해 몇 가지 핵심 시스템 호출-open(), read(), write(), lseek(), close()-만을 이용해 모든 데이터와 장비를 다룰 수 있게 되었다. 셋째, 유닉스 커널과 관련 유틸리티는 모두 C로 작성된다. 이로 인해 유닉스는 다양한 하드웨어 아키텍처에 쉽게 이식이 가능했을 뿐 아니라 많은 개발자의 참여를 이끌어낼 수 있었다. 넷째, 유닉스는 고유의 fork() 시스템 호출을 통해 프로세스를 빠르게 생성할 수 있다. 마지막으로 유닉스는 간단하지만 탄탄한 프로세스간 통신 수단 IPC을 제공하는데, 이를 빠른 프로세스 생성 방식과 함께 사용하면, 한 번에 한 가지 일을 잘하는 간단한 프로그램을 만드는 것이 가능하다. 이렇게 만들어진 단일 목적 프로그램을 여러 개 엮어 복잡한 작업을 처리할 수 있다. 즉 유닉스 시스템은 정책과

---

2. 사실 전부는 아니다. 하지만 많은 것을 파일로 표현한다. 소켓이 대표적인 예외다. 벨 연구소 유닉스의 후계자인 Plan9 같은 최신 운영체제에서는 시스템의 거의 모든 것을 파일로 표현한다.

작동체계를 명확하게 구분하는 깔끔한 계층구조를 가지고 있다.

현재 유닉스는 선점형 멀티태스킹, 멀티스레딩, 가상 메모리, 동적 페이지, 동적 로딩이 가능한 공유 라이브러리, TCP/IP 네트워킹 등을 지원하는 근대적인 운영체제다. 대부분의 유닉스는 수백 개의 프로세서를 가진 시스템에서도 잘 동작한다. 반면, 어떤 유닉스 시스템은 작은 임베디드 시스템에서도 돌아간다. 유닉스 시스템은 더이상 연구 프로젝트가 아니지만, 실용적인 범용 운영체제의 자리를 지키면서도 운영체제 설계의 발전 내용을 계속 받아들이고 있다.

유닉스는 단순하고 명쾌한 설계를 통해 성공했다. 오늘날의 성공은 데니스 리치와 켄 톰슨과 여러 초기 개발자들의 결정 덕분이다. 이러한 결정은 유닉스가 계속 진화하는 데 원동력이 되었다.

리눅스의 개발

리누스 토발즈Linus Torvalds는 1991년 당시 최신 기종이었던 Intel 80386 프로세스를 사용하는 컴퓨터용 운영체제로 처음 리눅스를 개발했다. 당시 헬싱키 대학의 학생이었던 리누스는 강력하면서도 무료로 사용 가능한 유닉스 시스템이 없다는 데 불만을 가지고 있었다. 당시 개인 컴퓨터 운영체제 시장을 장악했던 마이크로소프트의 DOS는 그에게 있어서 페르시아의 왕자 게임을 즐길 수 있다는 것 이상의 의미가 없었을 것이다. 리누스는 교육용으로 제작된 저렴한 유닉스인 Minix를 사용했지만, (Minix의 저작권으로 인해) 소스코드를 쉽게 수정해서 배포할 수 없다는 사실과 Minix 제작자의 설계에 실망했다.

이런 불만에 대해 리누스는 보통의 정상적인 대학생이 할만한 일을 했다. 바로 직접 운영체제를 만들기로 한 것이다. 리누스는 학교에 있는 대형 유닉스 시스템에 연결하는 간단한 터미널 에뮬레이터를 만들었다. 대학생활 동안 리누스는 이 터미널 에뮬레이터를 수정하고 개선했다. 이윽고 완벽하진 않지만 충분한 기능을 갖춘 유닉스 시스템을 만들어냈다. 이 초기 버전은 1991년 인터넷을 통해 전 세계에 공개된다.

리눅스가 닻을 올리면서 초기 리눅스 배포본 사용자가 급속히 늘어났다. 하지만 초기의 이런 성공보다 더 중요한 것은 리눅스가 코드를 추가하고, 수정하고, 개선해줄 많은 개발자를 빠르게 끌어들였다는 사실이다. 리눅스의 저작권 정책 덕분에 리눅스는 많은 개발자의 협업 프로젝트로 매끄럽게 탈바꿈했다.

건너뛰어 지금 상황을 살펴보자. 오늘날 리눅스는 Alpha, ARM, PowerPC, SPARC, x86_64를 비롯한 많은 아키텍처에서 동작하는 성숙한 운영체제다. 리눅스는 손목시계만큼 작은 시스템에서부터 방을 가득 채우는 슈퍼 컴퓨터 클러스터에 이르기까지 다양한 곳에서 동작한다. 아주 작은 일반 가전제품에서도, 큰 데이터 센터에서도 리눅스가 활용되고 있다. RedHat처럼 새로 생긴 리눅스 전문 기업과 IBM과 같은 기존의 큰 기업들이 임베디드, 모바일, 데스크탑, 서버 등에 필요한 리눅스 기반 상품을 제공하고 있다.

리눅스는 유닉스와 유사한 시스템이지만 유닉스는 아니다. 리눅스는 유닉스에서 많은 개념을 빌려왔고 (POSIX가 제정한 유일한 유닉스 표준인) 유닉스 API를 구현하고 있지만, 다른 유닉스 시스템과 달리 유닉스 소스를 그대로 물려받지 않았다. 필요한 경우 여타 시스템에서 사용한 방식과 다른 길을 걷기는 했지만, 유닉스의 일반적인 설계 목적이나 표준화된 애플리케이션 인터페이스는 그대로 계승하고 있다.

리눅스의 가장 재미있는 특징 중 하나는 상용 제품이 아니라는 점이다. 리눅스는 전 인터넷에 걸친 공동 프로젝트다. 리누스가 리눅스의 창조자이며, 커널 관리자의 자리를 지키고 있지만, 느슨하게 결속된 여러 개발자가 계속 많은 작업을 진행하고 있다. 누구라도 리눅스 개발에 참여할 수 있다. 리눅스 커널과 대부분의 리눅스 시스템은 무료이거나 오픈 소스다.[3] 따라서 자유롭게 소스 코드를 다운로드할 수 있으며, 원하는 대로 수정할 수 있다. 단 한 가지 제약사항이 있는데, 수정한 것을 배포할 경우 소스 코드 접근 등의 권리를 다른 사람도 동일하게 누릴 수 있게 해야 한다는 것이다.[4]

리눅스는 많은 사람에게 다양한 것을 제공한다. 커널, C 라이브러리, 다양한 도구 묶음, login과 shell 등의 기본 시스템 유틸리티가 리눅스 시스템의 기본이다. 리눅스 시스템은 현대적인 X 윈도우 시스템과 그놈GNOME 같은 다재다능한 데스크탑 환경도 지원한다. 수천 가지의 무료 또는 상용 리눅스 애플리케이션이 있다. 이 책에서 리눅스라고 언급하는 경우는 리눅스 커널을 뜻한다. 단순한 커널이 아닌 리눅스 시스템 전체로서 리눅스를 언급하는 의미가 모호해지는 상황에서는 이를 명시적으로 표현하겠다. 엄밀히 말하자면 리눅스라는 단어는 커널만 칭하는 것으로 보는 것이 옳다.

---

3. 무료와 오픈에 대한 논쟁은 여러분에게 맡기겠다. http://www.fsf.org와 http://www.opensource.org를 참고 하라.

4. GNU GPL 버전 2.0을 읽어볼 필요가 있다. 커널 소스 내 COPYING 파일 안에 이 내용이 들어 있다. http://www.fsf.org 사이트에서도 온라인으로 확인 가능하다. GNU GPL의 최신 버전은 3.0이다. 커널 개발자들은 버전 2.0 적용을 유지하기로 결정했다.

운영체제와 커널

운영체제의 기능은 계속 늘어나고 있는 데다가, 일부 상용 운영체제의 잘못된 설계로 인해, 운영체제 시스템이란 정확히 무엇인가에 대해서는 명쾌하게 정의하기 어렵다. 화면에 보이는 모든 것을 운영체제에 속한 것으로 생각하는 경우가 많다. 이 책에서 사용하는 기술적 관점에서 말하자면, 운영체제는 기본적인 사용과 관리를 담당하는 시스템의 일부분을 뜻한다. 여기에는 커널과 장치 드라이버, 부트로더, 명령행 셸 또는 동등한 역할을 하는 사용자 인터페이스, 기본적인 파일 및 시스템 유틸리티 등이 포함된다. 꼭 필요한 것을 뜻하므로 웹브라우저나 음악재생 프로그램은 해당되지 않는다. 시스템이란 운영체제와 그 위에서 동작하는 모든 애플리케이션을 통틀어서 부르는 말이다.

물론 이 책의 주제는 커널이다. 사용자 인터페이스가 운영체제의 가장 바깥쪽에 위치한 반면, 커널은 가장 안쪽에 위치해 있다. 커널은 가장 핵심 역할을 한다. 시스템의 다른 모든 부분에 기본적인 서비스를 제공하고, 하드웨어를 관리하며, 시스템 자원을 분배하는 소프트웨어다. 커널을 관리자supervisor, 코어core, 내부internals로 부르는 경우가 많다. 커널의 주된 구성 요소로는 인터럽트 서비스 요청을 처리하는 인터럽트 핸들러interrupt handler, 프로세서 실행 시간을 여러 프로세스에 분배하는 스케줄러scheduler, 프로세스 주소 공간을 관리하는 메모리 관리 시스템, 네트워크나 프로세스간 통신을 처리하는 시스템 서비스 등을 들 수 있다.

보호 메모리 관리 장치가 있는 최근 시스템에서 커널은 일반적인 사용자 애플리케이션과 다른 시스템 상태를 가지고 있다. 다른 상태란 보호 메모리 공간 사용, 제약 없는 하드웨어 접근 등이 가능하다는 뜻이다. 이 같은 시스템 상태와 메모리 공간을 뭉뚱그려 커널 공간kernel-space이라고 부른다. 반대로 사용자 애플리케이션은 사용자 공간user-space에서 실행된다. 사용자 공간에서는 장비의 가용 자원 중 일부만 사용할 수 있으며, 특정 시스템 함수를 실행할 수 있다. 하드웨어에 직접 접근하거나 커널이 할당한 영역 밖의 메모리에 접근하는 경우는 잘못된 동작이다. 커널 코드를 실행하는 동안 시스템은 커널 모드로 커널 공간에 있다. 일반적인 프로세스를 처리하는 경우에는 시스템은 사용자 모드로 사용자 공간에 있게 된다.

시스템에서 실행되는 애플리케이션은 시스템 호출(그림 1.1)을 통해 커널과 통신한다. 애플리케이션은 주로 라이브러리(예를 들면, C 라이브러리)에 있는 함수를 호출하고, 라이브러리는 시스템 호출 인터페이스를 이용해 커널이 애플리케이션을 대신해 필요한 작업을 수행하게 한다. 일부 라이브러리 호출은 시스템 호출에는 없는 여러 기능을 제공하기도 하며, 이 경우 커널 호출은 커다란 함수의 일부 한 단계가 된다. 예를 들어, 친숙한 printf() 함수를 생각해보자. 이 함수는 데이터의 출력 형식을 지정하거나 버퍼링하는 기능을 제공한다. 화면에 데이터를 출력하기 위해 write() 시스템 호출을 이용하는 것은 일부분에 불과하다. 일부 라이브러리 호출은 커널 호출과 일대일 대응을 이룬다. 한편, strcpy() 같은 C 라이브러리 함수는 커널 호출을 직접 사용하지 않는다. 애플리케이션이 시스템 호출을 실행하는 것을 애플리케이션을 대신해 커널이 실행 중이라고 표현한다. 또는, 애플리케이션이 커널 공간에서 시스템 호출을 실행 중이라고 표현하기도 하며, 커널이 프로세스 컨텍스트를 실행 중이라고도 한다. 애플리케이션이 시스템 호출을 통해 커널을 이용하는 이 방식이 애플리케이션이 작업을 수행하는 기초적인 방식이다.

커널은 시스템의 하드웨어도 관리한다. 리눅스가 지원하는 아키텍처를 포함한 거의 모든 아키텍처는 인터럽트라는 개념을 제공한다. 하드웨어가 시스템과 통신할 필요가 있을 때, 하드웨어는 인터럽트를 발생시키고 그 사전적 의미대로 프로세서를 중단시키고, 커널을 중단시킨다. 인터럽트의 종류는 숫자로 구분되며, 커널은 이 숫자를 이용해 인터럽트를 처리하고 응답할 인터럽트 핸들러를 실행한다. 예를 들어, 키보드의 키를 누르면 키보드 컨트롤러는 인터럽트를 발생시켜 시스템에 키보드 버퍼에 새로운 데이터가 도착했다는 것을 알려준다. 동기화를 위해 커널은 새로운 인터럽트를 막아둘 수 있다. 모든 인터럽트를 막을 수도 있고, 특정 번호에 해당하는 인터럽트만 막을 수도 있다. 리눅스를 포함한 대다수 운영체제는 인터럽트 핸들러를 프로세스 컨텍스트에서 실행하지 않는다. 대신 다른 프로세스와 분리되어 있는 별도의 인터럽트 컨텍스트에서 실행한다. 이 전용 컨텍스트는 인터럽트 핸들러가 인터럽트를 빠르게 처리하고 종료하는 데만 사용된다.

이러한 컨텍스트는 커널의 활동 범주를 나타내는 것이다. 실제 리눅스에서 프로세스는 어느 순간, 다음 세 가지 중 한 가지 일을 한다고 볼 수 있다.

- 사용자 공간에서 프로세스의 사용자 코드를 실행
- 커널 공간의 프로세스 컨텍스트에서 특정 프로세스를 대신해 코드를 실행
- 커널 공간의 인터럽트 컨텍스트에서 프로세스와 상관없이 인터럽트를 처리

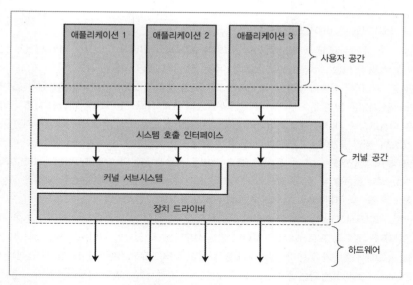

이는 매우 포괄적인 분류다. 어떤 경우라도 이 세 가지 활동 범주 중 하나에 속한다고 볼 수 있다. 예를 들어, 시스템이 유휴상태에 있다면, 커널이 커널 모드의 프로세스 컨텍스트에서 idle 프로세스를 실행하고 있는 것이다.

리눅스 커널과 전통적인 유닉스 커널

조상도 같고 API도 같기 때문에 근래의 유닉스 커널은 다양한 설계 철학을 공유한다(전통적인 유닉스 커널의 설계에 관한 좋은 책들은 참고문헌을 확인). 몇 가지 예외가 있지만, 유닉스 커널은 보통 모노리딕monolithic 정적 바이너리로 되어 있다. 즉 단일 주소 공간에서 실행되는 하나의 커다란 실행파일 형태로 존재한다. 통상적으로 유닉스 시스템은 페이지(메모리 관리 장치MMU)가 필요하다. 시스템은 MMU를 통해 보호 메모리를 사용할 수 있고, 각 프로세스별로 독립적인 가상 주소 공간을 사용할 수 있다. 기본적으로 리눅스는 MMU가 필요하지만, MMU 없이 동작 가능한 특별한 버전도 있다. 이 특별한 버전을 이용하면 MMU가 없는 아주 작은 임베디드 시스템에도 리눅스를 사용할 수 있다. 하지만 현실적으로 요즘은 간단한 임베디드 시스템에도 메모리 관리 장치 같은 고급 기능이 들어 있는 경우가 많다. 이 책에서는 MMU 기반 시스템을 중심으로 다룬다.

모노리딕 커널과 마이크로 커널

커널 설계 방식은 크게 두 가지로 나눌 수 있다. 모노리딕 커널과 마이크로 커널이다(세 번째 진영으로 엑소 커널(exokernel)이 있지만, 주로 연구용도로만 사용한다).

둘 중 모노리딕 커널의 설계가 더 단순하다. 1980년대까지 모든 커널은 이 방식을 사용했다. 모노리딕 커널은 단일 주소 공간에서 실행되는 단일 프로세스로 구현된다. 따라서 이런 커널은 보통 디스크상에 커다란 정적 바이너리 형태로 존재한다. 모든 커널 서비스는 커다란 커널 공간에 있으며, 커널 공간에서 실행된다. 모든 것이 같은 주소 공간의 커널 모드에서 실행되기 때문에 커널 내부의 통신에는 별다른 문제가 없다. 커널은 사용자 공간의 애플리케이션과 마찬가지로 함수를 바로 호출할 수 있다. 모노리딕 커널을 지지하는 사람들은 이런 단순한 방식과 성능을 장점으로 꼽는다. 대부분의 유닉스 시스템은 모노리딕으로 설계된다.

반면, 마이크로 커널은 하나의 커다란 프로세스로 구현하지 않는다. 대신 커널의 기능을 서버라고 부르는 별도의 프로세스로 분할한다. 이상적으로는 꼭 필요한 서버 프로세스만이 특별한 실행 모드에서 돌아가야 한다. 이를 제외한 나머지 서버 프로세스는 유저 공간에서 실행된다. 모든 서버 프로세스는 다른 주소 공간으로 구분된다. 따라서 모노리딕 커널에서와 같이 함수를 직접 호출하는 일은 불가능하다. 대신, 마이크로 커널에서는 메시지 전달을 통해 통신한다. 프로세스간 통신(IPC) 체계가 시스템에 구축되어 있고, 여러 프로세스가 서로 IPC를 통해 메시지를 보내 서비스를 호출하는 방식으로 통신한다. 서버가 여러 개로 분리되어 있어서 한 서버에 문제가 생겨도 다른 서버에 영향을 주지 않는다. 같은 방식으로 시스템 모듈화를 통해 서버를 다른 서버로 교체하는 것도 가능하다.

하지만, IPC 방식은 단순한 함수 호출 방식에 비해 부가 작업이 많고, 커널 공간과 사용자 공간을 전환할 때 발생하는 컨텍스트 전환 비용도 있기 때문에, 단순한 함수 호출을 사용하는 모노리딕 커널에서는 볼 수 없었던 지연이나 처리량 감소 문제가 메시지 전달 과정에서 발생한다. 따라서 실제 마이크로 커널 기반 시스템은 전부 또는 거의 대부분의 서버를 커널 공간에 두어 빈번한 컨텍스트 전환을 피하고, 직접 함수 호출이 가능하게 한다. 마이크로 커널의 예로는 (윈도우 XP, 비스타, 7의 기반이 되는) 윈도우 NT 커널과 (맥 OS X의 일부를 구성하는) 마하 (Mach) 커널을 들 수 있다. 최근의 윈도우 NT나 맥 OS X는 모두 마이크로 커널 서버를 사용자 공간에서 실행하지 않는데, 이는 마이크로 커널의 주된 설계 목적에 어긋나는 일이다.

리눅스는 모노리딕 커널이다. 즉 리눅스는 모든 것이 커널 모드의 단일 주소 공간에서 돌아간다. 하지만 리눅스는 마이크로 커널의 장점을 여럿 빌려왔다. 리눅스는 모듈화 설계, (커널 선점이라 부르는) 자신을 선점할 수 있는 기능, 커널 스레드 지원, 별도의 바이너리(커널 모듈)를 커널 이미지에 동적으로 로드할 수 있는 기능을 장점으로 내세운다. 그러면서도 리눅스는 마이크로 커널이 가지고 있는 성능 저하 문제를 가지고 있지 않다. 모든 작업은 커널 모드에서 실행되며, 통신 방식으로 메시지 전달이 아닌 직접 함수 호출을 사용한다. 그럼에도 불구하고 리눅스는 모듈화되어 있으며, 스레드를 지원하고, 커널 자신의 스케줄링이 가능하다. 실용주의가 또다시 승리하는 순간이다.

리눅스 커널을 개발하면서 리누스와 커널 개발자들은 유닉스 핵심(더 정확하게는 유닉스 API)을 지키는 범위 안에서 리눅스를 개선할 수 있는 가장 좋은 방법을 선택했다. 리눅스는 어느 특정 유닉스 변종을 기반으로 삼지 않았기 때문에, 문제를 해결하는데 가장 좋은 해결책을 취사선택해 적용할 수 있었으며, 경우에 따라서는 새로운 해결책을 만들어 내기도 했다. 전통적인 유닉스 시스템과 리눅스 커널과의 주요한 차이점을 몇 가지 꼽아보면 다음과 같다.

- 리눅스는 커널 모듈을 동적으로 로딩하는 기능을 제공한다. 리눅스 커널은 모노리딕 형식이지만, 필요에 따라 동적으로 커널 코드를 로드하고 제거하는 것이 가능하다.
- 리눅스는 대칭형 멀티프로세서SMP를 지원한다. 이제는 대부분 상용 유닉스 시스템이 SMP를 지원하지만, 전통적인 유닉스는 지원하지 않았다.
- 리눅스 커널은 선점형이다. 전통적인 유닉스 변종과 달리, 리눅스 커널은 커널 내부에서 실행 중인 작업도 선점할 수 있다. 다른 상용 유닉스 중에는 Solaris와 IRIX의 커널이 선점형이지만, 대부분의 유닉스 커널은 선점형이 아니다.
- 리눅스는 독특한 방식으로 스레드를 지원한다. 리눅스는 정상적인 프로세스와 스레드를 구분하지 않는다. 커널 입장에서 스레드를 포함한 모든 프로세스는 동등하다. 다만, 자원을 공유하는 프로세스가 있을 뿐이다.
- 리눅스는 디바이스 클래스, 핫플러그 이벤트, 사용자 공간 디바이스 파일시스템sysfs 등을 통해 객체지향적인 장치 모델을 지원한다.
- 리눅스 커널 개발자들은 STREAMS와 같이 조악하게 설계된 유닉스 기능이나, 깔끔하게 구현하기 불가능한 표준은 무시했다.
- 리눅스는 자유롭다. 리눅스가 구현한 모든 기능은 리눅스 개방형 개발 모델이 가진 자유의 산물이다. 어떤 기능이 별다른 장점이 없거나 형편없는 기능이라고 생각된다면, 리눅스 개발자가 해당 기능을 구현해야 할 의무가 없다. 하지만 리눅스는 변화에 대해서는 아주 엘리트적인 접근방식을 채택했다. 어떤 수정 작업은 실제 특정 문제를 해결하는 것이어야 하고, 깔끔한 설계에 따른 것이어야 하며, 확실하게 구현되어야 한다. 이런 이유로 다른 현대 유닉스 시스템이 영업적인 관점에서 내세우는 장점이나, 일회성에 그쳤던 페이징 가능한 커널 메모리 같은 기능은 고려 대상이 되지 않았다.

이런 차이점이 있긴 하지만 리눅스는 유닉스의 유산을 많이 물려받은 운영체제다.

리눅스 커널 버전

리눅스 커널에는 안정 버전과 개발 버전 두 가지가 있다. 안정 커널은 광범위하게 적용할 수 있는 생산환경 수준의 배포본이다. 보통 안정 커널의 새 버전은 버그 수정, 새 드라이버 추가 등의 변화만 겪는다. 반면 개발 커널은 (거의) 모든 것이 바뀌는 빠른 변화를 겪을 수 있다. 가끔은 개발자들이 새로운 해결책을 실험하면서 기반이 되는 커널 코드가 급격하게 바뀌는 경우도 있다.

리눅스 커널은 간단한 명명규칙(그림 1.2)을 이용해 안정 커널과 개발 커널을 구분한다. 리눅스 커널 버전은 점으로 구분된 세 자리 또는 네 자리 숫자로 되어 있다. 첫 번째 숫자는 주 버전을 뜻하고, 두 번째 숫자는 부 버전을 뜻하며, 세 번째 숫자는 개정판을 뜻한다. 필요에 따라 추가되는 네 번째 숫자는 안정 버전에서만 사용한다. 안정 커널인지 개발 커널인지는 부 버전을 통해 확인할 수 있다. 짝수면 안정 커널이고, 홀수면 개발 커널이다. 예를 들어, 커널 버전이 2.6.30.1이라면, 이는 안정 커널이다. 커널의 주 버전은 2고, 부 버전은 6이며, 개정판 번호는 30이며, 안정 버전 일련번호는 1이다. 앞부분의 두 숫자를 '커널 시리즈'라고 부른다. 예로 든 버전은 2.6 커널 시리즈에 해당한다.

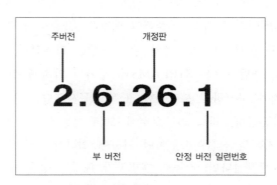

그림 1.2 커널 버전 명명규칙

커널 개발은 일련의 단계를 거친다. 먼저 커널 개발자들이 새로운 기능을 추가하면서 혼란스러운 상태가 만들어진다. 시간이 지나면서 커널이 안정화되면, 기능 고정이 선언된다. 이 시점 이후에는 새로운 기능을 추가할 수 없다. 대신 기존 기능에 대한 개선 작업은 계속된다. 리누스가 커널이 거의 안정화되었다는 생각이 들면 코드 고정을 선언한다. 이후에는 버그 수정 작업만이 가능하다. 이후 (아마도) 빠른 시일 안에 리누스는 새로운 안정 커널 시리즈의 첫 버전을 내놓는다. 예를 들면, 개발 커널 시리즈 1.3이 2.0으로, 2.5 개발 커널 시리즈는 2.6의 안정 커널로 발표된다.

같은 커널 시리즈 안에서 리누스는 주기적으로 개정판 번호를 바꾼 새 커널을 배포한다. 예를 들어, 2.6 커널 시리즈의 첫 버전은 2.6.0이었다. 그 다음 버전은 2.6.1이 된다. 새 개정판에 버그 수정, 새로운 드라이버 추가, 새로운 기능 추가 등이 반영되기는 하지만 2.6.3과 2.6.4처럼 연속한 두 개정판 사이에는 큰 차이가 없다.

2004년까지는 이런 방식으로 개발이 진행되었다. 2004년 커널 개발자 회의에 모인 커널 개발자들은 2.6 커널 시리즈 개발을 계속하고 2.7 개발 시리즈 도입을 미루기로 결정했다. 이렇게 결정하게 된 이유는 2.6 커널이 좋은 평가를 받고 있고, 안정적이며, 완성단계에 접어들어 안정성을 해칠만한 새로운 기능추가가 필요하지 않기 때문이었다. 이후 수년간 2.6 시리즈가 완성도 높고 성능 좋은 커널임이 밝혀지면서 이 결정은 올바른 것으로 밝혀졌다. 이 책을 쓰는 시점에 2.7 개발 시리즈는 아직 논의되지 않고 있으며, 앞으로도 한동안은 논의되지 않을 것 같다. 대신 2.6 시리즈의 개정판 개발 주기가 길어지고 있으며, 각 개정판 사이에서 소규모로 개발 단계를 진행 중이다. 커널 개발의 부책임자인 앤드류 모튼은 메모리 관리 부분의 변경 사항을 테스트하려고 만든 2.6-mm 소스 트리를 일반적인 테스트 용도에 맞춰 수정했다. 안정성에 영향을 미치는 수정 사항이 2.6-mm으로 흘러 들어갔고, 수정 사항이 안정화되면서, 2.6 커널 시리즈를 대상으로 한 작은 규모의 개발 커널 작업처럼 진행되었다. 그래서 지난 몇 동안 각 2.6 개정판은 배포 준비에 여러 달이 걸렸으며, 이전 개정판에 비해 변화가 상당히 크다. 이런 '소규모 개발 시리즈' 작업 방식은 새로운 기능을 추가하면서도 높은 수준의 안정성을 유지하는 데 성공적인 것으로 판단되었으므로, 당분간은 이런 방식을 유지할 것으로 보인다. 이 같은 새로운 배포 절차에 대한 커널 개발자들의 의견 일치는 계속될 것이다.

배포 횟수가 줄어드는 것을 보완하기 위해, 커널 개발자들은 앞서 언급한 안정 배포 일련번호를 도입했다. 이 숫자는 (2.6.32.8 버전의 8 같은) 치명적인 버그 수정이 적용된 것으로 현재 개발 중인 버전(예를 들면, 2.6.33)에서 수정된 내용을 역으로 반영하는 경우가 많다. 이 방식을 통해 이전에 배포된 버전에 대한 안정성 관리도 가능하다.[5]

리눅스 커널 개발 공동체

리눅스 커널 코드를 개발하기 시작했다면, 이미 전 세계적인 커널 개발 공동체에 합류한 것이다. 이 공동체의 주 토론장은 리눅스 커널 메일링 리스트(줄여서 lkml이라고 한다)이다. http://vger.kernel.org 사이트에 가보면 가입방법을 알 수 있다. 이 메일링 리스트에는 하루에도 수백 개 이상의 메시지가 등록되므로, 의미 없는 메시지에는 핵심 커널 개발자뿐만 아니라 그외 독자도 관심을 기울일 수 없다는 사실을 알아둘 필요가 있다. 하지만, 이 곳은 개발 작업 중에 별다른 비용 없이 테스터를 찾거나, 동료의 의견을 듣고, 질문을 할 수 있는 아주 유용한 곳이다.

이 책의 뒷부분에서 커널 개발 과정에 대한 전반적인 설명과 함께 커널 개발 공동체에 성공적으로 합류하는 방법에 대해 좀 더 상세히 설명한다. 물론 (조용히 글을 읽으면서) 리눅스 커널 메일링 리스트에 파묻혀 있는 것만으로도 이 책이 부족한 부분을 채워줄 수 있을 것이다.

시작하기 전에

이 책은 리눅스 커널에 대한 책이다. 커널의 목적, 그 목적을 달성하기 위한 설계, 그 설계를 구현하는 방법에 대한 책이다. 실제 동작 방식을 설명할 경우에는 이론과 현실에 균형을 맞춘 실용적인 접근방식을 취할 것이다. 이 책의 목적은 리눅스 커널 구현 방식에 대해, 독자가 내부 개발자와 같은 수준의 공감대와 이해를 갖게 하는 것이다. 저자의 경험과 팁을 활용하면, 이런 접근 방식은 핵심 커널 코드나 새로운 장치 드라이버를 개발하려는 독자뿐 아니라 단지 리눅스 운영체제를 깊게 이해하고 싶어하는 독자 모두에게 시작할 수 있는 토대를 제공해 줄 수 있을 것이다.

---

5. 이 같은 작업 방식은 3.x 버전으로 바뀐 뒤에도 계속되고 있다. 2.6.(x) 버전 다음에 몇 달 뒤 2.6.(x+1) 버전이 배포되던 것처럼 3.(x) 버전 다음 몇 달 뒤 3.(x+1) 버전이 배포되고 있다. 2.6 버전에서 네 번째 자리에 있던 안정 배포 일련번호는 3.x 버전으로 바뀌면서 세 번째 자리로 바뀌었다. 2012년 6월 현재 리눅스 커널 최신 버전은 3.4.4이다.

이 책을 읽는 동안 리눅스 시스템과 커널 소스에 접근할 수 있어야 한다. 독자가 리눅스 사용자이고 이미 소스를 뒤적거려본 경험은 있지만, 좀 더 완벽하게 이해하는 데 도움이 필요한 경우가 가장 이상적이다. 하지만 리눅스를 전혀 사용해 본 적이 없고 단순한 호기심에 커널 설계를 배워보고 싶은 경우라도 상관 없다. 그러나 스스로 자신만의 코드를 작성해보고 싶다면 소스 코드를 대신할 만한 것은 아무것도 없다. 소스 코드는 자유롭게 열려 있으니 활용하라.

그리고 무엇보다도 이 모든 것을 즐기기 바란다.

2장
커널과의 첫 만남

이 장에서는 커널 소스를 구하는 곳, 컴파일하는 방법, 새 커널을 설치하는 방법 등 리눅스 커널에 대한 기본적인 내용을 알아본다. 그 다음 커널과 사용자 프로그램 간의 차이점을 알아보고, 커널에서 사용하는 일반적인 프로그래밍 방법에 대해 알아본다. 커널이 여러 면에서 독특하다는 것은 분명 사실이지만, 알고 보면 대규모 소프트웨어 프로젝트와 크게 다르지 않다는 사실을 알게 될 것이다.

커널 소스 구하기

최신 리눅스 소스 코드는(tar 명령어를 이용해 묶은) 전체 소스 묶음 형태와 공식 배포판에 대한 점증적 패치 형태 두 가지가 있으며, 리눅스 커널 홈페이지 http://www.kernel.org에서 받을 수 있다.

꼭 이전 버전을 사용해야 하는 특별한 이유가 없다면 최신 버전의 코드를 사용하게 될 것이다. 최신 버전은 kernel.org의 저장소에서 구할 수 있다. 주요 커널 개발자들이 제공하는 부가적인 패치도 이 곳에서 구할 수 있다.

Git

최근 수년 동안 리누스를 비롯한 커널 개발자들은 새로운 버전 관리 시스템을 이용해 리눅스 커널 소스를 관리하고 있다. Git라고 하는 이 시스템은 리누스가 직접 만든 것으로 속도에 중점을 둔 시스템이다. CVS 같은 전통적인 시스템과 달리 Git는 분산 시스템이라서 사용법이나 작업 절차가 대부분의 개발자들에게 생소할 것이다. 저자는 리눅스 커널 소스를 내려받고 관리하는 데 Git를 사용할 것을 강력히 추천한다.

다음 명령을 실행하면 Git를 이용해 가장 최근에 리누스가 '올린' 소스 트리 사본을 받을 수 있다.

```
$ git clone
git://git.kernel.org/pub/scm/linux/kernel/git/torvalds/linux-2.6.git
```

소스를 받은 후 다음 명령을 이용하면 리누스의 최신 버전 커널로 업데이트할 수 있다.

```
$ git pull
```

이 두 명령을 통해 공식 커널 소스 트리를 내려받고, 최신 버전으로 유지할 수 있다. 수정사항을 반영하고 관리하는 방법에 대해서는 20장 "패치와 해킹과 공동체"를 참고하자.

Git에 대해 더 자세히 알아보는 것은 이 책의 범위를 넘어서는 일이며, 온라인상에서 더 좋은 소개 자료를 많이 구할 수 있다.

커널 소스 설치

커널 소스묶음은 GNU zipgzip과 bzip2 두 가지 형식으로 제공된다. bzip2가 일반적으로 gzip에 비해 압축성능이 상당히 좋아 bzip2가 기본 형식이며 권장 형식이다. bzip2 형식의 리눅스 커널 소스묶음의 이름은 `linux-x.y.z.tar.bz2`이며, 여기서 `x.y.z`는 커널 소스의 버전을 뜻한다. 소스를 내려받아 압축을 푸는 방법은 간단하다. bzip2 형식으로 압축되었다면 다음 명령을 실행한다.

```
$ tar xvjf linux-x.y.z.tar.bz2
```

GNU zip으로 압축되었다면 다음 명령을 실행한다.

```
$ tar xvzf linux-x.y.z.tar.gz
```

이렇게 하면 `linux-x.y.z` 디렉토리에 압축이 풀린다. Git를 이용해 커널 소스를 내려받아 관리하는 경우라면, 소스묶음을 다운로드할 필요가 없다. 앞서 설명한 대로 `git clone` 명령을 실행하면 git가 최신 소스를 받아 압축을 풀어준다.

소스 설치 및 작업 위치

커널 소스는 보통 /usr/src/linux에 설치된다. C 라이브러리가 여기 있는 커널 소스와 링크된 경우가 많기 때문에, 개발 작업에 이 소스를 이용하면 안 된다. 게다가 여기 있는 커널 소스를 수정하려면 루트 권한이 필요하다. 별도로 개인 홈 디렉토리에서 작업하고 새 커널을 설치할 때만 루트 권한을 사용하는 것이 바람직하다. 새로운 커널을 설치하는 경우라도 /usr/src/linux 디렉토리의 내용은 건드리면 안 된다.

패치

패치는 리눅스 커널 공동체에서 사용하는 일종의 만국 공용어다. 개발자들은 자신의 코드 수정사항을 패치 형태로 배포하고, 다른 사람의 수정사항도 패치 형태로 받는다. 점증적 패치를 이용하면 기존의 커널 소스 트리를 다른 형태로 쉽게 바꿀 수 있다. 커널의 커다란 소스묶음을 매번 다시 받는 대신, 특정 버전에 점증적 패치를 적용하면 간편하게 다른 버전으로 바꿀 수 있다. 이를 통해 네트워크 사용량과 시간을 절약할 수 있다. 점증적 패치를 적용하려면 커널 소스 트리 안에서 다음 명령을 실행한다.

```
$ patch -p1 < ../patch-x.y.z
```

일반적으로 패치에 명시된 버전의 바로 전 버전에 패치를 적용한다. 패치를 만들고 적용하는 방법에 대해서는 이후에 더 상세하게 다룬다.

커널 소스 트리

커널 소스 트리는 여러 개의 디렉토리로 구성되며, 각 디렉토리 안에는 또 수많은 하위 디렉토리가 들어 있다. 최상위에 있는 디렉토리와 그 설명을 표 2.1에 실었다.

표 2.1 커널 소스 트리 최상위에 있는 디렉토리 목록

디렉토리	설명
arch	특정 아키텍처와 관련된 소스
block	블록 입출력 계층
crypto	암호화 API
Documentation	커널 소스 문서
drivers	장치 드라이버
firmware	특정 드라이버를 사용할 때 필요한 장치 펌웨어
fs	가상 파일시스템 및 개별 파일시스템
include	커널 헤더 파일
init	커널 시작 및 초기화 관련 코드
ipc	프로세스간 통신 관련 코드

(이어짐)

디렉토리	설명
kernel	스케줄러와 같은 핵심 커널 서브시스템
lib	유틸리티 루틴
mm	메모리 관리 서브시스템 및 가상 메모리
net	네트워크 서브시스템
samples	예제, 데모 코드
scripts	커널을 빌드하는 데 사용하는 스크립트
security	리눅스 보안 모듈
sound	사운드 서브시스템
usr	초기 사용자 공간 코드 initramfs
tools	리눅스 개발에 유용한 도구
virt	가상화 기반 구조

소스 트리 최상위에 있는 파일도 알아두면 좋다. COPYING 파일은 커널 저작권 파일이다(GNU GPL 버전 2). CREDITS 파일에는 크고 작게 커널 개발에 기여한 개발자 명단이 들어 있다. MAINTAINERS 파일에는 커널 서브시스템과 드라이버를 관리하는 사람들의 명단이 들어 있다. `Makefile`은 커널의 기본 Makefile이다.

커널 빌드

커널을 빌드하는 일은 쉽다. glibc 같은 시스템 수준 구성요소를 컴파일하고 설치하는 것에 비하면 놀랄 만큼 쉽다. 2.6 커널 시리즈에는 새로운 방식의 커널 설정 및 빌드 시스템을 도입해, 이전 버전에 비해 훨씬 쉽고 편안하게 커널을 컴파일할 수 있다.

커널 설정

리눅스 소스 코드를 구할 수 있다는 것은 커널을 컴파일하기 전에 입맛에 맞게 설정할 수도 있다는 의미다. 필요로 하는 특정 기능이나 드라이버만 지원하는 커널을 컴파일할 수 있다. 커널을 컴파일하려면 우선 커널 설정이 필요하다. 커널은 무수히 많은 기능을 제공하고 다양한 종류의 하드웨어를 지원하므로 설정할 것이 무척 많다. 커널 설정은 설정 옵션을 통해 조절할 수 있으며, 설정 옵션은 CONFIG로 시작하는 CONFIG_FEATURE와 같은 형태로 되어 있다. 예를 들면, 대칭형 멀티프로세서SMP 지원 여부는 CONFIG_SMP 설정 옵션으로 조절할 수 있다. 이 옵션이 설정되어 있으면 SMP 기능이 활성화되고 아니라면 비활성화된다. 설정 옵션을 통해 빌드할 파일이 결정되고 컴파일러 전처리 명령을 이용해 빌드할 코드가 결정된다.

빌드 과정을 제어하는 설정 옵션은 두 가지Boolean 혹은 세 가지tristate 설정 값을 가진다. 두 가지가 가능한 옵션의 경우 yes 또는 no 둘 중 한 가지 값을 가진다. CONFIG_PREEMPT와 같은 일반적인 커널 기능에 대해서는 이같은 두 가지 선택이 가능하다. 세 가지 선택이 가능한 옵션의 경우에는 yes, no, module 셋 중 한 가지 값을 가진다. module로 설정하면 해당 기능은 모듈 형태(즉 동적으로 로드할 수 있는 별도 오브젝트로)로 컴파일된다. 세 가지 선택이 가능한 경우에 명시적으로 yes를 선택하면, 모듈이 아닌 주 커널 이미지에 포함된 형태로 코드가 컴파일된다. 보통 드라이버의 경우 이런 세 가지 선택이 가능하다.

설정 옵션은 문자열이나 숫자가 될 수도 있다. 이런 옵션은 빌드 과정을 조절하는 데 사용하지 않으며, 전처리 매크로를 통해 커널 소스가 참조하는 값을 지정하는 데 사용한다. 정적으로 할당하는 배열의 크기를 지정하는 설정 옵션이 바로 그런 예다.

Ubuntu용으로 Canonical에서 제공하거나, Fedora용으로 Red Hat에서 제공하는 것과 같은 벤더 커널은 컴파일된 상태로 배포본에 들어 있다. 이런 커널에는 많이 사용하는 커널 기능이 모두 들어 있으며, 거의 모든 드라이버를 모듈형태로 컴파일한다. 이렇게 하면, 모듈을 통해 다양한 하드웨어를 지원하는 기본 커널로 사용할 수 있다. 커널 해커가 될 여러분은 스스로 커널을 컴파일하고 어떤 모듈을 포함시킬 것인지 제외할 것인지 배워나가야 한다.

다행히 커널은 설정을 조절하는 여러 가지 도구를 제공한다. 가장 간단한 도구로 텍스트 기반의 명령행 도구가 있다.

```
$ make config
```

이 도구는 각 옵션을 하나씩 돌아가면서 대화식으로 사용자에게 yes, no, (세 가지 선택이 가능한 경우) module 중에서 어떤 선택을 할지 물어본다. 이는 시간이 아주 오래 걸리는 일이므로 시간당 급여를 받는 상황이 아니라면 ncurses 라이브러리를 사용하는 그래픽 환경의 도구를 이용하는 편이 좋다.

```
$ make menuconfig
```

또는 gtk+ 기반의 그래픽 환경 도구를 이용할 수도 있다.

```
$ make gconfig
```

이 두 가지 도구는 다양한 설정 옵션을 '프로세서 형식 및 기능' 등의 항목으로 분류해 보여준다. 각 분류항목을 오가면서 커널 옵션을 확인하고 값을 변경할 수 있다.

다음 명령은 여러분의 아키텍처에 맞는 기본 설정을 만들어 준다.

```
$ make defconfig
```

이렇게 만들어진 기본 값은 다소 임의적이기는 하지만(i386의 경우는 리누스가 사용하는 설정 값이라는 소문도 있다), 커널을 설정해본 적이 없는 경우에는 좋은 출발점이 될 수 있을 것이다. 빨리 빌드해서 실행해보고 싶다면, 이 명령을 실행한 다음 하드웨어에 필요한 옵션이 설정되었는지 확인하자.

옵션 설정은 커널 소스 트리의 최상위에 있는 .config 파일에 저장된다. (대부분의 커널 개발자가 그렇듯이) 이 파일을 직접 수정하는 편이 쉽게 느껴질 수도 있다. 이 파일에서 설정 옵션을 찾아 값을 변경하는 일이 그다지 어렵지 않기 때문이다. 설정파일을 직접 변경한 경우나, 기존의 설정 파일을 새 커널 트리에 사용하는 경우에는 다음 명령을 이용해 설정을 확인하고 갱신할 수 있다.

```
$ make oldconfig
```

커널을 빌드하기 전에 항상 이 명령을 실행해야 한다.

CONFIG_IKCONFIG_PROC 설정 옵션을 사용하면 전체 커널 설정 파일을 압축해서 /proc/config.gz 파일에 저장한다. 이를 이용하면 새 커널을 빌드할 때 현재 사용하는 설정을 쉽게 복사할 수 있다. 현재 커널이 이 옵션을 사용하고 있다면, 다음과 같은 방법으로 /proc에 있는 설정 파일을 이용해 새 커널을 빌드할 수 있다.

```
$ zcat /proc/config.gz > .config
$ make oldconfig
```

어떤 방식으로든 커널 설정을 마쳤다면, 다음 명령으로 간단하게 커널을 빌드할 수 있다.

```
$ make
```

이전 버전 커널과는 달리, 2.6에서는 의존성 정보가 자동으로 관리되므로 커널을 빌드하기 전에 make dep 명령을 실행할 필요가 없다. 또 bzImage 같은 특정 빌드 형식을 지정하거나 모듈을 별도로 빌드하지 않아도 된다. Makefile이 기본적인 모든 것을 처리한다.

빌드 메시지 최소화

빌드 시 쏟아지는 메시지를 최소화하면서도 경고나 오류 메시지를 놓치지 않으려면 make의 출력을 리다이렉트한다.

```
$ make > ../detritus
```

빌드 과정의 출력 메시지를 보고 싶다면 저장된 파일을 보면 된다. 하지만 경고와 오류 메시지는 표준 에러 장치로 출력되므로 대개 이 파일을 볼 일은 없다. 사실 나는 다음과 같이 실행한다.

```
$ make > /dev/null
```

이렇게 하면 모든 불필요한 출력을 다시는 돌아오지 못하는 커다란 하수구인 /dev/null로 보낸다.

빌드 작업을 동시에 여러 개 실행

make 프로그램에는 빌드 과정을 여러 개의 병렬 작업으로 분리해 주는 기능이 있다. 각각의 작업은 별도로 동시에 실행되므로 다중 프로세서 시스템에서는 빌드 속도를 크게 향상시킬 수 있다. 커다란 소스를 빌드하는 경우에는 입출력 대기 시간(프로세스가 입출력 요청이 완료되기를 기다리는 시간)이 차지하는 비중이 높으므로 이 기능을 이용해 프로세스 이용도를 높일 수도 있다.

Makefile의 의존성 정보가 잘못되어 있는 경우가 너무나 많아 기본적으로 make는 하나의 작업만 생성한다. 잘못된 의존성 정보하에서 여러 개의 작업을 생성하면 다른 작업에 영향을 미쳐 전체 빌드 과정에서 오류가 발생할 수 있기 때문이다. 커널

Makefile의 의존성 정보는 정확하므로 여러 개의 작업을 생성해도 문제가 발생하지
않는다. 다중 make 작업을 통해 커널을 빌드하려면 다음 명령을 이용한다.

```
$ make -jn
```

여기서 n은 생성할 작업의 개수를 뜻한다. 일반적으로 프로세서 하나당 하나 또
는 두 개의 작업을 생성하는 것이 적당하다. 예를 들어 16코어 장비라면 다음과 같이
실행할 수 있다.

```
$ make -j32 > /dev/null
```

distcc 또는 ccache와 같은 멋진 도구를 사용하면 커널 빌드 시간을 극적으로
줄일 수 있다.

새 커널 설치

커널을 빌드하고 나면 커널을 설치해야 한다. 설치 방법은 아키텍처 및 부트 로더에
따라 다르므로 커널 이미지를 어디에 복사하고, 해당 이미지로 부팅하려면 어떻게
해야 하는지 부트 로더 사용법을 참고한다. 새 커널이 문제를 일으킬 수도 있으므로,
안전한 것으로 확인된 커널 한두 개를 사용할 수 있도록 해두는 것을 잊지 말자.
    예를 들어, grub을 사용하는 x86 시스템이라면 arch/i386/boot/bzImage 파일
을 /boot 디렉토리 안에 vmlinuz-version 같은 이름으로 넣어두고, /boot/grub/
grub.conf 파일을 수정해 새 커널을 위한 항목을 추가한다. LILO를 사용해 부팅하
는 시스템이라면 /etc/lilo.conf 파일을 편집하고 lilo 명령을 실행한다.
    모듈 설치는 다행히 자동화되어 있으며, 아키텍처에 따른 차이가 없다. 루트 권한
으로 다음 명령을 실행하기만 하면 된다.

```
% make modules_install
```

이렇게 하면 컴파일된 모듈들이 정해진 위치인 /lib/modules 디렉토리에 설치
된다. 빌드 과정에서 커널 소스 트리 최상위에 System.map 파일이 만들어진다. 이
파일에는 각 커널 심볼의 시작 주소의 위치를 찾을 수 있는 테이블이 들어 있다.
디버깅 시에 이 정보를 이용해 메모리 주소 값을 그에 해당하는 함수나 변수 이름으
로 변환해서 보여줄 수 있다.

다른 성질의 야수

리눅스 커널은 일반적인 사용자 공간 애플리케이션과 다른 몇 가지 독특한 특징이 있다. 이런 차이가 커널 개발 작업을 사용자 프로그램 개발 작업보다 어렵게 하는 것은 아니지만, 개발 작업을 다르게 만드는 것은 사실이다.

이런 차이점은 커널을 다른 속성을 가진 야수로 만들어 준다. 익숙했던 규칙 중 일부는 변형되고, 전에 없던 전혀 새로운 규칙이 있기도 하다. (커널은 하고 싶은 일은 모두 할 수 있으므로) 당연해 보이는 차이점도 있지만, 그다지 명확해 보이지 않는 차이점도 있다. 가장 중요한 차이점은 다음과 같다.

- 커널은 C 라이브러리나 표준 C 헤더 파일을 사용할 수 없다.
- 커널은 GNU C를 사용한다.
- 커널에는 사용자 공간에서와 같은 메모리 보호 기능이 없다.
- 커널은 부동소수점 연산을 쉽게 실행할 수 없다.
- 커널은 프로세스당 고정된 작은 크기의 스택을 사용한다.
- 커널은 비동기식 인터럽트를 지원하며, 선점형이며, 대칭형 다중 프로세싱을 지원하므로 커널 내에서는 동기화 및 동시성 문제가 매우 중요하다.
- 이식성이 중요하다.

모든 커널 개발자는 이런 차이점을 반드시 유념해야 하므로 하나씩 간단히 살펴 보자.

libc와 표준 헤더 파일을 사용할 수 없음

사용자 공간 애플리케이션과 달리, 커널은 표준 C 라이브러리(혹은 다른 어떤 라이브러리)와도 링크되지 않는다. 여기에는 닭이 먼저인가 달걀이 먼저인가와 같은 문제를 포함한 몇 가지 이유가 있지만, 주요한 이유는 속도와 크기 때문이다. 전체 C 라이브러리, 아니 그중 중요한 일부분이라 할지라도 커널 입장에서는 너무 크고 비효율적이다.

대신 일반적인 libc 함수의 상당수는 커널 안에 구현되어 있으므로 안심해도 좋다. 예를 들어, 보통의 문자열 처리 함수는 lib/string.c에 들어 있다. <linux/string.h> 헤더 파일을 추가하면 해당 함수를 사용할 수 있다.

빠진 함수 중 가장 익숙한 함수로 printf()가 있다. 커널 코드는 printf()를 사용할 수 없는 대신 printk() 함수를 제공하며, 이 함수는 아주 익숙한 printf 함수와 거의 같은 방식으로 동작한다. printk 함수는 형식화한 문자열을 커널 로그 버퍼에 복사하며, 이 메시지는 보통 **syslog** 프로그램이 처리한다. 사용법은 printf() 함수와 비슷하다.

```
printk("Hello world! A string '%s' and an integer '%d'\n", str, i);
```

printf 함수와 printk 함수 사이의 주목할 만한 차이점 하나는 printk 함수에는 우선순위 플래그를 줄 수 있다는 점이다. 이 플래그를 통해 syslogd가 커널 메시지를 어느 곳에 표시할지를 결정할 수 있다. 이 기능을 사용하는 예를 들어보면 다음과 같다.

```
printk(KERN_ERR "this is an error!\n");
```

KERN_ERR과 출력 메시지 사이에 쉼표가 없다는 점을 주의하라. 이는 의도된 표현 방식이다. 우선순위 플래그는 문자형으로 표시된 선처리 지시자로 컴파일 과정에서 출력 메시지와 합쳐진다. printk 함수는 이 책전체에 걸쳐 사용한다.

GNU C

자존심 강한 유닉스 커널과 마찬가지로 리눅스 커널은 C로 프로그램되어 있다. 놀랄지도 모르겠지만, 커널은 엄격한 ANSI C로 작성되지 않았다. 대신, 커널 개발자들은 필요하다고 생각되는 곳에 gccGNU Compiler Collection (커널 및 리눅스 시스템에 있는 C로 작성된 다른 거의 모든 프로그램을 컴파일할 때 사용하는 C 컴파일러)가 제공하는 다양한 언어 확장 기능을 사용한다.

커널 개발자들은 C 언어의 ISO C99[1]과 GNU C 확장 기능을 모두 사용한다. gcc의 기능을 충분히 지원하는 최근 버전의 Intel C 컴파일러로도 리눅스 커널을 컴파일할 수는 있지만, 이런 점들로 인해 리눅스 커널은 gcc에 편향되어 있다. 지원하는 가장 오래된 gcc 버전은 3.2이며, 4.4 이후 버전을 권장한다. ISO C99는 C 언어의 공식적인 개정판으로 기존과 큰 차이가 없으므로 다른 코드에서도 서서히 이용되는 추세다. 표준 ANSI C에 비해 더 생소한 확장 기능은 GNU C가 제공하는 확장 기능들이다. 커널 소스에서 보게 될 재미있는 확장 기능을 몇 가지 살펴보자. 이로 인해 커널 코드가 눈에 익은 프로젝트와는 달라보일 것이다.

인라인 함수

C99과 GNU C 모두 인라인 함수를 지원한다. 인라인 함수는 이름으로 짐작할 수 있듯이 각 함수 호출이 일어나는 자리의 줄 안에 삽입되는 함수다. 이 기능을 통해 함수 호출과 반환 시에 발생하는 부가 비용(레지스터를 저장하고 복원하는 등)을 제거할 수 있고, 컴파일러가 함수를 호출하는 코드와 호출되는 코드를 하나로 보고 최적화할 수 있어서 더 정교한 최적화가 가능하다. 단점으로는(세상에 공짜는 없다!) 함수의 내용이 호출하는 자리에 복사되어 들어가기 때문에 코드의 크기가 커지며, 이로 인해 메모리 사용량과 명령어 캐시 사용량이 늘어난다. 커널 개발자들은 일부 실행시간이 중요한 함수에 대해 인라인 함수를 사용한다.

큰 함수를 인라인으로 만드는 일은 해당 함수가 특별히 자주 사용되거나 실행시간에 극히 민감한 경우가 아니라면 피하는 것이 좋다.

인라인 함수는 함수 정의부분에 static과 inline 지시어를 사용해 선언한다. 예를 들면 다음과 같다.

---

1. ISO C99는 ISO C 표준의 가장 최근 주 개정판이다. C99에는 이전 주 버전인 ISO C90에 비해 많은 개선 사항이 추가되었는데, 그중에는 구조체 일부 초기화, 가변 크기 배열, C++ 형식 주석, long long 정수형 및 복소수 형 지원 등이 있다. 하지만 리눅스 커널은 C99 기능의 일부분만을 적용했다.

```
static inline void wolf(unsigned long tail_size)
```

인라인 함수 정의는 함수를 사용하기 전에 해야 한다. 그렇지 않으면 컴파일러가 함수를 인라인으로 만들 수 없다. 인라인 함수를 헤더 파일에 두고 사용하는 것이 일반적이다. 인라인 함수는 static으로 지정했으므로 외부에서 사용할 수 없다. 인라인 함수가 한 파일에서만 사용된다면 해당 파일의 최상단에 둘 수도 있다.

커널에서는 형type 보호 및 가독성 등의 이유로 복잡한 매크로를 사용하는 것보다 인라인 함수를 사용하는 것을 선호한다.

인라인 어셈블리

gcc C 컴파일러는 일반적인 C 함수 안에 어셈블리 명령을 삽입하는 기능을 제공한다. 물론 이 기능은 특정 시스템 아키텍처에서만 사용하는 커널 소스에서 사용한다.

인라인 어셈블리를 이용할 때는 asm() 컴파일러 지시자를 사용한다. 예를 들어, 다음 인라인 어셈블리 코드는 x86 프로세서의 rdtsc 인스트럭션을 실행해서 타임스탬프 레지스터 (tsc)의 내용을 받아오는 코드다.

```
unsigned int low, high;
asm volatile("rdtsc" : "=a" (low), "=d" (high));
/*이제 low와 high에는 각각 64비트 tsc의 하위 32비트, 상위32비트의 값이 들어간다.*/
```

리눅스 커널은 C와 어셈블리를 혼합해서 작성되어 있는데, 어셈블리는 주로 하부 아키텍처와 관련되어 있거나 빠른 속도를 요하는 부분에서 사용한다. 대부분의 커널 코드는 정정당당 C로 작성되어 있다.

분기 구문 표시

gcc C 컴파일러는 분기 시에 어느 쪽이 발생할 가능성이 높은지를 이용해 분기 구문을 최적화하는 내장 지시자를 가지고 있다. 컴파일러는 이 지시자를 이용해 분기를 예측할 수 있다. 커널은 이 지시자를 사용하기 쉽게 likely()와 unlikely()라는 매크로로 만들어 사용한다.

예를 들어, 다음과 같은 코드가 있다고 하자.

```
if (error) {
    /* ... */
}
```

다음과 같은 방식으로 이 분기가 어쩌다 한번 실행된다고, 즉 거의 실행되지 않는다고 표시할 수 있다.

```
/* error 값은 거의 항상 0일 것으로 생각할 수 있다. */
if (unlikely(error)) {
    /* ... */
}
```

반면, 항상 실행될 것같은 분기는 다음과 같이 표시할 수 있다.

```
/* success 값은 항상 0이 아닐 것이다. */
if (likely(success)) {
    /* ... */
}
```

분기의 방향이 거의 대부분 알려진 한 방향으로만 일어나는 경우, 또는 다른 경우를 무시하고 한 가지 경우에 대해서만 최적화가 필요한 경우에만 이 지시자를 사용해야 한다. 이는 매우 중요한 사항으로, 이 지시자를 제대로 사용한 경우에는 성능향상을 얻을 수 있지만, 잘못 표시한 경우에는 심각한 성능저하를 가져올 수 있기 때문이다. 일반적으로는 앞에서 봤듯이 오류가 발생하는 상황에서 unlikely()와 likely()를 사용한다. 쉽게 짐작할 수 있겠지만, 특별히 예외를 처리하기 위해 if 문을 사용하는 경우가 많으므로, 커널에서도 주로 unlikely() 지시자를 사용한다.

메모리 보호 없음

사용자 공간 애플리케이션이 메모리 접근을 잘못하면, 커널은 오류를 탐지해 SIGSEGV 시그널을 보내고 프로세스를 종료시킨다. 하지만 커널이 메모리 접근을 잘못한 경우는 이를 제어하기가 쉽지 않다. (대체 누가 커널을 돌봐줄 수 있다는 말인가?) 커널에서의 메모리 침범은 중대한 커널 오류인 **oops**를 발생시킨다. NULL 포인터 참조와 같이 잘못된 메모리 접근을 해서는 안 된다는 것은 말할 필요가 없다. 하지만 커널에서는 그 위험성이 훨씬 크다.

또한 커널 메모리는 페이징 기능을 사용할 수 없다. 따라서 커널에서 사용하는 모든 메모리는 실제 물리적인 메모리에 해당한다. 나중에 커널에 새로운 기능을 추가해야 한다면 이 점을 명심해야 한다.

부동 소수점을 쉽게 사용할 수 없음

사용자 공간 애플리케이션이 부동 소수점 연산을 사용할 경우, 커널이 정수와 부동 소수점 연산 모드 전환을 관리한다. 부동 소수점 연산을 이용할 때 커널이 해야 하는 일은 아키텍처에 따라 다르지만, 보통은 커널이 트랩을 받아 정수 연산에서 부동 소수점 연산 모드로 전환하는 방식으로 동작한다.

사용자 공간과 달리 커널은 자신의 트랩을 받을 수 없기 때문에, 이 같은 깔끔한 부동 소수점 전환 기능을 이용하는 사치를 누릴 수 있다. 커널 내에서 부동 소수점을 사용하려면 수동으로 부동 소수점 레지스터를 저장하고 복원하는 등의 잡다한 일을 직접해야 한다. 간단히 말하면 사용하지 말아야 한다. 아주 드문 경우를 제외하고는 커널에서는 부동 소수점 연산을 사용하지 않는다.

작은 고정 크기의 스택

사용자 공간에서는 스택에 커다란 구조체나 수 천 개 크기의 배열과 같은 많은 변수를 정적으로 할당해 둘 수 있다. 사용자 공간에는 동적으로 확장 가능한 커다란 스택이 있어서 문제가 되지 않는다. 덜 발달된 구닥다리 DOS 같은 운영체제에서는 사용자 공간에서도 고정된 크기의 스택을 쓰기 때문에 문제가 된다.

커널이 사용하는 스택은 크지도 않으며 동적으로 확장할 수도 없다. 커널 스택의 정확한 크기는 아키텍처에 따라 다르다. x86 아키텍처의 경우에는 컴파일 시에 4KB 또는 8KB로 정할 수 있다. 관습적으로 커널 스택은 두 페이지로 구성하므로, 이는 커널 스택의 크기가 32비트 아키텍처에서는 8KB, 64비트 아키텍처에는 16KB로 고정되어 있으며, 바꿀 수 없다는 뜻이 된다. 그리고 각 프로세스별로 각자의 스택이 할당된다.

커널 스택에 대해서는 3장과 12장에서 좀 더 자세히 살펴본다.

동기화와 동시성

커널은 경쟁 상태race condition에 놓이기 쉽다. 단일 스레드의 사용자 공간 애플리케이션과 달리, 커널은 공유 자원에 대한 동시 접근을 허용해야 하므로 경쟁을 방지하기 위한 동기화가 필요하다. 구체적으로 다음 같은 경우가 있다.

- 리눅스는 선점형 멀티태스킹 운영체제다. 커널의 프로세스 스케줄러에 의해 프로세스의 실행 순서가 조정된다. 커널은 이 작업들 간의 동기화를 책임져야 한다.
- 리눅스는 대칭형 다중 프로세서(SMP)를 지원한다. 따라서 적절한 보호 장치가 없으면 동일한 자원에 하나 이상의 프로세스가 동시에 접근하는 커널 코드를 실행할 수 있다.
- 현재 실행하고 있는 코드와 상관없이 비동기식으로 인터럽트가 발생한다. 따라서 적절한 보호 장치가 없으면 자원을 사용하는 도중에 인터럽트가 발생하고 인터럽트 핸들러에서 같은 자원에 접근하는 상황이 발생할 수 있다.
- 리눅스 커널은 선점형이다. 따라서 적절한 보호 장치가 없으면 같은 자원에 접근하는 다른 커널 코드가 실행 중인 커널 코드를 선점하는 일이 발생할 수 있다.

경쟁 상태를 해결하는 전형적인 해법은 스핀락spinlock이나 세마포어semaphore를 이용하는 것이다. 동기화와 동시성 문제에 관한 내용은 9장과 10장에서 더 자세히 살펴본다.

이식성의 중요성

사용자 공간 애플리케이션은 이식성이 그다지 중요하지 않을 수 있지만, 리눅스는 이식성이 좋은 운영체제이며 그 특성을 유지해야 한다. 이는 아키텍처 독립적인 C 코드가 여러 다양한 시스템에서 컴파일되고 실행되어야 한다는 뜻이며, 커널 소스 트리에서 아키텍처 독립적인 코드는 특정 시스템에 의존적인 코드와 적절하게 분리되어 있어야 한다는 뜻이다.

인디언 중립성, 64비트 지원, 워드 및 페이지 크기 지정 등 몇 가지만 설명하자고 해도 길어진다. 이식성에 대해서는 후에 더 깊게 살펴본다.

결론

분명 커널에는 고유한 특징이 있다. 커널은 자신만의 규칙을 사용하며 전체 시스템을 관리하는 만큼 분명 그에 따르는 위험도 크다. 하지만 리눅스 커널의 복잡도와 진입장벽은 여타 대규모 소프트웨어 프로젝트와 질적으로 크게 다르지 않다.

리눅스 개발에 있어서 가장 중요한 단계는 커널이 두려움의 존재가 아니라는 것을 깨닫는 것이다. 확실히 낯설기는 하다. 하지만 정복하기 불가능한가? 전혀 그렇지 않다.

2장과 1장에서는 이 책의 나머지 장에서 다룰 주제의 기초를 다져보았다. 이어지는 장에서 커널의 특정 개념이나 서브시스템에 대해 살펴볼 것이다. 함께 하면서, 커널 소스를 살펴보고 수정해보는 것이 좋다. 실제로 코드를 읽어보고 실험해보는 것만이 커널을 진정으로 이해할 수 있는 방법이다. 소스가 무료로 공개되어 있으니, 이를 이용해보라!

3장

프로세스 관리

이 장에서는 유닉스 운영체제의 기본적인 추상화 개념 중 하나인 프로세스에 대해 알아본다. 프로세스 및 스레드 등 관련 개념을 정의하고, 커널 내부에서 프로세스를 표현하는 방법, 프로세스의 생성 및 소멸처럼 리눅스 커널이 프로세스를 관리하는 방법에 대해 살펴본다. 운영체제가 필요한 이유 중 하나가 사용자 애플리케이션을 실행하는 것이므로 프로세스 관리는 리눅스를 비롯한 모든 운영체제의 핵심 영역이다.

프로세스

프로세스는 실행 중인 프로그램(특정 매체에 저장된 오브젝트 코드)이다. 하지만 프로세스가 실행 중인 프로그램 코드(유닉스에서는 텍스트 부분이라고 부르는 경우가 많다)만을 뜻하는 것은 아니다. 프로세스는 사용 중인 파일, 대기 중인 시그널, 커널 내부 데이터, 프로세서 상태, 하나 이상의 물리적 메모리 영역이 할당된 메모리 주소 공간, 실행 중인 하나 이상의 스레드 정보, 전역 데이터가 저장된 데이터 부분 등 모든 자원을 포함하는 개념이다. 사실 프로세스는 프로그램 코드를 실행하면서 생기는 모든 결과물이라 할 수 있다. 커널은 이 모든 세부 사항을 투명하고 효율적인 방식으로 관리해야 한다.

보통 줄여서 그냥 스레드라고 부르는 '실행 중인 스레드'는 프로세스 내부에서 동작하는 객체다. 각 스레드는 개별적인 프로그램 카운터와 프로세스 스택, 프로세서 레지스터를 가지고 있다. 커널은 프로세스가 아니라 이러한 각각의 스레드를 스케줄링한다. 전통적인 유닉스 시스템에서는 프로세스가 하나의 스레드로 구성된다. 하지만 현대 시스템에서는 여러 개의 스레드로 구성된 다중 스레드 프로그램을 쉽게 볼 수 있다. 나중에 살펴보겠지만, 리눅스는 매우 독특한 방식으로 스레드를 구현한다. 리눅스는 프로세스와 스레드를 구분하지 않는다. 리눅스에 있어 스레드는 조금 특별한 형태의 프로세스일 뿐이다.

현대 운영체제에서 프로세스는 가상 프로세서와 가상 메모리라는 두 가지 가상 환경을 제공한다. 가상 프로세서는 실제로는 수백 개의 프로세스가 프로세서를 공유하는 상황일지라도, 프로세스가 혼자 시스템을 사용하는 듯한 가상 환경을 제공해주는 것이다. 4장 "프로세스 스케줄링"에서 이같은 가상 환경에 대해 자세히 알아본다. 가상 메모리는 프로세스가 시스템의 전체 메모리를 혼자 차지하고 있는 것처럼 메모리를 할당하고 관리할 수 있게 해준다. 가상 메모리에 대해서는 12장 "메모리 관리"에서 더 상세히 다룬다. 재밌게도, 스레드는 각자 고유한 가상 프로세서를 할당받지만 가상 메모리는 공유한다.

프로그램 자체는 프로세스가 아니다. 프로세스는 작동 중인 프로그램 및 그와 관련된 자원을 뜻한다. 같은 프로그램을 실행하는 둘 이상의 프로세스가 존재할 수 있다. 여러 프로세스가 같이 파일을 사용하거나 주소 공간 등의 자원을 공유할 수도 있다.

프로세스는 당연히 생성되면서 그 생을 시작한다. 리눅스에서는 기존 프로세스를 복사해서 새 프로세스를 만드는 fork() 시스템 호출을 통해 프로세스가 만들어진다. fork()를 호출하는 프로세스는 부모 프로세스가 되고, 새로 만들어진 프로세스는 자식 프로세스가 된다. 부모 프로세스는 fork() 시스템 호출이 반환된 지점에서 실행을 계속하며, 자식 프로세스도 같은 위치에서 실행을 시작한다. 즉 fork() 시스템 호출은 부모 프로세스에서 한 번, 새로 만들어진 자식 프로세스에서 한 번, 두 번 반환이 일어난다.

대개의 경우 fork한 직후 다른 새 프로그램을 실행한다. exec() 계열의 함수를 호출해 새로운 주소 공간을 만들고 새 프로그램을 불러들일 수 있다. 리눅스 커널의 fork() 시스템 호출은 실제로는 다음 절에서 설명할 clone() 시스템 호출을 이용해 구현된다.

마지막으로, 프로그램은 exit() 시스템 호출을 통해 종료된다. 이 함수는 프로세스를 종료하고 프로세스의 모든 자원을 반납한다. 부모 프로세스는 특정 프로세스가 종료할 때까지 기다리는 wait4()[1] 시스템 호출을 이용해 자식 프로세스의 종료 상태를 확인할 수 있다.

> **참고**
>
> 프로세스를 다른 말로 태스크(task, 작업)라고도 부른다. 리눅스 커널 내부에서는 프로세스를 태스크라고 부르는 경우가 많다. 이 책에서는 두 용어를 혼용하며, 보통 커널의 관점에서 프로세스를 지칭하는 경우에 태스크라는 용어를 사용한다.

---

1. 커널이 구현하는 것은 wait4() 시스템 호출이다. 리눅스 시스템은 C 라이브러리를 통해 일반적인 wait(), waitpid(), wait3(), wait4() 함수를 제공한다. 각 함수는 조금씩 다르지만 모두 종료된 프로세스의 상태 정보를 제공한다.

프로세스 서술자와 태스크 구조체

커널은 프로세스 목록을 태스크 리스트[2]라고 부르는 환형 양방향 연결 리스트 형태로 저장한다. 태스크 리스트의 각 항목은 <linux/sched.h>에 정의된 struct task_struct 형식으로 되어 있으며, 프로세스 서술자라고 부른다. 프로세스 서술자에는 해당 프로세스와 관련된 모든 정보가 들어 있다.

task_struct 구조체는 32비트 시스템에서 약 1.7KB에 달하는 상당히 큰 구조체다. 하지만 커널이 프로세스를 관리하는 데 필요한 모든 정보를 가지고 있다는 점을 감안하면 이 크기는 상당히 작은 것이다.

프로세스 서술자에는 사용 중인 파일, 프로세스의 주소 공간, 대기 중인 시그널, 프로세스의 상태 등 실행 중인 프로그램을 설명하는 많은 정보가 들어 있다(그림 3.1 참조).

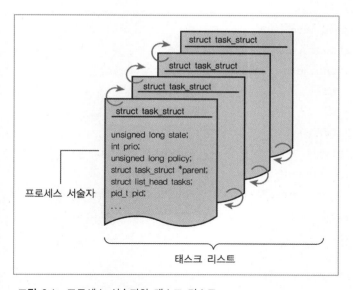

그림 3.1 프로세스 서술자와 태스크 리스트

---

2. 운영체제에 관한 일부 책에서는 이 목록을 태스크 배열이라고 부르기도 한다. 하지만 리눅스는 이를 정적 배열이 아닌 연결 리스트로 구현하므로 태스크 리스트라고 부르는 것이 옳다.

프로세스 서술자의 할당

`task_struct` 구조체는 객체 재사용 및 캐시 컬러링(12장 참고) 기능을 지원하는 슬랩 할당자slab allocator를 사용해 할당한다. 2.6 커널 이전에는 `task_struct` 구조체를 각 프로세스의 커널 스택 끝 부분에 저장했다. 이렇게 하면 x86처럼 레지스터가 적은 아키텍처에서는 구조체 위치를 저장하는 레지스터를 별도로 사용하지 않고도 스택 포인터를 통해 프로세스 서술자의 위치를 계산할 수 있었기 때문이다. 이제는 슬랩 할당자를 이용해 동적으로 프로세스 서술자를 만들기 때문에 `thread_info`라는 새로운 구조체를 스택 밑바닥이나(스택이 아래쪽으로 확장되는 경우) 꼭대기에(스택이 위쪽으로 확장되는 경우) 대신 두고 있다.[3] 그림 3.2를 참고하라.

x86 시스템의 `thread_info` 구조체는 `<asm/thread_info.h>`에 다음과 같이 정의된다.

```
struct thread_info {
        struct task_struct      *task;
        struct exec_domain      *exec_domain;
        __u32                   flags;
        __u32                   status;
        __u32                   cpu;
        int                     preempt_count;
        mm_segment_t            addr_limit;
        struct restart_block    restart_block;
        void                    *sysenter_return;
        int                     uaccess_err;
};
```

---

3. 레지스터가 부족한 시스템을 위해서 thread_info를 새로 만든 것만은 아니다. 이 구조체를 이용하면 어셈블리 코드에서 사용하는 값의 오프셋을 계산하는 것이 상당히 쉬워진다.

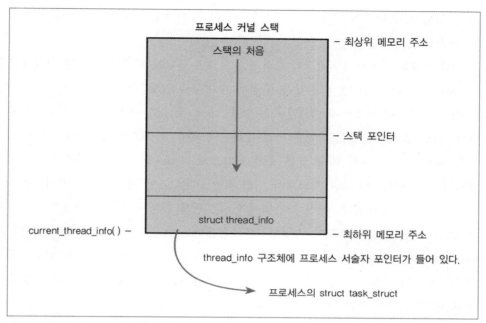

프로세스 커널 스택

스택의 처음

― 최상위 메모리 주소

― 스택 포인터

struct thread_info

current_thread_info( ) ―

― 최하위 메모리 주소

thread_info 구조체에 프로세스 서술자 포인터가 들어 있다.

프로세스의 struct task_struct

그림 3.2 프로세스 서술자와 커널 스택

각 태스크의 `thread_info` 구조체는 프로세스 스택의 제일 끝부분에 할당된다. 구조체의 `task` 포인터가 태스크의 실제 `task_struct` 구조체를 가리킨다.

프로세스 서술자 저장

시스템은 고유한 프로세스 인식 번호(PID라고 한다)를 이용해 프로세스를 구별한다. PID는 `pid_t`라는 부정형opaque[4]의 숫자 값으로, 보통은 실제로 `int` 형을 사용한다. 하지만 초기 유닉스 및 리눅스와의 하위 호환성 문제로 인해 PID의 최대값은 기본적으로 (short int의 최대값인) 32,768이며, 이 값은 선택적으로 (<linux/thread.h> 파일을 통해) 4백만으로 상향 조정할 수 있다. 커널은 PID 값을 프로세스 서술자의 `pid` 항목에 저장한다.

근본적으로 PID 최대값은 시스템에 동시에 존재할 수 있는 최대 프로세스 수라는 중요한 의미를 가지고 있다. 일반 데스크탑 시스템에서는 32,768이라는 숫자가 충분해 보이지만, 대용량 서버에서는 더 많은 프로세스가 필요할 수 있다. 게다가 최대값이 낮을수록 상한을 넘어서 다시 낮은 PID 값이 할당되는 상황이 빨리 돌아오게 되

---

4. 부정형(opaque)은 실제 물리적인 표현형이 알려지지 않았거나 실제 표현형을 노출할 필요가 없을 때 사용하는 형이다.

는데, 이로 인해 나중에 만들어진 프로세스가 더 큰 PID 값을 가진다는 유용한 정보가 사라진다.

만약 오래된 애플리케이션과의 호환성을 고려할 필요가 없다면, 시스템 관리자가 /proc/sys/kernel/pid_max 값을 수정해 최대값을 늘릴 수 있다.

커널 내부에서 태스크에 접근할 때는 보통 task_struct 구조체의 포인터를 사용한다. 사실 프로세스 관련 작업을 하는 대부분의 커널 코드가 이 task_struct 구조체를 사용한다. 따라서 현재 실행 중인 태스크의 프로세스 서술자를 빠르게 찾는 방법이 필요한데, current 매크로가 이런 역할을 한다. 이 매크로는 아키텍처별로 다른 방식으로 구현된다. 어떤 아키텍처에서는 현재 실행 중인 프로세스의 task_struct 포인터를 레지스터에 저장해 두고 접근하는 효율적인 방식을 쓸 수 있다. (레지스터를 아껴 써야 하는) x86 같은 아키텍처에서는 thread_info 구조체가 커널 스택에 저장된다는 사실을 이용해 thread_info 구조체의 위치를 계산해내고, 이를 통해 task_struct의 위치를 알아낸다.

x86의 current 매크로는 스택 포인터의 하위 13비트를 덮어쓰는 방식으로 thread_info 구조체 위치를 계산해낸다. current_thread_info() 함수가 이 역할을 담당한다. 해당 어셈블리 코드는 다음과 같다.

```
movl $-8192, %eax
andl %esp, %eax
```

이 코드는 스택 크기가 8KB라고 가정한다. 4KB 스택을 사용하는 경우에는 8192대신 4096을 사용한다.

마지막으로 current 매크로는 thread_info의 task 항목을 참조해 task_struct 구조체를 반환한다.

```
current_thread_info()->task;
```

IBM의 RISC기반 최신 프로세서인 PowerPC에서는 이와 다른 방식을 사용하는데, 레지스터에 현재 task_struct 포인터를 저장하는 방식을 사용한다. 따라서 PPC에서 current 매크로는 r2 레지스터에 저장된 값을 반환하기만 하면 된다. 프로세스 서술자에 접근하는 것은 매우 빈번하고 중요한 작업이기 때문에 PPC 커널 개발자들은 이를 별도 레지스터를 할당할 만한 작업이라고 판단했다.

프로세스 상태

프로세스 서술자의 state 항목은 현재 프로세스가 처한 환경을 알려준다(그림 3.3 참고). 시스템의 프로세스는 정확히 다섯 가지 상태 중 하나에 있다. 각 상태값은 다음 다섯 가지 플래그를 이용해 표현한다.

- TASK_RUNNING - 프로세스가 실행 가능한 상태다. 현재 실행 중이거나 실행되기 위해 실행 대기열(실행 대기열은 대해서는 4장에서 설명)에 있는 상태다. 사용자 공간에서 실행된 프로세스는 이 상태만 가질 수 있다. 커널 공간에서 실행 중인 프로세스도 이 상태에 속한다.
- TASK_INTERRUPTIBLE - 프로세스가 특정 조건이 발생하기를 기다리며 쉬는 중이다(즉, 중단된 상태다). 기다리는 조건이 발생하면 커널은 프로세스의 상태를 TASK_RUNNING으로 바꾼다. 프로세스가 시그널을 받은 경우에는 조건에 상관없이 실행 가능한 상태로 바뀐다.

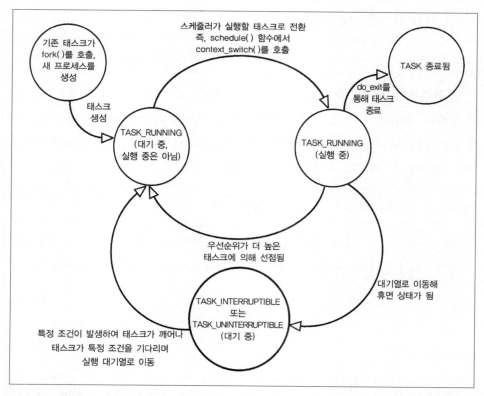

그림 3.3 프로세스 상태 흐름도

- TASK_UNINTERRUPTIBLE - 시그널을 받아도 실행 가능 상태로 바뀌지 않는다는 점을 빼면 TASK_INTERRUPTIBLE 상태와 같다. 이 상태는 프로세스가 방해받지 않고 특정 조건을 기다려야 하는 경우, 기다리는 조건이 금방 발생하는 경우에 사용한다. 이 상태에 있는 태스크는 시그널에 응답하지 않으므로, 이 플래그는 TASK_INTERRUPTIBLE만큼 자주 사용하지 않는다.[5]
- __TASK_TRACED - 디버거 등의 다른 프로세스가 ptrace를 통해 해당 프로세스를 추적하는 상태다.
- __TASK_STOPPED - 프로세스 실행이 정지된 상태다. 해당 태스크는 실행 중이지도 않고 실행 가능한 상태도 아니다. 작업이 SIGSTOP, SGTSTP, SIGTTIN, SIGTTOU 같은 시그널을 받은 경우 디버그 중에 시그널을 받은 경우에 이 상태가 된다.

현재 프로세스 상태 조작

커널 코드에서 프로세스의 상태를 바꿀 필요가 생기는 경우가 많다. 이때 권장하는 방법은 다음 함수를 사용하는 것이다.

```
set_task_state(task, state); /* 태스크 'task'의 상태를 'state' 상태로 설정 */
```

이 함수는 특정 태스크의 상태를 지정한 상태로 변경한다. 그리고 필요한 경우, 이 함수는 메모리 보호 기능을 이용해 다른 프로세서와 작업 순서가 겹치는 것을 방지한다(대칭형 다중 프로세스 시스템에서는 이런 기능이 필요하다). 대칭형 다중 프로세스 시스템이 아니면, 이 함수의 동작은 다음과 같다.

```
task->state = state;
```

set_current_state(state) 함수는 set_task_state(current, state) 함수와 같다. 해당 함수의 구현에 대해서는 <linux/sched.h> 파일을 참고하라.

---

5. 이것이 ps(1) 명령 결과에 D 상태로 표시되는 무시무시한 죽일 수 없는 프로세스가 등장하는 이유다. 작업이 시그널에 응답하지 않으므로 SIGKILL 시그널을 보낼 수 없다. 게다가, 작업을 종료할 수 있다고 해도 중요한 동작을 수행 중이거나 세마포어를 사용하는 작업일 수 있으므로 종료하지 않는 것이 바람직하다.

프로세스 컨텍스트

프로세스의 중요한 부분 중 하나는 실행 중인 프로그램 코드다. 실행 파일에서 이 코드를 읽어 들이고, 프로그램의 주소 공간에서 코드를 실행한다. 일반적인 프로그램은 사용자 공간에서 실행된다. 프로그램이 시스템 호출을 사용하거나(5장 "시스템 호출" 참고) 예외처리가 발생한 경우, 프로그램은 커널 공간으로 진입한다. 이런 상황을 커널이 '프로세스를 대신해 실행 중'이라고 하거나 '커널이 프로세스 컨텍스트에 있다'라고 말한다. 프로세스 컨텍스트에 있을 때는 current 매크로를 사용할 수 있다.[6] 커널이 작업을 끝내면 프로세스는 사용자 공간에서 실행을 계속한다. 그 사이에 우선순위가 높은 프로세스가 실행 가능한 상태가 되어 스케줄러가 그 프로세스를 먼저 실행하지 않는다면 말이다.

시스템 호출과 예외 처리기는 잘 정의된 커널 진입 인터페이스다. 프로세스는 이 두 가지 인터페이스 중 하나 통해서 커널 공간으로 들어갈 수 있다. 다시 말하자면, 커널에 대한 접근은 이 인터페이스를 통해서만 가능하다.

프로세스 계층 트리

유닉스 시스템에는 프로세스 간 독특한 계층 구조가 존재하며, 리눅스도 예외가 아니다. 모든 프로세스는 PID가 1인 init 프로세스의 자손이다. init 부트 과정의 최종 단계에서 커널이 실행하는 프로세스다. 그 다음 init 프로세스는 시스템의 초기화 스크립트를 읽어 더 많은 프로그램을 실행시킴으로써 부트 과정을 완료한다.

시스템의 모든 프로세스는 정확히 하나의 부모 프로세스를 가진다. 또한 모든 프로세스는 하나 이상의 자식 프로세스를 가질 수 있다. 같은 부모 프로세스를 가지는 자식 프로세스를 형제 프로세스sibling라고 부른다. 프로세스간의 관계는 프로세스 서술자에 저장된다. 각 task_struct 구조체에는 부모의 task_struct를 가리키는 parent라는 포인터와 자식의 task_struct 리스트를 가리키는 children 포인터가 들어 있다.

결과적으로 주어진 현재 프로세스에 대해 다음과 같은 코드를 이용하면 부모 프로세스의 프로세스 서술자를 얻을 수 있다.

---

6. 프로세스 컨텍스트 외에 7장 "인터럽트와 인터럽트 핸들러"에서 설명할 인터럽트 컨텍스트가 있다. 인터럽트 컨텍스트에서는 시스템이 프로세스를 대행하는 것이 아니라, 인터럽트 핸들러를 실행한다. 인터럽트 핸들러는 특정 프로세스와 관련이 없다.

```
struct task_struct *my_parent = current->parent;
```

마찬가지로 다음과 같은 코드로 프로세스의 모든 자식 프로세스에 접근할 수 있다.

```
struct task_struct *task;
struct list_head *list;

list_for_each(list, &current->children) {
        task = list_entry(list, struct task_struct, sibling);
        /* 이제 task는 현재 프로세스의 자식 프로세스 중 하나를 가리킨다. */
}
```

init 태스크의 프로세스 서술자는 init_task라는 이름으로 정적으로 할당된다. 모든 프로세스 사이의 관계를 보여주는 좋은 예로 항상 동작하는 다음 코드를 들 수 있다.

```
struct task_struct        *task;

for (task = current; task != &init_task; task = task->parent)
        ;
/* 이제 task는 init 가리킨다. */
```

프로세스 계층 구조를 이용하면 시스템의 어떤 프로세스에서도 다른 특정 프로세스를 찾아갈 수 있다. 그러나 때로는 시스템의 모든 프로세스를 단순히 훑고 싶을 때가 있다. 작업 리스트는 환형 양방향 리스트이므로 매우 쉽게 이 작업을 처리할 수 있다. 어떤 태스크가 주어졌을 때 리스트에서 다음 태스크를 얻기 위해서는 다음과 같은 코드를 사용한다.

```
list_entry(task->tasks.next, struct task_struct, tasks)
```

이전 태스크를 얻는 방법도 마찬가지다.

```
list_entry(task->tasks.prev, struct task_struct, tasks)
```

이 두 가지 루틴은 각각 next_task(task)와 prev_task(task)라는 매크로로 제공된다. 마지막으로 전체 태스크 리스트를 열거하는 for_each_process(task) 매크로가 있다. 반복 단계마다 task 포인터는 리스트의 다음 태스크를 가리킨다.

```
struct task_struct        *task;

for_each_process(task) {
        /* 각 태스크의 이름과 PID 출력 */
        printk("%s[%d]\n", task->comm, task->pid);
}
```

주의
프로세스가 많은 시스템에서 모든 태스크를 열거하는 일은 매우 부하가 큰 작업이다. 이런 코드는 분명한 이유가 있을 때에만, 그리고 다른 대안이 없을 경우에만 사용해야 한다.

프로세스 생성

유닉스의 프로세스 생성방식은 독특하다. 대부분의 운영체제는 스폰spawn 방식을 사용해 새로운 주소 공간에 새 프로세스를 만들고, 실행 파일을 읽은 다음 그 코드를 실행한다. 유닉스는 이 과정을 fork()와 exec()이라는 두 함수로 분리하는 특이한 방식을 사용한다.[7] 먼저 fork()는 현재 태스크를 복제해 자식 프로세스를 만든다. 이렇게 만들어진 프로세스는 (고유한 값을 가져야 하는) PID와 (부모가 되는 원래 프로세스의 PID로 설정되는) PPID, 상속되지 않는 지연된 시그널과 같은 일부 자원과 통계 수치를 제외하고는 부모와 같다. 다음 함수인 exec()은 새로운 실행파일을 주소 공간에 불러오고 이를 실행한다. fork() 다음에 exec()을 실행하는 조합은 대부분의 운영체제에서는 하나의 함수로 제공한다.

---

7. 여기서 exec() 함수는 exec() 함수 군을 일컫는다. 커널은 execve() 시스템 호출을 바탕으로 execlp(), execle(), execv(), execvp() 함수를 구현한다.

Copy-on-Write

전통적인 fork()는 부모 프로세스의 모든 자원을 복사해 자식 프로세스에게 넘겨준다. 이런 방식은 공유가 가능한 많은 데이터를 복사하므로 단순하고 비효율적이다. 게다가 새로 만든 프로세스가 바로 다른 프로그램을 실행한다면 복사 작업이 전부 헛수고가 되고 만다. 리눅스에서는 'copy-on-write(기록사항 발생 시 복사)' 페이지를 이용해 fork() 함수를 구현했다. 기록사항 발생 시 복사COW, Copy-on-write 기능은 데이터 복사를 지연 또는 방지하는 기능이다. 프로세스 주소 공간을 복사하는 대신 부모와 자식 프로세스가 같은 공간을 공유한다.

그러나 기록 사항이 발생해 데이터 변경이 필요하면 그 순간 사본이 만들어 지고, 각 프로세스가 별도의 내용을 가지게 된다. 따라서 리소스 복사는 해당 리소스에 대한 기록이 발생하는 경우에만 일어난다. 그 때까지는 읽기전용 상태로 공유가 가능하다. 이 기법은 주소 공간에 실제 기록 작업이 일어 날 때까지 각 페이지의 복사 작업을 지연시킨다. 프로세스가 절대 기록을 하지 않는 경우, 예를 들면 fork() 직후에 exec() 함수가 호출되는 경우에는 복사가 필요 없어진다.

fork() 함수가 해야 할 일은 부모 프로세스의 페이지 테이블을 복사하는 것과 자식 프로세스용 프로세스 서술자를 만들어 주는 것뿐이다. 일반적으로 프로세스는 생성된 다음 다른 실행파일을 실행하므로, 이 같은 최적화를 통해 쓸데없이 많은 양의 데이터를(주소 공간은 수십 MB에 이를 수도 있다) 복사하는 낭비를 막을 수 있다. 유닉스의 철학은 빠른 프로세스 실행을 추구하므로 이는 아주 중요한 최적화라고 할 수 있다.

프로세스 생성

리눅스는 clone() 시스템 호출을 이용해 fork()를 구현한다. clone() 시스템 호출은 다양한 플래그를 사용해 부모와 자식 프로세스간 공유가 필요한 자원을 지정한다(플래그에 관한 자세한 설명은 3장의 "리눅스의 스레드 구현" 절을 참고하라). fork(), vfork(), __clone() 라이브러리 함수는 각자 적절한 플래그를 사용해 clone()을 호출한다. clone() 시스템 호출은 다시 do_fork() 함수를 호출한다.

실제 프로세스 생성 작업은 kernel/fork.c에 정의된 do_fork() 함수에서 처리한다. 이 함수는 copy_process() 함수를 호출하고 프로세스 실행을 시작한다. copy_process() 함수가 하는 일은 다음과 같다.

1. `dup_task_struct()` 함수를 호출해 커널 스택을 새로 만들고, 새 프로세스용 `thread_info`, `task_struct` 구조체를 만든다. 새로 만들어진 데이터의 값은 현재 태스크와 동일하다. 이 시점에 부모와 자식 프로세스의 프로세스 서술자는 같다.

2. 새로 만든 자식 프로세스로 인해 현재 사용자의 프로세스 개수 제한을 넘어가지 않는지 확인한다.

3. 이제 자식 프로세스를 부모와 구별해야 한다. 프로세스 서술자의 다양한 항목의 값을 초기화한다. 프로세스 서술자에서 부모 프로세스의 값을 물려받지 않는 항목은 주로 통계 정보다. 대부분의 `task_struct` 항목 값은 바뀌지 않는다.

4. 자식 프로세스의 상태를 `TASK_UNINTERRUPTIBLE`로 설정해 아직 실행되지 않게 한다.

5. `copy_process()`는 `copy_flags()` 함수를 호출해 `task_struct` 구조체의 `flags` 내용을 정리한다. 작업이 관리자 권한을 가지고 있음을 뜻하는 `PF_SUPERPRIV` 플래그를 초기화한다. 프로세스가 `exec()` 함수를 호출하지 않았음을 뜻하는 `PF_FORKNOEXEC` 플래그를 설정한다.

6. `alloc_pid()` 함수를 호출해 새로 만든 태스크에 새로운 **PID** 값을 할당한다.

7. `clone()` 함수에 전달된 플래그 값에 따라 `copy_process()`는 열린 파일 및 파일시스템 정보, 시그널 핸들러, 프로세스 주소 공간, 네임스페이스namespace 등을 복제하거나 공유한다. 보통 스레드 사이에서는 이런 자원을 공유하며, 그 외의 경우에는 개별적으로 사용하므로 이 단계에서 복제한다.

8. 마지막으로 `copy_process()`는 나머지 정리 작업을 수행하고 호출한 쪽에 새로 만든 자식 프로세스의 포인터를 반환한다.

`do_fork()`로 반환되어 돌아오면 `copy_process()`가 성공한 경우에 새로 만든 자식 프로세스를 깨워서 실행한다. 커널은 의도적으로 자식 프로세스를 먼저 실행한다.[8] 일반적으로 자식 프로세스는 바로 `exec()` 함수를 호출하므로, 부모 프로세스가 먼저 실행되면 주소 공간에 쓰기 작업이 생겨 발생하는 **copy-on-write** 작업을 막을 수 있다.

---

8. 이렇게 자식 프로세스를 먼저 실행하는 것이 목적이지만, 아직까지는 제대로 동작하지 않는다.

vfork()

vfork() 시스템 호출은 부모 프로세스의 페이지 테이블을 복사하지 않는다는 점만 빼면 fork()와 똑같이 동작한다. 대신 자식 프로세스는 부모 프로세스의 주소 공간 속에서 별개의 스레드 형태로 실행되고, 부모 프로세스는 자식 프로세스가 exec()을 호출하거나 종료할 때까지 대기한다. 자식 프로세스는 주소 공간의 내용을 바꿀 수 없다. copy-on-write를 이용해 fork()를 구현할 수 없었던 옛날 3BSD 시절에는 상당히 좋은 최적화 기법이었다. 지금은 copy-on-write, 자식 프로세스 우선 실행 방식을 사용하기 때문에, vfork()를 사용함으로써 얻을 수 있는 이점은 부모 프로세스의 페이지 테이블을 복사하지 않는 것뿐이다. 만일 리눅스가 페이지 테이블 항목에 대해서도 copy-on-write 기능을 제공하게 된다면, 이런 장점도 사라진다.[9] vfork()의 작동 방식은 상당히 까다로워서(예를 들어, exec()이 실패했을 경우는 어떻게 할 것인가?), 이상적인 시스템이라면 vfork()가 필요하지 않으므로 커널에서 꼭 이를 구현할 필요도 없다. 일반적인 fork()를 이용해 vfork()를 구현해도 전혀 문제가 없으며, 2.2 버전 커널까지 리눅스도 이런 방식을 사용했다.

vfork() 시스템 호출은 clone() 시스템 호출에 특별한 플래그를 지정해 구현한다.

1. copy_process()에서 task_struct의 vfork_done 항목을 NULL로 설정한다.
2. 특별한 플래그가 지정된 경우 do_fork()에서 vfork_done 포인터가 특정 주소를 가리키도록 한다.
3. 부모 프로세스는 자식 프로세스를 우선 실행시킨 다음 반환하지 않고 자식 프로세스가 vfork_done 포인터를 이용해 신호를 보낼 때까지 기다린다.
4. 태스크가 메모리 주소 공간을 반환할 때 호출되는 mm_release() 함수에서 vfork_done 포인터가 NULL인지 아닌지를 확인한다. NULL이 아니면 부모 프로세스에 신호를 보낸다.
5. do_fork() 함수로 돌아가서 부모 프로세스를 깨우고 반환한다.

이 모든 것이 계획대로 진행되면 자식 프로세스는 새 주소 공간에서 실행되고, 부모 프로세스는 원래 주소 공간에서 실행된다. 부담이 좀 적긴 하지만 그리 깔끔한 구현은 아니다.

---

9. 사실 리눅스에 이 기능을 추가하는 패치가 있다. 현 시점에서 이 기능은 리눅스 커널 기능으로 들어갈 가능성이 높다.

리눅스의 스레드 구현

스레드는 널리 쓰이는 현대적 프로그래밍 기법이다. 스레드를 이용해 메모리 주소 공간을 공유하는 같은 프로그램 여러 개를 동시에 실행할 수 있다. 스레드는 사용 중인 파일 및 기타 자원을 공유한다. 스레드를 통해 동시 프로그래밍concurrent programming이 가능해지고, 다중 프로세서 시스템에서는 진정한 병렬처리를 구현할 수 있다.

리눅스는 독특한 스레드 구현방식을 가지고 있다. 리눅스 커널에는 별도의 스레드 개념이 없다. 리눅스는 기본적인 프로세스로 모든 스레드를 구현한다.

리눅스 커널은 스레드를 위한 별도의 자료구조나 특별한 스케줄링 기법을 제공하지 않는다. 리눅스의 스레드는 특정 자원을 다른 프로세스와 공유하는 특별한 프로세스일 뿐이다. 각 스레드는 별도의 task_struct 구조체를 가지고 있으며, 커널 입장에서는 주소 공간과 같은 자원을 다른 프로세스와 공유하고 있는 정상적인 프로세스일 뿐이다.

스레드에 대한 이런 접근 방식은 마이크로소프트의 윈도우나 선의 솔라리스처럼 커널에서 별도로 스레드(스레드를 경량 프로세스lightweight process라고 부르기도 한다)를 지원하는 방식과 크게 다르다. 경량 프로세스라는 이름이 리눅스와 여타 시스템간의 철학적 차이를 요약해 보여준다. 다른 운영체제에서 스레드는 무거운 프로세스에 비해 가볍고 빠르게 실행하는 기능을 제공하는 무언가다. 하지만 리눅스에서 스레드는 다른 프로세스와 자원을 공유하는 (이미 충분히 경량화된) 프로세스에 불과하다.[10] 예를 들어, 네 개의 스레드로 구성된 프로세스를 생각해보자. 명시적으로 스레드를 지원하는 시스템에서는 하나의 프로세스 서술자가 있을 것이고, 이 서술자 내에 네 개의 스레드를 가리키는 정보가 들어 있을 것이다. 주소 공간이나 사용 중인 파일과 같은 공유 자원 정보는 공통된 프로세스 서술자에 들어간다. 반면 리눅에서는 단순히 네 개의 프로세스가 있으며, 고로 네 개의 정상적인 task_struct 구조체가 존재한다. 그리고 이런 프로세스는 일부 자원을 공유하게 설정되어 있을 것이다. 아주 명쾌한 구조라고 할 수 있다.

---

10. 일례로 리눅스의 프로세스 생성시간과 다른 운영체제의 프로세스 생성시간(심지어 스레드를 사용하는 경우)에 대한 비교 실험에서 리눅스는 좋은 성능을 보였다.

스레드 생성

스레드는 정상적인 태스크와 마찬가지 방식으로 만들어진다. 다만, clone() 시스템을 호출할 때 특정 자원을 공유하도록 플래그를 지정해줄 뿐이다.

```
clone(CLONE_VM | CLONE_FS | CLONE_FILES | CLONE_SIGHAND, 0);
```

위의 코드는 주소 공간, 파일시스템 자원, 파일 서술자, 시그널 핸들러를 공유한다는 점만 빼면 정상적인 fork() 시스템 호출과 결과가 같다. 다시 말하면 새 태스크와 그 부모 프로세스는 흔히 말하는 스레드 관계가 된다.

반면, 일반적인 fork()는 다음과 같은 방식으로 구현된다.

```
clone(SIGCHLD, 0);
```

그리고 vfork()는 다음과 같이 구현된다.

```
clone(CLONE_VFORK | CLONE_VM | SIGCHLD, 0);
```

clone()에 넘겨주는 플래그를 통해 새로운 프로세스의 동작을 정의하며, 부모 프로세스와 자식 프로세스간에 공유할 자원을 자세히 지정한다. clone에서 사용하는 플래그는 <linux/sched.h>에 정의되어 있으며, 표 3.1에서 각 플래그와 그 뜻을 설명한다.

표 3.1 clone() 시스템 호출 플래그

플래그	의미
CLONE_FILES	부모 프로세스와 자식 프로세스간 사용 중인 파일 공유
CLONE_FS	부모 프로세스와 자식 프로세스간 파일시스템 정보를 공유
CLONE_IDLETASK	PID를 0으로 설정(유휴 상태의 태스크에서만 사용)
CLONE_NEWNS	자식 프로세스를 위한 새 네임스페이스 생성
CLONE_PARENT	자식 프로세스가 부모 프로세스와 동일한 부모를 가지도록 설정
CLONE_PTRACE	자식 프로세스에 대해서도 추적 기능을 활성화
CLONE_SETTID	TID를 사용자 공간에도 기록
CLONE_SETTLS	자식 프로세스를 위한 새 TLS(스레드별 저장공간 thread-local storage)를 생성

(이어짐)

플래그	의미
CLONE_SIGHAND	부모 프로세스와 자식 프로세스간 시그널 핸들러 및 시그널 차단 사항을 공유
CLONE_SYSVSEM	부모 프로세스와 자식 프로세스간 시스템 V SEM_UNDO 방식을 공유
CLONE_THREAD	부모 프로세스와 자식 프로세스가 동일한 스레드군에 속하게 설정
CLONE_VFORK	vfork( ) 방식을 사용해 자식 프로세스가 깨울 때까지 부모 프로세스를 중지
CLONE_UNTRACED	추적 프로세스가 자식 프로세스에 CLONE_PTRACE를 지정하지 못하게 함
CLONE_STOP	프로세스를 TASK_STOPPED 상태에서 시작
CLONE_CHILD_CLEARTID	자식 프로세스의 TID를 초기화
CLONE_CHILD_SETTID	자식 프로세스의 TID를 설정
CLONE_PARENT_SETTID	부모 프로세스의 TID를 설정
CLONE_VM	부모 프로세스와 자식 프로세스간 주소 공간 공유

커널 스레드

커널도 일부 동작을 백그라운드에서 실행하는 것이 좋을 때가 있다. 커널 공간에서만 존재하는 표준 프로세스인 커널 스레드를 이용해 이런 작업을 수행할 수 있다. 커널 스레드와 정상 프로세스간의 주요한 차이점은, 커널 스레드에는 주소 공간이 없다는 점이다(즉, 프로세스의 주소 공간을 가리키는 mm 포인터가 NULL이다). 커널 스레드는 커널 공간에서만 동작하며 사용자 공간으로 컨텍스트 전환이 일어나지 않는다. 하지만 정상 프로세스와 마찬가지로 커널 스레드도 스케줄링되며 선점이 가능하다.

리눅스는 일부 작업을 커널 스레드를 통해 처리하는데, 대표적으로 flush 및 ksoftirqd 작업을 예로 들 수 있다. ps -ef 명령을 이용하면 리눅스 시스템의 커널 스레드를 확인할 수 있다. 커널 스레드는 아주 많다! 커널 스레드는 시스템 부팅 시에 다른 커널 스레드에 의해 만들어진다. 사실 커널 스레드는 다른 커널 스레드를 통해서만 만들 수 있다. 리눅스는 kthreadd 커널 프로세스가 모든 커널 스레드를 만드는 방식으로 커널 스레드를 관리한다.

새 커널 스레드를 만들려면 <linux/kthread.h>에 정의된 다음 인터페이스를 사용한다.

```
struct task_struct *kthread_create(int (*threadfn)(void *data),
                                   void *data,
                                   const char namefmt[],
                                   ...)
```

kthread 커널 프로세스는 clone() 시스템 호출을 이용해 새 태스크를 만든다. 새로 만들어진 프로세스는 data 매개변수를 통해 전달된 threadfn 함수를 실행한다. 새 프로세스는 printf 스타일로 여러 개의 매개 변수로 형식화한 namefmt 문자열에 해당하는 이름을 갖는다. 처음 프로세스는 실행할 수 없는 상태로 만들어진다. wake_up_process() 함수를 통해 명시적으로 깨워주지 않으면 실행되지 않는다. kthread_run() 함수를 이용하면 실행 가능한 프로세스를 바로 만들 수 있다.

```
struct task_struct *kthread_run(int (*threadfn)(void *data),
                                void *data,
                                const char namefmt[],
                                ...)
```

이 함수는 매크로로 구현되어 있는데 kthread_create()와 wake_up_process()를 호출하는 단순한 함수다.

```
#define kthread_run(threadfn, data, namefmt, ...)               \
({                                                              \
        struct task_struct *k;                                  \
                                                                \
        k = kthread_create(threadfn, data, namefmt, ## __VA_ARGS__); \
        if (!IS_ERR(k))                                         \
                wake_up_process(k);                             \
        k;                                                      \
})
```

커널 스레드는 한번 시작되면 스스로 do_exit() 함수를 호출하거나, 커널의 다른 부분에서 kthread_create()가 반환한 task_struct 구조체의 주소와 함께 kthread_stop() 함수를 호출할 때까지 계속 실행된다.

```
int kthread_stop(struct task_struct *k)
```

커널 스레드에 대해서는 뒷장에서 더 자세히 다룬다.

프로세스 종료

슬프지만 프로세스도 언젠가는 수명을 다한다. 프로세스가 종료되면 커널은 프로세스가 가지고 있던 자원을 반납하고, 부모 프로세스에 자식 프로세스의 운명을 알려준다.

일반적으로 프로세스 종료는 자발적으로 일어난다. 프로세스가 준비됐을 때 명시적으로 exit() 함수를 호출하거나, 프로그램의 main 함수 반환 시에 묵시적으로 exit() 함수가 호출되면서(즉 main 함수를 반환하는 곳에 C 컴파일러가 exit() 함수를 호출하는 코드를 삽입) 종료 작업이 시작된다. 물론 프로세스가 비자발적으로 종료되는 경우도 있다. 프로세스가 처리할 수도 무시할 수도 없는 시그널이나 예외를 만나는 경우가 이에 해당한다. 어떤 방식으로 프로세스가 종료되든 프로세스를 종료하는 일련의 작업이 kernel/exit.c에 정의된 do_exit() 함수를 통해 진행된다.

1. task struct 구조체의 flags 항목에 PF_EXITING 플래그를 설정한다.
2. del_timer_sync() 함수를 호출해 커널 타이머를 제거한다. 이 함수가 반환되면, 대기 중인 타이머와 실행 중인 타이머가 없다는 것이 보장된다.
3. BSD 방식의 프로세스 정보 기록 기능을 사용한다면 do_exit() 함수는 acct_update_integrals() 함수를 호출해 관련 정보를 기록한다.
4. exit_mm() 함수를 호출해 해당 프로세스가 가지고 있는 mm_struct를 반환한다. 다른 프로세스에서 이 주소 공간을 사용하지 않는다면, 즉 주소 공간이 공유되어 있지 않다면 커널은 해당 자원을 해제한다.
5. exit_sem() 함수를 호출한다. 프로세스가 IPC 세마포어를 얻기 위해 대기하고 있었다면, 이 시점에서 대기 상태가 해제된다.
6. exit_files() 및 exit_fs() 함수를 호출해 관련 파일 서술자 및 파일시스템의 참조 횟수를 줄인다. 참조 횟수가 0이 되면 해당 객체를 사용하는 프로세스가 없다는 뜻이므로 해당 자원을 반환한다.
7. 태스크의 종료 코드를 task_struct의 exit_code 항목에 저장한다. exit() 함수에서 지정한 값, 또는 커널의 종료 방식에 의해 종료 코드 값이 결정된다. 이 곳에 저장된 종료 코드 값은 부모 프로세스가 사용할 수 있다.

8. `exit_notify()` 함수를 호출해 부모 프로세스에 시그널을 보내고, 해당 프로세스가 속한 스레드군의 다른 스레드 또는 init 프로세스를 자식 프로세스의 새로운 부모로 설정한다. `task_struct` 구조체의 `exit_state` 항목에 태스크 종료 상태를 `EXIT_ZOMBIE`로 설정한다.

9. `do_exit()` 함수는 `schedule()` 함수를 호출해 새로운 프로세스로 전환한다(4장 참고). 이제 이 프로세스는 스케줄링 대상이 아니므로 이 코드가 종료되는 태스크가 실행하는 마지막 코드가 된다. `do_exit()` 함수는 반환 과정이 없다.

이 시점에서 태스크와 관련된 모든 객체가 반환된다(이 태스크만 해당 자원을 사용하고 있었다고 가정하자). 이 태스크는 더 이상 실행 가능하지 않으며(사실 실행할 주소 공간도 가지고 있지 않다), `EXIT_ZOMBIE` 상태가 된다. 종료된 태스크가 차지하고 있는 메모리는 커널 스택, `thread_info` 구조체, `task_struct` 구조체가 전부다. 이제 태스크는 부모 프로세스에 전달이 필요한 정보를 보관하기 위해서만 존재한다. 부모 프로세스가 해당 정보를 처리하거나 커널이 정보가 더 이상 필요 없다고 알려주면 프로세스가 차지하고 있던 나머지 메모리도 반환돼 시스템의 가용 메모리로 돌아간다.

프로세스 서술자 제거

`do_exit()` 함수가 완료되고 프로세스가 좀비 상태가 되어 더 이상 실행 가능하지 않더라도, 프로세스 서술자는 여전히 남는다. 앞서 말했듯이 이는 종료 후에도 시스템이 자식 프로세스의 정보를 얻을 수 있게 해주기 위해서다. 결국 프로세스 종료를 위한 정리작업과 프로세스 서술자를 제거하는 작업은 분리된 별도의 작업이 된다. 부모 프로세스가 종료된 자식 프로세스의 정보를 처리하거나 커널이 해당 정보가 필요 없다고 알려주면, 자식 프로세스의 `task_struct` 구조체에 할당된 메모리가 해제된다.

`wait()` 계열 함수는 하나의 (그리고 복잡한) `wait4()` 시스템 호출을 통해 구현되어 있다. 기본적인 동작은 함수를 호출한 프로세스의 동작을 자식 프로세스가 종료될 때까지 정지시키는 것으로, 종료된 자식 프로세스의 PID 값을 반환값으로 갖는다. 또한 종료된 자식 프로세스의 종료 코드를 저장할 포인터도 제공한다.

마침내 프로세스 서술자에 할당된 메모리를 제거해야 할 때가 되면 `release_task()` 함수를 호출해 다음 작업을 수행한다.

1. `__exit_signal()` 함수를 호출하고, 이 함수는 `__unhash_process()` 함수를 호출하며, 이어서 `detach_pid()` 함수에서 해당 프로세스를 **pidhash**와 태스크 리스트에서 제거한다.

2. `__exit_signal()` 함수는 종료된 프로세스가 사용하던 남은 자원을 반환하고, 통계값과 기타 정보를 기록한다.

3. 해당 태스크가 스레드군의 마지막 스레드였다면 대표 스레드가 좀비가 된 것이므로, `release_task()` 함수는 대표 스레드의 부모 프로세스에 이 사실을 알린다.

4. `release_task()` 함수는 `put_task_struct()` 함수를 호출해 프로세스의 커널 스택 및 `thread_info` 구조체가 들어 있던 페이지를 반환하고, `task_struct` 구조체가 들어 있던 슬랩 캐시를 반환한다.

이 시점에서 프로세스 서술자와 해당 프로세스와 연관된 모든 자원이 해제된다.

부모 없는 태스크의 딜레마

부모 프로세스가 자식 프로세스보다 먼저 종료된 경우 다른 프로세스를 자식 프로세스의 부모로 지정하는 수단이 반드시 필요하다. 그렇지 않으면, 부모를 잃고 종료된 프로세스는 영원히 좀비 프로세스로 남아 시스템 메모리를 낭비하게 된다. 해결책은 해당 프로세스가 속한 스레드군의 다른 프로세스를 부모 프로세스로 지정하거나, 이 것이 불가능할 때에는 init 프로세스를 부모 프로세스로 지정하는 것이다. `do_exit()` 함수는 `exit_notify()` 함수를 호출하고, 이 함수에서 `forget_original_parent()` 함수를 호출하며, 여기서 `find_new_reaper()` 함수를 호출하는 데, 이 곳에서 부모 프로세스 재지정이 처리된다.

```
static struct task_struct *find_new_reaper(struct task_struct *father)
{
        struct pid_namespace *pid_ns = task_active_pid_ns(father);
        struct task_struct *thread;

        thread = father;
        while_each_thread(father, thread) {
                if (thread->flags & PF_EXITING)
                        continue;
```

```
                    if (unlikely(pid_ns->child_reaper == father))
                            pid_ns->child_reaper = thread;
                    return thread;
            }

            if (unlikely(pid_ns->child_reaper == father)) {
                    write_unlock_irq(&tasklist_lock);
                    if (unlikely(pid_ns == &init_pid_ns))
                            panic("Attempted to kill init!");

                    zap_pid_ns_processes(pid_ns);
                    write_lock_irq(&tasklist_lock);
                    /*
                    * child_reaper 항목을 그대로 두거나 그냥 지워버릴 수 없다.
                    * children 포인터 내용 중에 EXIT_DEAD 상태인 태스크가
                    * 들어 있을 수 있으므로, forget_original_parent() 함수는
                    * 이들을 어딘가로 옮겨야 한다.
                    */
                    pid_ns->child_reaper = init_pid_ns.child_reaper;
            }
            return pid_ns->child_reaper;
}
```

위의 코드는 해당 프로세스가 속한 스레드군의 다른 태스크를 찾아 본다. 만약 스레드군에 다른 태스크가 없다면 init 프로세스를 찾아서 반환한다. 이제 적당한 새 부모를 찾았으니, 모든 자식 프로세스의 부모 프로세스를 reaper로 다시 지정해 주는 작업이 필요하다.

```
reaper = find_new_reaper(father);
list_for_each_entry_safe(p, n, &father->children, sibling) {
            p->real_parent = reaper;
            if (p->parent == father) {
                    BUG_ON(p->ptrace);
                    p->parent = p->real_parent;
            }
            reparent_thread(p, father);
}
```

그다음 ptrace_exit_finish() 함수를 호출해 추적 기능을 사용하는 자식 프로세스에 대해서도 마찬가지로 부모 프로세스를 다시 지정해준다.

```
void exit_ptrace(struct task_struct *tracer)
{
        struct task_struct *p, *n;
        LIST_HEAD(ptrace_dead);

        write_lock_irq(&tasklist_lock);
        list_for_each_entry_safe(p, n, &tracer->ptraced, ptrace_entry) {
                if (__ptrace_detach(tracer, p))
                        list_add(&p->ptrace_entry, &ptrace_dead);
        }
        write_unlock_irq(&tasklist_lock);

        BUG_ON(!list_empty(&tracer->ptraced));

        list_for_each_entry_safe(p, n, &ptrace_dead, ptrace_entry) {
                list_del_init(&p->ptrace_entry);
                release_task(p);
        }
}
```

자식 프로세스 리스트와 추적 리스트 두 리스트가 만들어진 배경이 재미있는데, 이것은 2.6 커널에 새로 추가된 기능이다. 태스크가 추적 상태에 있는 경우, 해당 프로세스는 디버깅 프로세스를 부모 프로세스로 임시로 변경한다. 그러나 태스크의 원 부모 프로세스가 종료되면, 다른 형제 프로세스와 같이 새 부모 프로세스로 돌아갈 수 있어야 한다. 이전 커널에서는 이런 조치가 필요한 자식 프로세스를 찾기 위해 시스템의 모든 프로세스를 뒤졌다. 이에 대한 해결책으로 나온 것이 추적 상태에 있는 자식 프로세스 리스트를 별도로 관리하는 간단한 방법이다. 이를 통해 자식 프로세스를 찾으려고 모든 프로세스 리스트를 뒤지던 작업을 상대적으로 작은 두 개의 프로세스 리스트를 탐색하는 작업으로 줄일 수 있었다.

부모 프로세스를 재지정하면, 좀비 프로세스가 남아 있을 위험성이 사라진다. init 프로세스는 주기적으로 wait() 함수를 호출해 자신에게 할당된 좀비 프로세스를 정리한다.

결론

이 장에서는 운영체제의 핵심 추상화 개념인 프로세스에 대해 살펴보았다. 프로세스의 일반적인 성격에 대해서 알아보고, 프로세스가 왜 중요한지, 프로세스와 스레드의 관계는 어떠한지 알아보았다. 그다음 리눅스의 (task_struct와 thread_info 구조체를 이용한) 프로세스 표현과 저장 방식, (fork()를 통해, 궁극적으로는 clone()을 이용해) 프로세스를 생성하는 방식, (exec() 계열의 시스템 호출을 이용해) 새로운 프로그램 이미지를 주소 공간으로 불러들이는 방식, 프로세스의 계층 구조, (wait() 계열 시스템 호출을 이용해) 부모 프로세스가 자식 프로세스의 종료 정보를 얻어내는 방식, (강제로 또는 의도적으로 exit() 함수를 호출해) 프로세스가 종료되는 방식 등에 대해 알아보았다. 프로세스는 기본적이면서도 중요한 추상화 개념이므로 모든 현대 운영체제의 핵심에 위치하며, 궁극적으로는 운영체제의 존재 이유(프로그램을 실행하는 것)이기도 하다.

다음 장에서는 커널이 프로세스를 언제, 어떤 순서로 실행할지 결정하는 섬세하고 재미있는 기법인 프로세스 스케줄링에 대해 알아본다.

4장

프로세스 스케줄링

3장에서 동작 중인 프로그램을 나타내는 운영체제의 추상화 개념인 프로세스에 대해 알아보았다. 이 장에서는 프로세스를 작동시키는 커널 서브시스템인 프로세스 스케줄러에 대해 알아보자.

프로세스 스케줄러는 어떤 프로세스를 얼마나 오랫동안 실행할 것인지를 결정한다. 프로세스 스케줄러(보통 줄여서 스케줄러라고 부른다)는 실행 중인 시스템 프로세스에 프로세서 동작 시간이라는 유한한 자원을 나눠준다. 스케줄러는 리눅스 같은 멀티태스킹 운영체제의 기본 요소다. 다음 실행 프로세스를 선택하는 과정을 통해, 스케줄러는 시스템의 최대 사용률을 끌어내야 하며 사용자에게 여러 개의 프로세스가 동시에 실행되고 있는 듯한 느낌을 주어야 한다.

스케줄러의 원리는 간단하다. 프로세서 작동 시간을 최대한 활용할 수 있는 실행 가능한 프로세스가 있다면, 어떤 프로세스라도 실행하고 있어야 한다. 시스템의 프로세서 개수보다 실행 가능한 프로세스의 개수가 많은 경우라면 특정 순간에 일부 프로세스는 실행 중이 아니게 된다. 이런 프로세스는 실행되기를 기다린다. 스케줄러가 해결해야 하는 근본적인 문제는 실행 가능한 프로세스가 여럿 주어졌을 때 다음에 어떤 프로세스를 실행할 것인가이다.

멀티태스킹

멀티태스킹 운영체제는 하나 이상의 프로세스를 동시에 중첩 형태로 실행할 수 있는 운영체제다. 멀티태스킹을 통해 프로세서가 하나뿐인 시스템에서도 여러 개의 프로세스를 동시에 실행하는 듯한 환상을 보여줄 수 있다. 프로세서가 여러 개인 시스템이라면 여러 개의 프로세스를 실제로 각 프로세서에서 동시에 실행할 수 있다. 어느 경우든 할 일이 생길 때까지 실행되지 않는 많은 프로세스가 대기 상태 혹은 잠든 상태가 될 수 있다. 이런 프로세스는 메모리상에는 있지만 실행 가능한 상태가 아니다. 커널은 이런 프로세스(키보드 입력, 네트워크 데이터, 일정 시간 경과 등)를 특정 조건이 발생할 때까지 대기 상태로 둔다. 그러므로 메모리상에는 많은 프로세스가 있을 수 있지만 현대 리눅스 시스템에서 실행 중인 프로세스는 하나뿐이다.

멀티태스킹 운영체제에는 협동형 멀티태스킹cooperative multitasking과 선점형 멀티태스킹preemptive multitasking 두 가지 방식이 있다. 여타 유닉스 시스템을 포함한 최근 운영체제와 마찬가지로 리눅스도 선점형 멀티태스킹을 지원한다. 선점형 멀티태스킹에서는 프로세스 실행을 언제 중단하고 다른 프로세스를 실행할지를 스케줄러가 결정한다. 실행 중인 프로세스를 강제로 중지시키는 작업을 선점preemption이라고 한다. 프로세스가 선점되기 전까지 프로세스에 주어지는 시간은 보통 미리 정해져 있으며, 이를 프로세스의 타임슬라이스timeslice라고 한다. 타임슬라이스는 프로세서 동작 시간을 실행 가능한 프로세스에게 잘라서 나눠준다는 뜻이다. 스케줄러는 타임슬라이스를 관리하는 방식으로 전체적인 시스템 스케줄링을 결정한다. 이렇게 해서 어느 한 프로세스가 프로세서를 독점하는 것을 막을 수 있다. 요즘 운영체제는 정해진 시스템 정책과 프로세스의 동작과 관련된 함수를 이용해 동적으로 타임슬라이스의 크기를 계산한다. 앞으로 살펴보겠지만 리눅스 특유의 '공정fair' 스케줄러는 타임슬라이스 값을 그 자체로 적용하지 않는 방식을 통해 재미있는 효과를 낸다.

이와 달리 협동형 멀티태스킹에서는 프로세스가 자발적으로 실행을 중단하지 않는 한 프로세스를 중지시킬 수 없다. 프로세스가 자발적으로 동작을 중단하는 행동을 양보yield라고 한다. 이상적으로는 프로세스가 자주 양보함으로써 실행 중인 프로세스가 충분한 프로세서 동작 시간을 확보할 수 있다. 하지만 운영체제가 이를 강제할 수는 없다. 이 방식의 단점은 명백하다. 얼마나 오랫동안 프로세스를 실행할지 스케줄러가 전체적인 결정을 내릴 수 없다. 프로세스가 프로세스를 사용자가 의도한 것보다 더 오랫동안 독점할 수도 있다. 그리고 양보를 모르는 덩치 큰 프로세스가 등장하면 전체 시스템을 먹통으로 만들 수도 있다. 다행히 지난 20여 년 동안 대부분의 운영체제는 선점형 멀티태스킹을 지원했다. 주목할 만한 (당황스러운) 예외로 Mac OS 9(그리고 그 이전 버전), 윈도우 3.1(그리고 그 이전 버전) 정도를 들 수 있다. 물론 유닉스는 태초부터 선점형 멀티태스킹을 사용해왔다.

리눅스의 프로세스 스케줄러

1991년 리눅스의 첫 버전부터 2.4 커널 시리즈까지의 리눅스 스케줄러는 간단하고 평범하게 설계되었다. 이해하기에는 쉬웠지만 실행할 프로세스가 많거나 프로세서 개수가 많은 시스템에서는 확장성 있는 모습을 보여주지 못했다.

이를 보완하기 위해 2.5 커널 시리즈에서 스케줄러 정비 작업에 들어갔다. 스케줄러의 알고리즘 특징 때문에 보통 O(1) 스케줄러라고 부르는[1] 새 스케줄러는 이전 버전의 단점을 해결했고, 성능향상을 위해 새로운 강력한 기능을 도입했다. 타임슬라이스 계산 과정에 상수 시간 알고리즘을 적용했고, 프로세서마다 별도의 실행 대기열queue을 만들어 이전 스케줄러에 있던 설계상 제약을 제거했다.

수백 개 수준까지는 아니지만 수십 개 프로세서를 가진 커다란 시스템을 리눅스가 지원하게 되면서도 O(1) 스케줄러는 수월하게 확장되는 우아한 성능을 보여주었

---

1. O(1)은 Big O 표기법이다. 간단히 말하면 스케줄러가 입력의 크기에 상관없이 일정한 시간 안에 작업을 수행한다는 뜻이다. Big O 표기법에 대한 자세한 내용은 6장 "커널 자료구조"에서 설명한다.

다. 그러나 시간이 흐름에 따라 응답시간에 민감한 애플리케이션에 대해 O(1) 스케줄러가 몇 가지 병적인 문제가 있음이 드러났다. O(1) 스케줄러는 대화형interactive 프로세스가 없는 커다란 서버 작업에는 이상적이었지만, 대화형 애플리케이션이 그 존재 이유가 되는 데스크톱 시스템에서는 평균 이하의 성능을 보여주었다.

O(1) 스케줄러의 대화형 성능을 개선하기 위해 새로운 프로세스 스케줄러가 초기 2.6 커널 시리즈에 도입되었다. 이중에서 가장 주목할 만한 것은 회전 계단식 기한 Rotating Staircase Deadline 스케줄러로, 공정 스케줄링 개념을 큐잉 이론에서 빌려다 적용한 것이다. 이 개념에 영감을 받아 결국 2.6.23 커널 버전부터 CFS라고 부르는 완전 공정 스케줄러가 O(1) 스케줄러를 대신하게 되었다.

이 장에서는 스케줄러 설계에 대한 기본 내용과 완전 공정 스케줄러의 적용 방법과 CFS의 목적, 설계, 구현, 알고리즘 및 관련 시스템 호출에 대해 알아본다. 보다 '전통적인' 유닉스 스케줄러 설계인 O(1) 스케줄러의 구현에 대해서도 알아본다.

정책

정책Policy은 스케줄러가 무엇을 언제 실행할 것인지를 정하는 동작을 말한다. 스케줄러의 정책을 통해 시스템의 전체적인 느낌이 정해지는 경우가 많으며, 프로세서 시간의 사용을 최적화하는 책임이 있다. 그러므로 정책을 정하는 것은 매우 중요하다.

입출력중심 프로세스와 프로세서중심 프로세스

프로세스는 입출력중심 또는 프로세서중심 두 가지로 나눌 수 있다. 입출력중심 프로세스는 입출력 요청을 하고 기다리는 데 대부분의 시간을 사용하는 프로세스를 말한다. 따라서 이런 프로세스는 입출력을 기다리는 작업을 반복하게 되므로 실제 실행시간은 아주 짧다(여기서 입출력이라 함은 단순한 디스크 입출력만을 말하는 것이 아니라 키보드 입력이나 네트워크 입출력과 같이 대기 상태가 발생할 수 있는 모든 종류의 시스템 자원을 말한다). 예를 들면, 그래픽 사용자 인터페이스GUI를 가진 대부분의 애플리케이션은 키보드나 마우스를 통해 사용자 동작을 기다리는 데 대부분의 시간을 사용하므로 실제로 디스크에 입출력 작업을 하지 않더라도 입출력중심 프로세스가 된다.

반면 프로세서중심 프로세스는 대부분의 시간을 코드를 실행하는 데 사용한다. 이런 프로세스는 입출력 요청으로 중단되는 경우가 드물어 선점될 때까지 계속 실행된다. 하지만 입출력중심이 아니어서 스케줄러가 이런 프로세스를 자주 실행시킬수록 시스템 반응이 나빠진다. 따라서 프로세서중심 프로세스에 대해서는 좀 더 긴 시간 동안, 덜 자주 실행하는 스케줄러 정책이 좋다. 프로세서중심 프로세스의 극단적인 예로는 무한루프를 도는 프로세스를 들 수 있다. 좀 더 현실적인 예로는 많은 양의 수학적 계산을 수행하는 ssh-keygen이나 MATLAB 같은 프로그램을 들 수 있다.

물론, 이런 분류는 상호 배타적이지 않다. 프로세스는 동시에 두 가지 특성을 가질 수 있다. 예를 들어, X 윈도우 서버는 프로세서와 입출력을 모두 많이 사용한다. 보통은 입출력중심 프로세스지만, 어떤 순간에는 프로세서를 집중적으로 사용하는 프로세스도 있을 수 있다. 이런 좋은 예로 워드프로세서를 들 수 있다. 보통은 키 입력을 기다리고 있지만 철자법 검사나 매크로 계산 같은 복잡한 기능을 사용하는 순간에는 극단적으로 프로세서를 많이 사용한다.

시스템의 스케줄링 정책은 상충되는 두 가지 목적을 달성하고자 한다. 프로세스 응답시간(낮은 지연시간)을 빠르게 하는 것과 시스템 사용률을 최대화하는 것(산출물 극대화)이 그것이다. 이런 모순된 요구사항을 만족시키기 위해 스케줄러는 복잡한 알고리즘을 사용해 우선순위가 낮은 프로세스에게 공정함을 보장하면서도 순간순간 실행 가치가 가장 높은 프로세스를 선택한다. 유닉스 시스템의 스케줄러 정책은 입출력중심 프로세스에 관대한 경향이 뚜렷해 빠른 프로세스 응답시간을 제공한다. 리눅스도 대화형 작업에 대한 쾌적한 응답시간과 데스크톱으로서의 성능 제공을 목적으로 하기 때문에 프로세스 응답시간 최적화(낮은 지연시간)를 위해 프로세서중심 프로세스보다 입출력중심 프로세스에 관대하다. 앞으로 살펴보겠지만, 리눅스는 독창적인 방식으로 이 작업을 구현했기 때문에 프로세서중심 프로세스를 소홀히 하지 않는다.

프로세스 우선순위

스케줄링 알고리즘의 일반적인 형태는 우선순위 기반 스케줄링이다. 이 방식의 목표는 가치와 필요에 따라 프로세스의 순위를 매겨 프로세서 시간을 할당하는 것이다. 리눅스의 경우는 좀 다르지만, 일반적으로 우선순위가 높은 프로세스를 우선순위가 낮은 프로세스보다 먼저 실행하고, 우선순위가 같으면 순환방식round-robin(하나씩 차례대로 돌아가면서)으로 실행하는 방법을 사용한다. 일부 시스템에서는 우선순위가 높은 프로세스에 타임슬라이스를 길게 할당하기도 한다. 실행 가능 프로세스 중 할당받은 타임슬라이스가 아직 남아있고, 우선순위가 가장 높은 프로세스가 항상 먼저 실행된다. 시스템뿐만 아니라 사용자도 프로세스의 우선순위를 조정해 시스템의 스케줄링 동작을 조절할 수 있다.

리눅스 커널은 두 가지 별개의 우선순위 단위를 가지고 있다. 첫 번째는 나이스 값으로 −20에서 +19 사이의 값을 가지며, 기본값은 0이다. 나이스 값이 클수록 우선순위가 낮다. 값이 클수록 시스템의 다른 프로세스에 더 '친절nice'해진다는 뜻이다. 나이스 값이 낮은(우선순위가 높은) 프로세스는 나이스 값이 높은(우선순위가 낮은) 프로세스보다 더 많은 시스템 프로세서 사용 시간을 할당받는다. 나이스 값은 모든 유닉스 시스템이 가지고 있는 우선순위 표시 형식이지만, 각 시스템은 각자의 스케줄링 알고리즘에 맞는 방식으로 나이스 값을 사용한다. Mac OS X 등의 유닉스 기반 운영체제는 나이스 값을 이용해 프로세스에 할당하는 타임슬라이스의 절대적인 크기를 조절한다. 이에 반해 리눅스는 나이스 값으로 타임슬라이스의 비율을 조절한다. ps -el 명령을 이용하면 시스템의 프로세스 목록과 각각의 나이스 값을 (NI 항목에 표시) 확인할 수 있다.

두 번째 우선순위 단위는 '실시간 우선순위'다. 이 단위는 기본적으로 0에서 99까지의 범위를 가지고 있으며, 설정을 통해 조절할 수 있다. 나이스 값과 달리 실시간 우선순위 값은 클수록 우선순위가 높다. 모든 실시간 프로세스는 일반적인 프로세스보다 우선순위가 높다. 즉 실시간 우선순위 값은 나이스 값과는 별도의 값이다. 리눅스는 관련 유닉스 표준, 구체적으로 POSIX.1b에 따라 실시간 우선순위를 구현한다. 모든 현대 유닉스 시스템은 비슷한 방식으로 실시간 우선순위를 구현한다. 다음 명령을 이용해 시스템의 프로세스 목록과 각각의 실시간 우선순위를(RTPRIO 항목에 표시) 확인할 수 있다.

```
ps -eo state,uid,pid,ppid,rtprio,time,comm.
```

'-'가 표시된 경우는 실시간 프로세스가 아님을 뜻한다.

타임슬라이스

타임슬라이스는 선점되기 전까지 작업을 얼마나 더 실행할 수 있는지 나타내는 값이다. 스케줄러 정책에 따라 타임슬라이스 기본값을 정하게 되는데, 이는 간단한 문제가 아니다. 타임슬라이스를 너무 길게 잡으면 시스템의 대화형 성능이 떨어진다. 실제 애플리케이션이 시스템에서 실행되고 있다는 것을 느끼기 어려워진다. 타임슬라이스를 너무 짧게 잡으면 타임슬라이스를 소진한 프로세스를 다음 프로세스로 전환하는 데 빈번하게 시스템 시간을 사용하게 되므로, 프로세스 전환에 상당량의 프로세스 시간을 허비한다. 게다가 입출력중심 작업과 프로세서중심 작업이냐 하는 문제도 고려해야 한다. 입출력중심 프로세스는 (자주 실행돼야 하지만) 긴 타임슬라이스가 필요하지 않은 반면, 프로세서중심 프로세스는 (캐시정보 유지 등의 이유로) 긴 타임슬라이스를 가지는 것이 유리하다.

이런 논리에 따르면 타임슬라이스가 길어질수록, 대화형 성능이 떨어진다고 볼 수 있다. 이런 점을 고려해 많은 운영체제에서 기본 타임슬라이스 값을 상당히 낮게 10밀리초 정도로 설정한다. 그러나 리눅스의 CFS 스케줄러는 프로세스별로 타임슬라이스 값을 할당하지 않는다. 대신 CFS 스케줄러는 프로세스별로 프로세서 할당 비율을 지정하는 더 우아한 방법을 사용한다. 이에 따라 리눅스에서 프로세스에 할당되는 프로세서 시간은 시스템의 부하에 따른 함수로 결정된다. 그리고 이 할당 비율은 각 프로세스의 나이스 값에 영향을 받는다. 나이스 값은 가중치로 작동해 각 프로세스에 할당되는 프로세서 시간의 비율을 변경한다. 나이스 값이 높은(우선순위가 낮은) 프로세스는 낮은 가중치가 적용되어 낮은 비율의 프로세서 시간을 받고, 나이스 값이 낮은(우선순위가 높은) 프로세스는 높은 가중치가 적용되어 높은 비율의 프로세서 시간을 받는다.

앞서 말했듯이 리눅스는 선점형 운영체제다. 프로세스가 실행 가능 상태가 되면 스케줄러의 실행 대상이 된다. 대부분의 운영체제는 프로세스 우선순위와 남아있는 타임슬라이스 양에 따른 함수를 통해 현재 실행 중인 프로세스를 선점하고 다른 프로세스를 즉시 실행할지 여부를 결정한다. 리눅스는 새로 실행할 프로세스가 얼마나 많은 비율의 프로세서 시간을 사용했는지를 나타내는 함수를 이용하는 새로운 CFS 스케줄러가 이를 결정한다. 새 프로세스가 현재 실행 중인 프로세스보다 낮은 비율의 프로세서 시간을 사용했다면, 현재 프로세스를 선점하고 즉시 실행된다. 그렇지 않다면 나중에 실행된다.

스케줄러 정책의 동작

문서 편집기와 동영상 인코더 두 가지 작업이 있는 시스템을 생각해보자. 문서 편집기는 대부분의 시간을 사용자 키 입력을 기다리는 데 사용하므로 입출력중심 프로세스다(사용자의 타자속도가 아무리 빠르다고 해도 시스템 관점에선 전혀 빠르지 않다). 그렇지만 사용자는 키가 눌려졌을 때 문서 편집기가 즉시 반응하기를 원한다. 반면, 동영상 인코더는 프로세서중심 작업이다. 디스크에서 새 데이터를 읽어들이고, 나중에 결과물을 저장할 때를 제외하면, 인코더는 비디오 코덱으로 데이터를 처리하는 데 대부분의 시간을 사용하며, 쉽게 프로세서를 100% 사용한다. 동영상 인코더는 실행시간에 대해 아무런 제약이 없다. 지금 실행하거나 0.5초 뒤에 실행더라도 사용자는 이를 알 수 없고 신경쓰지도 않는다. 물론, 작업은 빨리 마칠수록 좋지만 응답 시간이 중요한 문제는 아니다.

이 경우 이상적으로는 문서 편집기가 대화형 작업이므로 스케줄러는 동영상 인코더보다 문서 편집기에 많은 비율의 가용 프로세서를 할당한다. 문서 편집기에는 두 가지 목표가 있다. 첫째, 상당량의 프로세스 시간을 할당해야 한다. 프로세서를 많이 필요로 해서가 아니라(사실 많이 필요하지 않다), 필요한 순간에 항상 프로세서 시간을 얻을 수 있어야 하기 때문이다. 둘째, 문서 편집기가 깨어나는 순간(예컨대, 사용자가 키를 누를 때) 동영상 인코더를 선점할 수 있어야 한다. 이렇게 해야 문서 편집기가 사용자 입력에 바로 반응하는 좋은 대화형 성능을 보장할 수 있다. 많은 운영체제는 동영상 인코더보다 문서 편집기에 높은 우선순위를 주고, 긴 타임슬라이스를 할당함으로써 이 두 가지 목표를 달성한다. 발전된 운영체제는 문서 편집기가 대화형 작업이라는 것을 자동으로 탐지해서 이런 과정을 수행한다. 리눅스는 다른 방법을 사용해 이 두 가지 목표를 달성한다. 문서 편집기에 특정 우선순위와 타임슬라이스를 할당하는 대신, 문서 편집기에 일정 비율의 프로세서 시간을 보장한다. 같은 나이스 값을 가진 프로세스가 동영상 인코더와 문서 편집기 뿐이라면, 이 비율은 50%가 된다. 각 프로세스는 절반의 프로세서 시간을 보장받는다. 문서 편집기는 사용자의 키 입력을 기다리는 대기 상태로 대부분의 시간을 보내므로 할당된 50% 프로세서를 대부분 사용하지 못한다. 반면 동영상 인코더는 인코딩 작업을 빨리 마치기 위해 할당받은 50% 이상의 시간을 사용할 수 있다.

중요한 순간은 문서 편집기가 깨어났을 때다. 우리의 주요한 목적은 사용자가 입력한 순간 문서 편집기를 즉시 실행하는 것이다. 이 경우 편집기가 깨어나면 CFS는 편집기에 50%의 프로세서가 할당되었지만 실제로는 이보다 아주 적게 사용했다는 것을 알게 된다. 구체적으로 표현하자면 CFS는 문서 편집기의 실행시간이 동영상 인코더의 실행시간보다 작다는 것을 알게 된다. 모든 프로세스에 프로세서를 공정하게 배분하기 위해 스케줄러는 동영상 인코더를 선점하고 문서 편집기를 실행한다. 문서 편집기는 사용자 키 입력을 빠르게 처리하고 다시 입력을 기다리는 대기 상태로 들어간다. 문서 편집기는 할당받은 50%를 다 사용하지 않았기 때문에 이 같은 방식을 계속함으로써 CFS는 필요할 때 문서 편집기가 바로 실행하면서 나머지 시간을 동영상 편집기가 사용할 수 있게 해준다.

리눅스 스케줄링 알고리즘

앞 절에서 리눅스가 특정 상황에서 스케줄링 이론을 어떻게 실제로 적용하는지를 통해 프로세스 스케줄링을 개념적으로 알아보았다. 스케줄링의 기본이 갖춰졌으니 리눅스 프로세스 스케줄러에 대해 자세히 살펴보자.

스케줄러 클래스

리눅스 스케줄러는 모듈화돼 있어 여러 유형의 프로세스를 각기 다른 알고리즘을 통해 스케줄링할 수 있다. 모듈화된 이 형태를 스케줄러 클래스라고 한다. 스케줄러 클래스를 이용해 교체 가능한 여러 알고리즘을 동시에 사용하면서 클래스별로 독자적인 방식으로 프로세스를 스케줄링할 수 있다. 각 스케줄러 클래스에는 우선순위가 있다. kernel/sched.c에 정의된 기본 스케줄러 코드는 각 스케줄러 클래스를 우선순위에 따라 차례대로 실행한다. 실행 가능한 프로세스가 있는 가장 우선순위가 높은 스케줄러가 다음에 실행할 프로세스를 선택한다.

완전 공정 스케줄러CFS는 SCHED_NORMAL로 정의된(POSIX 표준에서는 SCHED_OTHER) 리눅스의 일반 프로세스용 스케줄러 클래스다. CFS는 kernel/ sched_ fair.c에 정의되어 있다. 이번 절의 나머지 부분에서는 2.6.23 버전 이후의 리눅스 커널에서 사용하는 CFS 알고리즘에 대해 알아본다. 실시간 프로세스를 위한 스케줄러 클래스에 대해서도 다음 절에서 알아본다.

유닉스 시스템의 프로세스 스케줄링

공정 스케줄러를 살펴보려면, 먼저 전통적인 유닉스 시스템의 프로세스 스케줄링 방식에 대해 알아야 한다. 앞 절에서 언급했다시피 현대 프로세스 스케줄러에는 두 가지 공통 개념이 있다. 프로세스 우선순위와 타임슬라이스다. 타임슬라이스는 프로세스가 얼마나 오랫동안 실행되는 가를 뜻한다. 프로세스는 정해진 타임슬라이스 기본값을 가지고 시작한다. 높은 우선순위 프로세스는 더 자주 실행되고 (많은 시스템에서) 더 긴 타임슬라이스 값을 할당받는다. 유닉스에서 우선순위는 나이스 값의 형태로 사용자 공간에 개방돼 있다. 이런 설계는 간단해 보이지만, 실제로 이제 언급할 몇 가지 방법론적인 문제가 있다.

먼저 나이스 값과 타임슬라이스를 연계시키려면 각 나이스 값에 할당할 타임슬라이스의 절대값을 정할 수밖에 없다. 이렇게 되면 작업전환 최적화가 어렵게 된다. 예를 들어, 기본 나이스 값 (0)에 100밀리초의 타임슬라이스를 할당하고, 가장 높은 나이스 값 (+20, 가장 낮은 우선순위)에 5밀리초의 타임슬라이스를 할당했다고 하자. 그리고 이중에서 한 프로세스가 실행 가능 상태가 되었다고 하자. 그러면 일반 프로세스의 경우 프로세서의 20/21(105밀리초 중 100밀리초)을 할당받고, 낮은 우선순위의 프로세스는 1/21(105밀리초 중 5밀리초)를 할당받는다. 실제 수치로 어떤 값을 사용했든 선택한 값에 따라 최적의 비율로 할당됐다고 하자. 이제 낮은 우선순위의 프로세스가 두 개 실행되는 경우라면 어떻게 될까? 각 프로세스가 똑같이 50%의 프로세서를 사용하기를 기대할 것이고, 실제로도 그렇다. 하지만 각 프로세스는 한 번에 5밀리초 동안만 프로세스를 사용할 수 있다(각자 10밀리초 중 5밀리초). 즉 105밀리초마다 두 번 작업 전환이 일어나는 대신 10밀리초마다 두 번씩 작업전환이 일어난다. 반면, 보통 우선순위 프로세스가 둘 있는 경우 각 프로세스에 정확히 50%의 프로세스를 할당하지만, 100밀리초마다 작업이 전환된다. 두 경우 모두 이상적인 타임슬라이스 할당이라고 볼 수 없다. 이 문제는 나이스 값을 특정 타임슬라이스 값에 단순하게 대응시킨 데다가 특정 우선순위만의 프로세스가 실행되면서 발생한 부작용이다. 사실 나이스 값이 높은 (우선순위가 낮은) 프로세스는 백그라운드 작업이거나 프로세서중심 작업이기 쉬운 반면, 보통 우선순위의 프로세스는 포그라운드 사용자 작업일 경우가 많기 때문에 이런 타임슬라이스 할당은 이상적인 모습과는 정확히 반대가 된다.

두 번째 문제는 또 다시 나이스 값이 타임슬라이스와 묶이는 것과 나이스 값의 상대적인 차이에 따라 발생한다. 각기 다른 나이스 값을 가진 두 프로세스가 있다고 하자. 먼저 각각의 나이스 값이 0과 1인 경우를 생각해보자. 이러면 각 프로세스는 100밀리초와 95밀리초의 타임 슬라이스를 받을 것이다(실제 0(1) 스케줄러는 이렇게 한다). 이러면 두 값의 차이가 크지 않아 실제 나이스 값 하나의 실제 차이는 미미하다. 이제 나이스 값이 각각 18과 19인 두 프로세스를 생각해보자. 이 경우에는 각각의 타임슬라이스를 10밀리초와 5밀리초로 할당한다. 전자의 프로세스는 후자에 비해 두 배의 프로세서 시간을 받는다! 나이스 값은 대개의 경우 상대적인 개념으로 사용하므로(시스템 호출로 증감시키지 실제 값을 지정하지 않는다), 이 같은 동작은 "프로세스의 나이스 값을 하나 낮춘다"라는 동작이 현재 나이스 값에 따라 크게 달라질 수 있다는 의미가 된다.

세 번째, 나이스 값에 따라 타임슬라이스를 할당하려면 타임슬라이스의 절대값을 할당할 수 있어야 한다. 이 절대값은 커널이 측정할 수 있는 단위로 정해져야 한다. 대부분의 운영체제에서 이는 타이머 클럭의 일정 배수로 타임슬라이스 단위를 정해야 한다는 의미가 된다(커널이 사용하는 시간에 대해서는 11장 "타이머와 시간 관리"를 참고하라). 이는 몇 가지 문제를 야기한다. 첫째, 최소 타임슬라이스 값이 타이머 틱보다 작을 수 없다. 타이머 틱 값은 10밀리초처럼 길수도 있고, 1밀리초처럼 짧을 수도 있다. 둘째, 타임슬라이스의 차이가 시스템 타이머에 의존적이 된다. 인접한 나이스 값에 해당하는 타임슬라이스의 길이 차이가 10밀리초만큼 클 수도 있고, 1밀리초만큼 작을 수도 있다. 마지막으로 타이머 틱이 달라짐에 따라 타임슬라이스가 바뀔 수 있다 (이 부분은 CFS가 나온 동기 중 하나만 설명하므로 타이머 틱에 대한 이 문단의 내용이 생소하다면 11장을 읽은 후 다시 읽어보기 바란다).

네 번째, 그리고 마지막 문제는 우선순위 기반 스케줄러가 대화형 작업을 최적화하고자 할 경우에 프로세스 깨우기 처리와 관련된 문제다. 이런 시스템은 새로 깨어난 작업이 즉시 실행될 수 있도록 할당된 타임슬라이스를 다 사용한 경우에도 해당 프로세스의 우선순위를 끌어올려 주고 싶을 수 있다. 많은 경우 이렇게 함으로써 대화형 성능을 향상시킬 수 있겠지만, 잠들었다 깨어나기를 반복하는 특정 프로세스로 인해 스케줄러가 나머지 시스템을 희생시키고 한 프로세스에만 불공정하게 프로세서를 할당하는 상황을 만들 수 있는 방법론적인 허점을 열어놓을 수 있다.

패러다임을 바꿀 정도는 아니지만 전통적인 유닉스 스케줄러에 상당한 변경을 적용함으로써 이런 문제는 대부분 해결이 가능하다. 예를 들어, 나이스 값에 따른 타임슬라이스 값을 선형이 아닌 기하적인 값을 사용하면 두 번째 문제를 피할 수 있다. 그리고 나이스 값에 할당하는 타임슬라이스 단위를 타이머 틱에 영향을 받지 않는 값을 사용함으로써 세 번째 문제를 해결할 수 있다. 하지만 이런 해결책은 절대적으로 타임슬라이스 값을 지정하는 고정된 전환 비율을 사용하는 한, 상황에 따라 바뀌는 공정함의 기준을 만족시킬 수 없다는 진정한 문제를 감추는 것에 불과하다. CFS는 (프로세스 스케줄러 입장에서) 혁신적인 새로운 방식으로 타임슬라이스 할당 문제에 접근했다. 타임슬라이스 값을 완전히 무시하고 각 프로세스에 할당할 프로세서 비율을 정한다. 이렇게 해서 CFS는 작업 전환 비율 조정을 통해 일정한 공정성을 유지한다.

공정 스케줄링

CFS는 단순한 개념을 바탕으로 한다. 이상적이고 완벽한 멀티태스킹 프로세서를 가지고 있는 시스템의 프로세스 스케줄링을 추구한다. 실행 가능한 프로세스가 n개 있다고 하면, 이런 시스템은 각 프로세스에 1/n의 프로세스 시간을 할당하고, 이런 프로세스를 무한히 작은 시간 단위로 스케줄링함으로써 특정 시간 안에 n개의 프로세스가 모두 동일한 시간 동안 실행되게 할 수 있다. 예를 들어, 두 개의 프로세스가 있다고 하자. 표준 유닉스 방식에서는 한 프로세스를 5밀리초 동안 실행하고 다른 프로세스를 5밀리초 동안 실행한다. 실행 중인 프로세스는 프로세서를 100% 사용한다. 이상적이고 완벽한 멀티태스킹 프로세서라면 10밀리초 동안 프로세서를 50%씩 사용하는 두 프로세스를 동시에 실행할 수 있다. 후자의 방식을 완전 멀티태스킹이라고 한다.

물론 여러 개의 프로세스를 문자 그대로 의미로 한 프로세서에서 동시에 실행할 수는 없으므로 이 방식은 현실적이지 않다. 게다가 프로세스를 극단적으로 짧은 시간 간격으로 실행하는 것은 비효율적이다. 한 프로세스가 다른 프로세스를 선점할 때는 전환 비용이 들어간다. 실행 프로세스를 바꿔치기 하는 데 필요한 비용이나 캐시에 미치는 부정적인 효과 등을 예로 들 수 있다. 그래서 프로세스를 아주 짧은 시간 간격으로 실행하고 싶다 하더라도, CFS는 그렇게 했을 때 야기되는 비용이나 성능상의 약점을 고려해야 한다. 대신 CFS는 각 프로세스를 순차적으로 일정 시간 동안 실행하고, 가장 실행이 덜 된 프로세스를 다음에 실행할 프로세스로 선택한다. CFS는 프로세스별로 타임슬라이스를 할당하기보다는 실행 가능한 전체 프로세스 개수와 관련된 함수를 이용해 프로세스를 얼마 동안 실행해야 하는지 계산한다. CFS는 나이스 값을 이용해 타임슬라이스 크기를 계산하지 않고, 프로세스에 할당할 프로세서 시간 비율의 가중치로 나이스 값을 사용한다. 값이 높을수록(우선순위가 낮을수록) 프로세스는 기본 값의 몇 분의 일에 해당하는 낮은 가중치를 받고, 낮을수록(우선순위 가 높을수록) 높은 비율의 가중치를 받는다.

각 프로세스는 자신의 가중치를 실행 가능한 전체 프로세스 가중치 총합으로 나눈 비율에 해당하는 크기만큼의 '타임슬라이스' 동안 실행된다. CFS는 실제 타임슬라이스 값을 계산하기 위해 완전 멀티태스킹의 '무한히 작은' 스케줄링 단위를 근사할 수 있는 목표치를 정해 놓는다. 이 목표치를 목표 응답시간이라고 한다. 목표치가 작을수록 대화형 성능이 좋아지고 완전 멀티태스킹에 가까워지지만, 전환 비용이 커지므로 전체 시스템 효율은 나빠진다. 목표 응답시간이 20밀리초며, 우선순위가 같은 프로세스 두 개가 실행 중이라고 하자. 실제 작업의 우선순위와 상관없이 각 프로세스는 다른 프로세스에 선점되기 전에 10밀리초 동안 실행된다. 20개의 작업이 있다면, 각 작업은 1밀리초 동안 실행될 것이다.

실행 중인 작업이 무한히 늘어남에 따라 할당되는 프로세서 비율과 타임슬라이스 값은 0에 가까워진다. 결국 전환 비용이 받아들일 수 없는 수준이 되는 순간이 오게 되므로, CFS는 각 프로세스에 할당하는 타임슬라이스의 최소 한계를 가지고 있다. 이 값을 최소 세밀도minimum granualarity라고 하며 기본값은 1밀리초다. 따라서 실행 중인 프로세스의 개수가 무한히 늘어난다고 하더라고, 각 프로세스에 최소 1밀리초의 실행시간을 보장해 전환 비용이 실행시간을 잠식하는 것을 막아준다(눈치 빠른 독자라면 프로세스 개수가 많이 늘어나서 계산된 비율이 최소 세밀도 이하로 내려가면 CFS가 완벽히 공정하게 동작할 수 없다는 것을 알아챘을 것이다. 이는 사실이다. 이런 상황에서도 공정성을 개선할 수 있는 수정 방법이 있긴 하지만, CFS는 명시적으로 이런 트레이드 오프를 가지게 설계되어 있다. 실행 가능한 프로세스가 얼마 되지 않는 일반적인 경우에 있어서 CFS는 완벽히 공정하다고 볼 수 있다).

다시 실행 중인 두 프로세스가 있고 나이스 값이 다른 경우를 생각해보자. 한 프로세스는 기본 나이스 값 (0)을 가지고 있고, 다른 프로세스는 나이스 값 5를 가지고 있다. 나이스 값이 달라 가중치가 달라지므로 각 프로세스는 다른 비율의 프로세서 시간을 할당받는다. 여기서는 나이스 값이 5인 프로세스는 가중치로 인해 약 1/3로 불이익을 받는다. 목표 응답시간이 20밀리초라고 하면, 이 두 프로세스는 각각 15밀리초와 5밀리초의 프로세스 시간을 할당받는다. 실행 중인 프로세스의 나이스 값이 각각 10, 15라고 하자. 각 프로세스에 얼마만한 크기의 타임슬라이스가 할당될까? 여전히 각각 15밀리초와 5밀리초가 할당된다! 나이스 값의 절대적인 크기는 스케줄링 결정에 영향을 미치지 않는다. 상대적인 값의 차이만이 프로세서 시간의 할당 비율에 영향을 준다.

일반적으로 프로세스의 프로세서 시간 비율은 해당 프로세스와 다른 프로세스 간의 나이스 값의 상대적인 차이에만 영향을 받는다. 나이스 값에 따라 타임슬라이스 크기를 일정 간격으로 늘리는 대신, 일정 비율로 늘리는 것이다. 특정 나이스 값이 할당되는 타임슬라이스 값은 정확한 숫자 형태가 아닌 프로세서의 일정 비율형태로 주어진다. 각 프로세스에 프로세서 시간의 공정한 몫(비율)을 나누어 주기 때문에 CFS를 공정 스케줄러라고 부른다. 앞서 말했다시피 완전 멀티태스킹을 근사하는 것에 불과하므로 CFS가 완벽하게 공정할 수는 없지만, 최소한 n이라는 지연시간 조건에서 n개의 프로세스를 실행하는 조건에서는 공정성을 보장할 수 있다.

리눅스 스케줄링 구현

CFS의 의도와 그 논리에 대해 알아봤으므로, 이제 kernel/sched_fair.c에 들어 있는 CFS의 실제 구현을 살펴보자. 구체적으로 CFS의 다음 네 가지 구성요소에 대해 알아본다.

- 시간 기록
- 프로세스 선택
- 스케줄러 진입 위치
- 휴면 및 깨어남

시간 기록

모든 프로세스 스케줄러는 각 프로세스의 실행시간을 기록해야 한다. 앞에서 살펴봤듯이 대부분의 유닉스 시스템은 프로세스에 타임슬라이스를 할당하면서 기록한다. 시스템 클럭 한 틱이 지날 때마다 그 틱에 해당하는 시간만큼 타임슬라이스가 줄어든다. 타임슬라이스가 0이 되면 타임슬라이스가 0보다 큰 프로세스가 해당 프로세스를 선점한다.

스케줄러 단위 구조체

CFS에는 타임슬라이스 개념이 없지만, 각 프로세스별로 공정하게 할당된 몫만큼만 프로세서를 사용해야 하므로 프로세스의 실행시간을 기록해 두어야 한다. CFS는 <linux/sched.h>에 정의된 struct sched_entity라는 스케줄러 단위 구조체를 사용해 프로세스와 관련된 스케줄러 정보를 저장한다.

```
struct sched_entity {
    struct load_weight      load;
    struct rb_node          run_node;
    struct list_head        group_node;
    unsigned int            on_rq;
    u64                     exec_start;
    u64                     sum_exec_runtime;
```

```
    u64                          vruntime;
    u64                          prev_sum_exec_runtime;
    u64                          last_wakeup;
    u64                          avg_overlap;
    u64                          nr_migrations;
    u64                          start_runtime;
    u64                          avg_wakeup;
/* CONFIG_SCHEDSTATS 값이 설정된 경우에만 사용하는 많은 통계용 변수는 생략 */
};
```

스케줄러 단위 구조체는 프로세스 서술자로 사용하는 struct task_struct 구조체에 se 항목으로 들어 있다. 프로세스 서술자에 대해서는 3장 "프로세스 관리"에서 살펴보았다.

가상 실행시간

vruntime 변수에는 프로세스의 가상 실행시간이 저장되는데, 가상 실행시간은 실행 가능한 프로세스 개수에 따라 정규화한 (또는 가중치를 적용한) 실제 실행시간(프로세스가 실행된 시간)을 뜻한다. 가상 실행시간의 단위로는 나노초를 사용하기 때문에 vruntime은 타이머 틱에 독립적인 값이다. 가상 실행시간을 이용해 CFS가 지향하는 '이상적인 멀티태스킹 프로세서'를 근사적으로 구현할 수 있다. 이상적인 멀티태스킹 프로세서가 있다면 실행 중인 모든 프로세스가 완벽히 동시에 실행될 것이므로 vruntime이 따로 필요하지 않을 것이다. 즉 이상적인 프로세서에서는 우선순위가 같은 프로세스의 가상 실행시간은 모두 같다. 모든 작업이 동일하게 같은 몫의 프로세서를 할당받는다. 완벽한 멀티태스킹을 지원하는 프로세서가 없으므로 각 프로세스를 하나씩 순서대로 실행해야 하기 때문에 CFS는 vruntime을 통해 프로세서가 얼마나 오랫동안 실행됐는지, 앞으로 얼마나 더 실행되어야 하는지를 기록한다.

이 기록 작업은 kernel/sched_fair.c에 정의된 update_curr() 함수가 처리한다.

```
static void update_curr(struct cfs_rq *cfs_rq)
{
    struct sched_entity *curr = cfs_rq->curr;
    u64 now = rq_of(cfs_rq)->clock;
```

```
    unsigned long delta_exec;

    if (unlikely(!curr))
      return;

    /*
     * 지난번 갱신 시점 이후 현재 작업이 실행된 시간을 구한다.
     * (이 값은 32비트 범위를 넘어갈 수 없다).
     */

    delta_exec = (unsigned long)(now - curr->exec_start);
    if (!delta_exec)`
          return;
    __update_curr(cfs_rq, curr, delta_exec);
    curr->exec_start = now;

    if (entity_is_task(curr)) {
      struct task_struct *curtask = task_of(curr);

      trace_sched_stat_runtime(curtask, delta_exec, curr->vruntime);
      cpuacct_charge(curtask, delta_exec);
      account_group_exec_runtime(curtask, delta_exec);
    }
}
```

update_curr() 함수는 현재 프로세스의 실행시간을 계산해 그 값을 delta_exec에 저장한다. 그리고 이 값을 __update_curr() 함수에 전달하고, 이 함수는 전체 실행 중인 프로세스 개수를 고려해 가중치를 계산한다. 이 가중치 값을 추가해 현재 프로세스의 vruntime에 저장한다.

```
/*
 * 현재 작업의 실행시간 통계를 갱신한다.
 * 해당 스케줄링 클래스에 속하지 않는 작업은 무시한다.
 */
static inline void
__update_curr(struct cfs_rq *cfs_rq, struct sched_entity *curr,
```

```
      unsigned long delta_exec)
{
      unsigned long delta_exec_weighted;

      schedstat_set(curr->exec_max, max((u64)delta_exec,curr->exec_max));

      curr->sum_exec_runtime += delta_exec;
      schedstat_add(cfs_rq, exec_clock, delta_exec);
      delta_exec_weighted = calc_delta_fair(delta_exec, curr);

      curr->vruntime += delta_exec_weighted;
      update_min_vruntime(cfs_rq);
}
```

update_curr() 함수는 시스템 타이머를 통해 주기적으로 호출되며, 프로세스가 실행 가능 상태로 바뀌거나 대기 상태가 되어 실행이 중단되는 경우에도 호출된다. 이런 방식으로 vruntime 값은 특정 프로세스의 실행시간을 정확하게 반영하며, 다음 실행 프로세스 선택의 기준으로 사용한다.

프로세스 선택

앞에서 이상적인 완벽한 멀티프로세서 시스템이라면 실행 가능한 모든 프로세스의 vruntime이 동일하다고 했다. 현실적으로는 완벽한 멀티태스킹이 불가능하기 때문에 CFS는 간단한 규칙을 이용해 프로세스 가상 실행시간의 균형 유지를 시도한다. 다음 실행할 프로세스를 선택할 때 CFS는 vruntime이 가장 작은 프로세스를 선택한다. 사실 CFS 스케줄링 알고리즘의 핵심이 이것이다. vruntime이 가장 작은 프로세스를 선택. 바로 이것이다. 이 절의 나머지 부분에서는 vruntime이 가장 작은 프로세스를 선택하는 과정을 어떻게 구현하는가에 대해 설명한다.

　CFS는 vruntime이 가장 작은 실행 가능 프로세스를 효율적으로 찾고 관리하기 위해 레드블랙트리red-black tree를 사용한다. 리눅스에서 **rbtree**라고 부르는 레드블랙트리는 일종의 '자가 균형 이진 탐색 트리self-balancing binary search tree'다. 일반적인 자가 균형 이진 탐색 트리와 레드블랙트리의 특성에 대해서는 6장에서 자세히 알아본다. 이런 내용이 익숙치 않다면, 일단은 레드블랙트리란 어떤 데이터를 노드에 저장하는 자료구조로, 특정 키로 각 노드를 식별할 수 있으며, 키 값이 주어졌을 때 그

키 값을 가진 데이터를 효율적으로 탐색할 수 있는 자료구조라는 정도만 알고 넘어가자(주어진 키 값을 가진 노드를 찾는 데 걸리는 시간은 트리의 전체 노드 개수의 로그 값에 비례한다).

다음 작업 선택

시스템의 실행 가능한 모든 프로세스에 대해 각 프로세스별로 가상 실행시간을 키 값으로 하는 노드를 만들어 레드블랙트리를 구성했다고 하자. 이 트리가 만들어지는 방법에 대해서는 잠시 후 알아보기로 하고 지금은 만들어져 있는 상태라고 하자. 주어진 트리에서 vruntime 값이 가장 작은, CFS가 다음에 실행하고자 하는 프로세스는 트리의 가장 왼쪽에 있는 노드에 해당하는 프로세스가 된다. 즉 트리의 루트 노드에서부터 말단 노드에 이를 때까지 계속 왼쪽 자식 노드를 따라가면 vruntime 값이 가장 작은 프로세스를 찾을 수 있다(이진 탐색 트리가 익숙하지 않다면 신경 쓰지 말고 넘어가자. 그냥 이런 방식이 효율적이라는 것만 알고 있으면 된다). 따라서 CFS의 프로세스 선택 알고리즘은 "레드블랙트리의 가장 왼쪽 노드에 해당하는 프로세스를 실행한다"로 요약할 수 있다. kernel/sched_fair.c 파일에 정의된 __pick_next_entity() 함수가 이런 선택 과정을 처리한다.

```
static struct sched_entity *__pick_next_entity(struct cfs_rq *cfs_rq)
{
    struct rb_node *left = cfs_rq->rb_leftmost;
    if (!left)
      return NULL;

    return rb_entry(left, struct sched_entity, run_node);
}
```

가장 왼쪽 노드 포인터를 rb_leftmost에 저장하기 때문에 __pick_next_entity() 함수가 실제로 트리를 탐색해서 가장 왼쪽 노드를 찾지는 않는다. 트리를 탐색해 가장 왼쪽 노드를 찾는 방법도 상당히 효율적이지만(실제 실행시간은 O(트리의 높이)가 되며, 노드가 N개인 균형 트리라면 O(log N)이 된다), 가장 왼쪽 노드를 캐시하면 일이 더 쉬워진다. 이 함수는 CFS가 다음에 실행해야 할 프로세스를 반환한다. NULL을 반환하는 경우는, 가장 왼쪽 노드가 없는 경우로 트리가 비어 있는 경우가 된다. 이 말은 더 이상 실행 가능 프로세스가 없다는 것이므로 CFS는 아무 일도 하지 않는 비가동idle 작업을 실행한다.

트리에 프로세스 추가

이제 CFS가 레드블랙트리에 프로세스를 어떻게 추가하고 가장 왼쪽 노드를 저장하는지 살펴보자. 프로세스가 (깨어나) 실행 가능한 상태가 되거나, 3장에서 살펴본 fork()를 통해 프로세스가 처음 만들어지는 경우 이 과정이 진행된다. 프로세스를 트리에 추가하는 일은 enqueue_entity() 함수가 처리한다.

```
static void
enqueue_entity(struct cfs_rq *cfs_rq, struct sched_entity *se, int flags)
{
    /*
     * 보정한 vruntime을 갱신하기 전에, update_curr() 함수를 호출해
     *  min_vruntime을 갱신한다.
     */
    if (!(flags & ENQUEUE_WAKEUP) || (flags & ENQUEUE_MIGRATE))
      se->vruntime += cfs_rq->min_vruntime;

    /*
     * 실행시간과 관련된 통계 값을 '현재 값'으로 갱신한다.
     */
    update_curr(cfs_rq);
    account_entity_enqueue(cfs_rq, se);

    if (flags & ENQUEUE_WAKEUP) {
      place_entity(cfs_rq, se, 0);
      enqueue_sleeper(cfs_rq, se);
    }

    update_stats_enqueue(cfs_rq, se);
    check_spread(cfs_rq, se);
    if (se != cfs_rq->curr)
      __enqueue_entity(cfs_rq, se);
}
```

이 함수는 실행시간과 관련된 통계 값을 갱신한 다음 프로세스 정보를 레드블랙트리에 넣고 트리를 조정하는 복잡한 작업의 실제 처리를 담당하는 __enqueue_entity() 함수를 호출한다.

```
/*
 * 프로세스 항목을 레드블랙트리에 추가한다.
 */
static void __enqueue_entity(struct cfs_rq *cfs_rq, struct sched_entity *se)
{
    struct rb_node **link = &cfs_rq->tasks_timeline.rb_node;
    struct rb_node *parent = NULL;
    struct sched_entity *entry;
    s64 key = entity_key(cfs_rq, se);
    int leftmost = 1;
    /*
     * 레드블랙트리에 추가할 위치를 찾는다.
     */
    while (*link) {
      parent = *link;
      entry = rb_entry(parent, struct sched_entity, run_node);
      /*
       * 키 값이 같은 충돌 상황은 고려하지 않는다.
       * 키가 같은 노드는 같이 둔다.
       */
      if (key < entity_key(cfs_rq, entry)) {
        link = &parent->rb_left;
      } else {
        link = &parent->rb_right;
        leftmost = 0;
      }
    }
    /*
     * 자주 사용되는 최좌측 트리 항목을 캐시에 저장한다.
     */
    if (leftmost)
      cfs_rq->rb_leftmost = &se->run_node;

    rb_link_node(&se->run_node, parent, link);
```

```
        rb_insert_color(&se->run_node, &cfs_rq->tasks_timeline);
}
```

함수 동작을 자세히 살펴보자. while 루프에서 추가할 프로세스의 vruntime 키 값에 맞는 자리를 찾기 위해 트리를 탐색한다. 균형 트리의 규칙에 따라 키 값이 현재 노드의 키 값보다 작은 경우에는 왼쪽 자식 노드로 이동하고, 현재 노드의 키 값보다 큰 경우에는 오른쪽 자식 노드로 이동한다. 한 번이라도 오른쪽으로 이동한 적이 있다면 추가할 프로세스는 새로운 가장 왼쪽 노드가 될 수 없으므로 leftmost 값은 0으로 설정한다. 탐색 과정에서 왼쪽으로만 이동했다면 leftmost 값이 1로 유지되므로, 새로 추가한 노드가 가장 왼쪽 노드가 되므로 rb_leftmost가 가리키는 캐시 정보를 새로 추가한 프로세스로 바꾼다. 더 이상 이동할 자식 노드가 없을 때까지 루프가 실행된다. 이동한 자식 노드가 없으면 link 값이 NULL 되어 루프가 끝난다. 루프가 끝나면 rb_link_node() 함수를 호출해 새로 추가할 프로세스를 자식 노드로 만든다. 그리고 나서 rb_insert_color() 함수를 호출해 트리의 자가 균형 속성을 유지하게 한다. 트리 노드의 색깔 정보 변경과 관련해서는 6장에서 알아본다.

트리에서 프로세스 제거

마지막으로 CFS가 레드블랙트리에서 프로세스를 제거하는 방법을 알아보자. 프로세스가 대기 상태(실행 불가능한 상태)가 되거나 종료되면(없어지는 경우) 제거 과정이 진행된다.

```
static void
dequeue_entity(struct cfs_rq *cfs_rq, struct sched_entity *se, int sleep)
{
    /*
     * 실행시간과 관련된 통계값을 '현재 값'으로 갱신한다.
     */
    update_curr(cfs_rq);

    update_stats_dequeue(cfs_rq, se);
```

레드블랙트리에 프로세스를 추가할 때와 마찬가지로 실제 작업은 __dequeue_entity() 보조 함수에서 처리한다.

```
static void __dequeue_entity(struct cfs_rq *cfs_rq, struct sched_entity *se)
{
    if (cfs_rq->rb_leftmost == &se->run_node) {
      struct rb_node *next_node;

      next_node = rb_next(&se->run_node);
      cfs_rq->rb_leftmost = next_node;
    }

    rb_erase(&se->run_node, &cfs_rq->tasks_timeline);
}
```

레드블랙트리 구현에서 제거를 처리하는 rb_erase() 함수를 제공하므로 트리에서 프로세스를 제거하는 작업은 상당히 간단하다. 함수의 나머지 부분은 rb_leftmost 캐시를 갱신하는 내용이다. 제거할 프로세스가 가장 왼쪽 노드였다면 rb_next() 함수를 호출해 다음 노드를 찾아낸다. 현재 노드가 제거되면 이 노드가 가장 왼쪽 노드가 된다.

스케줄러 진입 위치

프로세스 스케줄링 작업을 시작하는 곳은 kernel/sched.c 파일에 정의되어 있는 schedule() 함수다. 커널의 다른 부분에서는 이 함수를 통해 프로세스 스케줄러를 호출함으로써 다음에 실행할 프로세스를 선택하고 실행한다. 즉 schedule() 함수는 더 일반적인 형태의 스케줄러 클래스라고 할 수 있다. 즉 이 함수는 가장 우선순위가 높은 실행 가능한 프로세스를 가진 스케줄러 클래스를 찾고 다음에 실행할 프로세스를 해당 스케줄러 클래스에 물어본다. 이 정도로 생각해보면 schedule() 함수는 당연히 간단할 것이라 짐작할 수 있다. 다른 부분은 여기서 언급할 필요가 없어 보이며, 이 함수에서 단 한가지 중요한 부분은 역시 kernel/sched.c 파일에 정의된 pick_next_task() 함수를 호출하는 부분이다. pick_next_task() 함수는 가장 높은 우선순위의 스케줄러 클래스부터 돌아가면서, 우선순위가 가장 높은 클래스의 우선순위가 가장 높은 프로세스를 찾아낸다.

```
/*
 * 가장 우선순위가 높은 작업을 선택
 */
static inline struct task_struct *
pick_next_task(struct rq *rq) {
    const struct sched_class *class;
    struct task_struct *p;

    /*
     * 최적화: 모든 작업이 공정 스케줄러 클래스에 해당하는 작업이라면,
     * 같은 일을 하는 공정 스케줄러 클래스의 해당 함수를 바로 호출할 수 있다.
     */
    if (likely(rq->nr_running == rq->cfs.nr_running)) {
      p = fair_sched_class.pick_next_task(rq);
      if (likely(p))
        return p;
    }

    class = sched_class_highest;
    for ( ; ; ) {
      p = class->pick_next_task(rq);
      if (p)
        return p;
      /*
       * 비가동 클래스는 항상 NULL이 아닌 p 값을 반환하므로,
       * 반환값은 절대 NULL이 되지 않는다.
       */
      class = class->next;
    }
}
```

　　함수 시작 부분에 최적화를 고려한 부분이 있다. 일반 프로세스는 CFS를 스케줄러 클래스로 사용하며 시스템은 일반 프로세스만 실행하는 경우가 많기 때문에 전체 실행 중인 프로세스의 수가 CFS의 실행 프로세스 수랑 같다면(모든 실행 프로세스가 CFS 스케줄러 클래스에 해당한다는 뜻이므로), CFS가 제공하는 프로세스 선택 함수를 이용해 빠르게 처리하는 방법을 사용하고 있다.

　　함수의 핵심부분은 for() 루프부분으로 가장 높은 우선순위부터 각 클래스를 순

서대로 돌아간다. 각 클래스별로 `pick_next_task()` 함수가 구현되며, NULL이 아닌 값을 처음으로 반환하는 클래스의 프로세스를 다음 실행 프로세스로 선택한다. CFS의 `pick_next_task()` 함수는 앞에서 설명했던 `pick_next_entity()` 함수를 호출하고, 이어서 `__pick_next_entity()` 함수를 호출한다.

휴면과 깨어남

휴면sleep 중이거나 대기blocked 상태인 작업은 실행 불가능한 특별한 상태다. 이 특별한 상태가 없다면, 스케줄러가 굳이 실행할 필요가 없는 작업을 선택해 실행할 수도 있을 뿐 아니라, 휴면을 무의미한 루프를 반복하는 방식으로 구현할 수밖에 없는 심각한 상황이 발생할 수 있다. 어떤 작업이 휴면 상태가 되는 데는 여러 가지 이유가 있지만, 결국은 특정 조건이 발생하는 것을 기다리는 상황으로 요약할 수 있다. 이 조건은 일정 시간이 지나는 것일 수도 있고, 파일 입출력으로 데이터를 읽어 들인 경우나, 다른 하드웨어 이벤트가 발생한 경우 등이 될 수도 있다. 사용 중인 커널의 세마포어를 얻으려는 경우처럼 타의에 의해 대기상태가 되는 경우도 있다(이에 대해서는 9장 "커널 동기화 개요"에서 알아본다). 가장 일반적인 대기 상태 전환 원인은 파일 입출력이다. 예를 들어, `read()` 시스템 호출을 이용해 디스크에 있는 파일의 내용을 읽으려는 경우를 들 수 있다. 다른 예로 키보드 입력을 기다리는 경우도 있다. 어떤 경우든 커널의 동작은 같다. 해당 작업이 스스로 자신이 대기 상태임을 표시하고, 대기열에 들어가고, 실행 가능한 프로세스의 레드블랙 트리에서 자신을 제거한 다음 `schedule()` 함수를 호출해 새 프로세스를 선택해 실행한다. 깨어나는 과정은 역순이다. 작업을 실행 가능 상태로 변경한 다음, 대기열에서 제거하고, 레드블랙 트리에 작업을 다시 집어 넣는다.

　3장에서 살펴봤듯이 대기 상태에는 TASK_INTERRUPTIBLE과 TASK_UNINTERRUPTIBLE 두 가지가 있다. TASK_UNINTERRUPTIBLE 상태의 작업은 시그널을 무시하지만, TASK_INTERRUPTIBLE 상태의 작업은 시그널을 받으면 이에 응답해 조건이 발생하지 않아도 깨어날 수 있다는 점만 다르다. 두 대기 상태 모두 대기열에서 특정 조건이 일어나길 기다리며 실행되지 않는다.

대기열

대기열wait queues을 이용해 휴면 상태를 처리한다. 대기열은 특정 조건이 일어나기를 기다리는 단순한 프로세스 목록이다. 대기열은 커널에서 `wake_queue_head_t` 형으로 표현한다. 대기열은 DECLARE_WAITQUEUE()를 이용해 정적으로 만들 수도 있고, init_waitqueue_head() 함수를 이용해 동적으로 만들 수도 있다. 프로세스는 자신을 대기열에 넣고 실행불가능 상태로 표시한다. 대기열과 관련된 조건이 발생하면, 해당 대기열에 있는 프로세스를 깨운다. 휴면과 깨우기 작업을 올바로 구현하지 못하면 경쟁 조건race condition이 발생할 수 있다.

휴면 처리 작업에 널리 사용하는 간단한 인터페이스가 몇 가지 있다. 하지만 이런 인터페이스에서는 경쟁 조건이 발생할 수 있다. 작업을 깨워야 하는 조건이 발생한 이후에 휴면 상태로 들어가는 일이 벌어질 수 있다. 이렇게 되면 이 작업은 영원히 휴면 상태를 벗어날 수 없다. 그래서 커널이 권장하는 휴면 처리 과정은 약간 복잡하다.

```
/* 'q'는 휴면 상태인 작업이 들어갈 대기열이다. */
DEFINE_WAIT(wait);

add_wait_queue(q, &wait);
while (!condition) {/* condition은 기다리는 조건이 발생한 경우를 뜻한다. */
    prepare_to_wait(&q, &wait, TASK_INTERRUPTIBLE);
    if (signal_pending(current))
      /* 시그널 처리 */
    schedule();
}
finish_wait(&q, &wait);
```

작업을 대기열에 추가할 때 다음 작업을 거친다.

1. DEFINE_WAIT() 매크로를 이용해 대기열에 추가할 항목을 만든다.
2. add_wait_queue() 함수를 이용해 작업을 대기열에 추가한다. 대기열이 기다리고 있는 조건이 발생하면 대기열에 들어 있는 프로세스를 깨운다. 물론 조건이 실제로 발생했을 때 프로세스를 깨우기 위해 대기열의 wake_up() 함수를 호출하는 코드가 어딘가 있어야 한다.
3. prepare_to_wait() 함수를 호출해 프로세스 상태를 TASK_INTERRUPTIBLE이나 TASK_UNINTERRUPTIBLE 상태로 바꾼다. 이 함수는 필요할 경우, 작업을 다시 대기열에 넣어서 루프의 후속 작업이 진행될 수 있게 한다.
4. 작업 상태가 TASK_INTERRUPTIBLE이라면 시그널에 의해 프로세스가 깨어날 수 있다. 이런 경우를 의사 각성spurious wake up(조건이 발생하지 않은 상태에서 깨어남)이

라고 한다. 깨어나서 시그널을 확인하고 적절히 처리한다.

5. 작업이 깨어나면 조건이 만족됐는지 다시 확인한다. 조건이 만족됐다면 루프를 벗어난다. 그렇지 않다면 다시 schedule()을 호출해 앞의 과정을 반복한다.

6. 이제 조건이 만족됐다면 작업 상태를 TASK_RUNNING으로 변경하고 finish_wait() 함수를 호출해 대기열에서 작업을 제거한다.

작업이 휴면 상태가 되기 전에 조건이 발생하면 루프가 종료되므로 작업이 잘못 휴면 상태가 되는 경우는 발생하지 않는다. 루프 안에 여러 가지 많은 작업을 처리하는 커널 코드가 있을 수 있다는 점에 주의해야 한다. 예를 들어, schedule() 함수를 호출하기 전에 잠금lock을 해제했다가 나중에 다시 잠금 설정을 해야 할 수도 있고, 다른 이벤트를 처리해야 할 수도 있다.

대기열을 사용하는 직접적인 예로 inotify 파일 서술자에서 읽기 작업을 처리하는 fs/notify/inotify/inotify_user.c 파일의 inotify_read() 함수를 들 수 있다.

```
static ssize_t inotify_read(struct file *file, char __user *buf,
            size_t count, loff_t *pos)
{
    struct fsnotify_group *group;
    struct fsnotify_event *kevent;
    char __user *start;
    int ret;
    DEFINE_WAIT(wait);

    start = buf;
    group = file->private_data;

    while (1) {
      prepare_to_wait(&group->notification_waitq,
                    &wait,
                    TASK_INTERRUPTIBLE);

      mutex_lock(&group->notification_mutex);
      kevent = get_one_event(group, count);
```

```
        mutex_unlock(&group->notification_mutex);

        if (kevent) {
          ret = PTR_ERR(kevent);
          if (IS_ERR(kevent))
            break;
          ret = copy_event_to_user(group, kevent, buf);
          fsnotify_put_event(kevent);
          if (ret < 0)
            break;
          buf += ret;
          count -= ret;
          continue;
        }

        ret = -EAGAIN;
        if (file->f_flags & O_NONBLOCK)
          break;
        ret = -EINTR;
        if (signal_pending(current))
          break;

        if (start != buf)
          break;

        schedule();
      }
      finish_wait(&group->notification_waitq, &wait);

      if (start != buf && ret != -EFAULT)
        ret = buf - start;
      return ret;
    }
```

이 함수는 앞에서 설명한 과정을 그대로 따르고 있다. 조건 확인 작업을 while()
구문에 직접 하지 않고 while 루프 안에서 진행한다는 점 정도가 차이나는 부분이다.

이는 조건 확인 작업에 잠금 설정이 필요해 과정이 복잡하기 때문이다. 조건을 확인하면 break 문을 통해 루프를 벗어난다.

깨어남

작업을 깨우는 일은 wake_up() 함수를 통해 처리하는데, 이 함수는 주어진 대기열에 있는 모든 작업을 깨운다. 이 함수는 try_to_wake_up() 함수를 호출해 작업 상태를 TASK_RUNNING으로 변경하고, enqueue_task() 함수를 호출해 작업을 다시 레드블랙트리에 추가하며, 깨어난 작업의 우선순위가 지금 실행 중인 작업의 우선순위보다 높으면 need_resched 값을 설정한다. 조건을 발생시킨 코드에서 wake_up() 함수를 직접 호출하는 것이 일반적이다. 예를 들어, 하드 디스크에서 데이터를 읽어들이는 경우라면 데이터를 기다리고 있는 프로세스가 들어 있는 대기열의 wake_up() 함수를 가상 파일시스템VFS이 호출한다.

휴면 상태 처리에서 중요한 점은 의사 각성이 있다는 점이다. 작업이 깨어났다고 해서 해당 작업이 기다리고 있던 조건이 반드시 발생했다고 볼 수 없기 때문에, 조건 발생 여부 등의 휴면 상태와 관련된 처리는 휴면 루프 내에서 확인해야 한다. 각 스케줄러 상태 간의 관계를 그림 4.1에 도표로 표시했다.

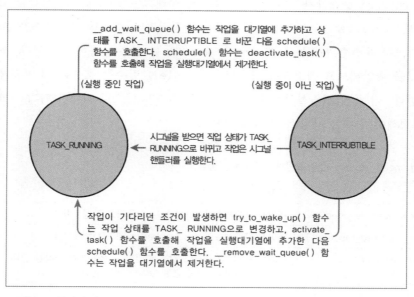

그림 4.1 휴면과 깨어남

선점과 컨텍스트 전환

실행 중인 한 작업에서 다른 작업으로 전환하는 것을 뜻하는 컨텍스트 전환context switching은 kernel/sched.c에 정의된 context_switch() 함수를 통해 처리한다. schedule() 함수가 새로 실행할 프로세스를 선택하면 이 함수가 호출된다. 이 함수는 기본적으로 다음 두 가지 일을 한다.

- <asm/mmu_context.h>에 정의된 switch_mm() 함수를 호출해 이전 프로세스의 가상 메모리 매핑virtual memory mapping을 새 프로세스의 것으로 바꾼다.
- <asm/system.h>에 정의된 switch_to() 함수를 호출해 이전 프로세스의 프로세서 상태를 현재 프로세스의 프로세서 상태로 바꾼다. 이 과정에는 프로세서 단위로 관리가 필요한 스택 정보, 프로세서 레지스터 등의 특정 하드웨어 관련 정보를 저장하고 복원하는 일이 포함된다.

한편, 커널은 언제 schedule() 함수를 호출할 것인가를 알고 있어야 한다. 만일 코드에 명시된 경우에만 schedule() 함수를 호출한다면, 사용자 공간 프로그램이 영원히 실행될 수도 있다. 그래서 커널에는 언제 재스케줄이 필요한지 알려주는 need_resched 플래그가 있다(표 4.1 참고). 이 플래그는 프로세스를 선점할 필요가 있을 때 scheduler_tick() 함수를 통해서 설정되거나, 깨어난 프로세스가 현재 프로세스보다 우선순위가 높을 때 try_to_wake_up() 함수를 통해 설정된다. 커널은 플래그를 확인해보고 설정되어 있으면, schedule() 함수를 호출해 새 프로세스로 전환한다. 이 플래그는 실행해야 할 다른 프로세스가 있으니 최대한 빨리 스케줄러를 실행해야 한다는 내용을 커널에 보낸다.

표 4.1 need_resched 값을 확인하고 조정하는 함수

함수	목적
set_tsk_need_resched()	주어진 프로세스의 need_sched 플래그를 설정한다.
clear_tsk_need_resched()	주어진 프로세스의 need_sched 플래그를 해제한다.
need_resched()	need_resched 플래그 값을 확인한다. 플래그가 설정된 경우 true를 반환하고, 아닌 경우 false를 반환한다.

사용자 공간으로 돌아가거나 인터럽트 처리를 마치고 돌아갈 때마다 need_resched 플래그 값을 확인한다. 만일 설정되어 있으면, 커널은 더 진행하기 전에 scheduler를 호출한다.

플래그 변수는 단순한 전역 변수가 형태가 아니라 프로세스별 변수 형태로 되어 있다. 그 이유는 전역 변수를 참조하는 것보다 프로세스 서술자 안의 값을 참조하는 것이 (current 매크로의 빠른 속도와 캐시에 들어 있을 높은 확률로 인해) 더 빠르기 때문이다. 과거를 돌아보면, 이 플래그 값은 커널 버전 2.2 이전에는 전역 변수였다. 2.2 버전과 2.4 버전에서는 task_struct 구조체에 int 형으로 들어 있었다. 2.6 버전에서는 thread_info 구조체에 있는 플래그 전용 변수의 한 비트로 바뀌었다.

사용자 선점

사용자 선점은 커널이 사용자 공간으로 돌아가는 순간 need_resched 플래그가 설정되어 있어 스케줄러가 호출되면서 발생한다. 커널이 사용자 공간으로 돌아가게 되면 커널은 자신이 활동하지 않는 상태가 된다는 것을 알고 있다. 다시 말해, 현재 작업을 계속 실행하는 것이 안전하다면 실행할 작업을 새로 고르는 것도 안전하다는 뜻이다. 따라서 커널은 인터럽트 처리를 끝내거나 시스템 호출을 마치고 사용자 공간으로 돌아갈 때마다 need_resched 값을 확인한다. 값이 설정되어 있으면 스케줄러를 실행해 새로운 (보다 적당한) 프로세스를 골라 실행한다. 인터럽트 처리나 시스템 호출을 마치고 돌아오는 방식은 아키텍처에 따라 달라지며 보통(커널 진입 코드뿐 아니라 커널 종료 코드도 들어 있는) entry.S 파일에 어셈블리로 구현된다.

간단히 말해, 사용자 선점은 다음과 같은 경우 발생한다.

- 시스템 호출에서 사용자 공간으로 돌아갈 때
- 인터럽트 처리를 끝내고 사용자 공간으로 돌아갈 때

커널 선점

대부분의 다른 유닉스 시스템이나 여러 운영체제와 달리 리눅스 커널은 완벽한 선점형 커널이다. 비선점형 커널에서는 커널 코드는 완료될 때까지 실행된다. 즉 커널이 실행 중인 경우에는 스케줄러가 개입할 수 없다는 뜻이다. 커널 코드는 선점형이 아닌 협력형으로 수행되는 것이다. 커널 코드는 작업을 마치거나 (그래서 사용자 공간으로 돌아가게 되거나) 다른 이유로 인해 스스로 대기 상태로 들어갈 때까지 실행된다. 그러나 2.6부터 리눅스 커널은 완전한 선점형이다. 스케줄링을 다시 해도 안전한 상태이기만 하면 이제 어떤 순간에서도 선점이 가능하다.

그러면 스케줄링을 다시 해도 안전한 때는 언제일까? 실행 중인 작업이 잠금을 설정하고 있지 않은 상태라면 커널은 선점할 수 있다. 즉 선점 불가능한 영역을 표시하는 데 잠금을 사용한다는 것이다. 커널은 대칭형 다중 프로세서 시스템에서도 안전하게 동작하기 때문에 잠금이 설정되어 있지 않다면, 현재 실행 중인 코드는 다중 진입reentrant이 가능한 코드라는 뜻이 되므로 선점이 가능하다.

커널 선점을 지원하는 첫 번째 변화는 바로 각 프로세스의 thread_info에 선점 카운터 값으로 preempt_count를 추가한 것이다. 이 값은 0에서 시작하고 프로세스가 잠금을 설정할 때마다 1씩 증가하고 잠금을 해제할 때마다 1씩 감소한다. 값이 0이면 커널 선점이 가능한 상태가 된다. 인터럽트 처리를 마치고 커널 공간으로 돌아오면 커널은 need_resched 값과 preempt_count 값을 확인한다. 만일 need_resched 값이 설정되어 있고, preempt_count 값이 0이라면 실행해야 할 더 중요한 작업이 있고, 현재 작업을 선점해도 안전하다는 것을 알 수 있다. 따라서 스케줄러를 호출한다. 만일 preempt_count 값이 0이 아니라면 잠금이 설정되어 있다는 뜻이고, 스케줄링을 다시 하기에 안전하지 않은 상태다. 이 경우는 보통 때처럼 인터럽트 처리를 끝내고 나서 현재 실행 중인 작업으로 돌아간다. 현재 실행 중인 작업이 가지고 있던 모든 잠금이 해제되는 순간 preempt_count는 다시 0이 된다. 이때 잠금을 해제하는 코드에서 need_resched 값이 설정됐는지 확인한다. 설정됐으면 스케줄러를 호출한다. 커널 코드상에서 커널 선점 기능을 활성화하거나 비활성화해야 하는 경우가 가끔 있는데, 이에 대해서는 9장에서 알아본다.

커널 선점은 명시적인 형태로도 이루어질 수 있다. 커널의 작업 상태가 대기 상태가 되어 중단되거나 직접 schedule() 함수를 호출하는 경우가 그렇다. 이런 형태의 커널 선점에는 커널이 선점하기에 안전한 상태에 있는지 확인하는 부가적인 절차가 필요 없기 때문에 이전부터 항상 지원하고 있었다. 즉 코드에서 직접 schedule()을 호출하는 경우에는 현재 상태가 스케줄링을 다시 해도 안전한 상태라는 것을 알고 있다고 가정하는 것이다.

커널 선점은 다음과 같은 경우 발생한다.

- 인터럽트 처리를 마치고 커널 공간으로 돌아갈 때
- 커널 코드가 다시 선점 가능한 상태가 되었을 때
- 커널 내부 작업이 명시적으로 schedule() 함수를 호출하는 경우
- 커널 내부 작업이 중단돼 대기 상태가 되는, 그래서 결국 schedule() 함수를 호출하게 되는 경우

실시간 스케줄링 정책

리눅스는 SCHED_FIFO, SCHED_RR 두 가지 실시간 스케줄링 정책을 제공한다. 일반적인 비실시간 스케줄링 정책은 SCHED_NORMAL이다. 스케줄링 클래스 구조를 통해 완전 공정 스케줄러가 아닌 kernel/sched_rt.c에 정의된 별도의 특별한 스케줄러를 이용해 실시간 정책을 관리한다. 이 절에서는 실시간 스케줄링과 그 알고리즘에 대해 알아본다.

SCHED_FIFO 정책은 타임슬라이스 할당이 따로 없는 간단한 선입선출FIFO 구조의 스케줄링 알고리즘이다. 실행 가능한 SCHED_FIFO 작업은 SCHED_NORMAL 클래스의 어떤 작업보다도 항상 우선 실행된다. SCHED_FIFO 작업이 실행되면 해당 작업이 중단되거나 자발적으로 프로세서를 양보하지 않는 한 계속 실행된다. 타임슬라이스를 별도로 할당하지 않기 때문에 무한히 계속 실행될 수도 있다. 우선순위가 더 높은 SCHED_FIFO나 SCHED_RR 작업만이 SCHED_FIFO 작업을 선점할 수 있다. 우선순위가 같은 둘 이상의 SCHED_FIFO 작업이 있을 때는 돌아가면서 순차적으로 실행되지만, 마찬가지로 프로세스가 자발적으로 프로세서를 양보하는 경우에만 작업이 전환된다. SCHED_FIFO 작업이 실행되면 우선순위가 낮은 모든 작업은 SCHED_FIFO 작업이 실행 불가능한 상태가 되기 전에는 실행될 수 없다.

SCHED_RR은 각 프로세스가 미리 정해진 타임슬라이스를 다 사용할 때까지만 실행된다는 점을 제외하면 SCHED_FIFO와 같다. 즉 SCHED_RR은 타임슬라이스가 있는 SCHED_FIFO라고 할 수 있다. 즉 실시간 순차 실행 스케줄링 알고리즘인 것이다. SCHED_RR 작업이 할당된 타임슬라이스를 다 사용하면, 우선순위가 같은 다른 실시간 프로세스를 순차 실행 방식으로 실행한다. 이 경우 타임슬라이스 할당은 같은 우선순위 프로세스를 다시 스케줄링하는 수단으로만 사용된다. SCHED_FIFO와 마찬

가지로 우선순위가 더 높은 프로세스는 언제나 우선순위가 낮은 프로세스를 선점할 수 있고, 우선순위가 낮은 프로세스는 할당된 타임슬라이스를 SCHED_RR 프로세스가 모두 사용한 경우라도 선점할 수 없다.

리눅스의 실시간 스케줄링 정책은 부드러운 실시간 동작soft real-time behavior을 제공한다. 부드러운 실시간 동작이란 커널이 일정한 기한 안에서 애플리케이션을 스케줄링하려고 노력하지만 항상 그렇게 된다는 것을 보장하지는 않는다는 뜻이다. 반면 엄격한 실시간 동작hard real-time behavior 시스템은 항상 주어진 기한 내에 모든 스케줄링 요구사항을 만족하는 시스템을 말한다. 리눅스는 실시간 작업 스케줄링에 대해 어떤 것도 보장하지 않는다. 엄격한 실시간 동작을 보장하도록 설계되지는 않지만, 리눅스의 실시간 스케줄링 성능은 상당히 좋은 편이다. 리눅스 2.6 버전 커널은 엄격한 시간 제한 요구 사항을 만족시킨다.

실시간 우선순위는 0에서부터 MAX_RT_PRIO - 1 사이의 값을 가질 수 있다. MAX_RT_PRIO의 기본값은 100이다. 따라서 실시간 우선순위의 기본 범위는 1에서 99 사이가 된다. 이 우선순위 범위는 SCHED_NORMAL 작업의 나이스 값과 같이 사용한다. 나이스 값은 MAX_RT_PRIO에서부터 (MAX_RT_PRIO + 40) 사이의 값을 사용한다. 즉 -20에서 +19 범위의 나이스 값은 기본적으로 100에서 139까지의 우선순위 공간을 차지한다.

스케줄러 관련 시스템 호출

리눅스는 스케줄러 설정을 조절할 수 있는 여러 가지 시스템 호출을 제공한다. 이 시스템 호출을 사용해 프로세스 우선순위, 스케줄링 정책, 프로세서 지속성을 조절할 수 있을 뿐 아니라 직접 다른 작업에 프로세서를 양보하게 할 수도 있다.

친숙한 시스템 man 명령어를 비롯한 많은 책에서 이런 시스템 호출(모두 특별한 동작을 추가하지 않은 C 라이브러리 형태로 구현된다. 시스템 호출 함수를 부르는 일만 한다)을 자세히 설명을 한다. 표 4.2에 시스템 호출 함수와 그에 대한 간략한 설명이 나와 있다. 커널에서 시스템 호출이 어떻게 구현되는지에 대해서는 5장 "시스템 호출"에서 알아본다.

표 4.2 스케줄러 관련 시스템 호출

시스템 호출	설명
nice( )	프로세스의 나이스 값을 설정한다.
sched_setscheduler( )	프로세스의 스케줄링 정책을 설정한다.
sched_getscheduler( )	프로세스의 스케줄링 정책을 가져온다.
sched_setparam( )	프로세스의 실시간 우선순위를 설정한다.
sched_getparam( )	프로세스의 실시간 우선순위를 가져온다.
sched_get_priority_max( )	실시간 우선순위의 최대값을 가져온다.
sched_get_priority_min( )	실시간 우선순위의 최소값을 가져온다.
sched_rr_get_interval( )	프로세스의 타임슬라이스 값을 가져온다.
sched_setaffinity( )	프로세스의 프로세서 지속성 정보를 설정한다.
sched_getaffinity( )	프로세스의 프로세서 지속성 정보를 가져온다.
sched_yield( )	일시적으로 프로세서를 양보한다.

스케줄링 정책과 우선순위 관련 시스템 호출

sched_setscheduler()와 sched_getscheduler() 시스템 호출은 각각 특정 프로세스의 스케줄링 정책 및 실시간 우선순위를 설정하고 알려주는 함수다. 대부분의 시스템 호출과 마찬가지로 이 함수는 많은 인자를 확인하는 작업, 설정 작업, 정리 작업 순으로 진행되는 방식으로 구현된다. 그러나 중요한 부분은 프로세스 task_struct 구조체의 policy 및 rt_priority 값을 읽고 쓰는 부분뿐이다.

sched_setparam()과 sched_getparam() 시스템 호출은 프로세스의 실시간 우선순위를 설정하고 알려준다. 이 시스템 호출은 rt_priority 값을 sched_param이라는 특별한 구조체 형태로 변환하는 일만 한다. sched_get_priority_max()와 sched_get_priority_min() 시스템 호출은 각기 주어진 스케줄링 정책에 해당하는 우선순위 최대값과 최소값을 알려준다. 실시간 스케줄링 정책의 우선순위 최대값은 MAX_USER_RT_PRIO - 1이고, 최소값은 1이다.

nice() 함수는 일반적인 작업의 정적 우선순위를 지정한 값만큼 증가시킨다. 루트 사용자만이 음수값을 사용해 나이스 값을 낮춰 우선순위를 높일 수 있다. nice() 함수는 커널의 set_user_nice() 함수를 호출해 task_struct 구조체의 static_prio와 prio 값을 적절하게 변경한다.

프로세서 지속성 관련 시스템 호출

리눅스 스케줄러는 엄격한 프로세서 지속성affinity을 지향한다. 즉 기본적으로 프로세스가 계속 같은 프로세서를 이용하도록 최대한 노력하는 유연하고 자연스러운 지속성 기능을 제공하지만, 리눅스는 사용자가 스케줄러를 이용해 "이 작업은 어떤 경우에도 일부 가용 프로세서만 사용해야 한다"라고 지정하는 방법도 제공한다. 이같은 엄격한 지속성 정보는 task_struct 구조체의 cpus_allowd 항목에 비트마스크 형태로 저장한다. 시스템의 사용 가능한 프로세서 하나당 비트마스크가 한 비트씩 할당된다. 기본적으로는 모든 비트가 설정되어 있으므로 프로세스는 사용 가능한 어느 프로세서에서도 실행될 수 있다. 그러나 사용자는 sched_setaffinity() 호출을 통해 하나 또는 여러 비트가 조합된 비트마스크를 지정할 수 있다. sched_getaffinity() 호출은 cpus_allowed 비트마스크 정보를 현재 값을 알려준다.

커널은 간단한 방법으로 엄격한 프로세서 지속성을 처리한다. 첫째, 프로세스가 처음 만들어지면 부모 프로세스의 지속성 정보를 물려 받는다. 부모 프로세스가 이미 허용된 프로세서에서 실행되고 있었으므로 자식 프로세스도 허용된 프로세서에서 계속 실행된다. 둘째, 프로세스의 지속성 정보가 변경되면 커널은 이주 스레드migration thread를 이용해 작업을 적절한 프로세서로 옮긴다. 마지막으로 부하 분산기load balancer가 허용된 프로세서로 작업을 옮긴다. 결국 프로세스는 프로세스 서술자의 cpus_allowed 항목에 비트가 설정된 프로세서만을 이용한다.

프로세서 시간 양보

리눅스는 프로세서를 다른 프로세스에 명시적으로 양보할 수 있는 sched_yield() 시스템 호출을 제공한다. 이 시스템 호출은 프로세스를 (지금 실행 중이므로 현재 프로세스가 들어 있는) 활성화 배열에서 자신을 빼내어 만료 배열로 이동시킨다. 이런 동작은 프로세스를 선점하고 우선순위 목록의 제일 뒤로 옮기는 효과뿐 아니라 만료 배열로 이동시켜 일정 기간 실행되지 않을 것도 보장한다. 단, 실시간 작업은 만료될 수가 없으므로 예외가 된다. 즉 실시간 작업은 우선순위 목록의 제일 뒤로만 이동한다(만료 배열로 이동하지 않는다). 예전 버전 리눅스의 sched_yield() 호출 동작 방식은 이와 상당히 달랐다. 기껏해야 작업을 우선순위 목록의 뒤로 이용시키는 정도만 했다. 결과적으로 양보가 충분히 오랫동안 이루어지지 않는 경우가 많았다. 지금은 애플리케이션, 심지어는 커널 코드도 sched_yield()를 호출하기 전에 정말로 프로세서를 양보해도 괜찮은지 확인해야 한다.

편의상 커널 코드에서는 yield() 함수를 사용할 수 있는데, 이 함수는 작업의 상태가 TASK_RUNNING 상태인지 확인한 후에 sched_yield()를 호출한다. 사용자 공간 애플리케이션은 sched_yield() 시스템 호출을 사용한다.

결론

프로세스를 실행한다는 말은 (적어도 우리 같은 커널 개발자에게는) 컴퓨터 사용의 첫 순간이라는 의미가 있으므로 프로세스 스케줄러는 모든 커널에서 중요한 부분이다. 그러나 프로세스 스케줄링의 다양한 요구사항을 만족하기란 쉬운 일이 아니다. 수많은 실행 프로세스, 확장성 고려, 응답시간과 성능 최대화 사이의 균형 잡기, 다양한 부하에 대한 대응 등 만능 알고리즘 하나만으로는 처리하기 어렵다. 하지만 리눅스 커널의 새로운 CFS 프로세스 스케줄러는 우아하고 재미있는 접근 방식을 통해, 이런 모든 요구 사항을 받아들이면서도 확장성을 유지하면서 최적의 해결책을 제공하는 일을 거의 해내고 있다.

3장에서는 프로세스 관리에 대해 알아보았다. 이 장에서는 프로세스 스케줄링의 밑바탕이 되는 이론과 현재 리눅스 커널이 사용하는 일부 스케줄러의 구현과 알고리즘 및 인터페이스에 대해 깊이 살펴봤다. 다음 장에서는 커널이 실행 중인 프로세스에 제공하는 주 인터페이스인 시스템 호출에 대해 알아보자.

5장
시스템 호출

현대 모든 운영체제 커널에는 시스템과 사용자 공간 프로세스가 상호작용할 수 있게 해주는 인터페이스가 있다. 이 인터페이스를 통해 하드웨어에 대한 애플리케이션의 제한된 접근, 새로운 프로세스 생성 방법 및 기존 프로세스와의 통신 방법, 기타 운영체제 자원에 대한 요청 처리 등을 제공한다. 즉 이 인터페이스는 애플리케이션과 커널 사이의 메시지를 전달하는 역할을 하는 것이다. 애플리케이션의 여러 가지 요청을 전달하면, 커널이 이 요청을 수행한다(경우에 따라 무시하기도 한다). 이런 별도 인터페이스가 존재한다는 것, 그리고 이로 인해 애플리케이션이 하고 싶은 일을 마음대로 직접 할 수 없다는 것이 바로 안정적인 시스템을 제공하는 열쇠라고 할 수 있다.

커널과 통신

시스템 호출은 하드웨어와 사용자 공간 프로세스 사이에 있는 계층layer이다. 이 계층은 다음과 같은 세 가지 역할을 한다. 첫째, 사용자 공간에 하드웨어 인터페이스를 추상화된 형태로 제공한다. 예를 들어, 파일 입출력 시 애플리케이션은 디스크나 저장 매체의 형식이나 파일시스템 형식 같은 것을 신경 쓸 필요가 없다. 둘째, 시스템 호출은 시스템 보안 및 안정성을 제공한다. 커널이 시스템 자원과 사용자 공간 사이에서 중재자 역할을 하기 때문에, 커널이 접근권한과 같은 기준을 적용해 통제할 수 있다. 예를 들면, 하드웨어를 잘못 사용하거나 다른 프로세스의 자원을 빼앗는 등의 동작으로 애플리케이션이 시스템에 해를 끼치는 일을 막을 수 있다. 마지막으로 사용자 공간과 기타 시스템 사이에 계층을 둠으로써 3장 "프로세스 관리"에서 설명한 프로세스별 가상 시스템 환경을 제공할 수 있다. 만약 애플리케이션이 아무런 제약 없이 시스템 자원에 접근할 수 있다면 멀티태스킹이나 가상 메모리를 구현하는 것은 거의 불가능에 가깝다. 거기에 안정성과 보안도 갖춰야 한다면 틀림없이 불가능하다. 리눅스의 시스템 호출은 사용자 공간에서 커널과 상호작용할 수 있는 유일한 수단이다. 트랩trap을 제외하면 시스템 호출은 정상적인 방법으로 커널로 진입하는 유일한 수단이다. 장치 파일이나 /proc 파일시스템을 이용하는 다른 인터페이스도 결국은 시스템 호출을 통하게 되어 있다. 리눅스는 여타 시스템보다 시스템 호출의 개수가 훨씬 적다.[1] 이 장에서는 리눅스 시스템 호출의 역할과 구현에 대해 살펴본다.

---

1. x86 시스템에는 약 335개의 시스템 호출이 있다(각 아키텍처별로 고유한 시스템 호출이 있을 수 있다). 모든 운영체제의 시스템 호출 개수가 정확히 알려져 있는 것은 아니지만, 어떤 운영체제에는 천 개 이상의 시스템 호출이 있다. 이 책의 2판이 출판된 때의 x86 시스템 호출은 250개였다.

API, POSIX, C 라이브러리

애플리케이션은 일반적으로 시스템 호출을 직접 사용하지 않고, 사용자 공간에 구현된 애플리케이션 프로그래밍 인터페이스API, Application Programming Interface를 이용한다. 이 때문에 애플리케이션이 사용하는 인터페이스와 커널이 제공하는 인터페이스 사이에 직접적인 연관이 없다는 점이 아주 중요하다. API는 애플리케이션이 사용하는 프로그래밍 인터페이스다. 이 인터페이스는 하나 또는 그 이상의 시스템 호출을 사용해 구현되며, 경우에 따라 시스템 호출을 전혀 사용하지 않을 수도 있다. 또 시스템에 따라 내부 구현이 전혀 달라도 같은 형태의 API를 사용함으로써 시스템이 달라도 애플리케이션에 동일한 인터페이스를 제공할 수도 있다. 그림 5.1은 POSIX API와 C 라이브러리, 시스템 호출 사이의 관계를 보여준다.

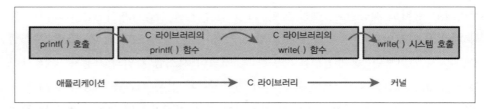

그림 5.1 printf() 호출 시 애플리케이션, C 라이브러리, 커널 사이의 관계

유닉스에서 가장 유명한 API는 바로 POSIX 표준이다. 기술적인 용어로 말하자면, POSIX는 유닉스 기반 운영체제 간의 이식성 제공을 목적으로 정해진 IEEE[2] 표준의 집합이라고 정의할 수 있다. 리눅스도 역시 POSIX 및 SUSv3 표준을 따른다.

POSIX는 API와 시스템 호출간의 관계를 보여주는 아주 훌륭한 예다. 대부분의 유닉스 시스템은 POSIX에 정의된 API와 시스템 호출 간에 밀접한 대응 관계를 가지고 있다. 사실 POSIX 표준은 초기 유닉스 시스템의 인터페이스를 본따 만든 것이다. 그러나 유닉스와 전혀 다른 윈도우 NT 같은 시스템도 POSIX 호환 라이브러리를 제공한다.

리눅스의 시스템 호출 인터페이스는 다른 유닉스 시스템과 마찬가지로 C 라이브러리 형태로 제공된다. C 라이브러리에는 표준 C 라이브러리와 시스템 호출 인터페이스 등 유닉스 시스템의 주요 API가 구현되어 있다. 이러한 C 라이브러리는 모든

---

2. IEEE(아이 트리플 이라고 읽는다)는 전기 전자 공학 연구회(the Institute of Electrical and Electronics Engineers)의 약자다. 이 기관은 POSIX와 같은 다수의 중요 표준을 책임지고 있으며, 여러 기술 분야에 관여하는 비영리 전문가 협회다. 자세한 사항은 http://www.ieee.org를 참고하라.

C 프로그램이 사용하며, C의 특성으로 인해 다른 프로그래밍 언어의 프로그램에서 사용할 수 있게 감싼 형태를 쉽게 만들 수 있다. C 라이브러리는 대다수의 POSIX API를 추가로 제공한다.

애플리케이션 개발자의 관점에서 보면 시스템 호출은 별로 중요하지 않다. 즉 프로그래머는 API에만 관심이 있으며, 커널은 시스템 호출만 신경 쓴다. 애플리케이션이 어떤 함수를 호출하든 라이브러리는 상관이 없다. 하지만 커널은 어떤 시스템 호출이 많이 사용될지, 시스템 호출의 유연함을 어떻게 최대한 유지할 것인지를 염두에 두어야 한다.

유닉스 인터페이스의 공통적인 모토는 "정책이 아닌 방식을 제공하라(Provide mechanism, not policy)"는 것이다. 즉 유닉스 시스템 호출은 특정 기능을 아주 일반적인 형태로 제공한다. 이 함수를 어떻게 사용할지는 커널의 관심사가 아니다.

시스콜

시스템 호출(리눅스에서는 대체로 시스콜Syscall이라고 줄여서 부름)은 보통 C 라이브러리에 정의된 함수를 호출하는 방식으로 사용한다. 이 함수는 0개 혹은 하나 이상의 인자(입력)를 받고, 하나 이상 부수 효과side effect를 발생시킬 수 있다.[3] 파일에 데이터를 기록하거나 지정한 포인터에 특정 데이터를 저장하는 동작 등을 예로 들 수 있다. 시스템 호출은 성공과 실패에 대한 정보를 제공하는 long 형의[4] 값을 반환하기도 한다. 일반적으로 오류가 발생한 경우에는 음수값을 반환하고, 성공한 경우에는 0을 반환한다(항상 그런 것은 아니다). 시스템 호출에서 오류가 발생할 경우 C 라이브러리는 전역 변수인 errno에 특정 오류코드를 기록한다. 라이브러리 함수인 perror()를 사용하면 이 변수의 값을 사람이 보기 편한 문자열 형태로 바꿀 수 있다.

마지막으로, 당연한 이야기지만 시스템 호출은 정의된 특정 동작을 수행한다. 예를 들어, getpid()라는 시스템 호출은 현재 프로세스의 PID 값에 해당하는 정수값을 반환한다. 이 시스콜은 커널에서 아주 간단하게 구현된다.

---

3. '발생시킬 수 있다'고 표현했다. 거의 모든 시스템 호출이 부수 효과를 발생시키지만(즉 시스템 상태에 어떤 변화를 일으키지만), getpid() 같은 몇몇 시스템 호출처럼 커널의 데이터 값을 반환하기만 하는 경우도 있다.
4. 64비트 아키텍처와의 호환성을 위해 long 형을 사용한다.

```
SYSCALL_DEFINE0(getpid)
{
        return task_tgid_vnr(current);        // current->tgid 값을 반환한다.
}
```

함수 정의로는 구현 내용에 대해 아무것도 알 수 없다는 점에 주의하자. 커널은 시스템 호출이 의도하는 동작을 반드시 제공해야 하지만, 결과가 정확하기만 하다면 구현 방식은 어떻게 해도 상관 없다.

물론 이 시스템 호출은 보다시피 너무 간단해서 다르게 구현할 방법이 별로 없다.[5]

SYSCALL_DEFINE0는 인자가 없는(그래서 0이 붙어 있는) 시스템 호출을 정의하는 매크로다. 이 매크로로는 실제로 다음과 같이 확장된다.

```
asmlinkage long sys_getpid(void)
```

시스템 호출을 정의하는 방법을 살펴보자. 먼저, 함수 정의 부분에 asmlinkage 지시자가 있다. 이 지시자는 해당 함수의 인자를 스택에서만 찾으라고 컴파일러에게 알려준다. 모든 시스템 호출에는 이 지시자가 사용된다. 그다음 함수의 반환값은 long 형이다. 32비트 시스템과 64비트 시스템 간의 호환성을 유지하기 위해 사용자 공간에서 int 형을 반환하는 시스템 호출은 커널 내부에서는 long 형을 반환한다. 마지막으로 getpid() 시스템 호출은 커널 내부에서는 sys_getpid()라는 이름으로 정의된다. 이는 리눅스의 모든 시스템 호출이 사용하는 명명규칙이다. bar()라는 시스템 호출이 있으면 커널에는 sys_bar()라는 함수로 구현한다.

시스템 호출 번호

리눅스의 모든 시스템 호출에는 시스콜 번호가 할당된다. 이 번호는 특정 시스템 호출을 참조하는 데 사용하는 고유번호다. 사용자 공간 프로세스가 시스템 호출을 실행할 때 시스콜 번호를 통해 실행할 시스템 호출을 알아낸다. 프로세스는 이름을 사용해 시스콜을 참조하지 않는다.

---

5. 왜 getpid()가 스레드 그룹 ID인 tgid를 반환하는지 의아할 수 있다. 그 이유는 일반 프로세스의 경우에는 TGID와 PID가 같기 때문이다. 스레드를 사용하는 경우에도 같은 스레드 그룹에 있는 스레드는 TGID가 동일하다. 따라서 getpid()를 호출하는 동일 스레드 그룹의 스레드는 같은 PID 값을 갖는다.

시스콜 번호는 아주 중요하다. 그 이유는 한번 할당되면 변경할 수 없으며, 만일 변경된다면 이미 컴파일된 애플리케이션이 실행되지 않을 것이기 때문이다. 같은 이유로 시스템 호출이 제거된 경우라도 해당 시스템 호출 번호를 재사용하지 않는다. 재사용하면 이전에 컴파일된 코드가 해당 시스템 호출을 부를 때 실제로는 다른 시스템 호출이 실행되는 일이 발생할 수 있다. 리눅스는 '구현되지 않은' 시스템 호출을 뜻하는 sys_ni_syscall() 함수를 제공한다. 이 함수는 유효하지 않은 시스템 호출이라는 뜻의 −ENOSYS 오류 코드를 반환하는 일만 한다. 어쩌다가 시스콜이 제거되었거나 여타 이유로 시스템 호출을 사용할 수 없는 상황이 발생했을 때 이 함수를 이용해 '공백 메우기'를 할 수 있다.

커널은 등록된 모든 시스템 호출의 목록을 sys_call_table이라는 시스템 호출 테이블에 저장한다. 이 테이블은 아키텍처별로 따로 있으며, x86-64의 경우에는 arch/i386/kernel/syscal_64.c 파일에 저장된다. 이 테이블에는 유효한 시스콜마다 고유한 시스콜 번호가 할당된다.

시스템 호출 성능

리눅스 시스템 호출은 다른 많은 운영체제보다 빠르다. 이에 대한 이유 중 하나로 리눅스의 빠른 컨텍스트 전환 시간을 꼽을 수 있다. 커널에 진입하고 빠져나오는 일이 매끄럽고 간단하게 진행된다. 또 다른 요인으로 시스템 호출 핸들러 및 개별 호출 자체가 간단하다는 점을 들 수 있다.

시스템 호출 핸들러

사용자 공간의 애플리케이션은 직접 커널 코드를 호출할 수 없다. 커널은 보호된 메모리 공간에 있으므로 사용자 애플리케이션이 커널 공간에 있는 함수를 쉽게 호출할 수는 없다. 애플리케이션이 커널 주소 공간의 내용을 직접 읽고 쓸 수 있다면 시스템 보안이나 안정성이라는 것은 존재할 수가 없다.

대신 사용자 공간 애플리케이션은 어떻게든 실행하고 싶은 시스템 호출이 있다는 것을 커널에 알려서 시스템을 커널 모드로 전환해야 커널이 애플리케이션을 대신해 커널 공간에서 시스템 호출을 실행할 수 있다.

커널에 신호를 보내는 방법으로 소프트웨어 인터럽트라는 방법을 사용한다. 예외 exception가 발생하면 시스템은 커널 모드로 전환되고 예외 처리기exception handler가 실행된다. 소프트웨어 인터럽트의 경우 시스템 호출 핸들러가 예외 처리기가 된다. x86에서 사용하는 소프트웨어 인터럽트는 int $0x80 명령을 통해 발생시키는 128번 인터럽트다. 이 인터럽트가 발생하면 커널 모드로 전환되고 시스템 호출 핸들러인 예외 벡터 128번을 실행한다. 시스템 호출 핸들러는 그 역할에 걸맞은 이름을 가진 system_call() 함수로 구현되어 있다. 이 함수는 아키텍처별로 따로 구현되는데, x86-64는 entry_64.S 파일에 어셈블리어로 구현되어 있다.[6] x86 프로세서에는 최근 **sysenter**라는 기능이 추가됐다. 이 기능을 이용하면 특별한 방법으로 int 인터럽트 명령어를 사용하는 것보다 빠르게 커널로 진입해 시스템 호출을 실행할 수 있다. 이 기능에 대한 지원은 벌써 커널에 추가됐다. 하지만 시스템 호출 핸들러가 어떤 방식으로 호출되든, 중요한 사실은 사용자 공간에서 커널로 진입하려면 어떤 방법으로든 예외를 발생시켜야 한다는 것이다.

알맞은 시스템 호출 찾기

여러 종류의 시스템 호출이 있고, 모두 같은 방법으로 커널 공간에 진입하기 때문에 커널 공간에 들어가는 것만으로 일이 끝나지는 않는다. 어떻게든 시스템 호출 번호를 커널에 전달해야 한다. x86에서는 eax 레지스터를 이용해 시스콜 번호를 커널에 전달한다. 사용자 공간에서 커널에 진입하기 전에 eax 레지스터에 원하는 시스템 호출에 해당하는 번호를 써넣는다. 그러면 시스템 호출 핸들러가 eax 레지스터에서 값을 읽는다. 다른 아키텍처에서도 유사한 방식으로 처리한다.

system_call() 함수는 주어진 시스템 호출 번호를 NR_syscalls 값과 비교해 유효한 값인지 확인한다. 호출번호가 NR_syscalls 값과 같거나 더 크다면 -ENOSYS 오류를 반환한다. 유효한 값일 경우에는 지정된 시스템 호출을 실행한다.

```
call *sys_call_table(, %rax, 8)
```

시스템 호출 테이블의 각 항목의 크기는 64비트(8바이트)이므로 커널은 주어진 시스템 호출 번호에 8을 곱해서 시스템 호출 테이블 내의 실제 위치를 계산한다. x86-32의 경우에도 비슷한 코드를 사용하며, 8대신에 4가 들어간다. 그림 5.2를 참고하라.

---

6. 다음에 나오는 시스템 호출 핸들러에 관한 내용 대부분은 x86 버전을 위주로 한다. 하지만 다른 아키텍처의 경우도 유사하다.

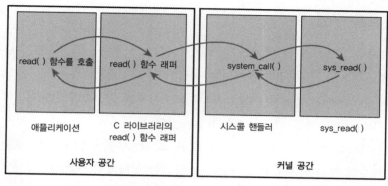

그림 5.2 시스템 호출 핸들러 부르기와 시스템 호출 실행

매개변수 전달

대부분의 시스콜은 시스템 호출 번호와 함께 하나 이상의 매개변수parameter가 필요하다. 어떻게 해서든 예외 발생 과정에서 매개변수를 사용자 공간에서 커널로 전달해야 한다. 가장 쉬운 방법은 시스콜 번호를 전달하는 것과 같은 방법을 사용하는 것이다. 매개변수를 레지스터에 저장하는 것이다. x86-32의 경우 차례대로 ebx, ecx, edx, esi, edi 레지스터에 다섯 번째 매개변수까지 저장한다. 여섯 개 이상의 인자를 사용하는 드문 경우에는 모든 매개변수가 저장된 사용자 공간의 주소를 가리키는 포인터 값을 하나의 레지스터에 저장한다.

시스템 호출의 반환값도 레지스터를 통해 사용자 공간으로 전달한다. x86의 경우에는 eax 레지스터를 사용한다.

시스템 호출 구현

리눅스 시스템 호출의 실제 구현 작업은 시스템 호출 핸들러의 동작과는 별로 관련이 없다. 따라서 새로운 시스템 호출을 리눅스에 추가하는 작업은 비교적 쉬운 일이다. 정말 어려운 일은 시스템 호출을 설계하고 구현하는 작업이다. 구현된 시스템 호출을 커널에 등록하는 일은 간단하다. 새로운 시스템 호출을 작성하는 절차를 살펴보자.

시스템 호출 구현

시스템 호출을 구현하는 첫 단계는 목적을 정의하는 것이다. 이 시스템 호출이 하는 일은 무엇인가? 시스콜은 정확히 하나의 목적이 있어야 한다. 리눅스는 복합 시스콜 (플래그 값에 따라 전혀 다른 일을 하는 일종의 시스템 호출) 사용을 권장하지 않는다. 하지 말아야 하는 것의 좋은 예로 ioctl()을 들 수 있다.

새로운 시스템 호출의 인자와 반환값, 오류 코드는 무엇인가? 시스템 호출은 가능한 적은 개수의 인자를 사용하는 깔끔하고 간단한 인터페이스를 가져야 한다. 앞으로 만들 애플리케이션은 여기서 정한 바에 따라 만들어질 것이다. 시스템 호출의 의미와 동작은 한번 정하면 바꿀 수 없으므로 아주 중요하다.

시간이 흐름에 따라 함수가 어떻게 바뀔지 앞을 내다보는 일도 필요하다. 시스템 호출에 새로운 기능을 추가할 수 있는지? 또는 어떤 변화로 인해 전혀 새로운 기능이 필요하지는 않은지? 하위 호환성을 깨지 않고 버그를 쉽게 수정할 수 있는지? 상위 호환성 문제 해결을 위해 많은 시스템 호출에서 플래그 인자를 사용한다. 플래그 인자는 하나의 시스템 호출을 통해 여러 동작을 처리하는 데 사용하는 것이 아니라 (앞서 말했듯이 이렇게 하면 안 된다), 하위 호환성을 깨거나 새로운 시스템 호출을 추가하지 않고도 새로운 기능이나 옵션을 추가하는 데 사용한다.

미래를 내다보고 인터페이스를 설계하는 것이 중요하다. 불필요하게 기능을 제한해서는 안 된다. 시스템 호출은 가능한 일반적인 형태로 설계해야 한다. 시스템 호출의 앞으로의 사용 방식이 현재와 같을 것이라고 단정하면 안 된다. 시스템 호출의 '목적'은 변하지 않겠지만, 시스템 호출의 '사용법'은 바뀔 수 있다. 시스템 호출은 이식성이 있어야 한다. 특정 아키텍처의 워드 크기나 인디안 특성을 가정하고 만들어서는 안 된다. 19장 "이식성"에서 이와 관련된 문제를 다룬다. 향후 시스템 호출을 망쳐버릴 수 있는 어리석은 가정을 해서는 안 된다. 유닉스의 모토를 다시 상기하자. "방법을 제공하는 것이지, 정책을 제공하는 것이 아니다."

시스템 호출을 작성할 때 현재뿐만 아닌 미래의 이식성과 견고함을 고려해야 한다. 기본 유닉스 시스템 호출은 이런 테스트를 오래 전에 이미 통과했다. 이중에서 대다수는 30년 전과 마찬가지로 지금도 유용하며 잘 동작한다.

매개변수 검사

시스템 호출은 모든 매개변수가 유효하고 적당한지 주의 깊게 확인해야 한다. 시스템 호출은 커널 공간에서 실행되므로 아무런 제약 없이 사용자가 잘못된 입력값을 커널로 전달할 수 있다면, 시스템 보안과 안정성이 위협받는다.

예를 들어, 파일 입출력 시스템 호출은 파일 서술자file descriptor가 유효한지 확인해야 하며, 프로세스 관련 함수는 넘겨 받은 PID 값이 유효한지 확인해야 한다. 모든 매개변수 값이 유효하고 적합할 뿐 아니라 올바른 값이라는 것을 확인해야 한다. 프로세스는 커널에 권한이 없는 자원에 대해 접근 요청해선 안 된다.

가장 중요한 확인 작업 중 하나는 사용자가 제공한 포인터의 유효성을 확인하는 것이다. 프로세스가 확인되지 않은 포인터를 커널에 넘길 수 있다고 생각해보라. 읽을 권한이 없는 영역의 포인터까지 넘길 수 있다고 하자. 그러면 프로세스는 커널을 속여 다른 프로세스 영역이나 읽기가 금지된 공간처럼 접근이 허가되지 않은 곳의 데이터를 읽을 수 있게 된다. 사용자 공간의 포인터를 참조하기 전에 시스템은 다음 사항을 확인해야 한다.

- 포인터는 사용자 공간의 메모리 영역을 가리키고 있어야 한다. 프로세스는 커널을 속이고 직접 커널 공간의 데이터를 읽어서는 안 된다.
- 포인터는 프로세스 주소 공간의 메모리 영역을 가리키고 있어야 한다. 프로세스는 커널을 속이고 다른 프로세스의 데이터를 읽어서는 안 된다.
- 읽는 경우라면 해당 메모리가 읽기 가능 상태이어야 한다. 쓰는 경우라면 메모리가 쓰기 가능 상태이어야 한다. 실행하는 경우라면 메모리는 실행 가능 상태이어야 한다. 프로세스가 메모리 접근 제한을 우회해서는 안 된다.

커널은 필요한 확인 작업을 수행하고 원하는 내용을 사용자 공간으로 가져오는 방법을 두 가지 제공한다. 커널 코드는 절대 포인터의 내용을 사용자 공간으로 무조건 가져오지 않는다! 항상 아래 두 가지 방법 중 하나를 사용한다.

사용자 공간에 쓰기 작업을 하기 위해 copy_to_user()라는 방법을 제공한다. 이 함수는 세 개의 매개변수를 받는다. 첫 번째는 프로세스 주소 공간의 목적지 메모리 주소다. 두 번째는 커널 공간의 원본 포인터다. 마지막, 세 번째는 복사할 데이터의 바이트 크기다.

사용자 공간에 읽기 작업을 위해 copy_to_user()와 유사한 copy_from_user()

라는 방법을 제공한다. 이 함수는 세 번째 인자가 지정한 바이트 수만큼 두 번째 인자가 지정한 위치에서 읽어 첫 번째 인자가 지정한 위치에 저장한다.

두 함수 모두 오류가 발생하면 복사에 실패한 바이트 수를 반환한다. 성공하면 0을 반환한다. 이렇게 오류가 발생한 경우 시스콜은 보통 −EFAULT를 반환한다.

copy_from_user()와 copy_to_user()를 모두 사용하는 시스템 호출의 예를 살펴보자. silly_copy()는 의미 없는 시스콜로, 첫 번째 인자의 데이터를 두 번째 인자로 복사한다. 이 함수는 아무 이유 없이 불필요하게 커널 공간을 거쳐서 데이터를 복사하므로 효율성은 없다. 하지만 요점을 이해하는 데는 도움이 될 것이다.

```
/*
 * silly_copy - 커널을 매개로 'src'에서 'dst'로 len바이트만큼 복사하는
 * 무의미한 시스템 호출
 * 커널과 데이터를 주고받는 예를 보여주기 위한 것
 */
SYSCALL_DEFINE3(silly_copy, unsigned long *, src,
                unsigned long *,
                dst,
                unsigned long len)
                {
        unsigned long buf;

        /* 사용자 주소 공간의 src에 있는 데이터를 buf로 복사 */
        if (copy_from_user(&buf, src, len))
        return -EFAULT;

        /* buf에 있는 데이터를 사용자 주소 공간의 dst로 복사 */
        if (copy_to_user(dst, &buf, len))
        return -EFAULT;

        /* 복사한 데이터의 양을 반환 */
        return len;
}
```

copy_to_user()나 copy_from_user() 두 함수 모두 실행이 중단될 수 있다. 예를 들어, 사용자 데이터가 들어 있는 페이지가 물리적인 메모리 공간에 없고 디스크

에 스왑된 경우에 이런 일이 발생할 수 있다. 이 경우 프로세스는 페이지 폴트 핸들러가 해당 페이지를 디스크의 스왑 파일에서 물리적인 메모리에 가져올 때까지 휴면 상태에 들어간다.

마지막으로 확인할 사항은 권한 유효성 확인이다. 리눅스 이전 버전에서는 특별히 루트 권한이 필요한 시스콜은 suser()를 이용하도록 되어 있었다. 이 함수는 사용자가 루트 사용자인지 아닌지만 확인했다.

지금은 이 함수가 없어졌고 더 세밀하게 조절 가능한 '자격capability' 시스템을 사용한다. 새로운 시스템은 특정 자원에 대해 특정한 권한을 가지고 있는지 확인할 수 있다. 유효한 자격 플래그와 함께 capable() 함수를 호출하면 주어진 자격이 있는 경우 0이 아닌 값을 반환하고, 그렇지 않으면 0을 반환한다. 예를 들어, capable(CAP_SYS_NICE)라고 호출하면 호출한 대상이 다른 프로세스의 나이스 값을 변경할 수 있는 능력이 있는지를 확인할 수 있다. 기본적으로 루트 사용자는 모든 자격을 가지고 있으며 루트가 아닌 사용자는 아무런 권한이 없다. 예로 reboot() 시스템 호출을 살펴보자. 첫 번째 단계에서 어떤 방법으로 호출한 프로세스가 CAP_SYS_REBOOT 자격을 가지고 있는지 확인하는가. 이 조건문이 없으면 모든 프로세스가 시스템을 다시 시작할 수 있다.

```
SYSCALL_DEFINE4(reboot,
                int, magic1,
                int, magic2,
                unsigned int, cmd,
                void __user *, arg)
{
        char buffer[256];

        /* 시스템 재시작의 경우 루트 사용자의 명령만 믿어야 한다. */
        if (!capable(CAP_SYS_BOOT))
                return -EPERM;

        /* 안전을 위해 'magic'인자를 사용한다. */
        if (magic1 != LINUX_REBOOT_MAGIC1 ||
            (magic2 != LINUX_REBOOT_MAGIC2 &&
                        magic2 != LINUX_REBOOT_MAGIC2A &&
```

```
                magic2 != LINUX_REBOOT_MAGIC2B &&
                magic2 != LINUX_REBOOT_MAGIC2C))
            return -EINVAL;

/* pm_power_off가 설정되지 않은 경우에는,
 * power_off 대신 halt 같은 쉬운 방법을 대신 사용한다.
 */
if ((cmd == LINUX_REBOOT_CMD_POWER_OFF) && !pm_power_off)
        cmd = LINUX_REBOOT_CMD_HALT;

lock_kernel();
switch (cmd) {
case LINUX_REBOOT_CMD_RESTART:
        kernel_restart(NULL);
        break;
case LINUX_REBOOT_CMD_CAD_ON:
        C_A_D = 1;
        break;

case LINUX_REBOOT_CMD_CAD_OFF:
        C_A_D = 0;
        break;

case LINUX_REBOOT_CMD_HALT:
        kernel_halt();
        unlock_kernel();
        do_exit(0);
        break;

case LINUX_REBOOT_CMD_POWER_OFF:
        kernel_power_off();
        unlock_kernel();
        do_exit(0);
        break;

case LINUX_REBOOT_CMD_RESTART2:
```

```
            if (strncpy_from_user(&buffer[0], arg, sizeof(buffer) - 1) < 0) {
                    unlock_kernel();
                    return -EFAULT;
            }
            buffer[sizeof(buffer) - 1] = '\0';

            kernel_restart(buffer);
            break;

    default:
        unlock_kernel();
        return -EINVAL;
    }
    unlock_kernel();
    return 0;
}
```

모든 자격 목록과 각 권한에 대해서는 <linux/capability.h> 파일을 참고하자.

시스템 호출 컨텍스트

3장에서 살펴본 바와 같이, 시스템 호출을 실행하는 동안 커널은 프로세스 컨텍스트 상태에 있다. current 포인터는 시스콜을 호출한 프로세스인 현재 태스크를 가리킨다.

프로세스 컨텍스트에서 커널은 (예를 들면, 시스템 호출이 실행 중 대기 상태가 되거나 명시적으로 schedule() 함수를 호출하는 경우처럼) 휴면 상태가 될 수 있으며, 또한 완전히 선점 가능하다. 이 두 가지 특성은 아주 중요하다. 첫째, 휴면 상태가 될 수 있다는 것은 시스템 호출이 커널의 대다수 기능을 사용할 수 있다는 의미다. 7장 "인터럽트와 인터럽트 핸들러"에서 살펴보겠지만, 휴면 상태가 될 수 있는 능력은 커널 프로그래밍을 단순화하는 데 큰 도움이 된다.[7] 프로세스 컨텍스트가 선점 가능하다는 사실은 사용자 공간과 마찬가지로 현재 작업이 다른 작업에 선점될 수 있다는 의미다. 그렇다면 새로운 작업이 같은 시스템 호출을 실행할 수 있기 때문에 시스템 호출은 재진입reentrant이 가능해야 한다. 물론 이는 대칭형 멀티프로세싱 시스템을 지원하기 위해

---

7. 인터럽트 핸들러는 휴면 상태가 될 수 없다. 그래서 프로세스 컨텍스트에서 실행되는 시스템 호출에 비해 제약 사항이 많다.

서도 필요한 조건이다. 재진입을 위한 보호 작업에 대해서는 9장 "커널 동기화 소개"
와 10장 "커널 동기화 방법"에서 설명한다.

시스템 호출이 끝나고 반환되면 제어권한은 system_call() 함수로 넘어간다.
이 함수는 결국 사용자 공간으로 전환시켜 사용자 프로세스의 실행이 재개된다.

시스템 호출 등록의 마지막 단계

시스템 호출을 작성했으면 이를 정식 시스템 호출로 등록하는 절차는 간단하다.

1. 시스템 호출 테이블의 마지막에 항목을 추가한다. 시스템 호출을 지원하는 모
   든 아키텍처에 대해(대개의 경우 모든 아키텍처에 대해) 이 작업을 해야 한다. 0부터
   시작하는 시스콜의 테이블상의 위치가 바로 시스템 호출 번호가 된다. 예를 들
   어 목록의 10번째 항목은 시스콜 번호 9번에 해당한다.
2. 지원하는 모든 아키텍처의 시스콜 번호를 <asm/unistd.h> 파일에 정의한다.
3. 시스콜을 커널 이미지로 컴파일한다(모듈로 컴파일하지 않는다는 뜻이다). 이를 위해서
   는 잡다한 시스템 호출이 들어 있는 **sys.c** 파일처럼 시스템 호출에 필요한 파일
   을 **kernel/** 디렉토리에 넣어주면 된다.

가상 시스템 호출 함수인 foo()를 통해 이 과정을 좀 더 자세히 살펴보자. 먼저
sys_foo() 함수를 시스템 호출 테이블에 추가해야 한다. 대부분 아키텍처에서 이
테이블은 entry.S 파일에 다음과 같은 형태로 들어 있다.

```
ENTRY(sys_call_table)
        .long sys_restart_syscall      /* 0 */
        .long sys_exit
        .long sys_fork
        .long sys_read
        .long sys_write
        .long sys_open                 /* 5 */

    ...

        .long sys_eventfd2
```

```
        .long sys_epoll_create1
        .long sys_dup3                      /* 330 */
        .long sys_pipe2
        .long sys_inotify_init1
        .long sys_preadv
        .long sys_pwritev
        .long sys_rt_tgsigqueueinfo    /* 335 */
        .long sys_perf_event_open
        .long sys_recvmmsg
```

목록의 끝에 새로운 시스템 호출을 다음과 같이 추가한다.

```
        .long sys_foo
```

비록 명시하지는 않았지만, 이 시스템 호출은 연속되는 다음 번호를 시스콜 번호로 받는다. 이 경우에는 338이 된다. 지원하고자 하는 아키텍처별로 해당 아키텍처의 시스템 호출 테이블에 시스템 호출을 추가해야 한다. 시스템 호출 번호는 아키텍처별 고유 ABIApplication Binary Interface에 속하므로 시스템 호출이 모든 아키텍처에서 동일한 시스콜 번호를 받을 필요는 없다. 보통의 경우 시스템 호출을 모든 아키텍처에서 지원하고 싶을 것이다. 5개 항목마다 주석으로 번호를 표기하는 관례를 사용하고 있다. 이를 통해 각 시스콜의 번호를 쉽게 확인할 수 있다.

다음으로 <asm/unistd.h> 파일에 시스템 호출 번호를 추가한다. 파일 형태는 다음과 같다.

```
/*
 * 이 파일에는 시스템 호출 번호가 들어 있다.
 */
#define __NR_restart_syscall        0
#define __NR_exit                   1
#define __NR_fork                   2
#define __NR_read                   3
#define __NR_write                  4
#define __NR_open                   5

...
```

```
#define __NR_signalfd4              327
#define __NR_eventfd2               328
#define __NR_epoll_create1          329
#define __NR_dup3                   330
#define __NR_pipe2                  331
#define __NR_inotify_init1          332
#define __NR_preadv                 333
#define __NR_pwritev                334
#define __NR_rt_tgsigqueueinfo      335
#define __NR_perf_event_open        336
#define __NR_recvmmsg               337
```

목록 끝에 다음 내용을 추가한다.

```
#define __NR_foo                    338
```

마지막으로 실제 foo() 시스템 호출을 구현한다. 시스템 호출은 어떤 설정에서도 코어core 커널 이미지에 컴파일돼 들어가야 하므로, 여기서는 해당 함수를 kernel/sys.c 파일에 구현했다. 어디든 관련이 있는 곳에 함수를 두는 것이 좋다. 예를 들어, 스케줄링과 관련된 함수라면 kernel/sched.c 파일이 적당한 위치가 될 것이다.

```
#include <asm/page.h>
/*
 * sys_foo - 모든 이들이 좋아하는 시스템 호출
 *
 * 커널 스택의 프로세스별 크기를 반환한다.
 */
asmlinkage long sys_foo(void)
{
    return THREAD_SIZE;
}
```

이제 끝났다! 이제 이 커널로 부팅하면 사용자 공간에서 foo() 시스템 호출을 사용할 수 있다.

사용자 공간에서의 시스템 호출

일반적으로 C 라이브러리가 시스템 호출 방법을 제공한다. 사용자 애플리케이션은 표준 헤더 파일에서 함수 정의를 가져다 쓰고 C 라이브러리와 링크해 시스템 호출을 사용한다(또는 내부에서 시스콜을 호출하는 라이브러리 루틴을 사용할 수도 있다). 그러나 이제 막 작성한 시스템 호출이라면 glibc가 이를 지원해줄 리 없다.

다행히 리눅스는 시스템 호출에 접근하는 매크로를 제공한다. 이 매크로는 레지스터에 내용을 채워 넣고 예외를 발생시킨다. 이 매크로 이름은 _syscalln() 형태이며, n 값은 0과 6 사이의 값이 된다. 매크로는 레지스터에 값을 채워야 할 매개변수의 개수를 알아야 하므로 이런 방식으로 시스콜에 전달하는 매개변수의 개수를 지정한다. 예를 들어, 다음과 같이 정의된 open() 시스템 호출을 생각해보자.

```
long open(const char *filename, int flags, int mode)
```

명시적인 라이브러리 지원이 없을 경우 이 시스템 호출을 사용하는 시스콜 매크로는 다음과 같다.

```
#define __NR_open 5
_syscall3(long, open, const char *, filename, int, flags, int, mode)
```

이렇게 하면 간단히 애플리케이션이 open() 함수를 호출할 수 있다.

각 매크로는 2 + 2 × n 개의 인자를 갖는다. 첫 번째 인자는 시스콜의 반환형을 뜻한다. 두 번째는 시스템 호출의 이름이다. 그 다음은 시스템 호출이 사용하는 각 매개변수의 형과 이름을 차례대로 지정한다. __NR_open 매크로는 <asm/unistd.h> 파일에 있는 시스템 호출 번호를 뜻한다. _syscall3 매크로는 인라인 어셈블리가 들어 있는 C 함수로 확장된다. 어셈블리 코드는 앞에서 언급한 시스템 호출 번호와 매개변수를 적절한 레지스터에 넣고 소프트웨어 인터럽트를 발생시켜 커널로 진입 trap하게 한다. 이 매크로를 애플리케이션 안에 두기만 하면 애플리케이션은 open() 시스템 호출을 사용할 수 있다.

새로 만든 멋진 foo() 시스템 호출을 사용하는 매크로와 지금껏 수고한 내용을 확인할 수 있는 테스트 코드를 작성해보자.

```
#define __NR_foo 283
__syscall0(long, foo)

int main ()
{
        long stack_size;

        stack_size = foo ();
        printf ("The kernel stack size is %ld\n", stack_size);

        return 0;
}
```

시스템 호출을 구현하지 말아야 하는 이유

앞에서 새로운 시스템 호출을 쉽게 구현할 수 있다는 것을 보여주었지만, 새로운 시스템 호출을 구현하는 것은 절대로 권장하지 않는 일이다. 새로운 시스콜을 추가하는 작업은 정말로 주의와 자제가 필요하다. 대개의 경우 새 시스템 호출을 추가하는 것보다 훨씬 더 좋은 대안이 있다. 시스템 호출 추가의 장점과 단점, 그리고 시스템 호출 추가의 대안에 대해 알아보자.

새로운 인터페이스의 시스콜을 구현하는 것은 다음과 같은 장점이 있다.

- 시스템 호출은 구현이 간단하고 사용이 쉽다.
- 리눅스의 시스템 호출 성능이 빠르다.

단점은 다음과 같다.

- 공식적으로 할당된 시스콜 번호가 필요하다.
- 안정 버전 커널에 시스템 호출이 추가되면 유연성이 없어진다. 사용자 프로그램에 영향을 주지 않고 인터페이스를 수정할 방법이 없다.
- 아키텍처별로 시스템 호출을 따로따로 등록하고 지원해야 한다.

- 시스템 호출은 스크립트에서 사용하기가 쉽지 않고, 파일시스템에서 직접 접근할 수도 없다.
- 시스콜 번호를 할당해야 하므로 주 커널 트리 외부에서 시스템 호출을 관리하고 사용하기 어렵다.
- 단순한 정보 교환을 위해서라면 시스템 호출은 닭 잡는 데 소 잡는 칼을 쓰는 격이 된다!

대안은 다음과 같다.

- 장치 노드device node를 구현하고 read(), write() 함수를 해당 장치에 대해 호출한다. 장치의 일부 설정을 바꾸거나 설정 정보를 얻고자 할 때는 ioctl() 함수를 사용한다.
- 세마포어 같은 일부 인터페이스는 파일 서술자 형태로 표현이 가능하며, 파일을 다루는 방식을 그대로 사용할 수 있다.
- sysfs상의 적당한 위치에 해당 정보를 파일로 남긴다.

대부분의 인터페이스는 시스템 호출이 올바른 답이다. 하지만 리눅스는 새로 등장하는 추상화 개념을 단순히 시스템 호출을 추가하는 방식으로 지원하는 것을 최대한 피했다. 그 결과 리눅스는 후회할 만한 부분이나 퇴화(더 이상 사용하거나 지원하지 않는 인터페이스)된 부분이 거의 없는 놀라울 정도로 깔끔한 시스템 호출 계층을 갖게 되었다. 새로운 시스템 호출 추가 빈도가 낮다는 사실은 상대적으로 리눅스가 안정적이고 기능이 완전한 운영체제라는 것을 보여준다.

결론

이 장에서 시스템 호출이 무엇인지, 라이브러리 호출 및 API와 어떻게 관련되어 있는지 알아보았다. 그리고 리눅스 커널이 시스템 호출을 구현하는 방법을 알아보고, 커널로 진입하면서 시스콜 번호와 인자를 전달하고 올바른 시스템 호출 함수를 실행하며 시스콜의 반환값을 사용자 공간으로 가져 오는 일련의 시스템 호출 실행 과정을 살펴보았다.

그다음 시스템 호출을 추가하는 방법과 새로 추가한 시스템 호출을 사용자 공간에서 사용하는 간단한 예제를 보여주었다. 이 모든 과정은 정말 쉽다! 시스템 호출 추가 작업이 간단하므로 실제 필요한 작업은 시스템 호출을 구현하는 작업이 전부다. 앞으로는 잘 동작하고, 최적의 안전한 시스템 호출을 작성하는 데 필요한 개념과 커널 인터페이스를 살펴볼 것이다.

마지막으로 시스템 호출 구현의 장점과 단점과 새 시스템 호출 추가에 대한 대안을 간단히 살펴보는 것으로 이 장을 마무리했다.

6장

커널 자료구조

이 장에서는 리눅스 커널 코드에서 사용하는 내장 자료구조를 몇 가지 소개한다. 여타 대규모 소프트웨어 프로젝트처럼 리눅스 커널도 일반적인 자료구조 및 기본 데이터 형을 제공해 코드 재사용을 유도한다. 커널 개발자는 해결책을 '스스로 고안'하기보다는 이런 자료구조를 최대한 활용하려고 노력해야 한다. 커널이 제공하는 일반 자료구조 중에서 다음 자료구조를 살펴보자.

- 연결 리스트
- 큐
- 맵
- 이진 트리

이 장의 뒷부분에서는 알고리즘 복잡도에 대해 알아보고, 이를 통해 어떤 알고리즘과 자료구조가 입력 증가에 잘 대응하는지를 쉽게 판단할 수 있음을 알아본다.

연결 리스트

연결 리스트는 리눅스 커널에서 가장 많이 사용하는 가장 간단한 자료구조다. 연결 리스트는 노드라고 부르는 가변적인 개수의 데이터를 저장하고 관리하는 기능을 제공한다. 정적 배열과 달리 연결 리스트는 동적으로 데이터를 생성해 리스트에 추가할 수 있다. 그러므로 컴파일 시점에 미리 개수를 알 수 없는 데이터를 관리할 수 있다. 데이터가 한꺼번에 동시에 만들어지지 않으므로, 이 데이터는 인접한 메모리 공간에 모여 있지 않을 수 있다. 따라서 데이터를 서로 연결시킬 방법이 있어야 하므로 리스트의 각 데이터에는 다음 데이터의 위치를 가리키는 next 포인터가 들어 있다. 리스트에 데이터를 추가하거나 삭제할 때는 다음 노드를 가리키는 포인터를 조정하면 된다.

단일 연결 리스트와 이중 연결 리스트

연결 리스트를 나타내는 가장 단순한 자료구조의 형태는 다음과 같다.

```
/* 연결 리스트의 데이터 항목 */
struct list_element {
    void *data;                 /* 항목에 담긴 데이터(payload) */
    struct list_element *next;  /* 다음 항목을 가리키는 포인터 */
```

그림 6.1은 연결 리스트를 도식화한 것이다.

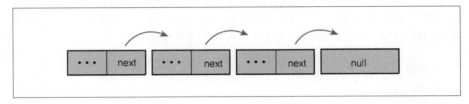

그림 6.1 단일 연결 리스트

연결 리스트 중에는 이전 항목을 가리키는 포인터가 들어 있는 경우도 있다. 이런 리스트는 앞·뒤 방향 양쪽으로 연결돼 있으므로 이중 연결 리스트라고 부른다. 그림 6.1과 같은 연결 리스트에는 이전 항목을 가리키는 포인터가 없어서 단일 연결 리스트라고 부른다.

이중 연결 리스트를 나타내는 자료구조의 형태는 다음과 같다.

```
/* 연결 리스트의 데이터 항목 */
struct list_element {
        void *data;       /* 항목에 담긴 데이터(payload) */
        struct list_element *next; /* 다음 항목을 가리키는 포인터 */
        struct list_element *prev; /* 이전 항목을 가리키는 포인터 */
};
```

그림 6.2는 이중 연결 리스트를 도식화한 것이다.

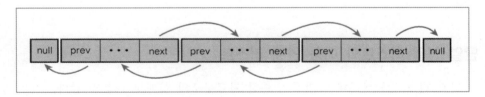

그림 6.2 이중 연결 리스트

환형 연결 리스트

연결 리스트의 마지막 항목 다음에는 항목이 없으므로 다음 항목을 나타내는 포인터를 NULL처럼 특별한 값으로 설정해 이 항목이 리스트의 마지막이라는 것을 표시해둔다. 그러나 마지막 항목에 특별한 값을 지정하지 않는 연결 리스트도 있다. 그 대신 다시 리스트의 처음 항목을 가리키게 한다. 이런 연결 리스트는 고리 모양처럼 되기 때문에 환형circular 연결 리스트라고 부른다. 환형 연결 리스트는 단일 연결 리스트 형식을 사용할 수도 있고 이중 연결 리스트 형식을 사용할 수도 있다. 환형 이중 연결 리스트라면 첫 번째 노드의 '이전' 포인터는 마지막 노드를 가리킨다. 그림 6.3 과 그림 6.4는 각각 단일 환형 연결 리스트와 이중 환형 연결 리스트를 보여준다.

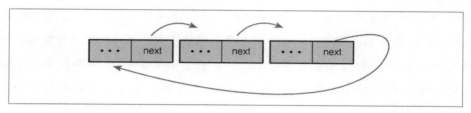

그림 6.3 환형 단일 연결 리스트

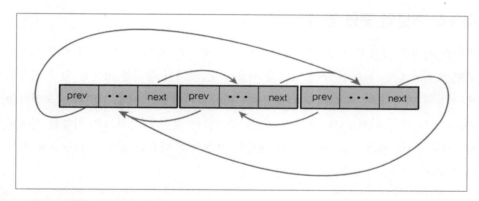

그림 6.4 환형 이중 연결 리스트

리눅스 커널의 연결 리스트는 독특한 방식으로 구현되지만, 본질적으로는 환형 이중 연결 리스트라고 할 수 있다. 이런 연결 리스트 형식을 사용함으로써 유연성을 최대한 확보할 수 있다.

연결 리스트 내에서 이동

연결 리스트 내의 이동은 선형으로 일어난다. 한 항목을 참조하고, 다음 포인터를 따라가 다음 항목을 참조한다. 이 과정을 반복하면 된다. 이 방법은 연결 리스트 내에서 이동하는 가장 쉬운 방법이며, 연결 리스트에 가장 적합한 방법이다. 임의 순서로 데이터에 접근하는 동작이 중요한 상황에는 연결 리스트가 적합하지 않다. 전체 리스트를 차례대로 훑는 작업이나 항목을 동적으로 삽입하고 제거하는 작업이 필요한 경우에 연결 리스트를 사용한다.

연결 리스트 구현에서 리스트의 '시작' 부분에 접근하기 쉽게 리스트의 첫 번째 항목을 헤드head라고 부르는 특별한 포인터로 표시하는 경우가 많다. 환형이 아닌 연결 리스트라면 다음 항목을 가리키는 포인터가 NULL인 항목이 마지막 항목이 된다. 환형 연결 리스트는 다음 항목이 첫 번째 항목을 가리키는 경우가 마지막 항목이 된다. 따라서 처음 항목에서부터 마지막 항목까지 한 방향으로 리스트를 이동할 수 있다. 이중 연결 리스트의 경우에는 마지막 항목에서 처음 항목으로 역방향으로 이동하는 것도 가능하다. 물론 지정한 리스트의 특정 위치에서부터 원하는 개수의 항목만큼 앞뒤로 움직이는 것도 가능하다. 반드시 리스트 전체를 훑어야 하는 것은 아니다.

리눅스 커널의 구현 방식

리눅스 커널은 앞에서 소개했던 일반적인 구현 방식을 비롯한 대부분의 연결 리스트 구현 방식과 다른 독특한 구현 방식을 사용한다. 앞에서 살펴본 방식은 연결 리스트에 포함된 데이터(또는 구조체로 표현되는 데이터 집합)에 다음 데이터를 가리키는 포인터(경우에 따라서는 이전 데이터를 가리키는 포인터도)를 추가하는 방식으로 리스트 기능을 사용한다. 예를 들어, 개과Canidae에 속하는 동물을 표현하는 다음과 같은 fox 구조체가 있다고 하자.

```
struct fox {
        unsigned long     tail_length;      /* 꼬리의 길이(cm) */
        unsigned long     weight;           /* 무게(kg) */
        bool              Is_fantastic;     /* 멋있는 여우인가? */
};
```

이 구조체의 정보를 연결 리스트로 저장하는 일반적인 방식은 구조체 안에 다음과 같이 리스트 포인터를 추가하는 것이다.

```
struct fox {
        unsigned long tail_length;     /* 꼬리의 길이(cm) */
```

```
        unsigned long weight;          /* 무게(kg) */
        bool    is_fantastic;          /* 멋있는 여우인가? */
        struct fox  *next;             /* 연결 리스트의 다음 항목 */
        struct fox  *prev;             /* 연결 리스트의 이전 항목 */
};
```

리눅스 커널은 접근 방식이 다르다. 리눅스는 구조체를 연결 리스트로 바꾸는 대신 구조체에 연결 리스트의 노드를 넣는 방식을 사용한다.

연결 리스트 구조체

오래 전에는 커널에서 여러 가지 연결 리스트 구현 방식을 사용했다. 코드의 중복을 제거하기 위해 하나의 강력한 연결 리스트 구현 방식이 필요했다. 2.1 커널 개발 과정에서 커널의 연결 리스트 공식 구현이 도입되었다. 이제 모든 연결 리스트는 이 공식 구현 방법을 사용한다. 이미 만든 수레바퀴를 다시 만들 필요는 없다!

연결 리스트 코드는 <linux/list.h> 헤더 파일에 정의되며, 자료구조는 아래와 같이 간단하다.

```
struct list_head {
        struct list_head *next
        struct list_head *prev;
};
```

next 포인터는 리스트의 다음 노드를 가리키며, prev 포인터는 이전 노드를 가리킨다. 그러나 이 정도로는 특별히 유용해 보이지 않는다. 연결 리스트 노드만 이어져 있는 거대한 연결 리스트가 무슨 소용이 있겠는가? 실제 유용성은 list_head 구조체의 사용법에 있다.

```
struct fox {
        unsigned long tail_length;   /* 꼬리의 길이(cm) */
        unsigned long weight;        /* 무게(kg) */
        bool    is_fantastic;        /* 멋있는 여우인가? */
        struct list_head list;       /* fox 구조체 리스트 */
};
```

이렇게 하면 fox 구조체의 list.next는 다음 항목을 가리키고, list.prev는 이전 항목을 가리키게 할 수 있다. 이제 조금씩 쓸만하게 바뀌고 있다. 커널은 이런 연결 리스트를 조작하는 일군의 함수를 제공한다. 예를 들어, list_add()를 사용하면 기존 연결 리스트에 새로운 노드를 추가할 수 있다. 게다가 이런 함수는 범용성을 갖추고 있다. list_head 구조체만을 대상으로 처리하기 때문이다. container_of() 매크로를 사용하면 특정 변수 항목을 가지고 있는 부모 구조체를 쉽게 찾아낼 수 있다. C에서는 구조체내 특정 변수의 상대적인 위치offset가 컴파일 시점에 ABI 수준에서 고정되기 때문이다.

```
#define container_of(ptr, type, member) ({          \
        const typeof( ((type *)0)->member ) *__mptr = (ptr);  \
        (type *)( (char *)__mptr - offsetof(type,member) );})
```

container_of() 매크로를 사용하면 list_head가 들어 있는 부모 구조체를 반환하는 함수를 간단하게 정의할 수 있다.

```
#define list_entry(ptr, type, member) \
        container_of(ptr, type, member)
```

커널은 list_entry()를 비롯한 연결 리스트 생성, 조작 등의 관리 함수를 제공하며, 이런 함수는 list_head가 들어 있는 구조체에 상관없이 동작한다.

연결 리스트 정의

앞서 보았듯이 list_head는 그 자체만으로는 쓸모가 없다. 보통 다른 구조체 안에 넣어서 사용한다.

```
struct fox {
        unsigned long tail_length;     /* 꼬리의 길이(cm) */
        unsigned long weight;          /* 무게(kg) */
        bool    is_fantastic;          /* 멋있는 여우인가? */
        struct list_head list;         /* fox 구조체 리스트 */
};
```

리스트는 사용하기 전에 초기화해야 한다. 대부분의 항목이 동적으로 생성되므로 (이 때문에 연결 리스트를 사용할 것이다), 연결 리스트의 초기화는 실행 시에 처리하는 것이 일반적이다.

```
struct fox *red_fox;
red_fox = kmalloc(sizeof(*red_fox), GFP_KERNEL);
red_fox->tail_length = 40;
red_fox->weight = 6;
red_fox->is_fantastic = false;
INIT_LIST_HEAD(&red_fox->list);
```

구조체를 컴파일할 때 정적으로 생성해야 한다면 다음과 같이 직접적인 방식으로 선언할 수도 있다.

```
struct fox red_fox = {
  .tail_length = 40,
  .weight = 6,
  .list = LIST_HEAD_INIT(red_fox.list),
};
```

리스트 헤드

앞에서 fox 구조체의 예를 통해 기존의 구조체를 연결 리스트로 쉽게 바꿀 수 있다는 사실을 살펴보았다. 이제 이 구조체는 간단한 코드 수정을 통해 커널의 연결 리스트 함수를 이용해 관리할 수 있다. 하지만 이 함수를 사용하기 전에 전체 리스트를 가리키는 데 사용하는 기본 포인터인 헤드 포인터가 필요하다.

커널의 연결 리스트 구현이 멋있는 점 중 하나는 앞의 fox 구조체의 경우처럼 모든 노드가 동일하다는 것이다. 모두 list_head가 들어 있으므로 어느 노드에서 출발하더라도 다음 노드를 따라가면 모든 노드를 훑을 수 있다. 이 방식도 멋지긴 하지만 일반적으로는 리스트 노드가 아닌 연결 리스트 자체를 가리키는 데 사용하는 특별한 포인터가 필요한 경우가 있다. 재미있게도 기본 list_head 구조체가 이 특별한 노드 역할을 할 수 있다.

```
static LIST_HEAD(fox_list);
```

이렇게 하면 fox_list라는 이름의 list_head 구조체를 초기화한다. 연결 리스트와 관련된 다수의 함수는 하나 또는 두 개의 인자를 받는다. 헤드 노드 하나를 받거나 헤드 노드와 실제 리스트 노드를 받는다. 이제 이러한 함수에 대해 살펴보자.

연결 리스트 조작

커널은 연결 리스트를 조작하는 일군의 함수를 제공한다. 이런 함수는 하나 이상의 list_head 구조체 포인터를 인자로 받는다. 모든 함수는 C 인라인 함수로 구현되어 있으며, <linux/list.h> 파일에 들어 있다.

이런 함수는 모두 $O(1)$[1]이다. 즉 리스트나 다른 입력의 크기에 상관없이 일정한 시간 안에 실행된다. 예를 들어, 리스트 항목수가 3개든 3,000개든 항목을 추가하거나 제거하는 데 걸리는 시간은 같다. 그리 놀라운 사실이 아닐 수 있지만 알아두면 좋다.

연결 리스트에 노드 추가

연결 리스트에 노드를 추가하려면 다음 함수를 사용한다.

```
list_add(struct list_head *new, struct list_head *head)
```

이 함수는 head 노드 바로 뒤에 new 노드를 추가한다. 일반적으로 환형 리스트에는 첫 번째나 마지막 노드라는 개념이 없으므로 head에 어떤 항목을 지정해도 상관없다. '마지막' 항목을 전달한다면, 이 함수로 스택stack을 구현할 수 있다.

fox 리스트의 예로 돌아와서 fox_list 리스트에 새로운 struct fox를 추가해야 한다면 다음과 같이 한다.

```
list_add(&f->list, &fox_list);
```

연결 리스트의 마지막에 노드를 추가하려면 다음 함수를 사용한다.

```
list_add_tail(struct list_head *new, struct list_head *head)
```

이 함수는 head 노드 바로 앞에 new 노드를 추가한다. list_add()와 마찬가지로 환형 리스트이므로 head에 어떤 항목을 지정해도 상관없다. '첫 번째' 항목을 전달한다면, 이 함수로 큐를 구현할 수 있다.

---

1. O(1)에 대해서는 이장의 뒷부분에 나오는 "알고리즘 복잡도"를 참고하라.

연결 리스트에서 노드 제거

연결 리스트에 노드를 추가하는 것 다음으로 리스트에서 노드를 제거하는 것이 가장 중요한 동작일 것이다. 연결 리스트에서 노드를 제거하려면 list_del() 함수를 사용한다.

```
list_del(struct list_head *entry)
```

이 함수는 리스트에서 entry 항목을 제거한다. 이 함수는 entry나 entry가 들어 있는 구조체가 차지하고 있던 메모리를 해제하지는 않는다는 점에 주의해야 한다. 이 함수는 해당 항목을 리스트에서 제거하는 동작만 수행한다. 보통 이 함수를 호출한 다음 list_head와 list_head가 들어 있는 자료구조의 메모리를 해제해야 한다.

예를 들어, 앞에서 fox_list에 추가한 fox 노드를 제거하려면 다음과 같이 실행한다.

```
list_del(&f->list);
```

함수의 입력에 fox_list가 없다는 점에 주목하자. 이 함수는 특정 노드만을 입력으로 받아 해당 노드의 이전 및 다음 노드의 포인터를 조정해 해당 노드를 리스트에서 제거한다. 구현 내용을 보면 이해하기 쉬울 것이다.

```c
static inline void __list_del(struct list_head *prev, struct list_head *next)
{
        next->prev = prev;
        prev->next = next;
}

static inline void list_del(struct list_head *entry)
{

        __list_del(entry->prev, entry->next);
}
```

연결 리스트에서 노드를 제거하고 다시 초기화할 때 위해 커널은 list_del_init() 함수를 제공한다.

```
list_del_init(struct list_head *entry)
```

이 함수는 주어진 list_head를 초기화한다는 점만 제외하면 list_del() 함수와
같다. 해당 항목을 리스트에서 제거해야 하지만 자료구조 자체는 재사용이 필요한
경우에 이 함수를 사용한다.

연결 리스트의 노드 이동과 병합

한 리스트의 노드를 다른 리스트로 이동시킬 때는 다음 함수를 사용한다.

```
list_move(struct list_head *list, struct list_head *head)
```

이 함수는 연결 리스트에서 list 항목을 제거한 다음 head 항목 뒤에 추가한다.
한 리스트의 노드를 다른 리스트의 끝으로 이동시킬 때는 다음 함수를 사용한다.

```
list_move_tail(struct list_head *list, struct list_head *head)
```

이 함수는 list_move()와 같은 동작을 하지만 list 항목을 head 항목 앞에 추가
한다.
리스트가 비어 있는지 확인할 때는 다음 함수를 사용한다.

```
list_empty(struct list_head *head)
```

리스트가 비어 있으면 0이 아닌 값을 반환하고, 비어 있지 않으면 0을 반환한다.
끊어져 있는 두 리스트를 합칠 경우에는 다음 함수를 사용한다.

```
list_splice(struct list_head *list, struct list_head *head)
```

이 함수는 list가 가리키는 노드를 head 앞에 추가함으로써 두 리스트를 하나로
병합한다.
끊어져 있는 두 리스트를 하나로 합치고 이전 리스트를 다시 초기화하려면 다음
함수를 사용한다.

```
list_splice_init(struct list_head *list, struct list_head *head)
```

이 함수는 이제 빈 리스트가 되는 list를 다시 초기화한다는 점만 제외하면 list_splice()와 같다.

> **참조 줄이기**
>
> 이미 next와 prev 포인터가 가리키는 대상을 알고 있는 상황이라면 내부 리스트 함수를 직접 호출함으로써 cpu 사이클(cycle)을 절약할 수 있다(구체적으로 포인터 역참조 횟수를 줄일 수 있다). 여기서 설명한 함수는 모두 next와 prev 포인터를 찾아서 내부 함수를 호출하는 일만 한다. 내부 리스트 함수는 보통 위에서 설명한 함수와 같은 이름에 앞에 밑줄이 두 개 붙어 있다. 예를 들면, list_del(list)라고 호출하는 대신 __list_del(prev, next)라고 호출할 수 있다. 하지만 이런 방식은 next와 prev 포인터 대상을 이미 알고 있는 경우에만 유용하다. 그렇지 않다면 코드만 지저분해질 뿐이다. 정확한 내부 함수명에 대해서는 〈linux/list.h〉를 참조하자.

연결 리스트 탐색

지금까지 커널에서 연결 리스트를 선언하고 초기화하고 조작하는 방법에 대해 알아 보았다. 하지만 실제 데이터에 접근할 방법이 없다면 지금까지 알아본 모든 것이 무의미할 것이다. 연결 리스트는 중요한 데이터를 담는 그릇일 뿐이다. 리스트를 탐색하고 실제 데이터가 담긴 구조체에 접근할 수 있는 방법이 필요하다. 커널은 (다행히도) 연결 리스트를 탐색하고 그 안에 들어 있는 자료구조를 참조할 수 있는 멋진 방법을 제공한다.

리스트 조작 함수와 달리 n개의 항목을 가진 연결 리스트의 모든 항목을 탐색하는 작업의 복잡도는 O(n)이다.

기본 방법

리스트를 탐색하는 가장 간단한 방법은 list_for_each() 매크로를 사용하는 것이 다. 이 매크로는 두 개의 list_head 구조체를 인자로 받는다. 첫 번째 인자는 현재 항목을 가리키는 포인터로 호출하는 쪽에서 전달하는 임시 변수다. 두 번째 인자는 탐색하려는 리스트의 헤드 역할을 하는 list_head를 가리키는 포인터다(앞의 "리스트 헤드" 부분을 참고하라). 리스트의 모든 항목을 방문할 때까지 루프를 한 번 실행할 때마 다 첫 번째 인자의 포인터는 리스트의 다음 항목을 가리킨다. 사용법은 다음과 같다.

```
struct list_head *p;

list_for_each(p, fox_list) {
    /* p는 리스트의 항목을 가리킨다. */
}
```

이 코드 역시 아직 쓸모가 없다. 리스트 구조체를 가리키는 포인터는 전혀 도움이 되지 않는다. 우리가 원하는 것은 list_head가 들어 있는 부모 구조체의 포인터다. 앞의 fox 리스트를 예로 들면, fox 구조체의 포인터가 필요한 것이지 그 구조체에 들어 있는 list 항목의 포인터가 필요한 것은 아니다. 앞에서 살펴본 list_entry() 매크로를 이용하면 list_head가 들어 있는 구조체를 얻을 수 있다.

```
struct list_head *p;
struct fox *f;

list_for_each(p, &fox_list) {
        /* f는 리스트가 들어 있는 구조체를 가리킨다. */
        f = list_entry(p, struct fox, list);
}
```

실제 사용하는 방식

앞에서 소개한 방식은 list_head 노드 함수가 동작하는 방식을 보여주지만, 이를 이용해 특별히 이해하기 쉽거나 깔끔한 코드를 만들 수 있는 것은 아니다. 그래서 대부분 커널 코드에서는 연결 리스트를 탐색할 때 list_for_each_entry() 매크로를 사용한다. 이 매크로는 list_entry() 작업을 대신 처리해 간단하게 리스트를 탐색할 수 있게 한다.

```
list_for_each_entry(pos, head, member)
```

여기서 pos는 list_head가 들어 있는 객체를 가리키는 포인터다. list_entry() 함수의 반환값으로 생각하면 된다. head는 탐색을 시작하려는 리스트 노드의 list_head를 가리키는 포인터다. 앞의 예에서는 fox_list.member가 pos에 들어 있는 list_head 구조체의 변수명이 된다. 약간 혼란스럽지만 쉽게 사용할 수 있다. 이전에 list_for_each()로 작성했던 내용을 다시 써 보면 다음과 같다.

```
struct fox *f;

list_for_each_entry(f, &fox_list, list) {
    /* 루프가 반복될 때마다 'f'는 다음 fox 구조체를 가리킨다. */
}
```

이제 커널 파일시스템 알림 모듈인 inotify에서 실제 사용하는 모습을 살펴보자.

```
static struct inotify_watch *inode_find_handle(struct inode *inode,
                                               struct inotify_handle *ih)
{
    struct inotify_watch *watch;

    list_for_each_entry(watch, &inode->inotify_watches, i_list) {
        if (watch->ih == ih)
            return watch;
    }

    return NULL;
}
```

이 함수는 inode->inotify_watches 리스트의 모든 항목을 탐색한다. 리스트의 각 항목은 struct inotify_watch 자료구조로 되어 있으며, 이 안에 i_list라는 이름으로 list_head 구조체가 들어 있다. 루프가 반복될 때마다 watch 포인터는 리스트의 다음 노드를 가리킨다. 이 간단한 함수의 목적은 주어진 inode 구조체의 inotify_watches 리스트에서 주어진 핸들과 일치하는 핸들을 가진 inotify_watch 항목을 찾는 것이다.

역방향으로 리스트 탐색

list_for_each_entry_reverse() 매크로는 리스트를 역순으로 탐색한다는 점을 제외하면, list_for_each_entry() 매크로와 동일하게 동작한다. 즉 next 포인터를 따라가며 앞 방향으로 리스트를 지나가는 대신 prev 포인터를 따라 역방향으로 진행한다. 사용법은 list_for_each_entry()와 같다.

```
list_for_each_entry_reverse(pos, head, member)
```

　　역방향으로 리스트를 탐색해야 할 이유는 많지 않다. 한 가지 이유로는 성능을
들 수 있다. 찾으려는 항목이 탐색 시작 위치의 뒤편에 있다는 사실을 알 때는 역방
향으로 탐색하면 좀 더 빨리 찾을 수 있다. 두 번째로 순서가 중요한 경우가 있다.
예를 들어, 연결 리스트를 이용해 스택을 구현하는 경우라면 끝에서 역방향으로 리스
트를 탐색함으로써 후입선출LIFO, last-in/first-out 방식을 구현할 수 있다. 리스트를 역방
향으로 이동해야 할 이유가 분명하지 않다면 굳이 그럴 필요가 없으므로 그냥
list_for_each_entry() 매크로를 사용하자.

제거하면서 탐색

리스트를 탐색하면서 항목을 제거하는 경우에는 기본 리스트 탐색 방법이 적합하지
않다. 기본 탐색 방법은 리스트의 항목이 변경되지 않는다고 가정하므로 루프를 실
행하는 도중에 현재 항목이 제거되면 이후에는 다음(또는 이전) 포인터를 따라 진행할
수가 없다. 이는 루프 프로그래밍에서 자주 발생하는 상황으로 개발자는 다음(또는
이전) 포인터를 제거하기 전에 임시 변수에 저장해 두는 방식으로 문제를 해결한다.
리눅스 커널은 이런 상황을 처리해 주는 함수를 제공한다.

```
list_for_each_entry_safe(pos, next, head, member)
```

　　pos와 형이 같은 next 포인터를 제공한다는 점을 제외하면 list_for_ each_
entry()와 같은 방식으로 사용할 수 있다. list_for_each_entry_safe() 매크로
는 next 포인터에 리스트의 다음 항목을 저장해 현재 항목을 제거해도 문제가 없다.
다시 inotify 경우를 예로 살펴보자.

```
void inotify_inode_is_dead(struct inode *inode)
{
    struct inotify_watch *watch, *next;

    mutex_lock(&inode->inotify_mutex);
    list_for_each_entry_safe(watch, next, &inode->inotify_watches, i_list)
    {
```

```
                struct inotify_handle *ih = watch->ih;
                mutex_lock(&ih->mutex);
                inotify_remove_watch_locked(ih, watch); /* watch를 제거 */
                mutex_unlock(&ih->mutex);
        }
        mutex_unlock(&inode->inotify_mutex);
}
```

이 함수는 inotify_watches 리스트를 탐색하면서 모든 항목을 제거한다. 기본 매크로인 list_for_each_entry()를 사용했다면 리스트 항목을 다음으로 이동하기 위해 이미 메모리가 해제된 watch를 접근해야 하므로 메모리 해제 후 접근 버그가 발생한다.

역방향으로 리스트를 탐색하면서 항목을 제거할 경우를 위해 커널은 list_for_each_entry_safe_reverse() 매크로도 제공한다.

```
list_for_each_entry_safe_reverse(pos, n, head, member)
```

사용법은 list_for_each_entry_safe()와 같다.

잠금이 필요할 수 있다!
list_for_each_entry( )의 '안전한' 버전은 루프 안에서 리스트를 삭제하는 경우만 보호할 수 있다. 다른 코드에서 동시에 제거되거나, 어떤 형태로든 리스트가 동시에 조작될 수 있는 상황이라면 리스트에 잠금을 걸어 접근을 적절히 제한해야 한다.
동기화와 잠금은 9장 "커널 동기화 소개"와 10장 "커널 동기화 방법"을 참고하라.

다른 연결 리스트 함수

리눅스는 생각할 수 있는 거의 모든 연결 리스트 접근 및 조작 방법을 지원하는 다양한 리스트 함수를 제공한다. 이런 함수는 모두 <linux/list.h> 헤더 파일에 정의된다.

큐

운영체제 커널에서 많이 사용하는 프로그래밍 기법으로 생산자와 소비자producer and consumer 모델이 있다. 이 방식에서 생산자는 처리가 필요한 오류 메시지나 네트워크 패킷 같은 데이터를 만들어내고 소비자는 메시지를 읽거나 패킷을 처리하는 등의 작업으로 데이터를 소비한다. 이런 방식을 구현하는 가장 쉬운 방법으로 큐를 쓰는 경우가 많다. 생산자는 큐에 데이터를 집어 넣고, 소비자는 큐에서 데이터를 꺼내 쓴다. 소비자는 큐에 들어간 순서대로 데이터를 꺼낸다. 즉 처음 큐에 들어간 데이터가 가장 먼저 큐에서 나온다. 그래서 큐를 선입선출FIFO, first-in,first-out의 줄임말인 FIFO 라고 부르기도 한다. 그림 6.5는 기본적인 큐의 모습을 보여준다.

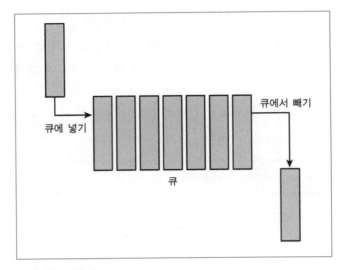

그림 6.5 큐(FIFO)

리눅스 커널의 기본 큐 구현의 이름은 kfifo이며 <linux/kfifo.h> 파일에 선언되고, kernel/kfifo.c 파일에 구현된다. 이 절에서는 2.6.33 이후 변경된 API를 기준으로 설명한다. 커널 버전 2.6.33 이전에는 사용법이 약간 다르므로 코드를 작성하기 전에 <linux/kfifo.h> 파일을 반드시 확인해야 한다.

kfifo

리눅스의 kfifo는 다른 대부분의 큐 구현과 비슷하게 동작하며, 큐에 넣기enqueue와 큐에서 빼기dequeue 두 가지 주 기능을 제공한다. kfifo 객체에는 큐의 입력 오프셋과 출력 오프셋 두 가지 오프셋 정보가 저장된다. 입력 오프셋은 큐의 다음 넣기 작업이 일어날 위치를 나타낸다. 출력 오프셋은 큐의 다음 빼기 작업이 일어날 위치를 나타낸다. 출력 오프셋 값은 항상 입력 오프셋 값보다 작거나 같다. 출력 오프셋 값이 더 큰 경우는 있을 수 없다. 그렇지 않으면 아직 큐에 넣지도 않은 데이터를 빼는 일이 벌어진다.

큐에 넣는 작업은 큐의 입력 오프셋 위치에 데이터를 복사함으로써 이뤄진다. 작업을 마치면 큐에 넣은 데이터 크기만큼 입력 오프셋 값을 더한다. 큐에서 빼는 작업은 큐의 출력 오프셋 위치에서부터 데이터를 복사해오는 방식으로 이뤄진다. 작업을 마치면 데이터를 읽어낸 만큼 출력 오프셋 값을 더한다. 출력 오프셋 값이 입력 오프셋 값과 같으면 큐가 빈 것이다. 데이터가 큐에 추가되기 전까지는 더 이상 데이터를 읽을 수 없다. 입력 오프셋 값이 큐의 길이와 같아지면 큐를 재설정하기 전까지는 더 이상 데이터를 큐에 넣을 수 없다.

큐 생성

kfifo를 사용하려면 먼저 kfifo를 정의하고 초기화해야 한다. 다른 커널 객체와 마찬가지로 이 작업은 동적으로 할 수도 있고, 정적으로 할 수도 있다. 주로 동적인 방법을 사용한다.

```
int kfifo_alloc(struct kfifo *fifo, unsigned int size, gfp_t gfp_mask);
```

이 함수는 크기가 size 바이트인 kfifo 큐를 생성하고 초기화한다. 큐의 메모리를 할당할 때 커널은 gfp_mask를 사용한다(메모리 할당은 12장 "메모리 관리"에서 설명한다). 성공하면 kfifo_alloc() 함수는 0을 반환하고, 오류가 발생하면 음수의 오류 코드를 반환한다. 간단한 예를 들어보면 다음과 같다.

```
struct kfifo fifo;
int ret;

ret = kfifo_alloc(&kifo, PAGE_SIZE, GFP_KERNEL);
if (ret)
        return ret;

/* 'fifo'는 이제 크기가 PAGE_SIZE인 큐다. */
```

버퍼를 직접 할당하고 싶다면 다음 함수를 사용한다.

```
void kfifo_init(struct kfifo *fifo, void *buffer, unsigned int size);
```

이 함수는 크기가 size 바이트인 buffer가 가리키는 공간을 사용하는 kfifo를 생성하고 초기화한다. kfifo_alloc()이나 kfifo_init()에서 size는 2의 제곱 단위이어야 한다.

kfifo를 정적으로 선언하는 방식도 간단하지만 많이 사용하지는 않는다.

```
DECLARE_KFIFO(name, size);
INIT_KFIFO(name);
```

이렇게 하면 크기가 size 바이트인 name이라는 이름의 kfifo를 정적으로 생성한다. 앞서 설명했듯이 size는 2의 제곱 단위를 사용해야 한다.

큐에 데이터 넣기

kfifo를 만들고 초기화한 다음 데이터를 큐에 넣을 때는 kfifo_in() 함수를 이용한다.

```
unsigned int kfifo_in(struct kfifo *fifo, const void *from,
        unsigned int len);
```

이 함수는 from이 가리키는 위치부터 len 바이트만큼의 데이터를 fifo 큐에 넣는다. 성공하면 큐에 넣은 데이터 바이트 수를 반환한다. 큐의 빈 공간이 len 바이트보다 작으면, 이 함수는 가능한 만큼만 데이터를 복사한다. 따라서 반환값은 len보다 작을 수도 있고, 아무것도 복사하지 못하면 0이 될 수도 있다.

큐에서 데이터 빼기

kfifo_in() 함수로 큐에 데이터를 넣었으면 kfifo_out() 함수를 이용해 데이터를 뺄 수 있다.

```
unsigned int kfifo_out(struct kfifo *fifo, void *to, unsigned int len);
```

이 함수는 fifo 큐에서 최대 len 바이트만큼의 데이터를 to가 가리키는 버퍼에 복사한다. 성공하면 복사한 바이트 수를 반환한다. 큐에 들어 있는 데이터가 len

바이트보다 작으면 요청한 것보다 작은 양을 복사한다.

큐에서 데이터를 빼면 해당 데이터는 더 이상 큐에 접근할 수 없다. 큐의 정상적인 사용법에 따르면 이렇게 되지만 `kfifo_out_peek()` 함수를 사용하면 큐에 들어있는 데이터를 제거하지 않고 '들여다 보기'만 할 수 있다.

```
unsigned int kfifo_out_peek(struct kfifo *fifo, void *to, unsigned int len,
        unsigned offset);
```

이 함수는 출력 오프셋 값이 증가시키지 않으므로 나중에 `kfifo_out()` 함수를 통해 데이터를 다시 뺄 수 있으며, 이 점을 제외하면 `kfifo_out()` 함수와 같다. `offset` 인자는 큐 내부의 위치를 지정하는 데 사용한다. 0으로 지정하면 `kfifo_out()`과 마찬가지로 큐의 처음부터 값을 읽는다.

큐의 크기 알아내기

kfifo 큐가 데이터를 저장하는 데 사용하는 전체 버퍼의 바이트 크기를 알아내려면 `kfifo_size()` 함수를 사용한다.

```
static inline unsigned int kfifo_size(struct kfifo *fifo);
```

커널에서 이름을 잘못 지은 대표적인 예긴 하지만 **kfifo**에 넣은 데이터의 바이트 수를 알아내기 위해서는 `kfifo_len()` 함수를 사용한다.

```
static inline unsigned int kfifo_len(struct kfifo *fifo);
```

kfifo에 써 넣을 수 있는 사용 가능한 바이트 수를 알아내려면 **kfifo_avail()** 함수를 사용한다.

```
static inline unsigned int kfifo_avail(struct kfifo *fifo);
```

마지막으로 `kfifo_is_empty()`와 `kfifo_is_full()` 함수는 각각 지정한 **kfifo**가 비었거나 꽉 찼을 때 0이 아닌 값을 반환하고, 반대의 경우에는 0을 반환한다.

```
static inline int kfifo_is_empty(struct kfifo *fifo);
static inline int kfifo_is_full(struct kfifo *fifo);
```

큐 재설정과 큐 삭제

kfifo 큐에 들어 있는 내용을 모두 버리고 재설정하려면 kfifo_reset() 함수를 호출한다.

```
static inline void kfifo_reset(struct kfifo *fifo);
```

kfifo_alloc() 함수로 할당된 kfifo를 삭제하려면 kfifo_free() 함수를 사용한다.

```
void kfifo_free(struct kfifo *fifo);
```

kfifo_init() 함수를 사용해 kfifo를 만든 경우에는 사용하던 버퍼 메모리를 따로 해제해 주어야 한다. 큐를 만든 방법에 따라 해야 할 일이 다르다. 동적 메모리를 할당하고 해제하는 방법에 대해서는 12장을 참고하라.

큐 사용 예제

지금까지 살펴본 인터페이스 정보로 kfifo를 사용하는 간단한 예제를 살펴보자. 8KB 크기의 fifo라는 큐를 만들었다고 하자. 데이터를 큐에 넣을 수 있는 상태다. 여기서는 간단히 큐에 정수 값을 넣는다고 하자. 실제 환경에서는 작업에 필요한 구조체 같은 더 복잡한 데이터를 넣게 될 것이다. 이 예에서는 정수 값을 사용해 kfifo가 정확히 어떻게 동작하는지 살펴보자.

```
unsigned int i;

/* 'fifo'라는 이름의 kfifo 큐에 [0, 32) 범위의 정수를 넣는다. */
for (i = 0; i < 32; i++)
        kfifo_in(fifo, &i; sizeof(i));
```

이제 fifo라는 이름의 kfifo 큐에는 0부터 31까지의 값이 들어 있다. 큐의 첫 번째 항목이 살펴보면 0이 들어 있음을 확인할 수 있다.

```
unsigned int val;
int ret;
```

```
ret = kfifo_out_peek(fifo, &val, sizeof(val), 0);
if (ret != sizeof(val))
    return -EINVAL;

printk(KERN_INFO "%u\n", val); /* 0이 출력되어야 한다. */
```

kfifo에 넣은 항목을 모두 꺼내고 출력하기 위해 `kfifo_out()` 함수를 사용한다.

```
/* 큐에 데이터가 들어 있는 동안 계속 ... */
while (kfifo_avail(fifo)) {
        unsigned int val;
        int ret;

        /* ... 한번에 정수 값 하나씩 읽는다. */
        ret = kfifo_out(fifo, &val, sizeof(val));
        if (ret != sizeof(val))
                return -EINVAL;

        printk(KERN_INFO "%u\n", val);
}
```

0부터 31까지 순서대로 출력될 것이다(이 코드가 숫자를 31부터 0까지 반대 순서로 출력한다면 큐가 아닌 스택을 구현한 것이 된다).

맵

연관 배열associative array이라고도 부르는 맵map은 고유한 키 값이 모여 있는 것으로, 각 키에는 특정한 값이 지정된다. 키와 그 키에 해당하는 값과의 관계를 매핑mapping이라고 한다. 맵은 최소한 다음 세 가지 동작을 지원해야 한다.

- 추가(key, value)
- 제거(key)
- value = 탐색(key)

해시 테이블도 맵의 한 종류지만, 모든 맵이 해시로 구현되지는 않는다. 맵은 해시 테이블 말고도 자가 균형 이진 탐색 트리를 사용해 데이터를 저장할 수 있다. 평균적인 점근적 복잡도는 해시가 더 낮지만(뒷부분의 "알고리즘 복잡도" 부분 참고), 최악 조건에서의 성능은 이진 탐색 트리가 더 좋다(해시는 선형, 이진 트리는 로그). 이진 탐색 트리를 사용하면 저장 순서도 유지할 수 있어서 저장된 순서대로 전체 데이터를 효율적으로 탐색할 수 있다. 또한 이진 탐색 트리는 해시 함수가 필요 없다. 그리고 키로 사용하는 데이터에 <= 연산자를 사용할 수 있다면 어떤 형의 키도 사용할 수 있다.

맵은 키와 그에 해당하는 값을 저장하는 모든 방식을 지칭하는 일반적인 용어지만, 해시 테이블과 대비되는 개념으로 이진 탐색 트리를 이용해 구현한 연관 배열을 맵이라고 하는 경우가 많다. 예를 들어, C++ STL의 std::map 컨테이너는 데이터를 순서대로 탐색할 수 있는 기능으로 인해 자가 균형 이진 탐색 트리(또는 이와 유사한 자료구조)로 구현된다.

리눅스 커널은 단순하고 효율적인 맵 자료구조를 제공한다. 하지만 이 맵은 범용적인 맵은 아니다. 고유 인식 번호UID에 해당하는 포인터를 저장하는 특수한 사용 환경을 위해 설계된 맵이다.

세 가지 주요한 맵 기능 외에 덧붙은 기능으로 리눅스 맵은 할당 기능을 지원한다. 할당 기능은 UID/데이터 쌍을 추가하는 작업뿐 아니라 UID 생성 작업도 한다.

inotify watch나 POSIX 타이머 ID 같은 사용자 공간 UID 값에 inotify_watch나 k_itimer 같은 자료구조를 지정할 때 idr 자료구조를 사용한다. 리눅스의 명명 규칙이 애매하고 혼란스러운 경우가 많은데, 이런 경우에 사용하는 맵에 해당하는 자료구조의 이름이 idr이다.

idr 초기화

idr 설정은 간단하다. 먼저 정적이나 동적으로 idr 자료구조를 정의한다. 그런 다음 idr_init() 함수를 호출한다.

```
void idr_init(struct idr *idp);
```

다음과 같은 방식으로 사용한다.

```
struct idr id_huh;          /* 정적으로 idr 구조를 정의한다. */
idr_init(&id_huh);          /* idr 구조를 초기화한다. */
```

새로운 UID 할당

idr을 설정한 다음에 새로운 UID를 할당할 수 있는데, 할당 작업은 두 단계로 진행된다. 먼저 idr에 새로운 UID 할당이 필요하다고 알려주어 idr의 내부 트리 크기를 조정할 수 있게 한다. 그런 다음 새로운 UID 할당을 요청한다. 이렇게 복잡한 과정을 거치는 것은 메모리 할당이 필요할 수 있는 초기 크기조정 작업을 잠금 없이 진행할 수 있게 하기 위해서다. 메모리 할당에 대해서는 12장에서, 잠금에 대해서는 9장과 10장에서 설명한다. 일단 잠금을 처리하는 방법은 제쳐두고 idr의 사용법에 대해서만 살펴보자.

먼저 내부 트리의 크기를 조정하는 idr_pre_get() 함수를 알아보자.

```
int idr_pre_get(struct idr *idp, gfp_t gfp_mask);
```

이 함수는 새로운 UID 할당을 위해 필요한 경우 idp 포인터가 가리키는 idr의 크기를 조정한다. 크기를 조정하려면 메모리를 할당할 때 gfp_mask 플래그를 사용한다(gfp 플래그는 12장에서 설명한다). 이 함수를 동시에 여러 곳에서 사용할 경우에도 동기화할 필요는 없다. 대부분의 다른 커널 함수와 반대로 idr_pre_get() 함수는 성공하면 1을 반환하고 오류가 발생하면 0을 반환한다는 점을 주의해야 한다.

두 번째 함수는 실제 새로운 UID 값을 만들고 이를 idr에 추가하는 idr_get_new() 함수다.

```
int idr_get_new(struct idr *idp, void *ptr, int *id);
```

이 함수는 idp 포인터가 가리키는 idr에 새로운 UID를 할당하고, 이 값에 ptr 포인터가 가리키는 데이터를 지정한다. 성공한 경우 0을 반환하며 새로 할당된 UID 값은 id에 저장된다. 오류가 발생하면 0이 아닌 오류 코드를 반환한다. idr_pre_get() 함수를 다시 호출해야 하는 경우에는 -EAGAIN을 반환하며, idr이 꽉 차면 -ENOSPC를 반환한다. 예제 코드를 살펴보자.

```
int id;

do {
        if (!idr_pre_get(&idr_huh, GFP_KERNEL))
                return -ENOSPC;
        ret = idr_get_new(&idr_huh, ptr, &id);
} while (ret == -EAGAIN);
```

이 코드가 성공적으로 실행되면 새로운 얻은 UID 정수 값이 id에 저장되고, ptr
이 가리키는 데이터가 새로운 UID에 지정된다(이 예에서는 ptr 데이터 값을 정하지 않았다).

idr_get_new_above() 함수를 이용하면 새로 반환할 UID 값의 최소값을 지정할
수 있다.

```
int idr_get_new_above(struct idr *idp, void *ptr, int starting_id, int *id);
```

이 함수는 새로운 UID 값이 starting_id로 지정한 값보다 크거나 같다는 것을
보장한다는 점만 제외하면 idr_get_new()와 똑같이 동작한다. 이 함수를 사용하면
idr을 사용할 때 UID 값 재사용을 막을 수 있다. 이렇게 하면, 지금 할당된 ID 값뿐
아니라 시스템 시작 이후 전체 시간 동안 UID 값이 유일한 값이 되게 할 수 있다.
아래 예제 코드는 UID 값이 반드시 증가하도록 요청한다는 점만 제외하면 앞의 예제
와 같다.

```
int id;

do {
        if (!idr_pre_get(&idr_huh, GFP_KERNEL))
                return -ENOSPC;
        ret = idr_get_new_above(&idr_huh, ptr, next_id, &id);
} while (ret == -EAGAIN);

if (!ret)
        next_id = id + 1;
```

UID 찾기

UID 값을 할당해 저장했다면 해당 데이터를 찾을 수 있다. UID 값을 지정해 호출하면 idr은 그 값에 해당하는 포인터를 반환한다. 이 작업은 idr_find() 함수를 이용하며, 새 UID를 할당하는 것보다 훨씬 간단하게 처리할 수 있다.

```
void *idr_find(struct idr *idp, int id);
```

성공한 경우에는 idp가 가리키는 idr에서 UID가 지정한 id 값에 해당하는 데이터 포인터를 반환한다. 오류가 발생한 경우에는 NULL을 반환한다. idr_get_new()나 idr_get_new_above() 함수를 통해 UID의 데이터를 지정할 때 NULL 값을 지정하면 이 함수는 성공하든 실패하든 NULL을 반환하게 되므로 성공과 실패를 구별할 수 없다. 따라서 UID 값에 해당하는 데이터로 NULL을 지정하면 안 된다.

사용법은 간단하다.

```
struct my_struct *ptr = idr_find(&idr_huh, id);
if (!ptr)
        return -EINVAL; /* 오류 발생 */
```

UID 제거

idr에서 UID를 제거할 때는 idr_remove() 함수를 사용한다.

```
void idr_remove(struct idr *idp, int id);
```

성공하면 idr_remove() 함수는 idp가 가리키는 idr에서 UID가 id인 항목을 제거한다. 불행히도 idr_remove() 함수에는 오류 발생 여부를 알려주는 기능이 없다 (idp에 해당 id가 존재하지 않는 경우 등을 알 수 없다).

idr 제거

idr을 제거하는 것은 idr_destroy() 함수를 통해 간단히 처리할 수 있다.

```
void idr_destroy(struct idr *idp);
```

성공하면 idr_destroy() 함수는 idp가 가리키는 idr에 할당된 메모리 중 사용하지 않는 부분만을 해제한다. UID에 할당돼 사용 중인 메모리를 해제하지 않는다. 일반적으로 시스템을 종료하거나 idr을 비우는 경우가 아니라면 커널 코드가 idr을 제거하는 경우는 없으며, 사용자가 없는 (그래서 더 이상 UID가 존재하지 않는) 상황이 아니라면 idr이 비는 일도 없지만, 강제로 모든 UID를 제거해야 하는 경우라면 idr_remove_all() 함수를 사용한다.

```
void idr_remove_all(struct idr
```

idr이 사용하는 메모리를 모두 해제하려면 idr_destroy() 함수를 호출하기 전에 반드시 idr_remove_all() 함수를 호출해야 한다.

이진 트리

나무와 비슷한 모양으로 계층적으로 데이터를 저장할 수 있는 자료구조를 트리라고 한다. 수학적인 표현으로는 들어오는 간선edge이 하나이고 나가는 간선이 0개 이상인 (노드라고 부르는) 정점vertex으로 이뤄진 비순환acyclic, 연결connected, 지향directed 그래프라고 할 수 있다. 이진 트리binary tree는 나가는 간선이 노드별로 최대 두 개뿐인 트리를 말한다. 즉 자식의 개수가 0개, 한 개 또는 두 개 뿐인 트리다. 그림 6.6은 간단한 이진 트리를 보여준다.

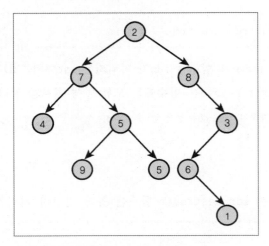

그림 6.6 이진 트리

이진 탐색 트리

이진 탐색 트리BST, binary search tree는 노드 간에 특별한 순서가 지정된 이진 트리를 말한다. 노드의 순서는 다음과 같은 규칙에 따라 정해진다.

- 루트의 왼쪽 하부 트리에는 루트보다 작은 값을 가진 노드만 들어 있다.
- 루트의 오른쪽 하부 트리에는 루트보다 큰 값을 가진 노드만 들어 있다.
- 트리의 모든 하부 트리도 이진 탐색 트리다.

이진 탐색 트리는 왼쪽 자식 노드의 값은 부모 노드의 값보다 작고 오른쪽 자식 노드의 값은 부모 노드의 값보다 크게 정렬되어 있는 이진 트리라고 할 수 있다. 따라서 특정 노드를 찾거나 크기 순서대로 탐색하는 작업을 효율적으로 처리할 수 있다(작업의 복잡도는 각각 로그 및 선형이다). 그림 6.7은 이진 탐색 트리의 예를 보여준다.

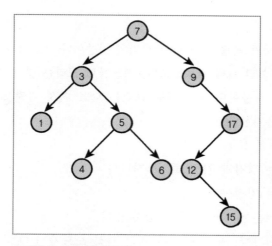

그림 6.7 이진 탐색 트리

자가 균형 이진 탐색 트리

노드의 깊이depth는 루트 노드에서 해당 노드까지의 부모 노드 개수로 정해진다. 자식 노드가 없는 트리의 '바닥'에 있는 노드를 말단 노드leaf node라고 한다. 트리에서 깊이가 가장 깊은 노드의 깊이를 트리의 높이height라고 한다. 모든 말단 노드의 깊이가 1 이상 차이나지 않는 이진 탐색 트리를 균형 이진 탐색 트리balanced binary search tree라고 한다(그림 6.8 참고). 일반적인 트리 조작 작업에도 균형(또는 준균형) 상태를 유지하는 이진 탐색 트리를 자가 균형self-balancing 이진 탐색 트리라고 한다.

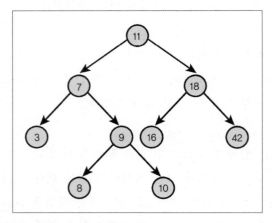

그림 6.8 균형 이진 탐색 트리

레드블랙 트리

레드블랙 트리는 자가 균형 이진 탐색 트리의 일종이다. 레드블랙 트리는 리눅스에서 주로 사용하는 이진 트리 자료구조다. 레드블랙 트리는 빨강이나 검정이라는 두 가지 색깔 속성을 사용한다. 레드블랙 트리는 다음 여섯 가지 조건을 지킴으로써 준 균형 상태를 유지한다.

1. 모든 노드는 빨강과 검정 둘 중 하나다.
2. 말단 노드는 검정이다.
3. 말단 노드에는 데이터가 들어 있지 않다.
4. 말단이 아닌 모든 노드에는 두 개의 자식 노드가 있다.
5. 어떤 노드가 빨강이라면, 그 노드의 자식은 모두 검정이다.
6. 어떤 노드에서 말단 노드로 가는 모든 경로에는 같은 개수의 검정 노드가 있다.

이 모든 조건을 만족하면 가장 깊은 말단 노드의 깊이는 가장 얕은 말단 노드 깊이의 두 배가 될 수 없다. 그러므로 이 트리는 항상 준 균형 상태에 있게 된다. 이렇게 되는 이유는 놀랍도록 간단하다. 먼저 5번 규칙 때문에 빨강 노드는 다른 빨강 노드의 부모 노드나 자식 노드가 될 수 없다. 6번 규칙 때문에 말단 노드로 가는 트리의 모든 경로에 있는 검정 노드의 개수는 같다. 트리에 존재할 수 있는 가장 긴 경로는 빨강과 검정 노드가 번갈아 나오는 경로다. 트리에 존재할 수 있는 가장 짧은 경로는 같은 개수의 검정 노드만 들어 있는 경로다. 따라서 루트 노드에서 말단 노드로 가는 가장 긴 경로의 길이는 루트에서 말단 노드로 가는 가장 짧은 경로 길이의 두 배를 넘을 수 없다.

트리에 노드가 삽입되거나 제거되는 경우에도 이 여섯 가지 조건이 유지 된다면, 트리는 준 균형 상태를 유지한다. 삽입이나 제거 과정에서 이런 조건을 유지하는 것이 좀 이상하게 느껴질 수도 있다. 왜 균형 트리의 간단한 다른 조건을 유지하도록 구현하지 않는 것일까? 사실 (구현은 복잡하지만) 다른 조건에 비해 이런 조건이 비교적 유지하기가 쉽기 때문이다. 이렇게 하면 삽입이나 제거 작업에 부가 비용을 크게 들이지 않고도 준 균형 상태를 유지할 수 있다.

삽입이나 제거 과정에서 이 조건을 유지하는 방법을 설명하는 것은 이 책의 범위 를 벗어나는 일이다. 조건은 간단하지만 실제 구현은 복잡하다. 자료구조에 대한 학부 수준 교과서에서 자세한 설명을 얻을 수 있을 것이다.

rbtree

리눅스에서 구현한 레드블랙 트리의 이름은 **rbtree**이다. `<linux/rbtree.h>`에 정의 되어 있고 `lib/rbtree.c` 파일에 구현되어 있다. 최적화 부분을 빼면 리눅스의 **rbtree**는 앞에서 설명한 '전통적인' 레드블랙 트리와 비슷하다. 노드 삽입 작업에는 항상 트리 노드 개수의 로그에 비례하는 시간이 걸리며 항상 균형 상태를 유지한다. **rbtree**의 루트 노드는 `rb_root` 구조체를 사용해 표현한다. 새 트리를 만들려면 `rb_root`를 새로 할당한 다음 RB_ROOT라는 특별한 값으로 초기화한다.

```
struct rb_root root = RB_ROOT;
```

rbtree의 개별 노드는 `rb_node` 구조체를 사용해 표현한다. `rb_node`가 주어지면 같은 형을 사용하는 노드 포인터를 따라감으로써 왼쪽이나 오른쪽 자식 노드로 이동 할 수 있다.

리눅스에 구현된 **rbtree**는 검색이나 삽입 기능을 별도로 제공하지 않는다. **rbtree** 사용자가 직접 만들어서 사용해야 한다. C에서는 개발에 편한 일반 데이터 형을 만 드는 것이 쉽지 않은 것이 한 가지 이유이며, 또 다른 이유로는 리눅스 커널 개발자들 은 상황에 맞는 비교 함수와 **rbtree**가 제공하는 함수를 이용해 검색과 삽입 기능을 별도로 구현하는 것이 가장 효율적이라고 판단했기 때문이다.

검색과 삽입 과정을 설명하는 가장 좋은 방법은 실제 예제를 살펴보는 것이다. 먼저 검색의 경우를 살펴보자. 다음 함수는 (inode와 오프셋 쌍으로 표현되는) 부분 파일 데이터를 리눅스 페이지 캐시에서 찾아내는 기능을 구현한 것이다. 각 inode에는 파일의 페이지 오프셋 정보가 들어 있는 **rbtree**가 있다. 따라서 이 함수가 하는 일은 주어진 inode의 **rbtree**에서 오프셋 값이 일치하는 항목을 찾는 일이다.

```
struct page * rb_search_page_cache(struct inode *inode,
                                    unsigned long offset)
{
        struct rb_node *n = inode->i_rb_page_cache.rb_node;

        while (n) {
                struct page *page = rb_entry(n, struct page, rb_page_cache);

                if (offset < page->offset)
                        n = n->rb_left;
                else if (offset > page->offset)
                        n = n->rb_right;
                else
                        return page;
        }
        return NULL;
}
```

while 루프를 반복하면서 주어진 오프셋 값에 따라 왼쪽이나 오른쪽 자식 노드로 이동하면서 **rbtree**를 탐색한다. 트리의 정렬 방식에 따라 if, else 구문에 들어가는 **rbtree** 비교 함수가 정해진다. 루프에서 일치하는 오프셋을 발견하면 검색이 완료되고 해당 page 구조체를 반환한다. **rbtree**의 끝까지 가도 일치하는 값을 찾지 못하면, 이 값은 트리에 들어 있지 않는 것이므로 NULL을 반환한다.

삽입 작업은 검색과 삽입을 모두 구현해야 하므로 훨씬 더 복잡하다. 다음 함수는 간단하지는 않지만 직접 삽입 작업을 구현할 필요가 있을 때 좋은 예가 될 것이다.

```
struct page * rb_insert_page_cache(struct inode *inode,
                                    unsigned long offset,
                                    struct rb_node *node)
{
        struct rb_node **p = &inode->i_rb_page_cache.rb_node;
        struct rb_node *parent = NULL;
        struct page *page;

        while (*p) {
                parent = *p;
                page = rb_entry(parent, struct page, rb_page_cache);

                if (offset < page->offset)
                        p = &(*p)->rb_left;
                else if (offset > page->offset)
                        p = &(*p)->rb_right;
                else
                        return page;
        }
        rb_link_node(node, parent, p);
        rb_insert_color(node, &inode->i_rb_page_cache);

        return NULL;
}
```

검색 함수와 마찬가지로 while 루프를 돌면서 지정한 오프셋에 따라 트리를 탐색한다. 그러나 검색과 달리 이 함수는 일치하는 오프셋 값이 없기를 바란다. 그 대신 새 오프셋 값을 삽입하기에 적절한 말단 노드의 위치를 찾는다. 삽입할 위치를 찾으면 rb_link_node() 함수를 호출해 주어진 위치에 새 노드를 추가한다. 그 다음 rb_insert_color() 함수를 호출해 균형 상태 유지를 위한 복잡한 작업을 처리한다. 페이지가 성공적으로 페이지 캐시에 추가되면 NULL을 반환하고, 페이지가 이미 캐시에 들어 있으면 기존의 page 구조체 주소를 반환한다.

어떤 자료구조를 언제 사용할 것인가?

지금까지 리눅스의 가장 중요한 네 가지 자료구조인 연결 리스트, 큐, 맵, 레드블랙 트리를 살펴보았다. 여기서는 코드를 작성할 때 어떤 자료구조를 사용할 것인지 결정하는 데 도움이 될만한 몇 가지 조언을 하고자 한다.

데이터에 접근하는 방식이 주로 전체를 탐색하는 것이라면 연결 리스트를 사용하라. 모든 항목을 탐색하는 데는 어떤 자료구조를 사용하더라도 복잡도가 선형보다 나아질 수 없으므로 간단한 작업에는 가장 간단한 자료구조를 사용하는 편이 낫다. 성능이 중요한 문제가 아닐 때나 비교적 적은 수의 데이터를 저장할 때 연결 리스트를 사용하는 다른 커널 코드랑 같이 동작해야 할 때에도 연결 리스트 사용을 고려해 볼 수 있다.

코드가 생산자/소비자 형태라면, 특히 고정된 크기의 버퍼가 필요하다면(또는 고정 크기 버퍼로 처리할 수 있다면) 큐를 사용하라. 큐는 데이터 추가 및 제거 작업을 간단하고 효율적으로 처리할 수 있으며, 대부분의 생산자/소비자 형식 프로그램에 필요한 선입선출 구조를 지원한다. 그러나 많은 양의 데이터를 저장해야 할 경우에는 동적으로 얼마든지 데이터를 추가할 수 있는 연결 리스트가 더 적합할 수 있다.

UID별로 특정 값을 저장해야 할 때는 맵을 사용하라. 맵을 사용하면 이 같은 연관 정보를 쉽고 효율적으로 저장할 수 있으며, UID 할당 및 관리 작업도 제공한다. 그러나 리눅스의 맵 인터페이스는 UID 값에 해당하는 포인터를 저장하는 데 특화되어 있어서 다른 용도에는 맞지 않을 수 있다. 사용자 공간에 넘겨 줄 서술자를 관리하는 상황이라면 맵 사용을 고려하자.

대량의 데이터 저장 및 효율적 검색이 필요한 경우라면 레드블랙 트리 사용을 고려해보자. 레드블랙 트리를 사용하면 로그 시간 안에 검색이 가능하며, 순차 탐색도 선형 시간 안에 효율적으로 처리할 수 있다. 다른 자료구조에 비해 구현이 더 복잡하기는 하지만, 추가로 차지하는 메모리 공간은 그리 크지 않다. 빠른 검색 작업이 많이 필요한 상황이 아니라면 레드블랙 트리가 최선이 아닐 수 있다. 이런 경우라면 연결 리스트를 사용하자.

이 모든 자료구조가 적절하지 않은 상황인가? 커널은 (trie의 일종인) 기수 트리radix tree나 비트맵처럼 잘 사용하지 않는 자료구조도 지원한다. 커널이 제공하는 모든 해결책이 소용 없는 경우에만 '별도 자료구조 작성'을 고려하자. 개별 소스 파일에서 구현하는 경우가 많은 자료구조로 해시 테이블이 있다. 해시 테이블은 데이터 저장 공간과 해시 함수로만 이뤄진 간단한 자료구조인데다가, 해시 함수가 사용 환경에 맞춰진 경우가 많아 C 같은 범용적이지 않은 프로그래밍 언어의 커널 전체에서 사용할 수 있는 해결책을 제공한다고 해서 얻을 수 있는 이점이 별로 없기 때문이다.

알고리즘 복잡도

컴퓨터 과학 및 관련 분야에서는 알고리즘의 복잡도algorithmic complexity 확장성scalability을 정량적으로 표현하는 것이 유용할 때가 많다. 확장성을 표시하는 방법에는 여러 가지가 있지만, 많이 사용되는 방법은 알고리즘의 점근적asymptotic 동작을 연구하는 것이다. 점근적 동작은 입력 개수가 아주 많아져 거의 무한에 가까워질 때의 알고리즘 동작을 말한다. 점근적 동작은 입력의 수가 많아질 때 알고리즘이 얼마나 잘 동작하는가를 보여주는 척도가 된다. 알고리즘의 확장성, 즉 입력 증가해도 얼마나 잘 동작하는 가에 대한 연구는 알고리즘의 설계 기준이 될 수 있으며, 알고리즘의 동작을 더 잘 이해하는 데도 도움을 줄 수 있다.

알고리즘

알고리즘은 일련의 명령들로 구성되며, 하나 이상의 입력과 출력을 갖는다. 예를 들어, 방에 있는 사람의 수를 세는 데 몇 단계가 필요한지 확인하는 작업은 입력이 사람이고 출력이 단계 수인 알고리즘이라고 할 수 있다. 리눅스 커널에서 사용하는 알고리즘으로는 페이지 퇴출eviction, 프로세스 스케줄링 알고리즘 등을 들 수 있다. 수학적으로 보면 알고리즘은 하나의 함수와 비슷하다(실제 함수로 모델링한다). 예를 들어, 사람의 수를 세는 알고리즘을 f, 세어야 할 사람의 수를 x라고 하면, 다음과 같이 표시할 수 있다.

```
y = f(x)   사람 수를 세는 함수
```

여기서 y는 x명의 사람 수를 세는 데 걸린 시간(단계의 수)이다.

O 표기법

점근적 표기법 중 유용한 방법으로 상위 경계upper bound를 사용하는 방법이 있다. 즉 최소 시점 이후 항상 연구 대상 함수보다 큰 값을 갖는 함수를 사용하는 것이다. 이것을 다른 말로 "문제의 함수보다 상위 경계가 빠르게 커진다"라고 표현한다. 그리고 O(빅오라고 발음) 표기를 사용해 이를 나타낸다. 'f(x)는 O(g(x))'라고 적고, 'f는 g의 빅오다'라고 읽는다. 공식 수학적 정의는 다음과 같다.

> f(x)가 O(g(x))라면
> x>x'인 모든 x에 대해 f(x)<=c·g(x)를 만족하는 c, x'이 존재한다.

말로 바꿔 표현하면 "f(x)를 완료하는 데 걸리는 시간은 항상 g(x)를 완료하는 데 걸린 시간의 상수배보다 작다"라고 할 수 있다(단, 입력 x가 어떤 초기값 x보다 클 경우). 만약 f(x)가 O(g(x))라면, x'보다 큰 모든 x에 대해 f(x) <= c·g(x)를 만족하는 c와 x'가 있다.

요약하면 해당 알고리즘과 같은 정도로 나쁘거나 더 나쁜 어떤 함수를 찾고 있는 것이다. 이런 함수를 찾은 다음 입력이 아주 클 때 이 함수의 동작을 살펴봄으로써 알고리즘의 상위 경계를 파악할 수 있다.

빅 세타 표기법

일반적으로 말하는 빅오 표기법은 사실 정확히 말하면 도널드 크누스Donald Knuth 교수가 정의한 빅 세타 표기법이다.

빅오 표기법은 기술적으로 상위 경계를 의미한다. 예를 들어, 6은 2의 상위 경계지만 9, 12, 65 역시 상위 경계라고 할 수 있다. 즉 사람들이 함수의 성장에 대해 말할 때는 최소 상위 경계least upper bound, 또는 상위, 하위 경계를 모두 표현하는 함수를 의미하는 경우가 많다.[2] 알고리즘 분석 분야의 아버지 격인 크누스 교수는 이를 빅 세타 표기법으로 다음과 같이 정의했다.

> 만약 f(x)가 g(x)의 빅 세타라면 g(x)는 f(x)의 상위 경계이면서 또한 하위 경계다.

이런 경우를 'f(x)는 g(x)의 오더order'라고 표현한다. 알고리즘의 오더, 빅 세타 표기법이 알고리즘을 이해하는 데 가장 중요한 수학적 도구다.

일반 사람이 빅오 표기법을 말할 때는 대부분 빅 세타의 의미로 빅오를 사용하는

---

2. 궁금한 사람이 있을지도 모르겠지만, 하위 경계를 나타내는 빅 오메가 표기법도 있다. 빅 오메가의 정의는 빅오와 유사하지만 g(x)가 항상 f(x)보다 크거나 같다는 조건 대신 g(x)가 항상 f(x)보다 작거나 같다는 조건을 사용한다. 대상 함수보다 더 작은 함수를 찾는 경우는 드물기 때문에 빅 오메가 표기법은 빅오 표기법만큼 유용하게 쓰이지 않는다.

경우가 많다. 하지만 크누스 교수를 기쁘게 해줄 생각이 아니라면 그다지 신경 쓸 필요는 없다.

시간 복잡도

앞에서 언급했던 방 안의 사람을 세는 예제를 다시 생각해보자. 1초에 한 명만 셀 수 있다고 가정하자. 만약 방안에 7명의 사람이 있다면 사람 수를 세는 데 7초가 걸린다. 즉 n명의 사람이 있다면 모든 사람을 세기 위해 n초가 걸린다. 그러면 이 알고리즘을 O(n)이라고 말할 수 있다. 방안에 있는 모든 사람 앞에서 춤을 추는 일이라면 어떨까? 방안에 5명이 있든 5,000명이 있든 상관없이 춤을 추는 데 걸리는 시간은 같으므로, 이 작업은 O(1)이 된다. 흔히 접할 수 있는 복잡도를 표 6.1에 정리했다.

표 6.1 일반적인 시간 복잡도

O(g(x))	이름
1	상수, constant(완벽한 확장성)
log n	로그, logarithmic
n	선형, linear
n2	2차, quadratic
n3	3차, cubic
2n	지수적, exponential
n!	계승적, factorial

방안에 있는 모든 사람이 다른 모든 사람에게 인사하는 작업의 복잡도는 어떻게 될까? 어떤 함수로 이 동작을 모델링할 수 있을까? 한 번 인사하는 데 30초가 걸린다면 10명의 사람이 모두 인사하는 데는 얼마가 걸릴까? 100명이라면 어떻게 될까? 작업이 늘어남에 따라 알고리즘 성능이 어떻게 되는지 이해하는 것은 주어진 작업을 하는 최적의 알고리즘을 찾는 핵심 요소라고 할 수 있다.

O(n!)이나 O(2n)과 같은 복잡도는 당연히 피하는 것이 좋다. 마찬가지로 O(n) 알고리즘을 같은 기능을 하는 O(log n) 알고리즘으로 교체하면 보통 성능이 좋아진다. 하지만 항상 그렇지는 않기 때문에 빅오 표기법만을 맹신해서는 안 된다. 앞서 보았듯이 O(g(x)) 표현에는 g(x)에 곱해지는 상수 c가 있다는 점을 염두에 두어야 한다. O(1) 알고리즘이라 할지라도 세 시간이 걸릴 수도 있다. 입력이 아무리 크더

라도 분명 항상 세 시간 만에 끝나기는 할 것이다. 하지만 입력이 작을 때는 O(n) 알고리즘보다 오래 걸릴 수 있다. 알고리즘을 비교할 때에는 통상적인 입력의 크기를 고려해야 한다.

덜 복잡한 알고리즘을 선호하되, 통상적인 입력 크기에 대한 알고리즘의 부가 비용을 고려해야 한다. 결코 지원할 필요가 없는 수준의 확장성까지 고려해 맹목적으로 복잡도 최적화에 매달려서는 안 된다.

결론

이 장에서는 리눅스 커널 개발자가 프로세스 스케줄러부터 장치 드라이버에 이르는 모든 구현 작업에서 사용하는 일반 자료구조에 대해 알아보았다. 앞으로 리눅스 커널에 대해 알아보면서 자료구조의 유용성을 깨닫게 될 것이다. 커널 코드를 작성할 때는 항상 기존에 있는 커널 환경을 활용하고 불필요하게 새로운 것을 만들지 말아야 한다.

그 다음 알고리즘 복잡도에 대해 알아보고, 알고리즘 복잡도를 측정하고 표현하는 데 가장 많이 사용하는 빅오 표기법에 대해 알아보았다. 빅오 표기법은 이 책과 리눅스 커널에서 사용자, 프로세스, 프로세서, 네트워크 연결을 비롯한 크기가 확장될 수 있는 입력에 대해 알고리즘과 커널 구성 요소가 얼마나 잘 대응할 수 있는지를 나타내는 데 사용하는 아주 중요한 표기법이다.

7장

인터럽트와
인터럽트 핸들러

운영체제 커널의 주요 역할로 하드 디스크, 블루레이 디스크, 키보드, 마우스, 3D 프로세서, 무선랜 장비 같은 시스템 하드웨어를 관리하는 작업이 있다. 커널은 각 장치와 통신을 해야 하드웨어를 관리할 수 있다. 일반적으로 하드웨어와의 통신 속도는 프로세서 속도보다 훨씬 느려서 느린 하드웨어가 응답할 때까지 커널이 요청을 보내고 기다리는 방식은 이상적이지 않다. 하드웨어의 응답 속도는 매우 느리므로 커널은 다른 작업을 수행하다가 하드웨어가 실제로 작업을 마친 다음에 이를 처리할 수 있어야 한다.

어떻게 하면 전체 시스템 성능에 영향을 미치지 않고 프로세서가 하드웨어를 관리할 수 있을까? 한 가지 방법으로 폴링(polling)이 있다. 커널이 주기적으로 시스템 하드웨어의 상태를 확인하고 그 상태에 따라 처리하는 것이다. 하지만 하드웨어의 실제 상태와 상관없이 확인 작업을 반복하므로 폴링도 시스템에 불필요한 부하를 준다. 더 좋은 방법은 커널 처리가 필요한 순간에 하드웨어가 커널에 신호를 보낼 수 있는 체계를 두는 것이다. 이런 체계를 인터럽트(interrupt)라고 한다. 이 장에서는 인터럽트에 대해 알아보고, 인터럽트 핸들러라고 하는 특별한 함수를 통해 커널이 인터럽트를 어떻게 처리하는지 살펴본다.

인터럽트

하드웨어는 인터럽트를 이용해 프로세서에 신호를 보낼 수 있다. 예를 들어, 키보드를 두드리면 키보드 컨트롤러(키보드를 관리하는 하드웨어 장치)가 프로세서에 전기적 신호를 보내 새로 키가 눌렸다는 사실을 운영체제에 알려준다. 이 전기적 신호를 인터럽트라고 한다. 인터럽트를 받으면 프로세서는 운영체제에 신호를 보내 새로 받은 데이터를 처리할 수 있게 한다. 하드웨어는 프로세스 클럭clock과 상관없이 비동기적으로 인터럽트를 발생시키므로 인터럽트는 아무 때나 발생할 수 있다. 따라서 인터럽트 처리로 인해 커널은 언제라도 방해받을 수 있다.

인터럽트는 하드웨어에서 물리적인 전기 신호 형태로 발생되고, 이 신호는 인터럽트 컨트롤러의 입력 핀으로 전달된다. 인터럽트 컨트롤러는 연결된 여러 개의 인터럽트 배선을 하나의 배선으로 묶어서 프로세서에 전달해준다. 인터럽트를 받으면 인터럽트 컨트롤러는 프로세서에 신호를 보낸다. 신호를 감지하면 프로세서는 인터럽트를 처리하기 위해 현재 실행하던 일을 중단한다. 그다음 프로세서는 운영체제에 인터럽트가 발생했다는 사실을 알리고, 운영체제는 상황에 맞게 인터럽트를 처리한다.

각 인터럽트별로 고유한 값을 할당할 수 있으며, 장비에 따라 다른 인터럽트를 할당할 수 있다. 때문에 키보드에서 발생한 인터럽트와 하드 디스크에서 발생한 인터럽트는 다르다. 이런 방식을 이용해 운영체제는 인터럽트를 구별하고 인터럽트가 발생한 하드웨어가 어떤 것인지 식별한다. 또한 운영체제는 각 인터럽트에 맞는 적절한 핸들러를 이용해 인터럽트를 처리할 수 있다.

이런 인터럽트 값을 인터럽트 요청IRQ, interrupt request 라인이라고 부른다. 각 IRQ 라인에는 번호가 붙어 있다. 일반 PC의 예를 들면, IRQ0은 타이머 인터럽트이고, IRQ1은 키보드 인터럽트다. 하지만 모든 인터럽트 번호가 고정되어 있지는 않다. PCI 버스에 연결된 장치는 동적으로 인터럽트 번호가 지정된다. PC가 아닌 다른 아키텍처도 이와 유사하게 인터럽트 번호를 동적으로 할당한다. 요점은 장치별로 특정 인터럽트가 지정되어 있으며, 커널이 이 정보를 가지고 있다는 것이다. 하드웨어는 인터럽트를 발생시켜 커널의 주의를 끈다. "이봐, 키 입력이 새로 들어 왔다구! 이 녀석들 좀 처리해줘!"

예외(exception)

운영체제에 대해 설명할 때 예외를 인터럽트와 함께 설명하는 경우가 많다. 인터럽트와 달리 예외는 프로세서 클럭과 동기화되어 발생한다. 사실 예외를 동기화된 인터럽트라고 부르는 경우가 많다. 프로세서가 명령을 실행하는 동안, 프로그래밍 오류(예: 0으로 나누기)가 발생하거나 커널이 처리해야 하는 비정상적인 상황(예: 페이지 접근 오류)이 발생했을 때 예외가 발생한다. 다중 프로세서 아키텍처는 인터럽트와 유사한 방식으로 예외를 처리해서 이 두 가지를 처리하는 커널 구조도 비슷하다. 인터럽트(하드웨어가 비동기적으로 발생시키는 인터럽트)에 대해 알아보는 이 장의 내용은 대부분 예외(프로세서가 동기적으로 발생시키는 인터럽트)에도 그대로 적용된다.

이미 익숙한 예외가 하나 있다. 6장에서 소프트웨어 인터럽트를 발생시켜 커널 실행을 중단하고 특별한 시스템 호출 핸들러를 실행하는 x86 아키텍처의 시스템 호출 구현 방식을 살펴보았다. 앞으로 살펴보겠지만 하드웨어가 인터럽트를 발생시킨다는 점만 제외하고 인터럽트도 유사한 방식으로 동작한다.

인터럽트 핸들러

인터럽트를 처리하기 위해 커널이 실행하는 함수를 인터럽트 핸들러interrupt handler 또는 인터럽트 서비스 루틴interrupt service routine이라고 부른다. 인터럽트를 발생시키는 각 장치별로 인터럽트 핸들러가 있다. 예를 들면, 시스템 타이머의 인터럽트를 처리하는 함수가 있고, 키보드의 인터럽트를 처리하는 함수가 따로 있는 방식이다. 장치의 인터럽트 핸들러는 장치를 관리하는 커널 코드인 장치 드라이버에 들어 있다.

리눅스의 인터럽트 핸들러는 일반적인 C 함수다. 표준적인 방식으로 커널이 핸들러에 정보를 전달할 수 있게 정해진 함수 원형을 사용해야 한다는 점만 제외하면 보통 함수와 다르지 않다. 인터럽트 핸들러가 다른 커널 함수와 다른 점은 인터럽트가 발생했을 때 커널이 호출한다는 점과 (이 장의 뒷부분에 설명할) 인터럽트 컨텍스트 interrupt context라는 특별한 컨텍스트에서 실행된다는 점이다. 이 컨텍스트에 있는 코드를 실행하는 동안에는 실행을 중단할 수 없기 때문에 이를 단위 컨텍스트atomic context라고 부르기도 한다. 이 책에서는 인터럽트 컨텍스트라는 용어를 사용한다.

인터럽트는 언제라도 발생할 수 있으므로 인터럽트 핸들러도 언제든지 실행될 수 있다. 중단된 코드를 최대한 빨리 다시 실행하려면 핸들러의 실행 속도가 빨라야 한다. 따라서 하드웨어 입장에서는 운영체제가 지체 없이 인터럽트를 처리하는 것이 중요하지만 시스템의 다른 부분 입장에서는 인터럽트 핸들러의 실행시간이 가능한 짧은 것이 중요하다.

인터럽트 핸들러는 최소한 인터럽트를 받았다는 사실은 하드웨어에 알려주어야 한다. "하드웨어! 이야기 다 들었어. 이제 하던 일 계속해!" 그러나 인터럽트 핸들러가 해야 할 일이 많을 때가 있다. 예를 들어, 네트워크 장치의 인터럽트 핸들러를 생각해보자. 하드웨어에 응답을 보낸 다음 인터럽트 핸들러는 네트워크 패킷을 하드웨어에서 메모리로 복사하고, 처리 작업을 수행한 다음 애플리케이션이나 프로토콜 스택으로 패킷을 옮겨야 한다. 이 모든 작업은 상당한 시간이 걸릴 것이 분명하며, 기가 비트와 10기가 비트 이더넷을 사용하는 요즘 환경이라면 더 오랜 시간이 걸릴 것이다.

전반부 처리와 후반부 처리

빠른 실행 속도와 대량 작업 실행이라는 인터럽트 핸들러의 두 가지 목표는 분명 서로 충돌하는 것이다. 이 상반된 목표를 달성하기 위해 인터럽트 처리는 두 부분으로 나눠져 있다. 전반부 처리top half는 인터럽트 핸들러가 담당한다. 전반부 처리는 인터럽트를 받은 즉시 실행되며 인터럽트 수신 확인이나 하드웨어 재설정처럼 처리 시한이 중요한 작업만을 처리한다. 나중에 할 수 있는 일은 후반부 처리bottom half로 지연시킨다. 나중에 좀 더 편한 시간에 모든 인터럽트가 활성화된 상태에서 후반부 처리를 진행한다. 리눅스에서는 후반부 처리를 다양한 방법으로 구현할 수 있으며, 이에 대한 내용은 8장 "후반부 처리와 지연된 작업"에서 설명한다.

앞에서 이야기했던 네트워크 장치의 경우를 통해 전반부 처리와 후반부 처리의 예를 살펴보자. 네트워크 카드가 패킷을 수신하면 커널에 이 사실을 알려야 한다. 네트워크 전송량과 지연시간을 최적화하고 타임아웃을 막으려면 즉시 이 작업을 처리해야 한다. 그러므로 즉시 인터럽트를 발생시킨다. "이봐, 커널! 여기 패킷이 새로 도착했어!" 커널은 이에 반응해 네트워크 장치에 등록된 인터럽트를 실행한다.

인터럽트가 실행되면 하드웨어에 확인 신호를 보내고, 새로 수신한 네트워크 패킷을 주 메모리에 복사한 다음 네트워크 카드를 다시 패킷을 수신할 수 있는 상태로 조정한다. 이는 시간에 민감하고 하드웨어에 의존적인 중요한 작업이다. 네트워크 카드의 데이터 버퍼는 고정되어 있고, 주 메모리에 비해 크기가 작기 때문에 커널은 네트워크 패킷을 주 메모리로 빨리 복사해야 한다. 패킷 복사 작업이 지연되면 버퍼가 모자라 수신 패킷이 네트워크 카드의 버퍼를 넘쳐서 버려지는 일이 발생한다. 네트워크 데이터를 안전하게 주 메모리로 복사하면 인터럽트가 처리할 일은 끝나고 시스템 제어권을 인터럽트 발생으로 실행이 중단된 코드로 다시 돌려준다. 나머지 패킷 처리는 나중에 후반부 처리에서 진행된다. 이 장에서는 전반부 처리에 대해 살펴본다. 후반부 처리는 8장에서 살펴본다.

인터럽트 핸들러 등록

인터럽트 핸들러는 하드웨어를 관리하는 드라이버가 담당한다. 각 장치별로 드라이버가 있으며, 인터럽트를 사용하는(대부분의 장치가 사용한다) 장치라면 드라이버가 인터럽트 핸들러를 등록한다.

드라이버는 <linux/interrupt.h> 파일에 정의된 request_irq() 함수를 이용해 인터럽트를 활성화시키고 인터럽트 핸들러를 등록한다.

```
/* request_irq: 지정한 인터럽트를 할당 */
int request_irq(unsigned int irq,
                irq_handler_t handler,
                unsigned long flags,
                const char *name,
                void *dev)
```

첫 번째 irq 인자를 통해 할당할 인터럽트를 지정한다. 시스템 타이머나 키보드 같은 기본 장치의 경우에는 보통 이 값이 고정되어hard-coded 있다. 다른 대부분 장비는 탐색 작업을 통해 정해지거나 프로그램에 따라 동적으로 정해진다.

두 번째 handler 인자는 인터럽트를 처리할 실제 인터럽트 핸들러를 가리키는 함수 포인터다. 운영체제가 인터럽트를 받을 때마다 이 함수를 실행한다.

```
typedef irqreturn_t (*irq_handler_t)(int, void *);
```

핸들러 함수의 원형은 미리 정해져 있다. 두 개의 인자를 받고 irqreturn_t 형 값을 반환한다. 이 함수에 대해서는 이 장의 뒷부분에서 설명한다.

인터럽트 핸들러 플래그

세 번째 flag 인자는 0 또는 <linux/interrupt.h>에 정의된 플래그를 조합한 비트 마스크 값을 사용한다. 이중에서 몇 가지 중요한 플래그는 다음과 같다.

- **IRQF_DISABLED** – 이 플래그가 설정되면 커널은 인터럽트 핸들러를 실행하는 동안 모든 인터럽트를 비활성화한다. 설정되지 않으면 핸들러가 처리하는 인터럽트를 제외한 나머지 모든 인터럽트가 활성화된 상태에서 인터럽트 핸들러가 실행된다. 모든 인터럽트를 막아두는 것은 모양새가 나쁘기 때문에 대부분의 인터럽트 핸들러에서는 이 플래그를 사용하지 않는다. 이 플래그는 성능에 민감한 빠른 실행이 필요한 인터럽트 핸들러에서 사용한다. 이 플래그는 과거에 '빠른' 인터럽트와 '느린' 인터럽트를 구별할 때 사용했던 SA_INTERRUPT 플래그의 현재 모습이다.
- **IRQF_SAMPLE_RANDOM** – 이 플래그는 장치가 발생시킨 인터럽트를 커널의 엔트로피 저장소에 활용할지를 지정한다. 커널 엔트로피 저장소는 무작위로 발생하는 다양한 사건을 이용해 진정한 난수를 생성한다. 이 플래그가 지정되면 장치에서 인터럽트가 발생한 시간을 엔트로피 저장소에 활용한다. 장치가 시스템 타이머처럼 주기적으로 인터럽트를 발생시키거나 네트워크 장비처럼 외부 환경에 영향을 받는 경우에는 이 플래그를 사용하면 안 된다. 하지만 대부분의 다른 하드웨어는 부정기적으로 인터럽트를 발생시키므로 좋은 엔트로피 원천이 될 수 있다.
- **IRQF_TIMER** – 이 플래그가 지정되면 이 핸들러는 시스템 타이머를 위한 인터럽트를 처리한다.
- **IRQF_SHARED** – 이 플래그를 사용하면, 여러 인터럽트 핸들러가 같은 인터럽트를 공유할 수 있다. 인터럽트를 공유하는 모든 핸들러가 이 플래그를

사용해야 한다. 이 플래그를 사용하지 않는 경우에는 인터럽트 라인당 하나의 핸들러만 존재할 수 있다. 공유 핸들러에 대한 자세한 내용은 다음 절에서 설명한다.

네 번째 name 인자는 인터럽트를 사용하는 장비의 ASCII 형식 이름이다. 예를 들어 PC의 키보드 인터럽트라면, 이 값은 keyboard가 된다. 곧 설명하겠지만, /proc/irq, /proc/interrupts를 통해 사용자와 통신할 때 이 이름을 사용한다.

다섯 번째 dev 인자는 인터럽트를 공유할 때 사용한다. 나중에 설명할 인터럽트 핸들러를 해제할 때 dev에 고유한 쿠키 값을 지정함으로써 해당 인터럽트 라인에서 원하는 인터럽트 핸들러만을 제거할 수 있다. 이 인자가 없으면 커널이 주어진 인터럽트 라인에서 어떤 핸들러를 제거해야 하는지 알아낼 수 없다. 공유 인터럽트가 아니라면 이 인자에 NULL을 지정할 수 있지만, 공유하는 경우에는 고유한 쿠키 값을 지정해 주어야 한다(오래된 낡은 ISA 버스에 연결된 장치가 아니라면 공유 기능을 제공할 가능성이 높다). 인터럽트 핸들러를 호출할 때도 이 값을 지정해 주어야 한다. 드라이버의 장치 구조체 포인터를 넘겨주는 방식을 일반적으로 많이 사용한다. 이 포인터는 중복 가능성이 없을 뿐 아니라 핸들러 내부에서 유용하게 사용할 여지도 있다.

성공하면 request_irq() 함수는 0을 반환한다. 오류가 발생해 지정한 인터럽트 핸들러를 등록하지 못한 경우에는 0이 아닌 값을 반환한다. 자주 발생하는 오류로는 지정한 인터럽트가 이미 사용 중인 경우에, 그리고 이미 사용 중인 핸들러나 새로 등록하려는 핸들러에 IRQF_SHARED 플래그를 지정하지 않았을 때 발생하는 -EBUSY 오류가 있다.

request_irq() 함수는 휴면 상태를 허용하기 때문에 인터럽트 컨텍스트에 있을 때나 코드 실행이 중단돼서는 안 되는 상황에서는 호출할 수 없다. 안전하게 휴면 상태로 전환할 수 없는 상황에서 request_irq() 함수를 호출하는 것은 흔히 범하는 실수다. 왜 request_irq() 함수가 중단이 가능한지를 생각해보면 그 이유를 추측할 수 있다. 정말 불분명한 상황이 된다. 인터럽트 핸들러가 등록되면 인터럽트의 해당 항목이 /proc/irq에 만들어진다. proc_mkdir() 함수가 새로운 procfs 항목을 만든다. 이 함수는 proc_create() 함수를 호출해 새로 만든 procfs 항목을 설정하고, kmalloc() 함수를 호출해 메모리를 할당한다. 12장 "메모리 관리"에서 살펴보겠지만, kmalloc() 함수는 휴면 상태로 전환된다. 그래서 문제가 될 수 있다!

인터럽트 예제

드라이버는 `request_irq()` 함수를 통해 인터럽트 사용 요청을 하고 인터럽트 핸들러를 설치한다.

```
if (request_irq(irqn, my_interrupt, IRQF_SHARED, "my_device", my_dev)) {
    printk(KERN_ERR "my_device: cannot register IRQ %d\n", irqn);
    return -EIO;
}
```

여기서 `irqn`은 요청할 인터럽트 번호이고, `my_interrupt`는 핸들러다. 공유 인터럽트 플래그를 지정했고, 장치의 이름은 `my_device`이며, dev 인자로는 `my_dev`를 지정했다. 이 코드는 실패할 경우 오류를 출력하고 오류 값을 반환한다. 핸들러를 성공적으로 설치하면 0을 반환한다. 이제 인터럽트가 발생하면 핸들러를 호출한다. 장치 초기화가 완전히 끝나기 전에 인터럽트 핸들러가 실행되지 않게 하드웨어 초기화 작업과 인터럽트 핸들러 등록 작업의 순서를 잘 지켜야 한다.

인터럽트 핸들러 해제

드라이버를 제거하면 인터럽트 핸들러를 해제하고 필요한 경우 인터럽트 라인을 비활성화시켜야 한다. 이 작업은 다음 함수를 이용한다.

```
void free_irq(unsigned int irq, void *dev)
```

지정한 인터럽트가 공유 인터럽트가 아니라면, 이 함수는 인터럽트 핸들러를 제거하고 인터럽트 라인을 비활성화한다. 공유 인터럽트인 경우에는 dev 인자로 지정한 핸들러를 제거하고, 모든 핸들러가 제거된 경우에 인터럽트 라인을 비활성화한다. 그래서 고유한 dev 인자를 사용하는 것이 중요하다. 공유 인터럽트를 사용할 때는 같은 인터럽트를 사용하는 여러 핸들러를 구별하기 위해 고유한 쿠키 값이 필요하며, `free_irq()` 함수는 이를 이용해 올바른 핸들러만 제거할 수 있다(공유를 하든 하지 않든). dev 값이 NULL이 아니면 지정한 핸들러의 dev 값과 일치해야 한다. `free_irq()` 함수는 프로세스 컨텍스트에서 호출해야 한다.

인터럽트 핸들러를 등록하고 해제하는 함수를 표 7.1에 정리했다.

표 7.1 인터럽트 등록 방법

함수	설명
request_irq( )	지정한 인터럽트에 지정한 핸들러를 등록한다.
free_irq( )	지정한 인터럽트 핸들러를 해제한다. 인터럽트에 해당하는 핸들러가 남아있지 않는 경우에는 해당 인터럽트 라인을 비활성화시킨다.

인터럽트 핸들러 작성

인터럽트 핸들러는 다음과 같이 선언한다.

```
static irqreturn_t intr_handler(int irq, void *dev)
```

request_irq() 함수의 handler 인자가 사용하는 원형과 같은 형태로 선언한다. 첫 번째 인자인 irq는 핸들러가 처리할 인터럽트의 번호다. 핸들러에 이 값이 전달되기는 하지만 로그 메시지를 출력하는 경우 외에는 거의 사용하지 않는다. 리눅스 커널 2.0 이전 버전에는 dev 인자가 없었으므로 같은 드라이버를 사용해 같은 인터럽트 핸들러를 사용하는 여러 장치를 구별할 때 irq 값을 이용했다. 같은 형식의 하드 드라이브 컨트롤러가 여러 개 있는 컴퓨터가 이 같은 경우에 해당한다.

두 번째 dev 인자는 인터럽트 핸들러를 등록할 때 request_irq() 함수에 지정한 dev 인자와 동일한 일반 포인터다. 이 인자에 고유한 값을 주면 (공유 기능을 사용하려면 고유한 값을 사용해야 한다) 같은 인터럽트 핸들러를 사용하는 여러 장비를 구별할 수 있는 쿠키 값으로 쓸 수 있다. 인터럽트 핸들러 구조체 포인터를 dev 인자의 값으로 사용할 수 있다. device 구조체는 각 장치별로 있으므로 고유하며, 핸들러 내부에서 활용할 가능성이 있어서 일반적으로 device 구조체 포인터를 dev 값으로 사용한다.

인터럽트 핸들러의 반환값은 irqreturn_t라는 특수 형을 사용한다. 인터럽트 핸들러의 반환값은 IRQ_NONE과 IRQ_HANDLED 두 가지 특별한 값을 사용한다. 전자는 발생한 인터럽트가 해당 장치에서 생성한 것이 아닐 때 사용한다. 후자는 인터럽트 핸들러가 올바르게 호출되었고, 장치가 실제로 인터럽트를 생성했을 때 반환한다. 다른 방식으로 IRQ_RETVAL(val)을 사용할 수 있다. val 값이 0이 아니면, 이 매크로는 IRQ_HANDLED 값을 반환한다. 그렇지 않으면 IRQ_NONE을 반환한다. 이 특별한 값을 이용해 커널은 장치에서 가짜(즉, 요청하지 않은) 인터럽트가 발생했는지 확인할 수 있다. 특정 인터럽트의 모든 인터럽트 핸들러가 IRQ_NONE을 반환하면 커널은 문제가 발생했다는 것을 알 수 있다. `irqreturn_t` 반환형은 실제로는 간단한 `int` 형이다. 이렇게 별도 형을 사용함으로써 해당 기능을 제공하지 않았던 `void` 반환형을 가진 2.6 이전 버전의 인터럽트 핸들러에 하위호환성을 제공할 수 있다. `irqreturn_t` 형을 `void` 형으로 지정해두고 별도의 반환값을 사용함으로써 드라이버를 별도로 수정하지 않고 2.4 버전에서도 사용할 수 있다. 인터럽트 핸들러는 다른 파일에서 직접 호출하는 경우가 절대 없기 때문에, 보통 `static`으로 선언한다.

인터럽트 핸들러의 역할은 전적으로 장치 및 장치가 인터럽트를 발생시킨 이유에 따라 정해진다. 인터럽트 핸들러는 인터럽트를 발생시킨 장치에 최소한 인터럽트를 인지했다는 것은 알려주어야 한다. 복잡한 장치의 경우에는 인터럽트 핸들러에서 필요한 추가 작업을 처리하기 위해 장치와 데이터를 주고받아야 할 수도 있다. 앞서 언급했다시피, 추가 작업은 최대한 다음 장에서 설명할 후반부 처리로 넘겨야 한다.

> **재진입성과 인터럽트 핸들러**
>
> 리눅스의 인터럽트 핸들러는 재진입 필요가 없다. 특정 인터럽트 핸들러가 실행 중일 때 이에 해당하는 인터럽트는 모든 프로세서에 대해 비활성화돼 같은 인터럽트가 또 발생하는 것을 막는다. 보통 다른 인터럽트는 활성화 상태로 두어 처리가 가능하지만 현재 처리 중인 인터럽트는 항상 비활성화시켜 둔다. 따라서 중첩해서 발생한 인터럽트를 처리하기 위해 같은 인터럽트 핸들러가 동시에 여러 개 실행되는 일은 절대 발생하지 않는다. 이 때문에 인터럽트 핸들러가 간단해진다.

공유 핸들러

공유 핸들러는 비공유 핸들러와 같은 방식으로 등록하고 실행한다. 주요한 세 가지 차이점은 다음과 같다.

- `request_irq()` 함수의 `flags` 인자에 `IRQF_SHARED` 플래그를 지정해야 한다.
- 등록한 각 핸들러의 `dev` 인자에는 고유한 값을 지정해야 한다. 각 장치별로 사용하는 구조체의 포인터 정도면 충분하다. 보통은 `device` 구조체가 장치별로 고유하고 핸들러에 유용할 가능성이 있어서 이를 사용한다. 공유 핸들러는 `dev` 인자에 `NULL`을 지정할 수 없다.
- 인터럽트 핸들러는 해당 장치가 실제로 인터럽트를 발생시켰는지 판별할 수 있어야 한다. 이를 위해서는 하드웨어 해당 기능을 지원해야 하고 인터

럽트 핸들러에도 관련 처리가 있어야 한다. 하드웨어가 이런 기능을 제공하지 않는다면 해당 장치가 인터럽트를 발생시켰는지, 인터럽트를 공유하는 다른 장비가 인터럽트를 발생시켰는지 인터럽트 핸들러에서 확인할 수 있는 방법이 없다.

인터럽트를 공유하는 모든 드라이버는 위의 요구 사항을 만족해야 한다. 어느 한 장치라도 올바른 방식으로 공유하지 않으면 모두 해당 인터럽트를 공유할 수 없다. IRQF_SHARED를 지정하고 request_irq()를 호출하면, 해당 인터럽트의 핸들러가 등록되지 않았거나, 해당 인터럽트에 등록된 모든 핸들러가 IRQF_SHARED를 지정한 경우에만 호출이 성공한다. 그러나 공유 핸들러에서 IRQF_DISALBED 플래그를 필요에 따라 같이 사용하는 것은 가능하다.

커널이 인터럽트를 받으면, 해당 인터럽트에 등록된 인터럽트 핸들러를 차례대로 호출한다. 따라서 인터럽트 핸들러가 해당 인터럽트를 발생시켰는지 판별할 수 있는 능력이 중요하다. 해당 장비가 인터럽트를 발생시키지 않았다면 핸들러를 빨리 종료해야 한다. 이를 위해서는 하드웨어 장치에 핸들러가 확인할 수 있는 상태 레지스터(또는 유사한 방식)가 있어야 한다. 대부분의 하드웨어는 이런 기능을 갖추고 있다.

인터럽트 핸들러의 실제 예

drivers/char/rtc.c에 들어 있는 실시간 시계RTC 드라이버를 통해 실제 인터럽트 핸들러를 살펴보자. RTC는 PC를 비롯한 많은 시스템에 들어 있다. RTC는 시스템 타이머와 다른 별도의 장치로 시스템 시간 설정, 알람alarm 기능, 주기적 타이머 등의 기능을 제공한다. 대부분의 아키텍처에서 원하는 시간을 특정 레지스터나 입출력 영역에 써넣는 방식으로 시스템 시간을 설정한다. 알람이나 주기적인 타이머 기능은 보통 인터럽트를 이용해 구현한다. 인터럽트는 현실 세계의 알람 시계와 유사한 것으로 생각할 수 있다. 인터럽트를 받는 것을 알람이 울리는 것에 비유할 수 있다.

RTC 드라이버를 불러들일 때 rtc_init() 함수가 호출돼 드라이버를 초기화한다. 이 함수의 임무 중 하나는 인터럽트 핸들러를 등록하는 것이다.

```
/* rtc_irq에 rtc_interrupt를 등록 */
if (request_irq(rtc_irq, rtc_interrupt, IRQF_SHARED, "rtc",
                (void *)&rtc_port)) {
        printk(KERN_ERR "rtc: cannot register IRQ %d\n", rtc_irq);
        return -EIO;
}
```

여기서는 rtc_irq 변수에 인터럽트 번호가 저장된다. 해당 아키텍처의 RTC 인터럽트 값을 이 변수에 설정한다. PC의 경우 RTC는 IRQ 8을 사용한다. 두 번째 인자인 rtc_interrupt는 인터럽트 핸들러를 뜻하며 IRQF_SHARED 플래그를 지정했으므로 해당 인터럽트를 다른 핸들러와 공유할 수 있다. 네 번째 인자를 통해 드라이버의 이름이 rtc라는 것을 알 수 있다. 인터럽트를 공유하는 장치이므로 장치의 고유값을 dev 인자에 전달했다.

마지막으로 핸들러 자체를 살펴보자.

```
static irqreturn_t rtc_interrupt(int irq, void *dev)
{
        /*
         * 알람 인터럽트, 갱신 완료 인터럽트, 주기적 인터럽트 등을 처리한다.
         * rtc_irq_data 변수의 하위 바이트에 인터럽트 상태를 저장하고,
         * 전에 값을 읽은 이후에 받은 인터럽트 횟수를 나머지 공간에 저장한다.
         */

        spin_lock(&rtc_lock);

        rtc_irq_data += 0x100;
        rtc_irq_data &= ~0xff;
        rtc_irq_data |= (CMOS_READ(RTC_INTR_FLAGS) & 0xF0);

        if (rtc_status & RTC_TIMER_ON)
            mod_timer(&rtc_irq_timer, jiffies + HZ/rtc_freq + 2*HZ/100);

        spin_unlock(&rtc_lock);

        /*
```

```
     * 이제 나머지 동작을 수행한다.
     */
    spin_lock(&rtc_task_lock);
    if (rtc_callback)
            rtc_callback->func(rtc_callback->private_data);
    spin_unlock(&rtc_task_lock);
    wake_up_interruptible(&rtc_wait);

    kill_fasync(&rtc_async_queue, SIGIO, POLL_IN);

    return IRQ_HANDLED;
}
```

시스템이 RTC 인터럽트를 받을 때마다 이 함수가 호출된다. 먼저 스핀락 호출 부분을 주목하자. 첫 번째 스핀락은 SMP 시스템의 다른 프로세서가 rtc_irq_data 를 동시에 접근하는 것을 막아주며, 두 번째 스핀락은 rtc_callback을 마찬가지 방식으로 보호한다. 잠금에 대해서는 10장 "커널 동기화 방법"에서 설명한다.

rtc_irq_data 변수는 unsigned long 형이며 RTC에 관한 정보가 저장돼 있으며, 인터럽트마다 인터럽트의 상태를 반영해 갱신된다.

그다음, RTC의 주기적 타이머가 설정되어 있으면 mod_timer()를 통해 관련 정보를 갱신한다. 타이머는 11장 "타이머와 시간관리"에서 설명한다.

'이제 나머지 동작을 수행한다'라고 주석이 붙어 있는 마지막 코드 뭉치에서는 미리 설정할 수 있는 콜백 함수를 실행한다. RTC 드라이버는 콜백 함수를 등록해 RTC 인터럽트가 발생할 때마다 이 함수를 실행하는 기능을 제공한다.

마지막으로 이 함수는 IRQ_HANDLED 값을 반환해 장치에 대한 처리가 적절히 완료됐다는 사실을 알려준다. 공유를 지원하지 않는 인터럽트 핸들러이고, RTC 장치에는 가짜 인터럽트를 판별할 수 있는 방법이 없으므로 이 핸들러는 항상 IRQ_HANDLED 값을 반환한다.

인터럽트 컨텍스트

인터럽트 핸들러를 실행하는 동안 커널은 인터럽트 컨텍스트interrupt context 상태가된다. 프로세스 컨텍스트는 커널 동작 상태 중 하나로 시스템 호출을 실행하거나 커널 스레드를 실행할 때와 같이 프로세스 대신에 커널이 실행되는 상태라고 설명한 바 있다. 커널이 프로세스 컨텍스트에 있을 때 current 매크로는 관련 태스크를 가리킨다. 게다가 프로세스 컨텍스트에 있는 커널과 프로세스가 묶여 있어서 프로세스 컨텍스트는 휴면 상태가 되거나 스케줄러를 호출할 수 있다.

반면에 인터럽트 컨텍스트는 특정 프로세스와 묶여 있지 않다. current 매크로는(인터럽트가 중단시킨 프로세스를 가리키고 있기는 하지만) 특별한 의미가 없다. 뒤에 버티고 있는 프로세스가 없어, 인터럽트 컨텍스트는 휴면 상태가 될 수 없다. 어떻게 다시 스케줄링될 수 있겠는가? 따라서 특정 함수는 인터럽트 컨텍스트에서는 호출할 수 없다. 함수가 실행 중에 휴면 상태가 될 수 있다면, 인터럽트 핸들러에서 사용할 수 없다. 따라서 인터럽트 핸들러에서 사용할 수 있는 함수는 제한된다.

인터럽트 핸들러가 다른 코드를 중단시키므로 인터럽트 컨텍스트에서는 실행 시간이 아주 중요하다. 코드는 빠르고 간단해야 한다. 많은 일을 하는 루프를 사용할수는 있지만 사용하지 않는 것을 권장한다. 인터럽트 핸들러(심지어 다른 인터럽트 핸들러의 한 부분일 수도 있는!)는 다른 코드를 중단시킨다는 점은 항상 명심해야 하는 중요한 사항이다. 이런 비동기적인 속성은 모든 인터럽트 핸들러가 가능한 한 빠르고 간단해야 한다는 것을 뜻한다. 인터럽트 핸들러에서 가능한 최대한 많은 작업을 빼내어 보다 편한 시간에 실행하는 후반부 처리에서 수행해야 한다.

인터럽트 핸들러의 스택은 옵션으로 설정할 수 있다. 과거 인터럽트 핸들러에는 자체 스택이 없었다. 대신 핸들러가 중단시킨 프로세스의 스택을 공유했다.[1] 커널 스택은 두 페이지로 되어 있으며, 그 크기는 보통 32비트 아키텍처의 경우는 8KB, 64비트 아키텍처의 경우는 16KB이다. 이런 환경에서 인터럽트 핸들러가 스택을 공유하므로 스택에 데이터를 저장할 때는 특별히 아껴서 사용해야 한다. 물론 애초에 커널 스택의 크기가 제한되므로 모든 커널 코드에서 조심해야 하는 사항이긴 하다.

2.6 커널 개발 초기에 두 페이지인 스택 크기를 하나로 줄여 32비트 시스템의 경우 4KB 스택만 제공하는 옵션이 추가되었다. 이전에는 모든 프로세스마다 스왑 불가능한 연속된 두 페이지의 커널 메모리가 필요했으므로 이 옵션을 이용해 메모리

---

1. 어떤 상황에도 항상 프로세스가 실행된다. 스케줄링 가능한 프로세스가 없으면 아이들 태스크가 실행된다.

압박을 줄일 수 있었다. 줄어든 스택 크기에 대응하기 위해 프로세서마다 하나씩 한 페이지짜리 인터럽트 핸들러를 위한 스택을 추가했다. 이 스택을 인터럽트 스택 interrupt stack이라고 부른다. 인터럽트 스택의 크기가 전에 공유하던 스택 크기의 절반 이긴 하지만, 메모리 페이지 전체를 인터럽트 핸들러가 사용할 수 있기 때문에 평균 적으로 사용할 수 있는 스택 공간은 더 커졌다.

인터럽트 핸들러는 커널 스택이 어떻게 설정됐는지 커널 스택의 크기가 얼마인지 신경쓸 필요 없다. 항상 정해진 최소의 스택 공간만을 사용하라.

인터럽트 핸들러 구현

아마 놀라지 않겠지만, 리눅스의 인터럽트 핸들러 구현은 아키텍처에 따라 다르다. 프로세서, 사용하는 인터럽트 컨트롤러, 아키텍처와 시스템 설계에 따라 구현이 결정 된다.

그림 7.1은 인터럽트가 하드웨어에서 커널로 가는 경로를 그림으로 나타낸 것이다.

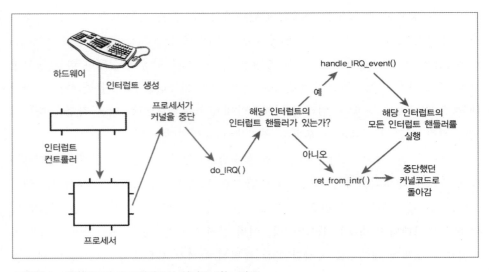

그림 7.1   인터럽트가 하드웨어에서 커널로 가는 경로

인터럽트를 발생하는 장치는 버스에 전기 신호를 보내 인터럽트 컨트롤러에 전달 한다. 인터럽트 라인이 활성화됐으면(인터럽트를 막아 둘 수도 있다), 인터럽트 컨트롤러는 프로세서에 인터럽트를 보낸다. 대부분의 아키텍처에서 이 과정은 프로세서의 특정 핀에 전기 신호를 보내는 방식으로 처리한다. 프로세서의 인터럽트가 비활성화되어

있지 않으면(역시 비활성화시킬 수도 있다), 프로세서는 하던 일을 중단하고, 인터럽트 시스템을 비활성화시킨 다음 미리 정해진 위치의 메모리에 있는 코드를 실행한다. 이 위치는 커널에서 지정한 것으로 여기가 인터럽트 핸들러의 진입 위치entry point가 된다.

미리 정해진 예외 핸들러를 통해 시스템 호출이 커널에 진입하듯이 여기서 지정된 진입 위치에서부터 인터럽트의 커널 내 여행이 시작된다. 각 인터럽트 라인별로 프로세서는 메모리의 정해진 위치로 이동해 그 곳의 코드를 실행한다. 이런 방식으로 커널은 도착한 인터럽트의 IRQ 번호를 알 수 있다. 초기 진입 위치의 코드는 IRQ 번호를 저장하고 (중단시킨 작업이 사용하던) 현재 레지스터 값을 스택에 저장한다. 그다음 커널은 do_IRQ() 함수를 호출한다. 여기에서부터의 인터럽트 처리 코드는 대부분 C로 작성한다. 그러나 여전히 아키텍처 의존적인 코드다.

do_IRQ() 함수는 다음과 같은 형태로 선언된다.

```
unsigned int do_IRQ(struct pt_regs regs)
```

함수 인자를 스택 꼭대기에 두는 것이 C의 호출 방식이므로 pt_regs 구조체에는 앞의 어셈블리 진입 과정에서 저장한 초기 레지스터 값이 들어 있게 된다. 인터럽트 값도 저장돼 있어서 do_IRQ() 함수에서 이 값을 알아낼 수 있다. 인터럽트 라인을 알아내면 do_IRQ()는 해당 인터럽트를 인지했다는 것을 알리고 해당 인터럽트 라인을 비활성화시킨다. 일반 PC 장비는 mask_and_ack_8259A() 함수를 이용해 이 동작을 수행한다.

다음 do_IRQ() 함수는 해당 인터럽트 라인에 유효한 핸들러가 등록돼 있는지, 사용가능한지, 현재 미실행 상태인지를 확인한다. 확인한 후에는 kernel/irq/handler.c 파일에 정의된 handle_IRQ_event()를 호출해 해당 인터럽트에 설치된 인터럽트 핸들러를 실행한다.

```
/**
 * handle_IRQ_event - irq 연결 동작 처리기
 * @irq:          인터럽트 번호
 * @action:       irq에 해당하는 인터럽트 연결 동작
 *
 * irq 발생 시 연결 동작을 처리한다.
 */
irqreturn_t handle_IRQ_event(unsigned int irq, struct irqaction *action)
```

```
{
        irqreturn_t ret, retval = IRQ_NONE;
        unsigned int status = 0;

        if (!(action->flags & IRQF_DISABLED))
                local_irq_enable_in_hardirq();

        do {
                trace_irq_handler_entry(irq, action);
                ret = action->handler(irq, action->dev_id);
                trace_irq_handler_exit(irq, action, ret);

                switch (ret) {
                case IRQ_WAKE_THREAD:
                        /*
                         * 결과 상태를 처리 완료로 변경해
                         * 가짜 인터럽트 확인 작업이 진행되지 않게 한다.
                         */
                        ret = IRQ_HANDLED;

                        /*
                         * 스레드 함수를 지정하지 않은 상태에서
                         * WAKE_THREAD를 반환하는 드라이버를 처리한다.
                         */
                        if (unlikely(!action->thread_fn)) {
                                warn_no_thread(irq, action);
                                break;
                        }

                        /*
                         * 동작에 해당하는 핸들러 스레드를 깨운다.
                         * 스레드가 비정상 종료되거나 강제 종료된 경우에는
                         * 인터럽트를 처리한 것으로 간주한다.
                         * 앞쪽 hardirq 핸들러에서 장치의 인터럽트를
                         * 비활성화했기 때문에,
                         * irq가 폭주하는 일은 벌어지지 않는다.
```

```
                                */
                        if (likely(!test_bit(IRQTF_DIED,
                                        &action->thread_flags))) {
                                set_bit(IRQTF_RUNTHREAD,
                                        &action->thread_flags);
                                wake_up_process(action->thread);
                        }

                        /* 난수 엔트로피 증가 부분으로 이동한다. */
                case IRQ_HANDLED:
                        status |= action->flags;
                        break;

                default:
                        break;
                }

                retval |= ret;
                action = action->next;
        } while (action);

        if (status & IRQF_SAMPLE_RANDOM)
                add_interrupt_randomness(irq);
        local_irq_disable();

        return retval;
}
```

　　먼저 프로세서가 인터럽트를 비활성화시킨 상태이므로 IRQF_DISABLED 플래그를 지정해 핸들러를 등록하지 않았다면 다시 돌려놔야 한다. IRQF_DISABLED를 지정한 경우에는 인터럽트가 비활성화된 상태에서 핸들러를 실행해야 한다. 그다음 루프를 돌면서 인터럽트를 처리할 수 있는 각 핸들러를 실행한다. 공유 인터럽트가 아니라면 첫 번째 실행에서 루프가 끝날 것이다. 공유 인터럽트의 경우에는 모든 핸들러가 실행된다. 등록 시에 IRQF_SAMPLE_RANDOM 플래그를 지정한 경우 add_interrupt_ randomness() 함수를 호출한다. 이 함수는 인터럽트 발생 시간을 이용해 난수 발생기의 엔트로피를 조정한다. 마지막으로 인터럽트를 다시 비활성화시키고(do_IRQ()

함수가 비활성화 상태를 원한다) 반환한다. do_IRQ() 함수로 돌아오면 정리작업을 수행하고 초기 진입 위치로 돌아가서 ret_from_intr()로 이동한다.

ret_from_intr() 함수는 초기 진입 코드와 마찬가지로 어셈블리로 작성되어 있다. 이 함수는 대기 중인 스케줄링 작업이 있는지를 확인한다(4장 "프로세스 스케줄링"에서 설명한 바와 같이 이 작업은 need_resched 변수가 설정되어 있는지 확인하는 작업이다). 대기 중인 스케줄링 작업이 있고, 커널이 사용자 공간으로 돌아가는 경우라면, 즉 인터럽트가 사용자 프로세스를 중단한 경우 schedule() 함수를 호출한다. 커널이 커널 공간으로 돌아가는 경우라면 즉 인터럽트가 커널 자체를 중단한 경우 preempt_count 값이 0인 경우에만 schedule() 함수를 호출한다. 그 외의 경우에는 커널을 선점하는 것이 안전하지 않다. schedule() 함수가 반환된 이후, 또는 대기 중인 작업이 없는 경우 저장했던 커널은 초기 레지스터 값을 복원하고 중단했던 작업을 계속 진행한다.

x86에서 초기 진입 어셈블리 코드는 arch/x86/kernel/entry_64.S(32비트 x86의 경우에는 entry_32.S) 파일에 있으며, C 코드는 arch/x86/kernel/irq.c 파일에 있다. 다른 아키텍처의 경우도 유사하다.

/proc/interrupts

procfs는 커널 메모리상에 있는 가상 파일시스템으로 보통 /proc 위치에 마운트돼 있다. procfs에 있는 파일을 읽거나 쓰면 실제 파일에 읽기나 쓰기를 흉내 내는 커널 함수를 호출한다. 필수적인 예로 시스템의 인터럽트와 관련된 통계 정보를 저장하는 /proc/interrupts 파일을 들 수 있다. 단일 프로세서 시스템의 경우를 예로 보면 다음과 같다.

```
         CPU0
   0:   3602371     XT-PIC     timer
   1:   3048        XT-PIC     i8042
   2:   0           XT-PIC     cascade
   4:   2689466     XT-PIC     uhci-hcd, eth0
   5:   0           XT-PIC     EMU10K1
  12:   85077       XT-PIC     uhci-hcd
  15:   24571       XT-PIC     aic7xxx
 NMI:   0
```

```
LOC: 3602236
ERR: 0
```

첫 번째 열은 인터럽트 번호다. 이 시스템의 인터럽트는 현재 0-2, 4, 5, 12, 15번이 있다. 핸들러가 설치되지 않는 경우에는 표시되지 않는다. 두 번째 열은 인터럽트를 받은 횟수를 나타낸다. 이 열은 프로세서 개수만큼 있지만, 이 시스템에는 프로세서가 하나뿐 이므로 하나만 표시된다. 타이머 인터럽트는 3,602,371번 발생한 반면,[2] 사운드 카드(EMU10K1)는 한 번도 발생하지 않았음을 볼 수 있다(시스템이 시작한 이 후 장치를 사용한 적이 없다는 것을 뜻한다). 세 번째 열은 인터럽트를 처리하는 인터럽트 컨트롤러를 나타낸다. XT-PIC는 PC 프로그램이 가능한 표준 인터럽트 컨트롤러다.

I/O APIC가 있는 시스템에서는 대부분 인터럽트의 인터럽트 컨트롤러로 IO-APIC-level, IO-APIC-edge가 표시될 것이다. 마지막 열은 인터럽트를 사용하는 장치를 나타낸다. 여기에서 사용하는 이름은 앞에서 살펴본 request_irq() 함수의 devname 인자로 지정한 이름이다. 이 예의 4번과 같은 공유 인터럽트의 경우에는 해당 인터럽트에 등록된 모든 장치가 표시된다.

궁금한 사람을 위해 procfs 코드는 주로 fs/proc 디렉터리에 들어 있다. /proc/interrupts 파일을 관리하는 함수는 show_interrupts()이며, 당연하게도 아키텍처 의존적인 함수다.

인터럽트 제어

리눅스 커널에는 시스템의 인터럽트 상태를 조정하는 인터페이스가 있다. 이 인터페이스를 사용하면 현재 프로세서의 인터럽트 시스템을 비활성화하거나 전체 시스템의 특정 인터럽트를 막을 수 있다. 이런 함수는 모두 아키텍처 의존적이며 <asm/system.h>와 <asm/irq.h> 파일에 들어 있다. 이 장 뒷부분의 표 7.2에 모든 함수 목록이 들어 있다.

인터럽트 시스템을 제어하는 이유는 보통 동기화를 제공하기 위해 시스템을 진정시키려는 것이다. 인터럽트를 비활성화시키면 인터럽트 핸들러가 선점되지 않는다는 것을 보장할 수 있다. 게다가 인터럽트를 비활성화하면 커널 선점도 막는다. 하지

---

2. 타이머 인터럽트가 발생한 회수를 알고 있으므로 11장을 읽고 나면 (HZ 단위로) 시스템을 시작한 다음 얼마만큼의 시간이 지났는지 연습 삼아 계산할 수 있겠는가?

만 인터럽트 전달을 막거나 커널 선점을 막는다고 해서 다른 프로세스가 동시에 접근하는 것을 막을 수 있는 것은 아니다. 리눅스는 다중 프로세서를 지원하므로 일반적으로 커널 코드에는 다른 프로세서가 공유 데이터에 동시에 접근하는 것을 막을 수 있는 일종의 잠금 장치가 필요하다. 이런 잠금 장치는 현재 프로세서의 인터럽트를 비활성화시키는 것과 함께 이뤄지는 경우가 많다. 잠금을 통해 다른 프로세서의 동시 접근을 막을 수 있고, 인터럽트를 비활성화시킴으로써 인터럽트 핸들러의 동시 접근을 막을 수 있다. 9장과 10장에서 동기화에 관한 다양한 문제와 해결책에 대해 알아볼 것이다. 그럼에도 불구하고 커널 인터럽트 제어 인터페이스를 이해하는 것은 중요하다.

인터럽트 활성화와 비활성화

인터럽트를 현재 프로세서에 대해 (현재 프로세서에 대해서만) 비활성화시키고 나중에 다시 활성화시킬 때는 다음과 같이 한다.

```
local_irq_disable();
/* 인터럽트가 비활성화된 상태 */
local_irq_enable();
```

이 함수는 보통 하나의 (당연히 아키텍처에 따라 다른) 어셈블리 명령어로 구현된다. 실제 x86에서 local_irq_disable() 함수는 간단히 cli 명령으로, local_irq_enable() 함수는 sti 명령으로 구현된다. cli와 sti 명령은 각각 인터럽트 허용 allow interrupts 플래그를 해제하고 설정하는 명령이다. 다시 말해, 해당 프로세서에 인터럽트 전달 여부를 설정한다.

호출하기 전에 이미 인터럽트가 비활성화된 상태에서 local_irq_disable() 함수를 호출하는 것은 위험하다. 애초에 비활성화 상태였음에도 불구하고 대응하는 local_irq_enable() 함수 때문에 무조건 인터럽트가 활성화된다. 이보다는 인터럽트를 이전 상태로 복구하는 방식이 필요하다. 호출 순서에 따라 주어진 커널 코드가 인터럽트가 활성화된 상태로 끝날 수도 있고, 비활성화된 상태로 끝날 수도 있으므로 신경 써야 할 문제다. 예를 들어, 앞의 코드가 큰 함수의 일부분이라고 하자. 이 함수는 두 가지 다른 함수에서 호출하는데 하나는 인터럽트가 활성화된 상태에서 호출하고, 다른 하나는 비활성화 상태에서 호출한다고 하자. 커널의 크기와 복잡도가 증가함에 따라 함수를 호출하는 코드 경로를 모두 파악하기가 어려우므로 인터럽트를 비활성화시키기 전에 시스템의 상태를 저장하는 것이 안전하다. 그 후 인터럽트를 다시 활성화시킬 때 간단히 이전 상태로 복원할 수 있다.

```
unsigned long flags;

local_irq_save(flags);     /* 인터럽트가 비활성화됨 */
/* ... */
local_irq_restore(flags); /* 인터럽트가 이전 상태로 복원됨 */
```

이 같은 방식은 (반드시 unsigned long 형이어야 하는) flags 인자를 값으로 넘기는 것처럼 보이지만 일부분이 매크로로 구현돼 있으므로 그렇지 않다. 이 값에는 인터럽트 시스템의 상태를 저장하는 아키텍처 의존적인 정보가 들어 있다. (SPARC처럼) 호환되지 않는 스택 정보를 여기에 저장하는 아키텍처가 하나 있어서 flags 값을 다른 함수로 넘겨 사용할 수 없다. 구체적으로 말하자면, 같은 스택 범위 내에서만 사용해야 한다. 이런 이유로 인터럽트 상태를 저장 및 복원하는 함수는 같은 함수 안에서 호출해야 한다.

앞의 모든 함수는 인터럽트 컨텍스트와 프로세스 컨텍스트에서 모두 사용할 수 있다.

더 이상 전역 cli( ) 함수 없음

이전 커널에서는 시스템 모든 프로세스의 인터럽트를 비활성화시키는 함수가 있었다. 프로세서가 이 함수를 호출하면 인터럽트가 다시 활성화될 때까지 다른 프로세스는 대기해야 했다. 이 함수의 이름은 cli( )였으며, 이에 대응하는 활성화 함수는 sti( )였다. 모든 아키텍처를 지원하는 함수지만, x86 중심적인 이름이었다. 이 인터페이스는 2.5 버전 개발 과정에서 제거되었으며, 따라서 모든 인터럽트 동기화 작업은 프로세스별 인터럽트 제어와 스핀락(9장 "커널 동기화 개요"에서 설명)을 조합하는 방식을 사용해야 한다. 이는 공유 데이터에 대한 접근을 제한하기 위해 전체 인터럽트를 비활성화시키기만 했던 코드가 좀 더 많은 일을 처리해야 한다는 뜻이 된다.

이전에는 드라이버를 작성할 때 인터럽트 핸들러에서 cli( ) 함수를 사용하므로, 공유 데이터에 대한 접근이 겹치지 않는다는 다고 가정할 수 있었다. cli( ) 함수를 호출하면 다른 인터럽트 핸들러가(해당 인터럽트의 핸들러도) 실행되지 않는다는 것을 보장할 수 있었다. 게다가 다른 프로세서가 cli( ) 함수를 통해 보호 영역으로 들어가면 cli( ) 함수를 호출한 프로세서가 sti( ) 함수를 호출해 보호 영역을 빠져나갈 때까지 다른 프로세스들의 실행이 중단된다.

전역 cli( ) 함수를 제거함으로써 몇 가지 장점을 얻을 수 있었다. 먼저 드라이버 개발자가 정식으로 잠금을 구현할 수밖에 없게 되었다. 목적에 맞는 섬세한 잠금을 구현하는 것이 cli()와 같은 전역 잠금으로 구현하는 것보다 빠르다. 두 번째로 인터럽트 시스템의 중복된 코드를 비롯한 많은 코드를 정리할 수 있었다. 결과적으로 이해하기 쉽고 간단한 코드가 만들어졌다.

특정 인터럽트 비활성화

앞에서 특정 프로세서의 모든 인터럽트 전달을 막는 함수를 살펴보았다. 간혹 전체 시스템의 특정 인터럽트만을 비활성화시키는 것이 유용한 경우가 있다. 이를 '어떤 인터럽트를 마스킹masking out한다'라고 한다. 예를 들어, 장치의 상태를 조정할 경우 장치의 인터럽트를 비활성화시키고 싶을 수 있다. 리눅스는 이와 관련한 네 가지 인터페이스를 제공한다.

```
void disable_irq(unsigned int irq);
void disable_irq_nosync(unsigned int irq);
void enable_irq(unsigned int irq);
void synchronize_irq(unsigned int irq);
```

앞의 두 함수는 인터럽트 컨트롤러의 해당 인터럽트를 비활성화시키는 함수다. 이 함수는 시스템의 모든 프로세스에 해당 인터럽트가 전달되지 않게 한다. 그리고 disable_irq() 함수는 현재 실행 중인 핸들러가 종료될 때까지 함수를 반환하지 않는다. 따라서 이 함수를 호출하는 곳에서 해당 인터럽트가 전달되지 않을 뿐 아니라 이미 실행 중인 핸들러가 종료됐는지도 확인할 수 있다. disable_irq_nosync() 함수는 현재 핸들러가 종료되기를 기다리지 않는다.

synchronize_irq() 함수는 실행 중인 인터럽트 핸들러가 있으면, 핸들러가 종료된 다음에 반환한다.

이 함수들은 중첩 호출이 가능하다. disable_irq()나 disable_irq_nosync() 함수를 호출할 때마다 이에 대응하는 enable_irq() 함수가 호출되어야 한다. 마지막으로 enable_irq() 함수를 호출할 때만 인터럽트가 활성화된다. 예를 들어, disable_irq() 함수를 두 번 호출했다면 enable_irq() 함수를 두 번 호출하기 전까지는 실제 인터럽트가 활성화되지 않는다.

이 세 함수는 모든 인터럽트 컨텍스트나 프로세스 컨텍스트에서 모두 호출할 수 있으며 휴면할 수 없다. 인터럽트 컨텍스트에서 호출할 경우에는 주의가 필요하다! 예를 들어, 인터럽트를 처리하는 동안에는 인터럽트를 활성화하지 않을 것이다(핸들러가 인터럽트를 처리하는 동안 해당 인터럽트는 마스킹된다고 했다).

여러 인터럽트 핸들러가 공유하는 인터럽트를 비활성화시키는 것은 바람직하지 않다. 인터럽트를 비활성화시키면 그 인터럽트를 사용하는 모든 장치의 인터럽트를 막는다. 그래서 최신 장치 드라이버는 이 인터페이스를 잘 사용하지 않는다.[3] PCI 장치는 규격상 인터럽트 공유를 지원해야 하므로, 이 인터페이스를 전혀 사용하지 않아야 한다. 따라서 disable_irq() 관련 함수는 PC 병렬 포트 같은 오래된 장치 드라이버에서 많이 볼 수 있다.

인터럽트 시스템 상태

인터럽트 시스템의 상태(인터럽트 활성화 여부 등)나 현재 인터럽트 컨텍스트에 있는지 여부를 확인해야 하는 경우가 많다.

<asm/system.h> 파일에 있는 irqs_disabled() 매크로는 현재 프로세스의 인터럽트 시스템이 비활성화되어 있으면 0이 아닌 값을 반환한다. 활성화되어 있으면 0을 반환한다.

<linux/hardirq.h>에 있는 다음 두 매크로는 커널의 현재 컨텍스트 상태를 확인하는 기능을 제공한다.

```
in_interrupt()
in_irq()
```

첫 번째 매크로가 더 유용하다. 커널이 인터럽트를 처리하고 있는 경우에 0이 아닌 값을 반환한다. 인터럽트 처리라 함은 인터럽트 핸들러를 실행하는 경우나 후반부 처리를 하는 경우를 말한다. in_irq() 매크로는 커널이 특히 인터럽트 핸들러를 실행하는 경우에 0이 아닌 값을 반환한다.

프로세스 컨텍스트에 있는지를 확인하고 싶은 경우가 더 많다. 즉 인터럽트 컨텍스트에 있지 않다는 것을 확인하고 싶은 것이다. 코드에서 휴면 상태 전환처럼 프로세스 컨텍스트에서만 할 수 있는 기능을 쓰고 싶을 때가 이에 해당한다. in_interrupt() 매크로가 0을 반환하면 커널이 프로세스 컨텍스트에 있다는 뜻이다.

맞다. 이름이 좀 혼란스럽고 실제 의미를 제대로 표현하지 못한다. 표 7.2는 인터럽트 제어 방법과 그 설명을 정리한 것이다.

---

3. 많은 구형 장치, 특히 ISA 장치는 장치에서 인터럽트를 발생시켰는지 여부를 확인하는 방법을 제공하지 않는다. 따라서 ISA 장치의 인터럽트는 공유할 수 없는 경우가 많다. PCI 규격은 인터럽트 공유 기능을 반드시 제공하도록 되어 있기 때문에, PCI 기반 최근 장치는 모두 인터럽트 공유 기능을 지원한다. 최근 컴퓨터는 거의 모든 인터럽트를 공유할 수 있다.

표 7.2 인터럽트 제어 방법

함수	설명
local_irq_disable( )	현 프로세서의 인터럽트 전달을 비활성화한다.
local_irq_enable( )	현 프로세서의 인터럽트 전달을 활성화한다.
local_irq_save( )	현 프로세서의 인터럽트 전달 상태를 저장하고 비활성화한다.
local_irq_restore( )	현 프로세서의 인터럽트 전달 상태를 복원한다.
disable_irq( )	지정한 인터럽트를 비활성화 하고 반환하기 전에 모든 핸들러가 종료됐는지 확인한다.
disable_irq_nosync( )	지정한 인터럽트를 비활성화한다.
enable_irq( )	지정한 인터럽트를 활성화한다.
irqs_disabled( )	현 프로세서의 인터럽트 전달이 비활성화됐으면 0이 아닌 값을 반환한다. 아니면 0을 반환한다.
in_interrupt( )	현재 인터럽트 컨텍스트에 있으면 0이 아닌 값을 반환한다. 프로세스 컨텍스트에 있으면 0을 반환한다.
in_irq( )	현재 인터럽트 핸들러를 실행하고 있으면 0이 아닌 값을 반환한다. 그 외의 경우에는 0을 반환한다.

결론

이 장에서는 장치가 프로세서에 비동기 신호를 보낼 때 사용하는 하드웨어 자원인 인터럽트에 대해 알아보았다. 인터럽트는 하드웨어가 운영체제를 중지시킬 때 사용하는 것이다.

대부분의 현대 하드웨어는 인터럽트를 이용해 운영체제와 통신한다. 하드웨어를 관리하는 역할을 하는 장치 드라이버는 해당 하드웨어가 발생시킨 인터럽트를 확인하고 처리하는 인터럽트 핸들러를 등록한다. 인터럽트 핸들러가 하는 작업에는 인터럽트 확인 작업과 하드웨어 재설정 작업, 장치와 주 메모리 간 데이터 복사, 하드웨어 요청 처리, 새로운 요청을 하드웨어로 송신 등이 있다.

커널은 인터럽트 핸들러 등록 및 해제, 인터럽트 비활성화, 일부 인터럽트 마스킹, 인터럽트 시스템 상태 확인 등이 가능한 인터페이스를 제공한다. 표 7.2는 이런 함수의 내용을 요약한 것이다.

인터럽트는 실행 중인 다른 코드(프로세스, 커널, 다른 인터럽트 핸들러 등)를 중단시키기 때문에 **빠른** 실행이 필요하다. 그러나 처리할 작업이 많은 경우가 있다. 많은 양의 작업과 **빠른** 실행 필요성과의 균형을 맞추기 위해 커널은 인터럽트 처리를 두 부분으로 나누었다. 이 장에서 설명한 인터럽트 핸들러가 그중 하나인 전반부 처리에 해당한다. 다음 장에서는 후반부 처리에 대해 알아본다.

8장

후반부 처리와
지연된 작업

앞 장에서 커널의 하드웨어 인터럽트 처리 방식인 인터럽트 핸들러에 대해 알아보았다. 인터럽트 핸들러는 모든 운영체제에 꼭 필요한 중요한 부분이다. 그러나 여러 가지 제약으로 인해 인터럽트 핸들러는 전체 인터럽트 처리 과정의 전반부 절반만을 처리한다. 인터럽트 핸들러에는 다음과 같은 제약이 있다.

- 인터럽트 핸들러는 비동기적으로 실행되므로, 다른 인터럽트 핸들러를 포함한 다른 중요한 코드를 중단시킬 수 있다. 다른 코드를 너무 오래 동안 중단시켜서는 안 되기 때문에 인터럽트 핸들러는 가능한 한 빨리 실행되어야 한다.
- 인터럽트 핸들러는 최선의 경우(IRQF_DISABLED가 설정되지 않은 경우)에는 처리 중인 인터 럽트를 비활성화시킨 상태에서, 최악의 경우(IRQF_DISABLED가 설정된 경우)에는 현재 프로 세서의 모든 인터럽트를 비활성화시킨 상태에서 실행된다. 인터럽트 핸들러가 비활성화된 상 태에서는 하드웨어가 운영체제와 통신할 수 없기 때문에, 인터럽트 핸들러는 가능한 한 빨리 실행되어야 한다.
- 인터럽트 핸들러는 하드웨어를 다루기 때문에 처리 시간이 중요한 경우가 많다.
- 인터럽트 핸들러는 프로세스 컨텍스트에서 실행되지 않는다. 따라서 인터럽트 핸들러는 휴면 상태가 될 수 없다. 이 때문에 할 수 있는 일에 제약을 받는다.

따라서 인터럽트 핸들러는 하드웨어 인터럽트 처리 과정에서 제한적인 역할만이 가능하다는 것을 알 수 있다. 하드웨어에 즉각 반응하고, 처리 시간이 중요한 작업을 수행할 수 있도록 빠르고, 비동기적 이며 간단한 해결책이 운영체제에 필요하다. 인터럽트 핸들러는 이런 기능을 잘 수행하지만 기타 덜 중요한 작업은 인터럽트가 활성화된 나중으로 미뤄둔다.

따라서 전체 인터럽트 처리는 절반으로 나눈 두 부분으로 나누어져 있다. 첫 부분은 7장에서 살펴보 았던, 하드웨어 인터럽트에 비동기적으로 즉각 반응하는 인터럽트 핸들러(top half)다. 이 장에서는 인터럽트 해결책의 두 번째 부분인 후반부 처리에 대해 알아본다.

후반부 처리

후반부 처리bottom half가 하는 일은 인터럽트 핸들러가 처리하지 않은 모든 인터럽트 관련 처리를 수행하는 것이다. 인터팁트 핸들러는 가능한 한 적은 일을 빠르게 처리 해야 하므로 거의 모든 일을 후반부 처리에서 하는 것이 이상이다. 최대한 많은 일을 후반부 처리로 덜어냄으로써 인터럽트 핸들러가 중단시켰던 시스템 제어권을 가능 한 한 빨리 돌려줄 수 있다.

그렇지만 인터럽트 핸들러가 꼭 해야 하는 몇 가지 작업이 있다. 예를 들어, 인터 럽트 핸들러는 하드웨어에 인터럽트를 수신했다는 사실을 알려주어야 한다. 데이터 를 하드웨에서 복사하거나 하드웨어로 복사하는 작업이 필요할 수도 있다. 이런 작 업은 시간에 민감한 작업이기 때문에 인터럽트 핸들러에서 처리하는 것이 좋다.

이외의 거의 모든 일은 후반부 처리가 담당하는 것이 좋다. 예를 들어, 전반부 처리에서 하드웨어의 데이터를 메모리로 복사했다면, 이 데이터를 처리하는 것은 후반부 처리에서 담당하는 것이 이치에 맞다. 불행하게도 어떤 일을 어디에서 해야 하는 지가 확실하게 정해진 규칙은 없다. 이에 대한 결정권은 전적으로 장치드라이버 개발자에게 있다. 작업을 어떻게 배치하더라도 잘못되었다고 말할 수는 없겠지만, 작업 배치가 최적이 아니라고 말할 수는 있다. 인터럽트 핸들러는 최소한 현재 처리 중인 인터럽트 라인을 비활성화시킨 상태에서 비동기적으로 실행된다는 점을 기억하라. 이 시간을 최소화하는 것이 중요하다. 전반부 처리와 후반부 처리의 작업을 나누는 방법이 항상 명확한 것은 아니지만, 다음 사항을 고려하면 도움이 될 것이다.

- 실행 시간에 민감한 작업이라면 인터럽트 핸들러에서 처리한다.
- 하드웨어와 관련된 작업이라면 인터럽트 핸들러에서 처리한다.
- 다른 인터럽트가(특히 같은 인터럽트가) 방해해서는 안 되는 작업이라면 인터럽트 핸들러에서 처리한다.
- 그 외의 작업은 후반부 처리에서 수행하는 것으로 생각한다.

장치 드라이버를 작성할 경우 다른 장치의 인터럽트 핸들러와 후반부 처리를 살펴보면 도움이 될 것이다. 인터럽트의 전반부 처리와 후반부 처리 작업 분할을 정할 때 어떤 것을 전반부 처리에서 해야 하는지, 어떤 것을 후반부 처리에서 할 수 있는지 스스로에게 질문을 던져보자. 보통 인터럽트 핸들러는 실행이 빠를수록 좋다.

왜 후반부 처리를 하는가?

작업을 왜 뒤로 미루는지, 미루는 시기가 정확히 언제인지 이해하는 것이 중요하다. 인터럽트 핸들러는 처리 중인 인터럽트 라인을 모든 프로세서에 대해 비활성화시킨 상태에서 실행되므로 인터럽트 핸들러에서 처리할 작업의 양을 제한할 필요가 있다. 더욱이 IRQF_DISABLED가 플래그를 사용한 인터럽트 핸들러의 경우에는 처리 중인 인터럽트 라인을 모든 프로세서에 대해 비활성화시켰을 뿐 아니라, 현재 프로세서의 모든 인터럽트 라인을 비활성화시킨 상태에서 실행된다. 인터럽트 비활성화 시간 최소화는 시스템 반응속도 및 성능에 영향을 미치는 중요한 문제다. 게다가 인터럽트 핸들러는 다른 코드에 대해, 심지어 다른 인터럽트 핸들러에 대해서도 비동기적으로 실행되므로 인터럽트 핸들러의 실행시간 최소화의 필요성은 명백하다. 네트워크 트래픽 수신을 처리하는 동안 커널이 키입력을 처리할 수 없어서는 안 된다. 이런 문제의 해결책으로 일부 작업을 나중으로 지연시키는 방법을 사용한다.

하지만 '나중'이란 언제인가? 여기서 말하는 나중이란 단지 지금이 아닌 시점을 뜻한다는 것을 이해해야 한다. 작업을 미래의 특정 시점에 처리한다는 것이 아니라, 시스템이 덜 바쁜, 인터럽트가 활성화된 미래의 어떤 순간까지 작업을 미뤄둔다는 것이 후반부 처리의 요점이다. 실제로는 인터럽트 핸들러가 종료된 직후에 후반부 처리가 실행되는 경우가 많다. 핵심은 모든 인터럽트가 활성화된 상태에서 후반부 처리를 실행한다는 것이다.

리눅스뿐만 아닌 대부분의 운영체제에서 하드웨어 인터럽트 처리를 두 부분으로 나눈다. 전반부 처리는 일부 또는 모든 인터럽트가 활성화된 상태에서 빠르고 간단하게 실행된다. 후반부 처리는 (어떻게 구현하던 간에) 나중에 모든 인터럽트가 활성화된 상태에서 실행된다. 이런 설계를 통해 인터럽트 비활성화 시간을 최소화해 시스템 지연시간을 줄일 수 있다.

후반부 처리의 세계

인터럽트 핸들러를 통해 모든 것이 구현되는 전반부 처리와 달리 후반부 처리의 구현 방법은 여러 가지가 있다. 각기 다른 인터페이스와 서브시스템을 이용하는 여러 방법을 통해 후반부 처리를 구현할 수 있다. 7장에서는 인터럽트 핸들러를 구현하는 한 가지 방법에 대해 알아보았지만, 이 장에서는 후반부 처리를 구현하는 여러 방법을 살펴본다. 리눅스를 개발하는 과정에 여러 가지 후반부 처리 방식이 있었다. 각 방식의 이름이 비슷하거나 이상하게 지어져 혼란스러운 면이 있다. 후반부 처리의 이름을 지을 때 작명 전문 개발자가 있어야 했다.

이 장에서는 2.6 버전에 존재하는 후반부 처리의 설계 및 구현에 대해 알아본다. 후반부 처리를 커널 코드에서 사용하는 방법에 대해서도 알아본다. 제거된 지 오래되었지만, 역사적으로 의미가 있어 언급할 만한 가치가 있는 예전 방식에 대해서도 알아볼 것이다.

원래의 '후반부 처리'

애초에 리눅스는 후반부 처리bottom hal 방법으로 '보톰 하프bottom half'만을 제공했다. 당시에는 이 방법이 작업을 지연시키는 유일한 수단이었으므로 적절한 이름이라고 할 수 있었다. 이 방식을 BH라고 부르기도 했는데, 일반적인 후반부 처리를 나타내는 용어와 혼란을 피하기 위해 앞으로는 이 용어를 사용하기로 한다. 오래된 옛날 것들이 다 그렇듯이 BH 인터페이스는 단순했다. 전체 시스템에 정적으로 만들어진 32개의 후반부 처리기가 있었다. 전반부 처리에서 32비트 정수의 각 비트를 이용해 나중에 실행할 후반부 처리기를 지정했다. 각 BH는 전역으로 동기화돼 있었다. 서로 다른 프로세서에서도 두 개의 BH를 동시에 실행할 수 없었다. 사용하기는 쉬운 방식이었지만, 유연성이 떨어졌다. 구조는 간단하지만, 병목현상이 발생한다.

태스크 큐

나중에 커널 개발자들은 지연 작업 처리 및 BH 방식 대체를 목적으로 태스크 큐task queue를 도입했다. 커널에 몇 개의 큐를 만들어 두었다. 각 큐에는 실행할 함수가 연결 리스트 형태로 저장되었다. 각 큐별로 정해진 특정 시간에 대기 중인 함수를 실행했다. 드라이버는 적당한 큐에 후반부 처리 함수를 등록했다. 이 방식은 제법 잘 동작했지만, BH 인터페이스를 완전히 대체하기에는 유연성이 부족했다. 그리고 네트워크처럼 성능이 중요한 서브시스템에서 사용하기에는 덩치가 너무 컸다.

softirq와 태스크릿

2.3 버전 개발 과정에서 커널 개발자들은 softirq와 태스크릿tasklet을 도입했다. 기존 드라이버와의 호환성 문제만 빼면 softirq와 태스크릿은 BH 인터페이스를 완전히 대체할 수 있었다.[1] softirq는 모든 프로세서에서 동시에 실행할 수 있는 정적으로 정의된 후반부 처리기의 모음이라고 할 수 있다. 같은 유형의 softirq도 동시에 실행할 수 있다. 끔찍하게 혼란스러운 이름의[2] 태스크릿은 softirq를 기반으로 만들어진 동적으로 생성 가능한 유연한 후반부 처리기라고 할 수 있다. 두 개의 다른 태스크릿이 다른 프로세서에서 동시에 실행될 수는 있지만, 같은 유형의 태스크릿은 동시에 실행될 수 없다. 따라서 태스크릿은 사용 편의성과 성능 사이의 균형점을 제공한다. 대부분의 후반부 처리작업은 태스크릿이면 충분하다. softirq는 네트워크처럼 성능이 아주 중요한 경우에 유용하다. 하지만 같은 softirq가 동시에 실행될 수 있기 때문에 softirq 사용 시에는 좀 더 주의해야 한다. 그리고 softirq는 커널 컴파일 시에 정적으로 등록되어 있어야 한다. 반면 태스크릿은 코드상에서 동적으로 등록할 수 있다.

---

1. BH는 전역 동기화가 이루어지므로, 어떤 BH가 실행 중일 때는 다른 BH가 실행되고 있지 않다고 가정하고 있었기 때문에 BH를 간단히 softirq나 태스크릿으로 전환할 수는 없었다. 하지만, 결국 2.5 버전에서 모두 전환되었다.
2. 태스크릿은 태스크와는 아무런 관련이 없다. 태스크릿은 간단하고 사용 편한 softirq로 생각하면 된다.

모든 후반부 처리 작업을 통틀어 소프트웨어 인터럽트 또는 softirq라고 부르는 사람이 있어 혼란을 가중시킨다. 즉 softirq 방식과 여타 후반부 처리 방식을 통틀어 일반적 의미로 softirq라고 부르는 것이다. 이런 사람은 무시하자. BH와 태스크릿의 이름을 지은 사람과 같은 수준의 사람으로 간주하자.

2.5 버전 개발과정에서 모든 BH 사용자가 다른 후반부 처리 방식으로 전환했기 때문에 BH 인터페이스는 결국 구석으로 밀려났다. 그리고 태스크 큐 인터페이스도 워크 큐 인터페이스로 대체되었다. 워크 큐는 프로세스 컨텍스트에서 나중에 처리할 작업을 관리하는 간단하면서도 유용한 방법이다. 이에 대해서는 나중에 설명한다.

따라서 현재 2.6 버전 커널에는 softirq, 태스크릿, 워크 큐 세 가지 후반부 처리 방식이 있다. 옛 BH 인터페이스와 태스크 큐는 기억 속의 존재가 되었다.

> **커널 타이머**
>
> 지연 작업을 처리하는 다른 방식으로 커널 타이머가 있다. 이 장에서 지금까지 논의했던 방식과 달리, 타이머는 작업을 지정한 시간만큼 지연시킨다. 즉 이 장에서 살펴본 방식은 작업을 지금이 아닌 나중으로 지연시킬 때 유용한 방법인 반면, 타이머를 이용하면 일정 시간이 경과한 이후로 작업을 지연시킬 수 있다.
>
> 따라서 타이머를 사용하는 방식은 이 장에서 설명하는 일반적인 방식과 다르다. 타이머에 대한 자세한 내용은 11장 "타이머와 시간 관리"에서 설명한다.

혼란스러움을 떨쳐내기

상당히 혼란스러운 부분이 있지만, 사실은 단순히 이름의 문제에 불과하다. 다시 한 번 정리해보자.

후반부 처리는 인터럽트 처리 중 지연 처리되는 부분을 나타내는 일반적인 운영 체제 용어이며, 전체 인터럽트 처리 과정의 두 번째, 뒤쪽 절반을 나타내기 때문에 이런 이름을 붙였다. 현재 리눅스에서도 이 용어는 이런 뜻을 가지고 있다. 지연된 작업을 처리하는 모든 커널 방식은 '후반부 처리'다. 일부는 혼란스럽게 후반부 처리를 'softirq'라고 부르기도 한다.

초기 리눅스에서 사용했던 지연 작업 처리 방식을 보통 바톰 하프bottom half(후반부 처리)라고 부르기도 한다. 이를 BH라고 부르기도 하는데, 앞서 설명한 일반적인 개념과 혼동되지 않게 앞으로 이 용어를 사용하기로 한다. BH 방식은 오래 전에 사용이 중단되었으며 2.5 개발 버전에서 완전히 제거되었다.

현재 지연 작업 처리를 위한 세가지 방법으로 softirq, 태스크릿, 워크 큐가 있다. 태스크릿은 softirq를 기반으로 만들어져 있으며, 워크 큐는 별도 방식을 사용하는 서브시스템이다. 표 8.1에 후반부 처리의 역사를 정리했다.

표 8.1 후반부 처리기의 상태

후반부 처리기	상태
BH	2.5 버전에서 제거
태스크 큐	2.5 버전에서 제거
softirq	2.3 버전부터 제공
태스크릿	2.3 버전부터 제공
워크 큐	2.5 버전부터 제공

이름 때문에 생긴 혼란스러움이 정리되었다면, 이제 각 방식에 대해 알아보자.

softirq

실제 후반부 처리 방식에 대해 softirq부터 알아보자. softirq를 직접 사용하는 경우는 드물다. 일반적으로 태스크릿을 사용해 후반부 처리를 하는 경우가 더 많다. 하지만 태스크릿이 softirq를 기반으로 만들어졌으므로, 이를 먼저 알아보자. softirq 코드는 커널 소스의 `kernel/softirq.c` 파일에 들어 있다.

softirq 구현

softirq는 컴파일 시에 정적으로 할당된다. 태스크릿과 달리 softirq는 동적으로 등록하거나 제거할 수 없다. softriq는 `<linux/interrupt.h>` 파일에 정의된 `softirq_action` 구조체를 이용해 표현한다.

```
struct softirq_action {
      void (*action)(struct softirq_action *);
};
```

kernel/softirq.c 파일에는 이 구조체의 32개짜리 배열이 선언된다.

```
static struct softirq_action softirq_vec[NR_SOFTIRQS];
```

등록된 softirq마다 이 배열을 하나씩 사용한다. 따라서 softirq는 NR_SOFTIRQS 개수만큼 등록할 수 있다. 등록할 수 있는 softirq 개수는 컴파일 시에 정적으로 정해지며, 동적으로 변경할 수 없다. 현재 커널에 등록할 수 있는 softirq 최대 개수는 32개지만, 실제로는 9개만 등록되어 있다.[3]

softirq 핸들러

softirq 핸들러 함수 action의 함수 원형은 다음과 같다.

```
void softirq_handler(struct softirq_action *)
```

커널이 softirq 핸들러를 실행하고자 할 경우 해당 softirq_action 구조체를 인자로 넘겨 이 동작 함수를 실행한다. 예를 들어, my_softirq 포인터가 softirq_vec 배열의 한 항목을 가리키고 있다면 커널은 다음과 같은 방식으로 softirq 핸들러를 호출한다.

```
my_softirq->action(my_softirq);
```

커널이 전체 구조체를 softirq 핸들러의 인자로 넘기는 것이 좀 이상해 보일지도 모르겠다. 이 방식을 사용하면 나중에 구조체에 데이터를 추가하더라도 softirq 핸들러의 원형을 수정할 필요가 없다.

softirq는 절대 다른 softirq를 선점하지 않는다. softirq를 선점할 수 있는 유일한 대상은 인터럽트 핸들러 뿐이다. 하지만, 다른 프로세서에서는 별도의 softirq가 (같은 softirq라도) 실행될 수 있다.

softirq 실행

등록된 softirq는 실행 표시를 해 주어야 실행된다. 이 작업을 softirq를 올린다raise라고 한다. 보통 인터럽트 핸들러가 실행 종료 전에 해당 softirq에 실행 표시를 해 둔다. 그후 적당한 시간이 되면 softirq가 실행된다. 지연 상태인 softirq는 다음과 같은 경우에 확인 및 실행이 진행된다.

---

3. 대부분의 드라이버는 태스크릿이나 워크 큐를 이용해 후반부 처리를 수행한다. 다음 절에서 설명하겠지만 태스크릿은 softirq를 기반으로 만들어졌다.

- 하드웨어 인터럽트 코드가 반환되는 경우
- ksoftirqd 커널 스레드 내에서
- 네트워크 서브시스템처럼 명시적으로 코드에서 지연 상태인 softirq를 확인하고 실행하는 경우

어떤 방식으로 호출되더라도 do_softirq() 함수에서 호출하는 __do_softirq() 함수가 softirq 실행 작업을 처리한다. 이 함수는 매우 간단하다. 대기 중인 softirq가 있으면, __do_softirq() 함수는 각 softirq에 해당하는 핸들러를 차례로 호출한다. __do_softirq() 함수의 중요한 부분을 간단하게 요약한 코드를 살펴보자.

```
u32 pending;

pending = local_softirq_pending();
if (pending) {
    struct softirq_action *h;

    /* 대기 비트마스크를 재설정 */
    set_softirq_pending(0);

    h = softirq_vec;
    do {
        if (pending & 1)
        h->action(h);
        h++;
        pending >>= 1;
    } while (pending);
}
```

위의 코드가 softirq 처리의 핵심이다. 이 코드를 통해 대기 중인 softirq를 확인하고 실행한다. 과정을 구체적으로 살펴보자.

1. pending 지역 변수 값을 local_softirq_pending() 매크로의 반환값으로 설정한다. 이 값은 대기 중인 softirq를 나타내는 비트마스크 값이다. n번째 비트가 설정되면 n번째 softirq가 대기 중이라는 뜻이다.

2. 대기 중인 softirq의 비트마스크를 저장했으므로, 실제 비트마스크를 해제한다.[4]

3. h 포인터 값을 `softirq_vec` 배열의 첫 번째 항목을 가리키도록 설정한다.

4. `pending` 변수의 첫 번째 비트가 설정되면 `h->action(h)` 함수를 호출한다.

5. h 포인터 값을 하나 증가시켜 `softirq_vec` 배열의 다음 항목을 가리키도록 한다.

6. `pending` 값의 비트마스크를 오른쪽으로 1만큼 이동한다. 이렇게 하면 첫번째 비트가 사라지고 나머지 비트가 오른쪽으로 한 칸씩 이동한다. 따라서 두 번째 비트가 이제 첫 번째 비트가 된다(나머지도 한 칸씩 이동한다).

7. h는 이제 배열의 두 번째 항목을 가리키고 있으며, 이제 `pending` 값의 두 번째 비트가 첫 번째 비트가 되었다. 앞의 과정을 반복한다.

8. 더 이상 대기 중인 softirq가 없다는 것을 뜻하는, `pending` 값이 0이 될 때까지 이 과정을 반복하면 작업이 끝난다. `pending` 변수에는 최대 32비트만 저장이 가능하기 때문에, 이런 식으로 확인 작업을 진행해도 루프가 최대 32번까지만 실행되므로 h 포인터가 `softirq_vec` 배열의 범위를 벗어나지 않는다.

softirq 사용

softirq는 시스템에서 가장 실행시간에 민감하고 중요한 후반부 처리를 수행할 때 사용하도록 되어 있다. 현재 직접 softirq를 사용하는 서브시스템은 네트워크와 블록 장치 둘 뿐이다. 이와 별도로 커널 타이머와 태스크릿도 softirq를 기반으로 만들어져 있다. 새로 softirq를 추가하고자 한다면, 왜 일반적인 태스크릿 사용으로 충분하지 않은지 검토해야 한다. 태스크릿은 동적으로 생성이 가능하고 락 사용이 덜 엄격해 사용하기가 편하면서도 괜찮은 성능을 보여준다. 하지만, 자체적으로 효율적인 락 관리가 가능하며 실행시간이 중요한 상황이라면, softirq가 올바른 해법이 될 수 있다.

인덱스 할당

softirq는 열거형enum으로 컴파일 시에 `<linux/interrupt.h>` 파일에 정적으로 선언한다. 커널은 0부터 시작하는 이 인덱스 값을 상대적인 우선순위로 사용한다. 우선순위가 낮은 softirq가 우선순위가 높은 softirq보다 먼저 실행된다.

---

4. 실제 이 작업은 현재 프로세서의 인터럽트가 비활성화된 상태에서 진행되지만, 여기서는 해당 과정을 생략했다. 인터럽트가 활성화되어 있으면 비트마스크 값을 저장하고 해제하는 사이에 softirq가 올려질 수 (그래서 대기 상태가 될 수) 있다. 이렇게 되면 대기 중인 비트를 잘못 해제하는 결과가 발생할 수 있다.

이 열거형에 새 항목을 추가하면 새 softirq를 만들 수 있다. softirq를 추가할 때 단순히 리스트의 맨 뒤가 아닌 곳에 추가할 수도 있다. 필요한 우선순위에 따라 새 항목을 추가할 수 있는 것이다. 항상 HI_SOFTIRQ를 가장 먼저, RCU_SOFTIRQ를 가장 나중에 두는 것이 관례다. 새로 추가될 softirq는 BLOCK_SOFTIRQ와 TASKLET_SOFTIRQ 사이에 놓일 확률이 높다.

표 8.2 softirq 유형

태스크릿	우선순위	softirq 설명
HI_SOFTIRQ	0	높은 우선순위 태스크릿
TIMER_SOFTIRQ	1	타이머
NET_TX_SOFTIRQ	2	네트워크 패킷 송신
NET_RX_SOFTIRQ	3	네트워크 패킷 수신
BLOCK_SOFTIRQ	4	블록 장치
TASKLET_SOFTIRQ	5	일반 우선순위 태스크릿
SCHED_SOFTIRQ	6	스케줄러
HRTIMER_SOFTIRQ	7	고해상도 타이머
RCU_SOFTIRQ	8	RCU 락

핸들러 등록

softirq 핸들러는 open_softirq() 함수를 이용해 실행 중에 동적으로 등록할 수 있다. 이 함수는 softirq 인덱스와 핸들러 함수 두 개의 인자를 받는다. 예를 들어, 네트워크 서브시스템은 net/core/dev.c 파일의 다음 코드를 통해 softirq를 등록한다.

```
open_softirq(NET_TX_SOFTIRQ, net_tx_action);
open_softirq(NET_RX_SOFTIRQ, net_rx_action);
```

softirq 핸들러는 인터럽트가 활성화된 상태에서 실행되며 휴면 상태로 전환될 수 없다. 핸들러가 실행 중일 때 현재 프로세서의 softirq는 비활성화된다. 그러나 다른 프로세서는 다른 softirq를 실행할 수 있다. 실행 중인 것과 같은 softirq가 올려지면 다른 프로세서에서 같은 softirq를 동시에 실행할 수 있다. 이 말은 전역 변수를 포함한 softirq 핸들러에서 사용하는 공유 데이터에는 적절한 락(이에 대해서는 다음 두 장에 걸쳐 알아본다)이 필요하다는 뜻이 된다. 이는 중요한 사항으로, 이로 인해 일반적인 경우에는 태스크릿을 사용하는 편이 더 좋기 때문이다. 단순히 softirq의 동시 실행을 막는 것은 이상적인 방법이 아니다. softirq를 실행하는 동안 자신의 다른 인스턴스를 동시에 실행하지 못하도록 락을 설정한다면, softirq를 사용할 이유가 없어진다. 따라서 대부분의 softirq 핸들러는 (각 프로세서별로 고유하기 때문에 락이 필요없는) 프로세서별 데이터만을 사용하고 명시적 락을 사용하지 않는 방법을 통해 훌륭한 확장성을 제공한다.

softirq의 존재 이유는 확장성이다. 무한히 많은 프로세서가 있는 환경의 확장성을 고려할 필요가 없다면 태스크릿을 사용하라. 태스크릿은 본질적으로 같은 핸들러의 여러 인스턴스가 여러 프로세서에서 동시에 실행되지 않는 softirq라고 할 수 있다.

softirq 올림

핸들러를 열거형 리스트에 추가하고 open_softirq() 함수를 통해 등록하고 나면, 실행을 위한 준비가 끝난다. 대기 상태를 표시해서 다음 번 do_softirq() 함수 호출 시에 실행되게 하려면 raise_softirq() 함수를 사용한다. 네트워크 서브시스템은 다음과 같이 호출한다.

```
raise_softirq(NET_TX_SOFTIRQ);
```

이렇게 하면 NET_TX_SOFTIRQ softirq를 올린다. 커널이 다음 번 softirq를 처리할 때 net_tx_action() 핸들러 함수가 실행된다. raise_softirq() 함수는 인터럽트를 비활성화시킨 후 softirq를 올리고 인터럽트 상태를 다시 이전으로 복원한다. 인터럽트가 이미 비활성화된 상태라면 raise_softirq_irqoff() 함수를 사용해 약간의 최적화가 가능하다. 예를 들면 다음과 같다.

```
/*
 * 인터럽트가 비활성화된 상태여야 한다!
 */
raise_softirq_irqoff(NET_TX_SOFTIRQ);
```

softirq 올림 작업은 대부분 인터럽트 핸들러 안에서 이루어진다. 인터럽트 핸들러에서 softirq를 올리면, 기본적인 하드웨어 관련 작업을 수행한 다음 softirq를 올리고 종료한다. 인터럽트 처리를 위해 커널은 do_softirq() 함수를 호출한다. 그 다음 softirq가 실행되고, 여기서 인터럽트 핸들러가 남겨둔 일을 잡아서 처리한다. 이를 통해 '전반부 처리'와 '후반부 처리'라는 이름이 붙은 이유를 알 수 있을 것이다.

태스크릿

태스크릿taskle은 softirq를 기반으로 만들어진 후반부 처리 방식이다. 앞서 설명했듯이 태스크릿은 트스크와 아무런 관련이 없다. 태스크릿의 동작과 특성은 softirq와 유사하지만 인터페이스가 더 간단하고, 락 사용 제한이 더 유연하다.

　장치 드라이버를 만들 때 softirq를 사용할 것인가 태스크릿을 사용할 것인가 결정하는 문제는 간단하다. 거의 항상 태스크릿을 사용한다. 앞에서 살펴봤듯이 softirq를 사용하는 경우는 거의 한 손으로 셀 수 있을 정도다. softirq는 실행횟수가 빈번하고 병렬처리가 필요한 경우에만 사용한다. 반면 태스크릿은 훨씬 광범위하게 사용한다. 거의 대부분 상황이 태스크릿으로도 충분하며 사용법도 아주 쉽다.

태스크릿 구현

태스크릿은 softirq를 기반으로 만들어졌기 때문에 태스크릿도 softirq라고 할 수 있다. 태스크릿은 HI_SOFTIRQ, TASKLET_SOFTIRQ 두 가지 softirq를 이용한다. 둘의 차이점은 HI_SOFTIRQ 기반의 태스크릿의 우선순위가 TASKLET_SOFTIRQ 기반의 태스크릿보다 높다는 것뿐이다.

태스크릿 구조체

태스크릿은 tasklet_struct 구조체를 이용한다. 하나의 구조체가 고유한 태스크릿 하나를 뜻한다. 이 구조체는 <linux/interrupt.h> 파일에 정의된다.

```
struct tasklet_struct {
    struct tasklet_struct *next;    /* 리스트의 다음 태스크릿 */
    unsigned long state;            /* 태스크릿 상태 */
    atomic_t count;                 /* 참조 횟수 */
    void (*func)(unsigned long);    /* 태스크릿 핸들러 함수 */
    unsigned long data;             /* 태스크릿 함수 인자 */
};
```

　func 항목은 태스크릿 핸들러 함수(softirq의 action과 같다)로 data 인자를 하나 받는다.
　state 항목의 값은 0, TASKLET_STATE_SCHED, TASKLET_STATE_RUN 중 하나다. TASKLET_STATE_SCHED 값은 태스크릿이 실행을 기다리는 중임을 뜻하며, TASKLET_STATE_RUN 값은 태스크릿이 실행 중임을 뜻한다. 단일 프로세서 시스템의 경우에는 태스크릿 실행 여부를 항상 알 수 있기 때문에(현재 태스크릿 코드를 실행하고 있으면 실행 중이고, 아니라면 실행 중이 아니다), 최적화를 위해 다중 프로세서 시스템에서만 TASKLET_STATE_RUN 값을 사용한다.

count 항목은 태스크릿의 참조 횟수를 기록하는 데 사용한다. 이 값이 0이 아니면 태스크릿은 비활성화되고 실행되지 않는다. 이 값이 0이면 태스크릿은 활성화 상태가 되어, 실행 대기 표시가 있으면 실행된다.

태스크릿 스케줄링

태스크릿 스케줄링(softirq의 올림과 같은 개념이다)[5] 정보는 (일반 태스크릿용) tasklet_vec와 (상위 우선순위 태스크릿용) tasklet_hi 두 개의 프로세서별로 존재하는 구조체에 저장된다. 두 구조체는 모두 tasklet_struct 구조체의 연결 리스트 형태로 되어 있다. 리스트의 tasklet_struct 구조체 노드는 각각의 태스크릿을 나타낸다.

태스크릿의 tasklet_struct 포인터를 인자로 받는 tasklet_schedule(), tasklet_hi_schedule() 두 함수를 이용해 태스크릿을 스케줄링한다. 두 함수는 지정한 태스크릿의 스케줄링 여부를 확인하고 각각 __tasklet_schedule(), __tasklet_hi_schedule() 함수를 호출한다. 두 함수는 거의 같다(하나는 TASKLET_SOFTIRQ를 사용하고 다른 하나는 HI_SOFTIRQ를 사용한다는 차이가 있다). 태스크릿의 작성과 사용에 대해서는 다음 절에서 알아본다. 지금은 tasklet_schedule() 함수의 처리 과정을 알아보자.

1. 태스크릿의 상태가 TASKLET_STATE_SCHED인지 확인한다. 이미 이 상태가 되어 있다면, 태스크릿이 실행 대기 중이므로 스케줄 함수는 바로 반환한다.
2. __tasklet_schedule() 함수를 호출한다.
3. 인터럽트 시스템의 상태를 저장하고 현재 프로세서의 인터럽트를 비활성화한다. 이렇게 함으로써 tasklet_schedule() 함수가 태스크릿을 처리하는 동안 프로세서가 방해받는 일을 막을 수 있다.
4. 스케줄링 대상 태스크릿을 프로세서별로 존재하는 tasklet_vec 또는 tasklet_hi_vec 연결 리스트의 맨 앞에 추가한다.

---

5. 여기서 또 하나의 혼란스러운 작명 방식을 볼 수 있다. 왜 softirq는 올린다고 표현하고 태스크릿은 스케줄링한다고 표현할까? 누가 알겠는가? 두 표현 모두 조만간 실행할 후반부 처리가 필요하다는 대기 상태를 표시한다는 뜻이다.

5. TASKLET_SOFTIRQ 또는 HI_SOFTIRQ softirq를 올려서, 나중에 do_softirq() 함수가 태스크릿을 처리하게 한다.

6. 인터럽트를 이전 상태로 복원하고 반환한다.

다음 과정인 do_softirq()의 실행과정에 대해서는 앞에서 알아보았다. 태스크릿과 **softirq** 처리 과정에서 대부분 인터럽트 핸들러가 실행이 필요하다는 표시를 하기 때문에 do_softirq() 함수는 마지막으로 인터럽트가 반환된 순간에 실행되는 경우가 많다. TASKLET_SOFTIRQ 또는 HI_SOFTIRQ가 올려진 상태이므로 do_softirq() 함수는 지정된 핸들러를 실행한다. 태스크릿 처리의 핵심은 tasklet_action() 또는 tasklet_hi_action() 핸들러 함수다. 이 핸들러 함수의 처리과정을 살펴보자.

1. 현재 프로세서의 인터럽트 전달을 비활성화하고(이 코드는 항상 softirq 핸들러를 통해 실행되어 인터럽트가 항상 활성화된 상태이므로 미리 인터럽트 상태를 저장할 필요가 없다), 프로세서의 tasklet_vec 또는 tasklet_hi_vec 리스트를 가져온다.

2. 프로세서의 리스트 값을 NULL로 설정해 리스트를 비운다.

3. 현재 프로세서의 인터럽트 전달을 다시 활성화한다. 이 함수를 실행하는 시점에 인터럽트가 활성화된 상태였다는 것을 알고 있으므로, 역시 특별하게 이전 상태로 복구하는 처리는 필요하지 않다.

4. 받은 리스트의 대기 중인 태스크릿을 반복 처리한다.

5. 다중 프로세서 시스템이라면 TASKLET_STATE_RUN 플래그를 통해 다른 프로세서에서 태스크릿을 실행 중인지 확인한다. 태스크릿이 실행 중이라면 바로 실행하지 않고, 대기 중인 다음 태스크릿으로 넘어간다(특정 유형의 태스크릿은 동시에 하나만 실행할 수 있다는 사실을 기억하자).

6. 태스크릿이 현재 실행 중이 아니라면, TASKLET_STATE_RUN 플래그를 설정해 다른 프로세서에서 태스크릿이 실행되지 않게 한다.

7. count 값이 0인지 확인해 태스크릿의 비활성화 여부를 확인한다. 태스크릿이 비활성화된 상태라면 대기 중인 다른 태스크릿으로 건너뛴다.

8. 이제 태스크릿이 다른 곳에서 실행 중이 아니고, 다른 곳에서 실행할 수 없도록 실행 중 표시를 했으며, count 값이 0이라는 사실을 확인했다. 태스크릿 핸들러를 실행한다.

9. 태스크릿이 실행된 후 태스크릿 state 항목의 TASKLET_STATE_RUN 플래그를 해제한다.

10. 실행 대기 중인 태스크릿이 남아있지 않을 때까지 대기 중인 태스크릿에 대해 위의 과정을 반복한다.

태스크릿의 구현은 간단하지만 영리하다. 보다시피 모든 태스크릿은 HI_SOFTIRQ와 TASKLET_SOFTIRQ 두 가지 **softirq**를 이용해 다중 처리된다. 태스크릿이 스케줄링되면 커널은 이 두 **softirq** 중 하나를 올린다. 그다음 이 **softirq**는 특별 함수를 통해 스케줄링된 태스크릿을 실행한다. 이 특별 함수는 특정 유형의 태스크릿이 동시에 하나만 실행되는 것을 보장한다(하지만 다른 종류의 태스크릿은 동시에 실행할 수 있다). 깔끔하고 간단한 인터페이스 뒤에 이 모든 복잡한 과정이 숨겨져 있다.

태스크릿 사용

일반적인 대부분 하드웨어 장치의 후반부 처리는 태스크릿을 이용해 구현하는 편이 좋다. 태스크릿은 동적으로 생성이 가능하며, 사용하기 편하고 빠르다. 상당히 진부하고 혼란스러운 이름을 가지고 있긴 하지만, 그 이름도 점점 마음에 들 것이다. 귀여운 이름이다.

태스크릿 선언

태스크릿은 정적으로 또는 동적으로 만들 수 있다. 어떤 방법을 택할지는 태스크릿을 직접적으로 참조할 것인지 간접적으로 참조할 것인지, 또는 하고 싶은지에 따라 결정된다. 태스크릿을 정적으로 생성하는 경우라면, 즉 직접 참조하는 경우라면 <linux/interrupt.h> 파일에 있는 다음 두 매크로 중 하나를 사용하면 된다.

```
DECLARE_TASKLET(name, func, data)
DECLARE_TASKLET_DISABLED(name, func, data);
```

두 매크로 모두 지정한 이름의 tasklet_struct 구조체를 정적으로 생성한다. 태스크릿을 실행하게 되면 func로 지정한 함수에 data를 인자로 넣어 실행한다. 두 매크로의 차이점은 참조 횟수의 초기값이 다르다는 것이다. 첫 번째 매크로는 count 값이 0인 활성화 상태의 태스크릿을 만든다. 두 번째 매크로는 count 값이

1인 비활성화 상태의 태스크릿을 만든다. 다음과 같이 사용한다.

```
DECLARE_TASKLET(my_tasklet, my_tasklet_handler, dev);
```

이 코드의 뜻은 다음과 같다.

```
struct tasklet_struct my_tasklet = { NULL, 0, ATOMIC_INIT(0),
                                     my_tasklet_handler, dev };
```

이렇게 하면 핸들러 함수가 tasklet_handler이고 이름이 my_tasklet인 활성화
상태의 태스크릿이 만들어진다. 핸들러가 실행될 때 dev 값이 인자로 전달된다.

tasklet_struct 구조체 t를 간접 참조하는 동적으로 만들어진 태스크릿(포인터)
을 초기화할 경우에는 tasklet_init() 함수를 이용한다.

```
tasklet_init(t, tasklet_handler, dev); /* 정적이 아닌 동적으로 할당된 경우 */
```

태스크릿 핸들러 작성

태스크릿 핸들러 함수의 원형은 다음과 같아야 한다.

```
void tasklet_handler(unsigned long data)
```

softirq처럼 태스크릿도 휴면 상태가 될 수 없다. 이 말은 태스크릿 안에서는 세마
포어나 기타 대기 상태가 발생할 수 있는 함수를 사용할 수 없다는 뜻이다. 태스크릿
은 모든 인터럽트가 활성화된 상태에서 실행되므로, 태스크릿이 인터럽트 핸들러와
데이터를 공유하는 경우에는 각별한 주의가 필요하다. 예를 들면, 인터럽트를 비활
성화시키고 락을 얻는 등의 동작을 하면 안 된다. 그러나 softirq와 달리 같은 태스크
릿은 둘 이상 동시에 실행되지 않는다. 다만, 다른 태스크릿이 다른 프로세서에서
동시에 실행되는 것은 가능하다. 태스크릿이 다른 태스크릿이나 softirq와 데이터를
공유하는 경우라면 락을 적절히 사용해야 한다(9장 "커널 동기화 개요"와 10장 "커널 동기화
방법" 참고).

태스크릿 스케줄링

태스크릿을 실행하기 위해 스케줄링하려면 해당 `tasklet_struct` 포인터를 인자로 `tasklet_schedule()` 함수를 호출한다.

```
tasklet_schedule(&my_tasklet); /* 태스크릿이 실행 대기 중임을 표시 */
```

태스크릿을 스케줄링하면 가까운 시일 내의 언젠가 해당 태스크릿이 실행된다. 아직 실행되기 전에 같은 태스크릿을 또 스케줄링해도, 태스크릿은 한 번만 실행된다. 다른 프로세서에서 실행되는 경우처럼 태스크릿이 이미 실행 중인 경우에는 다시 스케줄링되어 한 번 더 실행된다. 최적화를 위해 태스크릿은 항상 스케줄링한 프로세서에서 실행된다. 프로세서의 캐쉬를 보다 잘 사용하기를 기대하는 것이다.

`tasklet_disable()` 함수를 사용하면 지정한 태스크릿을 비활성화시킬 수 있다. 해당 태스크릿이 실행 중이면 실행이 끝날 때까지 이 함수는 반환하지 않는다. 이와 달리 `tasklet_disable_nosync()` 함수는 해당 태스크릿을 비활성화시키고 태스크릿이 실행 중이라도 기다리지 않고 바로 반환한다. 이 경우에는 태스크릿이 아직 실행 중인지 여부를 확인할 수 없으므로 안전하지 않다. `tasklet_enable()` 함수는 해당 태스크릿을 활성화시킨다. `DECLARE_TASKLET_DISABLED()` 매크로를 이용해 태스크릿을 생성했다면 사용하기 전에 반드시 이 함수를 호출해야 한다. 사용법은 다음과 같다.

```
tasklet_disable(&my_tasklet); /* 태스크릿 비활성화 */

/* 태스크릿이 실행되지 않는다는 것을 아는 상태에서 작업을 처리 .. */

tasklet_enable(&my_tasklet); /* 태스크릿 활성화 */
```

`tasklet_kill()` 함수를 이용하면 실행 대기 중인 태스크릿을 제거할 수 있다. 이 함수는 해당 태스크릿의 `tasklet_struct` 구조체 포인터만을 인자로 받는다. 자신을 다시 스케줄링하는 일이 잦은 태스크릿의 경우 대기 중인 태스크릿을 제거하는 동작이 유용하다. 이 함수는 먼저 태스크릿이 실행을 마치는 것을 기다렸다가 해당 태스크릿을 대기열에서 제거한다. 물론 태스크릿을 다시 스케줄링하는 동안 다른 코드가 방해할 수 없다. 이 함수는 실행 중 휴면 상태로 전환될 수 있기 때문에 인터럽트 컨텍스트에서는 사용할 수 없다.

ksoftirqd

softirq (그리고 태스크릿도) 처리는 프로세서별로 존재하는 커널 스레드의 도움을 받는다. 이 커널 스레드들은 시스템에 너무 많은 softirq가 쏟아지는 경우 softirq 처리를 도와준다. 태스크릿은 softirq를 기반으로 만들어졌기 때문에 이 후에 설명하는 내용은 softirq뿐 아니라 태스크릿에도 그대로 적용된다. 편의를 위해 주로 softirq에 대해 설명한다.

앞에서 살펴보았듯이 커널이 softirq를 처리하는 장소는 몇 군데 있으며, 대부분 인터럽트 핸들러를 반환할 때 처리한다. (네트워크 부하가 아주 심한 환경 같은) 특정 상황에서는 softirq가 올려지는 빈도가 아주 높을 수 있다. 게다가 softirq 함수가 자신을 올리는 경우도 있다. 즉 softirq가 실행되는 도중에 스스로를 다시 실행하기 위해 자신을 다시 올릴 수 있다는 것이다. 자신을 다시 등록하는 softirq의 예로 네트워크 서브시스템이 있다. softirq의 발생 빈도가 높아질 수 있다는 점과 softirq가 스스로를 다시 등록할 수 있다는 점이 맞물리면 사용자 공간 프로그램이 프로세서 시간을 얻지 못하는 일이 발생할 수 있다. 하지만 재등록된 softirq를 적절한 시기에 처리하지 못하는 것도 용납할 수 없다. softirq를 처음 설계할 당시에도 이 문제는 반드시 해결해야 할 딜레마였는데, 그 당시의 두 가지 해결책이 모두 불충분했다. 먼저 당시의 두 가지 해결책을 살펴보자.

첫 번째 해결책은 들어오는 softirq를 처리하고 반환하기 전에 대기 중인 softirq를 확인하고 처리하는 단순한 방법이다. 이렇게 하면 커널은 softirq를 적절한 시기에 처리할 수 있으며, 게다가 재등록된 softirq도 즉시 처리할 수 있다. 문제는 스스로를 재등록하는 softirq가 많이 발생하는 부하가 높은 환경에서 발생한다. 커널은 계속 softirq를 처리하느라 다른 일을 처리하지 못할 수 있다. 사용자 공간을 무시하고 softirq와 인터럽트 핸들러만 실행하면 시스템 사용자는 화를 터트릴 것이다. 절대로 시스템에 심한 부하가 걸리지 않는 경우라면 이런 접근 방식도 잘 동작할 것이다. 하지만 시스템의 인터럽트 수준이 어느 정도만 올라가도 이 해결책을 사용할 수 없다. 사용자 공간을 상당 기간 동안 무시할 수는 없는 노릇이다.

두 번째 해결책은 재등록된 softirq를 처리하지 않는 것이다. 인터럽트를 처리하고 반환할 때 커널은 정상적으로 대기 중인 softirq를 확인하고 처리한다. 그러나 스스로를 재등록하는 softirq가 있다면, 커널은 다음 번 대기 softirq를 처리할 때까지 softirq를 실행하지 않는다. 보통 이 시점은 다음 인터럽트가 발생할 때까지가 되는데, 다른 (또는 재등록된) softirq를 실행하는 데 걸리는 시간만큼 걸릴 수도 있다. 반대로 한가로

운 시스템이라면 softirq를 즉시 처리하는 편이 더 좋기 때문에 더 안 좋은 선택이
된다. 불행히도 이런 접근 방식은 어떤 프로세스가 실행 가능한 상태인지를 신경
쓰지 않는다. 따라서 이 방법은 사용자 공간의 고사는 막을 수 있지만 softirq 처리를
고사시킬 수 있기 때문에 부하가 낮은 시스템에서는 장점을 발휘하지 못한다.

softirq를 설계할 때 커널 개발자들은 일종의 타협이 필요하다는 것을 깨달았다.
결국은 재등록된 softirq를 즉시 처리하지 않는 방법이 커널에 구현되었다. 대신
softirq의 수가 너무 많아지면, 이를 처리하기 위해 커널은 일군의 커널 스레드를 작
동시킨다. 커널 스레드는 최대한 낮은 우선순위로(나이스 값이 19이다) 실행되므로 다른
중요한 작업을 방해하지 않는다. 이렇게 양보함으로써 softirq가 많이 발생하는 경우
에도 사용자 공간이 프로세서 시간을 받지 못하는 경우를 방지한다. 그리고 이 방식
은 '과도한' softirq가 발생하는 경우에도 결국은 softirq가 처리된다는 것을 보장한다.
마지막으로 이 방식을 이용하면 부하가 낮은 시스템에서는 커널 스레드가 즉시 스케
줄링될 것이므로, 오히려 softirq가 빨리 처리되는 특성이 있다.

프로세서별로 하나씩 스레드가 있다. 각 스레드의 이름은 ksoftirqd/n 형태로
되어 있으며, 여기서 n은 프로세서 번호를 뜻한다. 프로세서가 두 개인 시스템이라면
ksoftirqd/0, ksoftirqd/1가 된다. 프로세서별로 스레드를 두었기 때문에, 작업
이 없는 프로세서가 있으면 항상 softirq를 처리할 수 있다. 스레드는 초기화된 다음
아래와 비슷한 루프를 반복 실행한다.

```
for (;;) {
    if (!softirq_pending(cpu))
        schedule();

    set_current_state(TASK_RUNNING);

    while (softirq_pending(cpu)) {
        do_softirq();
        if (need_resched())
            schedule();
    }

    set_current_state(TASK_INTERRUPTIBLE);
}
```

대기 중인 softirq가 있다면(softirq_pending() 함수로 확인한다), ksoftirqd는 do_softirq() 함수를 호출해 처리한다. 이 함수는 실행 도중에 softirq를 재등록하게 되면 반복해서 softirq를 처리한다. 루프를 반복할 때마다 수시로 schedule() 함수를 호출해 더 중요한 프로세스를 실행할 수 있다. 모든 처리가 끝나면 커널 스레드는 자신의 상태를 TASK_INTERRUPTIBLE로 바꾸고 스케줄러를 호출해 새로운 프로세스를 실행한다.

실행된 커널 스레드가 자신을 재등록하는 것을 do_softirq() 함수가 감지할 때마다 softirq 커널 스레드가 깨어난다.

구식 BH 처리 방식

다행스럽게도, 구식 BH 인터페이스는 2.6 버전부터 존재하지 않지만, 이 인터페이스는 아주 초기 커널부터 오랫동안 사용하던 방식이다. 아주 오랫동안 사용했기 때문에 그냥 지나칠 수 없는 역사적으로 중요한 점이 있다. 여기서 짧게 살펴볼 내용 중에 2.6 버전에 해당되는 것은 없지만 역사는 중요한 것이다.

BH 인터페이스는 아주 오래된 인터페이스로 앞서 설명한 적이 있다. 각 BH는 정적으로 정의되었으며, 최대 32개가 있다. 컴파일 시에 모든 핸들러가 정의되어야 하므로 모듈에서는 BH 인터페이스를 직접 사용할 수 없었다. 하지만 간접적인 방법 piggyback으로 BH를 사용할 수 있었다. 시간이 흐름이 따라 이렇게 정적으로만 사용할 수 있다는 점과 최대 32개의 후반부 처리만 가능한 점이 사용에 주요한 걸림돌이 되었다.

BH 핸들러는 모두 엄격하게 직렬화serialize되어 있다. 유형이 다르다고 해도 두 BH 핸들러를 동시에 실행할 수 없다. 이로 인해 동기화 작업은 쉬워지지만, 다중 프로세서 환경에서 확장성에 대한 이점을 얻을 수 없었다. 대용량 SMP 장비에서의 성능은 수준 이하였다. BH 인터페이스를 사용하는 드라이버는 다중 프로세서 환경에서 확장성이 떨어졌다. 특히 네트워크 계층이 문제가 심했다.

이런 특징들 외에는 BH 방식은 태스크릿과 유사하다. 사실 2.4 버전의 BH 인터페이스는 태스크릿으로 구현되었다. 32개의 가능한 후처리 방식이 <linux/interrupt.h> 파일에 상수로 정의되어 있었다. BH를 실행 대기 상태로 표시하기 위해서는 mark_bh() 함수에 BH 번호를 넣어서 호출한다. 2.4 버전에서는 이렇게 하면 BH 태스크릿이 실행되어 bh_action() 함수가 실행된다. 2.4 이전 커널에서는 softirq 같은 후반부 처리 방식이 아닌 독자적인 방식으로 BH 방식이 구현되었다.

이런 후반부 처리 방식의 단점 때문에 커널 개발자들은 이를 대체할 태스크 큐를 도입했다. 태스크 큐는 새로운 사용자들에게 환영받긴 했지만, BH를 대체하는 목표는 달성하지 못했다. 2.3 커널에서 softirq와 태스크릿 방식을 도입하면서 BH 인터페이스를 대체하게 되었다. 태스크릿 기반으로 BH를 재구현한 것이다.

안타깝게도 태스크릿이나 softirq 같은 새 인터페이스는 기본적으로 엄격한 직렬화를 지원하지 않았기 때문에 BH 인터페이스를 새 인터페이스로 이식하는 작업은 간단하지 않았다.[6] 그러나 2.5 버전에서 마지막으로 BH를 사용하던 타이머와 SCSI 드라이버가 마침내 softirq 기반으로 바뀌었다. 커널 개발자들은 즉시 BH 인터페이스를 제거했다. 잘 가시게나, BH!

워크 큐

지금까지 살펴보았던 방식말고 지연작업을 처리하는 또 다른 방식으로 워크 큐가 있다. 워크 큐는 지연 작업을 커널 스레드 형태로 처리한다. 이 방식의 후반부 처리는 프로세스 컨텍스트에서 실행된다. 따라서 워크 큐로 지연된 작업은 통상적인 프로세스 컨텍스트의 이점을 모두 누릴 수 있다. 가장 중요한 점으로 스케줄링이 가능하며 휴면 상태로 전환될 수 있다는 점을 들 수 있다.

워크 큐를 사용할 것인지 softirq나 태스크릿을 사용할 것인지 결정하는 일은 보통 간단하다. 지연되는 작업이 휴면 상태 전환이 필요한 경우라면 워크 큐를 사용한다. 지연되는 작업이 휴면 상태로 전환될 필요가 없다면 softirq나 태스크릿을 사용한다. 사실 워크 큐의 대안으로 일반적인 커널 스레드도 있다. 커널 개발자들은 커널 스레드를 새로 만드는 것을 꺼려하기 때문에(별받을 일이라고 생각하는 경우도 있다), 절대적으로 워크 큐를 선호한다. 사용법은 둘 다 아주 쉽다.

후반부 처리 작업을 수행하는 과정에 스케줄링이 필요한 부분이 있다면 워크 큐를 사용해야 한다. 워크 큐는 프로세스 컨텍스트에서 실행되며 휴면 상태로 전환이 가능한 유일한 후반부 처리 방식이다. 많은 양의 메모리 할당이나 세마포어 할당, 블록 입출력 작업이 필요한 경우에 유용하다는 뜻이다. 지연 작업을 처리하는 데 커널 스레드가 필요하지 않다면, 대신 태스크릿을 사용하는 것을 검토해볼 필요가 있다.

---

6. 약한 직렬화는 성능적인 면에서는 도움이 되지만, 프로그램 작성은 더 어렵게 만든다. BH를 태스크릿으로 바꾸는 경우, 이 코드가 다른 태스크릿과 동시에 실행되도 안전한 것인가 주의깊게 살펴봐야 한다. 하지만 결국 변환하고 나서 얻어지는 성능은 그 값어치를 한다.

워크 큐 구현

어딘가에 저장된 대기 작업을 처리하기 위해 커널 스레드를 생성하는 인터페이스가 바로 워크 큐 서브시스템의 기본 형태다. 이 커널 스레드를 작업 스레드worker thread라고 부른다. 워크 큐를 이용하면 드라이버에서 지연된 작업을 처리하는 특별한 작업 스레드를 만들 수 있다. 하지만, 워크 큐 서브시스템에서 제공하는 기본 작업 스레드도 있다. 따라서 대부분의 경우에 워크 큐는 지연 작업을 기본 커널 스레드로 전달하는 간단한 인터페이스의 역할을 한다.

기본 작업 스레드의 이름은 events/n 형태로 되어 있으며, 여기서 n은 프로세서 번호를 뜻한다. 프로세서별로 하나의 작업 스레드가 있다. 예를 들어, 단일 프로세서 시스템이라면 events/0 하나의 스레드가 있다. 프로세서가 두개인 시스템이라면 events/1 스레드가 더 있을 것이다. 기본 작업 스레드는 여러 위치에서 지연 작업을 처리한다. 많은 커널 드라이버가 후반부 처리 작업을 기본 스레드로 넘긴다. 드라이버나 서브시스템이 별도의 스레드를 만들어야할 충분한 이유가 없다면 기본 스레드를 사용하는 것이 좋다.

하지만 자체적으로 작업 스레드를 만드는 것을 막는 제약은 없다. 작업 스레드에서 처리할 작업이 많다면, 따로 만드는 것이 좋을 수도 있다. 프로세서 사용량이 많고 성능이 중요한 작업이라면 별도 스레드를 사용하는 것이 도움이 된다. 이렇게 하면 기본 스레드의 작업량이 줄어드므로 다른 대기 작업 처리가 늦어지는 현상도 막을 수 있다.

스레드 표현 자료구조

작업 스레드는 workqueue_struct 구조체를 사용해 표현한다.

```
/*
 * 워크 큐는 CPU별로 존재하는 배열 형태로 추상화된다.
 */

struct workqueue_struct {
    struct cpu_workqueue_struct cpu_wq[NR_CPUS];
    struct list_head list;
    const char *name;
```

```
        int singlethread;
        int freezeable;
        int rt;
};
```

kernel/workqueue.c에 정의된 이 구조체에는 CPU 개수만큼의 크기를 갖는
struct cpu_workqueue_struct 배열이 들어 있다. 시스템의 각 프로세서별로 작업
스레드가 있어서 장비의 프로세서에 있는 작업 스레드마다 이 구조체가 있다. 핵심
자료구조인 cpu_workqueue_struct도 역시 kernel/ workqueue.c 파일에 정의된다.

```
struct cpu_workqueue_struct {
        spinlock_t lock;                    /* 이 구조체를 보호하기 위한 락 */

        struct list_head worklist;      /* 작업 목록 */
        wait_queue_head_t more_work;
        struct work_struct *current_struct;

        struct workqueue_struct *wq;    /* 관련 workqueue_struct 구조체 */
        task_t *thread;                     /* 관련 스레드 */
};
```

각 작업 스레드 유형마다 하나의 workqueue_struct 구조체가 연결된다. 한편
모든 스레드 및 프로세서마다 하나의 작업 스레드가 있으므로, 모든 프로세서마다
하나의 cpu_workqueue_struct 구조체가 연결된다.

작업 표현 자료구조

모든 작업 스레드는 일반적인 커널 스레드 형태로 구현되어 있으며 worker_thread()
함수를 실행한다. 초기 설정 작업이 끝나면 이 함수는 무한 루프를 돌면서 휴면 상태
로 들어간다. 대기 작업이 들어오면 스레드가 깨어나 작업을 처리한다. 처리할 작업
이 없으면 다시 휴면 상태로 들어간다.

작업은 <linux/workqueue.h> 파일에 정의된 work_queue 구조체를 사용해 표현한다.

```
struct work_struct {
    atomic_long_t data;
    struct list_head entry;
    work_func_t func;
};
```

이 구조체는 연결리스트로 묶여 있으며, 프로세서별, 유형별로 큐가 있다. 예를 들면, 프로세서마다 일반 스레드의 지연 작업을 표현하는 리스트가 하나 있는 식이다. 작업 스레드가 깨어나면 리스트의 작업을 실행한다. 작업이 끝나면 연결 리스트의 해당 work_struct 항목을 제거한다. 리스트가 비면 다시 휴면 상태로 전환한다. worker_thread() 함수의 핵심부분을 요약한 코드를 살펴보자.

```
for (;;) {
    prepare_to_wait(&cwq->more_work, &wait, TASK_INTERRUPTIBLE);
    if (list_empty(&cwq->worklist))
        schedule();
    finish_wait(&cwq->more_work, &wait);
    run_workqueue(cwq);
}
```

이 함수는 무한 루프를 돌면서 다음 작업을 수행한다.

1. 스레드는 자신을 휴면 상태로 표시하고(태스크 상태를 TASK_INTERRUPTIBLE로 변경) 자신을 실행 대기열에 추가한다.
2. 작업 연결 리스트가 비어 있으면 스레드는 schedule() 함수를 호출해 휴면 상태로 전환한다.
3. 리스트가 비어 있지 않으면 휴면 상태로 전환하지 않는다. 대신 자신의 상태의 TASK_RUNNING으로 변경하고 자신을 실행 대기열에서 제거한다.
4. 리스트가 비어 있지 않으면 run_workqueue() 함수를 호출해 실제 지연 작업을 처리한다.

그 다음 호출되는 run_workqueue() 함수에서 실제 지연 작업을 처리한다.

```
while (!list_empty(&cwq->worklist)) {
        struct work_struct *work;
        work_func_t f;
        void *data;

        work = list_entry(cwq->worklist.next, struct work_struct, entry);
        f = work->func;
        list_del_init(cwq->worklist.next);
        work_clear_pending(work);
        f(work);
}
```

이 함수는 지연 작업 연결 리스트의 각 항목을 순회하면서 연결 리스트 workqueue_struct 구조체의 func에 지정된 함수를 실행한다.

1. 리스트가 비어있지 않으면, 리스트의 다음 항목을 얻는다.
2. func 항목을 통해 실행할 함수를, data 항목을 통해 전달할 인자 정보를 얻는다.
3. 리스트에서 해당 항목을 제거하고 구조체의 대기 여부를 저장하는 비트를 해제 한다.
4. 함수를 호출한다.
5. 이 과정을 반복한다.

워크 큐 구현 정리

여러 자료구조 사이의 관계가 상당히 복잡해 보인다는 사실은 인정한다. 전체를 엮어서 그림 8.1에 표현해 보았다.

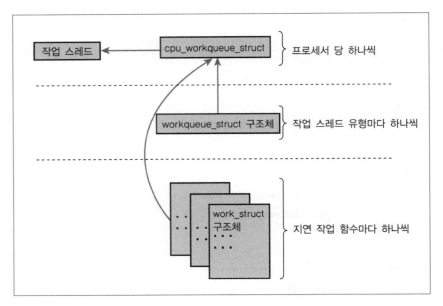

그림 8.1 작업과, 워크 큐, 작업 스레드 사이의 관계

　최상위 계층에 작업 스레드가 있다. 작업 스레드는 여러 유형이 있을 수 있다. 특정 유형의 작업 스레드는 프로세서당 하나씩만 있다. 필요하다면 커널 내부에서 작업 스레드를 만들 수 있다. 기본적인 스레드로 events 작업 스레드가 있다. 각 작업 스레드는 cpu_workqueue_struct 구조체를 이용해 표현한다. 특정 유형에 해당하는 모든 작업 스레드를 workqueue_struct 구조체로 표현한다.

　예를 들어, 일반 events 유형의 작업 외에 falcon이라는 작업을 만들었다고 하자. 그리고 네 개의 프로세서를 가진 컴퓨터가 있다고 하자. 그러면 네 개의 events 스레드가 있고(그러므로 네 개의 cpu_workqueue_struct 구조체가 존재), 네 개의 falcon 스레드가 있다(그러므로 또 다른 네 개의 cpu_workqueue_struct 구조체가 존재). events 유형과 falcon 유형을 나타내는 workqueue_struct 구조체는 각각 한 개씩 있다.

　이제 작업을 시작하는 최하위 쪽에서 접근해보자. 드라이버가 나중에 지연처리가 필요한 작업을 만든다. 이 작업은 work_struct 구조체로 표현한다. 이 구조체에는 여러 정보가 들어 있는데, 이 중에 지연 작업을 처리할 함수를 가리키는 포인터도 들어 있다. 이 작업은 특정 작업 스레드로 전달된다. 이 경우는 **falcon thread**가 된다. 그러면 작업 스레드가 깨어나 지연 작업을 처리한다.

　대부분의 드라이버는 events라는 이미 존재하는 기본 작업 스레드를 사용한다. 쉽고 간단하게 사용할 수 있다. 하지만 보다 심각한 상황이라면 자체적인 작업 스레

드가 필요할 수 있다. 예를 들어 **XFS** 파일시스템 같은 경우에는 두 가지 유형의
작업 스레드를 별도로 만들어 사용한다.

워크 큐 사용

워크 큐 사용은 쉽다. 먼저 기본 events 큐 사용법에 대해 알아보고 새로운 작업
스레드를 만드는 법을 알아본다.

작업 생성

첫 번째 단계는 실제 지연시킬 작업을 만드는 것이다. 실행 시에 구조체를 정적으로
생성하려면 DECLARE_WORK 매크로를 사용한다.

```
DECLARE_WORK(name, void (*func)(void *), void *data);
```

이 매크로는 이름이 name이고, 핸들러 함수가 func, 그 인자가 data인 work_
struct 구조체를 정적으로 생성한다.

다른 방식으로 포인터를 이용해 작업을 생성할 수도 있다.

```
INIT_WORK(struct work_struct *work, void (*func)(void *), void *data);
```

이 매크로는 work 포인터가 가리키는 워크 큐를 func 핸들러 함수와 data 인자로
초기화한다.

워크 큐 핸들러

워크 큐 핸들러 함수의 원형은 다음과 같다.

```
void work_handler(void *data)
```

작업 스레드가 이 함수를 실행하며, 프로세스 컨텍스트에서 실행된다. 기본적으
로 인터럽트는 활성화된 상태이며 락은 없는 상태다. 필요한 경우 이 함수는 휴면
상태로 전환될 수 있다. 프로세스 컨텍스트에서 실행되긴 하지만, 커널 스레드에는
사용자 공간 메모리가 연결되어 있지 않기 때문에 작업 핸들러가 사용자 공간 메모
리에 접근할 수는 없다. 시스템 호출을 실행할 때처럼 사용자 공간 프로세스를 대신
해 실행하는 경우에만 커널이 사용자 메모리에 접근할 수 있다. 이같은 경우에만

사용자 메모리가 연결되어 있기 때문이다.

작업 큐와 커널의 다른 부분과의 락은 다른 프로세스 컨텍스트 코드와 같은 방식으로 처리된다. 이 때문에 작업 핸들러 작성이 훨씬 쉬워진다. 락에 대해서는 이어지는 두 장에서 알아본다.

작업 스케줄링

작업을 생성하고 나면 스케줄링할 수 있다. 작업 핸들러 함수를 기본 events 작업 스레드에 추가하기 위해서는 간단히 다음과 같이 호출한다.

```
schedule_work(&work);
```

해당 작업은 바로 스케줄링되며 현재 프로세서의 events 작업 스레드가 깨어나는 데로 바로 실행된다.

간혹 작업을 바로 실행하지 않고 일정 시간이 지난 다음에 실행하기를 원하는 경우가 있다. 이런 경우에는 미래의 특정 시간에 작업을 실행하도록 스케줄링할 수 있다.

```
schedule_delayed_work(&work, delay);
```

이렇게 하면, &work로 지정한 work_struct는 delay만큼의 타이머 시간이 지날 때까지 실행되지 않는다. 타이머 시간 단위의 사용에 대해서는 10장에서 설명한다.

작업 비우기

작업 스레드가 깨어나면 대기 중인 작업이 실행된다. 작업을 계속하기 전에 특정 작업이 완료되었는지 확인이 필요할 수 있다. 이 기능은 모듈의 경우에 중요한데, 대부분의 모듈은 메모리에서 제거되기 전에 이런 정리 함수 호출이 필요하기 때문이다. 커널의 다른 부분에서도 처리 중인 대기 작업이 없는지를 확인하거나 경쟁 조건이 발생하는 것을 예방하는 이런 기능이 필요하다.

이 때문에 특정 작업 큐를 비우는 함수가 있다.

```
void flush_scheduled_work(void);
```

이 함수는 해당 큐의 모든 작업을 처리할 때까지 기다린 다음 반환한다. 대기 작업 처리를 기다리는 동안 이 함수는 휴면 상태로 전환된다. 따라서 이 함수는 프로세스 컨텍스트에서만 사용할 수 있다.

이 함수는 지연 작업을 취소하지 않는다는 점에 주의해야 한다. 즉 작업이 schedule_delayed_work() 함수를 통해 스케줄링되었고, 지정한 시간이 아직 지나지 않았다면, flush_scheduled_work() 함수를 호출한다고 해도 작업이 사라지지 않는다. 지연 작업을 취소하려면 다음 함수를 호출한다.

```
int cancel_delayed_work(struct work_struct *work);
```

이 함수는 주어진 work_struct에 해당하는 지연 작업이 있으면 이를 취소한다.

새로운 워크 큐 만들기

기본 워크 큐가 필요한 사항을 만족시키지 못한다면, 새로운 워크 큐와 이에 해당하는 작업 스레드를 만들 수 있다. 작업 스레드는 프로세서별로 하나씩 만들어지기 때문에 여러 스레드가 동시에 실행되는 경우에도 성능을 제대로 내는 경우에만 워크 큐를 새로 만들어야 한다.

새로운 워크 큐와 이에 해당하는 작업 스레드는 다음과 같은 간단한 함수를 이용해 만들 수 있다.

```
struct workqueue_struct *create_workqueue(const char *name);
```

name 인자로 커널 스레드의 이름이 정해진다. 예를 들어, 기본 events 큐는 다음과 같이 만든다.

```
struct workqueue_struct *keventd_wq;
keventd_wq = create_workqueue("events");
```

이 함수는 (시스템의 프로세서별로 하나씩) 모든 작업 스레드를 만들고 작업 처리에 필요한 준비 작업을 한다.

처리할 작업을 만드는 과정은 큐의 유형과 상관 없이 동일하다. 작업을 만들고 난 다음 schedule_work()나 schedule_delayed_work() 함수와 유사한 다음 함수를 사용한다. 기본 events 큐가 아닌 지정한 워크 큐에 대해 동작한다는 점만 빼면 schedule_work(), schedule_delayed_work() 함수와 동일하다.

```
int queue_work(struct workqueue_struct *wq, struct work_struct *work)

int queue_delayed_work(struct workqueue_struct *wq,
                       struct work_struct *work,
                       unsigned long delay)
```

마지막으로 다음 함수를 이용해 대기열의 작업을 비울 수 있다.

```
flush_workqueue(struct workqueue_struct *wq)
```

지정한 큐가 빌 때까지 기다린다는 점만 제외하면 이 함수는 앞에서 살펴본 flush_scheduled_work() 함수와 동일하게 동작한다.

구식 태스크 큐 방식

BH 인터페이스를 대체한 softirq와 태스크릿처럼, 워크 큐 인터페이스도 태스크 큐 인터페이스의 단점을 보완한 것이다. 태스크 큐 인터페이스(커널에서는 간단히 tq라고 부르는 경우가 많다)는 태스크릿과 마찬가지로 프로세스 관점의 태스크와는 아무런 관련이 없다.[7] 태스크 큐 인터페이스는 2.5 커널 개발 과정에서 절반 정도 정리됐다. 절반 정도는 태스크릿으로 전환되었고, 나머지 절반 정도만 태스크 큐 인터페이스를 계속 사용했다. 남아 있던 태스크 큐 인터페이스는 워크 큐 인터페이스로 바뀌었다. 한동안 사용했던 태스크 큐 인터페이스를 짧게 살펴보는 것도 역사적인 관점에서 의미가 있을 것이다.

태스크 큐는 다양한 큐를 정의하는 방식으로 되어 있었다. 각 큐에는 스케줄러 큐scheduler queue, 즉시 큐immediate queue, 타이머 큐timer queue 같은 이름이 붙어 있었다. 큐를 처리하는 커널의 특정 위치가 큐별로 정해져 있었다. 스케줄러 큐와 관련된 작업은 keventd 커널 스레드가 실행했다. 이 큐를 완성된 워크 큐 인터페이스의 선구자라고 볼 수 있다. 타이머 큐는 시스템 타이머 한 단위마다 실행했었고 즉시 큐는 즉시 실행을 보장하기 위해 커널 여러 곳에서 실행하고 있었다(편법이다!). 이 외에 다른 큐도 있었다. 그리고 동적으로 새로운 큐를 생성할 수도 있었다.

---

7. 후반부 처리 작업에서 사용하는 이름에는 새로 커널에 입문하는 개발자들을 혼란시키려는 음모가 있었음이 틀림없다. 정말 끔찍하게 지어진 이름이다.

이 모든 내용이 그럴듯하게 들릴지도 모르겠지만, 태스크 큐의 현실은 엉망진창이었다. 아무렇게나 공중에 집어 던진 다음 떨어진 곳에 정착하듯이, 모든 큐가 커널의 이곳 저곳에 흩어진 상태로 각자 나름대로의 추상화를 사용하고 있었다. 프로세스 컨텍스트에서 지연 작업을 처리하는 유일한 수단이었던 스케줄러 큐 정도만이 의미가 있었다.

태스크 큐의 다른 장점은 멍청할 정도로 단순한 인터페이스였다. 수많은 큐와 각자 실행 시점을 나름대로 정하고 있었지만, 인터페이스는 최대한 단순함을 유지했다. 하지만 거기까지였다. 태스크 큐의 나머지 부분은 개선이 필요했다.

여러 태스크 큐가 다른 후반부 처리 방법으로 전환되었다. 대부분은 태스크릿으로 바뀌었다. 스케줄러 큐는 남았다. 마침내 keventd 코드를 일반화해 지금 사용하는 멋진 워크 큐 방식을 만들었고, 결국 태스크 큐는 커널에서 제거되었다.

어떤 후반부 처리 방식을 사용할 것인가?

어떤 후반부 처리 방식을 사용할지 결정하는 것은 중요한 문제다. 현재 2.6 커널에서는 세 가지 중 하나를 선택할 수 있다. softirq, 태스크릿, 워크 큐가 있다. 태스크릿은 softirq 기반으로 만들어졌기 때문에 태스크릿과 softirq는 비슷하다. 워크 큐는 커널 스레드 기반으로 만들어진 전혀 다른 방식이다.

softirq는 설계 상 최소한의 직렬화만 제공한다. 같은 유형의 둘 이상의 softirq가 다른 프로세서에서 동시에 실행될 수 있으므로 공유 데이터를 안전하게 사용하려면 softirq 핸들러에 부가적인 처리를 해야 한다. 해당 코드가 네트워크 서브시스템처럼 충분히 스레드화되어 깊숙한 부분까지도 프로세서별로 변수를 구분해 사용하고 있다면 softirq를 사용하는 것이 좋은 선택이다. 실행 시간에 아주 민감하고 사용빈도가 높은 경우에 선택할 수 있는 분명히 가장 빠른 대안이다.

코드가 충분히 스레드화되어 있지 않다면 태스크릿을 사용하는 편이 더 좋다. 태스크릿은 더 간단한 인터페이스를 가지고 있으며, 같은 유형의 두 태스크릿이 동시에 실행되지 않으므로 구현 작업이 더 쉽다. 실질적으로 태스크릿은 동시에 실행되지 않는 softirq라고 할 수 있다. 다중 프로세서 환경에서 softirq를 동시에 안전하게 실행할 수 있도록 프로세서별로 변수를 사용할 준비가 되거나, 이에 준하는 대책이 마련된 경우가 아니라면 드라이버 개발자는 항상 softirq보다는 태스크릿을 우선적으로 고려해야 한다.

지연 작업을 프로세스 컨텍스트에서 실행해야 한다면, 세 가지 방법 중 사용할 수 있는 것은 워크 큐 뿐이다. 프로세스 컨텍스트가 필요하지 않다면, 구체적으로 휴면 상태가 필요하지 않다면, 아마도 softirq나 태스크릿을 사용하는 편이 더 적절할 것이다. 워크 큐는 커널 스레드를 사용하기 때문에 컨텍스트 전환이 필요하므로 부가 비용이 가장 크다. 이 말이 워크 큐가 비효율적이라는 의미는 아니다. (네트워크 서브시스템에서 발생할 수 있는) 초당 수천 개의 인터럽트가 몰아치는 경우라면 다른 방법이 더 적절하다는 뜻이다. 하지만 대부분의 경우에는 워크 큐로도 충분하다.

사용 편의성의 측면에서는 워크 큐가 가장 좋다. 기본 events 큐를 사용하는 방법은 어린애도 쉽게 할 수 있을 정도다. 그 다음은 역시 간단한 인터페이스를 가지고 있는 태스크릿이다. 정적으로 생성해야 하며 구현할 때 여러가지를 고려해야 하는 softirq가 마지막이다.

표 8.3는 세 가지 후반부 처리 인터페이스 비교표다.

표 8.3 후반부 처리 비교

후반부 처리 방식	컨텍스트	내부 직렬화 구현 정도
softirq	인터럽트	없음
태스크릿	인터럽트	같은 태스크릿에 대해 직렬화 보장
워크 큐	프로세서	없음(프로세스 컨텍스트에서 스케줄링됨)

즉 일반적인 드라이버에게는 두 가지 선택이 있다. 첫째, 지연 작업을 처리하는 스케줄링이 필요한 부분이 있는지, 근본적으로 어떤 이유로든 처리하는 도중 휴면가 필요한지? 만일 그렇다면 선택할 수 있는 것은 워크 큐뿐이다. 그렇지 않다면, 태스크릿을 사용하는 편이 좋다. 확장성이 주요한 문제가 되는 상황에서만 softirq 사용을 고려하라.

후반부 처리 작업 사이의 락

아직 락에 대해서는 알아보지 않았는데, 락은 아주 재미있고 광범위한 주제이므로 다음 두 장에 걸쳐 설명한다. 어쨌든, 단일 프로세서 시스템에서도 락을 이용해 후반부 처리 과정에서 공유 데이터에 동시에 접근하는 일을 막을 수 있다. 후반부 처리 작업은 사실상 어떤 순간에도 실행될 수 있다는 사실을 기억하자. 락에 대한 개념이 생소하다면 다음 두 장을 읽은 후에 이 절을 다시 돌아봐도 좋다.

태스크릿 사용의 장점 중 하나는 자신에 대해서도 직렬화가 되어 있다는 점이다. 같은 태스크릿은 다른 프로세서에서도 동시에 실행되지 않는다. 이 말은 태스크릿 내부의 동시성과 관련된 문제를 신경 쓰지 않아도 된다는 뜻이다. 태스크릿 외부의 동시성 (즉 두 태스크릿이 같은 데이터를 공유하는 경우) 문제를 해결하려면 적절한 락이 필요하다.

softirq는 직렬화를 제공하지 않기 때문에 (같은 softirq의 두 인스턴스가 동시에 실행될 수 있다) 모든 공유 데이터에 대해 적절한 락이 필요하다.

프로세스 컨텍스트 코드와 후반부 처리 작업이 데이터를 공유하는 경우에는 데이터에 접근하기 전에 후반부 처리를 비활성화하고 락을 설정해야 한다. 두 작업을 통해 프로세스 내부 및 다중 프로세서 환경으로부터 처리 과정을 보호할 수 있고 데드락을 방지할 수 있다.

인터럽트 컨텍스트 코드와 후반부 처리 작업이 데이터를 공유하는 경우라면 데이터에 접근하기 전에 인터럽트를 비활성화시키고 락을 설정해야 한다. 두 작업을 통해 프로세스 내부 및 다중 프로세서 환경으로부터 처리 과정을 보호할 수 있고 데드락을 방지할 수 있다.

워크 큐의 공유 데이터도 락이 필요하다. 워크 큐는 프로세스 컨텍스트에서 실행되기 때문에 일반적인 커널 코드와 동일한 방식으로 락 문제를 처리하면 된다.

9장 "커널 동기화 개요"에서 동시성 및 관련 문제에 대한 배경 지식을 알아보고, 10장에서는 커널 락 사용 방법에 대해 알아본다. 이후 두 장을 통해 후반부 처리 작업에서 어떻게 데이터를 보호하는지 알 수 있다.

후반부 처리 비활성화

보통은 후반부 처리를 비활성화시키는 것만으로는 충분하지 않다. 공유 데이터를 안전하게 보호하려면 후반부 처리 비활성화와 함께 락을 설정해야 하는 경우가 많다. 드라이버에서 데이터 보호를 위해 사용하는 방법은 10장에서 알아본다. 하지만 핵심 커널 코드를 작성하는 경우에는 후반부 처리만 비활성화시킬 필요가 있을 수 있다.

모든 후반부 처리 작업을 비활성화시키기 위해서는 (구체적으로 모든 softirq, 그리고 모든 태스크릿) local_bh_disable() 함수를 호출한다. 후반부 처리 작업을 활성화시키기 위해서는 local_bh_enable() 함수를 호출한다. 그렇다. 적절하지 않은 이름이다. BH 인터페이스를 softirq로 바꾸었을 때 아무도 이름을 바꾸지 않았다. 표 8.6에 이 함수를 정리했다.

표 8.4 후반부 처리 제어 방법

함수	설명
void local_bh_disable( )	현재 프로세서의 softirq와 태스크릿 처리를 비활성화시킨다.
void local_bh_enable( )	현재 프로세서의 softirq와 태스크릿 처리를 활성화시킨다.

이런 함수는 중첩해서 호출할 수 있다. 마지막으로 중첩된 local_bh_enable() 함수가 호출된 다음에야 후반부 처리가 활성화된다. 처음 local_bh_disable() 함수를 호출하면 해당 프로세서의 softirq 처리가 비활성화된다. local_bh_disable() 함수를 세 번 더 호출해도 프로세서의 softirq 처리 비활성화 상태가 유지된다. local_bh_enable() 함수를 네 번째 호출할 때까지 softirq 처리는 활성화되지 않는다.

이런 함수는 preempt_count를 이용해 작업별 횟수를 관리함으로써 이 기능을 구현한다(재밌게도, 커널 선점에서 사용하는 것과 같은 카운터이다).[8] 카운터 값이 0이 되면 후반부 처리 작업이 가능해진다. 후반부 처리 작업이 비활성화된 상태에서 복귀한 것이므로 local_bh_enable() 함수는 대기 중인 후반부 처리 작업이 있는지 확인하고 실행하는 일도 한다.

이런 함수는 아키텍처별로 <asm/softirq.h> 파일에 구현되며 보통 복잡한 매크로 형태로 작성된다. 궁금한 사람을 위해 이 내용을 비슷한 C 코드로 표현하면 다음과 같다.

```
/*
 * preempt_count 값을 증가해 프로세서의 후반부 처리 작업을 비활성화시킨다.
 */
void local_bh_disable(void)
```

---

8. 이 값은 인터럽트와 후반부 처리 시스템에서 모두 사용한다. 리눅스에서는 태스크별로 카운터 값 하나를 두고 이를 이용해 태스크의 원자성(atomicity)을 관리하는 방법을 사용한다. 이 방식은 단위 작업 중 휴면 상태에 들어가는 버그 등을 찾을 때 유용하다.

```
{
    struct thread_info *t = current_thread_info();

    t->preempt_count += SOFTIRQ_OFFSET;
}


/*
 * preempt_count 값을 줄인다. 만일 이 값이 0이되면 '자동으로' 후반부 처리를 활성화시킨다.
 *
 * 부가적으로 대기 중인 후반부 처리 작업이 있다면 이를 실행한다.
 */
void local_bh_enable(void)
{
    struct thread_info *t = current_thread_info();

    t->preempt_count -= SOFTIRQ_OFFSET;

    /*
     * preempt_count 값이 0이며, 대기 중인 후반부 처리 작업이 있는가?
     * 있다면, 이를 실행한다.
     */
    if (unlikely(!t->preempt_count && softirq_pending(smp_processor_ id())))
        do_softirq();
}
```

이 함수는 워크 큐의 실행을 막지는 않는다. 워크 큐는 프로세스 컨텍스트에서 실행되기 때문에 비동기적 실행과 관련된 문제가 발생하지 않으므로 비활성화시킬 필요가 없다. 그러나 softirq와 태스크릿은 (인터럽트를 처리하고 반환하는 과정에서) 비동기적으로 실행되므로, 커널 코드에서 비활성화시켜야 하는 경우가 있다. 워크 큐에서 공유 데이터를 보호하는 방법은 여타 프로세스 컨텍스트에서 사용하는 방법과 같다. 자세한 내용은 9장과 10장에서 설명한다.

결론

이 장에서는 리눅스 커널에서 지연 작업을 처리할 때 사용하는 세 가지 방식 softirq, 태스크릿, 워크 큐에 대해 알아보았다. 각 방식의 설계와 구현을 살펴보았다. 코드에서 이들을 사용하는 방법을 알아보고 잘못 지어진 이름에 대해 비판했다. 변화과정을 이해하기 위해 이전 버전의 리눅스 커널에 있었던 후반부 처리 방법인 BH와 태스크 큐도 살펴보았다.

동기화와 동시성 문제가 후반부 처리에 많이 연관되어 있기 때문에 이 장에서 이런 문제를 언급하는 경우가 많았다. 심지어는 동시 실행을 보호하기 위해 후반부 처리 작업을 비활성화시키는 방법을 알아보면서 이 장을 마무리했다. 9장에서는 문제의 핵심 내용을 이해하는 데 기초가 되는 커널 동기화와 동시성 개념에 대해 알아본다. 10장에서는 이 문제를 해결하기 위해 커널이 제공하는 구체적인 인터페이스에 대해 알아본다. 다음 두 장의 내용으로 무장하고 나면, 이제 아무것도 못할 것이 없을 것이다.

9장

커널 동기화 개요

공유 메모리를 사용하는 애플리케이션을 개발할 때는 프로그램이 공유 자원에 동시에 접근하는 것을 막아야 한다. 커널도 예외가 아니다. 여러 실행 스레드가[1] 동시에 데이터에 접근해 조작하면, 다른 스레드의 변경 사항을 덮어써버리거나 무결성이 깨진 상태의 데이터를 읽을 수 있으므로 공유 자원의 동시 접근을 막아야 한다. 공유 자원의 동시 접근은 불안정성을 야기하는 원인이 되며, 이런 문제는 추적이나 디버그가 어려운 경우가 많다. 애초에 올바르게 시작하는 것이 중요하다.

공유 자원을 제대로 보호하는 일은 간단하지 않다. 리눅스가 대칭형 다중 프로세서를 지원하지 않던 시절에는 데이터 동시 접근을 간단하게 막을 수 있었다. 단일 프로세서만 지원했기 때문에 데이터에 동시 접근이 일어나는 경우는 인터럽트가 발생하는 경우와 커널 코드에서 명시적으로 재스케줄링을 해서 다른 태스크를 실행하는 경우뿐이었다. 초기 커널의 개발작업은 간단했다.

좋은 시절이 지나갔다. 대칭형 다중 프로세서 지원이 2.0 커널부터 도입되었으며, 그때 이후로 개선 작업이 계속되고 있다. 다중 프로세서를 지원한다는 것은 커널 코드가 둘 이상의 프로세서에서 동시에 실행될 수 있다는 것을 뜻한다. 따라서 적절한 보호 장치가 없으면, 두 개의 다른 프로세서가 실행하는 커널 코드가 정확히 같은 시간에 공유 데이터에 접근하는 일이 벌어질 수 있다. 2.6 커널부터 리눅스 커널도 선점이 가능하다. 이 말은 (역시 적절한 보호장치가 없다면) 커널 코드를 스케줄러가 언제라도 선점해 다른 태스크를 스케줄링할 수 있다는 뜻이다. 이 외에도 여러 상황에서 커널에 동시성 문제가 발생할 수 있으며, 이 모든 경우에 보호 장치가 필요하다.

이 장에서는 모든 운영체제에 있는 동시성과 동기화 관련 문제에 대해 개략적으로 알아본다. 동시성을 해결하고 경쟁 조건을 방지하기 위해 리눅스가 제공하는 구체적인 방법과 그 인터페이스에 대해는 다음 장에서 자세히 알아본다.

위험 지역과 경쟁 조건

공유 데이터에 접근하고 조작하는 코드 영역을 위험 지역critical region 또는 위험 구역 critical section이라고 부른다. 여러 실행 스레드가 같은 자원에 동시에 접근하는 것은 안전하지 않다. 위험 지역에서 동시에 접근하는 것을 막으려면 원자적으로atomically 코드를 실행해야 한다. 즉 위험 지역 전체를 하나의 동작처럼 처리해 실행 중에 방해받는 일 없이 끝내야 한다. 두 개의 스레드가 같은 위험 지역을 동시에 실행할 수 있다면 버그다. 이렇게 되면, 두 스레드가 서로 먼저 가려고 경쟁하는 듯한 상황이 되는데, 이런 경우를 경쟁 조건race condition이 발생했다라고 표현한다. 동시 실행을 안전하게 처리하고, 경쟁 조건이 발생하지 않게 하는 작업을 동기화synchronization라고 한다.

---

1. 여기서 실행 중인 스레드라함은 실행되는 코드의 모든 인스턴스를 말한다. 여기에는 커널 태스크, 인터럽트 핸들러, 후반부 처리, 커널 스레드 등이 포함된다. 이 장에서는 실행 중인 스레드를 간단히 스레드라고 표현한다. 이 용어가 실행 중인 코드를 뜻한다는 것을 기억하자.

왜 보호 장치가 필요한가?

동기화의 필요성을 잘 이해하기 위해 경쟁 조건이 발생하는 경우를 살펴보자. 먼저 실생활에서 접할 수 있는 **ATM**automated teller machine(현금 인출기, 미국 밖에서는 ABM이라고 부르기도 한다)을 예로 들어보자.

현금 인출기 사용 중 가장 많은 경우는 개인의 은행 계좌에서 돈을 찾는 경우다. 사람이 기계 앞으로 걸어가 ATM 카드를 넣고, 비밀번호PIN를 입력하고, 인출을 선택하고, 금액을 입력하고, OK를 누르고, 돈을 집어 들고, 필요한 사람에게 준다.

사용자가 특정 금액을 요청하면 현금 인출기는 실제 사용자의 계좌에 해당 금액이 있는지 확인한다. 돈이 있으면 총액에서 인출한 만큼을 차감해야 한다. 이런 동작을 구현한 코드는 다음과 같은 형태가 될 것이다.

```
int total = get_total_from_account(); /* 계좌 총액 */
int withdrawal = get_withdrawal_amount(); /* 사용자가 인출 요청한 금액 */

/* 사용자의 계좌에 충분한 금액이 있는지 확인 */
if (total < withdrawal) {
        error("You do not have that much money!")
        return -1;
}

/* OK, 사용자에게 충분한 금액이 있음. 총액을 인출 금액만큼 차감 */
total -= withdrawal;
update_total_funds(total);

/* 사용자에게 돈을 지급 */
spit_out_money(withdrawal);
```

이제 사용자 계좌에서 다른 인출 작업이 동시에 일어난다고 해보자. 어떻게 이런 동시 인출이 일어나는지는 중요하지 않다. 배우자가 다른 ATM에서 인출을 할 수도 있고, 비용 청구처에서 계좌 자동 이체를 진행하고 있을 수도 있고, 요즘 은행이 늘 하듯이 은행에서 수수료를 제하고 있을 수도 있다. 어떤 경우든 동시에 인출이 벌어지는 상황이라고 하자.

두 인출 시스템 모두 앞에서 본 것과 같은 코드가 있을 것이다. 먼저 차감이 가능한지 확인하고, 잔액을 새로 계산하고, 최종적으로 물리적인 인출작업을 진행한다.

숫자를 넣어서 생각해보자. 첫 번째로 ATM에서 100달러를 인출하고, 두 번째로 고객이 은행을 이용하는 수수료로 10달러를 차감한다고 하자. 고객의 은행 계좌에는 105달러가 있다. 계좌가 마이너스가 되지 않는다면, 분명 두 거래 중 하나는 올바르게 처리할 수 없을 것이다.

예상되는 상황은 다음과 같다. 수수료 거래가 먼저 시작된다. 10달러는 105달러보다 작기 때문에 105달러에서 빠져나가 새로운 잔액이 95달러가 되고, 10달러는 은행 손에 들어간다. 그 다음 ATM 인출 작업이 진행되고 95달러는 100달러보다 작기 때문에 인출이 실패한다.

경쟁 조건이 발생한다면 좀 더 재미있는 일이 벌어질 수 있다. 두 인출 작업이 거의 동시에 실행된다고 하자. 두 거래 작업 모두 잔액이 충분함을 확인한다. 105달러는 100달러보다 크고 10달러보다도 크므로 문제가 없다. 그 다음 인출 작업이 진행되면, 105달러에서 100달러를 빼고 잔액이 5달러가 된다. 수수료 거래도 같은 방식으로 진행된다. 105달러에서 10달러를 빼고 잔액이 95달러가 된다. 인출 작업이 사용자의 계좌 잔액을 5달러로 기록한다. 이제 수수료 거래가 새로운 잔액을 95달러로 기록한다. 공돈이 생겼다!

당연히 금융회사는 절대 이런 일이 벌어지게 내버려 두지 않는다. 각 거래 작업이 원자적으로 처리될 수 있게 거래를 처리하는 동안에는 계좌를 잠궈 놓는다. 각 거래 과정 전체가 중단되는 과정 없이 원자적으로 처리되거나, 전혀 처리되지 않거나 둘 중 하나다.

단일 변수

이제 컴퓨터에서 발생하는 예를 살펴보자. 간단히 전역 정수 변수 하나의 공유 자원이 있고, 그 값을 1만큼 증가시키는 위험 지역이 있다고 하자.

```
i++;
```

이 동작은 다음과 유사한 기계어 코드로 변환될 것이다.

```
현재 i 값을 읽어 레지스터로 복사한다.
레지스터에 저장된 값에 1을 더한다.
새로운 i 값을 메모리에 저장한다.
```

이제 i 값이 7일 때, 두 개의 실행 스레드가 이 위험 지역에 들어가는 상황을 가정해보자. 의도한 결과는 다음과 같을 것이다. 각 행은 시간의 흐름을 나타낸다.

스레드 1	스레드 2
i 값을 읽는다(7).	–
i 값을 증가시킨다(7 -> 8).	–
i 값을 저장한다(8).	–
–	i 값을 읽는다(8).
–	i 값을 증가시킨다(8 -> 9).
–	i 값을 저장한다(9).

기대한 바와 같이 값이 7에서 9가 되었다. 하지만 다음과 같은 결과를 얻을 수도 있다.

스레드 1	스레드 2
i 값을 읽는다(7).	i 값을 읽는다(7).
i 값을 증가시킨다(7 -> 8).	–
–	i 값을 증가시킨다(7 -> 8).
i 값을 저장한다(8).	–
–	i 값을 저장한다(8).

두 스레드 모두 i 값을 증가시키기 전에 확인하고, 증가시킨 다음 같은 값을 저장한다. 결과적으로 i 값은 9가 되어야 하지만 8이 된다. 이 경우는 위험 지역의 가장 간단한 예다. 다행히 해결책도 간단하다. 이 과정이 드러나지 않게 한 단계로 원자적으로 처리하는 방법만 있으면 된다. 대부분의 프로세서에는 변수 하나의 값을 읽고 증가시킨 다음 저장하는 과정을 하나로 처리하는 명령어가 있다. 이 원자적 명령 atomic instruction을 이용하면 다음과 같은 결과가 발생할 수 있다.

스레드 1	스레드 2
i 값을 증가시키고 저장한다(7 -> 8).	–
–	i 값을 증가시키고 저장한다(8 -> 9).

아니면 반대로 다음과 같은 결과가 발생할 수 있다.

스레드 1	스레드 2
–	i 값을 증가시키고 저장한다(7 -> 8).
i 값을 증가시키고 저장한다(8 -> 9).	–

두 원자적 명령이 중첩되는 일은 절대 벌어지지 않는다. 이런 일이 불가능하다는 것을 프로세서가 물리적으로 보장한다. 이런 원자적 명령을 이용해 문제를 해결할

수 있다. 커널은 이런 원자적 명령을 구현하는 인터페이스들을 제공한다. 이에 대해서는 10장에서 설명한다.

락

이제 보다 복잡한 해결책을 필요로 하는 더 복잡한 경쟁 조건을 살펴보자. 처리해야 하는 작업 요청이 담겨 있는 큐가 있다고 하자. 이 큐를 연결 리스트로 구현했고, 큐의 각 노드에 요청 작업을 저장한다고 하자. 새로운 요청을 리스트의 끝에 추가하는 함수가 있다. 큐의 앞부분에서 요청을 빼내어 필요한 작업을 처리하는 함수도 있다. 커널의 여러 곳에서 이런 함수를 호출해서 요청을 계속 추가하고, 제거하고, 처리한다. 요청 큐를 관리하는 작업에는 여러 가지 명령이 필요할 것이 분명하다. 스레드가 큐를 조작하는 도중에 다른 스레드가 큐에서 정보를 읽으면, 정합성이 깨진 상태의 큐를 접할 수도 있을 것이다. 큐에 동시에 접근하는 일이 발생한다면 큐가 손상될 것이 분명하다. 복잡한 자료구조를 공유할 때 경쟁 조건이 발생하면 데이터 구조가 깨지는 경우가 많다.

이런 경우에 대해서는 분명한 해결책이 없어 보인다. 프로세서가 큐를 수정하고 있는 동안 어떻게 다른 프로세서가 큐에서 정보를 읽는 것을 막을 것인가? 산술 연산이나 비교 연산 같은 간단한 연산으로 이를 구현하는 아키텍처도 있을 수 있겠지만, 이번의 경우처럼 크기가 한정되지 않은 위험 지역을 원자적 연산으로 지원하는 아키텍처라는 것은 말이 되지 않는다. 한 스레드만 자료구조를 조작하게 하는 방법이 필요하다. 표시된 지역을 실행하는 스레드가 있는 경우에는 자원 접근을 제한하는 방법이 필요하다.

락이 이 방법을 제공한다. 락은 문의 자물쇠와 비슷하게 동작한다. 문 뒤의 공간을 위험 지역이라고 생각하자. 어떤 순간 방 안에는 하나의 실행 스레드만 있을 수 있다. 스레드가 방 안에 들어가면 문을 잠근다. 스레드가 공유 데이터 조작을 마치면, 문을 열고 나온다. 다른 스레드가 도착했을 때 문이 잠겨 있다면 내부 스레드가 문을 열고 방을 나와야 들어갈 수 있으므로 기다려야 한다. 자물쇠는 스레드가 쥐고 있으며, 이 자물쇠로 데이터를 보호한다.

앞에서 본 요청 큐의 경우에는 하나의 락을 이용하면 큐를 보호할 수 있다. 큐에 요청을 추가할 때마다 스레드는 먼저 락을 얻는다. 그리고 나서 요청을 안전하게 큐에 추가한 다음 락을 해제한다. 스레드가 요청을 큐에서 제거할 때에도 락을 얻어

야 한다. 다른 이유로 큐에 접근하는 경우에도 락을 얻어야 한다. 한 번에 한 스레드
만 락을 얻을 수 있으므로 한 번에 하나의 스레드만 큐를 조작할 수 있다. 다른 스레
드가 이미 큐를 조작하고 있다면 두 번째 스레드는 첫 번째 스레드가 락을 해제하고
난 다음에야 작업을 할 수 있다. 락은 동시 실행을 막아 큐를 경쟁 조건으로부터
보호한다.

큐에 접근하는 모든 코드는 먼저 락을 얻어야 한다. 실행 스레드가 여러 개 있을
때 락을 이용해 동시 실행을 막을 수 있다.

스레드 1	스레드 2
큐의 락 획득을 시도한다.	큐의 락 획득을 시도한다.
성공 : 락을 얻었다.	실패 : 기다린다.
큐에 접근한다.	기다린다.
큐의 락을 해제한다.	기다린다.
…	성공 : 락을 얻었다.
	큐에 접근한다.
	큐의 락을 해제한다.

락 사용은 권고 사항이며 의무적으로 사용해야 하는 것은 아니다. 락은 개발자가
사용할 수 있는 프로그래밍 구성 요소일 뿐이다. 락을 적절히 사용하지 않는 큐 조작
코드도 얼마든지 작성할 수 있다. 물론 이렇게 하면, 경쟁 조건이 발생해 큐가 망가
질 것이다.

락의 종류는 다양하다. 리눅스만 보더라도 많은 종류의 락이 구현되어 있다. 다른
스레드가 이미 차지하고 있어 락을 얻을 수 없을 때의 동작을 각 방식의 주요한 차이
점으로 들 수 있다. 락을 무한정 기다리는busy wait 방식이 있는 반면,[2] 락을 사용할
수 있을 때까지 현재 태스크를 휴면 상태로 전환하는 방법을 사용하는 방식도 있다.
다양한 리눅스 락의 동작과 그 인터페이스에 대해서는 다음 장에서 살펴본다.

눈치가 빠른 독자라면 지금 불만을 쏟아내고 있을 것이다. 락은 문제를 해결해
주지 않는다. 위험 지역을 락을 걸고 푸는 코드로 줄여줄 뿐이다. 위험 지역이 아주
작아지는 것은 분명하지만, 락을 걸고 푸는 코드 안에서 경쟁 조건이 발생할 가능성
은 여전히 있다! 다행히 락은 원자적 명령으로 구현되므로 경쟁 조건이 발생할 수
없다. 누가 열쇠를 가지고 있는지 확인하고, 가지고 있는 사람이 없으면 열쇠를 취하
는 과정을 단 하나의 명령으로 처리할 수 있다. 아키텍처마다 다른 방식으로 이 과정
을 처리하지만, 대부분의 프로세서에 정수 값을 확인하고 그 값이 0인 경우에만 값을

---

2. 이 말은 짧은 루프를 돌면서 락을 사용할 수 있을 때까지 락의 상태를 계속 확인하면서 기다린다는 뜻이다.

변경하는, 확인 및 설정test and set 같은 원자적 명령이 구현되어 있다. 값이 0인 경우가 락이 설정되지 않은 상태를 뜻한다. 보편적인 x86 아키텍처는 비교 및 교환compare and exchange라는 비슷한 명령을 이용해 락을 구현한다.

동시성의 원인

사용자 공간의 프로그램은 스케줄러에 의해 선점될 수 있다는 사실 때문에 동기화가 필요하다. 언제라도 프로세스가 선점되고 다른 프로세스가 스케줄링될 수 있기 때문에, 프로세스가 위험 지역을 실행하고 있는 중에도 타의에 의해 선점되는 일이 벌어질 수 있다. 새로 스케줄링된 프로세스가 같은 위험 지역에 들어가게 되면(두 프로세스가 같은 공유 메모리를 조작한다거나 같은 파일 기술자에 쓰기 작업을 하는 경우를 들 수 있다) 경쟁 조건이 발생할 수 있다. 여러 개의 단일 스레드 프로세스가 파일을 공유하는 경우에도 같은 문제가 발생할 수 있으며, 비동기적인 시그널 발생으로 인해 단일 프로그램에서도 시그널을 사용하는 경우에 같은 문제가 발생할 수 있다. 두 작업이 실제로 동시에 일어나는 것은 아니지만, 서로 중첩되어 실행됨으로써 발생하는 이런 종류의 동시성 문제를 유사 동시성이라고 부른다.

대칭형 다중 프로세서 장비에서는 두 프로세스가 실재로 정확히 같은 시간에 위험 지역을 실행하는 일이 가능하다. 이런 경우를 진정한 동시성이라고 한다. 유사 동시성과 진정한 동시성은 원인과 과정이 다르기는 하지만, 모두 같은 형태의 경쟁 조건을 발생시키며 이를 막기 위해 같은 방식의 보호 장치가 필요하다.

커널에서 동시성 이슈가 발생하는 원인은 다음과 같다.

- 인터럽트 – 인터럽트는 비동기적으로 언제라도 발생하여 현재 실행 중인 코드를 중단시킬 수 있다.
- softirq와 태스크릿 – 커널은 언제라도 softirq를 올리거나 태스크릿을 스케줄링해 현재 실행 중인 코드를 중단시킬 수 있다.
- 커널 선점 – 선점형 커널이므로 커널의 한 작업이 다른 작업을 선점할 수 있다.
- 사용자 공간의 휴면과 동기화 – 커널 태스크는 휴면 상태로 전환하면서 스케줄러를 호출해 새로운 프로세스를 실행할 수 있다.
- 대칭형 다중 프로세싱 – 둘 이상의 프로세서가 동시에 커널 코드를 실행할 수 있다.

커널 개발자라면 이러한 동시성의 원인을 이해하고 이에 대비해야 한다. 자원을 조작하는 코드를 실행하는 도중에 인터럽트가 발생해 그 인터럽트 핸들러에서 같은 자원에 접근하게 되는 것은 심각한 버그다. 이와 유사하게 커널 코드가 공유 자원을 사용하는 동안 선점당하는 것도 버그다. 커널 코드가 위험 지역을 실행하던 도중에 휴면 상태로 전환되는 것도 버그다. 그리고 두 프로세서가 동시에 같은 데이터에 접근하는 것도 버그다. 어떤 데이터를 보호해야 하는지가 명확하면 락을 이용해 시스템 안정성을 유지하는 것은 그리 어렵지 않다. 오히려 이런 조건을 찾아내고 동시성 문제가 발생하는 것을 막기 위해 무언가 조치를 해야 한다는 사실을 깨닫는 것이 더 어렵다.

중요한 부분을 다시 반복한다. 공유 자원을 보호하기 위해 실제 락을 구현하는 일은 어렵지 않다. 특히 개발 설계 단계에서 검토된 경우라면 더욱 그렇다. 어려운 부분은 실재 공유되는 데이터와 그에 해당하는 위험 지역을 식별해내는 것이다. 이것이 바로 코드의 시작 단계에서 부터 락을 설계해야 하는 이유다.

나중에 문제가 발생한 다음 기존 코드의 위험 지역을 식별하고 락 기능을 추가하는 작업은 어려울 수 있다. 결과적으로 얻어지는 코드도 깔끔하지 못한 경우가 많다. 이런 일을 예방하려면 항상 시작부터 코드의 락을 적절히 설계해야 한다.

인터럽트 핸들러의 동시 접근에 안전한 코드를 인터럽트-세이프라고 한다. 대칭형 다중 프로세싱의 동시성 문제에 안전한 코드를 SMP-세이프라고 한다. 커널 선점의 동시성 문제에 안전한 코드를 선점-세이프라고 한다.[3] 각각 경우에 발생할 수 있는 경쟁 조건을 막고 동기화를 제공하는 실제 방법에 대해서는 10장에서 설명한다.

보호 대상 인식

어떤 데이터가 보호가 필요한지 찾아내는 것은 매우 중요한 일이다. 동시에 접근할 수 있는 데이터라면 당연히 보호해야 하므로 사실 어떤 데이터가 보호가 필요 없는지 찾는 편이 더 쉬운 경우가 많다. 특정 실행 스레드에서 사용하는 지역 데이터라면 해당 스레드만 그 데이터에 접근할 수 있어 당연히 보호가 필요 없다. 예를 들어, 지역 자동 변수(그리고 주소가 스택에만 저장되는 동적으로 할당된 자료구조)는 해당 실행 스레드의 스택에만 있기 때문에 락같은 보호가 필요하지 않다. 마찬가지로 특정 태스크만 사용하는 데이터도 락이 필요 없다. 한 프로세스는 특정 시점에 하나의 프로세서에

---

3. 나중에 살펴보겠지만 일부 예외 상황을 빼면 SMP-세이프이면 선점-세이프다.

서만 실행되기 때문이다.

락이 필요한 경우는 언제일까? 전역 커널 자료구조는 대부분 락이 필요하다. 간단히 다른 실행 스레드가 데이터에 접근할 수 있다면, 그 데이터에는 락이 필요하다고 생각할 수 있다. 다른 곳에서 볼 수 있다면 락을 사용하라. 락은 데이터에 적용되는 것이지 코드에 적용되는 것이 아니라는 점을 기억하자.

커널 코드를 작성할 때마다 자신에게 다음 질문을 던져야 한다.

- 이 데이터는 전역 데이터인가? 현재 스레드가 아닌 다른 실행 스레드가 접근할 수 있는가?
- 프로세스 컨텍스트와 인터럽트 컨텍스트가 데이터를 공유하는가? 다른 두 인터럽트 핸들러가 데이터를 공유하는가?
- 프로세스가 데이터를 사용하는 동안 선점당할 가능성이 있고, 새로 스케줄링된 프로세스가 같은 데이터에 접근할 가능성이 있는가?
- 어떤 이유로든 현재 프로세스가 휴면 상태로 전환(중단)될 수 있는가? 그렇다면 공유 데이터는 어떤 상태가 되는가?
- 다른 곳에서 이 데이터 메모리를 해제하지 못하게 하려면 어떻게 해야 하는가?
- 이 함수가 다른 프로세서에서 또 호출되면 무슨 일이 벌어지는가?

- 주어진 진행 지점에서 이 코드가 동시성에 대해 안전하다는 사실을 어떻게 확신할 수 있는가?

결국, 커널의 거의 모든 전역 데이터와 공유 데이터에는 다음 장에서 설명할 동기화 방법이 필요하다.

데드락

데드락deadlock은 하나 이상의 실행 스레드와 하나 이상의 자원에 대해 발생하는 것으로 각 스레드가 자원을 기다리고 있지만, 모든 자원이 이미 점유된 상태를 말한다. 모든 스레드가 다른 스레드를 기다리고 있지만, 어느 한 스레드가 이미 가진 자원을 해제하지 않는 한 어떤 진행도 불가능하다. 즉 모든 스레드가 더 이상 진행할 수 없는 상태를 데드락이라고 한다.

이 상태를 사거리의 교통 상태에 비유할 수 있다. 교차로의 모든 차가 다른 차가 지나간 다음에 지나가려고 생각한다면, 어떤 차도 진행할 수 없을 것이므로 교차로의 데드락이 발생한다.

가장 간단한 데드락으로 셀프 데드락이 있다.[4] 실행 스레드가 이미 얻은 락을 다시 얻으려고 시도하면 락이 해제될 때까지 기다릴 수밖에 없다. 하지만 락을 가진 스레드가 락을 얻으려고 기다리는 상태이므로 이 락은 절대 해제될 수가 없어 데드락 상태가 된다.

```
락을 얻음
또다시 락을 얻음
락을 얻을 수 있을 때까지 기다림
. . .
```

이와 유사하게 n개의 스레드와 n개의 락이 있는 경우를 생각해보자. 각 스레드가 다른 스레드가 원하는 락을 가지고 있다면, 모든 스레드가 필요한 락을 사용할 수 있을 때까지 대기해야 한다. 가장 일반적인 예로 죽음의 포옹deadly embrace 또는 **ABBA** 데드락이라 부르는 두 개의 스레드와 두 개의 락이 있는 경우를 들 수 있다.

---

4. 중첩이 가능한 재귀락(recursive-lock)을 통해 이런 형태의 데드락을 방지하는 커널도 있다. 이런 커널에서는 하나의 실행 스레드가 여러 번 락을 얻을 수 있다. 다행히 리눅스는 재귀락을 지원하지 않는다. 재귀락 미지원은 좋은 선택으로 평가받고 있다. 재귀락이 셀프 데드락을 막아주기는 하지만, 락에 대한 엉성한 이해를 불러일으키기 쉽기 때문이다.

스레드 1	스레드 2
락 A를 얻음	락 B를 얻음
락 B를 얻으려 함	락 A를 얻으려 함
락 B가 해제되길 기다림	락 A가 해제되길 기다림

각 스레드가 상대방 스레드를 기다리고 있기 때문에 자신이 얻은 락을 해제하지 않을 것이므로, 결과적으로 두 락 모두 사용할 수 없게 된다.

데드락을 방지하는 것은 중요 일이다. 어떤 코드에 데드락이 발생하지 않는다는 것을 증명하는 것은 어렵지만, 데드락이 발생하지 않는 코드를 작성할 수는 있다. 복잡한 방법을 간단하게 해 줄 몇 가지 규칙은 다음과 같다.

- 순서에 맞춰 락을 구현한다. 락이 중첩되는 경우에는 항상 같은 순서로 락을 얻도록 한다. 이렇게 함으로써 ABBA 데드락을 막을 수 있다. 락의 순서를 기록해 다른 사람도 이 순서를 지키게 한다.
- 기아현상starvation을 막아야 한다. 이 코드가 항상 종료하는지? foo가 발생하지 않으면, bar가 영원히 대기 상태에 빠지지는 않는지? 등을 자문해봐야 한다.
- 같은 락을 두 번 얻지 않는다.
- 단순하게 설계해야 한다. 락 사용방식이 복잡할수록 데드락이 발생할 확률이 높아진다.

특히 첫 번째 규칙이 가장 중요하다. 둘 이상의 락을 동시에 얻는 경우 항상 같은 순서로 얻어야 한다. 각 이름에 해당하는 자료구조를 보호하는 cat, dog, fox 락이 있다고 하자. 이제 이 세 개의 자료구조를 동시에 처리하는 함수가 있다고 하자. 자료구조 사이에 데이터를 복사하는 경우가 있다. 어쨌든 데이터 구조의 안전한 접근을 보장하려면 락을 사용해야 한다. 한 함수가 cat, dog, fox 순서로 락을 얻는다면 다른 모든 함수도 같은 순서로, 혹은 같은 순서의 부분 집합으로 락을 얻어야 한다. 예를 들어, dog 락은 항상 fox 락보다 나중에 얻어야 하는데, fox 락을 먼저 얻고 dog 락을 얻는다면 데드락 발생 가능성을 안게 된다. 결국 버그이다. 다음은 이런 경우에 발생하는 데드락을 보여준다.

스레드 1	스레드 2
cat 락을 얻음	fox 락을 얻음
dog 락을 얻음	dog 락을 얻으려 함
fox 락을 얻으려 함	dog 락이 해제되길 기다림
fox 락이 해제되길 기다림	–

첫 번째 스레드는 두 번째 스레드가 가지고 있는 fox 락이 해제되기를 기다리고, 두 번째 스레드는 첫 번째 스레드가 가지고 있는 dog 락이 해제되기를 기다린다. 어느 쪽도 가지고 있는 락을 해제하지 않으므로, 영원히 기다리게 되어 데드락이 발생한다. 락을 항상 같은 순서로 얻는다면 이런 방식의 데드락은 발생할 수 없다.

락이 다른 락이랑 중첩되는 경우에는 항상 정해진 순서를 따라야 한다. 락을 사용할 때 순서에 대한 주석을 달아두는 것은 좋은 방법이다. 다음과 같이 하면 좋다.

```
/*
 * cat_lock - cat 구조체 접근을 제어
 * 항상 dog 락보다 먼저 얻어야 한다.
 */
```

락을 해제하는 순서는 데드락과 관련이 없지만, 락을 얻은 순서와 반대 순서로 락을 해제하는 것이 일반적이다.

데드락을 방지하는 것은 매우 중요하다. 리눅스 커널에는 실행 중인 커널에서 데드락이 발생하는 경우를 탐지할 수 있는 기본적인 디버깅 장치가 있다. 이 기능에 대해서는 10장에서 알아본다.

경쟁과 확장성

락 경쟁lock contention 혹은 간단히 경쟁contention이라고 하는 것은 현재 사용 중인 락을 다른 스레드가 얻으려고 하는 경우를 말한다. 락이 경쟁이 심하다highly contended는 것은 대기 중인 스레드가 많다는 의미다. 락을 얻는 횟수가 많거나 락을 얻은 상태를 유지하는 시간이 길거나 또는 이 두 가지 모두가 해당되는 경우에 경쟁이 심한 현상이 발생할 수 있다. 락의 역할은 자원 접근을 단일화하는 것이기 때문에 락으로 인해 시스템 성능이 느려지는 것은 당연하다. 경쟁이 심한 락은 시스템 병목현상으로 인해 성능을 제약할 수 있다. 물론 시스템이 박살나는 것을 막기 위해서는 락이 필요하므로, 심한 락 경쟁 문제를 해결하는 경우에도 당연히 동시성 보호 기능은 있어야 한다.

확장성은 시스템이 얼마나 잘 확장될 수 있는가를 나타내는 지표다. 보통 운영체제에서 확장성이라함은 프로세스의 개수, 프로세서의 개수, 메모리 용량의 상대적인 성능을 말한다. 사실 용량을 표현할 수 있는 모든 컴퓨터 구성 요소에 대해 확장성을 논할 수 있다. 이상적으로는 프로세서의 개수를 두 배로 늘리면 시스템의 프로세서 성능도 두 배가 되어야 한다. 물론 절대 이런 일은 벌어지지 않는다.

2.0 커널에 다중 프로세서 지원이 도입된 이래 대용량 프로세서에 대한 리눅스의 확장성은 극적으로 개선되고 있다. 다중 프로세서 지원 초기 리눅스 커널에서는 동시에 하나의 태스크만 실행할 수 있었다. 2.2 버전에서 락이 좀 더 세분화되면서 이런 제한이 사라졌다. 2.4 버전 이후 커널의 락은 더욱 더 세분화되었다. 현재 2.6 리눅스 커널의 락은 매우 세분화돼 좋은 확장성을 보여준다.

락의 세밀함은 락이 보호하는 데이터의 크기를 나타낸다. 아주 성긴 락은 서브시스템 자료구조 전체와 같이 많은 양의 데이터를 보호한다. 반면 아주 세분화된 락은 큰 자료구조의 개별 항목 하나 같은 아주 작은 양의 데이터를 보호한다. 실제 사용하는 대부분의 락은 이 양 극단의 중간 어딘가에 해당한다. 전체 서브시스템이나 개별 항목을 보호하기보다는 리스트 구조체의 항목 하나 정도를 보호한다. 락은 아주 성긴 형태로 시작했다가 락 경쟁이 문제가 되면 좀 더 세밀하게 바꾸는 경우가 많다.

세밀한 락으로 진화했던 예로 4장 "프로세스 스케줄링"에서 언급했던 스케줄러 실행 큐를 들 수 있다. 2.4 이전 커널의 스케줄러에는 실행 큐가 하나 있었다(실행 큐는 실행 가능 프로세스를 모은 리스트였다). 2.6 버전 초반의 O(1) 스케줄러는 개별적으로 락을 사용하는 프로세서별 실행 큐를 도입했다. 하나의 전역 락에서 프로세서별 개별 락으로 진화한 것이다. 실행 큐 락은 대형 장비에서 아주 경쟁이 심해서, 하나의 프로세서가 여러 개의 스케줄러를 동시에 실행시키는 수준으로 전체 스케줄링 프로세스의 성능을 떨어뜨리는 결과를 낳았기 때문에, 이 같은 변화는 아주 큰 의미가 있었다. 2.6 버전 후반에 CFS 스케줄러가 도입되면서 확장성은 더욱 개선되었다.

일반적으로 확장성 개선은 더 크고 강력한 시스템에서의 리눅스 성능을 개선시키기 때문에 좋은 일이라고 할 수 있다. 하지만 때로는 확장성 개선 작업이 소규모 다중 프로세서 또는 단일 프로세서 장비의 성능 개선으로 이어지지 않는 경우가 있는데, 작은 시스템에서는 세밀한 락이 오히려 복잡성과 부하를 늘리는 요인으로 작용하는 경우가 있기 때문이다. 연결 리스트를 생각해보자. 초기 락 사용방식은 전체 리스트에 대해 하나의 락을 사용하는 것이었다. 이 하나의 락이 연결 리스트에 자주 접근하는 대형 다중 프로세서 장비의 확장성을 방해하는 병목으로 드러날 수 있다.

이를 해결하기 위해 하나의 락을 연결 리스트 각 노드별 락으로 분해할 수 있다. 각 노드를 읽거나 쓰기 위해서 해당 노드의 락을 얻어야 한다. 이제 여러 프로세서가 정확히 같은 노드에 접근하는 경우에만 락 경쟁이 발생한다. 하지만 그래도 여전히 락 경쟁이 발생하는 경우라면 어떻게 해야 할까? 각 노드의 각 항목별로 락을 제공해야 할까? 각 항목의 비트단위에도? 답은 아니다이다. 세밀한 락은 대형 SMP 시스템에서 훌륭한 확장성을 보장하긴 하지만, 이중 프로세서 장비에서도 좋은 성능을 보여줄까? 이중 프로세서 장비에서 애초에 말한 심각한 락 경쟁이 발생하지 않는다면, 이 모든 부가적인 락은 낭비에 불과하다.

그럼에도 불구하고 확장성은 여전히 중요한 사항이다. 처음부터 확장이 잘 되도록 락을 설계하는 것이 좋다. 중요 자원에 대해 너무 성긴 락을 사용하면 소규모 장비에서도 병목현상이 발생하기 쉽다. 하지만 너무 성긴 락과 너무 세밀한 락이 뚜렷이 구분되는 것은 아니다. 락 경쟁이 심한 경우에 너무 성긴 락을 사용하면 확장성이 떨어지며, 락 경쟁이 심하지 않은 환경에서 너무 세밀한 락을 사용하면 쓸데없는 낭비가 발생한다. 두 경우 모두 낮은 시스템 성능으로 이어진다. 간단하게 시작하고 필요한 경우에만 복잡도를 높이도록 하자. 단순함이 핵심이다.

결론

SMP에 안전한 코드를 만드는 것은 나중에 처리할 수 있는 성질의 것이 아니다. 데드락, 확장성, 단순함을 모두 고려한 적절한 동기화는 코드 설계의 처음부터 끝까지 주의가 필요한 작업이다. 커널 코드를 작성할 때는 그것이 새 시스템 호출이든 새 드라이버든 간에, 동시 접근으로부터 데이터를 보호하는 작업을 우선적으로 검토해야 한다.

SMP, 커널 선점 등 모든 경우에 대해 충분한 보호를 제공하고 어떤 시스템과 어떤 설정에서도 데이터가 안전하다는 것을 보장해야 한다. 다음 장에서는 이런 보호 작업을 어떻게 할 수 있는지에 대해 알아본다.

동기화, 동시성, 락의 기초와 이론을 바탕으로 이제 경쟁 조건과 데드락이 없는 코드를 작성하기 위해 리눅스 커널이 제공하는 실제 도구를 살펴보자.

10장

커널 동기화 방법

9장에서 경쟁 조건의 원인과 해결책에 대해 알아보았다. 다행히 리눅스 커널은 여러 가지 동기화 방법을 제공한다. 개발자는 리눅스 커널의 동기화 방법을 이용해 효율적이고 경쟁 상태가 없는 코드를 작성할 수 있다. 10장에서는 이러한 동기화 방법과 그 인터페이스, 특성, 사용 방법 등을 알아본다.

원자적 동작

동기화 방법들 중 다른 동기화 방법의 기반이 되는 원자적 동작을 먼저 알아보자. 원자적 동작atomic operation은 중단 없이 한 단위로 실행되는 명령이다. 더 이상 쪼갤 수 없는 입자를 원자라고 하듯이, 원자적 동작은 더 이상 나눌 수 없는 명령이다. 앞 장에서 예로 들었던 나눠지지 않고 중간에 멈출 수 없는, 변수의 값을 읽고 1만큼 증가시키는 원자적 증가 명령을 예로 들 수 있다. 9장에서 살펴본 정수 값을 1만큼 증가시킬 때 발생할 수 있는 경쟁 조건은 다음과 같다.

스레드 1	스레드 2
i값을 읽는다(7).	i값을 읽는다(7).
i값을 증가시킨다(7 -> 8).	
-	i값을 증가시킨다(7 -> 8).
i값을 저장한다(8).	-
-	i값을 저장한다(8).

원자적 동작을 사용하게 되면 이 같은 경쟁 조건은 발생할 수 없다. 대신 항상 결과를 다음과 같다.

스레드 1	스레드 2
i값을 읽고, 증가시키고, 저장한다(7 -> 8).	-
-	i값을 읽고, 증가시키고, 저장한다(8 -> 9).

또는 다음과 같다

스레드 1	스레드 2
-	i값을 읽고, 증가시키고, 저장한다(7 -> 8).
i값을 읽고, 증가시키고, 저장한다(8 -> 9).	-

결국 항상 올바른 값인 9를 얻는다. 두 개의 원자적 동작이 동시에 같은 변수에 접근하는 일은 절대 발생하지 않는다. 따라서 값을 증가시키는 경쟁 조건은 발생하지 않는다.

커널은 두 종류의 원자적 동작 인터페이스를 제공한다. 하나는 정수 연산을 위한 것이고 다른 하나는 개별 비트 연산을 위한 것이다. 리눅스가 지원하는 모든 아키텍처에 대해 이 인터페이스를 지원한다. 대부분의 아키텍처에는 간단한 수치 연산을 원자적으로 수행하는 연산이 들어 있다. 원자적 연산을 직접 지원하지 않는 아키텍처의 경우에는 연산을 처리하는 동안 메모리 버스를 잠궈두는 연산을 제공하는데, 이를 이용하면 메모리에 영향을 미치는 다른 연산이 동시에 실행되는 것을 방지할 수 있다.

원자적 정수 연산

원자적 정수 연산은 특별한 자료구조인 `atomic_t`를 사용한다. 일반적인 C의 `int`형 대신 특별한 자료구조를 사용하는 데는 몇 가지 이유가 있다. 우선 원자적 함수의 인자로 `atomic_t` 형을 사용함으로써 다른 자료형에 원자적 함수를 잘못 사용하는 것을 막을 수 있다. 또한 비원자적 함수에 원자적 정수를 잘못 사용하는 것도 막을 수 있다. 사실 원자적 함수를 적합한 데이터에 사용하지 않는다면 무슨 소용이 있겠는가? 다음으로 `atomic_t` 형을 사용함으로써 컴파일러가 이 자료형 접근을 (똑똑하게 그러나 의도치 않게) 최적화하는 것을 막을 수 있다. 원자적 동작은 앨리어스alias가 아닌 실제 메모리 주소를 사용해야 하기 때문이다. 마지막으로 `atomic_t` 자료형을 사용해 아키텍처에 따라 다른 구현을 감출 수 있다. `atomic_t` 형은 `<linux/types.h>` 파일에 정의된다.

```
typedef struct {
        volatile int counter;
}
atomic_t;
```

리눅스가 지원하는 모든 시스템의 정수가 32비트이지만, `atomic_t`를 사용할 때는 그 크기가 24비트라고 가정해야 한다. SPARC 버전 리눅스는 원자적 동작을 특이한 방법으로 구현한다. 32비트 정수의 하위 8비트에 락 정보가 들어 있다(그림 10.1 참고). SPARC 아키텍처에는 원자적 자료형에 대한 동시 접근을 막는 기계어 수준의 장치가 없기 때문에 이 락을 이용해 데이터를 보호한다. 따라서 SPARC 장비에서는 24비트만을 사용할 수 있다. 32비트를 모두 사용 가능하다고 가정하면 다른 장비에서는 문제없이 동작하겠지만 SPARC 장비에서는 잘못 동작할 수 있으므로 무례한 구현이라 할 수 있다. 최근 SPARC에서도 atomic_t의 32비트를 모두 사용할 수 있는 멋진 방법을 찾아냈기 때문에, 더 이상 이런 제약은 없다.

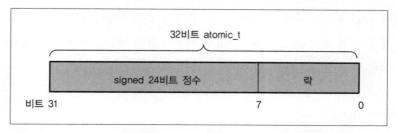

그림 10.1 예전 SPARC 장비에서의 32비트 atomic_t 데이터 배치

원자적 정수 연산에 대한 선언은 <asm/atomic.h>에 들어 있다. 추가적인 함수를 제공하는 아키텍처도 일부 있지만, 커널 전반에서 사용하는 최소한의 동작은 모든 아키텍처에서 지원한다. 커널 코드를 작성할 때에는 이런 동작이 모든 아키텍처에 제대로 구현되어 있는지 확인해야 한다.

atomic_t는 일반적인 방법으로 정의한다. 선택적으로 초기값을 지정할 수도 있다.

```
atomic_t v;                        /* v를 정의 */
atomic_t u = ATOMIC_INIT(0);    /* u를 정의하고 0으로 초기화 */
```

함수의 형태도 간단하다.

```
atomic_set(&v, 4);    /* v = 4 (원자적) */
atomic_add(2, &v);    /* v = v + 2 = 6 (원자적) */
atomic_inc(&v);       /* v = v + 1 = 7 (원자적) */
```

atomic_t 자료형을 int 형으로 변환하려면 atomic_read() 함수를 사용한다.

```
printk("%d\n", atomic_read(&v)); /* 7을 출력할 것이다. */
```

원자적 정수 연산은 카운터 구현에 사용하는 경우가 많다. 카운터 값 하나를 복잡한 락 기법을 사용해 보호하는 것은 과잉대응이기 때문에, 개발자들은 그 대신 훨씬 가벼운 atomic_inc()나 atomic_dec()를 사용한다.

원자적 정수 연산의 다른 용도로 원자적으로 어떤 동작을 수행하고 그 결과를 확인하는 작업이 있다. 일반적인 예로 원자적 감소 및 확인 작업을 들 수 있다.

```
int atomic_dec_and_test(atomic_t *v)
```

이 함수는 주어진 값을 1만큼 감소시킨다. 감소시킨 결과가 0이면 true를 반환하고 그렇지 않다면 false를 반환한다. 표 10.1에 모든 아키텍처에서 지원하는 표준 원자적 정수 연산 목록을 정리했다. 일부 아키텍처만 지원하는 함수를 포함한 모든 함수의 목록은 <asm/atomic.h>에서 확인할 수 있다.

표 10.1 원자적 정수 연산 목록

원자적 정수 연산	설명
ATOMIC_INIT(int i)	선언시 atomic_t를 i로 초기화한다.
int atomic_read(atomic_t *v)	원자적으로 v 값을 읽는다.
void atomic_set(atomic_t *v, int i)	원자적으로 v 값을 i로 설정한다.
void atomic_add(int i, atomic_t *v)	원자적으로 v 값에 i를 더한다.
void atomic_sub(int i, atomic_t *v)	원자적으로 v 값에서 i를 뺀다.
void atomic_inc(atomic_t *v)	원자적으로 v 값을 1만큼 증가시킨다.
void atomic_dec(atomic_t *v)	원자적으로 v 값을 1만큼 뺀다.
int atomic_sub_and_test(int I, atomic_t *v)	원자적으로 v 값에서 i를 빼고, 그 결과가 0이면 true, 아니면 false를 반환한다.
int atomic_add_negative(int I, atomic_t *v)	원자적으로 v 값에 i를 더하고, 그 결과가 음이면 true, 아니면 false를 반환한다.
int atomic_add_return(int i, atomic_t *v)	원자적으로 v 값에 i를 더하고, 그 결과값을 반환한다.
int atomic_sub_return(int i, atomic_t *v)	원자적으로 v 값에서 i를 빼고, 그 결과값을 반환한다.
int atomic_inc_return(atomic_t *v)	원자적으로 v 값을 1만큼 증가시키고, 그 결과값을 반환한다.
int atomic_dec_return(atomic_t *v)	원자적으로 v 값을 1만큼 빼고, 그 결과값을 반환한다.
int atomic_dec_and_test(atomic_t *v)	원자적으로 v 값을 1만큼 빼고, 그 결과가 0이면 true, 아니면 false를 반환한다.
int atomic_inc_and_test(atomic_t *v)	원자적으로 v 값을 1만큼 증가시키고, 그 결과가 0이면 true, 아니면 false를 반환한다.

원자적 함수는 보통 인라인 어셈블리를 사용한 인라인 함수로 구현된다. 동작 방식이 본질적으로 원자적인 일부 함수는 단순한 매크로 형태로 구현된다. 대부분의 아키텍처에서 워드 크기의 읽기 작업은 항상 원자적 동작이다. 즉 단일 워드에 쓰기 작업을 진행하는 도중에는 해당 워드에 대한 읽기 작업을 진행할 수 없다. 읽기 작업

은 항상 안정적인 상태의, 다시 말해 쓰기 작업이 진행되기 이전이나 이후의, 워드 정보를 알려주며, 절대 쓰기 작업이 진행 중인 상태의 워드 정보를 알려주지 않는다. 따라서 atomic_read() 함수는 atomic_t의 정수값을 반환하는 간단한 매크로로 구현된다.

```
/**
 * atomic_read - 원자적 변수 값을 읽는다.
 * @v: atomic_t 자료형 포인터
 *
 * @v의 값을 원자적으로 읽는다.
 */
static inline int atomic_read(const atomic_t *v)
{
        return v->counter;
}
```

원자성과 순차성

원자적 읽기에 대한 앞부분의 설명에는 원자성(atomicity)과 순차성(ordering)의 차이점에 대한 설명이 필요하다. 설명했듯이, 워드 크기에 대한 읽기는 항상 원자적으로 처리된다. 워드에 대한 읽기 작업은 동일 워드에 대한 쓰기 작업과 절대 겹칠 수 없다. 읽기 작업은 항상 안정적인 상태의 워드 정보를 반환한다. 쓰기 작업이 완료되기 이전, 또는 이후의 정보이며, 절대 작업이 진행 중인 정보가 아니다. 예를 들어, 원래 42인 정수 값을 365로 변경한다면, 해당 정수에 대한 읽기 작업은 항상 42아니면 365를 반환할 것이며, 절대 그 두 값이 뒤섞인 값을 반환하지 않는다. 이런 특성을 원자성이라고 한다.

그러나 코드에 이 이상이 필요할 경우가 있다. 가령 읽기 작업은 항상 그에 이어지는 쓰기 작업보다 먼저 처리되어야 한다라는 조건이 필요할 수 있다. 이런 요구사항은 원자성이 아니라 순차성에 대한 것이다. 원자성은 명령이 아무런 방해를 받지 않고 완전히 작업을 끝내던가, 아니면 전혀 수행되지 않던 가를 보장하는 것이다. 그에 반하여 순차성은 두 개 이상의 명령이 별도 스레드에서 실행되거나 별도의 프로세서에서 실행되는 경우라도 원하는 순서대로 수행되는 것을 보장하는 것이다.

이 절에서 설명한 원자적 연산은 원자성만을 보장한다. 이 장의 뒷부분에서 설명할 배리어 연산(barrier operation)을 이용해 순차성을 보장할 수 있다.

코드를 작성할 때는 가능하면 복잡한 락 대신 간단한 원자적 연산을 사용하는 것이 좋다. 대부분의 아키텍처에서 복잡한 동기화 방법 하나보다 원자적 연산 한 두 개가 훨씬 가벼우며, 캐시 메모리 히트율도 더 높다. 하지만 성능에 민감한 코드라면 항상 여러 가지 방법을 모두 시험해 보는 것이 현명하다.

64비트 원자적 연산

64비트 아키텍처의 점유율이 높아짐에 따라 리눅스 커널 개발자들은 32비트 atomic_t 형의 64비트 버전인 atomic64_t를 추가했다. 이식성 문제 때문에 atomic_t 형의 크기를 아키텍처에 따라 다르게 할 수는 없었기 때문에 atomic_t 형은 64비트 아키텍처에서도 크기가 32비트다. 대신 64비트 원자적 정수를 나타내는 atomic64_t 형을 지원하는 32비트와 동일한 함수를 제공한다. 사용할 수 있는 정수형의 범위가 32비트가 아닌 64비트라는 점만 제외하면 사용법은 같다. 기본 32비트 원자적 연산과 동일한 64비트 연산이 거의 모두 구현된다. 함수 앞에 atomic 대신 atomic64가 붙어 있다. 표준 연산 목록이 표 10.2에 정리되어 있다. 일부 아키텍처는 이 이상이 구현되어 있지만, 이식성이 없는 함수들이다. atomic_t와 마찬가지로 atomic64_t는 long 정수형을 감싼 데이터 형이다.

```
typedef struct {
    volatile long counter;
} atomic64_t;
```

표 10.2 원자적 정수 연산 목록

원자적 정수 연산	설명
ATOMIC64_INIT(long i)	선언시 i로 초기화한다.
long atomic64_read(atomic64_t *v)	원자적으로 v 값을 읽는다.
void atomic64_set(atomic64_t *v, int i)	원자적으로 v 값을 i로 설정한다.
void atomic64_add(int i, atomic64_t *v)	원자적으로 v 값에 i를 더한다.
void atomic64_sub(int i, atomic64_t *v)	원자적으로 v 값에서 i를 뺀다.
void atomic64_inc(atomic64_t *v)	원자적으로 v 값을 1만큼 증가시킨다.
void atomic64_dec(atomic64_t *v)	원자적으로 v 값을 1만큼 뺀다.

(이어짐)

원자적 정수 연산	설명
int atomic64_sub_and_test(int i, atomic64_t *v)	원자적으로 v 값에서 i를 빼고, 그 결과가 0이면 true, 아니면 false를 반환한다.
int atomic64_add_negative(int i, atomic64_t *v)	원자적으로 v 값에 i를 더하고, 그 결과가 음이면 true, 아니면 false를 반환한다.
long atomic64_add_return(int i, atomic64_t *v)	원자적으로 v 값에 i를 더하고, 그 결과값을 반환한다.
long atomic64_sub_return(int i, atomic64_t *v)	원자적으로 v 값에서 i를 빼고, 그 결과값을 반환한다.
long atomic64_inc_return(atomic64_t *v)	원자적으로 v 값을 1만큼 증가시키고, 그 결과값을 반환한다.
long atomic64_dec_return(atomic64_t *v)	원자적으로 v 값을 1만큼 빼고, 그 결과값을 반환한다.
int atomic64_dec_and_test(atomic64_t *v)	원자적으로 v 값을 1만큼 빼고, 그 결과가 0이면 true, 아니면 false를 반환한다.
int atomic64_inc_and_test(atomic64_t *v)	원자적으로 v 값을 1만큼 증가시키고, 그 결과가 0이면 true, 아니면 false를 반환한다.

모든 64비트 아키텍처는 `atomic64_t` 자료형과 이를 사용하는 연산 함수를 제공한다. 하지만 대부분의 32비트 아키텍처는 `atomic64_t`를 지원하지 않는다. 예외적으로 x86-32 아키텍처는 지원한다. 리눅스를 지원하는 모든 아키텍처 간 이식성을 유지하기 위해서는 32비트인 `atomic_t` 자료형을 사용해야 한다. 64비트 `atomic64_t` 자료형은 특정 아키텍처에 종속적이면서 64비트가 필요한 경우를 위한 것이다.

원자적 비트 연산

커널은 원자적 정수 연산뿐 아니라 비트 단위 동작 함수도 제공한다. 당연히 이 함수들도 아키텍처별로 다른 방식으로 구현되며, `<asm/bitops.h>`에 정의된다.

비트 단위 함수가 일반 메모리 주소를 가지고 연산한다는 점이 이상하게 느껴질 수도 있겠다. 이 함수들은 포인터와 비트 번호를 인자로 받는다. 최하위 비트least significant bit가 0번 비트가 된다. 32비트 장비에서는 31번 비트가 최상위 비트most significant bit가 되며 32번 비트는 다음 워드의 최하위 비트가 된다. 비트 번호를 지정하는 데 특별한 제약은 없지만, 함수 인자가 워드인 경우가 일반적이므로 32비트 장비에서는 0에서 31, 64비트 장비에서는 0에서 63 사이의 값을 사용한다.

일반적인 메모리 포인터를 사용하는 함수이므로 원자적 정수의 atomic_t와 같은 별도 자료형을 사용하지 않는다. 어떠한 데이터 포인터라도 사용이 가능하다. 다음 예를 살펴보자.

```
unsigned long word = 0;

set_bit(0, &word);  /* 0번 비트가 설정됨(원자적) */
set_bit(1, &word);  /* 1번 비트가 설정됨(원자적) */
printk("%ul\n", word);   /* "3"을 출력 */
clear_bit(1, &word);  /* 1번 비트가 해제됨(원자적) */
change_bit(0, &word); /* 0번 비트를 뒤집음. 즉 0번 비트가 해제됨(원자적) */

/* 0번 비트를 원자적으로 설정하고 이전 값(0)으로 되돌림 */
if (test_and_set_bit(0, &word)) {
    /* 절대 참이 되지 않음 ... */
}

/* 다음과 같이 사용할 수 있다. 원자적 비트 연산은 일반적인 C와 함께 쓸 수 있다. */
word = 7;
```

표준 원자적 비트 연산의 목록이 표 10.3에 정리되어 있다.

표 10.2 원자적 비트 연산 목록

원자적 비트 연산	설명
void set_bit(int nr, void *addr)	원자적으로 addr에서부터 nr번째 비트를 설정한다.
void clear_bit(int nr, void *addr)	원자적으로 addr에서부터 nr번째 비트를 해제한다.
void change_bit(int nr, void *addr)	원자적으로 addr에서부터 nr번째 비트를 뒤집는다.
int test_and_set_bit(int nr, void *addr)	원자적으로 addr에서부터 nr번째 비트를 설정하고 이전 값을 반환한다.
int test_and_clear_bit(int nr, void *addr)	원자적으로 addr에서부터 nr번째 비트를 해제하고 이전 값을 반환한다.
int test_and_change_bit(int nr, void *addr)	원자적으로 addr에서부터 nr번째 비트를 뒤집고 이전 값을 반환한다.
int test_bit(int nr, void *addr)	원자적으로 addr에서부터 nr번째 비트를 반환한다.

편의를 위해 이런 함수와 같은 동작을 하는 비원자적 비트 연산 함수도 제공된다. 이런 함수는 원자적 함수와 같은 동작을 하지만 원자성을 보장하지 않으며, 앞부분에 두 개의 밑줄이 붙어 있다. `test_bit()` 함수의 비원자적 함수는 `__test_bit()`가 된다. 원자성이 필요없는 경우라면(예를 들면, 락을 통해 이미 데이터가 보호된 경우) 비원자적 함수가 더 빠를 수 있다.

비원자적 비트 연산이란 도대체 무엇인가?

비원자적 비트 연산이라는 개념은 언뜻 봐서는 말이 안 되는 것 같다. 처리 대상이 하나의 비트뿐 이므로 일관성이 깨질 가능성이 없다. 하나의 연산이 성공하면 무슨 문제가 있다는 것인가? 물론 순차성(ordering) 문제가 있을 수 있겠지만, 지금은 원자성(atomicity)을 다루고 있다. 결국 어떤 비트가 명령을 통해 지정된 값을 갖게 되면 문제가 없는 것 아닌가?

다시 원자성의 의미로 되돌아 가보자. 원자성을 만족하려면 어떤 명령이 방해받지 않고 작업을 모두 마치든지 아니면, 아무것도 하지 않은 상태로 실패해야 한다. 따라서 두 개의 원자적 비트 연산을 수행하는 경우, 두 연산이 모두 성공하기를 기대한다. 두 연산을 마치고 난 다음 해당 비트에는 두 번째 연산의 결과가 들어 있어야 한다. 하지만 마지막 연산이 끝나기 전의 특정 시점에 해당 비트에는 첫 번째 연산의 결과가 들어 있을 것이다. 더 일반적으로 설명하자면, 실제 원자성이란 중간 상태가 모두 올바른 값이어야 한다는 뜻이라고 할 수 있다.

예를 들어, 해당 비트를 먼저 설정한 다음 다시 지우는, 두 개의 원자적 비트 연산을 수행한다 고 가정하자. 원자적 연산을 사용하지 않을 경우, 해당 비트는 최종적으로 지워진 상태가 되지만, 애초에 설정조차 되지 않았을 수도 있다. 설정 연산이 지우는 연산과 동시에 실행되면서 실패할 수 있다. 지우는 연산만 성공하면서 해당 비트는 의도한 대로 지워진 상태가 된다. 하지만 원자적 연산이었다면, 설정 연산이 실제로 실행되며(이 순간 읽기 작업을 하면 해당 비트가 설정된 것을 볼 수 있다) 그다음 지우는 연산이 실행되면서 해당 비트가 0이 된다.

순차성을 다루거나 하드웨어 레지스터를 다루는 특정 상황에서 이러한 동작은 중요한 의미를 가진다.

커널은 주어진 주소에서부터 시작해 첫 번째로 설정된 혹은 해제된 비트를 찾는 함수도 제공한다.

```
int find_first_bit(unsigned long *addr, unsigned int size)
int find_first_zero_bit(unsigned long *addr, unsigned int size)
```

두 함수 모두 첫 번째 인자로 포인터를, 두 번째 인자로 탐색할 비트의 수를 받는 다. 첫 번째로 설정되었거나 해제된 비트의 위치를 반환한다. 워드에서만 탐색하는 코드라면 검색 대상 워드만을 인자로 받는 `__ffs()`, `ffz()` 함수를 사용하는 것이 가장 좋은 선택이다.

원자적 정수 연산과 달리, 비트 연산 사용에는 별다른 선택의 여지가 없다. 특정 비트를 설정하는 이식성 있는 방법은 하나뿐이다. 선택의 여지가 있는 부분은 원자적 연산을 쓸 것인가 비원자적 연산을 쓸 것인가 하는 것이다. 만일 경쟁 조건이 발생할 수 없는 경우라면 아키텍처에 따라 더 빠르게 동작하는 비원자적 연산을 사용할 수 있다.

스핀락

변수 값을 하나 증가시키는 것보다 더 복잡한 형태의 위험지역이 없다면 좋겠지만, 현실은 훨씬 더 잔인하다. 실제 위험 지역은 여러 함수에 걸쳐 있을 수도 있다. 데이터를 구조체에서 제거하고, 재가공하거나 분석한 다음 다른 구조체에 추가하는 작업이 필요한 경우를 예로 들 수 있다. 이 작업 전체를 원자적으로 실행해야 한다. 갱신 과정이 끝나기 전에 다른 코드가 두 구조체를 읽거나 쓰면 안 된다. 이런 복잡한 상황에서는 간단한 원자적 연산만으로는 충분한 보호를 제공할 수 없기 때문에 더 일반적인 동기화 방법인 락이 필요하다.

리눅스 커널에서 가장 일반적으로 사용하는 락은 스핀락spin lock이다. 스핀락은 최대 하나의 스레드만 잡을 수 있는 락이다. 실행 스레드가 이미 사용 중인 스핀락을 얻으려고 하면, 두 번째 스레드는 루프를 돌면서 락을 얻을 수 있을 때까지 기다린다. 락이 사용 중이 아닌 경우에는 바로 락을 얻을 수 있고 진행을 계속한다. 이런 스핀 과정을 통해 하나 이상의 스레드가 동시에 위험 지역에 들어가는 것을 막을 수 있다. 같은 락을 여러 곳에서 사용할 수 있기 때문에 특정 자료구조의 모든 접근을 동기화하는 것이 가능하다.

앞 장에서 사용한 문과 열쇠의 비유를 사용한다면, 스핀락은 안에 들어간 동료가 나와서 열쇠를 줄 때까지 문 밖에서 기다리는 것이라고 할 수 있다. 문에 도착했을 때 안에 아무도 들어가지 않았다면 열쇠를 가지고 방으로 들어갈 수 있다. 문에 도착했을 때 누군가 안에 들어가 있다면, 안에 사람이 있는지 계속 확인하면서 문 밖에서 열쇠를 기다려야 한다. 방이 비면 열쇠를 가지고 안으로 들어간다. 키(스핀락) 덕분에 한순간에 오직 한 사람(실행 스레드)만 방 안(위험구역)으로 들어갈 수 있다.

이미 사용 중인 스핀락으로 인해 다른 스레드가 락을 얻을 수 있는지 확인하면서 스핀한다는(본질적으로 프로세서 시간을 소모한다) 사실이 가장 중요한 부분이다. 이 동작이 스핀락의 핵심이다. 스핀락을 오랫동안 잡고 있는 것은 바람직하지 않다. 이것이 바로 스핀락의 본질이다. 스핀락은 소유자가 하나인 가벼운 락으로서 단기간만 사용해야 한다. 락이 사용 중일 때 취할 수 있는 다른 방법으로, 스레드를 휴면시키고 락을 사용할 수 있을 때 깨우는 방법이 있다. 이러면 프로세서가 다른 코드를 실행하러 갈 수 있다. 이로 인해 추가적인 부담, 특히 중단된 스레드를 처리하는 두 번의 컨텍스트 전환이 필요하게 되는데, 이 작업은 스핀락을 구현하는 필요한 코드보다 훨씬 많은 코드가 필요하다. 따라서 스핀락을 사용하는 시간이 두 번의 컨텍스트 전환 시간보다 짧은 것이 바람직하다. 컨텍스트 전환 시간 측정보다 더 가치 있는 일이 많으므로, 락 사용 시간은 가능한 짧아야 한다라고 생각하면 된다.[1] 락이 사용 중일 때 스핀 대신 휴면하면서 기다리는 세마포어에 대해서는 이 장의 뒷부분에서 살펴본다.

스핀락 사용 방법

스핀락은 아키텍처별로 다르게 어셈블리로 구현된다. <asm/spinlock.h> 파일에 아키텍처별 코드가 정의돼 있으며, 실제 사용하는 인터페이스는 <linux/spinlock.h>에 들어 있다. 스핀락의 기본적인 사용법은 다음과 같다.

```
DEFINE_SPINLOCK(mr_lock);

spin_lock(&mr_lock);
/* 위험 지역 ... */
spin_unlock(&mr_lock);
```

락은 동시에 하나의 실행 스레드만 사용할 수 있다. 따라서 동시에 하나의 스레드만 위험 지역에 들어갈 수 있다. 이렇게 해서 다중 프로세서 시스템의 동시성 문제에 필요한 보호 장치를 제공할 수 있다. 단일 프로세서 장비에서는 컴파일 시에 락 관련 코드가 제거된다. 커널 선점 가능 여부를 표시하는 역할만 한다. 커널 선점을 사용하지 않는 경우라면 락 관련 코드는 완전히 제거된다.

---

1. 커널도 선점이 가능한 지금 이 사실은 더욱 중요하다. 락을 사용하는 기간이 바로 스케줄링 지연시간이 된다.

다른 운영체제나 스레드 라이브러리의 스핀락 구현과 달리, 리눅스 커널의 스핀락은 재귀적이지 않다. 이 말은 자신이 이미 사용 중인 락을 다시 얻으려고 하면, 자기가 사용 중인 락이 풀리기를 기다리면서 스핀하게 된다는 뜻이다. 하지만 스핀 상태에서는 락을 풀 수 없으므로 결국 데드락에 빠지게 된다. 주의가 필요하다!

스핀락은 인터럽트 핸들러에서도 사용할 수 있지만, 세마포어는 휴면 상태로 전환될 수 있어 사용할 수 없다. 인터럽트 핸들러에서 락을 사용할 경우에는 락을 얻기 전에 해당 프로세서의 인터럽트를 반드시 비활성화해야 한다. 그렇지 않으면 인터럽트 핸들러가 이미 락을 사용하는 다른 커널 코드를 중단시키고 락을 얻으려고 시도할 수 있기 때문이다. 인터럽트 핸들러는 락이 풀릴 때까지 스핀하게 된다. 하지만 락을 잡고 있는 코드는 인터럽트 핸들러가 종료될 때까지 실행되지 않는다. 이것이 바로 앞 장에서 살펴본 이중 요청으로 인한 데드락의 예다. 현재 프로세서의 인터럽트만 비활성화시키면 된다. 다른 프로세서에서 인터럽트가 발생해 같은 락을 얻으려고 하는 경우에는 (다른 프로세서에서 실행 중인) 락을 가진 코드를 방해하지 않아서 결국은 락을 풀 수 있기 때문이다.

커널은 인터럽트를 비활성화하고 락을 얻는 편리한 인터페이스를 제공한다. 사용법은 다음과 같다.

```
DEFINE_SPINLOCK(mr_lock);
unsigned long flags;

spin_lock_irqsave(&mr_lock, flags);
/* 위험 지역 ... */
spin_unlock_irqrestore(&mr_lock, flags);
```

spin_lock_irqsave()는 인터럽트의 현재 상태를 저장하고, 로컬 인터럽트를 비활성화시킨 다음 지정한 락을 얻는다. 반대로 spin_unlock_irqrestore()는 지정한 락을 풀고 인터럽트를 이전 상태로 복원한다. 이런 방식을 사용함으로써 애초에 인터럽트가 비활성화 상태였음에도 실수로 인터럽트를 활성화시키는 일을 막을 수 있다. 여기서 flags 변수가 값으로 넘겨지는 것처럼 보일 수 있다. 이는 락 처리 함수의 일부가 매크로로 구현되기 때문이다.

단일 프로세서 시스템의 경우에도 인터럽트 핸들러가 공유 데이터를 접근하는 것을 방지하기 위해 인터럽트를 비활성화해야 할 필요가 있지만, 락 처리 부분은 컴파일 시 제외된다. 락을 걸고 푸는 동작은 각각 커널 선점을 비활성화시키거나 활성화시키는 동작도 수행한다.

> ## 락의 대상은 무엇인가?
>
> 각 락이 보호하는 대상을 명확하게 하는 것이 중요하다. 그리고 코드가 아닌 데이터를 보호해야 한다는 사실이 더 중요하다. 이 장의 예제가 위험 지역 보호의 중요성을 설명하고 있긴 하지만, 실제 보호가 필요한 것은 코드가 아닌 실제 데이터다.
>
> 효과적인 규칙 : 단순히 코드 영역을 감싸는 락은 이해하기에도 어려울 뿐 아니라 경쟁 조건에 빠지기도 쉽다. 코드가 아닌 데이터에 락을 걸어라.
>
> 코드에 락을 거는 대신, 항상 공유 데이터에 특정 락을 지정하는 것이 좋다. 예를 들면, "struct foo는 foo_lock으로 락을 건다"라는 방식을 사용하자. 공유 데이터에 접근 할 때마다 접근해도 안전한지 확인하자. 이는 또한 데이터를 조작하기 전에 적절한 락을 걸고, 작업을 마친 다음에는 락을 풀어야 한다는 것을 뜻한다.

초기 상태가 인터럽트가 활성화된 상태였음을 알고 있다면 인터럽트 상태를 이전으로 복구할 필요가 없다. 락을 풀면서 무조건 인터럽트를 활성화시키면 된다. 이 경우에는 `spin_lock_irq()` 및 `spin_unlock_irq()`를 사용하는 편이 좋다.

```
DEFINE_SPINLOCK(mr_lock);

spin_lock_irq(&mr_lock);
/* 위험 지역 ... */
spin_unlock_irq(&mr_lock);
```

커널이 커지고 복잡해짐에 따라 주어진 커널 코드에서 항상 인터럽트가 활성화되어 있는지를 확인하기가 점점 더 어려워진다. 따라서 `spin_lock_irq()` 사용은 권장하지 않는다. 만약 이 함수를 사용한다면 인터럽트가 원래 활성화되어 있었기를 기대하거나 비활성화시킨 인터럽트가 다시 활성화돼 사용자가 당황하는 상황이 발생할 것을 염두에 두어야 한다.

그 밖의 스핀락 함수

spn_lock_init() 함수를 사용해 동적으로 생성된(spinlock_t에 대한 직접 참조가 없이 포인터만 있는) 스핀락을 초기화할 수 있다.

spin_try_lock()은 지정한 스핀락 획득을 시도한다. 스핀락이 이미 사용 중이라면 락이 풀릴 때까지 스핀하지 않고 즉시 0을 반환한다. 락을 얻는 데 성공하면 0이 아닌 값을 반환한다. 이와 비슷하게 spin_is_locked() 함수는 지정한 락이 사용 중이면 0이 아닌 값을 반환한다. 그렇지 않으면 0을 반환한다. 어느 경우라도 spin_is_locked() 함수는 락을 걸지 않는다.[2]

전체 표준 스핀락 함수를 표 10.4에 정리했다.

표 10.4 스핀락 함수 목록

함수	설명
spin_lock( )	지정한 락을 건다.
spin_lock_irq( )	현재 프로세서의 인터럽트를 비활성화시키고 지정한 락을 건다.
spin_lock_irqsave( )	현재 프로세서의 인터럽트 상태를 저장하고 비활성화시킨 다음 지정한 락을 건다.
spin_unlock( )	지정한 락을 푼다.
spin_unlock_irq( )	지정한 락을 풀고, 현재 프로세서의 인터럽트를 활성화시킨다.
spin_unlock_irqrestore( )	지정한 락을 풀고, 현재 프로세서의 인터럽트를 이전 상태로 복원한다.
spin_lock_init( )	지정한 spinlock_t 포인터를 초기화한다.
spin_trylock( )	지정한 락을 거는 작업을 시도하고, 실패하면 0이 아닌 값을 반환한다.
spin_is_locked( )	지정한 락이 현재 사용 중이면 0이 아닌 값을 반환하고, 그렇지 않으면 0을 반환한다.

---

2. 이 두 함수를 사용하다 보면 난해한 코드가 만들어질 수 있다. 스핀락의 값은 자주 확인하면 안 된다. 항상 확인 과정 없이, 필요한 락을 걸든지, 아니면 락이 걸린 상태에서 동작하는 코드를 작성해야 한다. 하지만 이 함수들이 꼭 필요한 경우도 있기 때문에 인터페이스를 제공한다.

스핀락과 후반부 처리

8장 "후반부 처리와 지연된 작업"에서 설명했듯이 후반부 처리를 진행할 때는 락에 특별한 주의를 기울여야 한다. spin_lock_bh() 함수는 지정한 락을 걸고 모든 후반부 처리 작업을 비활성화시킨다. spin_unlock_bh() 함수는 그 반대로 동작한다.

후반부 처리는 프로세스 컨텍스트 코드를 선점할 수 있기 때문에 후반부 처리와 프로세스 컨텍스 간에 공유하는 데이터가 있다면, 데이터를 보호하기 위해서는 락을 걸고 후반부 처리를 비활성화시켜야 한다. 마찬가지로 인터럽트 핸들러가 후반부 처리 작업을 선점할 수 있기 때문에, 인터럽트 핸들러와 후반부 처리 사이에 공유하는 데이터가 있다면, 데이터를 보호하기 위해서 락을 걸고 인터럽트 처리를 비활성화시켜야 한다.

같은 형식의 태스크릿은 동시에 실행되지 않는다는 사실을 기억하자. 그러므로 특정 형식의 테스크릿 내부에서만 사용하는 데이터는 보호할 필요가 없다. 하지만 서로 다른 태스크릿 간에 데이터를 공유하는 경우에는 해당 데이터를 후반부 처리에서 사용하기 전에 반드시 스핀락을 걸어야 한다. 태스크릿이 같은 프로세서에서 실행되는 다른 태스크릿을 선점하는 일은 발생하지 않으므로, 후반부 처리를 비활성화시킬 필요는 없다.

softirq의 경우에는 형식 일치 여부와 상관없이 락을 이용해 softirq 사이에 공유하는 데이터를 보호해야 한다. softirq는 형식이 같은 경우에도 여러 프로세서에서 동시에 실행될 수 있다. 하지만 softirq 역시 같은 프로세서에 있는 다른 softirq를 선점하는 일은 없으므로 후반부 처리를 비활성화시킬 필요는 없다.

리더－라이터 스핀락

락 사용 형태가 리더와 라이터로 명확하게 구분되는 경우가 있다. 내용을 변경하기도 하고 탐색하기도 하는 리스트를 예로 들어 보자. 리스트 내용을 변경할 때는(쓰기 작업을 하는 경우) 다른 실행 스레드가 동시에 리스트에 쓰기나 읽기 작업을 하지 못하게 해야 한다. 쓰기 작업에는 상호 배제mutual exclusion가 필요하다. 반면 리스트를 탐색하는 경우에는(읽기 작업을 하는 경우) 다른 스레드가 동시에 리스트에 쓰는 작업을 막기만 하면 된다. 쓰기 작업만 없다면 여러 개의 읽기 작업을 실행해도 안전하다. 3장에서 살펴보았던 태스크 리스트의 사용 방식이 딱 이와 같다. 따라서 당연히 태스크 리스트는 리더－라이터 스핀락을 이용해 보호한다.

자료구조의 사용 방식이 리더/라이터 또는 생산자/소비자 형태로 깔끔하게 나뉘는 경우라면, 비슷한 동작을 가지고 있는 락 방식을 사용하는 것이 좋다. 이런 경우를 위해 리눅스는 리더-라이터 스핀락을 제공한다. 리더-라이터 스핀락은 별도의 리더 락과 라이터 락으로 구성된다. 하나 이상의 리더가 동시에 리더 락을 걸 수 있다. 반면 라이터 락은 리더 락이 없는 경우 하나의 라이터만 사용할 수 있다. 리더/라이터 락은 (리더 입장에서는) 공유하거나 (라이터 입장에서는) 독점하는 모양새가 되기 때문에, 공유락shared lock/독점락exclusive lock 또는 동시락concurrent lock/독점락exclusive lock이라고 부르기도 한다.

사용 방법은 스핀락과 비슷하다. 리더-라이터 스핀락은 다음과 같이 초기화한다.

```
DEFINE_RWLOCK(mr_rwlock);
```

리더 락의 사용법은 다음과 같다.

```
read_lock(&mr_rwlock);
/* 위험 구역 (읽기 전용) ... */
read_unlock(&mr_rwlock);
```

라이터 락의 사용법은 다음과 같다.

```
write_lock(&mr_rwlock);
/* 위험 구역 (읽기, 쓰기 가능) ... */
write_unlock(&mr_lock);
```

보통 이 예와 같이 리더 락을 사용하는 부분과 라이터 락을 사용하는 부분은 완전히 분리된다.

리더 락을 라이터 락으로 '전환upgrade'할 수는 없다. 다음 코드를 보자.

```
read_lock(&mr_rwlock);
write_lock(&mr_rwlock);
```

이 두 함수를 실행하면 라이터 락이 자신이 사용하는 리더 락을 포함한 모든 리더 락이 풀리기를 기다리며 스핀하게 되어 데드락에 빠진다. 쓰기가 필요한 상황이라면 처음부터 라이터 락을 걸어야 한다. 만약 리더와 라이터 코드가 섞이게 되는 경우가 있다면, 이는 리더-라이터 락을 사용하는 것이 적절치 않다는 신호일 수 있다. 이 때는 일반적인 스핀락을 사용하는 편이 좋다.

리더 락을 여러 번 거는 것은 안전하다. 한 스레드가 재귀적으로 같은 리더 락을 여러 번 거는 것도 문제가 없다. 이는 유용한 특성으로 최적화에도 사용할 수 있다. 인터럽트 핸들러 내에 라이터가 없고 리더만 있다면 '인터럽트를 비활성화시키는' 락을 섞어서 사용할 수 있다. read_lock_irqsave() 대신 read_lock() 함수를 사용해 읽기 작업을 보호할 수 있다. 하지만 쓰기 작업을 하는 경우에는 write_lock _irqsave()를 사용해 인터럽트를 비활성화시켜야 한다. 그렇지 않으면 인터럽트 핸들러의 리더 부분으로 인해 라이터 락을 얻는 부분이 데드락에 빠질 수 있다. 리더 −라이터 스핀락 함수의 전체 목록을 표 10.5에 정리했다.

표 10.5 리더−라이터 스핀락 함수 목록

함수	설명
read_lock( )	지정한 리더 락을 건다.
read_lock_irq( )	현재 프로세서의 인터럽트를 비활성화시키고, 지정한 리더 락을 건다.
read_lock_irqsave( )	현재 프로세서의 인터럽트 상태를 저장하고 비활성화시킨 다음, 지정한 리더 락을 건다.
read_unlock( )	지정한 리더 락을 해제한다.
read_unlock_irq( )	지정한 리더 락을 해제하고, 현재 프로세서의 인터럽트를 활성화시킨다.
read_unlock_irqrestore( )	지정한 리더 락을 해제하고, 현재 프로세서의 인터럽트를 이전 상태로 복구한다.
write_lock( )	지정한 라이터 락을 건다.
write_lock_irq( )	현재 프로세서의 인터럽트를 비활성화시키고, 지정한 라이터 락을 건다.
write_lock_irqsave( )	현재 프로세서의 인터럽트 상태를 저장하고 비활성화 시킨 다음, 지정한 라이터 락을 건다.
write_unlock( )	지정한 라이터 락을 해제한다.
write_unlock_irq( )	지정한 라이터 락을 해제하고, 현재 프로세서의 인터럽트를 활성화시킨다.
write_unlock_irqrestore( )	지정한 라이터 락을 해제하고, 현재 프로세서의 인터럽트를 이전 상태로 복구한다.
write_trylock( )	지정한 라이터 락 거는 것을 시도한다. 락을 걸 수 없으면 0이 아닌 값을 반환한다.
rwlock_init( )	지정한 rwlock_t를 초기화한다.

마지막으로 한 가지 짚고 넘어갈 점은, 리눅스의 리더-라이터 스핀락의 경우 라이터보다 리더의 우선순위가 높다는 점이다. 리더 락이 걸려 있고, 라이터 락이 배타적 접근을 위해 대기 중이라 하더라도, 또 다른 리더가 리더 락을 걸 수 있다는 것이다. 모든 리더가 락을 풀어야 대기 중인 리더 락을 걸 수 있다. 따라서 리더의 수가 충분히 많으면 라이터가 영원히 락을 얻을 수 없는 상황이 벌어질 수 있다. 락을 설계할 때는 이런 점을 충분히 고려해야 한다. 상황에 따라서는 이런 동작이 도움이 될 수도 있지만, 재앙이 될 수도 있다.

스핀락은 빠르고 간단하다. 락을 거는 시간이 짧고 (인터럽트 핸들러처럼) 휴면 상태로 전환이 불가능한 상황이라면 스핀 동작이 적절하다. 하지만, 락을 거는 시간이 길어질 수 있거나 락을 건 상태에서 휴면 상태로 전환될 가능성이 있는 경우라면 세마포어가 해결책이 될 수 있다.

세마포어

리눅스의 세마포어semaphore는 휴면하는 락이라고 생각하면 된다. 태스크가 이미 사용 중인 세마포어를 얻으려고 하면, 세마포어는 해당 태스크를 대기큐에 넣고 휴면 상태로 만든다. 그 다음 프로세서는 자유롭게 다른 코드를 실행한다. 세마포어가 사용 가능해 지면, 대기큐의 태스크 하나를 깨우고, 이 태스크가 세마포어를 사용하게 된다.

다시 문과 열쇠의 비유로 돌아가보자. 문에 도착하면, 열쇠를 가지고 방으로 들어갈 수 있다. 다른 사람이 문에 왔는데 열쇠가 없는 상황에서 큰 차이가 생긴다. 이 경우, 이 사람은 문 앞을 서성이는 대신, 목록에 자기 이름을 적고 쉬러 간다. 방 안에 있던 사람이 나오면, 문 앞의 목록을 확인한다. 목록에 이름이 있으면, 첫 번째 사람한테 가서 이제 방에 들어가라고 가슴을 툭 쳐서 깨운다. 이런 방식으로, 한 번에 열쇠(세마포어)를 가진 한 사람(실행 스레드)만 방 안(위험 지역)에 들어가는 것을 보장한다. 이렇게 하면 무의미한 루프를 돌면서(스핀하면서) 낭비하는 시간이 없어지기 때문에 프로세서 활용도가 높아진다. 하지만 세마포어는 스핀락보다 부가 작업이 훨씬 많다. 인생은 항상 받는 게 있으면 주는 것도 있게 마련이다.

세마포어의 휴면 동작으로부터 다음과 같은 재미있는 결론을 끌어낼 수 있다.

- 락을 기다리는 태스크가 휴면 상태로 전환되므로, 세마포어는 오랫동안 락을 사용하는 경우에 적합하다.
- 반대로 락 사용 시간이 짧은 경우에는 휴면 상태 전환 및 대기큐 관리, 태스크 깨우기 등의 부가 작업을 처리하는 시간이 락 사용 시간을 넘어설 수 있기 때문에, 세마포어 사용이 적절하지 않다.
- 락이 사용 중이면 실행 스레드가 휴면 상태로 전환되기 때문에, 스케줄링이 불가능한 인터럽트 컨텍스트가 아닌 프로세스 컨텍스트에서만 세마포어를 사용할 수 있다.
- 다른 프로세스가 같은 세마포어를 얻으려고 하는 경우라도 데드락에 빠지는 일이 발생하지 않으므로 락을 잡은 상태에서 휴면 상태로 (의도치 않은 상황에서도) 전환할 수 있다. 락을 잡으려는 다른 프로세스도 휴면 상태로 전환되므로, 결국은 실행이 계속된다.
- 세마포어를 얻기 위해서는 휴면 상태로 전환될 수 있는데, 스핀락이 걸린 상태에서는 휴면 상태가 될 수 없으므로, 세마포어를 얻으려고 할 때에는 스핀락이 걸려 있으면 안 된다.

이를 통해 세마포어와 스핀락의 분명한 차이점을 알 수 있다. 세마포어를 사용하는 대부분의 경우는 다른 락을 사용할 수 없는 상황이다. 동기화를 사용하는 사용자 공간 코드와 마찬가지로 휴면이 필요한 상황이라면, 사용할 수 있는 방법은 세마포어뿐이다. 그리고 세마포어를 사용하면 휴면이 가능하다는 유연성을 제공하기 때문에 꼭 필요하지 않더라도 코드 작성이 편해지는 측면이 있다. 세마포어와 스핀락 사이에서 선택이 가능한 상황이라면, 락을 잡고 있는 시간으로 결정해야 한다. 락은 항상 가능한 짧은 시간 동안 잡는 것이 이상적이다. 하지만, 세마포어를 사용하는 경우에는 락 잡는 시간이 좀 더 길어지는 것을 허용할 수 있다. 게다가 스핀락과 달리 세마포어는 커널 선점을 비활성화시키지 않기 때문에, 세마포어를 잡고 있는 코드도 선점될 수 있다. 이는 세마포어가 스케줄링 지연시간에 부정적인 영향을 미치지 않는다는 것을 뜻한다.

카운팅 세마포어와 바이너리 세마포어

세마포어의 또 다른 장점은 동시에 여러 스레드가 같은 락을 얻을 수 있다는 점이다. 스핀락은 한 번에 단 하나의 태스크만 락을 얻을 수 있는 반면, 세마포어는 선언할 때 동시에 허용하는 락의 숫자를 지정할 수 있다. 이 값을 사용 카운트usage count 또는 그냥 카운트라 부른다. 대부분은 스핀락처럼 하나의 스레드만이 락을 사용할 수 있게 이 값을 설정한다. 카운트 값이 1이 되는 이 같은 경우의 세마포어를 바이너리 세마포어binary semaphore (태스크 하나가 락을 잡고 있거나, 잡고 있지 않거나 두 가지 상태를 가지므로) 또는 뮤텍스mutex (상호 배제를 강제하므로)라고 부른다. 한편 1보다 큰 0이 아닌 값을 카운터로 지정할 수도 있다. 이 경우의 세마포어를 카운팅 세마포어counting semaphore라고 부르며, 최대 지정한 카운트만큼의 락 소유자가 있을 수 있다. 카운팅 세마포어를 사용할 경우에는 다수의 스레드가 동시에 같은 위험구역에 진입할 수 있으므로 상호 배제가 보장되지 않는다. 그보다는 특정 코드의 한계를 지정하는 데 사용한다. 카운팅 세마포어는 커널에서 그리 많이 사용되지 않는다. 커널에서 세마포어를 사용한다라고 하면 대부분 (카운트가 1인 세마포어인) 뮤텍스를 사용하는 것이다.

세마포어는 1968년 에드거 와이브 다익스트라[3]가 일반적인 락 구현 방식으로 제안한 것이다. 세마포어는 두 개의 원자적 동작, 즉 P()와 V()를 지원하는데, 이 함수들의 이름은 시험한다는 뜻의 네덜란드어 Proberen(정확히는 조사한다는 뜻)과 증가시킨다는 뜻의 네덜란드어 Verhogen으로부터 따 온 것이다. 리눅스를 비롯한 이후의 시스템에서는 이를 각각 down()과 up()으로 부르고 있다. down() 함수는 세마포어를 얻을 때 사용하는데, 실제 과정은 카운트 값을 1 줄임으로써 이루어진다. 만약 카운트가 0 이상이면 태스크는 락을 성공적으로 얻고, 위험 지역으로 진입한다. 카운트가 음수이면 태스크를 대기큐에 넣고 프로세서가 다른 일을 하도록 한다. 함수 이름을 동사로 사용하기도 한다. "세마포어를 잡기 위해 떨어뜨린다." 위험 지역에서 작업을 끝내고 세마포어를 반납할 때는 up() 함수를 사용한다. 이를 세마포어를 띄운다up라고 하기도 한다. up 함수는 카운트 값을 증가시킨다. 세마포어의 대기큐에 대기 중인 태스크가 있으면, 태스크를 깨워서 세마포어를 얻도록 한다.

---

3. 다익스트라(Dr. Dijkstra. 1930−2002)는 짧긴 하지만 컴퓨터 과학의 역사에서 많은 업적을 남긴 학자다. 그의 업적은 운영체제 설계, 알고리즘 이론, 세마포어의 개념 등 많은 분야에 걸쳐 있다. 그는 네덜란드의 로테르담에서 태어났으며 텍사스 대학(University of Texas)에서 15년 동안 강의했다. 하지만 그는 리눅스 커널에 있는 수많은 GOTO 문을 별로 달가워하지 않았을 것이다.

세마포어 생성과 초기화

세마포어는 아키텍처에 따라 다르게 구현되며, 그 내용은 <asm/semaphore.h>에 들어있다. 세마포어를 표현하는 구조체는 struct semaphore이다. 세마포어를 정적으로 선언하는 경우에는 다음과 같이 사용한다. 여기서 name은 세마포어 변수의 이름이고, count는 세마포어의 카운트 값이다.

```
struct semaphore name;
sema_init(&name, count);
```

일반적으로 더 많이 사용하는 뮤텍스를 생성하는 경우에는 다음과 같이 좀 더 간단한 방법을 사용할 수 있다. 역시 name은 뮤텍스 변수의 이름이다.

```
static DECLARE_MUTEX(name);
```

세마포어는 다른 커다란 구조체의 일부분으로서 동적으로 생성되는 경우가 훨씬 많다. 이 경우에는 동적으로 만들어진 세마포어를 가리키는 포인터를 이용해, 다음과 같이 sema_init() 함수를 호출함으로써 초기화할 수 있다. 여기서 sem은 세마포어를 가리키는 포인터이고 count는 세마포어의 카운트 값이다.

```
sema_init(sem, count);
```

동적으로 생성된 뮤텍스도 비슷하게 다음과 같이 초기화할 수 있다.

```
init_MUTEX(sem);
```

왜 init_MUTEX()에서 mutex는 대문자이고, sema_init()과 달리 init이 먼저 나오는지는 필자도 모른다. 하지만 8장을 읽었다면, 이정도 불일치에는 별로 놀라지 않으리라 생각한다.

세마포어

down_interruptible() 함수를 사용해 지정한 세마포어를 얻을 수 있다. 세마포어를 얻을 수 없는 경우에는 호출 프로세스의 상태를 TASK_INTERRUPTIBLE 상태로 바꾸어 휴면 상태로 전환한다.

3장에서 설명했듯이, 이 상태에 있는 태스크는 시그널을 이용해 깨울 수 있다. 태스크가 세마포어를 기다리는 도중 시그널이 발생하면, down_interruptible() 함수는 휴면 상태에서 벗어나 -EINTR를 반환한다. 이와 달리 down() 함수는 휴면 시 TASK_UNINTERRUPTIBLE 상태로 바꾼다. 세마포어를 기다리는 동안 프로세스가 시그널에 반응하지 않을 테니, 이런 상황을 원하는 경우는 별로 없을 것이다. 그래서 down() 보다는 down_interruptible() 함수를 훨씬 더 자주 (그리고 바람직하게) 사용한다. 역시 이상적인 이름은 아니다.

down_trylock() 함수를 사용하면 대기 상태에 빠지는 일 없이 지정한 세마포어 획득을 시도할 수 있다. 세마포어가 사용 중이면 이 함수는 즉시 0이 아닌 값을 반환한다. 성공적으로 락을 획득하면 0을 반환한다.

지정한 세마포어를 해제할 때는 up() 함수를 사용한다. 다음 예를 살펴보자.

```
/* 이름이 mr_sem이고, 카운트 값이 1인 세마포어를 선언한다. */
static DECLARE_MUTEX(mr_sem);

/* 세마포어 획득을 시도한다 ... */
if (down_interruptible(&mr_sem)) {
    /* 시그널을 받은 경우에는 세마포어를 얻지 못한다 ... */
}

/* 위험 지역 ... */

/* 지정한 세마포어를 해제한다. */
up(&mr_sem);
```

전체 세마포어 함수를 표 10.6에 정리했다.

표 10.6 세마포어 관련 함수

함수	설명
sema_init(struct semaphore *, int)	동적으로 생성된 세마포어를 지정한 카운트 값으로 초기화한다.
init_MUTEX(struct semaphore *)	동적으로 생성된 세마포어를 카운트 값 1로 초기화한다.
init_MUTEX_LOCKED(struct semaphore *)	동적으로 생성된 세마포어를 카운트 값 0으로(즉 이미 잠긴 상태로) 초기화한다.
down_interruptible (struct semaphore *)	세마포어 획득을 시도하고, 얻을 수 없는 경우 인터럽트 가능한 휴면 상태로 전환한다.
down(struct semaphore *)	세마포어 획득을 시도하고, 얻을 수 없는 경우 인터럽트 불가능한 휴면 상태로 전환한다.
down_trylock(struct semaphore *)	세마포어 획득을 시도하고, 얻을 수 없는 경우 바로 0이 아닌 값을 반환한다.
up(struct semaphore *)	지정학 세마포어를 반납하고, 대기 중인 태스크가 있으면 깨운다.

리더-라이터 세마포어

스핀락과 마찬가지로 세마포어에도 리더-라이터 세마포어가 있다. 표준 세마포어보다 리더-라이터 세마포어 사용이 더 적절한 경우는 표준 스핀락 대신 리더-라이터 스핀락이 더 적절한 경우와 동일하다.

리더-라이터 세마포어는 <linux/rwsem.h>에 정의된 struct rw_semaphore 자료형을 사용한다. 리더-라이터 세마포어를 정적으로 선언하는 방법은 다음과 같다. 여기서 name은 새로 선언하는 세마포어의 이름이다.

```
static DECLARE_RWSEM(name);
```

동적으로 생성한 리더-라이터 세마포어는 다음 방법으로 초기화한다.

```
init_rwsem(struct rw_semaphore *sem)
```

리더-라이터 세마포어는 리더가 아닌 라이터의 경우에만 상호 배제성을 유지하지만, 모든 리더-라이터 세마포어는 사용 카운트 값이 1인 뮤텍스다. 라이터가 없는 한 다수의 리더가 리더 락을 얻을 수 있다. 반면, (리더가 없는 상황에서) 하나의 라이터만이 라이터 락을 얻을 수 있다. 리더-라이터 락은 항상 인터럽트 불가능한 휴면 상태를 사용하므로 리더 락, 라이터 락 각각에 대해 한 가지 종류의 down() 함수만 존재한다.

```
static DECLARE_RWSEM(mr_rwsem);

/* 읽기 작업을 위해 세마포어 획득을 시도 ... */
down_read(&mr_rwsem);

/* 위험 지역(읽기 전용) ... */

/* 세마포어 반납 */
up_read(&mr_rwsem);

/* ... */

/* 쓰기 작업을 위해 세마포어 획득을 시도 ... */
down_write(&mr_rwsem);

/* 위험 지역 (읽기, 쓰기 가능) ... */

/* 세마포어 반납 */
up_write(&mr_sem);
```

세마포어와 마찬가지로 down_read_trylock(), down_write_trylock() 함수도 있다. 각 함수는 리더-라이터 세마포어 포인터 하나의 인자를 사용한다. 락을 성공적으로 얻은 경우에는 0이 아닌 값을 반환하고, 락이 사용 중인 경우에는 0을 반환한다. 뚜렷한 이유가 없음에도 불구하고, 이런 동작은 일반적인 세마포어 함수들과 반대이기 때문에 주의가 필요하다!

리더-라이터 세마포어에는 리더-라이터 스핀락에는 없는 특별한 함수가 하나 있는데, downgrade_writer() 함수다. 이 함수는 획득한 라이터 락을 원자적으로 리더 락으로 바꿔준다.

스핀락의 경우와 마찬가지로, 리더-라이터 세마포어도 읽기 작업을 위한 코드와 쓰기 작업을 위한 코드가 명확하게 나뉘어 있는 경우에만 사용해야 한다. 리더-라이터 구조를 사용하는 데도 비용이 들어가므로, 읽는 부분과 쓰는 부분의 코드가 태생적으로 분리되어 있는 경우에만 사용하는 것이 좋다.

뮤텍스

최근까지 커널에서 휴면 상태로 전환이 가능한 락은 세마포어 뿐이었다. 세마포어 사용자들은 카운트 값이 1인 세마포어를 만들고 이를 스핀락의 휴면 가능 버전인 상호 배제용 락으로 사용하는 경우가 많았다. 불행히도 세마포어는 범용 자료구조이기 때문에 사용 방법에 제약이 별로 없다. 이 때문에, 커널 공간과 사용자 공간을 복잡하게 오고 가는 모호한 상황에서도 독점적인 접근을 관리하는 것이 가능하긴 하다. 하지만, 이 말은 락은 간단하게 사용하는 것이 어렵고 강제적인 규칙이 없기 때문에 디버깅 자동화라든가 동작을 제한한다든지 하는 일이 불가능하다는 것을 뜻하기도 한다. 휴면 가능한 간단한 락을 위해 커널 개발자들은 뮤텍스mutex를 도입했다. 그렇다. 이제 익숙해졌겠지만, 또 하나의 혼란스러운 이름이 등장했다. 정리해보자. '뮤텍스mutex'는 카운트 값이 1인 세마포어 처럼 상호 배제성을 가진 휴면 가능한 락을 가리키는 말이다. 최근 리눅스 커널에서 '뮤텍스'는 상호 배제성을 가진 휴면 가능한 특정 락 구현을 가리키는 고유 명사이기도 하다. 즉 뮤텍스(후자)는 뮤텍스(전자)의 일종이다.

뮤텍스는 struct mutex 자료구조를 사용한다. 뮤텍스는 카운트 값이 1인 세마포어와 유사하게 동작하지만, 인터페이스가 더 간단하고, 성능도 더 효율적이며, 사용상 부가적인 제약 사항을 가지고 있다. 정적으로 뮤텍스를 선언하는 방법은 다음과 같다.

```
DEFINE_MUTEX(name);
```

동적으로 뮤텍스를 초기화하는 경우에는 다음 함수를 호출한다.

```
mutex_init(&mutex);
```

뮤텍스를 걸고 해제하는 방법은 간단하다.

```
mutex_lock(&mutex);
/* 위험 지역 ... */
mutex_unlock(&mutex);
```

이게 전부다! 사용 카운트 값을 관리할 필요가 없기 때문에 세마포어보다 간단하다. 기본적인 뮤텍스 관련 함수를 표 10.7에 정리했다.

표 10.7 뮤텍스 함수

함수	설명
mutex_lock(struct mutex *)	지정한 뮤텍스를 얻는다. 락을 얻을 수 없으면 휴면 상태로 전환한다.
mutex_unlock(struct mutex *)	지정한 뮤텍스를 해제한다.
mutex_trylock(struct mutex *)	지정한 뮤텍스 획득을 시도. 성공적으로 락을 얻으면 1을 반환, 얻지 못한 경우에는 0을 반환한다.
mutex_is_locked (struct mutex *)	락이 사용 중이면 1을 반환, 사용 중이 아니면 0을 반환한다.

뮤텍스의 단순함과 효율성은 세마포어가 제약이 더 많아서 가능하다. 다익스트라의 애초 설계에 맞추어 가장 기본적인 동작만을 구현한 세마포어와 달리 뮤텍스는 사용조건이 더 엄격하고 제한적이다.

- 한 태스크는 한 번에 하나의 뮤텍스만 얻을 수 있다. 즉 뮤텍스의 사용 카운트 값은 항상 1이다.
- 뮤텍스를 얻은 곳에서만 뮤텍스를 해제할 수 있다. 즉 한 컨텍스트에서 얻은 뮤텍스를 다른 컨텍스트에서 해제할 수는 없다. 이는 뮤텍스는 커널과 사용자 공간 사이의 복잡한 동기화에 사용하는 것은 적당치 않다는 것을 뜻한다. 하지만, 락을 얻고 해제하는 작업이 깔끔하게 같은 컨텍스트에서 이루어지는 경우가 대부분이다.
- 재귀적으로 락을 얻고 해제할 수 없다. 즉 같은 뮤텍스를 재귀적으로 여러 번 얻을 수 없으며, 해제된 뮤텍스를 다시 해제할 수 없다.
- 뮤텍스를 가지고 있는 동안에는 프로세스 종료가 불가능하다.
- 인터럽트 핸들러나 후반부 처리 작업 내에서는 뮤텍스를 얻을 수 없으며, mutex_trylock() 함수도 사용할 수 없다.
- 뮤텍스는 공식 API를 통해서만 관리할 수 있다. 뮤텍스는 이 절에서 설명하는 함수를 통해서만 초기화해야 하며, 뮤텍스를 복사하거나 초기화 상태를 전달하거나 다시 초기화하는 작업은 불가능하다.

새로운 뮤텍스 구조체의 가장 유용한 부분은 아마도 특별한 디버깅 모드에서 커널이 이런 제약의 위반 여부를 자동으로 확인하고 알려줄 수 있다는 점일 것이다.

CONFIG_DEBUG_MUTEXES 커널 옵션이 설정되어 있으면, 여러 단계의 디버깅 작업들이 이런 제약 사항이 잘 지켜지고 있는지 확인해 준다. 이를 이용해 간단하면서도 엄격한 사용 형식을 지키며 뮤텍스를 사용할 수 있다.

세마포어와 뮤텍스

뮤텍스와 세마포어는 비슷하다. 커널에 둘 다 존재하는 것이 좀 혼란스러울 수 있다. 다행히 어느 쪽을 사용해야 하는지 결정하는 공식은 아주 간단하다. 뮤텍스의 제약 사항 때문에 뮤텍스를 사용할 수 없는 경우가 아니라면 세마포어보다는 새로운 뮤텍스를 사용하는 것이 좋다. 특정 서브시스템에서 사용하는 코드를 새로 작성할 때 세마포어가 필요한 경우가 많다. 뮤텍스로 시작한 다음 뮤텍스의 제약 사항 때문에 다른 선택이 필요한 경우에만 세마포어로 전환하는 것이 좋다.

스핀락과 뮤텍스

스핀락과 뮤텍스(또는 세마포어) 중에 어느 것을 사용해야 하는가는 최적화된 코드를 작성하는 데 있어 중요한 문제다. 하지만 대부분의 경우 선택의 여지가 거의 없다. 인터럽트 컨텍스트에서는 스핀락만 사용할 수 있으며, 태스크가 휴면 가능한 경우에는 뮤텍스만 사용할 수 있다. 표 10.8에 특정 요구 사항 하에서 사용할 수 있는 락을 정리했다.

표 10.8 스핀락과 세마포어 중 어떤 락을 사용할 것인가?

요구사항	추천
락 부담이 적어야 하는 경우	스핀락을 추천
락 사용 시간이 짧은 경우	스핀락을 추천
락 사용 시간이 긴 경우	뮤텍스를 추천
인터럽트 컨텍스트에서 락을 사용하는 경우	반드시 스핀락을 사용
락을 얻은 상태에서 휴면할 필요가 있는 경우	반드시 뮤텍스를 사용

완료 변수

완료 변수completion variable는 커널의 한 태스크가 다른 태스크에 특정 이벤트가 발생했다는 것을 알려줄 필요가 있을 때 쉽게 두 태스크를 동기화시킬 수 있는 방법이다. 한 태스크가 작업을 수행하는 동안 다른 태스크는 완료 변수를 기다린다. 작업을 마치면 완료 변수를 이용해 대기 중인 태스크를 깨운다. 왠지 이 과정이 세마포어와 비슷하다고 생각했다면 바로 본 것이다. 거의 같은 개념이다. 사실 완료 변수는 세마포어가 필요한 문제에 대한 간단한 해결책에 불과하다. 예를 들면, vfork() 시스템 호출은 자식 프로세스 실행 및 종료 시에 부모 프로세스를 깨우는 수단으로 완료 변수를 사용한다.

완료 변수는 <linux/completion.h>에 정의된 struct completion 구조체를 사용한다. 정적 완료 변수는 다음과 같은 방법으로 생성 및 초기화할 수 있다.

```
DECLARE_COMPLETION(mr_comp);
```

동적으로 생성한 완료 변수는 init_completion() 함수를 사용해 초기화한다.

특정 완료 변수를 기다려야 하는 태스크는 wait_for_completion() 함수를 호출한다. 기다리는 이벤트가 발생하면, complete() 함수를 호출해 대기 중인 태스크를 모두 깨운다. 완료 변수 함수를 표 10.9에 정리했다.

표 10.9 완료 변수 함수

함수	설명
init_completion(struct completion *)	동적으로 생성한 완료 변수를 초기화
wait_for_completion(struct completion *)	지정한 완료 변수의 완료 신호를 기다림
complete(struct completion *)	대기 중인 태스크를 깨우기 위해 신호를 보냄

완료 변수의 사용 예는 kernel/sched.c과 kernel/fork.c에서 볼 수 있다. 완료 변수는 자료구조의 구성 요소로서 동적으로 생성해 사용하는 경우가 많다. 자료구조 초기화를 기다리는 커널 코드가 wait_for_completion() 함수를 호출한다. 초기화가 끝나면 complete() 함수를 호출해 대기 중인 태스크를 깨운다.

큰 커널 락

이제 커널의 골칫덩이인 큰 커널 락BKL, big kernel lock에 온 것을 환영한다. BKL은 리눅스의 초기 SMP 구현을 세밀한 락을 사용하는 지금의 구현 방식으로 전환하는 작업의 편의를 위해 도입한 전역 스핀락이다. BKL에는 몇 가지 재미있는 특징이 있다.

- BKL을 얻은 채로 휴면 상태로 전환할 수 있다. 태스크가 스케줄링에서 제외되면 이 락은 자동으로 해제되고, 스케줄링되는 시점에서 다시 자동으로 얻어진다. 물론 이 말이 BKL을 얻은 채로 휴면하는 것이 항상 안전하다는 뜻은 아니며, 그렇게 할 수도 있으며, 그렇게 해도 데드락에 빠지지 않는다는 것 뿐이다.
- BKL은 재귀적인 락이다. 한 프로세스가 BKL을 여러 번 얻을 수 있으며, 스핀락과 달리 이렇게 해도 데드락에 빠지지 않는다.
- BKL은 프로세스 컨텍스트에서만 사용할 수 있다. 스핀락과 달리 인터럽트 컨텍스트에서는 BKL을 얻을 수 없다.
- 새로운 코드에 BKL을 사용하는 것은 금지된다. 매번 커널 새 버전이 배포될 때마다 BKL을 사용하는 드라이버와 서브시스템은 점점 줄어들고 있다.

BKL은 커널 2.0 버전에서 2.2 버전으로 전환 작업의 편의를 위해 도입되었다. 커널 2.0 버전부터 SMP를 지원하기는 했지만, 이때는 커널 내부에서는 한 번에 하나의 태스크만 실행될 수 있었다. 물론 지금 커널은 아주 스레드화가 잘 되어 있지만, 간단히 이뤄진 것은 아니다. 2.2 커널의 목표는 커널이 여러 개의 프로세서에서 실행될 수 있게 하는 것이었다. 세밀한 락으로 전환 작업을 쉽게 하기 위해 BKL을 도입했다. BKL은 당시 전환 작업에는 큰 도움이 되었지만, 지금은 확장성을 가로막는 걸림돌이 되고 있다.

BKL을 사용하는 것은 바람직하지 않다. 사실 새로 작성하는 코드에서는 BKL을 사용해서는 안 된다. 하지만 커널의 일부에서 BKL은 아직도 잘 사용된다. 따라서 BKL과 그 인터페이스를 이해하는 것은 중요하다. BKL은 스핀락과 비슷하게 동작하며, 앞서 언급한 특성을 추가로 가지고 있다. 락을 얻을 때는 `lock_kernel()` 함수를 사용하고, `unlock_kernel()` 함수를 이용해 락을 해제한다. 한 실행 스레드가 락을 재귀적으로 여러 번 얻는 것도 가능하지만, 이런 경우에는 같은 횟수만큼 unlock_kernel()을 호출해 락을 해제해야 한다. 마지막 해제 함수를 호출한 다음에야 락이 해제된다. kernel_locked() 함수는 락이 현재 사용 중인 경우에는 0이 아닌 값을 반환하고, 그렇지 않은 경우는 0을 반환한다. 이 인터페이스는 <linux/smp_lock.h>에 정의된다. 사용 예는 다음과 같다.

```
lock_kernel();

/*
 * 위험 지역. BKL을 사용하는 모든 곳과 동기화되는 위험 지역...
 * 이 안에서는 안전하게 휴면 상태로 전환 가능하며, 휴면 상태로 전환되면
 * 락이 자동으로 해제된다. 다시 스케줄링 되면 자동적으로 락을 다시 얻는다.
 * 이로 인해 데드락에 빠지는 일은 발생하지 않지만, 락을 사용해 데이터를 보호하고자
 * 한다면 휴면하지 않는 것이 좋다.
 */

unlock_kernel();
```

BKL이 걸려 있는 동안에는 커널 선점도 비활성화된다. 단일 프로세서 커널에서 BKL 코드는 사실 락 처리를 하지 않는다. BKL 전체 함수 목록을 표 10.10에 정리했다.

표 10.10 BKL 함수

함수	설명
lock_kernel( )	BKL을 잠금
unlock_kernel( )	BKL을 해제
kernel_locked( )	락이 사용 중인 경우에는 0이 아닌 값을, 그렇지 않은 경우에는 0을 반환한다 (단일 프로세서인 경우 항상 0이 아닌 값을 반환).

BKL에 관한 중요한 문제는 BKL이 보호하는 대상을 식별하는 것이다. BKL은 (foo 구조체를 보호하는 것처럼) 데이터를 다룬다기보다는 (foo() 함수를 호출하는 코드들을 동기화하는 것처럼) 코드를 다루는 모습을 보이는 경우가 많다. 이로 인해 BKL 락의 대상을 식별하기 어려워 BKL을 스핀락으로 대체하는 것이 어렵다. 게다가 BKL을 사용하는 모든 코드 사이의 관계를 파악해야 한다는 점도 교체 작업을 더 어렵게 만든다.

순차적 락

seq 락이라고 줄여서 부르는 순차적 락sequential lock은 2.6 커널에 도입된 새로운 종류의 락이다. 이 락은 공유 데이터를 읽고 쓰는 간단한 방식을 제공한다. seq 락은 순차 카운터 값을 가지고 동작한다. 대상이 되는 데이터에 쓰기 작업을 할 때마다 락을 얻고 순차 카운터 값을 증가시킨다. 데이터 읽기 작업 전과 작업 후에 순차 카운터 값을 읽는다. 두 값이 같다면, 읽기 작업 도중에 쓰기 작업이 일어나지 않았다는 것을 알 수 있다. 게다가 그 값이 짝수라면, 현재 읽기 작업이 진행 중이 아니라는 것도 알 수 있다. 락 카운터 값이 0부터 시작하기 때문에 쓰기 작업을 위해 락을 얻으면 값이 홀수가 되고, 락을 해제하면 다시 짝수가 된다.

seq 락은 다음과 같이 정의한다.

```
seqlock_t mr_seq_lock = DEFINE_SEQLOCK(mr_seq_lock);
```

쓰기 작업을 하는 경우의 코드는 다음과 같다.

```
write_seqlock(&mr_seq_lock);
/* 쓰기 작업을 위한 락을 얻음... */
write_sequnlock(&mr_seq_lock);
```

이 부분은 일반적인 스핀락 코드와 비슷하다. 읽기 작업을 위한 코드는 상당히 다른 모습을 보여준다.

```
unsigned long seq;

do {
        seq = read_seqbegin(&mr_seq_lock);
        /* 이제 데이터를 읽는다... */
} while (read_seqretry(&mr_seq_lock, seq));
```

seq 락은 리더가 많고 라이터가 거의 없는 경우에 사용할 수 있는 가볍고 확장성이 좋은 락이다. 단, seq 락은 리더보다 라이터의 우선순위가 높다. 다른 라이터가 없는 한, 라이터락 획득 시도는 항상 성공한다. 리더-라이터 스핀락이나 리더-라이터 세마포어의 경우와 마찬가지로 리더는 라이터 락에 아무런 영향을 끼치지 못한다. 더욱이 대기 중인 라이터가 계속 존재하면 락을 잡고 있는 라이터가 다 사라질 때까지 (위의 예에서 본) 읽기 루프가 반복된다.

seq 락은 다음의 모든 또는 대부분의 조건을 만족시키는 경우에 이상적으로 사용할 수 있는 락이다.

- 데이터의 읽기 작업이 아주 많다.
- 데이터의 쓰기 작업은 거의 없다.
- 쓰기 작업이 거의 없긴 하지만, 읽기 작업으로 인해 쓰기 작업이 지연되는 일이 절대 벌어지지 않도록 쓰기 작업의 우선순위가 높아야 한다.
- 간단한 구조체나 정수 하나와 같이 간단한 데이터지만, 어떤 이유로 인해 원자적 동작이 불가능하다.

seq 락을 주로 사용하는 경우는 리눅스 시스템 가동시간을 저장하는 jiffies 변수다(11장 "타이머와 시간 관리" 참조).

jiffies 변수는 시스템이 시작된 이후의 타이머 진동 횟수를 저장하는 64비트 카운터 값이다. jiffies_64 변수의 전체 64비트 값을 원자적으로 읽을 수 없는 시스템에서는 seq 락을 이용해 get_jiffies_64() 함수를 구현한다.

```
u64 get_jiffies_64(void)
{
        unsigned long seq;
        u64 ret;

        do {
                seq = read_seqbegin(&xtime_lock);
                ret = jiffies_64;
        } while (read_seqretry(&xtime_lock, seq));
        return ret;
}
```

타이머 인터럽트를 처리하는 동안 jiffies 값을 갱신하려면 라이터 seq 락을 얻어야 한다.

```
write_seqlock(&xtime_lock);
jiffies_64 += 1;
write_sequnlock(&xtime_lock);
```

jiffies 값과 커널의 시간 기록에 대한 자세한 내용은 11장과 커널 소스 트리의 kernel/timer.c, kernel/time/tick-common.c 파일을 참고하라.

선점 비활성화

선점형 커널이기 때문에 커널 내의 프로세스는 우선순위가 더 높은 프로세스를 실행하기 위해 언제라도 중단될 수 있다. 이는 선점 당한 프로세스가 실행하고 있던 동일한 위험 지역에 새로운 태스크가 진입할 수 있다는 것을 뜻한다. 이를 막기 위해 커널 선점 코드는 스핀락을 사용해 선점 불가능한 지역을 표시한다. 이 스핀락이 사용 중이라면, 커널은 선점할 수 없는 상태가 된다. 커널 선점으로 인한 동시성 문제와 다중 프로세서로 인한 동시성 문제는 동일하며, 커널이 이미 SMP-safe 상태이기 때문에, 이 간단한 변경만으로 커널은 선점-safe 상태가 된다.

사실 그렇기를 바란다. 현실적으로는 스핀락은 필요하지 않지만, 커널 선점은 비활성화시켜야 하는 상황이 있다. 이런 상황이 가장 많이 발생하는 경우는 프로세서별 데이터의 경우다. 프로세서별로 사용하는 데이터의 경우라면, 한 프로세서만 해당 데이터에 접근하기 때문에 락을 이용해 보호할 필요가 없다. 스핀락을 사용하지 않으면, 커널은 선점이 가능한 상태이므로, 다음처럼 새로 스케줄링된 태스크가 이 데이터에 접근하는 일이 벌어질 수 있다.

태스크 A가 락을 사용하지 않는 프로세서별 변수 foo를 조작
태스크 A가 선점됨
태스크 B가 스케줄링됨
태스크 B가 변수 foo를 조작
태스크 B가 완료
태스크 A가 다시 스케줄링됨
태스크 A가 변수 foo 조작 작업을 계속함

결과적으로 단일 프로세서 시스템이라 하더라도 여러 프로세스가 해당 변수를 유사-동시적으로 접근할 수 있다. 보통 이런 경우 (다중 프로세서 시스템의 진정한 동시성 문제를 막기 위해) 변수에 스핀락을 사용해야 한다. 하지만 이 변수가 프로세서별 변수라면, 락이 필요 없을 수 있다.

이 문제를 해결하기 위해 preempt_disable() 함수를 통해 커널 선점을 비활성화시킬 수 있다. 이 함수는 중첩 호출이 가능하므로 여러 번 호출할 수 있다. 호출마다 그에 상응하는 preempt_enable() 함수가 필요하다. 마지막 preempt_enable() 함수가 호출된 뒤에야 커널 선점이 다시 활성화된다. 사용 예는 다음과 같다.

```
preempt_disable();
/* 선점이 비활성화됨... */
preempt_enable();
```

락을 얻은 횟수와 preempt_disable() 함수 호출 횟수를 선점 카운터에 저장한다. 이 값이 0이면 커널은 선점 가능한 상태가 된다. 이 값이 1 이상이면, 커널은 선점 불가능한 상태가 된다. 이 카운터 값은 아주 중요하다. 원자성 검사와 휴면 상태 디버깅의 좋은 수단이다. preempt_count() 함수는 이 카운터 값을 반환한다. 커널 선점 관련 함수를 표 10.11에 정리했다.

표 10.11 커널 선점 관련 함수

함수	설명
preempt_disable( )	선점 카운터를 증가시켜 커널 선점을 비활성화한다.
preempt_enable( )	선점 카운터를 감소시키고 카운터 값이 0이면 대기 중인 작업이 있는지 확인하고 재스케줄링한다.
preempt_enable_no_resched( )	커널 선점을 활성화시키되, 대기 중인 작업을 재스케줄링하지 않는다.
preempt_count( )	선점 카운터 값을 반환한다.

프로세서별 데이터에 대한 더 깔끔한 해결책으로 get_cpu() 함수를 통해 프로세서 번호를 얻는, 그리고 이 번호를 프로세서별 데이터에 접근하는 인덱스 값으로 사용하는 방법이 있다. get_cpu() 함수는 현재 프로세서 번호를 반환하기 전에 커널 선점을 비활성화한다.

```
int cpu;

/* 커널 선점을 비활성화하고 'cpu' 변수에 현재 프로세서 번호를 설정 */
cpu = get_cpu();

/* 프로세서별 데이터를 조작 ... */

/* 커널 선점을 다시 활성화, "cpu" 값이 바뀔 수 있으므로, 더 이상 유효한 값이 아니다. */
```

순차성과 배리어

여러 프로세서 사이나, 하드웨어 장치 사이의 동기화를 처리할 때는 메모리 읽기 작업과 메모리 쓰기 작업이 프로그램 코드에서 지정한 순서대로 진행되어야 하는 경우가 있다. 하드웨어와 통신하는 경우, 다른 읽기, 쓰기 작업이 일어나기 전에, 특정 읽기 작업이 실행되어야 하는 경우가 많다. 특히 대칭형 다중 프로세서 시스템에서는 쓰기 작업도 (보통 같은 순서로 이어지는 읽기 작업이 데이터를 읽을 수 있게 하기 위해) 코드에 지정한 순서대로 진행되어야 할 수도 있다. 이 문제를 복잡하게 만드는 것은 컴파일러와 프로세서가 성능을 이유로 읽기 작업과 쓰기 작업의 순서를 바꿀 수 있다는 사실이다.[4] 다행히 읽기, 쓰기 작업의 순서를 바꾸는 기능이 있는 모든 프로세서에는 순차성을 보장하는 기계어 명령이 있다. 컴파일러가 특정 지역의 명령어를 재배치하지 못하도록 지정하는 것도 가능하다. 이런 명령을 배리어barrier라고 한다.

기본적으로, 프로세서가 다음과 같은 코드를 실행한다고 하면, a에 새 값을 저장하기 '전에' b에 새 값을 저장하게 할 수 있다.

```
a = 1;
b = 2;
```

컴파일러와 프로세서는 a와 b 변수 사이에 아무런 관련성을 찾을 수 없다. 컴파일러는 컴파일 시에 재배치를 진행한다. 재배치는 정적으로 처리되며, 결과적으로 만들어진 오브젝트 코드는 a보다 먼저 b 값을 설정한다. 그러나 프로세서는 명령어를

---

4. 인텔 x86 프로세서는 쓰기 명령을 재배치하지 않는다. 즉 순서를 바꿔 데이터를 저장하는 일은 없다. 하지만 순서를 바꾸는 프로세서도 있다.

읽고 처리하는 과정에서 연관성이 없는 명령들을 자신이 최적이라고 생각하는 순서대로 동적으로 재배치할 수 있다. a와 b 사이에 명백한 연관성이 없기 때문에, 거의 대부분의 경우 이런 재배치 작업으로 최적의 결과를 얻을 수 있다. 하지만 경우에 따라서는 개발자가 최적의 결과를 알고 있을 수도 있다.

앞의 예에서는 재배치가 일어나지만, 다음과 같은 경우에는 a와 b 사이에 명백한 의존성이 있기 때문에 재배치 작업이 절대 일어나지 않는다.

```
a = 1;
b = a;
```

하지만, 프로세서나 컴파일러는 다른 컨텍스트에 있는 코드의 내용을 알 수가 없다. 쓰기 작업이 의도한 순서대로 진행되는 것이 코드의 다른 부분이나 코드 외부에서 중요한 경우가 종종 있다. 이는 하드웨어 장치의 경우에 많이 발생하며, 다중 프로세서 장비에서도 자주 벌어진다.

rmb() 함수는 메모리 읽기 배리어를 제공한다. rmb() 함수 호출 전후로는 읽기 명령의 재배치가 일어나지 않는다. 즉 함수 호출 이전의 읽기 작업이 그 이후로 재배치되지 않으며, 함수 호출 이후의 읽기 작업이 그 이전으로 재배치되지 않는다.

wmb() 함수는 메모리 쓰기 배리어를 제공한다. 이 함수는 읽기 작업이 아닌 쓰기 작업에 대해 rmb()와 같은 방식으로 동작한다. 쓰기 작업이 이 배리어를 넘나들 수 없다.

mb() 함수는 읽기 및 쓰기 배리어를 제공한다. mb() 함수 호출 전후로는 읽기 작업 및 쓰기 작업의 재배치가 일어나지 않는다. 하나의 기계어 명령으로 (rmb() 함수가 사용하는 것과 같은 명령인 경우가 많다) 읽기 및 쓰기 배리어를 효과를 얻을 수 있기 때문에 이 함수를 제공한다.

rmb()의 변형으로 read_barrier_depends() 함수가 있는데, 이 함수는 이어지는 읽기 작업과 의존성이 있는 경우에만 읽기 배리어를 제공한다. 배리어 앞부분의 읽기 작업과 연관이 있는 배리어 뒷부분의 읽기 작업이 진행되기 전에 앞부분의 읽기 작업 완료를 보장하는 것이다. 기본적으로 rmb()와 비슷한 읽기 배리어라고 할수 있지만, 배리어 전후로 연관성이 있는 읽기 작업에 대해서만 동작하는 것이다. 읽기 배리어가 필요 없는 일부 아키텍처는 noop 명령어를 이용해 read_barrier_depends() 함수가 구현되어 있기 때문에, rmb() 함수보다 훨씬 빠르게 동작한다. 이제 mb()와 rmb()를 사용하는 예를 살펴보자. a의 초기값은 1이고, b의 초기값은 2이다.

스레드 1	스레드 2
a = 3;	-
mb();	-
b = 4;	c = b;
-	rmb();
-	d = a;

메모리 배리어가 없다면 d에는 a의 이전 값이 들어가고, c에는 새로운 b 값이 들어가는 일이 발생할 수 있다. c 값은 (기대한 바와 같이) 4이지만, d 값은 (기대와 달리) 1이 될 수 있다. mb() 함수를 사용하면 a와 b의 쓰기 작업을 순서대로 진행하게 되고, rmb() 함수를 통해 c와 d의 읽기 작업도 의도한 순서대로 진행하게 된다.

최신 프로세서는 파이프라인 사용을 최적화하기 위해 순서를 바꿔서 명령어 해석 및 실행을 처리할 수 있기 때문에 이런 재배치 현상이 발생한다. b와 a의 읽기 작업 순서가 바뀌면, 앞에서 이야기한 오류 상황이 발생할 수 있다. rmb() 함수와 wmb() 함수는 프로세서가 처리 중인 읽기 명령과 쓰기 명령을 마치라는 기계어 명령어에 대응하는 함수다.

이제 rmb() 대신 read_barrier_depends()를 사용하는 예제를 보자. a의 초기 값은 1이고, b의 초기값은 2이며, p는 &b, 즉 b의 포인터다.

스레드 1	스레드 2
a = 3;	-
mb();	-
p = &a;	pp = p;
-	read_barrier_depends();
-	b = *pp;

여기서도 메모리 배리어가 없다면 pp 값이 p로 설정되기 전에 b 값을 pp로 설정하는 경우가 발생할 수 있다. 하지만 pp 값을 읽는 작업은 p 값을 읽는 작업과 연관돼 있어서 read_barrier_depends() 함수만으로도 충분한 배리어를 설정할 수 있다. 물론 이곳에 rmb() 함수를 사용해도 되지만, 읽기 작업이 데이터에 의존적이므로 더 빠른 read_barrier_depends()함수를 사용할 수 있다. 어떤 쪽을 사용하든, 왼편의 읽기 및 쓰기 작업의 순서를 보호하려면 mb() 함수를 사용해야 한다.

smp_rmb(), smp_wmb(), smb_mb(), smb_read_barrier_depends() 매크로를 사용해 최적화가 가능하다. 이 매크로들은 다중 프로세서 커널에서는 일반적인 메모리 배리어로 정의되어 있으며, 단일 프로세서 커널에서는 컴파일러 배리어만으로 정의된다. 다중 프로세서 시스템에만 순차성 제한을 걸고 싶은 경우에 이런 SMP 매크로를 사용하면 된다.

barrier() 함수를 사용하면 컴파일러가 이 함수 전후의 읽기 및 쓰기 명령을 최적화하는 것을 막을 수 있다. 컴파일러는 C 코드의 동작과 데이터의 의존 관계에 영향을 주지 않으면서 읽기 및 쓰기 명령을 재배치하는 방법을 알고 있다. 하지만 컴파일러는 현재 컨텍스트 밖에서 발생하는 사항들에 대한 정보는 알 수 없다. 현재 쓰기 작업을 하는 데이터를 인터럽트 핸들러에서 읽는다는 정보를 컴파일러가 파악할 수는 없는 것이다. 이 때문에 읽기 작업을 하기 전에 모든 저장 작업을 마치도록 하는 기능이 필요할 수 있다. 앞에서 살펴본 메모리 배리어도 컴파일러 배리어 역할을 할 수 있지만, 컴파일러 배리어는 메모리 배리어에 비해 상당히 가볍다. 컴파일러 배리어는 컴파일러가 명령을 재배치할 가능성을 막는 것에 불과하기 때문에, 실질적으로 비용이 전혀 들지 않는다고 볼 수 있다.

리눅스 커널이 지원하는 모든 아키텍처에서 사용할 수 있는 메모리 및 컴파일러 배리어 전체 함수를 표 10.12에 정리했다.

표 10.12 메모리 및 컴파일러 배리어 함수

배리어	설명
rmb( )	배리어 전후의 읽기 명령이 재배치되는 것을 예방한다.
read_barrier_depends( )	배리어 전후의 의존성이 있는 읽기 명령이 재배치되는 것을 예방한다.
wmb( )	배리어 전후의 쓰기 명령이 재배치되는 것을 예방한다.
mb( )	배리어 전후의 읽기 및 쓰기 명령이 재배치되는 것을 예방한다.
smb_rmb( )	다중 프로세서 장비에서는 rmb( ) 함수로, 단일 프로세서 장비에서는 barrier( ) 함수로 동작한다.
smb_read_barrier_depends( )	다중 프로세서 장비에서는 read_barrier_depends( ) 함수로, 단일 프로세서 장비에서는 barrier( ) 함수로 동작한다.
smp_wmb( )	다중 프로세서 장비에서는 wmb( ) 함수로, 단일 프로세서 장비에서는 barrier( ) 함수로 동작한다.
smp_mb( )	다중 프로세서 장비에서는 mb( ) 함수로, 단일 프로세서 장비에서는 barrier( ) 함수로 동작한다.
barrier( )	배리어 전후의 읽기 및 쓰기 명령을 컴파일러가 최적화하는 것을 예방한다.

배리어의 실제 효과는 아키텍처마다 다르게 나타날 수 있다. 예를 들어, 인텔 x86 프로세서처럼 읽기 명령의 재배치를 하지 않는 시스템의 wmb() 함수는 아무런 동작을 하지 않는다. 최악의 경우(즉, 명령의 순차성을 가장 지키지 않는 프로세서)를 가정하고 적절한 메모리 배리어를 사용하는 코드를 작성하면, 사용하는 아키텍처에 맞는 최적의 코드가 컴파일될 것이다.

결론

이 장에서는 동기화 및 동시성 문제를 해결하기 위해 리눅스 커널이 제공하는 실제 방법을 이해하기 위해 앞 장의 개념과 이론을 적용해 보았다. 먼저 동기화를 위해 사용하는 가장 간단한 방법인 원자적 연산을 살펴보았다. 그리고 커널에서 가장 일반적인 스핀락을 살펴보았다. 스핀락은 소유자가 하나인 가벼운 락으로, 락이 이미 사용 중인 경우에는 루프를 돌면서 대기한다. 다음으로 휴면 가능한 락인 세마포어 및 일반적으로 세마포어보다 더 많이 사용하는 뮤텍스에 대해 알아보았다. 뒤이어서 완료 변수, seq 락과 같이 덜 일반적이고 특화된 락 기법도 알아보았다. BKL을 훑어보고, 선점 비활성화와 배리어에 대해서도 알아보았다. 실로 험난한 여정이었다.

이 장에서 얻은 동기화 방법이라는 무기로 무장하면 다중 프로세서 장비에서도 경쟁 조건이 발생하지 않고, 동기화가 잘 되면서 제대로 동작하는 커널 코드를 작성할 수 있을 것이다.

11장
타이머와 시간 관리

커널에 있어 시간의 흐름은 중요하다. 대다수의 커널 함수가 이벤트 기반이 아닌 시간 기반으로 동작하기 때문이다.[1] 시간 기반으로 동작하는 함수로 스케줄러 실행 큐의 균형을 조절하는 함수나 화면을 갱신하는 함수 등을 예로 들 수 있다. 이런 함수는 초당 100회와 같이 정해진 주기에 따라 실행된다. 지연된 디스크 입출력을 처리하는 함수처럼 커널이 특정 함수를 상대적인 미래 시점에 실행해야 하는 경우도 있다. 예를 들면, 특정 작업을 지금으로부터 500ms 후에 실행해야 하는 경우가 있을 수 있다. 그리고 커널은 시스템의 가동 시간과 현재 날짜 및 시간도 관리해야 한다.

상대 시간과 절대 시간의 차이점을 주의하자. 앞으로 5초 후의 작업을 스케줄링하는 데는 절대 시간 개념이 필요하지 않으며 상대 시간(이제부터 5초 후) 개념만 있으면 된다. 반면 커널이 현재 날짜와 시간을 관리하려면 시간의 흐름뿐 아니라 절대적인 시간 측정값도 알고 있어야 한다. 시간 관리에 있어서는 이 두 가지 개념 모두 중요하다.

그리고 작업을 주기적으로 처리하는 경우와 미래의 특정해진 시점에 처리하는 경우에 대한 커널 구현도 다르다. 10밀리초에 한 번처럼 주기적으로 발생하는 작업은 시스템 타이머(system timer)가 처리한다. 시스템 타이머는 설정이 가능한 하드웨어 장치로 정해진 주기마다 인터럽트를 발생시킨다. 이 타이머를 처리하는 인터럽트(타이머 인터럽트(timer interrupt)라고 한다)는 시스템 시간을 갱신하고 주기적인 작업을 처리한다. 시스템 타이머와 타이머 인터럽트는 리눅스의 중심적인 부분이며 이 장에서 주로 다룰 내용이다.

이 장의 다른 주요 내용은 특정 시간이 경과된 이후 한 번 실행되는 작업을 처리하는 데 사용하는 동적 타이머(dynamic timer)다. 플로피 디스크 장치 드라이버가 특정 시간 동안 사용되지 않는 경우 드라이브 모터를 정지시키는 데 사용하는 타이머를 예로 들 수 있다. 커널은 동적으로 타이머를 생성하고 제거할 수 있다. 이 장에서는 동적 타이머의 커널 구현과 이를 코드에서 사용하는 인터페이스에 대해 알아본다.

커널의 시간의 개념

사실 컴퓨터에게 시간이라는 개념은 약간 불명확하다. 실제 커널이 시간을 이해하고 관리하기 위해서는 시스템 하드웨어의 도움이 반드시 필요하다. 하드웨어는 커널이 시간의 흐름을 측정하는 데 사용할 수 있는 시스템 타이머를 제공한다. 이 시스템 타이머는 전자 시계나 프로세서 주파수와 같은 전기적 시간 신호를 이용해 동작한다. 시스템 타이머는 진동수tick rate라고 하는 미리 설정된 주파수마다 울린다. 친다거나 터진다고 하기도 한다. 시스템 타이머가 울리면, 인터럽트가 발생하고, 커널은 특별한 인터럽트 핸들러를 이용해 이를 처리한다.

커널은 미리 설정된 진동수를 알고 있기 때문에 연속된 두 타이머 인터럽트 사이

---

1. 더 정확하게 말하면, 시간 기반 방식도 '시간의 경과'를 이벤트로 하는 이벤트 기반 방식이라고 할 수 있다. 하지만 이 장에서는 커널에서의 사용 빈도와 중요도를 고려해 시간 기반 방식에 대해서만 알아본다.

의 경과시간을 알 수 있다. 이 시간을 틱tick이라고 부르며, 이 값은 진동수 분의 1초가 된다. 커널은 이 방법을 사용해 현재 시각과 시스템 가동시간을 기록한다. 사용자공간 애플리케이션에는 현재 시각을 나타내는 벽시계 시간wall time이 중요하다. 커널은 타이머 인터럽트를 제어함으로써 간단히 이 시간을 기록할 수 있다. 일군의 시스템 호출을 통해 이 시각 정보를 사용자 공간에 제공한다. 시스템 시작 이후의 상대적인 경과 시간을 뜻하는 시스템 가동시간uptime은 커널 공간 및 사용자 공간 모두에 유용한 정보다. 시간의 흐름을 알아내야 하는 코드는 아주 많다. 특정 시점과 현재의 가동시간 정보를 읽고 그 차이를 계산함으로써 이런 상대적인 시간을 측정할 수 있다.

운영체제 관리에 있어 타이머 인터럽트는 중요하다. 상당수의 커널 함수가 시간 흐름에 따라 동작한다. 타이머 인터럽트를 통해 주기적으로 실행되는 작업에는 다음과 같은 것이 있다.

- 시스템 가동시간 갱신
- 현재 시각 갱신
- 대칭형 다중 프로세서 시스템은 스케줄러 실행 큐 간의 균형을 조절(4장 프로세스 스케줄링 참조)
- 설정 시간에 다다른 동적 타이머를 실행
- 자원 사용 현황과 프로세스 시간 통계 갱신

이 중 일부 작업은 타이머 인터럽트마다, 다시 말해 진동수 주기마다 실행된다. 다른 함수는 n번째 타이머 인터럽트마다 주기적으로 실행된다. 즉 이 함수들은 진동수의 배수 간격마다 실행된다. 타이머 인터럽트 핸들러에 대해서는 "타이머 인터럽트 핸들러" 절에서 알아본다.

진동수: HZ

시스템 타이머의 빈도(진동수)는 시스템이 시작할 때 정적 전처리 지시자인 HZ 값에 의해 정해진다. HZ의 실제 값은 지원 아키텍처마다 다르다. 일부 아키텍처에서는 장비 유형에 따라 달라지기도 한다.

커널은 <asm/param.h> 파일에 이 값을 정해 둔다. 진동수의 주파수는 HZ 헤르츠가 되고 주기는 1/HZ초가 된다. x86 아키텍처를 예로 들면 HZ의 기본값은 100이다. 따라서 i386에서 타이머 인터럽트의 주파수는 100Hz가 되고, 초당 100회 발생한다. 100분의 1초마다, 즉 10밀리초마다 발생한다.

많이 사용하는 HZ 값으로는 250, 1000 등이 있으며, 각각의 주기는 4밀리초, 1밀리초가 된다. 표 11.1에 지원하는 전체 아키텍처와 각 아키텍처별로 사용하는 주기 값을 정리했다.

표 11.1 타이머 인터럽트 주파수

아키텍처	진동수
Alpha	1024
Arm	100
avr32	100
Blackfin	100
Cris	100
h8300	100
ia64	1024
m32r	100
m68k	100
m68knommu	50, 100 또는 1000
Microblaze	100
Mips	100
mn10300	100
parisc	100
powerpc	100
Score	100
s390	100
Sh	100
sparc	100
Um	100
x86	100

커널 코드를 작성할 때 절대 HZ를 특정 값으로 가정해서는 안 된다. 최근에는 아키텍처별로 진동수가 다른 경우가 많기 때문에, 쉽게 볼 수 있는 실수는 아니다. 하지만, 예전에는 알파Alpha 아키텍처의 진동수만 100Hz가 아니었기 때문에 HZ 값을

사용해야 하는 곳에 100을 하드 코딩한 잘못된 코드를 많이 볼 수 있었다. 커널 코드에서 HZ 값을 사용하는 예는 다음에 소개한다.

타이머 인터럽트의 주파수는 중요하다. 이미 살펴봤듯이, 타이머 인터럽트는 많은 일을 처리한다. 사실 시간을 인식하는 모든 커널 기능은 시스템 타이머의 주기성을 통해 구현된다. 성공적인 관계를 만들 때처럼 올바른 값을 선택하는 것이 타협점을 찾는 핵심이다.

이상적인 HZ 값

리눅스 초기 버전부터 i386 아키텍처의 타이머 인터럽트 주파수는 100 헤르츠였다. 그러나 2.5 개발 버전에서 주파수가 1,000Hz로 올라갔고 (늘 그렇듯이) 논쟁거리가 되었다. 주파수 값은 다시 100Hz로 돌아왔지만, 이제는 사용자가 원하는 HZ 값을 지정해 커널을 컴파일할 수 있도록 설정 가능한 옵션이 생겼다. 시스템의 너무나도 많은 부분이 타이머 인터럽트에 영향을 받기 때문에 주파수 변경은 시스템에 상당한 영향을 끼친다. 큰 HZ 값은 작은 HZ 값과 비교했을 때 장점과 단점이 있다.

진동수를 올린다는 것은 타이머 인터럽트가 더 자주 발생한다는 뜻이다. 따라서 인터럽트로 인해 처리하는 작업들이 더 자주 실행된다. 이로 인해 다음과 같은 이점을 얻을 수 있다.

- 타이머 인터럽트의 해상도가 높아진다. 따라서 시간과 관련된 모든 이벤트의 해상도가 높아진다.
- 시간과 관련 이벤트의 정확도가 향상된다.

해상도는 진동수와 동일한 비율로 증가한다. 예를 들어, HZ=100인 타이머의 정밀도는 10밀리초가 된다. 다시 말해, 모든 주기적 이벤트는 타이머 인터럽트의 주기인 10밀리초의 배수 주기로 발생하며, 이 이상의 정밀도[2]를 보장할 수 없다. 하지만 HZ=1000이 되면, 해상도가 1밀리초가 되어 10배 더 세밀해진다. HZ=100인 경우에도 커널 코드에서 1밀리초의 해상도를 갖는 타이머를 생성할 수는 있지만, 타이머를 10밀리초 이하의 간격으로 정확하게 실행하는 것은 보장할 수 없다.

정확도 역시 같은 방식으로 개선된다. 임의의 시간에 커널이 타이머를 시작한다

---

2. 여기서 말하는 정밀도는 과학적인 개념이 아니라 컴퓨터적인 개념이다. 과학에서 정밀도는 반복 가능한 통계적 척도를 말한다. 컴퓨터에서 정밀도는 값을 나타낼 때 사용하는 유효숫자의 자릿수를 뜻한다.

고 가정하면 타이머는 아무 때나 울릴 수 있지만, 타이머 인터럽트가 발생한 순간에만 처리가 가능하므로 타이머는 평균적으로 타이머 인터럽트 주기의 절반의 기간 동안 대기한다. 예를 들어, HZ=100이면, 이벤트는 평균적으로 원하는 시간보다 +/- 5밀리초 정도 어긋나 실행된다. 즉 평균 오차가 5밀리초가 된다. HZ=1000이면, 평균 오차는 0.5밀리초가 되어 10배 개선된다.

큰 HZ 값의 장점

해상도가 높고 정확도가 높을수록 다음과 같은 여러 가지 장점이 있다.

- 더 정교한 해상도와 향상된 정확도로 커널 타이머를 실행할 수 있다(이를 통해 많은 개선 사항을 얻을 수 있는데, 다음 항목이 그중 하나다).
- 타임아웃 값을 선택적으로 사용할 수 있는 poll()이나 select() 같은 시스템 호출을 더 정밀하게 실행할 수 있다.
- 자원 사용률, 시스템 가동 시간 같은 측정값을 더 세밀하게 기록할 수 있다.
- 프로세스 선점이 더 정확하게 처리된다.

쉽게 얻어지는 주목할 만한 성능 향상으로 poll()과 select() 타임 아웃의 정밀도 향상 효과를 들 수 있다. 이 시스템 호출을 많이 사용하는 애플리케이션의 경우 실제 타임 아웃 시간이 지났어도 타이머 인터럽트 발생을 기다리는 데 상당한 시간을 허비하는 경우가 많기 때문에, 정밀도 향상으로 인해 얻어지는 효과가 상당히 클 수 있다. 평균 오차(즉, 잠재적으로 낭비되는 시간)는 타이머 인터럽트 주기의 절반이 된다.

높은 진동수의 또 다른 장점으로 스케줄링 지연 시간이 줄어듬에 따라 보다 정확한 프로세스 선점이 가능하다는 점을 들 수 있다. 4장의 내용을 돌이켜보면, 실행 프로세스의 타임슬라이스 값을 조정 작업이 타이머 인터럽트를 통해 처리된다. 타임 슬라이스 값이 0이 되면, need_resched 변수가 설정되고 커널은 최대한 빨리 스케줄러를 실행한다. 어떤 프로세스가 실행 중이고, 타임 슬라이스가 2밀리초 정도 남았다고 하자. 2밀리초가 지나면, 스케줄러는 실행 중인 프로세스를 선점하고 새로운 프로세스를 실행해야 한다. 안타깝게도 이런 일은 다음 타이머 인터럽트가 발생할 때까지는 일어나지 않으며, 타이머 인터럽트는 2밀리초 안에 발생하지 않을 수 있다. 최악의 경우 다음 번 인터럽트가 1/HZ초 이후에 발생할 수도 있는 것이다! HZ 값이 100이면, 이 프로세스는 거의 10밀리초에 가까운 실행 시간을 더 얻을 수도 있다.

물론 이런 불공정한 스케줄링은 모든 태스크에 적용되기 때문에 전체적으로는 공평함이 유지된다고 볼 수 있지만, 문제는 그것이 아니다. 실제 문제는 선점이 미루어지면서 발생하는 지연 시간에 있다. 스케줄링될 태스크가 오디오 버퍼를 채우는 작업과 같이 시간에 민감한 작업을 처리하는 경우라면, 지연으로 인해 문제가 발생할 수 있다. 진동수를 1,000Hz로 높이면, 스케줄링 지연시간을 최악의 경우 1밀리초, 평균 0.5밀리초로 줄일 수 있다.

큰 HZ 값의 단점

진동수를 높이는 데도 분명 단점이 있다. 그렇지 않다면 애초에 1,000Hz(또는 더 높은 값)를 사용했을 것이다. 실제 아주 큰 문제가 하나 있다. 진동수가 높으면 타이머 인터럽트가 더 자주 발생하며, 이로 인해 프로세서가 타이머 인터럽트 핸들러를 실행하는 시간이 더 많아지기 때문에 부가 비용이 늘어나게 된다. 진동수가 높아질수록 프로세서는 타이머 인터럽트를 처리하는 데 더 많은 시간을 소모하게 된다. 이 문제는 프로세서가 다른 작업을 실행할 수 있는 시간을 줄일 뿐 아니라, 프로세서 캐쉬 정보가 더 자주 소실되며 전력 소모도 늘어나는 현상을 일으킨다. 부가 비용이 어느 정도인지에 대해서는 논란이 있다. 하지만 애초에 그 부가 비용을 얼마나 실질적인 것으로 볼 수 있을까? 결국은 적어도 현대적인 시스템의 경우에는 HZ=1,000이 용납할 수 없을 정도의 부가 비용을 만들어내지 않으며 1,000Hz 타이머로 변경하는 것이 성능을 크게 해치지 않는다고 결론지었다. 하지만 2.6 커널은 HZ 값을 변경해 컴파일할 수 있다.[3]

> **무진동기 운영체제(tickless OS)**
> 고정된 타이머 인터럽트가 없어도 되는 운영체제가 있을 수 있지 않을까라는 생각이 들 수도 있다. 40년 동안 거의 모든 범용 운영체제에 이 장에서 설명하는 것과 유사한 타이머 인터럽트가 적용된 것이 표준이었긴 하지만, 리눅스 커널은 무진동기 동작(tickless operation) 옵션을 지원한다. CONFIG_HZ 옵션을 설정하고 커널을 컴파일하면, 시스템은 대기 중인 타이머에 따라 타이머 인터럽트를 동적으로 스케줄링한다. 1밀리초와 같이 정해진 간격으로 타이머 인터럽트를 발생시키는 것이 아니라, 인터럽트를 동적으로 스케줄링하고 필요하면 재스케줄링하는 것이다. 다음 타이머가 3밀리초 후에 울리게 되어 있다면, 3밀리초 후에 타이머 인터럽트가 발생한다. 그

---

3. 하지만 아키텍처 및 NTP와 관련된 문제로 인해 HZ에 아무 값이나 사용할 수는 없다. x86 아키텍처는 100, 500, 1000의 값 모두 문제없이 동작한다.

다음 50밀리초 동안 작업이 없다면, 커널은 인터럽트가 50밀리초 후에 울리도록 재스케줄링한다. 부가 비용이 줄어드는 것도 반가운 일이지만, 전력을 절약할 수 있다는 점이, 유휴 상태인 시스템인 경우에 특히 진정한 소득이다. 진동기를 사용하는 표준 시스템의 경우 커널은 유휴 상태에 있을 때에도 타이머 인터럽트를 처리해야 한다. 무진동기 시스템에서는 불필요한 타이머 인터럽트로 인해 유휴 상태가 방해 받지 않기 때문에 시스템 전력 소모가 줄어든다. 유휴 상태인 시간이 200밀리초이든 200초이든, 시간이 흐름에 따라 효과가 누적되어 명시적인 전력 절감 효과가 나타난다.

지피

전역 변수인 jiffies에는 시스템 시작 이후 발생한 진동 횟수tick가 저장된다. 시스템 시작시 커널은 이 값은 0으로 설정하고, 타이머 인터럽트가 발생할 때마다 1씩 증가시킨다. 타이머 인터럽트가 초당 HZ회 발생하므로, 초당 지피 수는 HZ가 된다. 따라서 시스템 가동 시간은 **jiffies/HZ**초가 된다. 실제 벌어지는 일은 조금 더 복잡하다. 커널은 버그 식별을 위해 jiffies 변수의 자릿수 넘침overflow 현상이 더 자주 일어나게 하기 위해 jiffies 변수를 0이 아닌 특별한 값으로 초기화한다. 실제 jiffies 값이 필요한 경우에는 이 '차이 값offset'을 먼저 빼야 한다.

지피의 어원

지피라는 단어의 기원은 알려져 있지 않다. '지피 안에(in a jiffy)'와 같은 표현이 18세기 영국에서 유래된 것으로 보인다. 일반적으로 지피는 정확히 기간이 정해지진 않은 짧은 시간 간격을 뜻한다.

과학적인 용도로 지피가 표현하는 시간 간격은 다양하지만, 가장 많이 사용하는 것은 10밀리초다. 물리학에서 지피는 빛이 일정 거리(보통 1피트, 1센티미터 또는 핵자의 지름)를 지나가는 데 걸리는 시간을 뜻한다.

컴퓨터 공학에서 지피는 대부분 연속되는 두 클럭 주기 사이의 시간을 뜻한다. 전자 공학에서 지피는 교류 전류의 한 주기가 완성되는 시간을 말한다. 미국의 경우 이 주기는 1/60초다.

운영체제에서, 특히 유닉스의 경우 지피는 연속되는 두 클럭 진동 사이의 시간을 뜻한다. 역사적으로 이 값은 10밀리초였다. 하지만 이 장에서 살펴봤듯이 리눅스의 지피 값은 여러 값이 가능하다.

jiffies 변수는 <linux/jiffies.h> 파일에 다음과 같이 선언된다.

```
extern unsigned long volatile jiffies;
```

다음 절에서 약간 특이한 실제 정의를 살펴볼 것이다. 일단은 커널 코드의 사용
예를 살펴보자. 초를 jiffies 단위로 변환하기 위해서는 다음 식을 사용한다.

```
(seconds * HZ)
```

마찬가지로 다음 식을 사용해 jiffies 단위를 초로 변환할 수 있다.

```
(jiffies / HZ )
```

초를 진동수로 바꾸는 첫 번째 식을 더 많이 사용한다. 예를 들면, 미래의 특정
시간에 해당하는 지피 값이 필요한 경우가 많다.

```
unsigned long time_stamp = jiffies;          /* 현재 */
unsigned long next_tick = jiffies + 1;       /* 현재로부터 한 틱(tick) 후 */
unsigned long later = jiffies + 5*HZ;        /* 현재로부터 5초 후 */
unsigned long fraction = jiffies + HZ / 10;  /* 현재로부터 1/10초 후 */
```

커널은 절대 시간을 신경 쓰는 경우가 거의 없기 때문에, 진동수를 초로 변환하는
경우는 보통 사용자 공간과 통신하는 경우에만 사용한다.

jiffies 변수의 자료형은 unsigned long이며, 다른 형에 이 값을 저장하면 안
된다는 것을 기억하자.

지피의 내부 표현

jiffies 변수의 형은 항상 unsigned long이었기 때문에, 32비트 아키텍처에서는
크기가 32비트이고 64비트 아키텍처에서는 크기가 64비트다. 진동수가 100인 경우,
32비트 jiffies 변수는 약 497일 후에 자릿수 넘침 현상이 발생한다. 그러나 HZ
값이 1,000으로 올라가면 32비트인 경우 49.7일만에 자릿수 넘침 현상이 발생한다!
모든 아키텍처에서 jiffies 변수가 64비트라면, 웬만한 HZ 값에 대해서는 자릿수
넘침 현상이 평생 발생하지 않을 것이다.

성능과 역사적인 이유로 인해, 특히 기존 커널 코드와의 호환성 때문에 커널 개발
자들은 jiffies 변수의 자료형을 unsigned long으로 계속 유지하고 싶어했다. 몇

가지 멋진 생각과 작은 링커 기법을 이용해 이 문제를 해결했다.

앞서 보았듯이 jiffies는 unsigned long 형으로 정의된다.

```
extern unsigned long volatile jiffies;
```

다른 두 번째 변수도 <linux/jiffies.h>에 정의된다.

```
extern u64 jiffies_64;
```

주 커널 이미지(x86은 arch/x86/kernel/vmlinux.lds.S)를 링크할 때 사용하는 ld(1) 스크립트는 jiffies_64 변수의 시작 위치에 jiffies 변수를 겹쳐overlay 놓는다.

```
jiffies = jiffies_64;
```

이러면 jiffies 변수는 jiffies_64 변수의 전체 64비트 중 하위 32비트가 된다. 코드 상에서는 이전과 똑같은 방식으로 jiffies 변수에 접근할 수 있다. 대부분의 코드는 단순히 시간 경과를 측정하는 용도로 jiffies 변수를 사용하기 때문에, 하위 32비트 부분에만 신경 써도 된다. 하지만 시간 관리 코드는 64비트 전체를 사용하므로 전제 64비트 값의 자릿수 넘침 현상을 처리해야 한다. 그림 11.1은 jiffies 및 jiffies_64 변수의 배치를 보여준다.

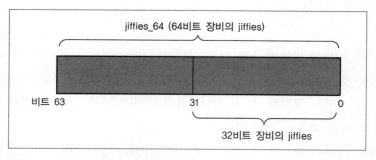

그림 11.1 jiffies와 jiffies_64 변수의 배치

jiffies 변수를 사용하는 코드는 jiffies_64 변수의 하위 32비트만을 사용한다. get_jiffies_64() 함수를 사용해 전체 64비트 값을 읽을 수 있다.[4] 이런 동작

---

4. 32비트 아키텍처에서는 64비트 값의 두 32비트 워드에 원자적으로 접근할 수 없기 때문에 특별한 함수가 필요하다. 이 함수는 jiffies 값을 읽기 전에 xtime_lock을 사용해 jiffies 값에 잠금을 설정한다.

이 필요한 경우는 아주 드물기 때문에 대부분의 코드에서는 직접 jiffies 변수를 사용해 하위 32비트 값만을 사용한다.

64비트 아키텍처의 경우 jiffies_64 변수와 jiffies 변수는 같은 대상을 가리킨다. jiffies 변수를 사용하는 코드나 get_jiffies_64() 함수를 사용하는 코드 모두 같은 효과를 가진다.

지피 값 되돌아감

C의 다른 정수들과 마찬가지로 jiffies 변수도 최대 저장 한계를 초과할 정도로 값이 커지면, 자릿수 넘침 현상이 발생한다. 32비트 unsigned 정수인 경우, 최대 한계는 $2^{32}-1$이다. 즉, 자릿수 넘침 현상이 발생하지 않는 타이머 발생 횟수의 최대 값은 4294967295가 된다. 카운터 값이 최대가 되면, 0으로 다시 되돌아 간다. 이러한 되돌림wraparound의 예를 살펴보자.

```
unsigned long timeout = jiffies + HZ/2;        /* 0.5초 후 타임아웃 */
/* 작업을 수행 ... */


/* 작업이 너무 오래 걸리지 않았는지 확인 */
if (timeout > jiffies) {
    /* 시한을 넘기지 않았음. 양호 ... */
} else {
    /* 시한을 넘겼음. 오류 ... */
}
```

이 코드의 의도는 미래의 특정 시점으로, 여기서는 지금으로부터 0.5초 뒤로 시한을 설정하는 것이다. 그 다음 특정 작업을 수행한다. 하드웨어에 신호를 보내고 응답을 기다리는 상황을 생각해 볼 수 있다. 작업을 마쳤을 때 전체 일 처리가 시한을 넘겼다면 오류를 적절히 처리한다.

여기에는 자릿수 넘침과 관련된 여러 가지 문제가 잠재되어 있지만, 일단 그중 하나를 살펴보자. jiffies 값이 시한을 설정한 이후 0으로 되돌아 간 경우를 생각해 보자. jiffies 값이 논리적으로는 설정한 timeout 값보다 커졌지만, 되돌아감으로 인해 jiffies 값이 더 작아져서 첫 번째 조건문이 거짓이 된다. 개념적으로는 jiffies 값이 **timeout** 값보다 더 큰 숫자가 되어야 한다. 하지만, jiffies 값의 자릿수가 최대 값을 넘어갔으므로 0 근처의 아주 작은 값이 된다. 값이 되돌아 감으로 인해

if 문의 결과가 뒤바뀐다. 어이쿠!

다행히 커널에는 타이머 카운트 값의 되돌아 감을 고려해 값을 올바르게 비교할 수 있는 네 가지 매크로를 제공한다. 이 매크로는 `<linux/jiffies.h>` 파일에 정의되어 있다. 각 매크로를 단순하게 표현하면 다음과 같다.

```
#define time_after(unknown, known) ((long)(known) - (long)(unknown) < 0)
#define time_before(unknown, known) ((long)(unknown) - (long)(known) < 0)
#define time_after_eq(unknown, known) ((long)(unknown) - (long)(known) >= 0)
#define time_before_eq(unknown, known) ((long)(known) - (long)(unknown) >= 0)
```

unknown 인자 자리에는 보통 jiffies 값이 들어가며, 비교하고자 하는 값이 known 인자 자리에 들어간다.

time_after(unknown, known) 매크로는 unknown이 가리키는 시간이 known이 가리키는 시간보다 나중인 경우 true를, 그렇지 않은 경우에는 false를 반환한다. time_before(unknown, known) 매크로는 unknown이 가리키는 시간이 known이 가리키는 시간보다 이전인 경우 true를, 그렇지 않은 경우에는 false를 반환한다. 뒷부분의 두 매크로는 두 인자 값이 같은 경우에도 true를 반환한다는 점만 빼면, 앞의 두 매크로와 동일하다.

타이머 값이 되돌아 가도 문제 없도록 앞의 예제를 수정하면 다음과 같다.

```
unsigned long timeout = jiffies + HZ/2; /* 0.5초 후 타임아웃 */

/*... */
if (time_before(jiffies, timeout)) {
        /* 시한을 넘기지 않았음. 양호 ... */
} else {
        /* 시한을 넘겼음. 오류 ... */
}
```

어째서 이 매크로를 사용하면 값이 되돌아 가면서 발생하는 오류를 막을 수 있는지 궁금하다면, 두 인자에 여러 가지 값을 넣어 시험해보자. 인자 값 하나가 0으로 되돌아 갔을 때 어떤 일이 발생하는지 살펴보자.

사용자 공간과 HZ 값

2.6 이전 버전의 커널의 경우 HZ 값을 변경하면 사용자 공간에서 이상 현상이 발생했다. 이는 HZ 값이 초당 진동수 단위 값으로 사용자 공간에 제공되었기 때문에 발생한 일이다. 이런 인터페이스가 고정되면서 애플리케이션은 특정 HZ 값을 가정하게 되었다. 결과적으로 HZ 값을 바꾸면 이 사실을 모르는 사용자 공간에는 여러 값들이 특정 상수 배수로 바뀌는 현상이 발생한다! 실제 2시간인 시스템 가동시간을 20시간으로 표시하게 된다!

이 문제를 해결하기 위해서는 커널이 jiffies 값을 조정해서 내보내야 한다. 커널은 사용자 공간이 기대하는 HZ 값을 USER_HZ 값으로 정의하는 방식으로 이를 해결한다. x86에서는 그 동안 HZ 값이 100이었기 때문에, USER_HZ 값도 100이 된다. 이후 kernel/time.c 파일에 정의된 jiffies_to_clock_t() 함수를 사용해 HZ 기반의 진동수 값을 USER_HZ 기반의 진동수 값으로 변환할 수 있다. USER_HZ 값과 HZ 값이 정수배인지 여부, USER_HZ 값이 HZ 값보다 작거나 같은지 여부에 따라 변환식이 결정된다. 대부분 시스템에서처럼 정수배이며 작거나 같은 경우라면 변환식은 다음과 같이 간단하다.

```
return x / (HZ / USER_HZ);
```

정수배가 아닌 경우에는 좀 더 복잡한 알고리즘을 사용한다.

마지막으로, 64비트 jiffies 값을 HZ 단위에서 USER_HZ 단위로 바꾸기 위해 jiffies_64_to_clock_t() 함수를 제공한다.

사용자 공간에 초당 진동수 단위로 표현되는 값을 내보내는 모든 곳에서 이 함수들을 사용한다. 예를 들면 다음과 같다.

```
unsigned long start;
unsigned long total_time;

start = jiffies;
/* 작업을 처리한다 ... */
total_time = jiffies - start;
printk("That took %lu ticks\n", jiffies_to_clock_t(total_time));
```

사용자 공간에서는 이 값이 HZ=USER_HZ인 상태의 값으로 인식한다. 동일하지 않은 상태라고 해도, 매크로가 적절한 값으로 조정해 주므로 문제가 생기지 않는다.

물론 다음과 같이 진동수 단위가 아닌 초 단위로 메시지를 출력하는 것이 더 적절하므로, 좀 쓸모없는 예제라고 할 수 있다.

```
printk("That took %lu seconds\n", total_time / HZ);
```

하드웨어 시계와 타이머

시간 기록을 위해 아키텍처는 두 가지 하드웨어 장치를 제공한다. 지금까지 알아본 시스템 타이머와 실시간 시계가 그것이다. 장비마다 이 장치들의 동작과 구현방식은 다르지만, 일반적인 목적과 설계는 같다.

실시간 시계

실시간 시계RTC, real time clock는 시스템 시간을 저장하는 비휘발성 장치다.

RTC는 보통 시스템 기판에 붙어 있는 작은 배터리를 통해 시스템이 꺼져있는 동안에도 시간을 기록한다. PC 아키텍처의 경우에는 RTC와 CMOS가 통합되어 있어, 하나의 배터리로 RTC를 동작시키고 BIOS 설정도 보존한다.

커널은 시스템 시작 시 RTC를 읽고, 이를 이용해 xtime 변수에 저장되는 현재 시간을 초기화한다. 커널은 보통 이 작업 이후에는 RTC 값을 읽지 않는다. 하지만 x86 같은 일부 아키텍처는 주기적으로 현재 시간을 RTC에 저장한다. 어쨌든 실시간 시계는 주로 xtime 값이 초기화되는 시스템 시작 과정에만 중요하다.

시스템 타이머

시스템 타이머는 커널의 시간 기록에 있어 훨씬 더 중요한(그리고 빈번한) 역할을 한다. 시스템 타이머 배후의 개념은 아키텍처와 상관없이 동일하다. 주기적으로 인터럽트를 발생시키는 체계를 제공하는 것이다. 어떤 아키텍처는 설정 가능한 주기로 진동하는 전자 시계를 이용해 이 기능을 구현한다. 설정한 초기 값에서부터 0이 될 때까지 일정 비율로 값이 줄어드는 카운터인 감쇄계decrementer를 사용하는 아키텍처도 있다. 카운터 값이 0이 되면 인터럽트를 생성한다. 어떤 방식이든 효과는 같다.

x86의 경우, 설정 가능 인터럽트 타이머PIT, programmable interrupt timer가 주 시스템 타이머다. PIT는 모든 PC 장비에 있으며 DOS 시절부터 인터럽트를 생성하고 있다.

커널은 시스템 시작 시에 PIT가 HZ 값을 주기로 시스템 타이머 인터럽트(0번 인터럽트)를 생성하도록 설정한다. 이 장치는 제한된 동작만이 가능한 단순한 장치이지만, 제 역할을 충분히 수행한다. 시간을 생성하는 다른 x86 장치로는 로컬 APIC 타이머와 프로세서의 타임스탬프 카운터TSC를 들 수 있다.

타이머 인터럽트 핸들러

이제 HZ, jiffies와 시스템 타이머의 역할을 이해했으니, 타이머 인터럽트 핸들러의 실제 구현을 살펴보자. 타이머 인터럽트는 아키텍처 종속적인 부분과 아키텍처 독립적인 두 부분으로 나눌 수 있다.

아키텍처 종속적인 부분은 시스템 타이머의 인터럽트 핸들러 형태로 되어 있으며, 타이머 인터럽트가 발생했을 때 실행된다. 인터럽트 핸들러의 정확한 작업 내용은 물론 아키텍처에 따라 다르지만, 대부분의 핸들러는 최소한 다음 작업을 처리한다.

- jiffies_64 및 현재 시간을 저장하는 xtime 변수에 안전하게 접근하기 위해 xtime_lock을 얻는다.
- 필요에 따라 시스템 타이머를 확인하고 재설정한다.
- 갱신된 현재 시간을 주기적으로 실시간 시계에 반영한다.
- 아키텍처 종속적 타이머 함수인 tick_periodic() 함수를 호출한다.

아키텍처 종속적인 tick_periodic() 함수는 훨씬 더 많은 작업을 수행한다.

- jiffies_64 카운터 값을 1 증가시킨다(앞에서 xtime_lock 잠금을 얻었기 때문에 32비트 아키텍처에서도 안전하게 이 작업을 처리할 수 있다).
- 현재 실행 중인 프로세스가 소모한 시스템 시간, 사용자 시간과 같은 자원 사용 통계값을 갱신한다.
- 설정 시간이 지난 동적 타이머를 실행한다(다음 절에서 설명한다).
- 4장에서 살펴봤던 scheduler_tick() 함수를 실행한다.
- xtime에 저장된 현재 시간을 갱신한다.
- 악명높은 평균 로드를 계산한다.

호출하는 함수가 대부분의 작업을 처리하므로 함수 자체는 간단하다.

```
static void tick_periodic(int cpu)
{
        if (tick_do_timer_cpu == cpu) {
                write_seqlock(&xtime_lock);

                /* 다음 타이머 발생 시간을 기록 한다. */
                tick_next_period = ktime_add(tick_next_period,
                tick_period);

                do_timer(1);
                write_sequnlock(&xtime_lock);
        }

        update_process_times(user_mode(get_irq_regs()));
        profile_tick(CPU_PROFILING);
}
```

대부분의 중요한 작업은 do_timer()와 update_process_times()에서 처리한다. 전자의 함수가 실제 jiffies_64 값을 증가시키는 작업을 담당한다.

```
void do_timer(unsigned long ticks)
{
        jiffies_64 += ticks;
        update_wall_time();
        calc_global_load();
}
```

이름에서 유추할 수 있듯이 update_wall_time() 함수는 진동수 경과에 맞춰 현재 시간을 갱신하는 함수이며, calc_global_load() 함수는 시스템의 평균 로드 통계를 갱신한다.

최종적으로 do_timer() 함수가 반환되면 update_process_times() 함수를 호출해 진동수 경과에 따른 여러 가지 통계값을 갱신하며, user_tick을 이용해 사용자 공간, 커널 공간 어느 쪽에서 일어난 시간 경과인지를 표시한다.

```
void update_process_times(int user_tick)
{
        struct task_struct *p = current;
        int cpu = smp_processor_id();

        /* 주의: 지금 실행 중인 타이머 인터럽트 컨텍스트도 고려해야 한다. */
        account_process_tick(p, user_tick);
        run_local_timers();
        rcu_check_callbacks(cpu, user_tick);
        printk_tick();
        scheduler_tick();
        run_posix_cpu_timers(p);
}
```

tick_periodic() 함수에서 시스템 레지스터를 확인해 user_tick 값을 설정했다.

```
update_process_times(user_mode(get_irq_regs()));
```

account_process_tick() 함수에서 실제 프로세서 시간 갱신 작업을 처리한다.

```
void account_process_tick(struct task_struct *p, int user_tick)
{
    cputime_t one_jiffy_scaled = cputime_to_scaled(cputime_one_jiffy);
    struct rq *rq = this_rq();

    if (user_tick)
        account_user_time(p, cputime_one_jiffy, one_jiffy_scaled);
    else if ((p != rq->idle) || (irq_count() != HARDIRQ_OFFSET))
        account_system_time(p, HARDIRQ_OFFSET, cputime_one_jiffy,
            one_jiffy_scaled);
    else
        account_idle_time(cputime_one_jiffy);
}
```

이런 방식을 취함으로써 커널은 한 프로세스가 타이머 인터럽트가 발생했을 때의 프로세서 모드에 상관없이 직전 진동 주기 전체 시간 동안 실행된 것으로 간주한다는 점을 알아차렸을 것이다. 실제 프로세스는 지난 진동 주기 동안 커널 모드에 여러 번 들어갔다 나왔을 수도 있다. 사실 이전 진동 주기 동안 하나 이상의 프로세스가 실행되었을 수도 있다! 이런 엉성한 프로세스 기록 방식은 전통적인 유닉스 방식으로, 훨씬 더 복잡한 기록 방식을 사용하지 않는 한 커널이 할 수 있는 최선의 방식이다. 이는 높은 진동수를 사용하는 것이 더 좋은 또 하나의 이유이기도 하다.

그 다음 run_local_timers() 함수가 **softirq**를 발생시켜(8장 "후반부 처리와 지연된 작업" 참고) 시간이 만료된 타이머를 실행한다. 타이머에 대해서는 다음 "타이머" 절에서 설명한다.

마지막으로 scheduler_tick() 함수는 현재 실행 프로세스의 타임슬라이스 값을 줄이고, 필요한 경우 need_sched 플래그를 설정한다. **SMP** 장비의 경우에는 필요한 경우 이 함수에서 프로세서별 실행큐의 균형을 조절한다. 이에 대해서는 4장에서 설명했다.

tick_periodic() 함수는 처음의 아키텍처 독립적인 핸들러 함수로 반환되고, 핸들러 함수는 필요한 정리 작업을 처리한 다음 xtime_lock 잠금을 풀고 반환한다.

이 모든 일이 1/HZ초마다 벌어진다. x86 시스템이라면 초당 100번 또는 1,000번 일어나는 것이다!

날짜와 시간

현재 날짜와 시간the wall time은 kernel/time/timekeeping.c 파일에 정의된다.

```
struct timespec xtime;
```

timespec 구조체는 <linux/time.h> 파일에 다음과 같이 정의된다.

```
struct timespec {
        __kernel_time_t tv_sec;  /* 초 */
        long tv_nsec;     /* 나노초(백만분의 일초) */
};
```

xtime.tv_sec 변수에는 1970년 1월 1일(표준시:UTC 기준) 이후 몇 초가 지났는지가 저장된다. 이 기준 날짜를 기원epoch이라고 부른다. 대부분의 유닉스 시스템은 이 기원으로부터의 상대적인 시간으로 현재 시간을 표현한다. xtime.v_nsec 값에는 이전 초에서 몇 나노초가 경과되었는지가 저장된다.

xtime 변수를 읽고 쓸 때에는 xtime_lock을 사용해야 하며, 이 락은 보통 스핀락이 아닌 순차적 락seqlock이다. 순차적 락에 대해서는 10장 "커널 동기화 방법"에서 설명했다.

xtime 값을 갱신하려면 쓰기용 seq 락이 필요하다.

```
write_seqlock(&xtime_lock);

/* xtime 갱신 ... */

write_sequnlock(&xtime_lock);
```

xtime 값을 읽으려면 read_seqbegin()과 read_seqretry() 함수를 사용해야 한다.

```
unsigned long seq;

do {
        unsigned long lost;
        seq = read_seqbegin(&xtime_lock);
        usec = timer->get_offset();
        lost = jiffies - wall_jiffies;
        if (lost)
                usec += lost * (1000000 / HZ);
        sec = xtime.tv_sec;
        usec += (xtime.tv_nsec / 1000);
} while (read_seqretry(&xtime_lock, seq));
```

라이터의 간섭 없이 리더가 데이터 읽는 작업을 마칠 때까지 루프를 돈다. 루프를 도는 중에 타이머 인터럽트가 발생해 xtime이 변경되는 경우에는 순차 카운터 값이 바뀌므로 루프가 다시 시작된다.

현재 시간을 알아낼 때 주로 사용하는 사용자 인터페이스는 gettimeofday() 함수이며, 이 함수는 kernel/time.c 파일의 sys_gettimeofday() 함수를 통해 구현된다.

```
asmlinkage long sys_gettimeofday(struct timeval *tv, struct timezone *tz)
{
        if (likely(tv)) {
                struct timeval ktv;
                do_gettimeofday(&ktv);
                if (copy_to_user(tv, &ktv, sizeof(ktv)))
                        return -EFAULT;
        }
        if (unlikely(tz)) {
                if (copy_to_user(tz, &sys_tz, sizeof(sys_tz)))
                        return -EFAULT;
        }
        return 0;
}
```

사용자가 tv 인자에 NULL이 아닌 값을 지정하면 아키텍처 종속적인 go_gettimeofday() 함수가 호출된다. 이 함수는 주로 앞서 살펴본 xtime 읽기 루프를 수행한다. tz 인자가 NULL이 아닌 경우에는 시스템 타임존(sys_tz에 저장된다) 정보를 사용자에게 반환한다. 현재 시간이나 타임존 정보를 사용자에게 제공하는 도중에 오류가 발생하면 -EFAULT 값을 반환한다. 성공한 경우에는 0을 반환한다.

커널은 time() 시스템 호출[5]도 제공하지만, 대부분 gettimeofday() 함수를 사용한다. C 라이브러리도 ftime(), ctime() 등의 현재 시각 관련 라이브러리 함수를 제공한다.

settimeofday() 시스템 호출은 현재 시간을 지정한 값으로 설정한다. 이 함수를 사용하려면 CAP_SYS_TIME 권한이 필요하다.

xtime 값을 갱신하는 작업을 빼면, 커널은 사용자 공간에서처럼 현재 시각 정보를 거의 사용하지 않는다. inode에 (접근 시간, 수정 시간 등) 타임스탬프 값을 저장하는 파일시스템 코드 정도가 예외적인 경우라 할 수 있다.

---

5. 그러나 일부 아키텍처에서는 sys_time() 시스템 호출을 구현하지 않고 C 라이브러리가 gettimeofday() 시스템 호출을 이용해 대신 처리해 주는 경우가 있다.

타이머

동적 타이머 또는 커널 타이머라고 부르기도 하는 타이머는 커널 코드상에서 시간의 흐름을 관리하는 데 필수적인 요소이다. 커널 코드에서는 특정 함수의 실행을 얼마 이후로 미루어야 하는 경우가 많다. 앞 장에서 작업을 나중으로 지연시키는 훌륭한 방법인 후반부 처리 방식에 대해 살펴본 적이 있다. 안타깝게도 여기서 말하는 '나중'의 뜻은 의도적으로 모호하게 정의되어 있다. 후반부 처리의 목적은 작업을 얼마나 나중으로 미룰지 정하는 것이 아니라 단순히 지금이 아닌 나중으로 작업을 미루는 것이다. 지금은 작업을 지정한 시간만큼 미룰 수 있는 도구가 필요하다. 지정한 시간이 지나기 전에는 안 되며, 되도록이면 지정한 시간보다 너무 늦지 않아야 한다. 이에 대한 해결책이 커널 타이머이다.

타이머는 쉽게 사용할 수 있다. 초기화 작업을 한 다음, 만료 시간과 만료되었을 때 실행할 함수를 지정하고 타이머를 활성화시키면 된다. 타이머가 만료되면 지정한 함수가 실행된다. 타이머는 반복되지 않는다. 타이머는 만료된 이후 소멸된다. 이름에 동적이라는 말이 붙는 이유가 이 때문이다. 타이머는 수시로 생성되고 소멸되며, 타이머 개수의 제한은 없다. 타이머는 커널 전체에 걸쳐 많이 사용된다.

타이머 사용

타이머는 <linux/timer.h> 파일에 정의된 struct timer_list 구조체로 표현한다.

```
struct timer_list {
    struct list_head entry;             /* 타이머 연결 리스트 항목 */
    unsigned long expires;              /* jiffies 단위로 표시된 만료 시간 */
    void (*function)(unsigned long);    /* 타이머 핸들러 함수 */
    unsigned long data;                 /* 핸들러 함수에 넘어가는 인자 */
    struct tvec_t_base_s *base;         /* 타이머 내부 처리용 항목. 사용 금지 */
};
```

다행히 타이머를 사용할 때는 이 자료구조를 이해할 필요가 없다. 향후 수정에 따른 호환성 영향이 없도록 이 자료구조를 직접 조작하지 않기를 권장한다. 커널은 편한 타이머 관리를 위해 일군의 타이머 관련 인터페이스를 제공한다. 이 인터페이스는 모두 <linux/timer.h> 파일에 정의되어 있다. 실제 구현 내용은 대부분 kernel/timer.c 파일에 들어 있다.

타이머를 생성하는 첫 단계는 먼저 타이머를 정의하는 것이다.

```
struct timer_list my_timer;
```

다음으로 타이머의 내부 변수들을 초기화해야 한다. 보조 함수를 이용해 이 작업을 처리할 수 있으며, 타이머를 타이머 관리 함수에 사용하기 전에 반드시 해야 한다.

```
init_timer(&my_timer);
```

이제 남은 값을 필요한 값으로 채워준다.

```
my_timer.expires = jiffies + delay;
                          /* delay 값으로 지정한 시간이 지나면 타이머 만료 */
my_timer.data = 0;          /* 타이머 핸들러의 인자로 0을 전달 */
my_timer.function = my_function; /* 타이머가 만료되었을 때 실행할 함수 */
```

만료 시간을 지정하는 my_timer.expires 값은 진동수 절대값이다. jiffies 카운터 값이 my_timer.expires 값을 넘어가면, my_timer.data 인자를 가지고 my_timer.function 함수가 실행된다. timer_list 정의에서 알 수 있듯이 이 함수의 원형은 다음과 같다.

```
void my_timer_function(unsigned long data);
```

data 인자를 이용하면 여러 개의 타이머에 같은 핸들러를 등록하고 인자 값을 통해 각 타이머를 구별하는 방법을 사용할 수 있다. 인자가 필요하지 않다면 그냥 0을 (또는 어떤 값이든) 지정한다.

마지막으로 다음과 같이 타이머를 활성화시킨다.

```
add_timer(&my_timer);
```

자 이제 타이머가 시작되어 실행된다! expired 값의 의미에 대해 주의하자. 커널은 현재 진동수 카운터 값이 지정한 만료 시간과 같거나 더 커지면 타이머 핸들러 함수를 실행한다. 커널은 만료시간이 지나기 전에는 타이머를 실행하지 않지만, 타이머 실행에는 지연이 있을 수 있다. 보통은 만료시간에 거의 맞추어서 타이머가 실행되지만, 만료 시간이 지나도 진동수 한 번의 주기 정도 지연이 발생할 수 있다. 따라서 타이머를 이용해서는 정교한 실시간 처리를 구현할 수 없다.

이미 설정된 타이머의 만료시간을 수정할 필요가 있을 수 있다. 커널은 지정한
타이머의 만료 시간을 수정할 수 있는 mod_timer() 함수를 제공한다.

```
mod_timer(&my_timer, jiffies + new_delay); /* 새로운 만료 시간 */
```

mod_timer() 함수는 초기화되었지만 아직 활성화되지 않은 타이머에도 동작한
다. mod_timer() 함수는 타이머가 비활성화 상태인 경우에는 활성화시킨다. 이 함
수는 타이머가 비활성화 상태였을 때에는 0을 반환하고, 활성화 상태인 경우에는
1을 반환한다. 어느 쪽이든 mod_timer() 함수는 타이머를 새로운 만료 값으로 지정
하고 활성화시킨다.

타이머를 만료 시간 전에 비활성화시키고자 하는 경우에는 del_timer() 함수를
사용한다.

```
del_timer(&my_timer);
```

이 함수도 타이머 활성화 여부와 상관없이 동작한다. 타이머가 비활성화 상태인
경우에는 0을 반환하고, 활성화 상태인 경우에는 1을 반환한다. 타이머가 만료된 경
우에는 자동으로 비활성화되기 때문에, 이 함수를 호출할 필요가 없다.

타이머를 제거할 때는 경쟁 조건이 발생할 잠재적인 가능성이 있기 때문에 보완
책이 필요하다. del_timer() 함수가 반환되었다는 것은 타이머가 비활성화 되었다
는(즉, 앞으로 타이머가 실행되지 않는다는) 것을 뜻한다. 하지만, 다중 프로세서 장비에서는
타이머 핸들러가 이미 다른 프로세서 실행 중일 수 있다. 타이머를 비활성화시키고
실행 중인 타이머 핸들러가 종료될 때까지 대기하기 위해서는 del_timer_sync()
함수를 사용한다.

```
del_timer_sync(&my_timer);
```

del_timer()와 달리 del_timer_sync() 함수는 인터럽트 컨텍스트에서 사용할
수 없다.

타이머 경쟁 조건

타이머는 현재 실행 중인 코드에 대해 비동기적으로 실행되므로 경쟁 조건이 발생할 잠재적인 가능성이 몇 가지 있다. 먼저 다음 작업을 단순한 mod_timer() 함수로 처리하는 것은 다중 프로세스 장비에서 안전하지 않으므로 절대 하면 안 된다.

```
del_timer(my_timer);
my_timer->expires = jiffies + new_delay;
add_timer(my_timer);
```

둘째, 거의 모든 경우에 del_timer()보다는 del_timer_sync() 함수를 사용해야 한다. 타이머가 현재 실행 중이 아니라고 확신할 수 없으므로, 이 함수를 먼저 실행해야 한다! 타이머를 제거한 다음에 타이머 코드가 계속 실행된다거나 타이머 핸들러가 사용하는 자원을 조작하는 경우를 생각해 보라. 따라서 동기화 버전을 사용하는 편이 좋다.

마지막으로 타이머 핸들러가 사용하는 공유 데이터를 적절히 보호해야 한다. 커널은 타이머 함수를 다른 코드에 대해 비동기적으로 실행한다. 9장과 10장 "커널 동기화 개요"에서 알아본 바에 따라 타이머가 사용하는 데이터를 보호해야 한다.

타이머 구현

커널은 softirq와 마찬가지로 타이머 인터럽트가 끝난 후 후반부 처리 컨텍스트에서 타이머 핸들러를 실행한다. 타이머 인터럽트 핸들러는 update_process_times() 함수를 호출하고, 이 함수는 run_local_timers() 함수를 호출한다.

```
void run_local_timers(void)
{
        hrtimer_run_queues();
        raise_softirq(TIMER_SOFTIRQ);        /* 타이머 softirq를 올린다. */
        softlockup_tick();
}
```

TIMER_SOFTIRQ는 run_timer_softirq() 함수가 처리한다. 이 함수는 현재 프로세스의 만료된 타이머가 있다면 모두 실행한다.

타이머는 연결 리스트로 저장된다. 하지만 만료된 타이머를 찾기 위해 커널이 항상 전체 리스트를 탐색하거나 리스트를 만료 시간 순으로 정렬 상태를 유지하는 일은 너무 불편하다. 정렬 상태를 유지하려면 타이머 추가 및 제거 작업이 너무 복잡해진다. 대신 커널은 타이머를 만료 시간 값에 따라 크게 다섯 개의 묶음으로 나눈다. 분할을 통해 대부분의 타이머 softirq 실행 시에 진행되는, 만료된 타이머를 찾는 작업에 들어가는 커널의 수고를 많이 덜 수 있다.

실행 지연

커널 코드는 (특히 드라이버의 경우) 타이머나 후반부 처리 방식을 사용하지 않고도 일정 시간 실행을 지연시켜야 하는 경우가 많다. 보통 이를 이용해 하드웨어가 특정 작업을 완료하기를 기다린다. 대게 이 시간은 아주 짧다. 예를 들어, 표준에 따르면 네트워크 카드의 이더넷 모드 변경 시간은 2마이크로초다. 드라이버가 원하는 속도를 설정한 다음에는 진행하기 전에 최소한 2마이크로초를 기다려야 한다.

　커널은 지연 작업의 성격에 따른 몇 가지 해결책을 가지고 있다. 이런 해결책은 각자 다른 특성이 있다. 일부 방식은 지연되는 동안 프로세서를 독점하기 때문에 실질적으로 다른 작업이 진행되는 것을 막는다. 다른 방식은 프로세서를 독점하지는 않지만, 코드가 정확히 지정한 시간 이후에 실행되는 것을 보장하지 않는다.[6]

루프 반복

(최적의 해결책이 되는 경우는 드물지만) 가장 구현이 간단한 해결책은 대기 반복busy waiting 또는 루프 반복busy looping이다. 이 방식은 필요한 지연 시간이 수 진동수에 해당하는 짧은시간이거나 정밀도가 그다지 중요하지 않은 경우에 사용한다.

　개념은 간단하다. 원하는 클럭 진동수가 지날 때까지 루프를 반복하는 것이다. 예를 들면 다음과 같다.

```
unsigned long timeout = jiffies + 10; /* 진동수 열 번 */

while (time_before(jiffies, timeout))
        ;
```

---

6. 실제 어떤 방식을 사용해도 원하는 시간만큼 정확하게 지연시킬 수 없다. 일부 방식은 아주 정확한 시간으로 동작하긴 하지만, 역시 최소한 필요한 만큼 대기하는 것을 보장할 뿐이다. 다른 방식은 그냥 좀 더 기다릴 뿐이다.

jiffies 값이 delay 값보다 커질 때까지, 클럭 진동수 열 번이 지날 때까지 루프를 반복한다. x86의 경우 HZ 값이 1,000이므로 결국 10밀리초가 지연된다. 비슷한 방식으로 다음과 같이 할 수도 있다.

```
unsigned long delay = jiffies + 2*HZ; /* 2 초 */

while (time_before(jiffies, delay))
        ;
```

이 코드는 2*HZ 클럭 진동수, 즉 클럭과 상관없이 2초가 지날 때까지 루프를 반복한다.

이 방식은 시스템의 여타 부분에 친절한 방식은 아니다. 코드가 지연되는 동안 프로세서는 무의미한 루프를 돌아야 하므로, 유용한 작업을 수행하지 못한다! 이런 멍청한 방식이 필요한 경우는 거의 없지만, 실행을 지연시키는 명확하고 간단한 방법의 일례로 들어보았다. 다른 사람이 작성한 아름답지 못한 코드를 만날 수 있을지도 모르겠다.

더 좋은 방법은 대기 중에 프로세서가 다른 일을 할 수 있도록 현재 프로세스를 재스케줄링하는 것이다.

```
unsigned long delay = jiffies + 5*HZ;

while (time_before(jiffies, delay))
        cond_resched();
```

cond_resched()를 호출하면 need_resched 플래그가 설정된 경우에만 다른 프로세스를 스케줄링한다. 다시 말하자면, 이 경우에는 실행할 더 중요한 작업이 있는 경우에만 선택적으로 스케줄러를 호출한다는 뜻이다. 이 방법은 스케줄러 호출이 필요하기 때문에 인터럽트 핸들러에서는 사용할 수 없으며, 프로세스 컨텍스트에서만 사용할 수 있다. 인터럽트 핸들러는 최대한 빨리 실행해야 하기 때문에(루프 반복 방법은 이 목표 달성에도 도움이 되지 않는다!) 여기서 언급한 방법은 모두 프로세스 컨텍스트에서 사용하는 것이 좋다. 그리고 잠금이 설정되어 있거나 인터럽트가 비활성화된 상태에서는 가능한 어떤 형태의 실행 지연도 있어서는 안 된다.

C 언어 광이라면 이 루프의 동작조차 의심스러울 것이다. C 컴파일러는 보통 읽

기 작업을 한 번만 수행할 수 있게 되어 있다. 정상적이라면 루프 조건문의 jiffies 변수 값을 반복적으로 다시 읽는다고 보장할 수 없다. 하지만 커널에서는 이 값이 타이머 인터럽트로 인해 다른 곳에서 증가되기 때문에 매번 다시 읽어야 한다. <linux/jiffies.h> 파일에서 이 변수가 volatile로 선언된 이유가 바로 이것 때문이다. volatile 지시자 때문에 컴파일러는 이 변수 값을 사용할 때마다 레지스터에 저장된 값을 쓰지 않고, 주 메모리에서 다시 읽어오기 때문에 앞의 루프가 기대한 대로 동작하는 것을 보장해준다.

작은 지연

간혹 (역시 드라이버 같은) 커널 코드는 (클럭 진동수 주기 이하의) 짧지만, 정확한 지연 시간이 필요한 경우가 있다. 역시나 동작 완료를 기다리기 위한 최소 시간 같은 것으로 하드웨어와의 동기화를 위한 1밀리초 이하의 시간이 되는 경우가 많다. 이렇게 짧은 시간은 앞에서 살펴본 jiffies 기반 지연 방식으로는 처리가 불가능하다. 100Hz의 타이머 인터럽트라면, 클럭 진동수 주기는 10밀리초가 된다! 1000Hz의 타이머 인터럽트라 해도, 클럭 진동수 주기는 여전히 1밀리초다. 더 작고 정교한 지연 처리를 위한 해결책이 필요하다.

다행히 커널에는 jiffies 값을 사용하지 않는 마이크로초, 나노초, 밀리초 지연 처리를 위한 세 가지 함수를 제공하며, <linux/delay.h>와 <asm/delay.h> 파일에 정의된다.

```
void udelay(unsigned long usecs)
void ndelay(unsigned long nsecs)
void mdelay(unsigned long msecs)
```

첫 번째 함수는 지정한 마이크로초만큼 루프를 반복함으로써 실행을 지연시키고, 마지막 함수는 지정한 밀리초만큼 실행을 지연시킨다. 1초는 1,000밀리초며, 1,000,000마이크로초에 해당한다. 사용법은 간단하다.

```
udelay(150); /* 150마이크로초만큼 지연 */
```

udelay() 함수는 지정한 시간만큼 실행하려면 얼마나 반복해야 하는지 알고 있는 루프로 구현된다. 그리고 mdelay() 함수는 udelay() 함수를 사용해 구현되어 있다. 커널은 프로세서가 1초에 몇 번의 루프를 처리할 수 있는지 (박스의 BogoMIPS

참조) 알고 있기 때문에 udelay() 함수는 이 값을 통해 지정한 시간 동안 실행하기 위해 필요한 루프 횟수를 알 수 있다.

이 시스템의 보고밉스 값이 더 크다!

보고밉스(BogoMIPS) 값은 항상 혼란과 웃음거리의 대상이었다. 실제 보고밉스 값은 컴퓨터의 성능과는 거의 관련이 없으며 주로 udelay()와 mdelay() 함수에서만 사용한다. 보고밉스라는 이름은 (가짜를 뜻하는) 보고스(bogus)와 밉스(MIPS: 초당 수행 가능한 명령어 개수)가 합쳐져서 만들어진 것이다. 컴퓨터를 시작할 때 다음과 같은 메시지를 많이 보았을 것이다. 아래는 2.4GHz 7300시리즈 인텔 제온 서버의 경우다.

```
Detected 2400.131 MHz processor.
Calibrating delay loop... 4799.56 BogoMIPS
```

보고밉스 값은 지정한 시간 동안 프로세서가 처리할 수 있는 루프 반복 횟수를 뜻한다. 사실 보고밉스는 프로세서가 얼마나 빨리 아무일도 하지 않을 수 있는지를 측정하는 값이다! 이 값은 loops_per_jiffy 변수에 저장되며, /proc/cpuinfo 파일을 통해 읽을 수 있다. 루프 반복 함수는 loops_per_jiffy 값을 이용해 원하는 시간만큼 지연시키기 위해 몇 번의 루프를 돌아야 하는지 (상당히 정확하게) 계산할 수 있다.

커널은 시스템 시작 시 init/main.c에 있는 calibrate_delay() 함수를 이용해 loops_per_jiffy 값을 계산한다.

지연 시간을 길게 주면 빠른 시스템에서는 자릿수 넘침 현상이 발생할 수 있기 때문에, udelay() 함수는 지연 시간이 작은 경우에 사용해야 한다. 규칙을 정하자면, 1밀리초 이상의 지연 시간에 대해서는 udelay() 함수를 사용하면 안 된다. 지연 시간이 더 긴 경우에는 mdelay() 함수를 사용한다. 루프 반복을 통해 실행을 지연시키는 다른 방법과 마찬가지로, 이런 함수는 (특히 지연 시간이 더 긴 mdelay() 함수의 경우) 절대적으로 필요한 경우가 아니면 쓰지 말아야 한다. 잠금이 설정되어 있거나 인터럽트가 비활성화된 상태에서 루프 반복을 사용하는 것은 시스템 반응 및 성능에 불리한 영향을 미친다는 점을 명심해야 한다. 그러나 정확하게 실행 시간을 지연시켜야 하는 경우라면, 이런 함수가 최선의 선택이 될 수 있다. 보통 마이크로초 단위의 짧은 시간 동안 지연시켜야 하는 경우에 이 루프 반복 함수를 사용하는 경우가 많다.

schedule_timeout( )

실행을 지연시키는 더 적당한 해결책은 schedule_timeout() 함수를 사용하는 것이다. 이 함수는 해당 작업을 지정한 시간이 지날 때까지 휴면 상태로 전환한다. 실제 휴면 시간이 정확히 지정한 시간이 된다는 보장은 없다. 최소한 지정한 시간은 지나야 한다는 것이다.

지정한 시간이 지나면 커널은 작업을 깨워 실행 대기열에 다시 넣는다. 사용법은 간단하다.

```
/* 태스크의 상태를 중단 가능한 휴면 상태로 설정한다. */
set_current_state(TASK_INTERRUPTIBLE);

/* 태스크를 휴면시키고 s초가 지난 후에 깨운다. */
schedule_timeout(s * HZ);
```

필요한 인자는 jiffies 단위의 상대값으로 표현한 만료시간뿐이다. 위 예에서는 태스크를 s초 동안 중단 가능한 휴면 상태로 전환시켰다. 태스크의 상태가 TASK_INTERRUPTIBLE이기 때문에, 시그널을 받으면 지정한 시간보다 빨리 깨어날 수 있다. 시그널 처리가 필요하지 않다면, TASK_UNINTERRUPTIBLE을 대신 사용할 수 있다. schedule_timeout()을 호출하기 전에 태스크의 상태가 이 두 가지 중 하나여야 한다. 그렇지 않으면 휴면 상태로 전환되지 않는다.

schedule_timeout() 함수가 스케줄러를 호출하기 때문에, 이를 사용하는 코드도 휴면이 가능해야 한다. 원자성과 휴면에 대한 9장과 10장의 내용을 참고하라. 짧게 말하자면, 이 함수는 프로세스 컨텍스트에서 잠금을 설정하지 않은 상태에서만 사용할 수 있다.

schedule_timeout( ) 구현

schedule_timeout() 함수는 상당히 단순하다. 사실 커널 타이머의 간단한 응용이라 할 수 있는데, 그 내용을 살펴보자.

```
signed long schedule_timeout(signed long timeout)
{
        timer_t timer;
```

```
        unsigned long expire;

        switch (timeout)
        {
        case MAX_SCHEDULE_TIMEOUT:
                schedule();
                goto out;
        default:
                if (timeout < 0)
                {
                        printk(KERN_ERR "schedule_timeout: wrong timeout"
                            "value %lx from %p\n", timeout,
                            __builtin_return_address(0));
                        current->state = TASK_RUNNING;
                        goto out;
                }
        }

        expire = timeout + jiffies;
        init_timer(&timer);

        timer.expires = expire;
        timer.data = (unsigned long) current;
        timer.function = process_timeout;

        add_timer(&timer);
        schedule();
        del_timer_sync(&timer);

        timeout = expire - jiffies;

out:
        return timeout < 0 ? 0 : timeout;
}
```

이 함수는 이름이 timer이고, 만료 시간이 timeout 클럭 진동수 이후인 타이머를 만든다. 타이머가 만료되면 process_timeout() 함수를 실행하도록 설정한다. 그 다음 타이머를 활성화시키고 schedule() 함수를 호출한다. 현재 태스크의 상태가 TASK_INTERRUPTIBLE 또는 TASK_UNINTERRUPTIBLE일 것이므로 스케줄러는 현재 태스크를 계속 실행하는 대신 새로운 태스크를 선택한다.

타이머가 만료되면 process_timeout() 함수가 실행된다.

```
void process_timeout(unsigned long data)
{
        wake_up_process((task_t *) data);
}
```

이 함수는 해당 태스크의 상태를 TASK_RUNNING으로 변경하고, 실행 대기열에 추가한다.

태스크가 다시 스케줄링되면 schedule_timeout() 함수에서 중단되었던 부분 (schedule() 함수를 호출한 바로 다음)으로 돌아오게 된다. (시그널 수신 등으로 인해) 태스크가 예정보다 빨리 깨어나게 되면, 타이머가 제거된다. 그리고 이 함수는 휴면했던 시간을 반환한다.

switch 구문의 코드는 이 함수의 일반적인 사용법에 해당하지 않는 특별한 경우를 처리하기 위한 것이다. MAX_SCHEDULE_TIMEOUT을 확인해, 태스크를 계속 휴면 상태로 둘 수 있다. 이 경우에는 휴면 기한을 정할 수 없기 때문에 타이머를 설정하지 않고, 바로 스케줄러를 호출한다. 이 방법을 사용할 때는 태스크를 깨울 다른 방법이 있어야만 한다!

만료시간을 가지고 대기열에서 휴면

4장에서 커널의 프로세스 컨텍스트 코드가 특정 조건을 기다리는 경우 자신을 실행 대기열에 추가하고 스케줄러를 호출해 다른 태스크를 실행하는 과정을 알아보았다. 다른 곳에서 원하는 조건이 발생하면 wake_up() 함수가 호출되고 대기열에서 휴면 중이던 태스크가 깨어나 실행을 계속하게 된다.

간혹 특정 조건이 발생하거나 또는 특정 시간이 경과하는 두 가지 조건 중 하나라도 만족하기를 기다려야 하는 경우가 있을 수 있다. 이 경우에는 태스크를 대기열에 추가한 다음, schedule() 대신 schedule_timeout() 함수를 호출하면 된다. 원하는 조건이 발생하거나 지정한 시간이 지나면 태스크를 깨운다. 지정한 조건 발생, 시간 경과 또는 시그널 수신 등 여러 이유로 태스크가 깨어날 수 있기 때문에 태스크가 깨어난 이유를 확인하는 코드가 필요하다.

결론

이 장에서는 커널의 시간 개념과 커널이 현재 시간과 시스템 가동 시간을 관리하는 방법을 살펴보았다. 상대 시간과 절대 시간, 일회성 작업과 반복 작업도 비교해보았다. 그 다음 타이머 인터럽트, 타이머 진동수, HZ, jiffies 등의 시간 개념을 알아보았다.

타이머의 구현 및 커널 코드에서 타이머를 사용하는 방법도 살펴보았다. 코드에서 일정 시간을 보내는 여러 방법을 알아보면서 이 장을 마무리했다.

커널 코드를 작성할 때는 시간 및 시간의 흐름에 대한 이해가 필요하다. 아마도 많은 경우, 특히 커널 드라이버를 파고들어야 하는 경우, 커널 타이머가 필요할 것이다. 이 장은 그냥 시간을 보내는 것 이상의 의미가 있다.

12장

메모리 관리

커널 내부의 메모리 할당은 커널 외부에서처럼 쉽지 않다. 커널은 사용자 공간 같은 호사스러운 기능을 누릴 수 없다. 사용자 공간과 달리 커널에는 언제나 쉽게 메모리를 할당할 수 있는 기능이 없다. 예를 들면, 커널은 메모리 할당 오류를 쉽게 처리할 수 없으며, 커널은 휴면이 불가능할 때가 많다. 이런 제약 사항과 가벼운 메모리 할당 방식이 필요하므로 커널에서 메모리를 얻는 방법은 사용자 공간보다 더 복잡하다. 하지만 개발자 관점에서 커널 메모리 할당이 어렵다는 것을 말하고자 하는 것은 아니고 다르다는 점을 말하는 것이다.

이 장에서는 커널 내부에서 메모리를 얻는 방법에 대해 알아본다. 그러나 실제 할당 인터페이스를 살펴보기 전에 커널이 메모리를 관리하는 방법을 이해해야 한다.

페이지

커널은 물리적 페이지를 메모리 관리의 기본 단위로 사용한다. 프로세서가 메모리에 접근할 때 사용하는 가장 작은 단위는 바이트byte나 워드word이지만, 메모리 관리 장치MMU (메모리를 관리하고 가상 주소를 물리적 주소로 변환해주는 장치)는 페이지 단위로 처리한다. 따라서 MMU는 페이지 크기의 정밀도를 가진 시스템 페이지 테이블을 관리한다. 가상 메모리 관점에서는 페이지가 유의미한 최소 단위다.

19장 "이식성"에서 알아보겠지만, 페이지 크기는 아키텍처별로 다르다. 다양한 페이지 크기를 지원하는 아키텍처도 많다. 대부분의 32비트 아키텍처의 페이지 크기는 4KB이며, 64비트 아키텍처의 경우는 대부분 8KB이다. 이 말은 1GB 메모리를 가진 페이지 크기가 4KB인 시스템의 물리적 메모리는 262,144개의 페이지로 나뉘어 있다는 뜻이다.

커널은 struct page 구조체를 사용해 모든 물리적 페이지를 표현한다. 이 구조체는 <linux/mm_types.h> 파일에 정의된다. 기본적인 사항을 이해하는 데 도움이 되지 않는 union 형식 두 개를 빼고 이 구조체를 간단히 정리해보면 다음과 같다.

```
struct page {
        unsigned long flags;
        atomic_t _count;
        atomic_t _mapcount;
        unsigned long private;
        struct address_space *mapping;
        pgoff_t index;
```

```
        struct list_head lru;
        void *virtual;
};
```

중요한 항목을 살펴보자. flags 항목에는 페이지의 상태를 저장한다. 페이지의 상태에는 페이지의 내용이 변경됐는지 여부, 메모리에 락이 설정되어 있는지 여부 등이 포함된다. 플래그의 각 비트별로 여러 값을 저장할 수 있으므로 최소한 32가지의 다른 플래그 값을 동시에 사용할 수 있다. 사용할 수 있는 플래그 값은 <linux/page-flags.h> 파일에 정의된다.

_count 항목에는 페이지의 사용 횟수, 즉 이 페이지를 얼마나 많이 참조하고 있는가를 저장한다. 이 값이 −1이면, 아무도 이 페이지를 사용하고 있지 않다는 뜻이므로, 새로운 페이지로 할당될 수 있다. 커널 코드에서는 이 값을 직접 확인하기 보다는 페이지 구조체를 인자로 받는 page_count() 함수를 이용해야 한다. 내부적으로는 페이지가 사용 중이 아닐 때 _count 값이 −1이 되지만 page_count() 함수는 사용 중이 아닐 때 0을 반환하고, 사용 중일 때는 0이 아닌 정수 값을 반환한다. 페이지는 페이지 캐시가 사용할 수도 있고(이 경우 mapping 항목은 페이지와 관련된 address_space 객체를 가리킨다), (private 포인터가 가리키는 객체가 사용하는) 전용 데이터로 쓰일 수도 있으며, 프로세스 페이지 테이블의 항목으로 쓰일 수도 있다.

virtual 항목은 페이지의 가상 주소를 나타낸다. 보통 이 값은 단순히 가상 메모리 상의 페이지 주소다. (상위 메모리, high memory라고 부르는) 일부 메모리는 커널 주소 공간에 고정된 위치에 할당되어 있지 않다. 이런 경우에는 이 항목 값이 NULL이 되며, 필요할 때마다 동적으로 페이지를 설정하게 된다. 상위 메모리에 대해서는 곧 알아본다.

알아두어야 할 중요한 점은 page 구조체는 가상 페이지가 아닌 물리적 페이지를 나타낸다는 점이다. 따라서 구조체가 기술하는 내용은 아무래도 일시적인 내용일 수밖에 없다. 페이지에 들어 있는 데이터가 계속 보존된다고 해도, 스왑 등의 일이 벌어질 수 있어서 그 데이터가 항상 같은 page 구조체에 들어 있을 거라는 보장은 없다. 커널은 물리적 페이지를 나타내는 데 이 구조체를 사용한다. 자료구조의 목적은 물리적인 메모리를 표현하는 데 있는 것이지 그 안의 데이터를 표현하고자 하는 것이 아니다.

커널은 페이지가 미사용 상태인지(즉, 할당되지 않았는지)를 알아야 해서, 이 구조체를 사용해 시스템의 모든 페이지를 관리한다. 페이지가 사용 중이라면 커널은 누가 페이지를 쓰고 있는지 알아야 한다. 페이지 소유자는 사용자 공간 프로세스, 동적으로 할당된 커널 데이터, 정적 커널 코드, 페이지 캐시 등이 될 수 있다.

개발자들은 시스템의 모든 물리적 페이지에 구조체가 할당되어 있다는 사실에 놀라는 경우가 많다. "너무 많은 메모리를 낭비한다!"라고 생각할 수 있다. 이 모든 페이지를 위해 얼마나 많은(또는 적은) 공간을 사용하는지 알아보자. page 구조체가 차지하는 메모리는 40바이트, 시스템의 물리적 페이지 크기는 8KB, 시스템의 물리적 메모리는 4GB라고 가정해보자. 이 경우 약 524,288개의 페이지와 page 구조체가 있어야 한다. page 구조체는 20MB 공간을 차지한다. 절대적으로는 상당히 큰 숫자이긴 하지만 4GB라는 시스템 메모리에 비해서는 아주 작은 비율에 불과하다. 시스템의 모든 물리적 메모리를 관리하는 데는 그리 큰 비용이 아니다.

구역

하드웨어적인 한계로 인해 커널은 모든 페이지를 동일하게 취급할 수 없다. 메모리의 실제 물리적 주소로 인해 특정 태스크에서는 일부 페이지를 사용할 수 없다. 이런 한계로 인해 커널은 페이지를 여러 구역zones으로 나눈다. 커널은 구역을 이용해 비슷한 특성을 가진 페이지들을 모아 둔다. 특히 리눅스는 메모리 접근에 대한 두 가지 하드웨어적인 단점을 극복해야 한다.

- 일부 하드웨어 장치는 특정 메모리 주소로만 DMA(메모리 직접 접근)를 수행할 수 있다.
- 일부 아키텍처에서는 가상적으로 접근할 수 있는 것보다 더 많은 양의 메모리를 물리적으로 접근할 수 있다. 따라서 일부 메모리는 커널 주소 공간에 상주할 수 없다.

이런 제한 사항으로 인해 리눅스는 네 가지 주요 메모리 구역을 두고 있다.

- ZONE_DMA - 이 구역에는 DMA를 수행할 수 있는 페이지가 있다.
- ZONE_DMA32 - ZONE_DMA와 마찬가지로, 이 구역에는 DMA를 수행할 수 있는 페이지가 있다. ZONE_DMA와 달리 이런 페이지는 32비트 장치들만 접근

가능하다. 이 구역이 메모리의 가장 큰 부분을 차지하는 아키텍처도 있다.

- ZONE_NORMAL - 이 구역에는 정상적인, 통상적으로 할당되는 페이지가 있다.
- ZONE_HIGHMEM - 이 구역에는 커널 주소 공간에 상주하지 않는 페이지인 '상위 메모리'가 들어 있다.

여기서 언급하지 않은 두 구역을 포함한 이 구역 정의는 <linux/mmzone.h> 파일에 들어 있다.

메모리 구역의 실제 사용 방식과 배치는 아키텍처에 따라 다르다. 일부 아키텍처는 모든 메모리 영역에서 DMA를 수행하는 데 문제가 없다. 이런 아키텍처에서는 ZONE_DMA는 비어있으며, 용도와 상관없이 ZONE_NORMAL에서 페이지를 할당해서 쓴다. 반대로 x86 아키텍처의 경우 ISA 장치는 물리적 메모리의 앞부분 16MB만 접근할 수 있으므로 전체 32비트 주소 공간에 DMA를 수행할 수 없다.[1] 따라서 x86의 ZONE_DMA 구역에는 0MB – 16MB 영역의 모든 메모리가 들어 있다.

ZONE_HIGHMEM에도 같은 문제가 있다. 아키텍처별로 직접 접근 가능한 부분과 직접 접근 불가능한 부분이 다르다. 32비트 x86 시스템의 경우 ZONE_HIGHMEM 구역은 물리적으로 896MB를 넘어간 모든 메모리가 해당된다. 다른 아키텍처의 경우는 모든 메모리에 직접 접근이 가능하므로 ZONE_HIGHMEM은 비어 있다. ZONE_HIGHMEM 구역에 속한 메모리를 상위 메모리high memory라고 한다.[2] 시스템의 나머지 메모리를 하위 메모리low memory라고 한다.

ZONE_NORMAL 구역은 앞의 두 구역이 차지하고 남은 구역이 된다고 볼 수 있다. 예를 들어 x86의 경우, ZONE_NORMAL에는 물리적으로 16MB에서 896MB 영역에 해당하는 모든 메모리가 들어 간다. 다른 (더 운이 좋은) 아키텍처의 경우에는, 모든 가용 메모리가 ZONE_NORMAL에 들어간다. x86-32 아키텍처의 각 구역별로 사용하는 페이지 영역을 표 12.1에 정리했다.

---

1. 이와 유사하게 일부 잘못 구현된 PCI 장치는 24비트 주소 공간에만 DMA를 수행할 수 있다.
2. 리눅스에서 말하는 상위 메모리는 DOS의 상위 메모리와 관련이 없다. DOS의 상위 메모리는 DOS와 x86의 '리얼 모드' 프로세스 상태 제약을 해결하려는 것이다.

표 12.1 x86-32 아키텍처의 메모리 구역

구역	설명	물리적 메모리
ZONE_DMA	DMA 가능한 페이지	〈 16MB
ZONE_NORMAL	일반적으로 접근 가능한 페이지	16-896MB
ZONE_HIGHMEM	동적으로 연결되는 페이지	〉896MB

리눅스는 필요할 때 할당할 수 있도록 시스템 페이지를 구역별로 나눠 관리한다. 예를 들면, 커널은 ZONE_DMA 구역을 이용해 DMA 수행에 필요한 메모리를 할당해 줄 수 있다. DMA를 위한 메모리가 필요하면 커널은 ZONE_DMA 구역에서 필요한 만큼의 페이지를 꺼내오면 된다. 여기서 말하는 구역은 커널이 페이지를 관리하려고 사용하는 단순한 논리적인 묶음으로 물리적인 연관성은 없다는 점에 주의하자.

특별한 구역의 페이지 할당이 필요한 경우가 있긴 하지만 대부분은 여러 구역에서 페이지를 할당할 수 있다. DMA 수행에 필요한 메모리는 ZONE_DMA 구역에서 할당해야 하지만, 일반적인 페이지는 ZONE_DMA 또는 ZONE_NORMAL 구역 어느 쪽에서도 할당할 수 있다. 다만, 두 구역 모두에서 할당할 수는 없다. 할당 작업은 구역 경계를 넘어갈 수 없다. 물론 커널은 ZONE_DMA가 필요할 경우를 대비해, 되도록이면 일반적인 할당 작업은 일반 구역에서 처리한다. 하지만 압박이 심해지면(즉, 메모리가 부족해지면), 커널은 사용 가능한 모든 구역에 손을 뻗치게 된다.

모든 아키텍처가 모든 구역을 정의하지는 않는다. 인텔의 x86-64 같은 64비트 아키텍처는 64비트 메모리 영역을 모두 관리할 수 있다. 따라서 x86-64에는 ZONE_HIGHMEM 구역이 없으며 ZONE_DMA와 ZONE_NORMAL 구역에 모든 물리적 메모리가 들어간다.

```
struct zone {
    unsigned long          watermark[NR_WMARK];
    unsigned long          lowmem_reserve[MAX_NR_ZONES];
    struct per_cpu_pageset pageset[NR_CPUS];
    spinlock_t             lock;
    struct free_area       free_area[MAX_ORDER];
    spinlock_t             lru_lock;
    struct zone_lru {
        struct list_head   list;
```

```
        unsigned long          nr_saved_scan;
    } lru[NR_LRU_LISTS];
    struct zone_reclaim_stat reclaim_stat;
    unsigned long              pages_scanned;
    unsigned long              flags;
    atomic_long_t              vm_stat[NR_VM_ZONE_STAT_ITEMS];
    int                        prev_priority;
    unsigned                   int inactive_ratio;
    wait_queue_head_t          *wait_table;
    unsigned long              wait_table_hash_nr_entries;
    unsigned long              wait_table_bits;
    struct pglist_data         *zone_pgdat;
    unsigned long              zone_start_pfn;
    unsigned long              spanned_pages;
    unsigned long              present_pages;
    const char                 *name;
};
```

각 구역은 <linux/mmzone.h> 파일에 정의된 struct zone 구조체로 표현한다.
큰 구조체이긴 하지만 시스템에는 세 가지 구역밖에 없으므로 세 개의 구조체만
있다. 중요한 항목을 살펴보자.

lock 항목은 구조체에 동시에 접근하는 것을 막아주는 스핀락이다. 이 락은 구조
체를 보호해 주는 것이지 구역 안에 있는 모든 페이지에 대한 접근을 보호해 주는
것이 아니라는 점을 주의하자. 커널의 특정 부분에서 락을 이용해 페이지에 들어
있는 데이터를 보호할 수는 있지만, 이 락이 페이지를 보호하지는 않는다.

watermark 배열에는 해당 구역의 메모리 사용량에 대한 최소, 하위, 상위 수위
정보가 들어 있다. 가용 메모리 양에 따라 이 수위 값들이 변하므로 커널은 이 정보
를 이용해 구역별 적정 메모리 사용량 기준을 잡을 수 있다.

name 항목은 이름에서 알 수 있듯이 구역을 이름을 나타내는 문자열이다. 커널은
시스템 시작 시에 mm/page_alloc.c 파일에서 이 값을 초기화한다. 세 구역의 이름
은 DMA, Normal, HighMem이다.

페이지 가져오기

커널이 페이지, 구역 등을 이용해 메모리를 어떻게 관리하는지 이해했으니, 이제 커널 내부에서 메모리를 할당하기 위해 구현된 커널 인터페이스를 살펴보자.

커널은 메모리 획득을 위한 저수준 방법 하나와 할당받은 메모리에 접근하는 몇 가지 인터페이스를 제공한다. 이 인터페이스는 모두 페이지 크기 단위로 할당 작업을 처리하며 <linux/gfp.h> 파일에 정의된다. 핵심 함수는 다음과 같다.

```
struct page * alloc_pages(gfp_t gfp_mask, unsigned int order)
```

이 함수는 2order개수만큼(즉, 1 << order) 연속된 물리적 페이지를 할당하고 첫 번째 페이지의 page 구조체 포인터를 반환한다. 오류가 발생한 경우에는 NULL을 반환한다. gfp_t형과 gdp_mask 인자에 대해서는 이후 절에서 알아 보겠다. 다음 함수를 이용해 특정 페이지의 논리적 주소를 얻을 수 있다.

```
void * page_address(struct page *page)
```

이 함수는 지정한 물리적 페이지에 현재 담겨있는 논리적 주소 포인터를 반환한다. struct page 구조체가 필요하지 않은 경우라면 다음 함수를 사용할 수 있다.

```
unsigned long __get_free_pages(gfp_t gfp_mask, unsigned int order)
```

이 함수는 요청한 첫 번째 페이지의 논리적 주소를 반환한다는 점만 제외하면 alloc_pages()와 동일하게 동작한다. 할당된 페이지는 연속되므로 나머지 페이지는 첫 페이지 뒤쪽에 이어진다.

딱 한 페이지가 필요하다면 다음 두 함수를 이용해 타자 횟수를 줄일 수 있다.

```
struct page * alloc_page(gfp_t gfp_mask)
unsigned long __get_free_page(gfp_t gfp_mask)
```

이런 함수는 앞의 함수의 order에 0을 지정(20=1페이지)한 것과 똑같이 동작한다.

0으로 채워진 페이지 가져오기

페이지 내용이 0으로 초기화된 페이지가 필요한 경우에는 다음 함수를 사용한다.

```
unsigned long get_zeroed_page(unsigned int gfp_mask)
```

이 함수는 할당된 페이지 내용을 0으로 채운다는 점을 제외하면 __get_free_page() 함수와 동일하다. 할당된 페이지에 의도치 않게 의미 있는 데이터가 들어 있을 수 있으므로(중요한 정보가 들어 있을 수도 있다), 페이지를 사용자 공간으로 전달해야 하는 경우에 이 함수를 유용하게 쓸 수 있다. 시스템 보안을 유지하려고 사용자 공간으로 반환하는 페이지의 모든 데이터는 0으로 채우거나 그에 준하는 정리작업을 해야 한다. 페이지 할당과 관련된 저수준 함수를 표 12.2에 정리했다.

표 12.2 저수준 페이지 할당 함수

이름	설명
alloc_page(gfp_mask)	페이지 하나를 할당하고, 할당된 page 구조체 포인터를 반환한다.
alloc_pages(gfp_mask, order)	2^{order}개의 페이지를 할당하고, 할당된 첫 번째 페이지의 page 구조체 포인터를 반환한다.
__get_free_page(gfp_mask)	페이지 하나를 할당하고, 할당된 페이지의 논리적 주소 포인터를 반환한다.
__get_free_pages(gfp_mask, order)	2^{order}개의 페이지를 할당하고, 할당된 첫 번째 페이지의 논리적 주소 포인터를 반환한다.
get_zeroed_page(gfp_mask)	페이지 하나를 할당하고, 페이지의 내용을 0으로 초기화한 다음, 페이지의 논리적 주소 포인터를 반환한다.

페이지 반환

페이지가 더 이상 필요하지 않을 때 할당된 페이지를 반환하는 여러 함수가 있다.

```
void __free_pages(struct page *page, unsigned int order)
void free_pages(unsigned long addr, unsigned int order)
void free_page(unsigned long addr)
```

반드시 할당받은 페이지만 반환해야 한다. struct page 구조체를 잘못 지정한다거나, 주소나 order 값을 잘못 지정하면 메모리가 깨질 수 있다. 커널은 자신을 굳게 믿고 있다는 사실을 기억하자. 사용자 공간과 달리 커널은 자살하라고 명령하면 기꺼이 목을 멜 것이다.

예를 살펴보자. 우선 8개의 페이지를 할당한다.

```
unsigned long page;


page = __get_free_pages(GFP_KERNEL, 3);
if (!page) {
        /* 메모리 부족: 이 오류는 반드시 처리해야 한다! */
        return -ENOMEM;
}


/* 이제 'page'에는 연속된 8개 페이지의 첫 번째 페이지의 주소가 들어 있다. */
```

모두 사용한 다음 8개 페이지를 반환한다.

```
free_pages(page, 3);


/*
 * 페이지가 반환됐으므로 더 이상 'page' 변수에 저장된 주소에 접근할 수 없다.
 */
```

GFP_KERNEL 인자는 gfp_mask 플래그 중 하나다. 이에 대해서는 곧 설명한다.

__get_free_page() 함수를 호출한 다음의 오류 처리 부분을 주목하자. 커널은 메모리 할당에 실패할 수 있으며, 코드를 작성할 때는 반드시 이 오류를 처리해야 한다. 이런 오류가 발생하면 지금까지 했던 모든 일을 원위치 시켜야 할 수 있다. 따라서 이런 오류를 쉽게 처리하려면 메모리 할당을 작업을 시작할 때 처리하는 것이 적절할 수 있다. 그렇지 않으면 메모리 할당을 시도하는 시점에서 정리하고 탈출해 나오는 것이 상당히 어려울 수 있다.

저수준 페이지 함수들은 물리적으로 연속된 페이지 단위의 메모리가 필요한 경우, 특히 정확히 한두 개의 페이지가 필요한 경우에 유용하다. 더 일반적인 바이트 단위 메모리 할당을 위해 커널은 kmalloc() 함수를 제공한다.

kmalloc()

kmalloc() 함수는 flags 인자가 추가됐다는 점만 빼면 사용자 공간의 친숙한 malloc() 함수와 비슷하게 동작한다. kmalloc() 함수는 커널 메모리를 바이트 단위로 할당할 때 사용하는 간단한 인터페이스다. 페이지가 통째로 필요한 경우라면 앞서 살펴본 인터페이스를 사용하는 편이 좋다. 하지만 커널에서 메모리를 할당할 때는 대부분 kmalloc()을 사용한다.

이 함수는 <linux/slab.h> 파일에 정의된다.

```
void * kmalloc(size_t size, gfp_t flags)
```

이 함수는 최소한 size 바이트 길이를 가진 메모리 영역의 포인터를 반환한다.[3] 할당된 메모리 영역은 물리적으로 연속된 영역이다. 오류가 발생한 경우에는 NULL 을 반환한다. 사용가능한 메모리가 부족한 경우를 빼면, 커널 메모리 할당은 항상 성공한다. 따라서 kmalloc() 함수를 사용할 때는 반환값의 NULL 여부를 확인하고 적절히 오류를 처리해야 한다.

예를 살펴보자. dog라는 구조체를 저장할 공간을 동적으로 할당할 필요가 있다고 하자.

```
struct dog *p;

p = kmalloc(sizeof(struct dog), GFP_KERNEL);
if (!p)
        /* 오류 처리 ... */
```

kmalloc() 함수 호출이 성공하면, p 포인터는 요청한 크기로 할당된 메모리 영역을 가리키게 된다. GFP_KERNEL은 kmalloc()을 호출한 쪽이 필요로 하는 메모리를 확보하는 메모리 할당자의 동작 방식을 지정하는 플래그다.

---

3. kmalloc() 함수는 요청한 것 보다 많은 메모리를 할당할 수 있다. 하지만 얼마나 더 많은 메모리를 할당했는지 알 수 있는 방법은 없다. 함수 중심부에서 사용하는 커널 할당자는 페이지 단위로 동작하므로 가용 메모리에 맞추어 할당을 하다 보면 올림 처리되는 할당 작업이 있을 수 있다. 커널이 요청한 것보다 적은 양의 메모리를 반환하는 일은 절대 없다. 커널이 요청한 양의 메모리를 찾을 수 없다면, 할당작업은 실패하며 이 함수는 NULL 을 반환한다.

gfp_mask 플래그

저수준 페이지 할당 함수와 kmalloc() 함수 모두에서 할당자 플래그를 볼 수 있었다. 이제 이 플래그에 대해 자세히 알아볼 시간이다. 이 플래그는 <linux/types.h> 파일에 unsigned int 형으로 정의되어 있는 gfp_t 형을 사용한다. gfp는 앞에서 살펴본 할당 함수 중의 하나인 __get_free_pages()를 뜻한다.

플래그는 동작 지정자, 구역 지정자, 형식 세 가지로 분류할 수 있다. 동작 지정자는 요청한 메모리를 커널이 어떻게 할당할 것인가를 지정한다. 상황에 따라서는 메모리를 할당할 때 특정 방법만을 사용해야 할 수 있다.

예를 들면, 인터럽트 핸들러는 (재스케줄링이 불가능하므로) 커널에게 메모리 할당 작업 중 휴면 상태로 전환하지 말라고 알려주어야 한다. 구역 지정자는 어느 곳의 메모리를 할당할 것인지 지정한다. 이 장 앞부분에서 봤듯이, 커널은 물리적인 메모리를 여러 구역으로 나누어 두었으며, 구역별로 다른 용도로 사용한다. 구역 지정자는 이 구역들 중 어느 구역에서 할당할 것인지를 지정한다. 형식 플래그는 특정 메모리 할당 형식에 필요한 동작 지정자와 구역 지정자가 조합된 것이다. 여러 개의 동작 지정자와 구역 지정자를 조합해서 지정하는 대신, 하나의 형식 플래그를 사용할 수 있다. GFP_KERNEL은 커널 내부의 프로세스 컨텍스트에서 사용하는 형식 플래그다. 플래그를 살펴보자.

동작 지정자

동작 지정자를 포함한 모든 플래그는 <linux/gfp.h> 파일에 선언된다. 하지만 <linux/slab.h> 파일에 이 파일이 들어 있으므로, 이 파일을 직접 넣어야 하는 경우는 그다지 없다. 현실에서는 나중에 살펴볼 형식 플래그만을 사용하는 경우가 보통이다. 그렇지만 실제 개별 플래그를 이해해 두는 것도 좋을 것이다. 동작 지정자 목록을 표 12.3에 정리했다.

표 12.3 동작 지정자

플래그	설명
__GFP_WAIT	메모리 할당자가 휴면 상태로 전환할 수 있다.
__GFP_HIGH	메모리 할당자가 긴급 영역의 메모리를 사용할 수 있다.
__GFP_IO	메모리 할당자가 디스크 입출력을 개시할 수 있다.
__GFP_FS	메모리 할당자가 파일시스템 입출력을 개시할 수 있다.
__GFP_COLD	메모리 할당자는 캐시되어 있지 않은 페이지를 사용해야 한다.
__GFP_NOWARN	메모리 할당자가 실패 경고 메시지를 출력하지 않는다.
__GFP_REPEAT	할당에 실패할 경우 할당 작업을 반복하지만 결국 실패할 수도 있다.
__GFP_NOFAIL	할당에 실패할 경우 무한히 작업을 반복한다. 할당 작업은 실패할 수 없다.
__GFP_NORETRY	할당에 실패한 경우 재시도하지 않는다.
__GFP_NOMEMALLOC	실제 메모리를 할당하지 않는다.
__GFP_HARDWALL	프로세스에 지정된 CPU 집합(cpuset)에 속한 메모리에서만 할당한다.
__GFP_RECLAIMABLE	할당된 페이지에 재활용 가능(reclaimable)하다고 표시한다.
__GFP_COMP	할당된 페이지에 (내부 대형TLB 코드에서 사용하는) 복합 페이지 관리 정보를 저장한다.

이 지정자는 다음과 같이 조합해서 사용할 수 있다.

```
ptr = kmalloc(size, __GFP_WAIT | __GFP_IO | __GFP_FS);
```

이렇게 호출하면 할당 작업이 중단 가능하며, 필요할 경우 입출력이나 파일시스템을 사용할 수 있다는 것을 페이지 할당자(궁극적으로 alloc_pages() 함수)에게 알려주게 된다. 이를 통해 커널은 할당할 메모리를 찾는 방법을 자유롭게 선택할 수 있다.

거의 모든 할당 작업에서 이런 지정자를 사용하지만, 곧 살펴볼 형식 지정자를 통해 간접적으로 사용하는 경우가 대부분이다. 메모리 할당할 때마다 이런 플래그 중에 어떤 것을 사용해야 할지 고민할 필요는 없으니 걱정하지 마라!

구역 지정자

구역 지정자는 메모리를 어느 구역에서 할당할 것인지를 지정한다. 보통 메모리 할당 작업은 모든 구역을 사용할 수 있다. 하지만 커널은 다른 구역의 미사용 페이지가 필요할 경우를 대비해 보통 ZONE_NORMAL을 우선 사용한다.

할당작업에서 기본으로 사용하는 ZONE_NORMAL 외에 세 가지 구역이 더 있으므로, 세 가지 구역 지정자가 있다. 표 12.4에 구역 지정자를 정리했다.

표 12.4 구역 지정자

플래그	설명
__GFP_DMA	ZONE_DMA 구역에서만 할당한다.
__GFP_DMA32	ZONE_DMA32 구역에서만 할당한다.
__GFP_HIGHMEM	ZONE_HIGHMEM 또는 ZONE_NORMAL 구역에서 할당한다.

세 가지 플래그 중 하나를 지정한 경우 커널은 해당 구역에서만 메모리를 할당한다. __GFP_DMA 플래그가 지정되면, 커널은 ZONE_DMA 구역에서 요청을 처리한다. 이 플래그는 "나는 반드시 DMA 처리가 가능한 메모리가 필요해"라는 뜻이다. 반면 __GFP_HIGHMEM 플래그가 지정되었다면 할당자는 ZONE_NORMAL이나 가능하면 ZONE_HIGHMEM 구역에서 요청을 처리한다. 이 플래그는 "나는 상위 메모리를 사용할 수 있으니 되도록이면 상위 메모리를 할당해 줘. 하지만 일반 메모리도 상관없어"라는 뜻이다. 플래그를 지정하지 않은 경우 커널은 ZONE_DMA 또는 ZONE_NORMAL 구역에서 메모리를 할당할 수 있으며, 가능하면 ZONE_NORMAL 구역에서 할당한다.

__get_free_pages()나 kmalloc() 함수에서는 __GFP_HIGHMEM을 지정할 수 없다. 이 두 함수는 page 구조체가 아니라 논리적 주소를 반환하므로, 현재 커널의 가상 메모리 공간에 올라와 있지 않아 논리적 주소가 없는 메모리를 할당하는 상황이 벌어질 수 있기 때문이다. alloc_pages() 함수만 상위 메모리를 할당할 수 있다. 하지만 대부분의 할당 작업에서는 ZONE_NORMAL이면 충분하므로 구역 지정자를 사용하지 않는다.

형식 플래그

형식 플래그는 특정 형식의 작업을 하는 데 적합한 동작 지정자와 구역 지정자를 정해 둔 것이다. 따라서 커널 코드에서는 적절한 형식 플래그를 사용함으로써 필요할 지 모르는 복잡한 플래그들을 일일이 지정하지 않아도 된다. 이런 방식은 간단하며 실수의 여지도 줄여준다. 표 12.5는 형식 플래그를 정리한 것이며, 표 12.6은 각 형식 플래그에 대응하는 지정자들을 정리한 것이다.

표 12.5 형식 플래그

플래그	설명
GFP_ATOMIC	우선순위가 높으며 휴면 상태로 전환하면 안 되는 할당 작업. 인터럽트 핸들러, 후반부 처리 작업, 스핀락을 사용 중인 경우와 같이 휴면 상태로 전환할 수 없는 경우에 이 플래그를 사용한다.
GFP_NOWAIT	비상용 메모리 영역을 사용할 수 없다는 점만 제외하면 GFP_ATOMIC과 비슷하다. 상대적으로 메모리 할당에 실패할 가능성이 높아진다.
GFP_NOIO	할당 작업이 중단될 수 있지만 디스크 입출력을 일으켜서는 안 된다. 의도치 않은 재귀 호출이 발생할 수 있어서 더 이상의 디스크 입출력을 사용할 수 없는 블록 입출력 코드 같은 곳에서 이 플래그를 사용한다.
GFP_NOFS	할당 작업이 중단될 수 있고, 꼭 필요한 경우 디스크 입출력도 사용할 수 있지만, 파일시스템 동작을 수반할 수는 없다. 또 다른 파일시스템 동작을 실행할 수 없는 파일시스템 코드 같은 곳에서 이 플래그를 사용한다.
GFP_KERNEL	중단 가능한 일반적인 할당 작업이다. 안전하게 휴면 상태로 전환할 수 있는 프로세스 컨텍스트 코드에서 이 플래그를 사용한다. 커널은 요청한 메모리를 할당하는 데 필요한 모든 일을 시도할 것이다. 기본값으로 사용하는 플래그다.
GFP_USER	중단 가능한 일반적인 할당 작업이다. 사용자 공간 프로세스를 위한 메모리를 할당할 때 사용하는 플래그다.
GFP_HIGHUSER	ZONE_HIGHMEM 구역의 메모리를 할당하며 중단 가능하다. 사용자 공간 프로세스를 위한 메모리를 할당할 때 사용하는 플래그다.
GFP_DMA	ZONE_DMA 구역의 메모리를 할당한다. 보통 DMA 가능한 메모리가 필요한 장치 드라이버에서 이 플래그를 다른 플래그와 조합해서 사용한다.

표 12.6 각 형식 플래그에 해당하는 지정자

플래그	지정자 플래그
GFP_ATOMIC	__GFP_HIGH
GFP_NOWAIT	0
GFP_NOIO	__GFP_WAIT
GFP_NOFS	(__GFP_WAIT | __GFP_IO)
GFP_KERNEL	(__GFP_WAIT | __GFP_IO | __GFP_FS)
GFP_USER	(__GFP_WAIT | __GFP_IO | __GFP_FS)
GFP_HIGHUSER	(__GFP_WAIT | __GFP_IO | __GFP_FS | __GFP_HIGHMEM)
GFP_DMA	__GFP_DMA

자주 사용하는 플래그에 대해 언제 왜 사용하는지 알아보자. 커널의 대다수 할당 작업은 GFP_KERNEL 플래그를 사용한다. 이는 보통 우선순위를 가지는 작업 도중 휴면할 수 있는 할당 방식이다. 함수가 처리 중 중단될 수 있어서, 이 플래그는 안전

하게 재스케줄링 가능한 프로세스 컨텍스트에서만 사용해야 한다(즉, 락을 사용하지 않음 등의 조건을 만족해야 한다). 이 플래그를 지정한 경우에는 커널이 메모리를 할당하는 방식에 대한 규정이 전혀 없어서 메모리 할당이 성공할 확률이 상당히 높다.

정반대의 성격을 가진 플래그로 GFP_ATOMIC 플래그가 있다. 이 플래그를 지정하면 할당 작업 도중에 휴면할 수 없어서 할당할 수 있는 메모리에 제약이 있다. 휴면이 불가능해 원하는 크기의 연속된 메모리가 없다면 커널은 메모리를 확보하기 어렵다. 하지만 GFP_KERNEL 플래그를 사용하는 할당 작업의 경우에는 메모리를 요청한 프로세스를 휴면시키고 비활성화된 페이지를 디스크 스왑 공간으로 옮기고, 페이지의 변경된 내용을 디스크에 저장하는 등의 작업을 실행할 수 있다. GFP_ATOMIC이 지정된 경우에는 이런 작업을 수행할 수 없어서 (메모리가 충분하지 않은 상황에서는) GFP_KERNEL에 비해 할당 작업이 실패할 확률이 높다. 그렇지만 인터럽트 핸들러, softirq, 태스크릿 같이 휴면 상태로 전환할 수 없는 코드에서는 GFP_ATOMIC 플래그만 사용할 수 있다.

두 플래그 사이에 GFP_NOIO와 GFP_NOFS가 있다. 이 플래그를 사용한 할당 작업은 작업 도중 중단될 수 있지만, 중단된 동안 특정 작업은 수행할 수 없다. GFP_NOIO의 경우에는 요청을 처리하는 동안 디스크 입출력 작업을 할 수 없다. 반면, GFP_NOFS의 경우에는 디스크 입출력 작업은 할 수 있지만, 파일시스템 입출력 작업은 할 수 없다. 왜 이런 플래그가 필요할까? 이 플래그는 각각 특정 저수준 블록 입출력 시스템과 파일시스템 코드에서 사용한다. 일반적인 파일시스템 코드에서 GFP_NOFS 플래그를 지정하지 않고 메모리를 할당한다고 해보자. 할당 작업 도중에 추가적인 파일시스템 동작이 필요하게 되면, 이로 인해 또 다른 메모리 할당이 필요할 수 있고, 이렇게 되면 더 많은 파일시스템 동작이 발생할 수 있다! 이런 과정이 무한히 반복될 수 있다. 이런 상황에서는 할당자를 호출하는 코드에서 또 다를 할당자를 실행하지 않는 것을 확실히 보장하지 않으면, 할당 과정에서 데드락이 발생할 수 있다.

GFP_DMA 플래그는 ZONE_DMA 구역에서 할당 작업을 처리해야 할 경우 사용한다. DMA 가능한 메모리를 필요로 하는 장치 드라이버에서 이 플래그를 사용한다. 보통 이 플래그는 GFP_ATOMIC이나 GFP_NORMAL과 조합해서 사용한다.

대부분의 코드에서는 GFP_KERNEL이나 GFP_ATOMIC 둘 중 하나를 사용하게 된다. 일반적인 상황에 대해 사용하는 플래그를 표 12.7에 정리했다. 어떤 할당 형식을 사용하든 반드시 작업 성공 여부를 확인하고 오류를 처리해야 한다.

표 12.7 언제 어떤 플래그를 사용하나

상황	해결책
휴면 가능한 프로세스 컨텍스트	GFP_KERNEL을 사용한다.
휴면 불가능한 프로세스 컨텍스트	GFP_ATOMIC을 사용하거나, 휴면이 가능한 앞 뒤 시점에서 GFP_KERNEL을 사용해 메모리를 할당한다.
인터럽트 핸들러	GFP_ATOMIC을 사용한다.
softirq	GFP_ATOMIC을 사용한다.
태스크릿	GFP_ATOMIC을 사용한다.
휴면 가능한 상황에서 DMA용 메모리가 필요	(GFP_DMA | GFP_KERNEL)을 사용한다.
휴면 불가능한 상황에서 DMA용 메모리가 필요	(GFP_DMA | GFP_ATOMIC)을 사용하거나, 휴면이 가능한 앞 뒤 시점에서 메모리를 할당한다.

kfree( )

kmalloc()과 쌍을 이루는 것으로 <linux/slab.h> 파일에 정의된 kfree()가 있다.

```
void kfree(const void *ptr)
```

kfree() 함수는 kmalloc() 함수를 통해 할당한 메모리를 해제한다. kmalloc()을 사용해 할당하지 않은 메모리나 이미 해제된 메모리에 대해 이 함수를 호출하면 안 된다. 이런 동작은 버그로써 커널의 다른 곳에서 사용하는 메모리를 해제하는 등의 결과를 낳을 수 있다. 사용자 공간에서와 마찬가지로 메모리 누수 및 기타 버그를 막기 위해서 할당과 해제의 균형을 잘 맞추어야 한다. kfree(NULL)로 호출하는 것은 별도록 확인해서 처리하므로 문제가 되지 않는다.

인터럽트 핸들러에서 메모리 할당하는 경우를 예로 살펴보자. 인터럽트 핸들러에서 수신 데이터를 저장하는 버퍼 공간 할당이 필요한 경우다. 전처리 매크로로 BUF_SIZE에는 필요한 버퍼의 바이크 크기가 지정되어 있으며, 아마 꽤 큰 값일 것이다.

```
char *buf;

buf = kmalloc(BUF_SIZE, GFP_ATOMIC);
if (!buf)
        /* 메모리 할당 오류 ! */
```

나중에 메모리가 더 이상 필요 없어지면 다음 함수를 호출해 꼭 해제해야 한다.

```
kfree(buf);
```

vmalloc( )

vmalloc() 함수는 물리적으로 연속될 필요없이 가상적으로 연속된 메모리 영역을 할당한다는 점을 제외하면 kmalloc()과 유사한 방식으로 동작한다. 이 방식은 사용자 공간 메모리 할당 함수가 작동하는 방식이다. malloc() 함수가 반환하는 페이지는 프로세서의 가상 주소 공간에서 연속된 공간이지만, 이 공간이 실제 물리적인 RAM에서도 연속적이라는 보장은 없다. kmalloc() 함수는 할당된 페이지가 물리적으로도(그리고 가상적으로도) 연속된 공간이라는 것을 보장한다. vmalloc() 함수는 할당된 페이지가 가상 주소 공간에서 연속된 공간이라는 것만 보장한다. 이 함수는 물리적으로 떨어져 있는 메모리를 할당하게 되면, 페이지 테이블의 정보를 '수정해서' 논리적 주소 공간에서 연속된 메모리로 만든다.

물리적으로 연속된 메모리 할당이 필요한 경우는 대부분 하드웨어 장치뿐이다. 많은 아키텍처에서 하드웨어 장치는 메모리 관리 장치가 없는 곳에 살고 있어서 가상 주소를 처리할 수 없다. 따라서 하드웨어 장치가 사용하는 메모리 영역은 가상적으로 연속됐을 뿐 아니라 물리적으로도 연속된 공간에 있어야 한다. 프로세스가 사용하는 버퍼와 같이 소프트웨어에서만 사용하는 메모리는 가상적으로만 연속되어 있어도 상관없다. 프로그램을 작성하는 입장에서는 이 차이를 절대 알 수가 없다. 커널 관점에서는 모든 메모리가 논리적으로 연속된다.

특정한 경우에만 물리적으로 연속된 메모리가 필요함에도 불구하고, 커널 코드에서는 메모리를 할당할 때 대부분 vmalloc()이 아닌 kmalloc()을 사용한다. 이는 주로 성능 문제 때문이다. 물리적으로 연속되어 있지 않은 메모리를 연속된 가상 주소 공간으로 만들기 위해 vmalloc() 함수는 상당량의 페이지 테이블 항목 조정작업을 처리해야 한다. 게다가 vmalloc() 함수를 통해 얻은 페이지는 (물리적으로 연속되어 있지 않으므로) 페이지 단위로 페이지 테이블에 등록해야 하므로 바로 할당한 메모리를 사용할 때보다 TLB[4]를 훨씬 더 많이 사용하게 된다. 이런 문제로 인해 vmalloc()

---

4. 주소 변환 버퍼(TLB, translation lookaside buffer)는 대부분의 아키텍처에 갖추어져 있는 가상 주소와 물리적 주소의 변환 정보를 캐시하는 하드웨어 캐시다. 대체로 가상 주소를 통해 메모리에 접근해야 하므로 이 장치를 통해 시스템 성능을 크게 향상시킬 수 있다.

함수는 절대적으로 필요한 경우에만 사용한다. 보통 큰 영역의 메모리를 할당하는 경우가 이에 해당한다. 동적 모듈을 커널에 추가하는 경우 vmalloc()으로 할당한 메모리를 사용한다.

vmalloc() 함수는 <linux/vmalloc.h> 파일에 선언되어 있으며, mm/ vmalloc.c 파일에 구현된다. 사용법은 사용자 공간에서 malloc()을 사용하는 방식과 같다.

```
void * vmalloc(unsigned long size)
```

이 함수는 size 바이트 이상의 가상적으로 연속된 메모리 공간 포인터를 반환한다. 오류가 발생한 경우에는 NULL을 반환한다. 이 함수는 휴면 상태로 전환이 가능하며, 인터럽트 컨텍스트와 같이 작업 도중 휴면이 불가능한 상황에서는 사용할 수 없다.

vmalloc() 함수를 통해 할당한 메모리를 해제할 때는 다음 함수를 사용한다.

```
void vfree(const void *addr)
```

이 함수는 이전에 vmalloc() 함수를 통해 할당한 addr 포인터가 가리키는 메모리를 해제한다. 이 함수도 휴면 상태로 전환될 수 있어서 인터럽트 컨텍스트에서는 사용할 수 없다. 이 함수의 반환값은 없다.

이런 함수의 사용법은 간단하다.

```
char *buf;

buf = vmalloc(16 * PAGE_SIZE); /* get 16 pages */
if (!buf)
        /* 오류! 메모리 할당 실패 */

/*
 * buf는 가상적으로 연속된 최소 16*PAGE_SIZE바이트 이상의 메모리를 가리킨다.
 */
```

메모리 사용이 끝난 다음에는 반드시 다음과 같이 메모리를 해제해 주어야 한다.

```
vfree(buf);
```

슬랩 계층

자료구조를 할당하고 해제하는 작업은 커널 내부에서 일어나는 가장 빈번한 작업 중 하나다. 빈번한 할당과 해제 작업을 하기 쉽게 개발자들은 해제 리스트free list를 사용하는 경우가 많다. 해제 리스트에는 이미 할당된 사용하지 않는 자료구조들이 들어 있다. 새로운 자료구조가 필요한 경우 새로 메모리를 할당하고 그 메모리에 자료구조를 준비하는 대신 해제 리스트에 들어 있는 자료구조를 바로 사용할 수 있다. 나중에 자료구조를 다 사용하고 난 뒤에는 메모리를 해제하는 대신 해제 리스트에 추가해 둔다. 이런 방식으로 사용이 빈번한 객체를 캐시하는 객체 캐시object cache로 해제 리스트를 사용할 수 있다.

커널 내에서 해제 리스트를 사용하는 데 가장 큰 문제점은 전체적인 제어 방법이 없다는 것이다. 시스템의 메모리가 부족해졌을 때 커널이 해제 리스트의 캐시 크기를 줄여서 메모리를 확보할 방법이 없다는 것이다. 커널은 어떤 해제 리스트를 선택해야 할 지 알 수가 없다. 이런 문제를 해결하고 코드를 간결하게 통합하기 위해 리눅스 커널은 슬랩 계층slab layer(슬랩 할당자라고도 부른다)을 제공한다. 슬랩 계층은 범용 자료구조 캐시 계층이라고 할 수 있다.

슬랩 할당자 개념은 선 마이크로시스템즈의 SunOS 5.4 운영체제에서 처음 구현됐다.[5] 리눅스의 자료구조 캐시 계층은 SunOS의 기본 설계 및 이름을 공유한다.

슬랩 계층은 몇 가지 기본적인 원칙을 최대한 따라야 한다.

- 자주 사용하는 자료구조는 할당 및 해제가 빈번하므로 캐시한다.
- 빈번한 할당 및 해제 작업은 메모리 단편화(가용 메모리에서 충분히 연속된 메모리 공간을 찾을 수 없는 일)를 유발할 수 있다. 이를 막기 위해 해제 리스트는 연속된 순서대로 정리되어 있어야 한다. 자료구조를 해제하면 해제 리스트로 들어가므로 단편화가 발생하지 않는다.
- 해제 리스트를 사용하면 해제된 객체를 바로 다음 할당 작업에 사용할 수 있어서 빈번한 할당 및 해제 작업의 성능을 향상시킬 수 있다.
- 할당자가 객체의 크기, 페이지의 크기, 전체 캐시 크기 등의 정보를 알고 있다면, 보다 정교한 처리가 가능하다.

---

5. 그후에 『The Slab Allocator : An object-Caching Kernel Memory Allocator』, J. Bonwick(USENIX, 1994) 에 문서화됐다.

- 일부 캐시가 프로세서 단위로 되어 있다면(시스템의 각 프로세서별로 별도의 캐시를 가지고 있다면), SMP 락을 사용하지 않고도 할당 및 해제가 가능하다.
- 할당자가 NUMA를 지원하는 경우에는 메모리를 요청한 노드에 있는 메모리를 할당해 줄 수 있다.
- 여러 객체가 같은 캐시에 섞여 들어가지 않게, 저장되는 객체에 표시할 수 있어야 한다.

리눅스의 슬랩 계층은 이런 전제 조건을 고려해 설계되고 구현됐다.

슬랩 계층 설계

슬랩 계층은 각 객체를 유형별로 객체를 저장하는 캐시cache에 분류한다. 객체 유형별로 하나의 캐시가 존재한다. 프로세스 기술자를 위한 캐시(task_struct 구조체용 해제 리스트)가 하나 있고, inode 객체struct inode를 위한 캐시가 별도로 있는 식이다. 흥미롭게도 kmalloc() 인터페이스는 여러 개의 범용 캐시를 사용하는 슬랩 계층 위에 구현된다.

캐시는 (이 서브시스템의 이름인) 슬랩으로 나눌 수 있다. 슬랩은 하나 이상의 물리적으로 연속된 페이지로 구성된다. 보통 슬랩은 페이지 하나로 되어 있는 경우가 많다. 캐시는 여러 개의 슬랩을 가질 수 있다.

각 슬랩에는 캐시할 자료구조에 해당하는 객체가 여러 개 들어간다. 슬랩의 상태는 모두 사용, 부분 사용, 미사용 세 가지 중 하나가 된다. 모두 사용 중인 슬랩에는 해제된 객체가 없다(슬랩 안의 모든 객체가 할당되어 사용 중이다). 미사용 슬랩에는 할당된 객체가 없다(슬랩 내의 모든 객체가 해제된 상태이다). 부분 사용 중인 슬랩에는 할당된 객체와 해제된 객체가 모두 들어 있다. 커널에서 새로운 객체를 요청하면, 부분 사용 상태인 슬랩이 있는 경우에는 이를 이용해 요청을 처리한다. 부분 사용 슬랩이 없으면, 미사용 슬랩을 이용해 처리한다. 미사용 슬랩도 없는 경우에는 슬랩을 새로 만든다. 모두 사용 상태인 슬랩에는 해제된 객체가 없으므로 당연히 이를 이용해서 처리할 수는 없다. 이런 전략을 통해 단편화를 완화할 수 있다.

메모리 상에서 디스크 inode를 나타내는 inode 구조체(13장 "가상 파일시스템"을 참고)를 예로 살펴보자. 이 구조체는 빈번하게 할당 및 해제되므로, 슬랩 할당자를 이용해 관리하는 것이 합리적이다. struct inode 구조체는 inode_cachep 캐시를 이용해 할당한다(이런 식으로 이름을 붙이는 것이 표준으로 되어 있다). 이 캐시는 하나 이상의 슬랩으로 구성된다. 객체의 수가 아주 많으므로 아마 슬랩의 개수도 많을 것이다. 각 슬랩에 최대한 많은 개수의 struct inode 객체를 저장한다. 커널이 새로운 inode 구조체를 요청하면, 부분 사용 중인 슬랩에서, 부분 사용 중인 슬랩이 없는 경우에는 미사용 슬랩에서 이미 할당됐지만, 사용하지 않는 구조체를 찾아서 반환한다. inode 구조체를 사용하고 나면, 슬랩 할당자는 해당 객체가 해제됐다는 것을 표시한다. 그림 12.1은 캐시, 슬랩, 객체 간의 관계를 나타낸 것이다.

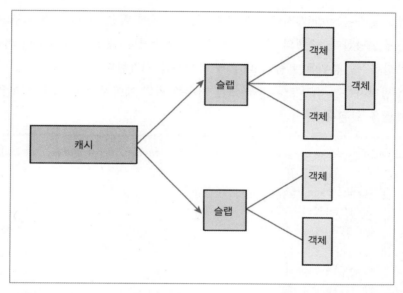

그림 12.1 캐시, 슬랩, 객체 간의 관계

각 캐시 항목은 kmem_cache 구조체를 사용해 표현한다. 이 구조체 안에는 slabs_full, slabs_partial, slabs_empty 세 리스트가 저장된 kmem_ list3 구조체가 들어 있으며, 이 구조체는 mm/slab.c 파일에 정의된다. 이 리스트에는 캐시와 관련된 모든 슬랩이 들어 있다. 각 슬랩은 슬랩 기술자인 struct slab 구조체를 사용해 표현한다.

```
struct slab {
        struct list_headlist;       /* 모두 사용, 부분 사용, 미사용 리스트 */
        unsigned long colouroff;  /* 슬랩 형식을 표시하는 위치 */
        void *s_mem;               /* 슬랩의 첫번째 객체 */
        unsigned int  inuse;       /* 슬랩의 할당된 객체 수 */
        kmem_bufctl_t free;         /* 첫 번째 미사용 객체가 있는 경우에 */
};
```

슬랩 기술자는 일반 캐시에 들어 있는 슬랩 외부에 할당하거나 해당 슬랩 내부의 첫 부분에 할당한다. 슬랩의 전체 크기가 충분히 작거나, 내부 슬랙 공간이 기술자가 들어갈 만큼 큰 경우에는 슬랩 내부에 기술자를 저장한다.

슬랩 할당자는 __get_free_pages() 저수준 커널 페이지 할당 함수를 이용해 새로운 슬랩을 만든다.

```
static void *kmem_getpages(struct kmem_cache *cachep, gfp_t flags, int nodeid)
{
        struct page *page;
        void *addr;
        int i;

        flags |= cachep->gfpflags;
        if (likely(nodeid == -1)) {
            addr = (void*)__get_free_pages(flags, cachep->gfporder);
            if (!addr)
                return NULL;
            page = virt_to_page(addr);
        } else {
            page = alloc_pages_node(nodeid, flags, cachep->gfporder);
            if (!page)
                return NULL;
            addr = page_address(page);
        }

        i = (1 << cachep->gfporder);
        if (cachep->flags & SLAB_RECLAIM_ACCOUNT)
```

```
        atomic_add(i, &slab_reclaim_pages);
    add_page_state(nr_slab, i);
    while (i--) {
        SetPageSlab(page);
        page++;
    }
    return addr;
}
```

이 함수는 __get_free_pages() 함수를 사용해 캐시를 저장하기에 충분한 양의 메모리를 할당한다. 페이지가 더 필요한 캐시를 함수의 첫 번째 인자로 지정한다. 두 번째 인자에는 __get_free_pages() 함수에 전달할 플래그 값을 지정한다. 여기서 지정한 값을 이진 **OR** 연산으로 다른 값에 더한다. 이렇게 지정한 값을 기본 플래그 값에 더해서 캐시에 필요한 flags 인자 값을 만들어 낸다. 2의 거듭 제곱 형태인 할당 크기 값은 cachep->gfporder에 저장된다. 할당자가 NUMA를 지원해야 하므로 생각보다 코드가 복잡해 보일 수 있다. nodeid가 -1이 아닌 경우, 할당자는 할당을 요청한 장비와 같은 노드의 메모리에 할당을 시도한다. NUMA 시스템은 외부 노드의 메모리에 접근할 때 성능에 손해를 보기 때문에, 이 같은 할당 정책을 통해 더 좋은 성능을 얻을 수 있다.

연습 삼아 NUMA 지원 코드를 삭제한 간단한 kmem_getpages() 함수를 만들어보자.

```
static inline void * kmem_getpages(struct kmem_cache *cachep, gfp_t flags)
{
    void *addr;

    flags |= cachep->gfpflags;
    addr = (void*) __get_free_pages(flags, cachep->gfporder);

    return addr;
}
```

할당한 메모리는 kmem_freepages() 함수를 이용해 해제한다. 이 함수는 해당 캐시 페이지에 대해 free_pages() 함수를 호출한다. 물론 슬랩 계층은 페이지 할당 및 해제를 최대한 자제한다. 슬랩 계층은 지정한 캐시에 대해 부분 사용 또는 미사용 슬랩이 없는 경우에만 페이지 할당 함수를 호출한다. 가용 메모리가 모자란 경우,

메모리 관리 | 375

시스템이 유휴 메모리를 확보하려는 경우, 캐시가 명시적으로 삭제되는 경우에만 해제 함수가 호출된다.

슬랩 계층은 커널 전체에서 쓸 수 있는 간단한 인터페이스를 통해 캐시 단위로 관리한다. 이 인터페이스를 사용하면 새로운 캐시를 만들고 그 캐시 안에서 객체를 할당하거나 해제할 수 있다. 캐시와 그 안의 슬랩을 관리하는 복잡한 일은 모두 슬랩 계층 내부에서 처리한다. 캐시를 생성하고 나면, 슬랩 계층은 특정 형식의 객체를 위한 전용 할당자처럼 동작한다.

슬랩 할당자 인터페이스

다음 함수를 이용해 새로운 캐시를 만들 수 있다.

```
struct kmem_cache * kmem_cache_create(const char *name,
                                      size_t size,
                                      size_t align,
                                      unsigned long flags,
                                      void (*ctor)(void *));
```

첫 번째 인자는 캐시의 이름을 저장하는 문자열이다. 두 번째 인자는 캐시에 들어갈 항목의 크기다. 세 번째 인자는 슬랩 내부의 첫 번째 객체의 오프셋이다. 이는 페이지 내부의 특별한 정렬 방식을 맞추기 위한 것이다. 보통 0으로 지정해 표준 정렬을 사용한다. flags 인자는 캐시의 동작을 제어하기 위한 설정이다. 특별한 동작이 필요 없는 경우에는 0으로 지정하며, 하나 이상의 다음 플래그를 OR 연산으로 묶어 사용할 수 있다.

- SLAB_HWCACHE_ALIGN — 이 플래그를 사용하면 슬랩 계층은 슬랩 내부의 각 객체들을 캐시 라인에 맞춰 정렬한다. 이를 사용하면 (메모리 상 다른 위치에 있는 둘 이상의 객체가 같은 캐시 라인에 들어가는) '잘못된 공유' 현상을 막아 준다. 이를 통해 성능상 이점을 얻을 수 있지만, 정렬에 제약이 더 많을수록 슬랙 공간의 낭비가 더 커지므로 메모리 사용량 증가라는 대가를 치러야 한다. 메모리 사용 증가량은 객체의 크기와 객체의 기본 정렬 방식이 시스템 캐시 라인과 얼마나 다른지에 따라 결정된다. 성능이 중요한 코드에서 빈번하게 사용하는 캐시의 경우에는 이 플래그를 사용하는 것이 좋

다. 그렇지 않다면 꼭 필요한 경우에만 사용하라.

- SLAB_POISON - 이 플래그를 설정하면 미리 정해진 값(a5a5a5a5)으로 슬랩을 채운다. 이런 동작을 오염시키기poisoning라고 하는데, 초기화하지 않고 메모리를 사용하는 경우를 잡아내는 데 유용하다.

- SLAB_RED_ZONE - 이 플래그를 설정하면, 버퍼 경계 넘침 현상을 감지할 수 있게 슬랩 계층은 할당된 메모리 양측에 '적색 지대red zone'를 끼워 넣는다.

- SLAB_PANIC - 이 플래그가 설정된 상태에서 메모리 할당이 실패하면 슬랩 계층은 치명적 오류panic을 발생시킨다. 부팅 과정 중에 VMA 구조체 캐시를 할당하는 경우(15장 "프로세스 주소 공간"을 참조하라)처럼 할당 작업이 절대로 실패해서는 안 될 때 이 플래그를 사용한다.

- SLAB_CACHE_DMA - 이 플래그가 설정되어 있으면 슬랩 계층은 DMA 처리 가능한 메모리에 슬랩을 할당한다. DMA를 사용하는 객체이므로 ZONE_DMA에 있어야 하는 경우 이 플래그가 필요하다. 그 외의 경우에는 필요하지 않으므로 사용하면 안 된다.

마지막 인자인 ctor는 캐시 생성자다. 생성자는 캐시에 새로운 페이지가 추가될 때마다 호출된다. 실제로 리눅스 커널 캐시는 생성자를 사용하는 경우가 많지 않다. 사실 인자로 소멸자도 있었지만, 이를 사용하는 커널 코드가 없었기 때문에 제거됐다. 이 인자에 NULL을 지정해도 된다.

성공적으로 실행되면 kmem_cache_create() 함수는 생성한 캐시 포인터를 반환한다. 실패한 경우에는 NULL을 반환한다. 이 함수는 휴면 상태로 전환될 수 있어서 인터럽트 컨텍스트에서는 호출하면 안 된다.

캐시를 제거하려면 다음 함수를 호출한다.

```
int kmem_cache_destroy(struct kmem_cache *cachep)
```

이름에서 알 수 있듯이 이 함수는 지정한 캐시를 제거한다. 보통 자체 캐시를 생성한 모듈의 모듈 종료 코드에서 호출하게 된다. 이 함수는 휴면 상태로 전환이 가능하므로 인터럽트 컨텍스트에서는 호출하면 안 된다. 이 함수를 호출할 때는 다음 두 가지 조건을 만족하는지 확인해야 한다.

- 캐시의 모든 슬랩이 비어 있어야 한다. 슬랩에 할당되어 사용 중인 객체가 하나라도 있다면 어떻게 캐시를 제거할 수 있겠는가?
- `kmem_cache_destroy()` 함수를 호출하는 동안(그리고 당연히 호출한 이후에도) 캐시에 접근하는 경우가 있어서는 안 된다. 함수를 호출하는 쪽에서 동기화를 보장해야 한다.

성공한 경우 이 함수는 0을 반환한다. 그렇지 않으면 0이 아닌 값을 반환한다.

캐시에서 할당

캐시를 만든 후 다음 함수를 통해 캐시 내부의 객체를 얻을 수 있다.

```
void * kmem_cache_alloc(struct kmem_cache *cachep, gfp_t flags)
```

이 함수는 cachep가 지정한 캐시에 들어 있는 객체의 포인터를 반환한다. 캐시 내부 슬랩에 해제된 객체가 없는 경우에는 슬랩 계층에서 `kmem_getpages()` 함수를 이용해 새로운 페이지를 생성해야 하며, 이때 지정한 `flags` 인자가 `__get_free_pages()` 함수로 전달된다. 이 플래그는 앞에서 살펴봤던 것과 동일한 플래그이다. 아마 `GFP_KERNEL` 또는 `GFP_ATOMIC`을 사용하게 될 것이다.

나중에 사용한 객체를 해제하고 슬랩에 반환하려면 다음 함수를 사용한다.

```
void kmem_cache_free(struct kmem_cache *cachep, void *objp)
```

이 함수는 cachep에 있는 objp 객체에 해제 표시를 한다.

슬랩 할당자 사용 예제

`task_struct` 구조체(프로세스 기술자)를 사용하는 실 사용 예를 살펴보자. 아래 코드는 kernel/fork.c 파일에 약간 더 복잡한 형태로 들어 있다.

먼저 커널에는 `task_struct` 캐시 포인터를 저장할 전역 변수가 있어야 한다.

```
struct kmem_cache *task_struct_cachep;
```

커널 초기화 과정에서 kernel/fork.c 파일에 정의된 `fork_init()` 함수가 실행되면서 캐시가 생성된다.

```
task_struct_cachep = kmem_cache_create("task_struct",
                                       sizeof(struct task_struct),
                                       ARCH_MIN_TASKALIGN,
                                       SLAB_PANIC | SLAB_NOTRACK,
                                       NULL);
```

이 코드를 통해 struct task_struct 객체를 저장하는 task_struct라는 이름의 캐시가 만들어진다. 생성된 객체의 슬랩 내부 오프셋 값은 ARCH_MIN_TASKALIGN 바이트가 된다. 이 전처리 매크로의 값은 아키텍처에 따라 정해진다. L1 캐시의 바이트 크기인 L1_CACHE_BYTES 값으로 정해지는 것이 보통이다. 생성자는 사용하지 않는다. SLAB_PANIC 플래그를 사용했으므로 실패 여부를 확인하는 반환값이 NULL 인지 확인하지 않는다. 할당에 실패하면 슬랩 할당자는 panic() 함수를 호출한다. 이 플래그를 사용하지 않는 경우에는 반환값을 반드시 확인해야 한다! 여기서는 시스템 동작에 필수적인 캐시이므로 SLAB_PANIC 플래그를 사용했다(프로세스 서술자가 없는 시스템이 무슨 소용이 있겠는가).

프로세스가 fork()를 호출할 때마다 새로운 프로세스 서술자가 만들어진다(3장 "프로세스 관리"의 내용을 떠올려보자). 이 작업은 do_fork() 함수가 호출하는 dup_task_struct() 함수에서 처리한다.

```
struct task_struct *tsk;

tsk = kmem_cache_alloc(task_struct_cachep, GFP_KERNEL);
if (!tsk)
        return NULL;
```

태스크가 종료된 다음 대기 중인 자식 프로세스가 없으면 프로세스 서술자가 해제돼 task_struct_cachep 슬랩 캐시에 반환된다. 이 작업은 free_task_struct() 함수에서 처리한다(tsk는 기존 태스크를 가리킨다).

```
kmem_cache_free(task_struct_cachep, tsk);
```

프로세스 서술자는 커널의 핵심 부분 중 하나고, 항상 필요한 부분이므로 task_struct_cachep 캐시는 절대 해제되지 않는다. 하지만 해제해야 한다면 다음과 같이 캐시를 해제할 수 있다.

```
int err;

err = kmem_cache_destroy(task_struct_cachep);
if (err)
        /* 캐시 해제 오류 발생 */
```

상당히 쉽지 않은가? 모든 저수준 배치 작업, 분류, 할당, 해제, 메모리 부족 상황일 때 반환 등의 작업을 슬랩 계층에서 처리해 준다. 같은 형의 객체를 빈번하게 많이 생성해야 한다면, 슬랩 캐시 사용을 고려해 보라. 절대 자체적인 해제 리스트를 별도로 구현하지 마라!

스택에 정적으로 할당

사용자 공간에서는 사전에 할당 크기를 알기 때문에, 앞에서 살펴본 예제와 같은 할당 작업을 스택에서 처리할 수 있다. 사용자 공간은 동적으로 크기가 확장되는 커다란 스택을 사용할 수 있는 호사스러움을 누릴 수 있지만, 커널은 그런 사치를 누릴 수 없다. 커널은 고정된 작은 크기의 스택을 사용한다. 각 프로세스별로 고정된 작은 크기의 스택을 가지고 있을 때, 메모리 사용량은 최소화되며, 커널은 스택 관리 코드라는 짐을 짊어질 필요가 없어진다.

프로세스별 커널 스택의 크기는 아키텍처와 컴파일 시점의 설정에 따라 달라진다. 전통적으로 프로세스별로 두 페이지의 커널 스택을 가지고 있다. 페이지의 크기가 32비트 아키텍처의 경우에는 4KB이고, 64비트 아키텍처의 경우는 8KB이므로, 보통 스택의 크기는 32비트 아키텍처의 경우 8KB, 64비트 아키텍처의 경우는 16KB가 된다.

단일 페이지 커널 스택

그러나 2.6 커널 초반에 단일 페이지 커널 스택을 사용하는 옵션이 추가됐다. 이 옵션을 사용하면 각 프로세스별로 한 페이지만 주어져 32비트 아키텍처는 4KB, 64비트 아키텍처는 8KB 스택을 사용한다. 이렇게 하는 데는 두 가지 이유가 있다. 첫째, 이렇게 함으로써 프로세스별 메모리 사용량을 줄일 수 있다. 더 중요한 두 번째 이유는 시스템 가동 시간이 길어짐에 따라 물리적으로 연속된 비할당 페이지를 찾는 일이 점점 더 어려워진다는 사실이다. 물리적 메모리가 단편화되어 감에 따라, 가상 메모리가 프로세스를 새로 생성하기 위해 메모리를 할당하는 작업이 점점 더 어려워진다.

좀 더 복잡한 이유가 하나 더 있다. 잘 생각해보자. 지금껏 커널 스택에 대한 거의 모든 정보를 파악했다. 각 프로세스의 전체 연쇄 호출 정보가 커널 스택이 들어 있어야 한다. 하지만 전통적으로 인터럽트를 처리할 때 인터럽트 핸들러도 프로세스의 커널 스택을 사용하므로, 커널 스택에는 이 정보도 들어갈 수 있어야 한다. 이런 방식은 간단하고 효율적이지만, 그렇지 않아도 부족한 커널 스택 사용을 더 팍팍하게 만든다. 스택을 한 페이지로 만들면, 더 이상 인터럽트 핸들러는 들어갈 수 없다.

이 문제를 바로잡기 위해 커널 개발자들은 인터럽트 스택이라는 새로운 기능을 구현했다. 인터럽트 스택은 인터럽트 핸들러가 사용하는 프로세서별로 존재하는 한 페이지짜리 스택이다. 단일 페이지 커널 스택 옵션을 사용하면, 인터럽트 핸들러는 더 이상 중단된 프로세스의 커널 스택을 공유하지 않는다. 대신 자체 스택을 사용한다. 이렇게 하면 프로세서별로 하나의 페이지만 사용하게 된다.

요약하자면, 커널 스택은 컴파일 시점의 옵션에 따라 하나 또는 두 개의 페이지로 구성된다. 따라서 스택의 크기는 4KB에서 16KB가 된다. 역사적으로 인트럽트 핸들러는 중단된 프로세스의 스택을 공유한다. 단일 페이지 스택 옵션을 사용하면 인터럽트 핸들러는 별도의 스택을 사용한다. 어느 경우든 무제한 재귀 호출이나 alloca() 함수 사용은 허용되지 않는다.

자, 모두 이해가 됐는가?

공정하게 스택 사용

어떤 함수라도 스택 사용량은 최소화해야 한다. 이를 위한 간단 명료한 규칙은 없지만, 특정 함수의 지역 변수(즉, 자동 변수)가 차지하는 총 합을 최대 수 백 바이트 이하로 유지하는 것이 좋다. 큰 배열이나 구조체 등을 선언하는 커다란 스택 정적 할당 작업은 위험하다. 커널 공간의 스택 할당 작업은 사용자 공간과 같은 방식으로 진행된다. 스택 경계 넘침 현상은 조용히 발생하며, 의심의 여지 없이 문제를 일으킨다. 커널에는 스택 관리 기능이 없어서 스택 경계 넘침 현상이 발생하면, 초과된 분량의 데이터는 스택 끝의 경계 너머에 뭐가 있든 넘쳐 흐른다. 가장 먼저 먹혀버리는 것은 thread_info 구조체다(각 프로세스 커널 스택의 끝 부분에 이 구조체가 할당된다는 것을 3장에서 살펴 보았다). 스택 너머에는 모든 종류의 커널 데이터가 있을 수 있다. 가장 좋은 경우는 스택 넘침 현상이 발생했을 때 시스템이 멈추는 것이다. 최악의 경우에는 조용히 데이터만 망가뜨릴 수도 있다.

따라서 대량의 메모리를 할당할 경우에는 이 장의 앞 부분에서 살펴 본 동적 할당 방식 중 하나를 사용하는 것이 현명하다.

상위 메모리 연결

정의된 바에 따르면 상위 메모리에 있는 페이지에는 고정된 커널 주소 공간 값이 없을 수 있다. 따라서 __GFP_HIGHMEM 플래그를 지정하고 alloc_pages() 함수를 호출해서 얻은 페이지에는 논리적 주소가 없을 수 있다.

x86 프로세서가 4GB 영역의(PAE 기능이 있는 경우에는 64GB)[6] 물리적 주소를 다룰 수 있긴 하지만, x86 아키텍처에서는 896MB 경계 너머의 모든 물리적 메모리는 상위 메모리로 간주하며, 이 영역의 페이지에는 커널 주소 공간이 자동으로 연결되지 않고, 고정된 값이 할당되지도 않는다. 페이지를 할당한 다음에 커널 주소 공간을 연결해야 한다.

x86에서 상위 메모리의 페이지는 3GB에서 4GB 사이 영역에 연결된다.

고정 연결

주어진 page 구조체를 커널 주소 공간에 연결시키려면 <linux/highmem.h> 파일에 선언된 다음 함수를 사용한다.

```
void *kmap(struct page *page)
```

이 함수는 상위 메모리와 하위 메모리에 모두 동작한다. 페이지가 하위 메모리에 속해있다면, 그냥 페이지의 가상 주소를 반환한다. 페이지가 상위 메모리에 있으면, 고정 연결을 만들고, 그 주소를 반환한다. kmap() 함수는 휴면 상태로 전환될 수 있으므로, 프로세스 컨텍스트에서만 동작한다.

고정 연결의 개수가 제한되므로(제한이 없으면 모든 메모리를 고정 연결시킴으로써 이런 복잡한 상황을 피할 수 있었을 것이다), 더 이상 필요하지 않은 상위 메모리는 연결을 해제해야 한다. 이 작업에는 지정된 페이지 연결을 해제하는 다음 함수를 사용한다.

---

6. PAE는 물리적 주소 확장(Physical Address Extension)을 뜻한다. 이 기능을 이용하면 32비트 가상 주소 공간을 가지고 있는 x86 프로세서가 36비트 주소 공간에 상당하는(64GB) 물리적 메모리에 접근할 수 있다.

```
void kunmap(struct page *page)
```

임시 연결

메모리 연결을 만들어야 하지만 현재 컨텍스트가 휴면이 불가능한 상황을 위해, 커널에는 임시 연결temporary mapping 기능이 있다(원자적 연결atomic mapping이라고도 한다). 이는 임시 연결을 저장할 수 있는 사전에 정의된 연결 정보로 구성된다. 커널은 상위 메모리를 이 사전 연결 정보에 원자적으로 저장할 수 있다. 따라서 작업이 중단되는 일 없이 연결을 설정할 수 있어 임시 연결은 인터럽트 핸들러처럼 휴면 상태로 전환할 수 없는 곳에서도 사용할 수 있다.

임시 연결은 다음과 같이 설정한다.

```
void *kmap_atomic(struct page *page, enum km_type type)
```

type 인자에는 임시 연결의 목적을 설명하는 다음 값 중 하나를 사용해야 한다. 이 값은 <asm-generic/kmap_types.h> 파일에 정의된다.

```
enum km_type {
        KM_BOUNCE_READ,
        KM_SKB_SUNRPC_DATA,
        KM_SKB_DATA_SOFTIRQ,
        KM_USER0,
        KM_USER1,
        KM_BIO_SRC_IRQ,
        KM_BIO_DST_IRQ,
        KM_PTE0,
        KM_PTE1,
        KM_PTE2,
        KM_IRQ0,
        KM_IRQ1,
        KM_SOFTIRQ0,
        KM_SOFTIRQ1,
        KM_SYNC_ICACHE,
        KM_SYNC_DCACHE,
```

```
        KM_UML_USERCOPY,
        KM_IRQ_PTE,
        KM_NMI,
        KM_NMI_PTE,
        KM_TYPE_NR
};
```

이 함수는 실행이 중단되는 일이 없으므로 인터럽트 핸들러나 재스케줄링이 안되는 곳에서 사용할 수 있다. 메모리 연결은 프로세서별로 고유해야 하므로 이 함수는 커널 선점도 비활성화시킨다(재스케줄링으로 프로세서가 현재 실행 중인 작업이 바뀔 수 있기 때문이다).

연결을 해제할 때는 다음 함수를 사용한다.

```
void kunmap_atomic(void *kvaddr, enum km_type type)
```

이 함수도 실행이 중단되지 않는다. 임시 연결은 다음 임시 연결이 만들어질 때까지만 유효하므로 대다수 아키텍처에서 이 함수는 커널 선점을 활성화시키는 것 외에 다른 작업을 하지 않는다. 커널은 kmap_atomic()이 설정한 연결을 '잊어버리기'만 하면 되므로 kunmap_atomic() 함수는 다른 특별한 일을 하지 않아도 된다. 다음 원자적 연결이 이전 연결 정보를 덮어쓴다.

CPU별 할당

SMP를 지원하는 현대 운영체제는 특정 프로세서 고유 데이터인 CPU별 데이터를 광범위하게 사용한다. 보통 CPU별 데이터는 배열에 저장된다. 배열의 각 항목이 시스템의 각 프로세서에 대응되는 방식이다. 현재 프로세서의 일련 번호가 배열의 첨자가 되는 방식으로, 2.4 커널에서 CPU 데이터를 처리하던 방식이다. 이 방식에 잘못된 부분은 없으며, 상당수의 2.6 커널 코드에서도 여전히 이 방식을 사용한다. 데이터를 다음과 같이 선언한다.

```
unsigned long my_percpu[NR_CPUS];
```

그러면 다음과 같은 방식으로 데이터에 접근할 수 있다.

```
int cpu;

cpu = get_cpu();        /* 현재 프로세서 번호를 얻고 커널 선점을 비활성화시킨다. */
my_percpu[cpu]++;       /* ... 필요한 작업을 처리한다. */
printk("my_percpu on cpu=%d is %lu\n", cpu, my_percpu[cpu]);
put_cpu();              /* 커널 선점을 활성화시킨다. */
```

현재 프로세서만 사용하는 데이터이므로 락이 필요하지 않다. 현재 프로세서 외의 다른 프로세서가 이 데이터를 건드리지 않는다면, 동시성 문제가 발생하지 않아 락이 없어도 안전하게 데이터에 접근할 수 있다.

CPU별 데이터를 다룰 때 주의가 필요한 부분은 커널 선점에 대한 것뿐이다. 커널 선점은 다음 두 가지 문제를 일으킬 수 있다.

- 코드가 선점되고 나서 다른 프로세서에서 재스케줄링되면 cpu 변수가 엉뚱한 프로세서를 가리키게 되므로 cpu 값이 무의미해진다(일반적으로 코드는 현재 프로세서 번호를 받고 난 다음에 휴면 상태가 될 수 없다).
- 다른 작업이 현재 코드를 선점하면, 같은 프로세서에서 my_percpu 값을 동시에 접근하게 되므로 경쟁 조건이 발생할 수 있다.

하지만 get_cpu() 함수를 호출하면 현재 프로세서 번호를 반환하면서 커널 선점도 비활성화시키므로 이런 걱정은 불필요하다. 이에 대응하는 함수인 put_cpu()를 호출하면 커널 선점이 활성화된다. smp_processor_id() 함수를 이용해 현재 프로세서의 번호를 얻으면, 커널 선점이 비활성화되지 않는다는 점에 주의해야 한다. 앞서 언급한 방식을 사용하면 안전하다.

새로운 percpu 인터페이스

2.6 커널에는 CPU별 데이터를 생성하고 관리하는 percpu라는 새로운 인터페이스가 도입됐다. 이 인터페이스는 앞의 방식을 일반화한 것이다. 이 새로운 방식을 사용하면 간단히 CPU별 데이터를 생성하고 관리할 수 있다.
CPU별 데이터를 생성하고 접근하는 앞에서 살펴본 방법도 여전히 유효하며 사용 가능하다. 하지만 새로운 인터페이스는 대규모 대칭형 다중 프로세서 컴퓨터의 CPU별 데이터 관리에 필요한 더 간단하고 강력한 기능을 제공한다.

<linux/percpu.h> 헤더 파일에 모든 함수가 선언된다. 실제 구현 내용은 mm/
slab.c, <asm/percpu.h> 파일에 들어 있다.

컴파일 시점의 CPU별 데이터

컴파일 시점의 CPU별 변수를 선언하는 것은 매우 쉽다.

```
DEFINE_PER_CPU(type, name);
```

이 매크로는 시스템의 프로세서별로 이름이 name인 type 형 변수를 생성한다.
이 변수를 다른 곳에서 사용하는 경우에는 다음 매크로를 이용하면 컴파일 경고 메
시지를 피할 수 있다.

```
DECLARE_PER_CPU(type, name);
```

get_cpu_var(), put_cpu_var() 함수를 이용해 변수를 사용할 수 있다.
get_cpu_var() 함수를 호출하면 지정한 변수에 대한 현재 프로세서의 lvalue 값을
반환한다. 이 함수도 선점을 비활성화시키며, 이에 대응하는put_cpu_var() 함수는
선점을 활성화시킨다.

```
get_cpu_var(name)++;  /* 현재 프로세서의 name 값을 증가시킨다. */
put_cpu_var(name);  /* 작업을 마치고 커널 선점을 활성화한다. */
```

다른 프로세서의 CPU별 데이터 값도 얻을 수 있다.

```
per_cpu(name, cpu)++; /* 지정한 프로세서의 name 값을 증가시킨다. */
```

per_cpu() 함수를 사용하는 방법은 커널 선점을 비활성화시키지도 않고 어떤
종류의 잠금 장치도 사용하지 않으므로 조심해서 사용해야 한다. CPU별 데이터를
사용할 때 락을 사용하지 않아도 된다는 특징은 해당 데이터를 현재 프로세서만 조
작한다는 것이 보장된 경우에만 유효하다. 프로세서가 다른 프로세서에 속한 데이터
를 건드리는 경우에는 락이 필요하다. 주의가 필요한 부분이다. 락에 대해서는 9장
"커널 동기화 개요"와 10장 "커널 동기화 방법"에서 다룬 바 있다.

또 한 가지 미묘한 사항이 있다. 앞에서 살펴본 컴파일 시점 CPU별 데이터 예제
는 모듈에서는 동작하지 않는다. 링커가 CPU별 데이터를 실제로는 별도의 실행 구

역(.data.percpu)에 생성하기 때문이다. 모듈에서 CPU별 데이터에 접근할 필요가 있거나, 데이터를 동적으로 생성할 필요가 있는 경우에 사용하는 방법은 따로 있다.

실행 시점의 CPU별 데이터

커널은 CPU별 데이터를 생성하려고 kmalloc()과 유사한 동적 할당자를 구현해 놓았다. 이 함수는 시스템 프로세서별로 요청한 메모리를 할당한다. 함수 원형은 <linux/percpu.h> 파일에 들어 있다.

```
void *alloc_percpu(type); /* 매크로 */
void *__alloc_percpu(size_t size, size_t align);
void free_percpu(const void *);
```

alloc_percpu() 매크로는 지정한 형식의 객체를 시스템의 각 프로세서별로 생성한다. 이 매크로는 실제 할당해야 할 바이트 수와 할당 시에 사용할 정렬 바이트를 인자로 받는 __alloc_percpu() 함수를 감싼 것이다. alloc_percpu() 매크로는 지정한 형식을 자연 정렬했을 때 필요한 바이트 값을 사용해 __alloc_percpu() 함수를 호출한다. 이는 통상적으로 사용하는 정렬 방식이다. 예를 들어보자.

```
struct rabid_cheetah = alloc_percpu(struct rabid_cheetah);
```

이 코드는 다음 코드와 같다.

```
struct rabid_cheetah = __alloc_percpu(sizeof (struct rabid_cheetah),
                          __alignof__ (struct rabid_cheetah));
```

__alignof__ 지시자는 지정한 형이나 lvalue를 정렬 상태로 만들기 위해 필요한 바이트 값(정렬 상태가 필수가 아닌 별난 아키텍처인 경우에는 추천하는 바이트 값)을 찾아주는 gcc의 기능이다. 사용 방식은 sizeof와 같다. 예를 들어, x86 아키텍처라면 다음 코드는 4를 반환한다.

```
__alignof__ (unsigned long)
```

lvalue를 지정한 경우에는 해당 lvalue가 정렬 상태가 되기 위해 필요한 최대 값을 반환한다. lvalue가 구조체 내부에 있다면, 구조체가 정렬 상태에 있어야 하는 조건으로 인해, 구조체 외부의 같은 형 변수보다 정렬 상태에 필요한 바이트 값이 더 클 수 있다. 주소 정렬과 관련된 문제에 대해서는 19장에서 더 자세히 알아본다.

할당에 대응하는 함수로 모든 프로세스의 지정한 데이터를 해제하는 free_percpu() 함수가 있다.

alloc_percpu() 함수나 __alloc_percpu() 함수는 동적으로 생성된 CPU별 데이터를 간접적으로 참조할 수 있는 포인터를 반환한다. 커널은 이 간접 참조를 도와주는 함수를 제공한다.

```
get_cpu_var(ptr);
            /* 현재 프로세서의 해당 데이터를 가리키는 void 포인터를 반환한다. */
put_cpu_var(ptr);                    /* 작업을 마치고 커널 선점을 활성화한다. */
```

get_cpu_var() 매크로는 현재 프로세서의 해당 데이터를 가리키는 포인터를 반환한다. 이 함수도 커널 선점을 비활성화시키며 put_cpu_var() 함수를 호출하면 커널 선점이 활성화된다.

이런 함수를 모두 사용하는 예제를 살펴보자. 메모리를 (아마도 초기화 부분에서) 한 번 할당하고 나서 여러 곳에서 사용한 다음, (종료 함수 같은 곳에서) 한 번 해제하는 것이 정상적인 상황이므로 현실적인 예제라고 할 수는 없지만, 사용 방법은 명쾌하게 보여준다.

```
void *percpu_ptr;
unsigned long *foo;

percpu_ptr = alloc_percpu(unsigned long);
if (!percpu_ptr)
        /* 메모리 할당 오류 */

foo = get_cpu_var(percpu_ptr);
/* foo 변수를 사용 */
put_cpu_var(percpu_ptr);
```

CPU별 데이터를 사용하는 이유

CPU별 데이터 사용에는 몇 가지 장점이 있다. 첫 번째로는 락을 사용할 필요가 줄어든다는 점이다. 프로세서가 CPU별 데이터를 사용하는 방식에 따라 락이 전혀 필요하지 않을 수도 있다. "이 데이터는 이 프로세서만 사용한다"는 규칙은 프로그래밍 규칙에 불과하다는 것을 명심하자. 프로세서가 자신의 해당 데이터에만 접근하는 것은 개발자가 보장해 주어야 한다. 규칙을 어기는 것을 막아주는 장치는 없다.

두 번째로 CPU별 데이터는 캐시 무효화invalidation를 줄여준다는 점을 들 수 있다. 프로세서가 캐시 동기화 상태를 유지하려고 노력하므로 인해 이런 현상이 나타난다. 프로세서가 다른 프로세서의 캐시에 저장된 데이터를 조작하고자 한다면, 프로세서는 자신의 캐시를 비우거나 갱신해야 한다. 캐시 무효화가 지속적으로 일어나는 상황을 캐시 털림 현상thrashing the cache이라고 부르는데, 이는 시스템 성능을 무자비하게 떨어뜨린다. CPU별 데이터를 사용하면 이상적으로는 프로세서가 자신의 데이터에만 접근하게 되므로 이 같은 캐시 효과를 최소화할 수 있다. percpu 인터페이스는 프로세서가 데이터에 접근할 때, 같은 캐시 라인을 쓰는 다른 프로세서의 데이터와 겹치지 않도록 데이터를 정렬한다.

따라서 CPU별 데이터를 사용하면 락을 사용할 필요가 없어지는 (적어도 최소화 시키는) 경우가 많다. CPU별 데이터를 사용하는 데 필요한 안전 장치는 락보다 훨씬 부담이 적은 커널 선점을 비활성화시키는 것이며, 인터페이스를 통해 자동으로 처리된다. CPU별 데이터는 인터럽트 컨텍스트와 프로세스 컨텍스트 모두에서 안전하게 사용할 수 있다. 하지만 CPU별 데이터에 접근하는 동안에는 휴면 상태로 전환될 수 없다는 점을 주의하자(휴면 상태로 전환됐다가는 다른 프로세서로 가버릴 수 있다).

새로운 CPU별 인터페이스 사용이 필수인 부분은 아직 없다. 커널 선점을 비활성화시키기만 한다면 (처음 언급했던 배열을 사용하는 방식처럼) 직접 처리하는 방식을 사용해도 좋다. 하지만 새로운 인터페이스가 훨씬 더 사용하기 쉽고, 향후 최적화가 추가될 수도 있다. 커널 코드에서 CPU별 데이터를 사용하기로 했다면, 새로운 인터페이스 사용을 고려하자. 새 인터페이스 사용의 한 가지 약점은 이전 커널과의 하위 호환성이 깨진다는 점이 있다.

할당 방법 선택

수많은 할당 방법 중에서 커널에서 어떤 방식으로 메모리를 얻을 것인지 항상 명확하지는 않지만 이를 정하는 것은 분명 중요한 일이다! 물리적으로 연속된 페이지가 필요한 경우라면 저수준 페이지 할당 함수나 kmalloc() 함수를 사용하자. 이 방식은 커널 내부에서 메모리를 할당하는 표준 방식이며, 거의 대부분의 메모리 할당 작업에서 사용하는 방식이다. 이 함수들에서 가장 많이 사용하는 두 플래그는 GFP_ATOMIC과 GFP_KERNEL이었다. 휴면 상태로 전환되지 않는 우선순위가 높은 할당 작업을 진행할 경우에는 GFP_ATOMIC을 사용하자. 인터럽트 핸들러나 휴면 상태로 전환할 수 없는 코드에서는 이 플래그를 사용해야 한다. 스핀락이 없는 프로세스 컨텍스트 코드처럼 휴면 상태로 전환이 가능한 코드에서는 GFP_KERNEL 플래그를 사용해야 한다. 이 플래그가 지정되어 있으면, 요청한 메모리를 할당하기 위해 필요한 경우 휴면 상태로 전환될 수 있다.

상위 메모리 할당이 필요한 경우에는 alloc_pages() 함수를 사용하자. alloc_pages() 함수는 논리적 주소를 가리키는 포인터가 아닌 struct page 구조체를 반환한다. 상위 메모리는 주소 공간에 연결되지 않았을 수 있으므로, 메모리에 해당하는 struct page 구조체를 통해서만 접근이 가능할 수 있다. 실제 포인터를 얻기 위해서는 kmap() 함수를 사용해 상위 메모리를 커널의 논리 주소 공간에 연결한다.

물리적으로 연속된 페이지가 필요 없는 경우, 가상적으로만 연속되어 있으면 되는 경우에는 vmalloc() 함수를 사용한다. 다만, vmalloc() 함수는 kmalloc() 함수에 비해 성능면에서 약간 손해를 본다는 점을 고려하자. vmalloc() 함수는 가상적으로 연속된, 하지만 물리적으로는 연속되지 않을 수도 있는 커널 메모리를 할당한다. 이 과정은 사용자 공간의 메모리 할당 작업과 유사한데, 물리적 메모리를 연속적인 논리적 주소 공간으로 연결시키는 방식으로 동작한다.

큰 자료구조를 다량으로 생성하고 해제하는 경우라면 슬랩캐시사용을고려하자. 슬랩 계층은 객체 할당 및 해제 작업의 성능을 크게 향상시켜줄 수 있는 프로세서별 객체 캐시(해제 리스트)를 제공한다. 빈번하게 메모리를 할당하고 해제하는 대신, 이미 할당한 객체를 슬랩 계층이 캐시해 준다. 자료구조를 저장할 새로운 메모리가 필요하게 되면 슬랩 계층은 메모리를 추가로 할당할 필요 없이 캐시에 들어 있는 객체를 대신 반환한다.

결론

이 장에서 우리는 리눅스 커널이 메모리를 관리하는 방식에 대해 공부했다. 다양한 메모리 단위와 바이트, 페이지, 구역 등의 메모리 범주에 대해 알아보았다(15장에서 네 번째 범주인 프로세스 주소 공간에 대해 알아본다). 그다음 페이지 할당자, 슬랩 할당자 등의 메모리를 얻을 때 사용하는 다양한 방식을 살펴보았다. 메모리 할당 프로세스는 휴면 불가, 파일시스템 사용불가 등과 같은 조건에서도 동작할 수 있으므로 커널 내부에서 메모리를 얻는 작업은 쉬운 일이 아니다. 다양한 조건에서 메모리를 할당하기 위해 gfp 플래그와 각 플래그를 사용하는 경우와 조건에 대해 알아보았다. 메모리를 얻는 과정의 상대적인 어려움은 커널 개발과 사용자 공간 개발 사이의 가장 큰 차이점 중 하나다. 메모리를 얻을 때 사용하는 인터페이스를 설명하는 데 이 장의 대부분이 할애되어 있지만, 이를 통해 커널의 메모리 할당 작업이 왜 어려운가도 이해해야 한다.

이 장의 내용을 바탕으로 13장에서는 통합되고 일관된 파일 API를 사용자 공간 애플리케이션에 제공하고 파일시스템을 관리하는 커널 서브시스템인 가상 파일시스템VFS에 대해 알아본다. 자, 전진하자!

13장

가상 파일시스템

가상 파일시스템(Virtual Filesystem)(가상 파일 스위치(Virtual File Switch) 또는 간단히 VFS라고 부른다)은 파일시스템 관련 인터페이스를 사용자 공간 애플리케이션에 제공하고 파일을 구현하는 커널 서브시스템이다. 모든 파일시스템은 VFS를 통해 공존이 가능할 뿐만 아니라 상호 동작도 가능하다. 프로그램은 그림 13.1과 같이 VFS를 통해 다른 파일시스템 간, 심지어는 다른 매체 간에도 표준 유닉스 시스템 호출로 읽고 쓰는 것이 가능하다.

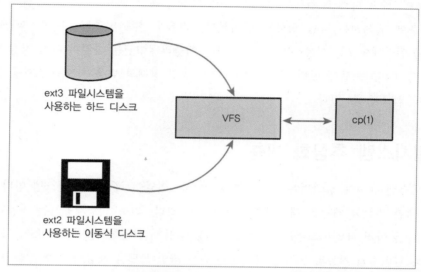

그림 13.1 VFS 동작 예. cp(1) 프로그램을 사용해 ext3 파일시스템으로 마운트된 하드 디스크의 데이터를 ext2 파일시스템으로 마운트된 이동식 디스크로 옮긴다. 두 종류의 파일시스템과 두 종류의 매체가 하나의 VFS로 묶여 있다.

일반 파일시스템 인터페이스

VFS는 open(), read(), write() 같은 시스템 호출이 파일시스템이나 물리적 매체의 종류와 상관없이 동작하게 해주는 역할을 한다. 요즘에는 당연한 소리로 들리겠지만, 이런 기능이 당연한 기능이 되기까지는 오랜 시간이 걸렸다. 다양한 파일시스템과 다양한 매체에 모두에서 동작하는 범용 시스템 호출을 만드는 것은 간단한 일이 아니다. 게다가 다른 파일시스템과 다른 매체 간에서도 동작하는 시스템 호출을 만들어야 한다. 표준 시스템 호출을 사용해 특정 파일시스템에 있는 파일을 다른 파일시스템으로 복사하거나 옮길 수 있어야 한다. DOS 같은 옛날 운영체제에서는 이런 일들이 절대 불가능했다. 기본 파일시스템이 아닌 경우에는 특별한 도구를 사용해야 접근할 수 있었다. 리눅스 같은 현대 운영체제는 추상화된 가상 인터페이스를 통해 파일시스템에 접근하기 때문에 이런 상호 작용과 범용 접근이 가능하다.

새로운 파일시스템과 새로운 종류의 저장 매체 지원이 리눅스에 추가되었지만, 이 때문에 프로그램을 다시 작성하거나 재컴파일 할 필요는 없다. 이 장에서는 수많은 파일시스템을 하나처럼 동작하게 해주는 VFS 추상화 개념에 대해 알아본다. CD, 블루레이, 하드 디스크, 컴팩트 플래시 등의 다양한 저장 장치를 지원하는 블록 입출력 계층에 대해서는 다음 장에서 알아본다. VFS와 블록 입출력 계층이 제공하는 추상화 인터페이스를 이용하면, 사용자 공간 애플리케이션은 파일이 어떤 저장 매체의 어떤 파일시스템에 있더라도 일관성 있는 명명 정책과 범용 시스템 호출을 통해 파일에 접근할 수 있다.

파일시스템 추상화 계층

파일시스템 유형에 상관없는 범용 인터페이스는 커널이 하위 파일시스템 인터페이스에 대한 추상화 계층을 제공하기 때문에 가능하다. 리눅스는 제공하는 기능과 동작이 다른 여러 파일시스템을 이 추상화 계층을 통해 지원한다. 이는 VFS가 파일시스템의 일반적인 기능과 동작을 나타내는 공통 파일 모델을 제공하기 때문에 가능하다. 물론 이 모델은 유닉스 스타일 파일시스템에 편향되어 있다(유닉스 스타일 파일시스템의 특징에 대해서는 이 장 뒷부분에서 볼 수 있다). 어쨌든 리눅스는 DOS의 FAT, 윈도우즈의 NTFS에서 부터 유닉스 스타일 및 리눅스 고유 파일시스템에 이르는 폭 넓은 파일시스템 유형을 지원한다.

파일시스템 추상화 계층은 모든 파일시스템이 지원하는 개념적인 기본 인터페이스와 자료구조를 선언하는 방식으로 동작한다. 파일시스템은 "나는 이런 방식을 이용해 파일을 연다" 또는 "나의 디렉토리라는 개념은 이렇다" 등과 같이 VFS가 기대하는 바를 자신의 관점으로 만들어 낸다. 하지만, VFS 계층과 커널의 나머지 부분에는 모든 파일시스템이 동일하게 보인다. 모든 파일시스템은 파일, 디렉토리와 같은 개념을 지원하고 파일 생성, 삭제 등의 동작을 모두 지원한다.

결과적으로 다양한 파일시스템을 쉽고 간결하게 지원하는 커널의 범용 추상화 계층이 만들어졌다. VFS가 기대하는 추상화 인터페이스와 자료구조를 제공하도록 파일시스템을 작성한다. 그러면 커널은 해당 파일시스템을 쉽게 다룰 수 있고, 모든 파일시스템에서 매끄럽게 동작하는 인터페이스를 사용자 공간에 제공할 수 있다.

사실 커널은 파일시스템 자체를 제외한 나머지 파일시스템 하부의 자세한 동작을 이해할 필요가 없다. 예를 들어, 다음과 같은 간단한 사용자 공간 프로그램의 동작을 살펴보자.

```
ret = write (fd, buf, len);
```

이 시스템 호출은 파일 서술자 `fd`가 지정하는 파일의 현재 위치에 `buf` 포인터가 가리키는 `len` 바이트의 정보를 기록한다. 이 시스템 호출 처리는 먼저 `fd`가 속한 파일시스템의 실제 파일 기록 방식을 결정하는 `sys_write()` 범용 시스템 호출부터 시작된다. 범용 기록 시스템 호출은 파일시스템 구현의 일부인 매체(또는 파일시스템이 기록하는 대상)에 데이터를 기록하는 실제 기록 함수를 호출한다. 그림 13.2는 사용자 공간의 `write()` 호출에서부터 실제 물리적인 매체에 데이터가 도착하는 과정을 보여준다. 시스템 호출의 한쪽 끝에는 사용자 공간에 제공하는 앞 단의 범용 VFS 인터페이스가 있다. 시스템 호출의 다른 편 끝에는 세부 구현을 처리하는 특정 파일시스템의 뒷 부분이 있다. 이 장의 나머지 부분에서는 VFS가 어떻게 이 같은 추상화를 구현하고 인터페이스를 제공하는지에 대해 알아본다.

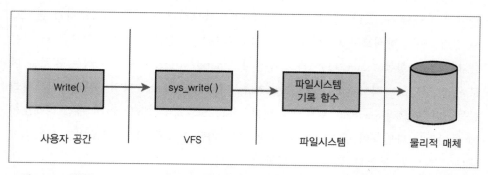

그림 13.2 사용자 공간의 write( ) 함수 호출, VFS의 범용 시스템 호출, 특정 파일시스템의 기록 함수를 거쳐 물리적 매체에 도달하는 데이터 흐름

유닉스 파일시스템

역사적으로 유닉스에는 파일, 디렉토리 항목, 아이노드inode, 마운트mount 지점 이렇게 네 가지 파일 관련 추상화 개념이 있었다.

파일시스템filesystem은 데이터를 특정 구조체에 담는 계층적인 저장소다. 파일시스템에는 파일, 디렉토리 및 관련 제어 정보가 들어 있다. 통상적인 파일시스템 동작에는 생성, 삭제, 마운트mounting가 있다. 유닉스에서 파일시스템은 이름공간namespace[1]이라는 전역 계층 구조의 특정 지점에 부착mount된다. 이렇게 해서 모든 파일시스템을 하나의 나무 구조에 붙어 있는 항목으로 나타낼 수 있다. 단일하게 통합된 나무 형태의 구조를 사용하는 것과 달리 DOS나 윈도우즈의 경우에는 C: 같이 드라이브 문자로 나뉘어진 이름공간에 파일을 저장한다. 이렇게 하면 장치나 파티션 경계에 따라 이름공간이 나뉘게 되므로, 하드웨어의 세부 사항이 드러나 파일시스템 추상화를 '깨뜨리게leaking' 된다. 이런 설계는 임의적이며 사용자에게 혼란을 줄 수도 있기 때문에, 리눅스의 통합 이름공간보다 낮은 수준의 설계라고 할 수 있다.

파일file은 바이트가 정렬된 문자열이다. 첫 번째 바이트는 파일의 시작을 표시하고 마지막 바이트는 파일의 끝을 표시한다. 각 파일에는 시스템이나 사용자가 구별할 수 있는 사람이 읽을 수 있는 이름이 붙어 있다. 일반적인 파일 동작에는 읽기, 쓰기, 생성 및 삭제가 있다. 유닉스의 파일 개념은 OpenVMS의 Files-11과 같은 레코드 기반의 파일시스템과 극명한 대조를 보여준다. 단순함과 유연성을 제공하는 간단한 바이트의 흐름으로 추상화한 유닉스 파일시스템과 달리 레코드 기반 파일시스템은 보다 풍부하고 구조화된 파일 표현 방식을 제공한다.

파일은 디렉토리로 정리할 수 있다. 디렉토리directory는 관련 파일들을 모아두는 폴더에 비유할 수 있다. 디렉토리에는 하위 디렉토리라는 다른 디렉토리가 들어갈 수 있다. 이런 방식으로 디렉토리를 중첩해 경로를 구성할 수 있다. 경로의 각 부분을 디렉토리 항목directory entry이라고 부른다. /home/wolfman/butter라는 경로를 예로 들면, 루트 디렉토리 /, home, wolfman 디렉토리, butter 파일 모두가 디렉토리 항목이며, 덴트리dentry라고 부르기도 한다. 유닉스의 경우 디렉토리는 사실 디렉토리에 들어있는 파일들이 나열된 보통 파일이다. VFS 관점에서는 디렉토리도 파일이기 때문에 파일과 동일한 동작을 수행할 수 있다.

유닉스 시스템은 접근 권한, 크기, 소유자, 생성 시간 같은 파일 관련 정보들을 파일 개념과 분리해 두고 있다. 이런 정보들은 파일 메타데이터(file metadata, 즉 파일 데이터에 대한 데이터)라고 부르며 파일과 별도로 존재하는 아이노드inode라는 자료구조에 저장한다. 이 이름은 인덱스 노드index node를 줄인말인데, 요즘에는 아이노드라는 말이 더 많이 쓰인다.

---

1. 최근 리눅스는 프로세스별로 독립적인 이름공간을 부여하기 위해, 프로세스 단위로 이 계층구조를 만들었다. 각 프로세스는 (별도로 지정하지 않는 한) 부모 프로세스의 이름공간을 물려 받기 때문에, 하나의 전역 이름공간이 있는 것으로 볼 수 있다.

이 모든 정보는 슈퍼블록superblock에 저장되는 파일시스템 제어 정보와 엮여 있다. 슈퍼블록은 파일시스템 전체에 대한 정보를 담고 있는 자료구조다. 이런 데이터 전체를 묶어서 파일시스템 메타데이터라고 부르기도 한다. 파일시스템 메타데이터는 개별 파일들에 대한 정보와 전체 파일시스템에 대한 정보를 모두 포함한다.

전통적으로 유닉스 파일시스템은 이 정보를 물리적인 디스크에 배치되는 데이터 형태로 구현한다. 예를 들면, 파일 정보는 디스크의 별도 블록에 있는 아이노드에 저장하고, 디렉토리는 파일이며, 제어 정보는 슈퍼블록에 모아서 저장하는 등의 방식을 사용한다. 유닉스의 파일 개념은 저장 매체에 물리적으로 할당되어physically mapped 있다. 리눅스 VFS는 이런 개념을 이용해 구현된 파일시스템을 처리할 수 있도록 설계되어 있다. FAT나 NTFS 같은 비유닉스 파일시스템도 리눅스에서 동작하지만, 이런 파일시스템은 앞서 말한 개념을 나타내는 기능을 제공해야 한다. 파일시스템에 독립적인 아이노드가 없다 하더라도, 마치 있는 것처럼 메모리 상에 아이노드 자료구조를 만들어내야 한다. 파일시스템이 디렉토리를 특별한 객체로 취급하고 있더라도, VFS에서는 단순한 파일로 표현해야 한다. 비유닉스 파일시스템이 유닉스 패러다임에 들어가기 위해 VFS 요구 조건을 만족시키기 위해서는 실시간으로 특별한 처리를 해야 하는 경우가 많다. 하지만, 그런 방식을 통해 파일시스템을 사용할 수 있으며, 그에 따르는 부가 비용도 수용할 만한 수준이다.

VFS 객체와 자료구조

VFS는 객체지향적이다.[2] 일군의 자료구조가 공통 파일 모델을 표현한다. 이 자료구조는 객체와 유사하다. 객체지향 방식을 직접적으로 지원하는 언어들의 이점을 얻을 수 없는 순수한 C로 커널이 작성되기 때문에, 자료구조는 C 구조체로 표현한다. 이 구조체에는 데이터와 데이터를 조작하는 파일시스템 구현 함수 포인터가 들어 있다.

VFS 객체의 주요한 네 가지 유형은 다음과 같다.

- 마운트된 파일시스템을 표현하는 슈퍼블록superblock 객체
- 파일을 표현하는 아이노드inode 객체

---

2. 이런 점을 놓치거나 심지어 부인하는 사람들도 많지만, 커널에는 객체지향 프로그래밍을 사용하는 부분이 많다. 커널 개발자들이 C++ 같은 명시적 객체지향 언어 사용을 피하기는 하지만, 객체 관점에서 생각하는 것이 좋을 때가 많다. VFS는 OOP 지시자가 없는 C 언어에서도 깔끔하고 효율적으로 OOP를 구현할 수 있는 것을 보여 주는 좋은 예다.

- 경로를 구성하는 요소인 디렉토리 항목을 표현하는 덴트리dentry 객체
- 프로세스가 사용하는 열린 파일을 표현하는 파일file 객체

VFS는 디렉토리를 보통 파일로 취급하기 때문에 디렉토리 객체가 따로 존재하지 않는다. 이 장의 앞부분에서 살펴봤듯이, 파일을 포함한 경로를 구성하는 요소를 덴트리로 표현한다. 즉 덴트리는 디렉토리를 나타내는 것이 아니고, 디렉토리는 특별한 종류의 파일일 뿐이다.

이 주 객체들에는 동작operation 객체가 들어 있다. 동작 객체에는 커널이 주 객체에 대해 호출하는 함수가 들어 있다.

- `super_operations` 객체에는 `write_inode()`, `sync_fs()` 등과 같이 특정 파일시스템에 대해 커널이 호출하는 함수가 들어 있다.
- `inode_operations` 객체에는 `create()`, `link()` 등과 같이 특정 파일에 대해 커널이 호출하는 함수가 들어 있다.
- `dentry_operations` 객체에는 `d_compare()`, `d_delete()` 등과 같이 특정 디렉토리 항목에 대해 커널이 호출하는 함수가 들어 있다.
- `file_operations` 객체에는 `read()`, `write()` 등과 같이 열린 파일에 대해 프로세스가 호출하는 함수가 들어 있다.

부모 객체에 동작하는 함수 포인터가 들어 있는 구조체로 동작 객체가 구현되어 있다. 대부분의 함수에 대해 기본 동작이 충분하다면, 객체는 범용 함수를 상속받을 수 있다. 그렇지 않은 경우에는 별도의 자체 파일시스템 함수 포인터로 바꿔서 사용할 수 있다.

여기서 객체는 C++이나 JAVA에서 사용하는 명시적인 클래스 형이 아닌 구조체를 나타낸다는 점을 주의하자. 하지만 이 구조체에는 객체의 특정 인스턴스와 그 인스턴스의 데이터 및 인스턴스에 대해 동작하는 함수가 들어 있다. 거의 객체라고 볼 수 있다.

VFS는 구조체 사용을 선호하며, 앞에서 본 주요 구조체 외에도 몇 가지 구조체를 더 사용한다. 등록된 파일시스템은 `file_system_type` 구조체로 표현한다. 이 객체는 파일시스템과 해당 파일시스템의 기능에 대한 정보를 담고 있다. 그리고 `vfsmount` 구조체를 사용해 마운트 지점을 표현한다. 이 구조체에는 마운트 위치와

마운트 플래그와 같은 마운트 관련 정보가 들어 있다.

마지막으로 프로세스가 사용하는 파일시스템과 파일을 표시하는 프로세스별 구조체로 fs_struct, file 구조체가 있다.

이 장의 나머지 부분에서 이 객체들과 각 객체들이 VFS 구현에서 어떤 역할을 하는지 알아본다.

슈퍼블록 객체

슈퍼블록 객체는 각 파일시스템별로 구현하며, 파일시스템을 기술하는 정보를 저장한다. 이 객체는 보통 (이름이 나타내는 대로) 디스크의 특별한 섹터에 저장하는 파일시스템 슈퍼블록filesystem superblock 또는 파일시스템 제어 블록filesystem control block에 대응된다. 디스크 기반이 아닌 파일시스템(예를 들면, sysfs와 같은 가상 메모리 기반 파일시스템)의 경우에는 슈퍼블록을 실시간으로 생성해 메모리에 저장한다.

슈퍼블록 객체는 <linux/fs.h> 파일에 정의된 super_block 구조체를 이용해 표현한다. 구조체의 형태는 다음과 같으며, 각 항목을 설명하는 주석이 붙어 있다.

```
struct super_block {
    struct list_head        s_list;              /* 모든 슈퍼블록 리스트 */
    dev_t                   s_dev;               /* 식별자 */
    unsigned long           s_blocksize;         /* 바이트 단위의 블록 크기 */
    unsigned char           s_blocksize_bits;    /* 비트 단위의 블록 크기 */
    unsigned char           s_dirt;              /* 변경 여부 플래그 */
    unsigned long long      s_maxbytes;          /* 최대 파일 크기 */
    struct file_system_type s_type;              /* 파일시스템 유형 */
    struct super_operations s_op;                /* 슈퍼블록 함수 */
    struct dquot_operations *dq_op;              /* 사용량 제한 함수 */
    struct quotactl_ops     *s_qcop;             /* 사용량 제어 함수 */
    struct export_operations *s_export_op;       /* 파일시스템 외부 제공 함수 */
    unsigned long           s_flags;             /* 마운트 플래그 */
    unsigned long           s_magic;             /* 파일시스템 고유 번호 */
    struct dentry           *s_root;             /* 디렉토리 마운트 지점 */
    struct rw_semaphore     s_umount;            /* 마운트 해제용 세마포어 */
    struct semaphore        s_lock;              /* 슈퍼블록 세마포어 */
    int                     s_count;             /* 슈퍼블록 참조 횟수 */
```

```
    int                        s_need_sync;         /* 싱크 필요 플래그 */
    atomic_t                   s_active;            /* 활성화 상태 참조 횟수 */
    void                       *s_security;         /* 보안 모듈 */
    struct xattr_handler       **s_xattr;           /* 확장 속성 핸들러 */
    struct list_head           s_inodes;            /* 아이노드 리스트 */
    struct list_head           s_dirty;             /* 변경된 아이노드 리스트 */
    struct list_head           s_io;                /* 지연 기록 리스트 */
    struct list_head           s_more_io;           /* 지연 기록 추가 리스트 */
    struct hlist_head          s_anon;              /* 익명 디렉토리 항목 */
    struct list_head           s_files;             /* 할당된 파일 리스트 */
    struct list_head           s_dentry_lru;        /* 미사용 디렉토리 항목 리스트 */
    int                        s_nr_dentry_unused;
                                                    /* 리스트의 디렉토리 항목 개수 */
    struct block_device        *s_bdev;             /* 관련 블록 디바이스 */
    struct mtd_info            *s_mtd;              /* 메모리 디스크 정보 */
    struct list_head           s_instances;         /* 같은 파일시스템 인스턴스 */
    struct quota_info          s_dquot;             /* 사용량 제한 관련 옵션 */
    int                        s_frozen;            /* 동결 상태 */
    wait_queue_head_t          s_wait_unfrozen;     /* 동결 상태에 있는 대기열 */
    char                       s_id[32];            /* 이름 문자열 */
    void                       *s_fs_info;          /* 파일시스템 관련 정보 */
    fmode_t                    s_mode;              /* 마운트 권한 */
    struct semaphore           s_vfs_rename_sem;    /* 이름 변경 세마포어 */
    u32                        s_time_gran;         /* 타임스탬프 정밀도 */
    char                       *s_subtype;          /* 하부 유형 이름 */
    char                       *s_options;          /* 저장된 마운트 옵션 */
};
```

슈퍼블록 객체를 생성, 관리, 해제하는 코드는 fs/super.c 파일에 들어 있다. 슈퍼
블록 객체는 alloc_super() 함수를 통해 생성되고 초기화된다. 파일시스템은 이 함
수를 마운트될 때 호출하며, 디스크 상의 슈퍼블록에서 정보를 읽어 슈퍼블록 객체의
내용을 채운다.

슈퍼블록 동작

슈버블록 객체에서 가장 중요한 항목은 슈퍼블록 동작 테이블을 가리키는 포인터인 s_op이다. 슈버블록 동작 테이블은 <linux/fs.h> 파일에 정의된 super_ operations 구조체로 표현한다. 이 구조체의 모양은 다음과 같다.

```
struct super_operations {
    struct inode *(*alloc_inode)(struct super_block *sb);
    void (*destroy_inode)(struct inode *);
    void (*dirty_inode) (struct inode *);
    int (*write_inode) (struct inode *, int);
    void (*drop_inode) (struct inode *);
    void (*delete_inode) (struct inode *);
    void (*put_super) (struct super_block *);
    void (*write_super) (struct super_block *);
    int (*sync_fs)(struct super_block *sb, int wait);
    int (*freeze_fs) (struct super_block *);
    int (*unfreeze_fs) (struct super_block *);
    int (*statfs) (struct dentry *, struct kstatfs *);
    int (*remount_fs) (struct super_block *, int *, char *);
    void (*clear_inode) (struct inode *);
    void (*umount_begin) (struct super_block *);
    int (*show_options)(struct seq_file *, struct vfsmount *);
    int (*show_stats)(struct seq_file *, struct vfsmount *);
    ssize_t (*quota_read)(struct super_block *, int, char *, size_t, loff_t);
    ssize_t (*quota_write)(struct super_block *, int, const char *, size_t,
            loff_t);
    int (*bdev_try_to_free_page)(struct super_block*, struct page*, gfp_t);
};
```

이 구조체의 각 항목은 슈퍼블록 객체에 동작하는 함수를 가리키는 포인터다. 슈퍼블록 동작은 파일시스템과 아이노드에 작용하는 저수준 작업이다.

파일시스템이 슈퍼블록에 대한 어떤 동작을 처리해야 하는 경우, 파일시스템은 슈퍼블록 객체의 포인터를 통해 필요한 함수를 찾아간다. 예를 들어, 파일시스템이 슈퍼블록에 쓰기 작업을 해야 하는 경우라면 다음과 같이 호출한다.

```
sb->s_op->write_super(sb);
```

여기서 sb는 파일시스템의 슈퍼블록을 가리키는 포인터다. s_op 포인터를 따라 감으로써 슈퍼블록 동작 테이블에 이르게 되고, 결국 원하는 write_super() 함수를 찾아 호출한다. 해당 함수가 특정 슈퍼블록 구조체에 속해 있지만 write_super() 함수를 호출할 때 슈퍼블록 구조체 포인터를 넘긴다는 점에 주목하자. 이는 C 언어가 객체지향 기능을 제공하지 않기 때문이다. C++이었다면, 다음처럼 코드를 작성할 수 있었을 것이다.

```
sb.write_super();
```

C에서는 부모에 해당하는 구조체를 쉽게 찾아낼 수 있는 방법이 없기 때문에, 직접 전달해 주어야 한다.

super_operations에 지정된 슈퍼블록 동작 함수에 대해 알아보자.

- struct inode * alloc_inode(struct super_block *sb)
  지정한 슈퍼블록 안에 새로운 아이노드 객체를 만들고 초기화한다.
- void destroy_inode(struct inode *inode)
  지정한 아이노드를 할당 해제한다.
- void dirty_inode(struct inode *inode)
  VFS가 아이노드가 변경되었을 경우 호출하는 함수다. ext3나 ext4와 같은 저 널링 파일시스템에서는 이 함수를 이용해 저널을 갱신한다.
- void write_inode(struct inode *inode, int wait)
  지정한 아이노드를 디스크에 기록한다. wait 인자는 작업을 동기적으로 실행 할 것인지 여부를 지정한다.
- void drop_inode(struct inode *inode)
  VFS가 해당 아이노드에 대한 참조가 모두 사라졌을 경우 호출하는 함수다. 일반적인 유닉스 파일시스템에서는 이 함수를 별도로 정의하지 않으므로, VFS 는 해당 아이노드를 그냥 삭제한다.
- void delete_inode(struct inode *inode)
  지정한 아이노드를 디스크에서 삭제한다.
- put_super(struct super_block *sb)

VFS가 마운트가 해제되어 해당 슈퍼블록 객체를 제거할 때 호출하는 함수다. 이 함수를 호출하기 위해서는 s_lock 락이 설정되어 있어야 한다.

- void write_super(struct super_block *sb)
  디스크의 슈퍼블록을 지정한 슈퍼블록 객체로 갱신한다.

- int sync_fs(struct super_block *sb, int wait)
  파일시스템 메타데이터를 디스크상의 파일시스템과 동기화한다. wait 인자는 작업을 동기적으로 실행할 것인지 여부를 지정한다.

- void write_super_lockfs(struct super_block *sb)
  파일시스템 변경을 제한해 두고, 디스크상의 슈퍼블록을 지정한 슈퍼블록 구조체 내용으로 갱신한다. 이 기능은 현재 LVMLogical Volume Manager(논리적 볼륨 관리자)에서 사용한다.

- void unlockfs(struct super_block *sb)
  write_super_lockfs() 함수에서 설정했던 파일시스템 변경 제한을 해제한다.

- int statfs(struct super_block *sb, struct statfs *statfs)
  VFS가 파일시스템 통계 정보를 필요로 할 때 호출한다. 지정한 파일시스템의 통계 정보가 statfs에 저장된다.

- int remount_fs(struct super_block *sb, int *flags, char *data)
  VFS가 파일시스템을 새로운 마운트 옵션으로 다시 마운트할 때 호출한다. 이 함수를 호출할 때는 s_lock 락이 설정되어 있어야 한다.

- void clear_inode(struct inode *inode)
  VFS가 아이노드를 해제하고 관련 데이터가 들어 있던 페이지를 정리할 때 호출한다.

- void umount_begin(struct super_block *sb)
  VFS가 마운트 작업을 중단할 때 호출한다. NFS와 같은 네트워크 파일시스템에서 사용된다.

이런 함수는 모두 프로세스 컨텍스트에서 VFS가 호출한다. dirty_inode()를 제외한 나머지 함수는 모두 휴면 상태로 전환될 수 있다.

일부 함수는 구현 여부를 선택할 수 있다. 파일시스템 슈퍼블록 동작 구조체의 해당 함수 항목을 NULL로 지정할 수 있다. 포인터가 NULL이면 동작의 종류에 따라 VFS는 범용 함수를 호출하거나 아무 일도 하지 않는다.

아이노드 객체

아이노드 객체는 커널이 파일이나 디렉토리를 관리하는 데 필요한 모든 정보를 담고 있다. 유닉스 스타일 파일시스템에서는 간단히 디스크상의 아이노드를 읽기만 하면 된다. 그러나 아이노드가 없는 파일시스템의 경우에는 파일시스템이 직접 디스크 어딘가에 저장된 정보를 수집해야 한다. 아이노드가 없는 파일시스템은 파일 관련 정보를 파일과 함께 저장하는 경우가 일반적이다. 일부 파일시스템은 앞서의 방법과 달리 디스크상의 데이터베이스에 파일 메타데이터를 저장하기도 한다. 어떤 경우든, 파일시스템마다 적당한 방법을 사용해 메모리 상에 아이노드 객체를 구축해야 한다.

아이노드 객체는 `<linux/fs.h>` 파일에 정의된 `struct inode` 구조체를 사용해 표현한다. 구조체의 형태는 다음과 같으며, 각 항목을 설명하는 주석을 두었다.

```
struct inode {
    struct hlist_node        i_hash;      /* 해시 리스트 */
    struct list_head         i_list;      /* 아이노드 리스트 */
    struct list_head         i_sb_list;   /* 슈퍼블록 리스트 */
    struct list_head         i_dentry;    /* 디렉토리 항목 리스트 */
    unsigned long            i_ino;       /* 아이노드 번호 */
    atomic_t                 i_count;     /* 참조 횟수 */
    unsigned int             i_nlink;     /* 하드링크 개수 */
    uid_t                    i_uid;       /* 소유자 사용자 id */
    gid_t                    i_gid;       /* 소유자 그룹 id */
    kdev_t                   i_rdev;      /* 실제 디바이스 노드 */
    u64                      i_version;   /* 버전 번호 */
    loff_t                   i_size;      /* 바이트 단위 파일 크기 */
    seqcount_t               i_size_seqcount;
                                          /* i_size 변수 직렬화를 위한 카운터 */
    struct timespec          i_atime;     /* 마지막 접근 시간 */
    struct timespec          i_mtime;     /* 마지막 수정 시간 */
    struct timespec          i_ctime;     /* 마지막 변경 시간 */
    unsigned int             i_blkbits;   /* 비트 단위 블록 크기 */
    blkcnt_t                 i_blocks;    /* 블록 단위 파일 크기 */
    unsigned short           i_bytes;     /* 사용한 바이트 */
    umode_t                  i_mode;      /* 접근 권한 */
    spinlock_t               i_lock;      /* 스핀락 */
```

```
        struct rw_semaphore     i_alloc_sem;    /* i_sem 내부에 포함된 세마포어 */
        struct semaphore        i_sem;          /* 아이노드 세마포어 */
        struct inode_operations *i_op;          /* 아이노드 동작 테이블 */
        struct file_operations  *i_fop;         /* 기본 아이노드 동작 */
        struct super_block      *i_sb;          /* 아이노드가 속한 슈퍼블록 */
        struct file_lock        *i_flock;       /* 파일 락 리스트 */
        struct address_space    *i_mapping;     /* 아이노드 관련 연결 정보 */
        struct address_space    i_data;         /* 장치 연결 정보 */
        struct dquot            *i_dquot[MAXQUOTAS];
                                                /* 사용량 제한을 위한 아이노드 정보 */
        struct list_head        i_devices;      /* 블록 장치 리스트 */
        union {
        struct pipe_inode_info  *i_pipe;        /* 파이프 정보 */
        struct block_device     *i_bdev;        /* 블록 장치 드라이버 */
        struct cdev             *i_cdev;        /* 캐릭터 장치 드라이버 */
        };
        unsigned long           i_dnotify_mask; /* 디렉토리 알림 마스크 */
        struct dnotify_struct   *i_dnotify;     /* 디렉토리 알림 */
        struct list_head        inotify_watches; /* 아이노드 알림 관찰 리스트 */
        struct mutex            inotify_mutex;  /* 아이노드 알림 보호용 뮤텍스 */
        unsigned long           i_state;        /* 상태 플래그 */
        unsigned long           dirtied_when;   /* 최초 변경 시간 */
        unsigned int            i_flags;        /* 파일시스템 플래그 */
        atomic_t                i_writecount;   /* 기록 작업의 개수 */
        void                    *i_security;    /* 보안 모듈 */
        void                    *i_private;     /* 파일시스템 내부용 포인터 */
};
```

아이노드는 파일시스템의 각 파일을 나타낸다. 하지만, 아이노드 객체는 파일에 접근할 때 메모리에서만 생성된다. 파일에는 장치 파일이나 파이프 같은 특수 파일도 포함된다. 따라서 struct inode 구조체에는 이런 특수 파일을 처리하는 항목도 들어 있다. 예를 들어, i_pipe 항목은 네임드 파이프 자료구조를 가리키며, i_bdev 항목은 블록 장치 구조체를, i_cdev 항목은 캐릭터 장치 구조체를 가리킨다. 특정 아이노드는 한 번에 이 세 포인터 중 하나만 사용할 수 있기 때문에 (또는 전혀 사용하지 않거나) 이 포인터는 union 형식을 사용한다.

특정 파일시스템이 inode 객체에 들어있는 항목을 지원하지 않는 경우가 있을 수 있다. 예를 들면, 접근 시간을 기록하지 않는 파일시스템이 있을 수 있다. 이 경우 해당 파일시스템은 해당 기능을 입맛에 맞게 자유롭게 구현할 수 있다. i_atime에 0을 저장, i_atime을 i_mtime과 동일하게 유지, 메모리상에는 i_atime을 두되 디스크에는 미기록 등의 다양한 방법 중의 하나를 파일시스템 구현자가 마음대로 선택할 수 있다.

아이노드 동작

슈퍼블록 동작과 마찬가지로 inode_operations 구조체의 항목도 중요하다. 이 구조체는 VFS가 아이노드를 사용할 때 호출하는 파일시스템 함수를 보여준다. 슈퍼블록에서처럼 다음과 같이 아이노드 동작 함수를 호출할 수 있다.

```
i->i_op->truncate(i)
```

여기서 i는 특정 아이노드를 참조하는 포인터다. 아이노드 i에 대해 아이노드 i가 존재하는 파일시스템에 정의된 truncate() 함수를 호출한다. inode_operations 구조체는 <linux/fs.h> 파일에 정의된다.

```
struct inode_operations {
    int (*create) (struct inode *,struct dentry *,int, struct nameidata *);
    struct dentry * (*lookup) (struct inode *,struct dentry *, struct
            nameidata *);
    int (*link) (struct dentry *,struct inode *,struct dentry *);
    int (*unlink) (struct inode *,struct dentry *);
    int (*symlink) (struct inode *,struct dentry *,const char *);
    int (*mkdir) (struct inode *,struct dentry *,int);
    int (*rmdir) (struct inode *,struct dentry *);
    int (*mknod) (struct inode *,struct dentry *,int,dev_t);
    int (*rename) (struct inode *, struct dentry *,
            struct inode *, struct dentry *);
    int (*readlink) (struct dentry *, char __user *,int);
    void * (*follow_link) (struct dentry *, struct nameidata *);
    void (*put_link) (struct dentry *, struct nameidata *, void *);
```

```
void (*truncate) (struct inode *);
int (*permission) (struct inode *, int);
int (*setattr) (struct dentry *, struct iattr *);
int (*getattr) (struct vfsmount *mnt, struct dentry *, struct kstat *);
int (*setxattr) (struct dentry *, const char *,const void *,size_t,int);
ssize_t (*getxattr) (struct dentry *, const char *, void *, size_t);
ssize_t (*listxattr) (struct dentry *, char *, size_t);
int (*removexattr) (struct dentry *, const char *);
void (*truncate_range)(struct inode *, loff_t, loff_t);
long (*fallocate)(struct inode *inode, int mode, loff_t offset,
            loff_t len);
int (*fiemap)(struct inode *, struct fiemap_extent_info *, u64 start,
            u64 len);
```

다음은 주어진 아이노드에 대해 VFS 또는 해당 파일시스템이 작업을 수행할 때 사용하는 다양한 함수 인터페이스다.

- int create(struct inode *dir, struct dentry *dentry, int mode)
  VFS는 creat() 및 open() 시스템 호출 내부에서 이 함수를 호출하며, 지정한 덴트리에 지정한 접근 모드를 초기값으로 갖는 새로운 아이노드를 생성한다.
- struct dentry * lookup(struct inode *dir, struct dentry *dentry)
  주어진 덴트리가 가리키는 파일명에 해당하는 아이노드를 지정한 디렉토리에서 찾는 함수다.
- int link(struct dentry *old_dentry,
          struct inode *dir,
          struct dentry *dentry)
  link() 시스템 호출에서 사용하는 함수로 old_entry가 가리키는 파일에 대한 하드링크를 dir 디렉토리 내에 dentry 파일로 생성한다.
- int unlink(struct inode *dir,
          struct dentry *dentry)
  unlink() 시스템 호출에서 사용하는 함수로 dir 디렉토리와 dentry 항목이 가리키는 아이노드를 제거한다.

■ int symlink(struct inode *dir,

　　　　　　struct dentry *dentry,

　　　　　　const char *symname)

symlink() 시스템 호출에서 사용하는 함수로 dir 디렉토리의 dentry 항목이 가리키는 파일에 대해 symname이라는 이름의 심볼릭링크를 생성한다.

■ int mkdir(struct inode *dir,

　　　　　　struct dentry *dentry,

　　　　　　int mode)

mkdir() 시스템 호출에서 사용하는 함수로 지정한 모드를 초기값으로 가지는 새로운 디렉토리를 생성한다.

■ int rmdir(struct inode *dir,

　　　　　　struct dentry *dentry)

rmdir() 시스템 호출에서 사용하는 함수로 dir 디렉토리의 dentry 항목이 가리키는 디렉토리를 제거한다.

■ int mknod(struct inode *dir,

　　　　　　struct dentry *dentry,

　　　　　　int mode, dev_t rdev)

mknod() 시스템 호출에서 사용하는 함수로 특수 파일(장치 파일, 네임드 파이프, 소켓)을 생성한다. 새로 생성한 파일은 dir 디렉토리의 dentry 항목의 rdev 장치로 접근할 수 있다. 이 파일에는 mode로 지정한 초기 권한이 할당된다.

■ int rename(struct inode *old_dir,

　　　　　　struct dentry *old_dentry,

　　　　　　struct inode *new_dir,

　　　　　　struct dentry *new_dentry)

VFS가 호출하는 함수로 old_dir 디렉토리의 old_dentry 항목이 가리키는 파일을 new_dir 디렉토리의 new_dentry가 지정한 파일로 이동한다.

■ int readlink(struct dentry *dentry,

　　　　　　char *buffer, int buflen)

readlink() 시스템 호출에서 사용하는 함수로 dentry 항목이 가리키는 심볼릭링크의 전체 경로를 지정한 버퍼에 최대 buflen 바이트만큼 복사한다.

- int follow_link(struct dentry *dentry,

                struct nameidata *nd)

VFS가 호출하는 함수로 심볼릭링크를 링크가 가리키는 실제 아이노드로 변환한다. dentry 항목이 가리키는 링크를 변환해 그 결과를 nd가 가리키는 nameidata 구조체에 저장한다.

- int put_link(struct dentry *dentry,

              struct nameidata *nd)

VFS가 호출하는 함수로 follow_link() 호출 이후 정리 작업을 수행한다.

- void truncate(struct inode *inode)

VFS가 호출하는 함수로 지정한 파일의 크기를 변경한다. 이 함수를 호출하기 전에 아이노드의 i_size 항목에 원하는 크기를 설정해야 한다.

- int permission(struct inode *inode, int mask)

아이노드가 가리키는 파일에 대해 지정한 접근 모드가 허용되는지를 확인한다. 접근이 허용된 경우에는 0을 반환하고, 허용되지 않은 경우에는 음수의 오류 코드를 반환한다. 대부분의 파일시스템은 이 함수 항목을 NULL로 설정해 두기 때문에 범용 VFS 함수를 사용하게 된다. 범용 함수는 아이노드 객체의 모드 항목과 지정한 마스크 비트를 단순 비교한다. 보다 복잡한 접근 제한 목록ACL을 사용하는 파일시스템은 별도의 permission() 함수를 사용한다.

- int setattr(struct dentry *dentry,

              struct iattr *attr)

notify_change() 함수에서 아이노드가 변경 되었을 때 '변경 이벤트'를 알려 주려고 사용하는 함수다.

- int getattr(struct vfsmount *mnt,

              struct dentry *dentry,

              struct kstat *stat)

아이노드를 디스크의 정보로 갱신할 필요가 있을 때 VFS가 호출하는 함수다. 확장 속성을 사용하면 파일에 대한 키/값 쌍 정보를 저장할 수 있다.

- int setxattr(struct dentry *dentry,

                const char *name,

                const void *value,

                size_t size, int flags)

VFS가 호출하는 함수로 dentry가 가리키는 파일의 확장 속성 name에 대한
값을 value로 지정한다.

- ssize_t getxattr(struct dentry *dentry,
                   const char *name,
                   void *value, size_t size)

VFS가 호출하는 함수로 지정한 파일의 확장 속성 name에 대한 값을 value에
복사한다.

- ssize_t listxattr(struct dentry *dentry,
                    char *list, size_t size)

지정한 파일의 모든 속성 목록을 list 버퍼에 복사한다.

- int removexattr(struct dentry *dentry,
                  const char *name)

지정한 파일의 지정한 속성을 제거한다.

덴트리 객체

앞서 살펴봤듯이 VFS는 디렉토리를 파일의 일종으로 간주한다. /bin/vi 경로에서,
bin과 vi는 모두 파일이다. bin은 특수한 디렉토리 파일이고, vi는 보통 파일이다.
아이노드 객체로 이 각각의 구성요소를 나타낼 수 있다. 이런 통합 방식이 유용하긴
하지만, VFS가 경로명 탐색과 같은 디렉토리 전용 작업을 수행해야 하는 경우가 많
다. 경로명 탐색 과정에서는 경로의 각 항목을 변환하고, 각 항목이 유효한지 확인하
면서 다음 항목을 따라가야 한다.

이 기능을 구현하기 위해, VFS는 디렉토리 항목(덴트리)이라는 개념을 도입했다.
덴트리dentry는 경로 상의 항목을 말한다. 앞의 예에서 /, bin, vi 모두가 덴트리 객체
이다. 첫 번째 및 두 번째 항목은 디렉토리이고 마지막 항목은 보통 파일이다. 이
점이 중요하다. 덴트리 객체는 파일을 포함한 모든 항목을 말한다. 경로를 해석하고
그 구성 요소를 탐색하는 것은 시간이 오래 걸리는 무거운 문자열 비교가 필요한
간단치 않은 작업이다. 비용이 많이 들고 코드 작성이 번거로운 작업이다. 덴트리
객체를 사용하면 이 과정 전체가 더 쉬워진다.

덴트리 객체에는 마운트 위치도 들어갈 수 있다. 경로가 /mnt/cdrom/foo라면, /, mnt, cdrom, foo 모두가 덴트리 객체다. VFS는 디렉토리 관련 작업을 하면서 필요할 때 동적으로 덴트리 객체를 생성한다.

```
struct dentry {
    atomic_t                d_count;        /* 사용 횟수 */
    unsigned int            d_flags;        /* 덴트리 플래그 */
    spinlock_t              d_lock;         /* 덴트리용 락 */
    int                     d_mounted;      /* 해당 덴트리가 마운트 위치인지 여부 */
    struct inode            *d_inode;       /* 덴트리에 해당하는 아이노드 */
    struct hlist_node       d_hash;         /* 해시 테이블 리스트 */
    struct dentry           *d_parent;      /* 상위 덴트리 객체 */
    struct qstr             d_name;         /* 덴트리 이름 */
    struct list_head        d_lru;          /* 미사용 리스트 */
    union {
        struct list_head        d_child;    /* 포함된 하위 덴트리 목록 */
        struct rcu_head         d_rcu;      /* RCU 락 */
    } d_u;
    struct list_head        d_subdirs;      /* 하위 디렉토리 */
    struct list_head        d_alias;        /* 앨리어스 아이노드 리스트 */
    unsigned long           d_time;         /* 재확인 시간 */
    struct dentry_operations *d_op;         /* 덴트리 동작 테이블 */
    struct super_block      *d_sb;          /* 파일의 슈퍼블록 */
    void                    *d_fsdata;      /* 파일시스템 내부용 데이터 */
    unsigned char           d_iname[DNAME_INLINE_LEN_MIN];  /* 약칭 */
};
```

덴트리 객체는 <linux/dcache.h> 파일에 정의된 struct dentry 구조체를 사용해 표현한다. 구조체의 형태는 다음과 같으며, 각 항목을 설명하는 주석을 두었다.

앞의 두 객체와 달리 덴트리 객체는 이에 해당하는 디스크 상의 자료구조가 없다. VFS는 경로 이름을 나타내는 문자열로부터 동적으로 덴트리 객체를 만든다. 덴트리 객체가 디스크상에 물리적으로 저장되지 않기 때문에 struct dentry 구조체에는 객체의 수정 여부(즉, 변경 여부와 디스크 저장 필요 여부)를 표시하는 플래그가 없다.

덴트리 상태

유효한 덴트리 객체는 사용, 미사용, 부정 세가지 상태를 가질 수 있다.

사용 상태인 덴트리는 유효한 아이노드(d_inode 항목이 해당 아이노드를 가리킴)에 해당하며 객체를 사용하는 사용자가 한 명 이상 있는(d_count 값이 양수) 상태다. 사용 상태인 덴트리는 VFS가 사용 중이고, 유효한 데이터를 가리키고 있기 때문에 폐기할 수 없다.

미사용 상태인 덴트리는 유효한 아이노드(d_inode 항목이 아이노드를 가리킴)를 가지고 있지만, 현재 VFS가 해당 덴트리 객체를 사용하고 있지 않은(d_count 값이 0) 상태다. 역시 덴트리 객체가 유효한 객체를 가리키고 있기 때문에 다시 필요할 때를 대비해 캐시 등에 보관된다. 덴트리가 조기에 폐기되지 않기 때문에 향후 필요할 때 덴트리를 다시 생성할 필요가 없으므로, 덴트리를 캐시하지 않았을 때보다 경로명 변환을 빠르게 처리할 수 있다. 하지만 메모리 확보가 필요한 경우에는 사용하지 않는 덴트리를 폐기할 수 있다.

부정 상태의 덴트리는 아이노드가 삭제되었거나 올바르지 않은 경로명 등으로 인해 유효한 아이노드가 없는(d_inode가 NULL) 상태다. 그러나 향후 파일명 해석을 빠르게 하기 위해 이런 덴트리도 보관한다. 예를 들어 존재하지 않는 설정파일 열기를 계속 시도하는 데몬을 생각해보자. open() 시스템 호출은 계속 ENOENT 오류를 반환하겠지만, 이를 위해서 커널은 경로를 해석해 디스크 상의 디렉토리 구조를 따라가서 파일이 존재하지 않는다는 것을 확인해야 한다. 탐색에 실패하는 비용도 비싸기 때문에 '부정적인' 결과를 캐시하는 것도 가치 있는 일이다. 부정 상태의 덴트리가 유용하긴 하지만, 실제 이 덴트리는 아무도 사용하지 않기 때문에, 메모리 확보가 필요한 경우 폐기될 수 있다.

앞 장에서 살펴본 바와 같이 덴트리 객체의 메모리를 해제할 때 슬랩 객체 캐시를 사용할 수 있다. 이렇게 해제된 경우에는 해당 덴트리 객체를 가리키는 VFS나 파일 시스템 코드가 없다.

덴트리 캐시

VFS 계층이 경로명의 각 요소를 덴트리 객체로 변환하면서 경로의 끝에 다다른 다음, 지금껏 했던 일을 그냥 버리는 것은 상당한 낭비가 된다. 대신 커널은 덴트리 객체를 dcache라고 부르는 덴트리 캐시에 저장한다.

덴트리 캐시는 세 부분으로 구성된다.

- '사용 상태'인 덴트리 리스트. 덴트리가 가리키는 아이노드 객체의 i_dentry 항목을 통해 연결되어 있다. 아이노드는 여러 링크를 가질 수 있기 때문에, 여러 덴트리 객체가 같은 아이노드를 가리킬 수 있다. 그래서 리스트를 사용한다.
- '가장 오래 전에 사용한' 미사용 또는 부정 상태인 덴트리 객체의 이중 연결 리스트. 리스트의 앞부분에 새 항목이 추가되므로, 앞쪽에 있는 항목이 뒤쪽에 있는 항목보다 새로운 객체가 된다. 메모리 확보를 위해 커널이 객체를 폐기해야 할 경우 리스트의 뒤쪽에 있는 항목부터 폐기한다. 사용한 지 오래된 항목일 수록, 가까운 시일 내에 사용할 확률이 낮다고 가정한다.
- 경로에 해당하는 덴트리 객체를 빠르게 찾을 수 있게 해주는 해시 테이블과 해시 함수다.

해시 테이블은 dentry_hashtable 배열로 표현한다. 배열의 각 항목은 해시 값이 같은 덴트리 리스트를 가리키는 포인터이다. 배열의 크기는 시스템의 물리적인 RAM 크기에 따라 결정된다.

실제 해시 값은 d_hash() 함수에 따라 정해진다. 이를 통해 파일시스템별로 독자적인 해시 함수를 사용할 수 있다.

해시 테이블 탐색은 d_lookup() 함수로 처리한다. dcache 내부에 일치하는 덴트리 객체가 발견되면, 해당 객체를 반환한다. 탐색에 실패한 경우에는 NULL을 반환한다.

예를 들어, 홈 디렉토리의 소스 파일 /home/dracula/src/the_sun_sucks.c를 편집하는 중이라고 하자. 파일에 접근할 때마다(파일을 처음 열 때, 저장할 때, 컴파일 할 때 등), VFS는 전체 경로에 있는 각 디렉토리 항목 /, home, dracula, src, the_sun_sucks.c를 모두 해석해야 한다. 경로명을 사용할 때마다 매번 이렇게 시간을 허비하는 것을 피하기 위해 VFS는 먼저 덴트리 캐시에서 경로명을 탐색한다. 탐색이 성공하면 큰 노력을 들이지 않고 최종적으로 필요한 덴트리 객체를 얻을 수 있다. 반면 해당 덴트리가 덴트리 캐시에 없으면 VFS는 경로의 각 파일시스템 구성 요소에 대해 직접 변환 작업을 해야 한다. 이 작업을 마치고 나면 커널은 향후 탐색 속도를 위해 덴트리 객체를 dcache에 추가한다.

dcache는 아이노드 캐시인 icache의 일차적 창구 역할도 제공한다. 덴트리 객체가 가리키는 아이노드 객체는 덴트리 객체로 인해 사용 횟수가 양수가 되기 때문에 메모리가 해제되지 않는다. 이로 인해 덴트리 객체가 해당 아이노드를 메모리에 고정

시키는 효과를 낳는다. 덴트리가 캐시 메모리에 남아 있는 한, 그에 해당하는 아이노드도 캐시에 남아있게 된다. 따라서 앞의 예처럼 경로명 탐색 작업이 캐시에서 끝나면, 경로에 해당하는 아이노드는 이미 메모리에 캐시된 것이다.

파일 접근 작업은 시간적, 공간적 지역성을 띠기 때문에 덴트리와 아이노드 캐시로 이익을 얻을 수 있다. 프로그램은 같은 파일을 반복적으로 계속 접근하는 경향이 있기 때문에 파일 접근 작업은 시간적 지역성을 가지고 있다. 그래서 파일에 접근할 때는 해당 파일과 관련된 덴트리와 아이노드를 캐시하면, 가까운 시기에 그 캐시 정보를 이용할 확률이 높다. 프로그램은 같은 디렉토리에 있는 여러 파일에 접근하는 경향이 있기 때문에 파일 접근 작업은 공간적 지역성을 가지고 있다. 그래서 어떤 파일이 속한 디렉토리 항목을 캐시하면, 다음 파일을 처리할 때 그 캐시 정보를 이용할 확률이 높다.

덴트리 동작

VFS가 특정 파일시스템의 디렉토리 항목에 대해 호출하는 함수를 지정하는 자료구조는 dentry_operations 구조체다.

dentry_operations 구조체는 <linux/dcache.h> 파일에 정의되어 있다.

```
struct dentry_operations {
        int (*d_revalidate) (struct dentry *, struct nameidata *);
        int (*d_hash) (struct dentry *, struct qstr *);
        int (*d_compare) (struct dentry *, struct qstr *, struct qstr *);
        int (*d_delete) (struct dentry *);
        void (*d_release) (struct dentry *);
        void (*d_iput) (struct dentry *, struct inode *);
        char *(*d_dname) (struct dentry *, char *, int);
};
```

동작 함수는 다음과 같다.

- int d_revalidate(struct dentry *dentry,
                    struct nameidata * nd)

지정한 덴트리 객체가 유효한지 확인한다. VFS는 dcache에 있는 덴트리를 사용하려고 할 때마다 이 함수를 호출한다. 대부분의 파일시스템에서는 dcache에 있는 덴트리 객체는 항상 유효하기 때문에 이 함수를 NULL로 지정한다.

■ int d_hash(struct dentry *dentry,
            struct qstr *name)

지정한 덴트리에 대한 해시 값을 계산한다. VFS는 덴트리를 해시 테이블에 추가할 때마다 이 함수를 호출한다.

■ int d_compare(struct dentry *dentry,
              struct qstr *name1,
              struct qstr *name2)

VFS가 name1, name2에 해당하는 두 파일명을 비교할 때 호출한다. 대부분의 파일시스템에서는 간단하게 문자열 비교를 하는 VFS 기본 함수를 사용한다. FAT 같은 일부 파일시스템에서는 단순 문자열 비교로는 충분치 않다. FAT 파일시스템은 대소문자를 구분하지 않기 때문에 대소문자를 무시하는 비교함수를 구현해야 한다. 이 함수를 호출할 때는 dcache_lock이 필요하다.

■ int d_delete(struct dentry *dentry)

지정한 덴트리 객체의 d_count 값이 0이 되었을 때 VFS가 호출하는 함수다. 이 함수를 호출할 때는 dcache_lock과 덴트리의 d_lock이 필요하다.

■ int d_release(struct dentry *dentry)

지정한 덴트리를 해제할 때 VFS가 호출하는 함수다. 기본적으로는 아무 일도 하지 않는 함수로 구현된다.

■ void d_iput(struct dentry *dentry,
            struct inode *inode)

덴트리 객체가 가리키는 아이노드가 없어진 경우(디스크의 해당 항목이 삭제되는 경우 등) VFS가 호출하는 함수다. 기본적으로 VFS는 iput() 함수를 호출해 해당 아이노드 객체를 해제하는 일만 한다. 파일시스템에서 별도로 이 함수를 구현하는 경우에도 해당 파일시스템에 필요한 일 처리와 함께 iput() 함수도 호출해야 한다.

파일 객체

마지막으로 살펴볼 중요 파일시스템 객체는 파일 객체다. 파일 객체는 프로세스가 연 파일을 표현하는데 사용하는 객체다. 사용자 공간 관점에서 VFS를 바라보게 되면, 가장 먼저 눈에 들어 오는 것이 파일 객체다. 프로세스는 슈퍼블록, 아이노드, 덴트리가 아닌 파일을 직접 다룬다. 파일 객체에 들어 있는 정보(접근 모드, 현재 오프셋)가 친숙하게 느껴지고 파일 객체의 동작이 read(), write()처럼 익숙한 시스템 호출이라는 것은 당연한 일이다.

파일 객체는 열린 파일을 메모리 상에 나타낸 것이다. 이 객체는 (물리적 파일을 뜻하지는 않는다) open() 시스템 호출에 의해 만들어지고, close() 시스템 호출로 없어진다. 이 같은 파일 관련 호출은 사실 파일 객체의 파일 동작 테이블에 들어 있는 함수다. 한 파일을 여러 프로세스에서 동시에 열고 사용할 수 있기 때문에, 같은 파일에 대해 여러 개의 파일 객체가 있을 수 있다. 파일 객체는 열린 파일을 프로세스 관점에서 표현해주는 것 뿐이다. 실제로 열린 파일은 덴트리가 나타내는 (결국 아이노드가 나타내는) 객체가 표현하는 것이다. 물론 아이노드와 덴트리 객체는 유일하다.

파일 객체는 <linux/fs.h> 파일에 정의된 struct file 구조체로 표현한다. 이 구조체를 살펴보자. 이번에도 구조체의 각 항목을 설명하는 주석이 추가되었다.

```
struct file {
    union {
        struct list_head  fu_list;        /* 파일 객체 리스트 */
        struct rcu_head    fu_rcuhead;     /* 해제된 이후의 RCU 리스트 */
    } f_u;
    struct path                f_path;        /* 덴트리 */
    struct file_operations     *f_op;         /* 파일 동작 테이블 */
    spinlock_t                 f_lock;        /* 파일 구조체용 락 */
    atomic_t                   f_count;       /* 파일 객체의 사용 횟수 */
    unsigned int               f_flags;       /* 파일을 열 때 사용한 플래그 */
    mode_t                     f_mode;        /* 파일 접근 모드 */
    loff_t                     f_pos;         /* 파일 오프셋 (파일 포인터) */
    struct fown_struct         f_owner;       /* 시그널을 위한 소유자 정보 */
    const struct cred          *f_cred;       /* 파일 인증 정보 */
    struct file_ra_state       f_ra;          /* 미리 읽음 상태 */
    u64                        f_version;     /* 버전 번호 */
```

```
    void                        *f_security;    /* 보안 모듈 */
    void                        *private_data;  /* tty 드라이버 호출용 */
    struct list_head            f_ep_links;     /* epoll 링크 리스트 */
    spinlock_t                  f_ep_lock;      /* epoll용 락 */
    struct address_space        *f_mapping;     /* 페이지 캐시 할당 정보 */
    unsigned long               f_mnt_write_state; /* 디버그 상태 */
};
```

덴트리 객체와 유사하게 파일 객체는 이에 해당하는 디스크상의 실제 데이터가 없다. 따라서 객체의 변경 상태나 디스크 저장 필요 여부를 나타내는 플래그가 들어 있지 않다. 파일 객체는 f_dentry 포인터를 통해 해당 덴트리 객체를 표시한다. 그리고 덴트리 객체는 아이노드를 가리키고 있으며, 아이노드를 통해 파일의 변경 여부를 표시한다.

파일 동작

다른 VFS 객체와 마찬가지로 파일 동작 테이블이 중요하다. struct file 구조체의 동작 함수는 익숙한 시스템 호출들이며 표준 유닉스 시스템 호출의 기초가 된다.

파일 객체 함수는 <linux/fs.h> 파일에 정의된 file_operations 구조체로 나타낸다.

```
struct file_operations {
    struct module *owner;
    loff_t (*llseek) (struct file *, loff_t, int);
    ssize_t (*read) (struct file *, char __user *, size_t, loff_t *);
    ssize_t (*write) (struct file *, const char __user *, size_t, loff_t *);
    ssize_t (*aio_read) (struct kiocb *, const struct iovec *,
                        unsigned long, loff_t);
    ssize_t (*aio_write) (struct kiocb *, const struct iovec *,
                        unsigned long, loff_t);
    int (*readdir) (struct file *, void *, filldir_t);
    unsigned int (*poll) (struct file *, struct poll_table_struct *);
    int (*ioctl) (struct inode *, struct file *, unsigned int,
                unsigned long);
```

```
        long (*unlocked_ioctl) (struct file *, unsigned int, unsigned long);
        long (*compat_ioctl) (struct file *, unsigned int, unsigned long);
        int (*mmap) (struct file *, struct vm_area_struct *);
        int (*open) (struct inode *, struct file *);
        int (*flush) (struct file *, fl_owner_t id);
        int (*release) (struct inode *, struct file *);
        int (*fsync) (struct file *, struct dentry *, int datasync);
        int (*aio_fsync) (struct kiocb *, int datasync);
        int (*fasync) (int, struct file *, int);
        int (*lock) (struct file *, int, struct file_lock *);
        ssize_t (*sendpage) (struct file *, struct page *,
                             int, size_t, loff_t *, int); unsigned long
        (*get_unmapped_area) (struct file *, unsigned long,
                                             unsigned long,
                                             unsigned long,
                                             unsigned long);
        int (*check_flags) (int);
        int (*flock) (struct file *, int, struct file_lock *);
        ssize_t (*splice_write) (struct pipe_inode_info *,
                             struct file *,
                             loff_t *,
                             size_t,
                             unsigned int);
        ssize_t (*splice_read) (struct file *,
                             loff_t *,
                             struct pipe_inode_info *,
                             size_t,
                             unsigned int);
    int (*setlease) (struct file *, long, struct file_lock **);
};
```

파일시스템은 이 각각의 함수를 자체적으로 구현할 수도 있고, 이미 존재하는 범
용 함수를 사용할 수도 있다. 보통의 유닉스 기반 파일시스템에서는 범용 함수도
대체로 잘 동작한다. 기본적인 내용을 구현하지 않는다는 것도 좀 이상하긴 하지만,
파일시스템이 이 모든 함수를 반드시 구현해야 하는 것은 아니다. 구현에 관심이
없는 함수는 그냥 NULL로 설정할 수 있다.

각 동작을 살펴보면 다음과 같다.

- `loff_t llseek(struct file *file,`
  `loff_t offset, int origin)`

  파일 포인터를 지정한 오프셋 값으로 갱신한다. llseek() 시스템 호출에서 부르는 함수다.

- `ssize_t read(struct file *file,`
  `char *buf, size_t count,`
  `loff_t *offset)`

  주어진 파일의 offset 위치에서 count 바이트만큼 읽어서 buf에 저장한다. 그리고 파일 포인터를 갱신한다. read() 시스템 호출에서 부르는 함수다.

- `ssize_t aio_read(struct kiocb *iocb,`
  `char *buf, size_t count,`
  `loff_t offset)`

  iocb가 가리키는 파일에서 count 바이트만큼 비동기적으로 읽어서 buf에 저장한다. aio_read() 시스템 호출에서 부르는 함수다.

- `ssize_t write(struct file *file,`
  `const char *buf, size_t count,`
  `loff_t *offset)`

  주어진 파일의 offset 위치에 buf에 들어 있는 count 바이트만큼의 데이터를 기록한다. 그리고 파일 포인터를 갱신한다. write() 시스템 호출에서 부르는 함수다.

- `ssize_t aio_write(struct kiocb *iocb,`
  `const char *buf,`
  `size_t count, loff_t offset)`

  iocb가 가리키는 파일에 buf에 들어 있는 count 바이트만큼의 데이터를 비동기적으로 기록한다. aio_write() 시스템 호출에서 부르는 함수다.

- `int readdir(struct file *file, void *dirent,`
  `filldir_t filldir)`

  디렉토리 목록에 들어 있는 다음 디렉토리를 반환한다. readdir() 시스템 호출에서 부르는 함수다.

- unsigned int poll(struct file *file,
                          struct poll_table_struct *poll_table)

  주어진 파일에 작업이 일어나기를 기다리면서 휴면 상태에 들어간다. poll()
  시스템 호출에서 부르는 함수다.

- int ioctl(struct inode *inode,
              struct file *file,
              unsigned int cmd,
              unsigned long arg)

  장치에 명령어와 인자 쌍을 전송한다. 열려 있는 장치 노드 파일에 사용한다.
  ioctl() 시스템 호출에서 부르는 함수다. 이 함수를 호출할 때는 BKL을 가지
  고 있어야 한다.

- int unlocked_ioctl(struct file *file,
                        unsigned int cmd,
                        unsigned long arg)

  ioctl() 함수와 동일한 내용이 구현되어 있지만, BKL을 얻을 필요가 없다.
  사용자 공간에서 ioctl() 시스템 호출을 사용할 때 unlocked_ ioctl() 함수
  가 있으면, VFS는 ioctl() 함수 대신 이 함수를 사용한다. 그러므로 파일시스
  템은 둘 중 한 함수만 구현하면 되며, unlocked_ ioctl() 함수를 사용하는
  것이 좋다.

- int compat_ioctl(struct file *file,
                      unsigned int cmd,
                      unsigned long arg)

  32비트 애플리케이션을 64비트 시스템에서 사용할 때 쓰는 이식성 지원용
  ioctl() 함수다. 이 함수는 필요한 자료형 크기 변환 작업을 수행해, 64비트 아
  키텍처에서도 32비트 자료형을 안전하게 쓸 수 있도록 설계되어 있다. 요즘 만들
  어지는 새 드라이버의 ioctl() 명령어는 이식성을 고려해 설계하기 때문에,
  compat_ioctl()과 unlocked_ioctl()은 같은 함수를 가리킨다. unlocked_
  ioctl()과 마찬가지로 compat_ioctl() 함수는 BKL이 필요 없다.

- `int mmap(struct file *file,`

    `struct vm_area_struct *vma)`

    주어진 파일을 지정한 메모리 공간에 할당한다. mmap() 시스템 호출에서 사용
    한다.

- `int open(struct inode *inode,`

    `struct file *file)`

    파일 객체를 새로 만들고 해당 아이노드 객체와 연결한다. open() 시스템 호
    출에서 사용하는 함수다.

- `int flush(struct file *file)`

    열린 파일의 참조 횟수가 줄어들 때마다 VFS가 호출하는 함수다. 함수가 하는
    일은 파일시스템에 따라 달라진다.

- `int release(struct inode *inode,`

    `struct file *file)`

    파일의 마지막 참조가 사라질 때 VFS가 호출하는 함수다. 파일 서술자를 공유
    하는 마지막 프로세스가 close()를 호출하거나 종료하는 경우를 예로 들 수
    있다. 함수가 하는 일은 파일시스템에 따라 달라진다.

- `int fsync(struct file *file,`

    `struct dentry *dentry,`

    `int datasync)`

    fsync() 시스템 호출이 사용하는 함수로 파일의 모든 캐시 데이터를 디스크에
    저장한다.

- `int aio_fsync(struct kiocb *iocb,`

    `int datasync)`

    aio_fsync() 시스템 호출이 사용하는 함수로 iocb가 가리키는 파일의 모든
    캐시 데이터를 디스크에 저장한다.

- `int fasync(int fd, struct file *file, int on)`

    비동기 입출력 작업의 알림 시그널을 활성화 또는 비활성화한다.

- `int lock(struct file *file, int cmd,`

    `struct file_lock *lock)`

    주어진 파일에 대한 락을 관리한다.

- ssize_t readv(struct file *file,

        const struct iovec *vector,

        unsigned long count,

        loff_t *offset)

readv() 시스템 호출에서 사용하는 함수로 주어진 파일에서 읽은 결과를
vector가 가리키는 count 크기의 버퍼에 넣는다. 그리고 파일 오프셋 값을
증가시킨다.

- ssize_t writev(struct file *file,

        const struct iovec *vector,

        unsigned long count,

        loff_t *offset)

writev() 시스템 호출에서 사용하는 함수로 vector가 가리키는 count 크기
버퍼의 내용을 file이 가리키는 파일에 기록한다. 그리고 파일 오프셋 값을
증가시킨다.

- ssize_t sendfile(struct file *file,

        loff_t *offset,

        size_t size,

        read_actor_t actor,

        void *target)

sendfile() 시스템 호출에서 사용하는 함수로 한 파일의 데이터를 다른 파일
로 복사한다. 복사 작업은 모두 커널 내부에서 진행되며 사용자 공간의 부가적
인 복사 작업은 필요 없다.

- ssize_t sendpage(struct file *file,

        struct page *page,

        int offset, size_t size,

        loff_t *pos, int more)

한 파일의 데이터를 다른 파일로 보낼 때 사용한다.

- unsigned long get_unmapped_area(struct file *file,

                unsigned long addr,

                unsigned long len,

                unsigned long offset,

                unsigned long flags)

주어진 파일에 할당할 미사용 주소 공간을 얻는다.

- int check_flags(int flags)

    SETFL 명령어가 주어졌을 때 fcntl() 시스템 호출에 전달되는 플래그의 유효성 여부를 확인하는 데 사용하는 함수다. 대부분의 VFS 동작에서 check_flags() 구현이 필요한 파일시스템은 없다. 현재 NFS의 경우에만 필요하다. 이 함수를 사용하면 범용 fcntl() 함수에서 활성화 되는 SETFL 플래그가 파일시스템에서 잘못 활성화되는 것을 제한할 수 있다. NFS의 경우에는 O_APPEND와 O_DIRECT 플래그를 조합해서 사용할 수 없다.

- int flock(struct file *filp,

            int cmd,

            struct file_lock *fl)

    권고 락을 제공하는 flock() 시스템 호출을 구현할 때 사용한다.

너무 많은 ioctl!

그리 멀지 않은 과거에는 하나의 ioctl 함수만 있었다. 지금은 세 가지 함수가 있다. unlocked_ioctl( ) 함수는 BKL이 없는 상태에서도 호출할 수 있다는 점만 빼면 ioctl( ) 함수와 동일하다. 따라서 해당 함수 제작자가 적절한 동기화를 보장해야 한다. BKL은 성긴, 비효율적인 락이기 때문에 드라이버는 ioctl( )이 아닌 unlocked_ioctl( )을 구현하는 것이 좋다.

compat_ioctl( ) 함수도 BKL 없이 호출하지만, 이 함수의 목적은 64 비트 시스템에서 32비트 호환되는 ioctl 함수를 제공하는 것이다. 이 함수를 구현하는 방법은 기존 ioctl 명령에 따라 달라진다. 크기가 암묵적으로 지정되는 데이터형(long과 같은)을 사용했다면 32비트 애플리케이션에 호환되는 compat_ioctl( ) 함수를 구현해야 한다. 이 작업은 보통 32비트 값을 64비트 커널의 적절한 데이터형으로 변환하는 일이 된다. ioctl 명령어를 새로 설계하는 사치를 누릴 수 있는 새 드라이버라면 사용하는 모든 인자와 데이터에 대해 크기가 명시적으로 지정되는 형을 사용해야 한다. 이러면 32비트 시스템에서 32비트 애플리케이션을, 64비트 시스템에서 32비트 애플리케이션을, 64비트 시스템에서 64비트 애플리케이션을 모두 안전하게 실행할 수 있다. 호환성이 보장된 드라이버는 compat_ioctl( ) 함수 포인터를 unlocked_ioctol( )와 같은 함수를 가리키게 할 수 있다.

파일시스템 관련 자료구조

핵심적인 VFS 객체와 더불어, 커널은 파일시스템 데이터를 관리 하기 위해 여러 표준 자료구조를 사용한다. 다음에 소개할 첫 번째 객체는 ext3, ext4, UDF 같은 특정 파일시스템 정보를 나타내기 위해 사용한다. 두 번째 자료구조는 마운트된 파일시스템 인스턴스를 나타내는 데 사용한다.

리눅스는 수많은 파일시스템을 지원하기 때문에 커널은 각 파일시스템의 동작과 기능 정보를 담고 있는 특별한 구조체를 가지고 있어야 한다. 이를 위해 <linux/fs.h> 파일에 정의된 file_system_type 구조체를 사용한다.

```
struct file_system_type {
    const char  *name;                  /* 파일시스템 이름 */
    int     fs_flags;                   /* 파일시스템 유형 플래그 */

    /* 다음 함수는 디스크에서 슈퍼블록 정보를 읽어올 때 사용한다. */
    struct super_block  *(*get_sb) (struct file_system_type *, int,
                                    char *, void *);

    /* 다음 함수는 슈퍼블록 접근을 종료할 때 사용한다. */
    void    (*kill_sb) (struct super_block *);

    struct module               *owner;     /* 파일시스템을 소유한 모듈 */
    struct file_system_type     *next;      /* 리스트의 다음 파일시스템 유형 */
    struct list_head            fs_supers;  /* 슈퍼블록 객체 리스트 */

    /* 다음 항목은 실행 중 락 유효성 확인 작업에 사용한다. */
    struct lock_class_key s_lock_key;
    struct lock_class_key s_umount_key;
    struct lock_class_key i_lock_key;
    struct lock_class_key i_mutex_key;
    struct lock_class_key i_mutex_dir_key;
    struct lock_class_key i_alloc_sem_key;
};
```

get_sb() 함수는 파일시스템을 사용할 때 디스크 상의 슈퍼블록 정보를 읽어 슈퍼블록 객체를 생성한다. 나머지 함수들은 파일시스템의 속성 정보를 알려준다.

시스템에 얼마나 많은 수의 파일시스템 인스턴스가 있는지, 또는 파일시스템의 마운트 여부와 상관 없이, file_system_type은 파일시스템별로 하나씩 있다.

파일시스템이 실제 마운트된 순간에 vfsmount 구조체가 생성된다. 이 구조체는 특정 파일시스템 인스턴스, 즉 마운트 위치를 나타낸다.

vfsmount 구조체는 <linux/mount.h> 파일에 정의되며 다음과 같다.

```
struct vfsmount {
    struct list_head        mnt_hash;        /* 해시 테이블 리스트 */
    struct vfsmount         *mnt_parent;     /* 부모 파일시스템 */
    struct dentry           *mnt_mountpoint; /* 마운트 위치에 해당하는 덴트리 */
    struct dentry           *mnt_root;       /* 이 파일시스템의 루트 덴트리 */
    struct super_block      *mnt_sb;         /* 이 파일시스템의 슈퍼블록 */
    struct list_head        mnt_mounts;      /* 자식 리스트 */
    struct list_head        mnt_child;       /* 자식 리스트 */
    int                     mnt_flags;       /* 마운트 플래그 */
    char                    *mnt_devname;    /* 장치 파일 이름 */
    struct list_head        mnt_list;        /* 기술자 리스트 */
    struct list_head        mnt_expire;      /* 만료 리스트 항목 */
    struct list_head        mnt_share;       /* 공유 마운트 리스트 항목 */
    struct list_head        mnt_slave_list;  /* 종속 마운트 리스트 */
    struct list_head        mnt_slave;       /* 종속 마운트 리스트 항목 */
    struct vfsmount         *mnt_master;     /* 종속 리스트 마스터 */
    struct mnt_namespace    *mnt_namespace;  /* 사용하는 이름 공간 */
    int                     mnt_id;          /* 마운트 인식번호 */
    int                     mnt_group_id;    /* 동료 그룹 인식번호 */
    atomic_t                mnt_count;       /* 사용 횟수 */
    int                     mnt_expiry_mark; /* 만료 여부 표시 */
    int                     mnt_pinned;      /* 고정된 마운트 리스트 */
    int                     mnt_ghosts;      /* 이미 해제된 마운트 리스트 */
    atomic_t                __mnt_writers;   /* 기록자 수 */
};
```

마운트 위치 리스트 관리에서 가장 복잡한 부분은 파일시스템과 모든 마운트 위치에 대한 관계를 관리하는 것이다. vfsmount의 다양한 연결 리스트를 통해 이 정보를 추적할 수 있다.

vfsmount 구조체는 mnt_flags 항목을 통해 특정 마운트 작업 시에 지정한 플래그를 저장할 수 있다. 표 13.1에 표준 마운트 플래그를 정리했다.

표 13.1 표준 마운트 플래그

플래그	설명
MNT_NOSUID	파일시스템의 실행 파일에 대해 setuid, setgid 플래그를 금지한다.
MNT_NODEV	파일시스템의 장치 파일에 대한 접근을 금지한다.
MNT_NOEXEC	파일시스템의 실행 파일에 대한 실행을 금지한다.

이 플래그들이 가장 유용한 경우는 관리자가 신뢰할 수 없는 이동식 장치를 사용할 때다. 이 플래그들은 <linux/mount.h> 파일에 정의되어 있으며, 파일 내용을 보면 사용 빈도가 낮은 다른 플래그도 볼 수 있다.

프로세스 관련 자료구조

시스템의 각 프로세스는 각자 사용 중인 파일 리스트, 루트 파일시스템, 현재 작업 디렉토리, 마운트 위치 등의 정보를 가지고 있다. files_struct, fs_struct, namespace 등의 자료구조를 통해 VFS 계층과 시스템상의 프로세스가 엮이게 된다.

files_struct 구조체는 <linux/fdtable.h> 파일에 정의되어 있다. 프로세스 서술자의 files 항목이 가리키는 곳이 이 테이블의 주소가 가리키는 곳이다. 각각의 모든 프로세스가 사용 중인 파일과 파일 서술자에 대한 정보가 이 구조체에 들어 있다. 구조체의 모양은 다음과 같다.

```
struct files_struct {
    atomic_t                count;          /* 사용 횟수 */
    struct fdtable          *fdt;           /* 다른 fd 테이블 포인터 */
    struct fdtable          fdtab;          /* 기본 fd 테이블 */
    spinlock_t              file_lock;      /* 파일 단위 락 */
    int                     next_fd;        /* 다음 가용 fd 캐시 */
    struct embedded_fd_set close_on_exec_init;
                                        /* list of close-on-exec fds */
    struct embedded_fd_set open_fds_init       /* 열린 fd 리스트 */
    struct file     *fd_array[NR_OPEN_DEFAULT]; /* 기본 파일 배열 */
};
```

fd_array 배열은 열린 파일 객체 리스트를 가리킨다. NR_OPEN_DEFAULT 값은 BITS_PER_LONG과 동일한 값이며, 64비트 아키텍처에서는 64이다. 그러므로 64개의 파일 객체를 위한 공간이 있다. 프로세스가 64개 이상의 파일 객체를 열게 되면 커널은 새로운 배열을 할당하고 fdt 포인터가 그 배열을 가리키게 한다. 이렇게 정적 배열을 사용함으로써, 상식적인 개수 범위의 파일 객체 접근을 빠르게 처리할 수 있다. 프로세스가 비정상적인 개수의 파일을 열게 되면 커널은 새로운 배열을 생성한다. 시스템의 대다수 프로세스가 64개 이상의 파일을 사용한다면, 성능 최적화를 위해 NR_OPEN_DEFAULT 선처리 매크로의 값을 적절한 수준으로 늘릴 수 있다.

프로세스와 관련된 두 번째 구조체로 파일시스템 정보가 들어 있는 fs_struct가 있으며, 프로세스 서술자의 fs 항목이 가리키고 있다. 이 구조체는 <linux/fs_struct.h> 파일에 정의되며, 다음과 같다.

```
struct fs_struct {
        int             users;      /* 사용자 수 */
        rwlock_t        lock;       /* 구조체 단위 락 */
        int             umask;      /* umask */
        int             in_exec;    /* 현재 파일을 실행 중인지 여부 */
        struct path     root;       /* 루트 디렉토리 */
        struct path pwd;            /* 현재 작업 디렉토리 */
};
```

이 구조체에는 현재 프로세스의 현재 작업 디렉토리pwd 및 루트 디렉토리 정보가 들어 있다.

세 번째 마지막 구조체로 <linux/mnt_namespace.h> 파일에 정의되어 있고, 프로세스 서술자의 mnt_namespace 항목이 가리키는 namespace 구조체가 있다. 프로세스별 주소 공간은 2.6 리눅스 커널에서 추가되었다. 이를 통해 각 프로세스는 시스템에 마운트된 파일시스템에 대해 독자적인 시각을 가질 수 있다. 단순히 독자적인 루트 디렉토리를 갖는 것이 아니라, 독자적인 전체 파일시스템 체계를 가질 수 있다. 구조체의 모양은 다음과 같다.

```
struct mnt_namespace {
        atomic_t                count;          /* 사용 횟수 */
        struct vfsmount         *root;          /* 루트 디렉토리 */
        struct list_head        list;           /* 마운트 위치 리스트 */
        wait_queue_head_t       poll;           /* polling 대기열 */
        int                     event;          /* 이벤트 횟수 */
};
```

list 항목은 마운트된 이름 공간을 구성하는 파일시스템의 이중 연결 리스트다.
이 세 자료구조는 각 프로세스 서술자와 연결되어 있다. 대부분 프로세스의 프로
세스 서술자는 고유한 files_struct 및 fs_struct 구조체를 가리킨다. 그러나
CLONE_FILES, CLONE_FS 등의 복제 플래그를 사용해 만들어진 프로세스는 이 자료
구조를 공유하게 된다.[3] 따라서 여러 개의 프로세스 서술자가 같은 files_struct,
fs_struct 구조체를 가리킬 수도 있다. 구조체를 사용하는 프로세스가 아직 남아
있을 때 구조체를 폐기하는 일을 막기 위해, 구조체의 참조 횟수를 count 항목에
저장한다.

namespace 구조체는 다른 방식으로 동작하기도 한다. 기본적으로 모든 프로세스
는 같은 이름 공간을 공유한다(즉, 같은 마운트 테이블을 통해 같은 파일시스템 체계를 사용한다).
clone() 호출 시에 CLONE_NEWNS 플래그가 지정된 경우에만 독자적인 namespace
구조체가 프로세스에 주어진다. 대부분의 프로세스는 이 플래그를 사용해 만들어지
지 않았기 때문에, 부모 프로세스의 이름 공간을 물려받게 된다. 따라서
CLONE_NEWNS 플래그 기능이 있긴 하지만, 한 번도 사용하지 않아 하나의 이름 공간
만을 가지는 시스템이 많다.

결론

리눅스는 ext3, ext4와 같은 자체 파일시스템에서 NFS, Coda와 같은 네트워크 파일
시스템에 이르기까지 다양한 범위의 파일시스템을 지원한다. 공식 커널에서 지원하
는 파일시스템 개수만 60개가 넘는다. 가상 파일시스템 계층은 이런 다양한 파일시
스템이 표준 시스템 호출과 동작할 수 있는 인터페이스 및 그 구현을 위한 프레임

---

3. 보통 스레드는 CLONE_FILES와 CLONE_FS 플래그를 사용하므로 스레드 간에 하나의 files_struct와
   fs_struct 구조체를 공유한다. 반면 일반 프로세스는 이 플래그를 사용하지 않으며, 자체적인 파일시스템 정보
   와 열린 파일 테이블을 가지고 있다.

워크를 제공한다. 따라서 VFS 계층은 리눅스에 새로운 파일시스템을 깔끔하게 구현할 수 있게 해 줄 뿐 아니라, 자동으로 표준 유닉스 시스템 호출과 상호 작동이 가능하게 해준다.

이 장에서는 가상 파일시스템의 목적에 대해 알아보고, 아주 중요한 아이노드, 덴트리, 슈퍼블록 객체 등의 다양한 자료구조에 대해 알아보았다. 14장 "블록 입출력 계층"에서는 파일시스템의 데이터가 물리적으로 어떻게 구성되는지에 대해 알아본다.

14장

블록 입출력 계층

블록 장치는 고정된 크기의 데이터 덩어리를 (순차적 접근이 아닌) 임의 접근한다는 특징이 있는 하드웨어 장치다. 고정된 크기의 데이터 덩어리를 블록이라고 부른다. 가장 대표적인 블록 장치로는 하드 디스크가 있지만, 이 외에도 플로피 드라이브, 블루레이 드라이브, 플래시 메모리 등 많은 블록 장치가 있다. 이 모든 장치를 파일시스템을 통해 마운트할 수 있다. 파일시스템은 블록 장치의 공용어라고 할 수 있다.

다른 기본 장치 유형으로 캐릭터 장치가 있다. 캐릭터 장치는 연속적인 데이터 흐름을 한 바이트씩 순서대로 접근하는 장치다. 캐릭터 장치의 예로는 키보드나 시리얼 포트 등을 들 수 있다. 데이터를 흐름의 형태로 접근하는 하드웨어 장치라면 캐릭터 장치로 구현한다. 반대로 데이터를 (순차적이 아닌) 임의 접근하는 장치라면 블록 장치가 된다.

데이터를 임의로 접근할 수 있는지, 다시 말해 장치가 읽는 위치를 이곳 저곳으로 이동할 수 있는지의 여부에 따라 장치의 종류가 정해진다. 키보드를 생각해보자. 키보드 드라이버는 데이터의 흐름을 제공한다. 'wolf'라고 입력하면 키보드 드라이버는 이 네 글자의 흐름을 정확히 같은 순서대로 전달한다. 글자 읽는 순서를 바꾸거나 흐름의 일부 글자만 읽는 것은 말이 안 된다. 그러므로 키보드 드라이버는 사용자가 키보드를 통해 입력한 문자열을 제공하는 캐릭터 장치라고 할 수 있다. 키보드를 통해 읽어내는 데이터 흐름 순서는 w, o, l, f가 된다. 키 입력이 없을 때는 데이터 흐름이 빈 상태가 된다. 반면 하드 디스크의 경우에는 완전히 다르다. 하드 디스크의 드라이버에는 특정 블록의 내용을 읽고, 다시 다른 블록의 내용을 읽으라는 요청이 들어올 수 있다. 이 두 블록이 연속될 필요는 없다. 하드 디스크는 데이터 흐름의 형태가 아닌 무작위적인 형태로 데이터에 접근한다. 따라서 하드 디스크는 블록 장치다.

커널에서 블록 장치를 관리하려면 캐릭터 장치보다 더 많은 주의와 준비 및 작업이 필요하다. 캐릭터 장치에는 현재 위치라는 하나의 위치만 있으면 되지만, 블록 장치는 매체 위의 특정 위치를 이곳 저곳 오고 갈 수 있어야 한다. 실제 커널은 캐릭터 장치와 달리 블록 장치 관리를 위해 전용 서브시스템을 제공한다. 이렇게 별도의 서브시스템이 필요한 이유 중 일부는 블록 장치의 복잡성 때문이다. 하지만 블록 장치에 대한 이런 광범위한 지원의 주 이유는 블록 장치가 성능에 크게 영향을 미치기 때문이다. 키보드에서 수 퍼센트의 성능 향상을 얻어내는 것보다는 하드 디스크에서 가능한 최대한의 성능을 쥐어짜내는 것이 훨씬 더 중요하다. 게다가, 앞으로 살펴 보겠지만, 블록 장치의 복잡도가 이런 최적화의 여지를 많이 제공한다. 이 장의 주제는 커널이 블록 장치 관리 방법과 요청 처리 방법이다. 커널에서 이 역할을 담당하는 부분이 블록 입출력 계층이다. 재미있는 사실은 블록 입출력 계층을 개선하는 것이 2.5 개발 커널의 주요 목적이었다는 점이다. 이 장에서는 새로 만들어진 2.6 커널의 블록 입출력 계층을 다룬다.

블록 장치 구조

블록 장치에서 접근 가능한 가장 작은 단위는 섹터sector다. 여러 가지 2의 거듭제곱 값을 섹터의 크기로 사용하지만, 가장 일반적으로 사용하는 크기는 512바이트다. 섹터의 크기는 장치의 물리적인 속성에 해당하는 값이며, 모든 블록 장치의 기본 단위다. 동시에 여러 개의 섹터에 접근할 수 있는 블록 장치는 많지만, 섹터보다 작은 단위로 접근하거나 동작하는 장치는 없다. 대부분의 블록 장치가 512바이트 크기의 섹터를 사용하지만, 다른 크기를 사용하는 경우도 많다. 예를 들어 **CD-ROM** 디스크는 보통 2KB 크기의 섹터를 사용한다.

목적이 다르기 때문에 소프트웨어 측면에서는 논리적으로 접근할 수 있는 별도의 최소 단위로 블록을 사용한다. 블록은 파일시스템 추상화 개념이다. 파일시스템은 블록의 배수 단위로만 접근할 수 있다. 물리적인 장치는 섹터 단위로 접근이 가능하지만, 커널은 모든 디스크 동작을 블록 단위로 처리한다. 장치에 접근 가능한 최소 단위가 섹터이므로 블록 크기는 섹터 크기보다 작을 수 없으며, 섹터 크기의 배수가 된다. 그리고 커널에서 (하드웨어에서의 섹터 크기처럼) 블록의 크기도 2의 거듭 제곱 형태가 되어야 한다. 또한 블록의 크기는 페이지 크기를 넘을 수 없다(12장 "메모리 관리"와 19장 "이식성" 참고)[1] 따라서 블록 크기는 섹터 크기의 2의 거듭 제곱 배가 되며 페이지 크기보다 클 수 없다. 블록 크기로 512바이트, 1KB, 4KB를 많이 사용한다.

혼란스럽게도 섹터와 블록을 다른 이름으로 부르는 사람이 있다. 장치의 최소 접근 단위인 섹터를 '하드 섹터' 또는 '장치 블록'이라고 부르는 경우가 있다. 반면, 파일시스템의 최소 접근 단위인 블록을 '파일시스템 블록' 또는 '입출력 블록'이라고 부르기도 한다. 이 장에서는 섹터와 블록이라는 용어를 계속 사용하겠지만, 이런 다른 용어를 사용하기도 한다는 것을 염두에 두기 바란다. 그림 14.1은 섹터와 버퍼 사이의 관계를 도식화한 것이다.

하드 디스크에 대해서는 클러스터, 실린더, 헤드 같은 다른 용어를 많이 사용한다. 이 용어는 특정 블록 장치에서만 사용하는 것으로 대개의 경우 사용자 공간 애플리케이션에는 노출되지 않는 용어다.

섹터가 커널에 중요한 이유는 모든 장치 입출력이 섹터 단위로 이루어지기 때문이다. 따라서 블록 같은 커널의 상위 개념도 섹터를 바탕으로 만들어진다.

---

1. 이는 인공적인 제약 사항으로 향후 제거될 수도 있다. 그러나 블록 크기를 페이지 크기 이하로 유지함으로써 커널을 단순화시킬 수 있다.

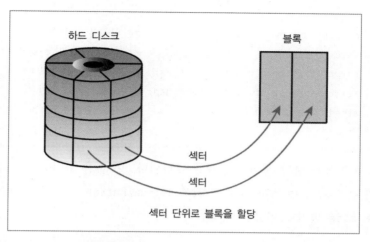

그림 14.1 섹터와 블록의 관계

버퍼와 버퍼 헤드

블록을 읽고 난 후, 또는 블록 쓰기를 준비할 때처럼 블록이 메모리상에 존재할 때 블록은 버퍼에 저장된다. 각 버퍼는 하나의 블록에 대응된다. 버퍼는 디스크상의 블록을 메모리상에 표현하는 객체 역할을 한다. 블록은 하나 이상의 섹터로 구성되며, 페이지 크기를 넘지 않는다고 했다. 따라서 메모리 한 페이지에는 하나 이상의 블록이 들어갈 수 있다. 커널은 데이터와 함께 (버퍼가 어느 블록 장치의 어떤 블록에 해당하는지 등의) 관련 제어 정보를 필요로 하기 때문에 각 버퍼에는 서술자가 붙어 있다. 이 서술자를 버퍼 헤드라고 하며 buffer_head 구조체를 사용해 표현한다. buffer_head 구조체에는 커널이 버퍼를 다루는 데 필요한 모든 정보가 들어 있으며, <linux/buffer_head.h> 파일에 정의된다.

각 항목의 주석과 함께 이 구조체를 살펴보자.

```
struct buffer_head {
        unsigned long b_state;          /* 버퍼 상태 플래그 */
        struct buffer_head *b_this_page; /* 해당 페이지의 버퍼 리스트 */
        struct page *b_page;            /* 버퍼가 속한 페이지 */
        sector_t b_blocknr;             /* 시작 블록 번호 */
        size_t b_size;                  /* 할당 크기 */
        char *b_data;                   /* 페이지 내부 데이터 포인터 */
        struct block_device *b_bdev;    /* 해당 블록 장치 */
```

```
          bh_end_io_t *b_end_io;              /* 입출력 완료 여부 */
          void *b_private;                    /* b_end_io 전용 항목 */
          struct list_head b_assoc_buffers;   /* 버퍼의 할당 정보 */
          struct address_space *b_assoc_map;  /* 버퍼의 주소 공간 */
          atomic_t b_count;                   /* 사용 횟수 */
};
```

b_state 항목은 해당 버퍼의 상태를 나타낸다. 이 값은 표 14.1에 나온 플래그 중 하나의 값을 가질 수 있다. 플래그 값은 <linux/buffer_head.h> 파일에 정의된 bh_state_bits 열거형 자료를 사용한다.

표 14.1 bh_state 플래그

상태 플래그	의미
BH_Uptodate	버퍼에 유효한 데이터가 들어 있다.
BH_Dirty	버퍼가 변경되었다(버퍼의 내용이 디스크상에 있는 블록의 내용보다 새로운 내용이므로 나중에 버퍼의 내용을 디스크에 기록해야 한다).
BH_Lock	현재 버퍼에 대한 입출력 작업이 진행 중이므로 동시 접근이 금지된다.
BH_Req	현재 버퍼가 입출력 요청을 처리하는 중이다.
BH_Mapped	디스크상의 블록이 할당된 유효한 버퍼다.
BH_New	get_block( ) 함수를 통해 새로 할당된 버퍼인데 아직 접근이 이루어지지 않았다.
BH_Async_Read	현재 end_buffer_async_read( ) 함수를 통해 비동기식 읽기 작업이 진행 중이다.
BH_Async_Write	현재 end_buffer_async_write( ) 함수를 통해 비동기식 쓰기 작업이 진행 중이다.
BH_Delay	아직 버퍼에 해당하는 디스크상의 블록이 없다(지연 할당).
BH_Boundary	버퍼가 연속된 블록의 경계에 해당한다. 다음 블록은 연속된 블록이 아니다.
BH_Write_EIO	버퍼 쓰기 작업 중 입출력 오류가 발생한다.
BH_Ordered	정렬 쓰기 작업이다.
BH_Eopnotsupp	버퍼에서 '지원하지 않는 동작' 오류가 발생한다.
BH_Unwritten	디스크상에 버퍼를 위한 공간이 할당됐지만 실제 데이터는 아직 기록되지 않았다.
BH_Quiet	버퍼에서 발생하는 오류를 무시한다.

bh_state_bits 열거형 자료의 마지막에는 BH_PrivateStart 플래그 값이 들어 있다. 이 값은 유효한 상태 플래그가 아니라 코드에서 사용할 수 있는 첫 번째 비트를 표시하는 데 사용하는 값이다. BH_PrivateStart 값 이상에 위치하는 비트 값은

블록 입출력 계층에서 사용하는 비트가 아니므로, b_state 항목의 해당 위치에는 각 드라이버의 자체적인 정보를 저장하는 데 사용할 수 있다. 드라이버는 이 경계 플래그를 통해 내부 플래그 값을 해제함으로써 블록 입출력 계층에서 사용하는 공식 비트를 침범하지 않는다.

b_count 항목은 버퍼의 사용 횟수다. 이 값은 <linux/buffer_head.h> 파일에 정의된 다음 두 인라인 함수를 통해 증감을 처리한다.

```
static inline void get_bh(struct buffer_head *bh)
{
        atomic_inc(&bh->b_count);
}


static inline void put_bh(struct buffer_head *bh)
{
        atomic_dec(&bh->b_count);
}
```

버퍼 헤드를 조작하기에 앞서 get_bh() 함수를 이용해 참조 횟수를 늘려서 사용 중인 버퍼 헤드에 할당된 메모리가 해제되지 않도록 해야 한다. 버퍼 헤드를 사용하고 난 뒤에는 put_bh() 함수를 이용해 참조 횟수를 줄인다.

주어진 버퍼에 해당하는 디스크상의 물리적인 블록은 b_bdev가 가리키는 블록 장치에 있는 b_blocknr 번째 논리적 블록이다.

주어진 버퍼에 해당하는 물리적인 메모리 페이지는 b_page가 가리키는 페이지다. 좀 더 구체적으로 살펴보면 b_data는 (b_page의 어딘가에 있는) 블록을 직접 가리키는 포인터이며, b_size는 그 길이다. 따라서 메모리상에 블록이 존재하는 주소는 b_data이며 끝나는 주소는 (b_data + b_size)이다.

버퍼 헤드의 목적은 디스크 상의 블록과 (특정 페이지에 존재하는 바이트 열인) 메모리 상의 물리적인 버퍼의 연결 관계를 나타내는 것이다. 이런 블록-버퍼 간 연결 정보 서술자로 동작하는 것이 해당 자료구조가 커널에서 맡은 유일한 역할이다.

2.6 커널 이전에 버퍼 헤드는 훨씬 더 중요한 자료구조였다. 버퍼 헤드는 커널의 입출력 단위였다. 디스크 블록과 물리적 메모리 간의 연결 정보를 기술하는 것뿐 아니라 모든 블록 입출력을 전달하는 역할도 했다. 여기에는 두 가지 큰 문제가 있었다. 먼저 (지금은 상당히 작아졌지만) 버퍼 헤드는 크고 다루기 힘든 자료구조였다. 버퍼 헤드 관점에서 데이터를 조작하는 것은 간단하지도 깔끔하지도 않았다. 대신 커널은

보다 간단하고 더 좋은 성능을 보여주는 페이지 관점에서 작업하는 것을 더 선호했다. 페이지보다 작은 각 개별 버퍼를 기술하는 커다란 버퍼 헤드는 비효율적이었다. 따라서 2.6 커널에서는 버퍼 대신 페이지와 주소 공간을 직접 다루는 방식으로 상당수 커널 작업을 바꾸었다. 이와 관련된 address_space 구조체와 pdflush 데몬에 대해서는 16장 "페이지 캐시와 페이지 지연 기록"에서 설명한다.

두 번째 문제는 버퍼 헤드는 하나의 버퍼만 기술한다는 점이다. 모든 입출력 작업의 전달자로 버퍼 헤드를 사용하기 때문에, 커널은 큰 블록 입출력 작업(예를 들자면, 쓰기)을 여러 개의 buffer_head 구조체로 분할해 처리한다. 이로 인해 불필요한 공간 소모가 발생한다. 결과적으로 2.5 개발 커널의 주 목적은 유연한 경량의 블록 입출력 동작을 새로 도입하는 것이 되었다. 그 결과로 다음 절에서 설명할 bio 구조체가 만들어졌다.

bio 구조체

커널 내부에서 블록 입출력을 전달하는 기본 장치는 <linux/bio.h> 파일에 정의된 bio 구조체다. 이 구조체는 현재 진행 중인 블록 입출력 동작을 세그먼트 리스트로 표현한다. 세그먼트는 메모리상에 연속된 버퍼 모음을 뜻한다. 따라서 개별 버퍼는 메모리 상에 연속되지 않아도 된다. bio 구조체가 버퍼 모음을 사용함으로써 커널은 메모리의 여러 곳에 분산 저장된 단일 버퍼의 블록 입출력 동작을 처리할 수 있다. 이 같은 벡터 입출력 방식을 분산-수집 입출력scatter-gather I/O이라고 한다.

다음은 <linux/bio.h> 파일에 정의된 bio 구조체로, 항목별로 주석을 달아 두었다.

```
struct bio {
        sector_t                bi_sector;    /* 디스크의 해당 섹터 */
        struct bio              *bi_next;     /* 요청 리스트 */
        struct block_device     *bi_bdev;     /* 해당 블록 장치 */
        unsigned long           bi_flags;     /* 상태와 명령 플래그 */
        unsigned long           bi_rw;        /* 읽기 또는 쓰기 여부 */
        unsigned short          bi_vcnt;      /* bio_vecs 오프셋 개수 */
        unsigned short          bi_idx;       /* 현재 bi_io_vec 번호 */
        unsigned short          bi_phys_segments;    /* 세그먼트 개수 */
        unsigned int            bi_size;              /* 입출력 횟수 */
```

```
        unsigned int          bi_seg_front_size; /* 첫 번째 세그먼트 크기 */
        unsigned int          bi_seg_back_size; /* 마지막 세그먼트 크기 */
        unsigned int          bi_max_vecs;       /* 최대 가능 bio_vecs 값 */
        unsigned int          bi_comp_cpu;       /* 완료 CPU */
        atomic_t              bi_cnt;            /* 사용 횟수 */
        struct bio_vec        *bi_io_vec;        /* bio_vec 리스트 */
        bio_end_io_t          *bi_end_io;        /* 입출력 완료 함수 */
        void                  *bi_private;       /* 내부 처리용 함수 */
        bio_destructor_t      *bi_destructor;    /* 해제 함수 */
        struct bio_vec        bi_inline_vecs[0]; /* 인라인 bio 벡터 */
};
```

bio 구조체의 주 목적은 진행 중인 블록 입출력 작업을 표현하는 것이다. 따라서 구조체의 대부분 항목은 이와 관련된 정보를 저장하기 위한 것이다. 가장 중요한 항목으로는 bi_io_vec, bi_vcnt, bi_idx가 있다. 그림 14.2는 bio 구조체와 관련 항목에 대한 관계를 보여준다.

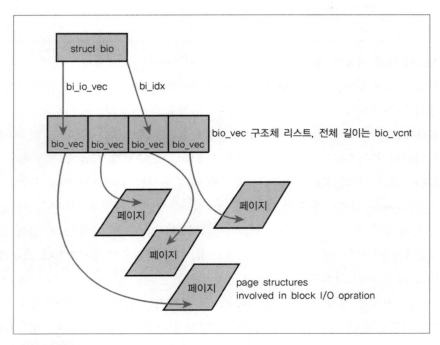

그림 14.2 struct bio, struct bio_vec, struct page 사이의 관계

입출력 벡터

bi_io_vec 항목은 bio_vec 구조체 배열을 가리킨다. 이 구조체는 해당 블록 입출력 작업의 대상이 되는 세그먼트 리스트를 저장하는 데 사용한다. 각 bio_vec 구조체는 해당 세그먼트를 나타내는 <page, offset, len> 형태의 벡터라고 할 수 있다. 세그먼트가 존재하는 물리적 페이지, 페이지 내에서 블록의 위치를 나타내는 오프셋, 지정한 오프셋에서 시작하는 블록의 길이를 뜻한다. 이 벡터 배열 전체가 버퍼 전체를 나타낸다. bio_vec 구조체는 <linux/bio.h> 파일에 정의된다.

```
struct bio_vec {
        /* 버퍼가 존재하는 물리적 페이지를 가리키는 포인터 */
        struct page *bv_page;

        /* 해당 버퍼의 바이트 길이 */
        unsigned int  bv_len;

        /* 페이지 내에 버퍼가 있는 위치를 나타내는 바이트 오프셋 */
        unsigned int  bv_offset;
};
```

각각의 블록 입출력 동작에는 bi_io_vec에서부터 bi_vcnt개의 벡터가 bio_vec 배열 안에 들어 있다. 블록 입출력 동작을 처리하면서 bi_idx는 현재 처리 중인 배열 항목을 가리킨다.

정리하면, 블록 입출력 요청은 bio 구조체로 표현할 수 있다는 것이다. 각 요청은 하나 이상의 블록으로 구성되며, 이 내용은 bio_vec 구조체 배열에 저장된다. 이 구조체는 세그먼트의 물리적 메모리 페이지 내의 위치를 표시하는 벡터 역할을 한다. b_io_vec는 입출력 동작의 첫 번째 세그먼트를 가리킨다. 나머지 세그먼트들이 그 뒤를 따르며, 총 bi_vcnt 개수 만큼의 세그먼트가 리스트에 들어 있다. 블록 입출력 계층에서 세그먼트의 요청을 처리함에 따라, 현재 처리중인 세그먼트를 가리키도록 bi_idx 항목이 갱신된다.

bi_idx 항목은 현재 처리 중인 bio_vec를 가리키는 데 쓰이며, 이를 통해 블록 입출력 계층은 부분 완료된 블록 입출력 작업을 관리할 수 있다. 그러나 bi_idx의 더 중요한 쓰임새는 bio 구조체를 분할하는 것이다. 분할 기능을 이용해 드라이버는 레이드RAID (성능 및 안정성을 위해 여러 개의 디스크를 하나의 볼륨으로 묶어주는 하드 디스크 구성 방법)에서 하나의 bio 구조체를 사용할 수 있다. 원래 한 장치를 위해 만들어진 것을 레이드 배열을 구성하는 여러 개의 하드 디스크에 나누어 사용할 수 있다. 레이드 드라이버는 bio 구조체를 복사하고 bi_idx 항목이 드라이브별로 각자 작업을 시작 해야 하는 위치를 가리키도록 조정하는 일만 하면 된다.

bio 구조체는 bi_cnt 항목에 사용 횟수를 저장한다. 이 값이 0이 되면 구조체는 해제되고 메모리를 반환한다. 사용 횟수 값은 다음 두 함수를 통해 관리한다.

```
void bio_get(struct bio *bio)
void bio_put(struct bio *bio)
```

전자의 함수는 사용 횟수를 증가시키고, 후자의 함수는 사용 횟수를 감소시킨다 (그리고 사용 횟수가 0이 되면 bio 구조체를 해제한다). 작업 중인 bio 구조체를 조작할 때는, 먼저 사용 횟수를 증가시켜두어야 작업을 마친 구조체가 해제되어 버리는 일을 막을 수 있다. 볼일을 다 보고 나서는 사용 횟수를 줄인다.

마지막으로 bi_private 항목은 구조체 소유자(즉, 생성자)가 임의로 사용하는 공간 이다. 사용시 정해진 규칙은 직접 bio 구조체를 할당한 경우에만 이 항목에 데이터 를 읽고 쓴다는 것이다.

신구 버전 비교

버퍼 헤드와 새로 도입한 bio 구조체 간의 차이점은 중요하다. bio 구조체는 입출력 작업을 표현하는 것으로, 작업 대상에는 하나 이상의 메모리 페이지가 들어 있을 수 있다. 반면 buffer_head 구조체는 하나의 버퍼를 표현하는 것으로, 디스크상의 한 블록을 나타낸다. 버퍼 헤드는 단일 페이지에 들어 있는 단일 디스크 블록에 해당하 기 때문에, 버퍼 헤드를 이용할 경우 입출력 요청을 블록 크기 단위로 쪼갰다가 나중 에 다시 조합하는 불필요한 작업이 발생할 수 있다. bio 구조체는 가벼워서 연속되 지 않은 블록도 표현할 수 있고 입출력 작업을 불필요하게 분할하지도 않는다. struct buffer_head를 사용하는 방식을 struct bio를 사용하는 방식으로 바꾸면 다음과 같은 장점도 얻을 수 있다.

- struct bio는 포인터를 직접 다루지 않고 물리적 페이지만 다루므로 상 위 메모리를 쉽게 표현할 수 있다.
- bio 구조체는 일반 페이지 입출력과 직접 입출력(페이지 캐시를 통하지 않는 입출

력 작업. 페이지 캐시에 대해서는 16장 "페이지 캐시와 페이지 지연 기록"을 참고)을 모두 표현할 수 있다.

- bio 구조체는 여러 개의 물리적 페이지에 걸친 데이터를 처리하는 작업인 (벡터 방식의) 분산－수집 형태의 블록 입출력 작업을 쉽게 처리할 수 있다.
- bio 구조체는 블록 입출력 작업을 표현하는 데 필요한 최소한의 정보만 들어 있고 버퍼 자체에 대한 불필요한 정보는 들어 있지 않기 때문에 버퍼 헤드에 비해 훨씬 더 가볍다.

하지만 버퍼 헤드 개념도 여전히 필요하다. 버퍼 헤드는 디스크 블록과 페이지를 연결시켜주는 서술자 역할을 한다. bio 구조체에는 버퍼 상태에 대한 정보가 들어 있지 않다. bio 구조체는 하나의 블록 입출력 작업을 구성하는 하나 이상의 세그먼트 정보가 들어 있는 백터 배열과 부가 정보가 들어 있을 뿐이다. 현재 구성에서 버퍼에 대한 정보를 담고 있는 buffer_head 구조체는 여전히 필요하며, bio 구조체는 진행 중인 입출력 작업을 나타내는 데 필요하다. 두 구조체를 구별해 둠으로써 각자의 규모를 최대한 작게 유지할 수 있다.

요청 큐

블록 장치는 대기 중인 블록 입출력 요청을 요청 큐에 저장한다. 요청 큐는 <linux/blkdev.h> 파일에 정의된 request_queue 구조체를 사용해 표현한다. 요청 큐에는 입출력 요청의 이중 연결 리스트와 관련 제어 정보가 들어 있다. 파일시스템 같은 상위 코드에서 입출력 요청을 큐에 추가한다. 요청 큐에 내용이 있으면 블록 장치 드라이버는 큐의 앞 부분에서 요청을 꺼내 해당 블록 장치에 전달한다. 큐에 들어 있는 각 항목은 하나의 입출력 요청을 의미하며 struct request 형을 사용한다.

큐의 각 입출력 요청은 역시 <linux/blkdev.h> 파일에 정의된 struct request 구조체를 사용해 표현한다. 각 요청은 연속된 여러 개의 블록으로 구성될 수 있기 때문에 하나 이상의 bio 구조체를 가지고 있다. 디스크에서는 인접해 있는 블록이라도 메모리의 블록은 인접하지 않을 수 있다. 각 bio 구조체에는 여러 개의 세그먼트가 들어 있을 수 있으며(세그먼트는 메모리상에서 연속된 블록이다), 한 요청에는 여러 개의 bio 구조체가 들어 있을 수 있다.

입출력 스케줄러

입출력 요청이 발생하자마자 그 순서 그대로 커널이 블록 장치에 전달하면 성능이 좋지 않다. 현대 컴퓨터에서 가장 느린 동작 중 하나가 디스크 탐색이다. 하드 디스크의 헤드를 특정 블록이 있는 위치로 옮기는 디스크 탐색 과정은 수 밀리초가 걸린다. 탐색 시간을 최소화하는 것은 시스템 성능에 있어 절대적으로 중요하다.

따라서 커널은 블록 입출력 요청을 받자마자 그 순서대로 디스크에 전달하지 않는다. 대신 커널은 시스템 성능을 전체적으로 크게 개선시키기 위해 병합과 정렬이라는 동작을 수행한다.[2] 이 역할을 담당하는 커널의 서브시스템을 입출력 스케줄러라고 부른다.

입출력 스케줄러는 디스크 입출력 자원을 시스템의 대기 중인 블록 입출력 요청에 분배한다. 커널은 요청 큐에 대기 중인 요청들을 병합하고 정렬하는 방식으로 이를 처리한다. 입출력 스케줄러를 프로세스 스케줄러와 혼동하면 안 된다(4장 "프로세스 스케줄링" 참고). 프로세스 스케줄러는 프로세서 자원을 시스템의 프로세스에게 나누어 준다. 이 두 서브시스템은 비슷한 속성을 가지고 있지만 같지는 않다. 프로세스 스케줄러와 입출력 스케줄러 모두 여러 객체에 대해 자원을 추상화한다. 프로세스 스케줄러의 경우 프로세스를 추상화해서 시스템의 여러 프로세스가 공유하게 해준다. 이를 통해 유닉스 같은 멀티 태스킹 시분할 운영체제에 필수적인 가상화 환경을 제공한다. 반면 입출력 스케줄러는 대기 중인 여러 블록 입출력 요청에 대해 블록 장치를 가상화한다. 이는 디스크 탐색 시간을 최소화해 최적의 디스크 성능을 얻기 위한 것이다.

입출력 스케줄러가 하는 일

입출력 스케줄러는 블록 장치의 요청 큐를 관리한다. 큐에 들어 있는 요청의 순서와 각 요청을 언제 블록 장치로 보낼 것인지를 결정한다. 입출력 스케줄러는 디스크 탐색 시간을 최소화해 보다 나은 전체 성능을 얻는다는 목적을 가지고 큐를 관리한다. 여기서 '전체'라는 말이 중요하다. 입출력 스케줄러는 시스템의 전체 성능을 개선시키기 위해서 일부 요청을 아주 노골적으로 불공정하게 처리할 수 있다.

입출력 스케줄러는 탐색 시간을 줄이기 위해 병합과 정렬 두 가지 주요 작업을

---

2. 이 점은 강조할 필요가 있다. 이 기능이 없거나 기능이 있더라도 잘 구현되지 않은 시스템은 가벼운 수준의 블록 입출력 동작에 대해서도 나쁜 성능을 보여준다.

수행한다. 병합은 둘 이상의 요청을 하나로 합치는 것이다. 파일시스템이 파일의 데이터를 읽기 위해 큐에 요청을 보내는 경우를 예로 들어 보자(물론 이 시점에서 모든 일은 파일이 아닌 섹터나 블록 단위로 이루어지지만, 요청된 블록이 파일에 해당하는 것이라고 추정하자). 디스크의 인접 섹터를 읽는 요청이 이미 큐에 들어 있다면(예컨대, 같은 파일의 앞 부분을 읽는 작업) 두 요청은 하나 이상의 인접 디스크 섹터에 대한 요청 작업으로 병합할 수 있다. 요청을 병합함으로써 입출력 스케줄러는 여러 요청을 하나로 합쳐 부하를 줄이게 된다. 더 중요한 점은 디스크에 명령을 한 번만 보내서 추가적인 탐색 시간 없이 여러 개의 요청을 처리할 수 있다는 점이다. 따라서 요청을 병합하면 부하를 줄이고 탐색 시간을 최소화할 수 있다.

이제 요청 큐에 새로운 읽기 요청을 추가하는 데, 기존 요청 중에 서로 인접한 섹터에 대한 요청이 없는 상황이라고 하자. 이 경우에는 병합할 수 있는 요청이 없다. 이제 이 요청을 그냥 큐의 맨 끝에 추가할 수도 있다. 하지만, 디스크의 비슷한 위치에 해당하는 다른 요청이 있다면 어떨까? 새로운 요청을 물리적으로 가까운 섹터에 동작하는 다른 요청 근처에 추가하는 것이 좋지 않을까?

사실 입출력 스케줄러가 바로 이런 일을 한다. 전체 요청이 섹터 순서에 따른 정렬 상태를 유지해 큐를 따라가며 탐색하는 동작이 (가능한 한) 하드 디스크의 섹터를 따라 순차적으로 일어나게 한다. 디스크 헤드의 이동 방향을 일정하게 유지함으로써 단순히 개별 탐색 시간을 최소화하는 것이 아니라 전체 탐색 시간을 최소화하는 것이 목적이다. 이는 엘리베이터가 사용하는 알고리즘과 비슷하다. 엘리베이터는 층층을 마구 오고 가지 않는다. 엘리베이터는 한 방향으로 부드럽게 움직이려고 노력한다. 한 방향으로 마지막 층에 도착하면 엘리베이터는 방향을 바꾸어 반대로 움직이기 시작한다. 이런 유사점 때문에 입출력 스케줄러를(또는 입출력 스케줄러의 정렬 알고리즘을) 엘리베이터라고 부르기도 한다.

리누스 엘리베이터

이제 실제 입출력 스케줄러를 살펴보자. 첫 번째 입출력 스케줄러는 리누스 엘리베이터다(리누스의 이름을 딴 엘리베이터 알고리즘이 있다!). 리누스 엘리베이터는 2.4 버전의 기본 입출력 스케줄러였다. 2.6 버전에서는 앞으로 살펴볼 다른 입출력 스케줄러로 변경되었다. 하지만 이 엘리베이터는 동일한 많은 기능을 수행하면서도 다음에 나올 알고리즘보다 간단하므로 알고리즘을 소개하는 역할을 훌륭히 할 수 있다.

리눅스 엘리베이터는 병합과 정렬 모두를 수행한다. 큐에 요청이 추가될 때, 먼저 대기 중인 요청 중에 병합이 가능한 후보가 있는지 확인하다. 리눅스 엘리베이터는 전방 병합과 후방 병합을 처리한다. 진행되는 병합의 형태는 기존에 있는 인접한 요청의 위치에 따라 결정된다. 새로운 요청이 기존 요청의 바로 앞에 위치한다면, 전방 병합으로 처리된다. 반면 새로운 요청이 기존 요청의 바로 뒤에 위치한다면, 후방 병합으로 처리된다. 파일의 배치 방식과(보통 섹터 번호가 커지는 방향으로 배치된다) 통상적인 작업 환경의 입출력 작업 방식(데이터를 뒤에서부터 앞으로가 아닌, 처음부터 끝까지 읽어가는 것이 일반적이다) 때문에 후방 병합에 비해 전방 병합이 일어나는 경우는 드물다. 하지만 리누스 엘리베이터는 두 가지 병합 방식을 모두 확인하고 처리한다.

병합이 실패하면, 가능한 큐의 삽입 위치(기존 요청들의 섹터 정렬을 흐트러뜨리지 않으면서 새 요청을 추가할 수 있는 자리)를 찾는다. 자리를 찾으면 새 요청을 그 곳에 추가한다. 적당한 자리를 찾지 못하면 큐의 끝부분에 추가한다. 부가적으로 큐의 맨 앞에 있는 기존 요청이 미리 정한 임계치보다 오래되었다면, 새 요청을 정렬 상태가 유지되는 다른 곳에 추가할 수 있다고 하더라도 큐의 끝부분에 추가한다. 이렇게 하면 디스크 위치 상 가까운 곳에 있는 요청이 많아져서 다른 곳에 있는 요청이 영원히 미처리 상태에 머무르는 현상을 막을 수 있다. 불행히도, 이런 '나이' 확인 방식은 효율적이지 않다. 실제로 이런 방식으로는 서비스 요청을 특정 시간 안에 처리하는 것을 보장할 수 없다. 지연 시간을 줄여주기는 하지만, 여전히 요청이 미처리 상태에 머무르는 현상이 발생할 수 있다. 이는 2.4 버전의 입출력 스케줄러에서 반드시 고쳐야만 하는 큰 문제였다.

정리하면, 요청을 큐에 추가할 때 네 가지 동작이 가능하다. 이 동작을 차례로 살펴보면 다음과 같다.

1. 디스크의 인접 섹터에 대한 요청이 큐에 들어 있으면, 기존 요청과 새 요청을 하나의 요청으로 병합한다.
2. 큐에 들어 있는 요청이 충분히 오래되었다면, 새로운 요청을 큐의 끝부분에 추가해 다른 오래된 요청이 미처리 상태에 머무르는 것을 막는다.
3. 큐에 섹터 정렬 순서에 맞추어 추가할 적당한 자리가 있다면, 새 요청을 그 자리에 추가한다. 이렇게 해서 디스크의 물리적 위치를 기준으로 큐의 정렬 상태를 유지할 수 있다.
4. 마지막으로 추가할 적당한 자리가 없으면 새 요청을 큐의 끝부분에 추가한다.

리누스 엘리베이터는 block/elevator.c 파일에 구현된다.

데드라인 입출력 스케줄러

데드라인 입출력 스케줄러Deadline I/O scheduler는 리누스 엘리베이터에서 발생할 수 있는 요청이 미처리 상태에 머무르는 현상을 막는 방법을 찾는다. 탐색 시간 최소화에만 집중하다 보면, 디스크의 특정 영역에 대한 과도한 입출력 작업으로 인해 다른 부분에 해당하는 입출력 작업이 미처리 상태에 빠질 수 있다. 실제로 디스크의 한 영역에 해당하는 요청이 계속 이어지면, 멀리 떨어진 곳에 있는 다른 요청은 절대로 처리되지 않는다. 이런 미처리 현상은 공평하지 않다.

더 안 좋은 점은 일반적인 요청 미처리 현상이 발현되는 구체적인 예로, 쓰기 작업으로 인해 읽기 작업이 미처리 상태에 빠지는 문제가 있다는 것이다. 커널은 보통 쓰기 작업이 생길 때마다 명령을 디스크에 전달한다. 읽기 작업은 상당히 다르다. 정상적인 상황에서는 애플리케이션이 읽기 요청을 보내면, 요청이 완료될 때까지 애플리케이션은 대기한다. 즉 읽기 요청은 애플리케이션에 대해 동기적으로 일어난다. 시스템 반응 시간은 쓰기 작업 지연 시간(쓰기 요청을 처리하는 데 필요한 시간)에 크게 영향을 받지 않지만, 읽기 작업의 지연 시간(읽기 요청을 처리하는 데 필요한 시간)은 중요하다. 쓰기 지연 시간은 애플리케이션 성능과 거의 관련이 없지만,[3] 애플리케이션은 읽기 요청이 완료될 때까지 손가락을 꼬면서 기다려야 한다. 따라서 읽기 지연 시간은 시스템 성능에 중요한 요인이다.

읽기 작업은 서로 의존적이라는 점이 문제를 더 복잡하게 만든다. 예를 들어 많은 수의 파일을 읽는 경우를 생각해 보자. 애플리케이션은 디스크의 앞 부분 데이터를 읽은 결과를 받기 전까지는 다음 부분(또는 다음 파일)에 대한 읽기 작업을 시작할 수 없다. 게다가 읽기 동작과 쓰기 동작을 처리하기 위해서는 아이노드와 같은 다양한 메타 데이터를 읽어야 한다. 이런 데이터가 들어 있는 블록을 디스크에서 읽는 작업으로 인해 입출력 작업은 더욱 직렬화된다. 따라서 어떤 읽기 요청 하나가 미처리 상태에 머물게 되면, 애플리케이션이 겪는 전체 지연 시간이 복합되고 어마어마하게 커질 수 있다. 읽기 요청의 비동시성과 상호의존성으로 인해 읽기 지연 시간이 시스템 성능에 훨씬 큰 영향을 미친다는 것을 알고 있기 때문에, 데드라인 입출력 스케줄러는 요청이 미해결 상태에 머무르는, 특히 읽기 요청이 미해결 상태에 머무르는 현상을 막기 위한 여러 기능을 구현한다.

---

3. 하지만, 메모리 상의 버퍼가 너무 커지거나 오래 머물러 있는 것을 막기 위해 커널은 결국 데이터를 디스크에 기록해야 하므로 쓰기 요청을 무한정 지연시킬 수는 없다.

요청이 미처리 상태에 머무르는 현상을 줄이기 위해서는 전체 성능을 희생해야 한다. 리누스 엘리베이터도 더 완만한 방식이지만 절충을 시도한다. 리누스 엘리베이터가 오래된 요청에 대한 확인 작업과 큐의 마지막에 요청을 추가하는 작업을 절대 하지 않고, 요청을 항상 섹터 위치에 따라 큐에 추가한다면(탐색 시간을 훨씬 더 줄임으로써), 더 나은 전체 성능을 보여 줄 수 있었을 것이다. 탐색 시간을 최소화하는 것도 중요하지만, 무한정 미처리 상태에 머무는 것도 역시 좋지 않다. 따라서 데드라인 입출력 스케줄러는 여전히 좋은 전체 성능을 제공하면서도 미처리 상태에 빠지는 것을 막기 위해 더 노력한다. 오해하지 말자. 요청에 공평함을 유지하면서도 전체 성능을 최대화하는 것은 어려운 일이다.

데드라인 입출력 스케줄러에서 각 요청에는 만료 시간이 있다. 기본적으로 읽기 요청의 만료 시간은 500밀리초고, 쓰기 요청의 만료 시간은 5초다. 데드라인 입출력 스케줄러는 리누스 엘리베이터와 유사하게 디스크의 물리적 위치에 따른 정렬 상태를 유지하는 요청 큐를 가지고 있다. 이 큐를 정렬 큐라고 부른다. 새 요청이 정렬 큐에 추가 되면, 데드라인 입출력 스케줄러는 리누스 엘리베이터처럼 병합 및 추가 작업을 처리한다.[4] 하지만 데드라인 입출력 스케줄러는 유형에 따라 요청을 두 번째 큐에도 추가한다. 읽기 요청은 특별 읽기 FIFO 큐에 들어가고, 쓰기 요청은 특별 쓰기 FIFO 큐에 추가된다. 보통 큐는 디스크 상의 섹터 위치에 따라 정렬되어 있지만, 이 특별 큐는 FIFO 방식을 사용한다(시간 순으로 정렬되었다고 말할 수 있다). 따라서 새 요청은 항상 큐의 끝 부분에 추가된다. 정상적으로 동작할 때, 데드라인 입출력 스케줄러는 정렬 큐의 앞에 있는 요청을 꺼내 처리 큐에 넣는다. 처리 큐는 이 요청을 디스크 드라이브로 보낸다. 이를 통해 탐색 시간을 최소화할 수 있다.

쓰기 FIFO 큐나 읽기 FIFO 큐의 맨 앞에 있는 요청의 시간이 만료되면(즉 현재 시간이 해당 요청의 만료 시간을 지나 버린 경우), 데드라인 입출력 스케줄러는 FIFO 큐의 요청을 처리하기 시작한다. 이런 방식을 통해 데드라인 입출력 스케줄러는 만료 시간이 지나서 대기하는 요청을 제거한다. 그림 14.3을 참고하자.

---

4. 그러나 데드라인 입출력 스케줄러에서 전방 병합을 처리하는 것은 선택 사항이다. 대부분 작업 환경에서 전방 병합이 가능한 요청은 거의 없기 때문에 문제가 될 가능성은 거의 없다.

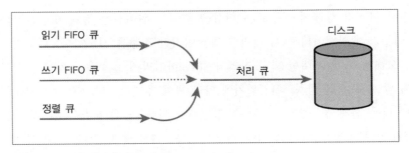

그림 14.3 데드라인 입출력 스케줄러의 세 가지 큐

데드라인 입출력 스케줄러가 요청이 지연되는 시간을 엄격히 보장하지 않는다는 점을 주의하자. 그러나 일반적으로 요청을 만료 시간에 맞춰서 또는 그 이전에 처리하게 된다. 이런 식으로 요청이 미처리 상태에 머무는 것을 막을 수 있다. 읽기 요청에 주어진 만료 시간이 쓰기 요청에 주어진 시간보다 약간 작기 때문에, 데드라인 입출력 스케줄러는 쓰기 요청으로 인해 읽기 요청이 미처리 상태에 머무는 것도 막을 수 있다. 읽기 요청을 더 선호함으로써 읽기 지연 시간을 최소화하게 된다.

데드라인 입출력 스케줄러는 `block/deadline-iosched.c` 파일에 들어 있다.

예측 입출력 스케줄러

데드라인 입출력 스케줄러가 읽기 지연 시간을 최소화하는 데는 뛰어나지만, 이는 전체 성능 저하의 대가를 치른 것이다. 쓰기 작업이 아주 많은 시스템을 생각해 보자. 읽기 요청이 발생할 때마다 입출력 스케줄러는 재빠르게 읽기 요청을 처리하러 갈 것이다. 디스크가 읽기 작업이 필요한 위치로 이동하고, 읽기 작업을 수행한 다음, 원래 위치로 돌아와 진행하던 쓰기 작업을 계속한다. 읽기 요청이 발생할 때마다 이런 일을 반복한다. 읽기 작업을 선호하는 것은 좋지만, 결과적으로 두 번의 탐색 과정(읽기 요청을 처리할 위치로 가는 것과 진행하던 쓰기 작업을 계속하기 위해 돌아오는 것)은 전체 디스크 성능에 악영향을 미친다. 예측 입출력 스케줄러Anticipatory I/O scheduler는 훌륭한 읽기 지연 시간을 계속 제공하면서도 훌륭한 전체 성능을 제공하는 것을 목적으로 한다.

먼저 예측 입출력 스케줄러는 데드라인 입출력 스케줄러의 동작을 기본으로 한다. 따라서 완전히 다른 것이 아니다. 예측 입출력 스케줄러는 데드라인 입출력 스케줄러와 마찬가지로 세 개의 큐를 두고 있으며(그리고 처리 큐도 있다), 각 요청에는 만료 시간이 정해져 있다. 주요한 차이점은 예측 휴리스틱anticipation heuristic이 추가되었다는 점이다.

예측 입출력 스케줄러는 디스크 입출력 작업을 진행하는 동안에 생기는 읽기 요청으로 인해 발생하는 불필요한 탐색을 최소화한다. 읽기 요청이 발생하면 스케줄러는 통상적인 만료 시간에 따라 요청을 처리한다. 그러나 예측 입출력 스케줄러는 요청을 전달한 다음 바로 다른 요청을 처리하러 돌아가지 않는다. 대신 스케줄러는 수 밀리초 동안 아무 일도 하지 않는다(실제 기간은 설정할 수 있다. 기본 값은 6밀리초다). 이 수 밀리초의 시간은 애플리케이션이 다른 읽기 요청을 보낼 수 있는 좋은 기회가 된다. 디스크의 인접 영역에 해당하는 요청은 바로 처리할 수 있다. 대기 시간이 지나면 예측 입출력 스케줄러는 애초에 있었던 곳으로 다시 탐색해 돌아가서 이전 요청 처리를 계속한다.

많은 요청 사이에 발생하는 읽기 요청을 처리하기 위해 오고 가는 탐색 시간을 약간이라도 줄여준다면, 요청이 더 올 것을 예측하면서 수 밀리초의 시간을 보내는 것은 시도해 볼만한 일이라는 점이 중요하다. 대기 시간 동안 인접 지역에 입출력 요청이 발생하면 입출력 스케줄러는 두 번의 탐색 시간을 절약할 수 있다. 디스크의 같은 지역에서 읽기 작업이 발생하면 할수록 더 많은 탐색을 막을 수 있다.

물론 대기 시간 동안 아무 일도 일어나지 않는다면, 예측 입출력 스케줄러는 수 밀리초를 낭비하게 된다. 예측 입출력 스케줄러가 최대한의 이점을 끌어내는 핵심은 애플리케이션과 파일시스템의 동작을 올바르게 예측하는 것이다. 스케줄러는 여러 통계 값과 그에 대한 휴리스틱을 이용해 예측한다. 예측 입출력 스케줄러는 애플리케이션의 동작을 올바르게 예측하기 위해 프로세스별 블록 입출력 양상에 대한 통계치를 기록해 둔다. 정확한 예측의 비율이 충분히 높으면, 예측 입출력 스케줄러는 빠른 시스템 응답 시간이 필요한 요청을 적절히 처리하면서도 읽기 요청을 처리하기 위해 필요한 탐색 시간을 허비하는 일을 크게 줄일 수 있다. 예측 입출력 스케줄러는 이런 방식을 통해 탐색 횟수와 기간을 최소화하면서도 읽기 지연 시간도 최소화할 수 있다. 결과적으로 낮은 시스템 지연 시간과 높은 시스템 성능을 얻을 수 있다.

예측 입출력 스케줄러는 커널 소스 트리의 block/as-iosched.c 파일에 들어 있다. 예측 입출력 스케줄러는 대부분의 부하 조건에서 잘 동작한다. 탐색이 필요한 데이터베이스와 같이 흔하진 않지만 중요한 부하 조건에서 낮은 성능을 보이긴 하지만, 서버에 이상적인 스케줄러라고 할 수 있다.

완전 공정 큐 입출력 스케줄러

완전 공정 큐CFQ, Complete fair queuing 입출력 스케줄러는 특별한 부하 조건을 위해 설계된 입출력 스케줄러지만, 사실 여러 부하 조건에서 좋은 성능을 보여준다. 하지만 이 스케줄러는 앞에서 살펴본 입출력 스케줄러들과는 근본적으로 다르다.

CFQ 입출력 스케줄러는 들어온 입출력 요청을 발생시킨 프로세서에 따라 특정 큐에 할당한다. 예를 들면, foo 프로세스에서 온 입출력 요청은 foo의 큐에 추가하고, bar 프로세서에서 온 입출력 요청은 bar의 큐에 추가하는 식이다. 각 큐 내부에서 인접한 요청은 병합하고 정렬한다. 따라서 다른 입출력 스케줄러의 큐와 마찬가지로 이 큐들도 섹터 위치에 따른 정렬 상태를 유지한다. CFQ 입출력 스케줄러의 차이점은 프로세스마다 입출력 요청을 전달하는 큐가 하나 있다는 점이다.

CFQ 입출력 스케줄러는 순차 방식round robin으로 큐의 요청을 처리한다. 다음 큐로 진행하기 전에 각 큐에서 미리 설정된 개수(기본 값은 네 개)의 요청을 끄집어 낸다. 이렇게 각 프로세스가 디스크 대역폭을 동등하게 사용하게 함으로써 프로세스 수준의 공정함을 제공한다. 이 스케줄러 사용을 의도한 부하 조건은 멀티미디어를 다루는 경우다. 오디오 재생 프로그램이 항상 필요한 시간 안에 디스크에서 데이터를 읽어 오디오 버퍼를 채울 수 있도록 보장하는 공정한 알고리즘이 될 수 있다. 하지만, 실제로 CFQ 입출력 스케줄러는 다양한 상황에서 좋은 성능을 보여준다.

완전 공정 큐 입출력 스케줄러는 block/cfq-iosched.c 파일에 들어 있다. 이 스케줄러는 극단적으로 병적인 경우가 아니라면 거의 모든 부하 조건에서 상당히 좋은 성능을 보여주며, 특히 데스크탑 환경에 추천한다. 완전 공정 큐 입출력 스케줄러는 현재 리눅스의 기본 입출력 스케줄러다.

무동작 입출력 스케줄러

네 번째 그리고 마지막 입출력 스케줄러는 무동작 입출력 스케줄러noop I/O scheduler다. 이 스케줄러는 기본적으로 별다른 동작을 하지 않기(noop) 때문에 이런 이름을 가지게 되었다. 무동작 입출력 스케줄러는 정렬이나 기타 탐색 시간 절약을 위한 어떤 동작도 수행하지 않는다. 따라서 앞의 세 입출력 스케줄러에서 볼 수 있었던 요청 지연 시간을 줄이기 위한 현란한 알고리즘 같은 것을 구현할 필요가 없다. 그러나 무동작 입출력 스케줄러는 유일하게 병합 동작은 수행한다. 큐에 새로운 요청이 추가될 때 인접한 요청이 있으면 병합한다.

이 동작을 제외하면 무동작 입출력 스케줄러는 정말 아무 동작도 하지 않는다. 블록 장치 드라이버가 요청을 빼내가는 요청 큐를 FIFO에 가까운 방식으로 관리만 할 뿐이다.

무동작 입출력 스케줄러가 일을 열심히 하지 않는 데는 이유가 있다. 이 스케줄러는 플래시 메모리와 같이 완벽하게 임의 접근이 가능한 블록 장치를 위한 것이다. 블록 장치가 '탐색'을 위해 치러야 하는 대가가 거의 없거나 전혀 없다면, 들어 오는 요청을 정렬할 필요가 없으므로, 무동작 입출력 스케줄러가 이상적인 선택이 된다.

무동작 입출력 스케줄러는 block/noop-iosched.c 파일에 들어 있다. 이 스케줄러는 임의 접근이 가능한 장치 전용이다.

입출력 스케줄러 선택

지금까지 2.6 커널에 들어 있는 네 가지 다른 입출력 스케줄러를 살펴 보았다. 각 입출력 스케줄러 별로 활성화해서 커널에 넣을 수 있다. 기본적으로 블록 장치는 완전 공정 큐 입출력 스케줄러를 사용한다. foo라는 이름의 유효한 입출력 스케줄러가 있고, 활성화되어 있다면 시스템 시작시에 elevator=foo와 같은 형식으로 커널 명령행 옵션을 지정해 기본 설정을 변경할 수 있다. 표 14.2를 참고하자.

표 14.2 elevator 옵션에 사용하는 인자

인자	입출력 스케줄러
as	예측 입출력 스케줄러
cfq	완전 공정 큐 입출력 스케줄러
deadline	데드라인 입출력 스케줄러
noop	무동작 입출력 스케줄러

예를 들어, 커널 명령행 옵션으로 elevator=as라고 지정하면, 기본 값인 완전 공정 큐 스케줄러 대신 모든 블록 장치에 대해 예측 입출력 스케줄러를 사용한다.

결론

이 장에서는 블록 장치의 기초에 대해 알아보고, 블록 입출력 계층에서 입출력 과정을 표현하는 bio, 블록과 페이지 사이의 연결 관계를 표현하는 buffer_head, 특정 입출력 요청을 표현하는 request 등의 자료구조를 살펴보았다. 짧지만 중요한 입출력 요청의 생애를 따라서 입출력 스케줄러에까지 이르렀다. 입출력 스케줄링과 관련된 딜레마를 살펴보고, 현재 리눅스 커널에 들어 있는 네 가지 입출력 스케줄러와 2.4 버전에 있던 구형 리누스 엘리베이터를 살펴보았다.

이제 다음으로 프로세스 주소 공간에 대해 알아보자.

15장

프로세스 주소 공간

12장 "메모리 관리"에서 커널이 물리적 메모리를 관리하는 방법을 살펴보았다. 커널 자체의 메모리를 관리하는 것 외에 커널은 사용자 공간 프로세스의 메모리도 관리해야 한다. 시스템의 각 사용자 공간 프로세스에 주어진 메모리를 나타내는 이 영역을 프로세스 주소 공간이라고 부른다. 리눅스는 가상 메모리 운영체제이므로 메모리 자원은 시스템 프로세스에 대해 추상화된다. 각 프로세스는 자신이 혼자 시스템의 물리적 메모리 전체를 가지고 있는 것처럼 보게 된다. 더 중요한 점은 단일 프로세스의 주소 공간도 물리적 메모리보다 훨씬 더 클 수 있다는 점이다. 이 장에서는 커널이 프로세스 주소 공간을 관리하는 방식에 대해 알아본다.

주소 공간

프로세스 주소 공간은 프로세스가 접근할 수 있는 가상 메모리와 가상 메모리 내에서 프로세스가 사용할 수 있는 주소로 구성된다. 각 프로세스에는 아키텍처에 따라 전체 32비트 또는 64비트 주소 공간이 주어진다. 여기서 전체라는 말은 단일 범위로 존재하는 주소 공간을 말한다(예를 들어, 32비트 주소 공간의 주소는 0에서부터 4294967295까지다). 하나의 연속된 범위가 아닌 여러 구간의 주소를 가지는 분리된 주소 공간을 제공하는 운영체제도 있다. 가상 메모리를 사용하는 현대 운영체제는 일반적으로 분리된 방식이 아닌 전체 메모리 방식을 사용한다. 보통 이 전체 주소 공간은 각 프로세스별로 있다. 어떤 프로세스의 주소 공간에 있는 메모리 주소는 다른 프로세스의 주소 공간에 있는 같은 메모리 주소와 관련이 없다. 두 프로세스의 각자 주소 공간의 같은 주소에 다른 데이터가 들어 있을 수 있다. 반대로 프로세스는 자신의 주소 공간을 다른 프로세스와 공유할 수도 있다. 이런 프로세스를 스레드라고 한다.

4021f000 같은 메모리 주소는 주소 공간 안에 있는 값이다. 이 특정 값은 프로세스의 32비트 주소 공간 내부의 특정 바이트를 나타낸다(32비트 주소 공간인 경우). 프로세스는 최대 4GB의 메모리를 사용할 수 있지만, 그 모든 공간에 접근할 권리는 없다. 주소 공간에서 재미있는 점은 08048000-0804c000 영역과 같이 프로세스에게 접근 권한이 없는 메모리 주소 영역이 있다는 점이다. 유효한 주소의 이런 영역을 메모리 영역이라고 부른다. 프로세스는 커널을 통해 메모리 영역을 주소 공간에 동적으로 추가하거나 제거할 수 있다.

프로세스는 유효한 메모리 영역에 해당하는 메모리 주소에만 접근할 수 있다. 메모리 영역에는 쓰기 가능, 읽기 가능, 실행 가능 등과 같이 해당 프로세스가 지켜야만 하는 권한이 지정된다. 프로세스가 유효하지 않은 메모리 영역의 주소에 접근한다거나 유효한 영역에 부당한 방식으로 접근하려고 하면, 커널은 무서운 'Segmentation Fault' 메시지를 내며 프로세스를 종료시킨다.

메모리 영역에는 다음과 같은 것들이 들어 있을 수 있다.

- 실행 파일 코드가 할당된 메모리. 텍스트 영역이라고 부른다.
- 실행 파일의 초기값이 있는 전역 변수가 할당된 메모리. 데이터 영역이라고 부른다.
- 초기값이 없는 전역 변수가 들어 있는 제로 페이지(이런 목적으로 사용하는 0으로 채워진 페이지)가 할당된 메모리. bss 영역이라고 부른다.[1]
- 프로세스의 사용자 공간 스택으로 사용하는 제로 페이지가 할당된 메모리다(커널이 별도로 분리해서 관리하는 프로세스의 커널 스택과 이 메모리를 혼동하지 마라).
- C 라이브러리 및 동적 링커 같이 프로세스 주소 공간에 올라가는 공유 라이브러리를 위한 텍스트, 데이터, bss 구역이다.
- 메모리 할당 파일 영역이다.
- 공유 메모리 구간이다.
- malloc() 등의 함수와 관련된 익명 할당 메모리다.[2]

프로세스 주소 공간의 모든 유효한 주소는 한 영역에만 속한다. 메모리 영역은 서로 겹치지 않는다. 앞으로 살펴보겠지만, 실행 중인 프로세스에는 스택, 오브젝트 코드, 전역 변수, 메모리 할당 파일 등 각기 다르게 구분된 메모리 영역이 있다.

메모리 서술자

커널은 메모리 서술자라고 부르는 자료구조를 이용해 프로세스의 메모리 주소 공간을 표현한다. 이 구조체에는 프로세스 주소 공간과 관련된 모든 정보가 들어 있다. 메모리 서술자는 <linux/mm_types.h> 파일에 정의된 struct mm_struct 구조체로 표현한다. 이 구조체와 구조체의 각 항목을 설명하는 주석을 살펴보자.

---

1. BSS라는 용어에는 내력이 있다. 이 용어는 기호로 시작하는 블록(block started by symbol)이라는 뜻을 가지고 있다. 초기화되지 않은 변수에는 값이 없기 때문에 실행 객체 부분에 저장하지 않는다. 하지만 C 표준은 초기화되지 않는 변수에 특정 값(기본적으로 0)을 지정하게 돼 있어서 커널은 실행 파일에서 변수를 (값 없이) 읽어 들여 제로 페이지 영역에 할당함으로써 명시적인 초기화를 통해 실행 파일의 공간을 낭비하는 일 없이 해당 변수에 0을 지정할 수 있다.

2. 새로운 버전의 glib는 mmap()을 brk()와 같이 사용해 malloc() 함수를 구현한다.

```
struct mm_struct {
    struct vm_area_struct   *mmap;              /* 메모리 영역 리스트 */
    struct rb_root          mm_rb;             /* VMA 레드 블랙 트리 */
    struct vm_area_struct   *mmap_cache;       /* 최근에 사용한 메모리 영역 */
    unsigned long           free_area_cache;   /* 첫 번째 주소 공간 구멍 */
    pgd_t                   *pgd;              /* 전체 페이지 목록 */
    atomic_t                mm_users;          /* 주소 공간 사용자 */
    atomic_t                mm_count;          /* 주 사용 횟수 */
    int                     map_count;         /* 메모리 영역 개수 */
    struct rw_semaphore     mmap_sem;          /* 메모리 영역 세마포어 */
    spinlock_t              page_table_lock;   /* 페이지 테이블 락 */
    struct list_head        mmlist;            /* 전체 mm_struct 리스트 */
    unsigned long           start_code;        /* 코드의 시작 주소 */
    unsigned long           end_code;          /* 코드의 마지막 주소 */
    unsigned long           start_data;        /* 데이터의 시작 주소 */
    unsigned long           end_data;          /* 데이터의 마지막 주소 */
    unsigned long           start_brk;         /* 힙의 시작 주소 */
    unsigned long           brk;               /* 힙의 마지막 주소 */
    unsigned long           start_stack;       /* 스택의 시작 주소 */
    unsigned long           arg_start;         /* 실행 인자의 시작 */
    unsigned long           arg_end;           /* 실행 인자의 끝 */
    unsigned long           env_start;         /* 환경 설정 값의 시작 */
    unsigned long           env_end;           /* 환경 설정 값의 끝 */
    unsigned long           rss;               /* 할당된 페이지 */
    unsigned long           total_vm;          /* 전체 페이지 개수 */
    unsigned long           locked_vm;         /* 잠긴 페이지 개수 */
    unsigned long           saved_auxv[AT_VECTOR_SIZE]; /* 저장된 auxv */
    cpumask_t               cpu_vm_mask;       /* 느슨한 TLB 전환 마스크 */
    mm_context_t            context;           /* 아키텍처 특정 데이터 */
    unsigned long           flags;             /* 상태 플래그 */
    int                     core_waiters;      /* 스레드 코어 덤프 대기자 */
    struct core_state       *core_state;       /* 코어 덤프 지원 */
    spinlock_t              ioctx_lock;        /* 비동기 입출력 리스트 락 */
    struct hlist_head       ioctx_list;        /* 비동기 입출력 리스트 */
};
```

mm_users 항목은 이 주소 공간을 사용하는 프로세스의 개수다. 예를 들어, 두 스레드가 이 주소 공간을 공유하고 있다면 mm_users 항목의 값은 2가 된다. mm_count 항목은 mm_struct 구조체의 주 참조 횟수다. 모든 mm_users는 mm_count를 동일하게 1로 증가시킨다. 따라서 앞의 예에서 mm_count 값은 1이 된다. 만일 9개의 스레드가 주소 공간을 공유한다고 해도 mm_users 값은 9가 되지만 mm_count 값은 1이다. mm_users 값이 0이 될 때(주소 공간을 사용하는 모든 스레드가 종료되면) mm_count 값이 줄어든다. mm_count 값이 0이 되면 mm_struct 구조체에 대한 참조가 존재하지 않으므로 구조체의 메모리를 해제하게 된다. 커널이 주소 공간을 다루면서 해당 주소 공간의 참조 횟수를 조정할 필요가 있는 경우 mm_count를 증가시킨다. 두 가지 카운터 값을 둠으로써 커널은 주 사용 횟수(mm_count) 주소 공간을 사용하는 프로세스 수(mm_users)를 구별할 수 있다.

mmap과 mm_rb 항목은 주소 공간에 들어 있는 모든 메모리 영역이라는 같은 내용을 담고 있는 다른 자료구조다. 전자는 이 내용을 연결 리스트 형태로 저장하고, 후자는 레드블랙 트리 형태로 저장한다. 레드블랙 트리는 이진 트리의 일종으로 다른 이진 트리와 마찬가지로 어떤 항목을 찾는 데, O(log n) 시간이 걸린다. 레드블랙 트리에 대한 자세한 내용은 이 장 뒷부분의 "메모리 영역 리스트와 트리"에서 설명한다.

보통 커널은 같은 데이터를 두 가지 자료구조로 중복 표현하는 것을 피하지만, 이 경우에는 이런 중복 표현의 장점이 있다. 연결 리스트인 mmap 자료구조를 이용하면 모든 항목을 간단하고 효율적으로 탐색할 수 있다. 반면 레드블랙 트리인 mm_rb 자료구조를 사용하면 특정 항목을 더 쉽게 찾을 수 있다. 메모리 영역에 대해서는 나중에 더 자세히 설명한다. 커널은 mm_struct 구조체를 복사하지 않는다. 객체를 담아 둘 뿐이다. 연결 리스트와 트리를 결합해 같은 데이터를 두 가지 다른 접근 방식으로 사용하는 것을 스레드 트리라고 부르기도 한다.

mm_struct 구조체는 mmlist 항목을 통해 이중 연결 리스트로 단단히 연결된다. 리스트의 초기 항목은 init 프로세스의 주소 공간을 나타내는 init_mm 메모리 서술자이다. 이 리스트는 kernel/fork.c 파일에 정의된 mmlist_lock을 통해 동시 접근을 제한한다.

메모리 서술자 할당

특정 태스크의 메모리 서술자는 태스크의 프로세스 서술자에 있는 mm 항목을 통해 연결되어 있다(프로세스 서술자는 <linux/sched.h> 파일에 정의된 task_struct 구조체를 사용해 표현한다). 따라서 current->mm은 현재 프로세스의 메모리 서술자를 뜻한다. fork() 함수를 실행하는 동안, copy_mm() 함수가 부모 프로세스의 메모리 서술자를 자식 프로세스로 복사한다. mm_struct 구조체는 kernel/fork.c 파일에 있는 allocate_mm() 매크로를 통해 mm_cachep 슬랩 캐시에서 할당된다. 프로세스는 보통 독자적인 mm_struct, 즉 독자적인 프로세스 주소 공간을 받는다.

프로세스는 clone() 함수에 CLONE_VM 플래그를 지정함으로써 자식 프로세스와 주소 공간을 공유할 수 있다. 이런 프로세스를 스레드라고 부른다. 3장 "프로세스 관리"에서 살펴봤듯이, 이 부분이 리눅스의 스레드와 일반 프로세스를 구별하는 본질적인 유일한 차이점이다. 리눅스는 이 부분 외에는 프로세스와 스레드를 구별하지 않는다. 커널 입장에서 스레드는 특정 자원을 공유하는 보통 프로세스일 뿐이다.

CLONE_VM이 지정된 경우에는 copy_mm() 함수에서 allocate_mm() 함수가 호출되지 않고 프로세스의 mm 항목이 부모 프로세스의 메모리 서술자를 가리키도록 설정된다.

```
if (clone_flags & CLONE_VM) {
        /*
        * fork() 실행 중 current는 부모 프로세스이고,
        * tsk는 자식 프로세스다.

        */
        atomic_inc(&current->mm->mm_users);
        tsk->mm = current->mm;
}
```

메모리 서술자 해제

특정 주소 공간을 사용하는 프로세스가 종료되면 `kernel/exit.c` 파일에 정의된 `exit_mm()` 함수가 호출된다. 이 함수는 여러 관리 작업을 처리하고 통계 값을 갱신한다. 그런 다음 `mmput()` 함수를 호출해 메모리 서술자의 `mm_users` 사용자 값을 줄인다. 만일 사용자 수가 0이 되면 `mmdrop()` 함수를 호출해 `mm_count` 값을 줄인다. 마침내 이 값도 0이 되면 더 이상 메모리 서술자를 사용하는 곳이 없으므로, `free_mm()` 매크로가 호출돼 `kmem_cache_free()` 함수를 통해 `mm_struct` 구조체가 `mm_cachep` 슬랩 캐시로 돌아간다.

mm_struct 구조체와 커널 스레드

커널 스레드에는 프로세스 주소 공간이 없기 때문에 메모리 서술자도 없다. 따라서 커널 스레드 프로세스 서술자의 `mm` 항목은 `NULL`이 된다. 이는 사용자 컨텍스트가 없는 프로세스라는 커널 스레드의 정의에 따른 것이다.

커널 스레드는 사용자 공간 메모리에 접근할 일이 없기 때문에 주소 공간이 없어도 문제가 되지 않는다(어떤 프로세스의 주소 공간에 접근한단 말인가?). 커널 스레드에는 사용자 공간에 있는 페이지가 없기 때문에 자체적인 메모리 서술자나 페이지 테이블이 필요가 없다(페이지 테이블에 대해서는 이장 뒷부분에서 설명한다). 그렇지만 커널 메모리 접근을 위한 페이지 테이블과 같이 커널 스레드에 일부 데이터가 필요한 경우가 있다. 메모리 서술자를 이용해 메모리를 소모하거나, 페이지 테이블을 사용해 커널 스레드를 실행할 때마다 다른 주소 공간으로 전환하여 프로세스 시간을 소모하지 않으면서도 해당 데이터를 얻을 수 있도록, 커널 스레드는 이전에 실행한 태스크의 메모리 서술자를 사용한다.

프로세스가 스케줄링될 때마다 프로세스의 `mm` 항목이 참조하는 프로세스 주소 공간이 로드된다. 그리고 새로운 주소 공간을 가리키도록 프로세스 서술자의 `active_mm` 항목을 갱신한다. 커널 스레드는 주소 공간이 없기 때문에 `mm` 항목은 `NULL`이 된다. 따라서 커널 스레드가 스케줄링 되면 커널은 `mm` 항목이 `NULL`이라는 것을 확인하고 사용 중인 이전 프로세스의 주소 공간을 그대로 둔다. 그리고 커널 스레드 메모리 서술자의 `active_mm` 항목을 이전 프로세스의 메모리 서술자가 가리키던 곳으로 갱신한다. 이렇게 해서 커널 스레드는 이전 프로세스의 페이지 테이블이 필요할 때 사용할 수 있다. 커널 스레드는 사용자 공간 메모리에 접근하지 않으므로, 모든 프로세스에 동일한 커널 메모리에 해당하는 주소 공간 정보만 사용하게 된다.

가상 메모리 영역

메모리 영역 구조체 vm_area_struct는 메모리 영역을 표현한다. 이 구조체는 <linux/mm_types.h> 파일에 정의된다. 리눅스 커널에서 메모리 영역은 가상 메모리 영역(줄여서 VMA)이라고 부르는 경우가 많다.

vm_area_struct 구조체는 주어진 주소 공간에서 연속된 구간에 해당하는 단일 메모리 영역을 나타낸다. 커널은 각 메모리 영역을 독립적인 메모리 객체로 간주한다. 각 메모리 영역별로 권한 및 관련 작업 같은 것을 별도로 가질 수 있다. 이를 통해 메모리가 할당된 파일이나 프로세스의 사용자 공간 스택 같은 다른 유형의 메모리 영역을 VMA 구조체로 표현할 수 있다. 이 방식은 VFS 계층(13장 참고)에서 사용했던 객체지향 접근법과 유사하다. 각 항목을 설명하는 주석이 달린 구조체의 형태는 다음과 같다.

```
struct vm_area_struct {
    struct mm_struct        *vm_mm;          /* 해당 mm_struct */
    unsigned long           vm_start;        /* VMA 시작 지점. 이 위치 포함 */
    unsigned long           vm_end;          /* VMA 종료 지점. 이 위치 제외 */
    struct vm_area_struct *vm_next;          /* VMA 리스트 */
    pgprot_t                vm_page_prot;    /* 접근 권한 */
    unsigned long           vm_flags;        /* 플래그 */
    struct rb_node          vm_rb;           /* 트리상의 VMA 노드 */
    union {     /* address_space->i_mmap 항목 또는 i_mmap_nonlinear
                    항목과 연결되는 링크 */
        struct {
                struct list_head        list;
                void                    *parent;
                struct vm_area_struct   *head;
        } vm_set;
        struct prio_tree_node prio_tree_node;
    } shared;
    struct list_head    anon_vma_node;   /* anon_vma 항목 */
```

```
        struct anon_vma        *anon_vma;        /* 익명 VMA 객체 */
        struct vm_operations_struct *vm_ops;        /* 관련 동작 */
        unsigned long            vm_pgoff;        /* 파일 내의 오프셋 */
        struct file            *vm_file;        /* 할당된 파일 */
        void                *vm_private_data;/* 내부 처리용 데이터 */
};
```

각 메모리 서술자는 프로세스 주소 공간 내의 고유한 구간을 나타낸다. `vm_start`
항목은 해당 구간의 시작(가장 낮은) 주소를 나타내며, `vm_end` 항목은 구간의 마지막(가
장 높은) 주소의 바로 다음 바이트를 가리킨다. 즉 `vm_start`는 해당 지점을 포함한
메모리 구간 시작 지점이고, `vm_end`는 해당 지점을 제외한 종료 지점이다. 따라서
`vm_end - vm_start`가 메모리 영역의 바이트 길이가 되며, 메모리 구간은 [vm_
start, vm_end)로 나타낼 수 있다. 같은 메모리 공간의 다른 메모리 영역끼리는
중첩될 수 없다.

`vm_mm` 항목은 VMA에 해당하는 `mm_struct`를 가리킨다. VMA별로 고유한
`mm_struct`를 가지고 있다. 따라서 두 개의 별도 프로세스가 같은 파일을 각자의
주소 공간에 할당할 경우 각자 별도의 `vm_area_struct`를 통해 각자의 메모리 공간
을 식별한다. 반면, 주소 공간을 공유하는 두 스레드는 모든 `vm_area_struct` 구조
체를 공유한다.

VMA 플래그

`vm_flags` 항목에는 <linux/mm.h> 파일에 정의된, 메모리 영역의 동작과 메모리 영
역이 들어 있는 페이지에 대한 정보를 제공하는 비트 플래그가 들어 있다. 특정 물리
적 페이지에 대한 권한과 달리, VMA 플래그는 하드웨어가 아닌 커널이 책임지는
동작을 지정한다. 게다가 `vm_flags`에는 메모리 영역의 각 페이지 또는 개별 페이지
가 아닌 메모리 영역 전체에 대한 정보도 들어 있다. 사용 가능한 `vm_flags` 값을
표 15.1에 정리했다.

표 15.1 vm_flags

플래그	VMA와 페이지에 미치는 효과
VM_READ	페이지에서 읽을 수 있다.
VM_WRITE	페이지에 쓸 수 있다.
VM_EXEC	페이지에서 실행할 수 있다.
VM_SHARED	페이지가 공유된다.
VM_MAYREAD	VM_READ 플래그를 설정할 수 있다.
VM_MAYWRITE	VM_WRITE 플래그를 설정할 수 있다.
VM_MAYEXEC	VM_EXEC 플래그를 설정할 수 있다.
VM_MAYSHARE	VM_SHARE 플래그를 설정할 수 있다.
VM_GROWSDOWN	아래쪽으로 영역을 확장할 수 있다.
VM_GROWSUP	위쪽으로 영역을 확장할 수 있다.
VM_SHM	공유 메모리로 사용 중인 영역이다.
VM_DENYWRITE	쓰기 불가능한 파일이 할당된 영역이다.
VM_EXECUTABLE	실행 가능한 파일이 할당된 영역이다.
VM_LOCKED	해당 영역의 페이지가 잠금 상태다.
VM_IO	장치 입출력 공간에 할당된 영역이다.
VM_SEQ_READ	순차적으로 접근하는 페이지다.
VM_RAND_READ	임의로 접근하는 페이지다.
VM_DONTCOPY	fork() 호출 시에 복사해서는 안 되는 영역이다.
VM_DONTEXPAND	mremap() 호출을 통해 확장할 수 없는 영역이다.
VM_RESERVED	스왑돼서는 안 되는 영역이다.
VM_ACCOUNT	VM 객체 전용 영역이다.
VM_HUGETLB	hugetlb 페이지를 사용하는 영역이다.
VM_NONLINEAR	비선형 할당 영역이다.

중요하고 재미있는 플래그를 좀 더 깊이 알아보자. VM_READ, VM_WRITE, VM_EXEC 플래그는 특정 메모리 영역에 있는 페이지에 대한 통상적인 읽기, 쓰기, 실행 권한을 지정한다. VMA에 접근하는 프로세스가 따라야 하는 접근 권한에 따라 적절한 형태로 조합해서 사용할 수 있다. 예를 들어, 프로세스의 오브젝트 코드라면 VM_READ, VM_EXEC 플래그는 할당해야 하지만, VM_WRITE는 할당하면 안 된다. 반면 실행 가능한 객체의 데이터 부분이라면 VM_READ, VM_WRITE를 할당해야 하고, VM_EXEC을 할당할 필요는 없다. 읽기 전용으로 메모리에 할당된 데이터 파일이라면 VM_READ 플래

그만을 할당해야 할 것이다.

VM_SHARED 플래그는 메모리 영역이 여러 프로세스가 공유하는 할당인지를 나타낸다. 플래그가 설정되어 있다면, 직관적으로 공유 할당shared mapping이라고 부른다. 플래그가 설정되어 있지 않다면, 할당 내용을 하나의 프로세스만 볼 수 있으며, 이를 개별 할당private mapping이라고 부른다.

VM_IO 플래그는 메모리 영역이 장치 입출력 공간으로 할당된 것인 지를 나타낸다. 이 항목은 보통 장치 드라이버가 입출력 공간에 대해 mmap() 함수를 호출했을 때 설정된다. 이 플래그의 역할 중 가장 중요한 것은 메모리 영역이 프로세스의 코어 덤프에 들어가지 않도록 하는 것이다. VM_RESERVED 플래그는 메모리 영역이 스왑되지 않도록 한다. 이 플래그도 장치 드라이버 할당에서 사용한다.

VM_SEQ_READ 플래그는 애플리케이션이 해당 영역에 대해 순차적인(즉 일련의 연속된) 읽기 동작을 수행한다는 사실을 커널에 알려주는 역할을 한다. 그러면 커널은 파일 내용을 미리 읽는 정도를 늘리는 선택을 할 수 있다. VM_RAND_READ 플래그는 정확히 반대의 역할을 한다. 즉 애플리케이션이 해당 영역에 대해 비교적 임의적인 (즉, 비연속적인) 읽기 동작을 수행하는 경우다. 그러면 커널은 파일 내용을 미리 읽는 정도를 줄이거나 아니면 전혀 읽지 않는 선택을 할 수 있다. 이 플래그는 madvise() 시스템 호출에 각각 MADV_SEQUENTIAL, MADV_RANDOM 플래그를 주어 지정한다. 미리 읽기는 곧 더 많은 데이터가 필요할 것이라는 예상 하에 요청한 데이터와 연속되어 있는 데이터를 미리 읽는 동작을 말한다. 하지만 데이터 접근 패턴이 임의적이라면 미리 읽기는 효과가 없다.

VMA 동작

vm_area_struct 구조체의 vm_ops 항목은 해당 메모리 영역을 조작하기 위해 커널이 호출할 수 있는 동작 구조체 테이블을 가리킨다. vm_area_struct 구조체는 모든 유형의 메모리 영역에 사용할 수 있는 범용 객체 역할을 하며, 동작 테이블을 통해 특정 객체 인스턴스에 대한 구체적 동작을 작성한다.

동작 테이블은 <linux/mm.h> 파일에 정의된 vm_operations_struct 구조체로 표현한다.

```
struct vm_operations_struct {
        void (*open) (struct vm_area_struct *);
        void (*close) (struct vm_area_struct *);
        int (*fault) (struct vm_area_struct *, struct vm_fault *);
        int (*page_mkwrite) (struct vm_area_struct *vma, struct vm_fault
            *vmf);
        int (*access) (struct vm_area_struct *, unsigned long ,
                        void *, int, int);
};
```

개별 함수에 대한 설명은 다음과 같다.

- void open(struct vm_area_struct *area)
  주어진 메모리 영역을 주소 공간에 추가할 때 호출되는 함수다.
- void close(struct vm_area_struct *area)
  주어진 메모리 영역을 주소 공간에서 제거할 때 호출되는 함수다.
- int fault(struct vm_area_sruct *area, struct vm_fault *vmf)
  물리적 메모리에 없는 페이지에 접근할 경우 페이지 결함 핸들러가 호출하는
  함수다.
- int page_mkwrite(struct vm_area_sruct *area,
                   struct vm_fault *vmf)
  읽기 전용 페이지를 쓰기 가능으로 변경하려고 할 경우 페이지 결함 핸들러가
  호출하는 함수다.
- int access(struct vm_area_struct *vma, unsigned long address,
             void *buf, int len, int write)
  get_user_pages() 호출이 실패했을 경우 access_process_vm()에서 호출
  하는 함수다.

메모리 영역 리스트와 트리

앞서 보았듯이 메모리 영역은 메모리 서술자의 mmap와 mm_rb 두 항목으로 접근할 수 있다. 두 데이터 구조는 독립적으로 메모리 서술자에 속하는 모든 메모리 영역을 가리키고 있다. 사실 같은 vm_area_struct 구조체를 가리키는 포인터를 양쪽 모두 가지고 있으며, 다른 방식으로 표현하는 것에 불과하다.

첫 번째 항목인 mmap은 모든 메모리 영역 객체를 하나의 연결 리스트로 보관한다. vm_area_struct 구조체는 vm_next 항목을 통해 리스트 형태로 연결된다. 메모리 영역은 주소의 오름차순으로 정렬된다. 첫 번째 메모리 영역은 mmap 포인터가 가리키는 vm_area_struct가 된다. 마지막 구조체는 NULL을 가리킨다.

두 번째 항목인 mm_rb는 모든 메모리 영역 객체를 레드블랙 트리로 연결한다. mm_rb가 가리키는 곳이 레드블랙 트리의 루트이며, 주소 공간에 속하는 각 vm_area_struct 구조체는 vm_rb 항목을 통해 연결된다.

레드블랙 트리는 균형 이진 트리의 일종이다. 레드블랙 트리의 각 항목을 노드라고 부른다. 초기 노드를 트리의 루트라고 한다. 대부분의 노드에는 왼쪽 자식 노드와 오른쪽 자식 노드, 두 개의 자식 노드가 있다. 일부 노드는 하나의 자식 노드만 가질 수 있으며, 말단 노드라고 부르는 마지막 노드에는 자식 노드가 없다. 모든 노드에서 왼쪽 편에 저장된 값은 해당 노드의 값보다 작으며, 오른쪽 편에 저장된 값은 해당 노드의 값보다 크다. 그리고 각 노드에는 다음 두 규칙에 따라 색깔(빨강 또는 검정. 그래서 이 트리의 이름이 레드블랙 트리다)이 지정된다. 빨강 노드의 자식 노드는 검정 노드이며, 트리의 루트에서 말단으로 가는 모든 경로는 같은 개수의 검정 노드가 들어 있다. 루트 노드는 항상 빨강 노드이다. 이 트리에 대한 검색, 삽입, 삭제 작업은 모두 O(log(n)) 시간이 걸리는 동작이 된다.

모든 노드를 탐색할 필요가 있을 때는 연결 리스트를 사용한다. 주소 공간의 특정 메모리 영역을 찾아야 하는 경우에는 레드블랙 트리를 사용한다. 이렇게 부가적인 자료구조를 사용함으로써 커널은 메모리 영역에 수행하는 작업의 형태와 상관없이 최적의 성능을 제공한다.

실제 메모리 영역

특정 프로세스의 주소 공간과 메모리 영역 내부를 살펴보자. 유용한 /proc 파일시스템과 pmap(1) 유틸리티를 사용해 살펴볼 수 있다. 전혀 아무 일도 하지 않는 간단한 사용자 공간 프로그램을 예로 들어보자.

```
int main(int argc, char *argv[])
{
        return 0;
}
```

이 프로세스의 주소 공간에 들어 있는 몇몇 메모리 영역을 알아 보자. 먼저 텍스트 영역, 데이터 영역, bss 영역이 있다는 것을 알고 있다. 이 프로세스가 C 라이브러리와 동적으로 링크되어 있다고 가정하면 libc.so 및 ld.so가 사용하는 세 영역도 존재한다. 마지막으로 프로세스의 스택도 있다.

/proc/<pid>/maps 파일은 프로세스 주소 공간의 메모리 영역을 출력해준다.

```
rlove@wolf:~$ cat    /proc/1426/maps
00e80000-00faf000    r-xp 00000000 03:01 208530    /lib/tls/libc-2.5.1.so
00faf000-00fb2000    rw-p 0012f000 03:01 208530    /lib/tls/libc-2.5.1.so
00fb2000-00fb4000    rw-p 00000000 00:00 0
08048000-08049000    r-xp 00000000 03:03 439029    /home/rlove/src/example
08049000-0804a000    rw-p 00000000 03:03 439029    /home/rlove/src/example
40000000-40015000    r-xp 00000000 03:01 80276     /lib/ld-2.5.1.so
40015000-40016000    rw-p 00015000 03:01 80276     /lib/ld-2.5.1.so
4001e000-4001f000    rw-p 00000000 00:00 0
bfffe000-c0000000    rwxp fffff000 00:00 0
```

데이터 형식은 다음과 같다.

시작-끝 권한	오프셋	major:minor	아이노드	파일

pmap(1) 유틸리티[3]는 이 정보를 더 보기 편하게 바꿔준다.

```
rlove@wolf:~$ pmap 1426
example[1426]
00e80000 (1212 KB)   r-xp (03:01 208530)    /lib/tls/libc-2.5.1.so
00faf000 (12 KB)     rw-p (03:01 208530)    /lib/tls/libc-2.5.1.so
```

---

3. pmap(1) 유틸리티는 프로세스의 메모리 영역을 정리해서 보여준다. /proc의 출력물보다 약간 더 보기 편하지만 내용은 같다. 이 유틸리티는 procps 패키지의 새 버전에 들어 있다.

```
00fb2000 (8 KB)      rw-p (00:00 0)
08048000 (4 KB)      r-xp (03:03 439029)    /home/rlove/src/example
08049000 (4 KB)      rw-p (03:03 439029)    /home/rlove/src/example
40000000 (84 KB)     r-xp (03:01 80276)     /lib/ld-2.5.1.so
40015000 (4 KB)      rw-p (03:01 80276)     /lib/ld-2.5.1.so
4001e000 (4 KB)      rw-p (00:00 0)
bfffe000 (8 KB)      rwxp (00:00 0)               [ stack ]
mapped: 1340 KB      writable/private: 40 KB shared: 0 KB
```

처음 세 줄은 C 라이브러리인 libc.so의 텍스트 영역, 데이터 영역, bss 영역에 해당한다. 다음 두 줄은 실행 파일의 텍스트 영역과 데이터 영역이다. 그 다음 세 줄은 동적 링커인 ld.so의 텍스트 영역, 데이터 영역, bss 영역이다. 마지막 줄은 프로세스의 스택이다.

실행 코드라는 점으로 예상할 수 있듯이 텍스트 영역은 읽기와 실행이 모두 가능하다. 반면 (전역 변수가 들어 있는) 데이터 영역과 bss 영역은 읽고 쓰기는 가능하지만 실행은 불가능하다. 당연히 스택은 읽기, 쓰기 및 실행이 모두 가능하지 않으면 쓸모가 없을 것이다.

전체 주소 영역은 1340KB를 차지하지만, 40KB만이 쓰기 가능한 전용 영역이다. 메모리 영역을 공유하거나 쓰기가 불가능한 영역이라면, 커널은 메모리 상에 해당 파일의 사본을 하나만 둔다. 메모리 할당이 공유된 경우에는 당연하게 여겨지겠지만, 쓰기 불가능한 경우에는 의외로 느껴질 수도 있다. 쓰기 불가능한 할당 유형이 절대 바뀌지 않는다면(읽기 전용 할당이라면), 메모리에 한 벌만 읽어 들여도 당연히 안전하다. 따라서 C 라이브러리는 라이브러리를 사용하는 모든 프로세스 수 곱하기 1212KB만큼이 아닌, 1212KB만큼의 물리적 메모리 만을 사용한다. 이 프로세스는 1340KB 상당의 데이터와 코드에 접근하지만, 물리적인 메모리는 40KB만을 사용하게 되므로, 이런 공유를 통해 상당량의 공간을 절약할 수 있다.

파일이 할당되어 있지 않는 장치 00:00과 0번 아이노드 메모리 영역을 주목하자. 이 영역은 모두 0으로 채워져 있는 제로 페이지에 할당되어 있는 영역이다. 쓰기 가능한 영역에 제로 페이지를 할당함으로써, 실제적으로 해당 영역을 모두 0으로 '초기화'할 수 있다. 이는 bss 영역에 필요한 0으로 채워진 메모리 영역을 제공할 수 있다는 점에서 중요하다. 공유 할당이 아니기 때문에 프로세스가 데이터를 쓰자마자 복사가 일어나고(즉, 기록 시 복사) 값들이 0으로 변경된다.

프로세스의 각 메모리 영역마다 `vm_area_struct` 구조체가 있다. 스레드를 사용하지 않는 프로세스이기 때문에 `task_struct`에서 참조하는 독자적인 `mm_struct` 구조체를 가지고 있다.

메모리 영역 다루기

커널은 주어진 VMA에 대한 특정 주소 존재 여부 확인과 같은 메모리 영역에 대한 동작을 수행하는 경우가 많다. 이런 동작은 빈번하게 벌어지며, 다음 절에서 설명할 `mmap()` 함수의 기본을 구성한다. 작업에 도움이 될만한 몇 함수가 정의된다.

이 함수는 모두 `<linux/mm.h>` 파일에 선언된다.

find_vma( )

커널은 VMA 내에 들어 있는 특정 주소를 찾아내는 `find_vma()` 함수를 제공한다. 이 함수는 `mm/mmap.c` 파일에 정의된다.

```
struct vm_area_struct * find_vma(struct mm_struct *mm, unsigned long addr);
```

이 함수는 주어진 주소 공간에 대해 `vm_end` 항목 값이 `addr`보다 큰 첫 번째 메모리 영역을 찾는다. 즉, 이 함수는 `addr`이 들어 있거나 `addr`보다 큰 주소로 시작하는 첫 번째 메모리 영역을 찾는다. 그런 메모리 영역이 없으면 이 함수는 `NULL`을 반환한다. 있는 경우에는 `vm_area_struct` 구조체 포인터를 반환한다. 반환되는 VMA는 `addr`보다 큰 주소로 시작할 수 있기 때문에 지정한 주소가 반환한 VMA 안에 반드시 들어 있지는 않는다는 점에 주의하자. `find_vma()` 함수의 결과는 메모리 서술자의 `mmap_cache` 항목 안에 캐시된다. 어떤 VMA에 대한 동작을 처리한 이후에 같은 VMA에 대한 더 많은 동작이 진행될 확률이 높기 때문에 캐시된 결과에 대한 적중률은 상당히 높다(실제로 30-40% 정도). 캐시 결과 확인 작업은 빠르다. 주어진 주소가 캐시에 없으면, 메모리 서술자에 속한 메모리 영역에서 대상을 탐색해야 한다. 레드 블랙 트리를 이용해 이 작업을 처리한다.

```
struct vm_area_struct * find_vma(struct mm_struct *mm, unsigned long addr)
{
        struct vm_area_struct *vma = NULL;

        if (mm) {
                vma = mm->mmap_cache;
                if (!(vma && vma->vm_end > addr && vma->vm_start <= addr)) {
                        struct rb_node *rb_node;

                        rb_node = mm->mm_rb.rb_node;
                        vma = NULL;
                        while (rb_node) {
                                struct vm_area_struct * vma_tmp;

                                vma_tmp = rb_entry(rb_node,
                                                struct vm_area_struct,
                                                vm_rb);
                                if (vma_tmp->vm_end > addr) {
                                        vma = vma_tmp;
                                        if (vma_tmp->vm_start <= addr)
                                                break;
                                        rb_node = rb_node->rb_left;
                                } else
                                        rb_node = rb_node->rb_right;
                        }
                        if (vma)
                                mm->mmap_cache = vma;
                }
        }

        return vma;
}
```

먼저 mmap_cache를 통해 캐시된 VMA에 지정된 주소가 있는지 여부를 확인한
다. VMA의 vm_end 항목이 addr보다 큰 지를 확인하는 것만으로는 addr보다 큰
첫 번째 VMA인지를 확인할 수 없다는 점을 주의하자. 따라서 캐시가 유용하려면
주어진 addr 값이 캐시된 VMA 안에 들어 있어야 한다. 다행히 같은 VMA에 대해

연속된 동작이 처리되는 상황은 이를 만족한다.

    캐시에 원하는 VMA에 들어 있지 않으면, 함수는 레드블랙 트리를 탐색해야 한다. 현재 VMA의 `vm_end` 항목이 `addr`보다 크다면, 왼쪽 자식 노드를 따라간다. 반대의 경우에는 오른쪽 자식 노드를 따라간다. `addr`이 들어 있는 VMA를 찾는 순간 함수가 종료된다. 주소가 들어 있는 VMA를 찾지 못한 경우, 이 함수는 트리를 계속 탐색해 `addr` 다음의 첫 VMA를 반환한다. 이 같은 VMA조차 찾지 못하면 `NULL`을 반환한다.

find_vma_prev( )

`find_vma_prev()` 함수는 `find_vma()`와 동일하게 동작하지만 `addr` 이전의 마지막 VMA를 반환한다는 점이 다르다. 이 함수도 `mm/mmap.c` 파일에 정의되며, `<linux/mm.h>` 파일에 선언된다.

```
struct vm_area_struct * find_vma_prev(struct mm_struct *mm,
                              unsigned long addr,
                              struct vm_area_struct **pprev)
```

    `pprev` 인자에는 `addr` 앞 쪽의 VMA 포인터가 저장된다.

find_vma_intersection( )

`find_vma_intersection()` 함수는 지정한 주소 범위와 중첩되는 첫 번째 VMA를 반환한다. 이 함수는 인라인 함수이므로 `<linux/mm.h>` 파일에 정의된다.

```
static inline struct vm_area_struct *
find_vma_intersection(struct mm_struct *mm,
                      unsigned long start_addr,
                      unsigned long end_addr)
{
        struct vm_area_struct *vma;

        vma = find_vma(mm, start_addr);
        if (vma && end_addr <= vma->vm_start)
```

```
        vma = NULL;
    return vma;
}
```

첫 번째 인자는 탐색할 주소 공간이며, start_addr은 범위의 시작, end_addr은 범위의 끝을 뜻한다.

find_vma()의 반환값이 NULL이라면 당연히 find_vma_intersection()의 반환 값도 NULL이다. 하지만 find_vma()가 유효한 VMA를 반환한 경우 해당 VMA가 지정한 주소 범위의 끝 부분을 지나서 시작하지 않는 경우에만 find_vma_intersection() 함수도 같은 VMA를 반환한다. 반환한 메모리 영역이 지정한 주소 범위 뒤에서 시작한 경우라면 find_vma_intersection() 함수는 NULL을 반환한다.

mmap( )와 do_mmap( ): 주소 범위 생성

do_mmap() 함수는 커널이 연속된 주소 범위를 새로 만들 때 사용한다. 만들어진 주소 범위가 기존 주소 범위와 인접한 상태이고, 권한 설정이 같으면, 두 범위를 하나로 병합하기 때문에, 이 함수가 새로운 VMA를 생성한다고 이야기하는 것은 기술적으로는 틀린 말이다. 병합이 불가능한 경우에는 새로운 VMA가 생성된다. 기존 메모리 영역을 확장하든, 새로운 메모리 영역을 생성하든 do_mmap() 함수는 프로세스의 주소 공간에 주소 범위를 추가하기 위해 사용하는 함수다.

do_mmap() 함수는 <linux/mm.h> 파일에 선언된다.

```
unsigned long do_mmap(struct file *file, unsigned long addr,
                      unsigned long len, unsigned long prot,
                      unsigned long flag, unsigned long offset)
```

이 함수는 file에서 지정한 파일의 offset 위치의 len 길이만큼 주소 범위를 할당한다. file 인자에 NULL을 지정하고 offset 인자에 0을 지정할 수 있는데, 이렇게 하면, 파일이 지정되지 않은 할당이 된다. 이런 경우를 익명 할당anonymous mapping 이라고 한다. file과 offset이 지정된 경우에는 파일 지정 할당file-backed mapping이라고 한다.

addr 인자는 선택적으로 지정할 수 있는 인자로 빈 범위 탐색 작업을 시작할 때 사용할 주소를 지정한다.

prot 인자는 메모리 영역에 해당하는 페이지의 접근 권한을 지정한다. 가능한 권한 플래그는 <asm/mman.h> 파일에 지정되어 있으며 지원하는 아키텍처별로 고유한 값을 사용한다. 실제로는 각 아키텍처별로 표 15.2와 같은 플래그를 사용한다.

표 15.2 페이지 보호 플래그

플래그	새로 생성된 주소 범위 내의 페이지에 미치는 효과
PROT_READ	VM_READ에 해당한다.
PROT_WRITE	VM_WRITE에 해당한다.
PROT_EXEC	VM_EXEC에 해당한다.
PROT_NONE	페이지에 접근할 수 없다.

flags 인자는 나머지 VMA 플래그에 해당하는 플래그를 지정한다. 이 플래그를 통해 할당된 메모리의 형식을 지정하고 동작을 변경한다. 이 플래그도 <asm/mman.h> 파일에 정의된다. 표 15.3을 참고하자.

표 15.3 할당 유형 플래그

플래그	새로 생성된 주소 범위에 미치는 효과
MAP_SHARED	공유 가능한 할당이다.
MAP_PRIVATE	공유 불가능한 할당이다.
MAP_FIXED	새로 생성되는 주소 범위는 지정한 addr 주소에서 시작해야 한다.
MAP_ANONYMOUS	파일 지정 할당이 아닌 익명 할당이다.
MAP_GROWSDOWN	VM_GROWSDOWN에 해당한다.
MAP_DENYWRITE	VM_DENYWRITE에 해당한다.
MAP_EXECUTABLE	VM_EXECUTABLE에 해당한다.
MAP_LOCKED	VM_LOCKED에 해당한다.
MAP_NORESERVE	이 할당에 대해 여분의 공간을 확보할 필요가 없다.
MAP_POPULATE	(사전) 페이지 테이블을 생성한다.
MAP_NONBLOCK	입출력 작업 시 중지되지 않는다.

어느 하나의 인자라도 유효하지 않으면 do_mmap() 함수는 음수 값을 반환한다. 그렇지 않으면, 가상 메모리 상에서 적절한 범위를 할당한다. 가능한 경우, 새로 할당된 범위는 인접 메모리 영역과 병합된다. 병합이 불가능하면, vm_area_cachep 슬랩 캐시에서 새로운 vm_area_struct 구조체를 할당하고, vma_link() 함수를 이용해 새로운 메모리 영역을 주소 공간의 연결 리스트와 레드블랙 트리에 추가한다. 다음으로 메모리 서술자의 total_vm 항목을 갱신한다. 마지막으로 이 함수는 새로 생성된 주소 범위의 초기 주소 값을 반환한다.

do_mmap() 함수의 동작은 mmap() 시스템 호출을 통해 사용자 공간에 제공된다. mmap() 시스템 호출은 다음과 같이 정의된다.

```
void * mmap2(void *start,
             size_t length,
             int prot,
             int flags,
             int fd,
             off_t pgoff)
```

이 시스템 호출은 mmap()의 두 번째 변화형이므로 mmap2()라는 이름을 가지고 있다. 원래의 mmap() 함수는 마지막 인자로 바이트 단위의 오프셋 값을 사용했다. 현재 mmap2() 함수는 페이지 단위 오프셋 값을 사용한다. 이렇게 하면 오프셋 값이 더 커지게 되므로, 더 큰 파일을 할당할 수 있다. POSIX 표준으로 정해져 있는 원래의 mmap() 함수는 C 라이브러리 내의 mmap() 함수로 제공되고 있지만, 더 이상 완전히 커널 내부에서 구현되어 있지 않으며, mmap2() 함수가 새로운 버전으로 제공되고 있다. 원래의 mmap() 함수가 바이트 단위 오프셋 값을 페이지 단위로 바꾸어 호출하는 방식을 사용함으로써, 두 라이브러리 함수 모두 mmap2() 시스템 호출을 사용한다.

munmap( )와 do_munmap( ): 주소 범위 해제

do_munmap() 함수는 지정한 프로세스 주소 공간에서 주소 범위를 제거한다. 이 함수는 <linux/mm.h> 파일에 선언된다.

```
int do_munmap(struct mm_struct *mm, unsigned long start, size_t len)
```

첫 번째 인자는 start 주소에서 시작하는 len 길이의 주소 범위를 제거할 주소 공간을 지정한다. 성공하면 0을 반환한다. 실패한 경우에는 음수의 오류 코드를 반환한다.

사용자 공간의 프로세스가 자신의 주소 공간에서 특정 주소 범위를 제거할 수 있는 수단으로 munmap() 함수를 제공한다. 이 함수는 munmap() 시스템 호출과 짝을 이룬다.

```
int munmap(void *start, size_t length)
```

이 시스템 호출은 mm/mmap.c 파일에 정의되며, 단순히 do_munmap() 함수를 감싼 형식으로 동작한다.

```
asmlinkage long sys_munmap(unsigned long addr, size_t len)
{
        int ret;
        struct mm_struct *mm;

        mm = current->mm;
        down_write(&mm->mmap_sem);
        ret = do_munmap(mm, addr, len);
        up_write(&mm->mmap_sem);
        return ret;
}
```

페이지 테이블

애플리케이션은 물리적 주소가 할당된 가상 메모리를 사용하지만, 프로세서는 직접적인 물리적 주소를 기반으로 동작한다. 따라서 애플리케이션이 가상 메모리 주소에 접근할 때는 프로세서가 요청을 처리하기 전에 가상 메모리 주소를 물리적 주소로 변환해야 한다. 이 변환 작업은 페이지 테이블을 통해 처리된다. 페이지 테이블은 가상 주소를 여러 조각으로 나누는 방식으로 동작한다. 각 조각은 테이블의 인덱스로 사용한다. 테이블은 다른 테이블을 가리키거나 테이블에 해당하는 물리적 페이지를 가리킨다.

리눅스의 경우 페이지 테이블은 세 단계로 구성된다. 여러 단계를 사용함으로써

64비트 장비에서도 잘게 분산된 주소 공간을 잘 처리할 수 있다. 페이지 테이블이 하나의 정적 배열로 구현되어 있다면, 32비트 아키텍처라고 해도 그 크기가 어마어마해질 것이다. 리눅스는 하드웨어 적으로 세 단계를 지원하지 않는 아키텍처(일부 하드웨어는 둘 또는 하나의 하드웨어 해시만을 사용하는 경우가 있다)에서도 세 단계의 페이지 테이블을 사용한다.

세 단계를 사용하는 것은 일종의 '최대 공약수' 같은 개념이라고 할 수 있다. 덜 복잡하게 구현된 아키텍처에서는 필요할 경우 컴파일러 최적화를 통해 커널 페이지 테이블을 단순화시킬 수 있다.

최상위 페이지 테이블은 페이지 전역 디렉토리PGD, page global directory로 pgd_t 형 배열로 된다. 대부분 아키텍처에서 pgd_t 형은 unsigned long 형이다. PGD의 항목은 두 번째 단계 디렉토리 PMD 항목을 가리킨다.

두 번째 단계 페이지 테이블은 페이지 중간 디렉토리PMD, page middle directory로 pmd_t 형 배열로 되어 있다. PMD 항목은 PTE 항목을 가리킨다.

마지막 단계는 간단히 페이지 테이블이라고 부르며 pte_t 형인 페이지 테이블 항목으로 구성된다. 페이지 테이블 항목은 물리적 페이지를 가리킨다.

대부분 아키텍처에서 페이지 테이블 참조는 (적어도 일정 부분이라도) 하드웨어에서 처리한다. 정상 동작 상황에서 하드웨어는 페이지 테이블을 사용하는 대부분의 역할을 처리할 수 있다. 하지만 하드웨어가 편안하게 자신의 일을 할 수 있게 커널이 정리작업을 해 주어야 한다. 그림 15.1은 페이지 테이블을 이용해 가상 주소를 물리적 주소로 변환하는 과정을 보여준다.

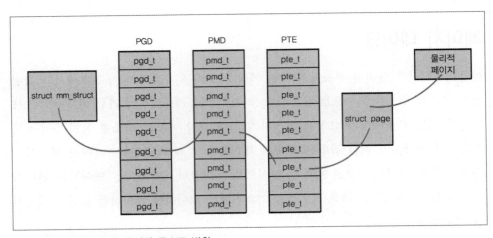

그림 15.1 가상 주소를 물리적 주소로 변환

페이지 테이블 데이터 구조체는 아키텍처에 따라 상당히 다르며, <asm/page.h>
파일에 정의된다.

거의 모든 가상 메모리의 페이지 접근은 그에 해당하는 물리적 주소 변환이 필요
하기 때문에 페이지 테이블의 성능은 매우 중요하다. 안타깝게도 메모리의 모든 주
소를 그렇게 빠르게 탐색할 수는 없다. 이 문제를 해결하기 위해 대부분 프로세서에
는 TLB라고 부르는 변환 참조 버퍼translation lookaside buffer라는 것이 구현되며, 가상-
물리적 주소 변환 정보를 하드웨어적으로 캐시하는 역할을 한다. 가상 주소에 접근
할 때, 프로세서는 먼저 해당 변환 정보가 TLB에 캐시 되어 있는지 확인한다. 캐시
되어 있으면 바로 물리적 주소를 반환한다. 캐시 되어 있지 않으면, 해당 물리적 주
소를 찾기 위해 페이지 테이블을 참조한다. 그럼에도 불구하고 페이지 테이블 관리
는 여전히 중요하며, 커널의 일부분으로 계속 진화하는 중이다. 2.6 커널의 변경 사
항 중 이 영역에 속하는 것으로 페이지 테이블의 일부분을 상위 메모리에 할당하는
기능이 있다. 페이지 테이블을 공유하는 경우 향후 기록 시에 복사하는 방식이 적용
될 가능성도 있다. 이 방식을 사용하면, fork() 시스템 호출 시에 부모 프로세스와
자식 프로세스 사이에 페이지 테이블을 공유할 수도 있다. 부모나 자식 프로세스
어느 한쪽이 특정 페이지 테이블 항목을 변경 하려고 할 때 복사본이 만들어지면서
두 프로세스가 더 이상 항목을 공유하지 않게 되는 것이다. 페이지 테이블을 공유하
면 fork() 시스템 호출 시에 페이지 테이블을 복사하는 부하를 줄일 수 있을 것이다.

결론

긴장감 넘치는 이 장에서는 각 프로세스에 제공하는 가상 메모리 추상화에 대해 살
펴보았다. 커널이 (struct mm_struct 구조체를 이용해) 프로세스 주소 공간을 표현하는 방
법과 (struct vm_area_struct 구조체를 이용해) 그 공간 내부의 메모리 영역을 표현하는
방법을 살펴보았다. 커널이 이런 메모리 영역을 (mmap() 함수를 통해) 만드는 방법과
(munmap() 함수를 통해) 해제하는 방법도 알아보았다. 마지막으로 페이지 테이블에 대해
서도 알아보았다. 리눅스는 가상 메모리 기반 운영체제이므로 이들은 리눅스의 동작
과 프로세스 모델을 이해하려면 꼭 알아야 하는 개념이다.

16장에서는 모든 페이지 입출력에서 사용하는, 메모리상의 데이터를 캐시할 때
일반적으로 사용하는 페이지 캐시에 대해 알아보고, 커널이 페이지 기반 데이터를
어떤 방식으로 저장하는지 알아본다.

16장

페이지 캐시와
페이지 지연 기록

리눅스에는 페이지 캐시(page cache)라는 디스크 캐시가 구현된다. 이 캐시의 목적은 디스크 접근이 필요한 데이터를 물리적 메모리에 저장함으로써 디스크 입출력을 최소화하는 것이다. 이 장에서는 페이지 캐시와 페이지 캐시의 변경 내용을 디스크에 반영하는 과정인 페이지 지연 기록(page writeback)에 대해 알아본다.

두 가지 복합적인 요소로 인해 디스크 캐시는 현대 운영체제에서 아주 중요한 부분이 되었다. 첫째, 디스크 접근은 메모리 접근에 비해 자릿수가 몇 자리 차이 나는 정도로 느리다. 밀리초 대 나노초 정도로 차이가 난다. 메모리상의 데이터에 접근하는 것은 디스크상의 데이터에 접근하는 것보다 훨씬 빠르며, 프로세서의 L1 혹은 L2 캐시에 있는 데이터에 접근하는 것은 더더욱 빠르다. 둘째, 한번 접근한 데이터는 가까운 시점에 다시 접근하게 될 확률이 아주 높다. 데이터의 특정 부분에 대한 접근이 시간적으로 모여 있다는 이 원칙을 시간적 구역성(temporal locality)라고 부르는데, 이 때문에 처음 접근한 데이터를 캐시해 두면 가까운 미래에 캐시가 적중할(캐시에 있는 데이터에 접근할) 확률이 아주 높아진다. 메모리가 디스크보다 훨씬 빠르다는 점과 한번 사용한 데이터를 다시 사용할 확률이 높다는 점으로 인해 메모리상에 디스크 캐시를 두면 성능상 큰 이점을 얻을 수 있다.

캐시 사용 방식

페이지 캐시는 RAM에 있는 물리적인 페이지로 구성되며, 그 내용물은 디스크의 물리적 블록에 해당한다. 페이지 캐시의 크기는 동적으로 변한다. 가용 메모리가 있는 경우에는 커지고, 메모리가 부족할 때는 줄어든다. 전통적인 캐시 데이터의 출처에 해당하는 디스크가 캐시 뒤편에 있기 때문에, 캐시의 대상이 되는 저장 장치를 배후 저장소backing store라고 부른다. 프로세스가 read() 시스템 호출을 불렀을 때처럼 읽기 동작을 시작할 때마다, 커널은 먼저 필요한 데이터가 페이지 캐시에 있는지 확인한다. 만약 페이지 캐시에 있다면, 커널은 디스크 접근을 하지 않고 RAM에서 데이터를 바로 읽는다. 이런 경우를 캐시 적중cache hit이라고 한다. 데이터가 캐시에 없는 경우는 캐시 실패cache miss라고 하며, 이 경우 커널은 디스크에서 데이터를 읽기 위해 블록 입출력 동작을 스케줄링해야 한다. 데이터를 디스크에서 읽고 나면, 커널은 그 데이터를 페이지 캐시에 채워 두어, 향후 읽기 작업이 캐시에서 일어날 수 있도록 한다. 파일 전체를 캐시할 필요는 없다. 어떤 파일은 전체가 페이지 캐시에 들어 있을 수도 있지만, 한 두 페이지 분량만 페이지 캐시에 들어 있는 파일도 있을 수 있다. 어느 것이 캐시되는가는 어느 것에 접근했는가에 달렸다.

쓰기 캐시

이렇게 해서 읽기 동작을 통해 어떻게 데이터가 페이지 캐시에 들어가는 지 설명이 되지만, write() 시스템 호출을 사용하는 경우처럼 프로세스가 디스크에 쓰기를 할 경우에는 어떻게 될까? 일반적으로 캐시는 다음 세 가지 중 한 가지 전략을 취할 수 있다. 첫 번째는 미기록no-write 전략으로 쓰기 동작의 내용을 캐시하지 않는 단순한 전략이다. 캐시 상에 저장된 데이터에 대한 쓰기 동작의 경우, 바로 디스크에 기록하고 캐시된 데이터를 무효화시키기 때문에 이후 해당 데이터를 읽으려면 디스크에서 읽어와야 한다. 이 경우는 쓰기 동작을 캐시하지 못 할 뿐 아니라, 캐시된 데이터도 무효화 하기 때문에, 이런 전략을 택하는 캐시는 거의 없다.

두 번째 전략은, 쓰기 동작이 일어날 때, 메모리 캐시와 디스크상의 파일을 동시에 갱신하는 전략이다. 쓰기 동작이 바로 캐시를 거쳐서 디스크에 도달하기 때문에, 이런 방식을 연속 기록 캐시write-through cache라고 부른다. 이 방식을 사용하면, 캐시를 무효화할 필요 없이 캐시된 내용이 항상 배후 저장소의 내용과 동기화된 정리된 coherent 상태를 유지할 수 있다. 간단한 방식이기도 하다.

리눅스가 채용한 세 번째 전략은 지연 기록write-back[1] 방식이다. 지연 기록 캐시의 경우, 프로세스는 쓰기 동작을 바로 페이지 캐시에 수행한다. 즉시 또는 직접 배후 저장소를 갱신하지 않는다. 대신 페이지 캐시의 기록된 페이지에 오염dirty 표시를 하고, 오염 리스트dirty list에 추가한다. 오염 리스트에 있는 페이지는 디스크 상의 내용을 메모리 캐시의 내용과 맞추는 지연 기록writeback이라는 절차를 통해 주기적으로 디스크에 저장된다. 이후 페이지의 오염 표시가 제거된다. 실제로는 (이미 갱신된) 페이지 캐시에 있는 데이터가 아니라, (갱신이 필요한) 디스크상의 데이터를 오염 상태라고 볼 수 있기 때문에, '오염dirty'이라는 용어가 혼동을 일으킬 수 있다. 미동기화 unsynchronized라는 용어가 더 적절할 것이다. 어쨌든 여기서 오염이 가리키는 대상은 디스크 상의 데이터가 아니라 캐시에 들어 있는 데이터이다. 디스크 쓰기 작업을 지연시키면, 향후 통합해서 한꺼번에 처리하는 것이 가능해지므로, 일반적으로 지연 기록 방식은 연속 기록 방식보다 우수하다. 단점은 복잡도가 높아진다는 것이다.

---

1. 일부 책이나 운영체제에서는 이런 전략을 지연 복사(copy-back) 또는 배후 기록(write-behind) 캐시라고 부른다. 이 세 가지 용어는 모두 같은 말이다. 리눅스 및 유닉스 운영체제에서는 '지연 기록(write-back)'이라는 명사를 이용해 이 같은 캐시 방식을 표현하며, '지연 기록하다(writeback)'라는 동사를 이용해 캐시 데이터를 배후 저장소에 저장하는 동작을 표현한다. 이 책에서도 이 용어를 사용한다.

캐시 축출

캐시의 마지막 요소는 가용 메모리를 확보하기 위해 캐시를 줄이거나 더 적합한 캐시 항목을 위한 공간을 확보하기 위해 캐시 내의 어떤 데이터를 제거할 것인지 선택하는 과정이다. 제거 대상 선택 전략에 해당하는 이 과정을 캐시 축출cache eviction이라고 한다. 리눅스의 캐시 축출은 깨끗한(오염되지 않은: clean, not dirty) 페이지를 골라 교체하는 방식으로 처리한다.

캐시에 깨끗한 페이지가 충분히 없는 경우, 커널은 깨끗한 페이지를 확보하기 위해 지연 기록을 진행한다. 어려운 부분은 축출 대상을 결정하는 것이다. 이상적인 전략은 앞으로 사용할 가능성이 가장 낮은 페이지를 축출하는 것이다. 당연히, 접근 가능성이 가장 낮은 페이지를 알기 위해서는 미래를 알아야 하므로, 이런 전략을 예지력 알고리즘clairvoyant algorithm이라고 부르는 경우가 많다. 이상적이기는 하지만, 구현이 불가능하다.

가장 오래 전에 사용한 항목 제거

캐시 축출 전략은 접근 가능한 정보를 가지고 예지력 알고리즘에 가까운 결과를 얻는 것이다. 범용 페이지 캐시에서 성공적인 결과를 보여주는 알고리즘 중의 하나로 LRU라고 부르는 가장 오래 전에 사용한 항목 제거least recently used 전략이 있다. LRU 축출 전략은 언제 각 페이지에 접근했는지 기록해 두고, (또는 페이지 리스트를 접근 시간 순으로 정렬해 둔다.) 가장 오래된 타임스탬프를 가진(또는 정렬된 리스트의 첫 번째) 페이지를 축출하는 방식이다. 사용된 지 오래된 캐시 데이터일수록 가까운 미래에 다시 사용되지 않을 확률이 높기 때문에 이 전략은 잘 통한다. 가장 오래 전에 사용한 항목을 선택하는 것은 사용할 가능성이 가장 높은 항목을 골라내는 훌륭한 방법이다. 하지만, 많은 파일을 한번만 접근하고, 다시는 사용하지 않는 경우에는 LRU 전략이 통하지 않는다. 새로 접근한 부분을 LRU 리스트 상단에 두는 것은 당연히 최적의 방안이 아니다. 물론, 앞에서 이야기 했듯이, 커널은 파일에 한 번만 접근할 것이라는 것을 알 방법이 없다. 하지만 파일을 과거에 몇 번 접근했는지는 알 수 있다.

이중 리스트 전략

따라서 리눅스는 이중 리스트 전략two-list strategy이라고 부르는 개량 LRU 버전을 구현했다. 하나의 LRU 리스트를 관리하는 대신, 리눅스는 활성 리스트active list, 비활성 리스트inactive list 두 개의 리스트를 관리한다. 활성 리스트에 있는 페이지는 '뜨거운 hot' 상태이기 때문에 축출 대상이 되지 않는다. 비활성 리스트에 있는 페이지가 캐시 축출 대상이 된다. 이미 비활성 리스트에 있는 페이지를 접근하는 경우에만 활성 리스트에 들어갈 수 있다. 두 리스트는 모두 유사 LRU 방식으로 관리한다. 리스트 항목은 큐처럼 끝부분에 추가하고, 앞부분에서 제거한다. 리스트는 균형 상태를 유지한다. 활성 리스트가 비활성 리스트보다 많이 커지면, 활성 리스트 앞에 있는 항목을 비활성 리스트의 뒷부분으로 옮겨 축출이 가능하게 한다. 이중 리스트 전략을 사용하면, 고전적인 LRU 방식의 단점인 한번만 사용하는 경우의 문제를 해결할 수 있으며, 간단한 유사 LRU 방식을 사용함으로써 성능적인 면에서도 좋다. 이런 이중 리스트 방식을 LRU/2라고 부른다. n개의 리스트를 사용하는 방식으로 일반화하면, LRU/n이라고 부른다.

이제 (읽기 또는 쓰기를 통해) 페이지 캐시가 만들어 지는 방식, (지연 기록을 통해) 쓰기 작업이 어떻게 동기화 되는지, (이중 리스트 전략을 통해) 새로운 데이터를 위해 오래된 데이터가 축출되는 방식을 알게 되었다. 이제 페이지 캐시가 시스템에 도움이 되는 실제 시나리오를 살펴보자. 리눅스 커널 같은 커다란 소프트웨어 프로젝트에서 여러 개의 소스 파일을 열어서 작업하는 경우를 생각해보자. 소스 코드를 열고 읽기 때문에, 파일 내용이 페이지 캐시에 저장된다. 데이터가 캐시되어 있기 때문에, 이 파일 저 파일을 순간적으로 왔다 갔다 할 수 있다. 파일을 편집하는 동안, 파일 저장 작업도 디스크가 아닌 메모리에만 기록하면 되기 때문에, 순간적으로 처리되는 것처럼 보인다. 프로젝트를 컴파일하면 캐시된 파일 내용 때문에 컴파일을 진행할 때 디스크 접근이 훨씬 적기 때문에, 더 빠르게 컴파일이 가능하다. 전체 소스 트리가 메모리에 들어갈 수 없을 정도로 크다면, 일부는 축출될 수밖에 없지만, 이중 리스트 전략에 따르면, 비활성 리스트에 있는 파일이 축출 대상이므로 직접 편집 중인 소스 파일이 비활성 리스트에 들어갈 가능성은 낮다. 나중에 컴파일하지 않을 때 커널이 페이지 지연 기록을 진행해 소스 파일의 변경 내역을 디스크에 갱신한다. 이 같은 캐시는 시스템 성능의 극적인 향상을 만들어 낸다. 차이를 확인하기 위해서는 시스템을 재시작한 직후처럼 '캐시가 비어 있을 때cache cold' 대규모 소프트웨어 프로젝트를 컴파일하는 데 걸리는 시간을 '캐시가 차 있을 때cache warm'와 비교해보면 된다.

리눅스 페이지 캐시

이름에서 알 수 있듯이, 페이지 캐시는 RAM에 있는 페이지를 캐시하는 것이다. 페이지는 일반 파일시스템, 블록 장치 파일, 메모리 할당 파일 등에서 읽기 및 쓰기 작업을 할 때 사용한다. 따라서 페이지 캐시에는 최근에 접근한 파일의 내용이 들어 있게 된다. read() 등의 페이지 입출력 동작 중에,[2] 커널은 데이터가 페이지 캐시에 들어 있는지 확인한다. 데이터가 페이지 캐시에 있으면, 상대적으로 느린 디스크에서 데이터를 읽어오는 대신, 메모리에서 빠르게 필요한 페이지를 반환한다. 이 장의 뒷부분에서는 리눅스의 페이지 캐시를 관리하는 데 필요한 자료구조와 커널의 기능들에 대해 알아본다.

address_space 객체

페이지 캐시에 들어 있는 페이지는 여러 개의 비연속적인 물리적 디스크 블록으로 구성된다.[3] 각 페이지를 구성하는 블록이 연속적이지 않기 때문에, 특정 데이터가 페이지 캐시에 캐시되어 있는지 확인하는 작업이 어려워진다. 이로 인해, 장치 이름이나 블록 번호 순으로 정렬하는 간단한 방법으로 페이지 캐시 데이터를 정돈하는 일이 불가능한다.

게다가, 리눅스의 페이지 캐시는 캐시 대상 페이지에 대해 상당한 범용성을 가지고 있다. 처음 SVR4에 도입된 페이지 캐시는 파일시스템 데이터만을 캐시했다. 따라서 SVR4의 페이지 캐시는 아이노드 객체에 해당하는 struct vnode 구조체를 사용해 페이지 캐시를 관리했다. 리눅스의 페이지 캐시는 여러 형태의 파일과 메모리 할당을 포함한 페이지 기반의 모든 객체를 캐시하는 것을 목표로 한다.

페이지 입출력 동작을 지원하기 위해 (13장 "가상 파일시스템"에서 알아본) inode 객체를 확장하는 방식으로 리눅스 페이지 캐시를 처리할 수도 있지만, 그렇게 하면 페이지 캐시의 대상이 파일로 한정된다. 특정 물리적 파일이나 inode 구조체에 고정되지 않은 페이지 캐시의 범용성을 유지하기 위해 리눅스 페이지 캐시는 캐시 항목을 관리

---

2. 13장 "가상 파일시스템"에서 살펴봤듯이, 실제 페이지 입출력 동작을 수행하는 것은 read( ), write( ) 시스템 호출이 아니라, file -> f_op -> read( ), file -> f_op -> write( ) 포인터가 가리키는 파일시스템별 함수다.

3. 예를 들면, x86 아키텍처의 물리적 페이지 크기는 4KB인 반면, 대다수 파일시스템의 블록 크기는 512바이트 정도까지 작을 수 있다. 따라서 한 페이지 안에 8개의 블록이 들어갈 수 있다. 파일이 디스크 전체에 흩어져 있을 수 있기 때문에 연속된 블록이 아닐 수 있다.

하고 페이지 입출력 동작을 처리하기 위해 새로운 객체로 address_space 구조체를 사용한다. address_space 구조체는 15장 프로세스 주소 공간에서 살펴봤던 vm_area_struct 구조체의 물리적 형태와 비슷하다고 생각하면 된다. 10개의 vm_area_struct 구조체가 하나의 파일을 가리킬 수 있지만(다섯 개의 프로세스가 같은 파일에 대해 두 번씩 mmap()을 수행한 경우를 예로 들수 있다.), 이 파일에는 하나의 address_space 구조체만 있다. 파일이 메모리상에서 여러 개의 가상 주소를 가질 수 있지만, 물리적인 메모리 주소는 단 하나만 존재하는 것과 마찬가지다. 리눅스 커널의 여러 곳에서 볼 수 있는 모습이지만 address_space라는 이름은 잘못 지어졌다. 아마도 page_cache_entity나 physical_pages_of_a_file 같은 이름이 더 적당할 것이다.

address_space 구조체는 <linux/fs.h> 파일에 정의된다.

```
struct address_space {
    struct inode            *host;          /* 소유한 아이노드 */
    struct radix_tree_root  page_tree;/* 전체 페이지의 기수 트리(radix tree) */
    spinlock_t              tree_lock;      /* page_tree 락 */
    unsigned int            i_mmap_writable; /* VM_SHARED ma 카운트 */
    struct prio_tree_root   i_mmap;         /* 모든 메모리 할당 리스트 */
    struct list_head        i_mmap_nonlinear;/* VM_NONLINEAR ma 리스트 */
    spinlock_t              i_mmap_lock;    /* i_mmap 락 */
    atomic_t                truncate_count; /* truncate re 카운트 */
    unsigned long           nrpages;        /* 전체 페이지 수 */
    pgoff_t                 writeback_index; /* 지연 기록 시작 위치 오프셋 */
    struct address_space_operations *a_ops; /* 동작 테이블 */
    unsigned long           flags;          /* gfp_mask 및 오류 플래그 */
    struct backing_dev_info *backing_dev_info;/* 미리 읽기(read-ahead) 정보 */
    spinlock_t              private_lock;   /* 내부 처리용 락 */
    struct list_head        private_list;   /* 내부 처리용 리스트 */
    struct address_space    *assoc_mapping;/* 관련 버퍼 */
};
```

i_mmap 항목은 해당 주소 공간의 공유 및 전용 모든 메모리 할당에 대한 우선순위 탐색 트리를 나타낸다. 우선순위 탐색 트리는 힙과 기수 트리를 잘 합쳐 놓은 것이다.[4] 앞에서 캐시된 파일은 하나의 address_space 구조체와 연결되어 있다고 했다.

---

4. 커널의 구현은 맥크레이트(Edward M. McCreight)가 1985년 5월에 제안한 기수 우선순위 트리를 기반으로 한다(SIAM Journal of Computing, volume 14, number 2, pages 257-276, May 1985).

이 구조체에는 여러 개의 vm_area_struct 구조체가 들어갈 수 있다. 하나의 물리적 페이지가 여러 개의 가상 페이지와 연결될 수 있다. 커널은 i_mmap 항목을 통해 캐시 파일에 해당하는 할당 정보를 효율적으로 알아낼 수 있다.

주소 공간에는 모두 nrpages만큼의 페이지가 들어 있다.

address_space는 특정 커널 객체와 연결된다. 보통 그 대상은 아이노드이다. 아이노드인 경우 host 항목이 해당 아이노드를 가리킨다. address_space가 스왑 공간을 가리키는 경우처럼 연결된 객체가 아이노드가 아닌 경우에는 host 항목이 NULL이 된다.

address_space 동작

a_ops 항목은 VFS 객체가 동작 테이블을 가리키는 것처럼 주소 공간의 동작 테이블을 가리킨다. 동작 테이블은 <linux/fs.h> 파일에 정의된 address_space_operations 구조체를 사용해 표현한다.

```c
struct address_space_operations {
        int (*writepage)(struct page *, struct writeback_control *);
        int (*readpage) (struct file *, struct page *);
        int (*sync_page) (struct page *);
        int (*writepages) (struct address_space *,
                     struct writeback_control *);
        int (*set_page_dirty) (struct page *);
        int (*readpages) (struct file *, struct address_space *,
                     struct list_head *, unsigned);
        int (*write_begin)(struct file *, struct address_space *mapping,
                     loff_t pos, unsigned len, unsigned flags,
                     struct page **pagep, void **fsdata);
        int (*write_end)(struct file *, struct address_space *mapping,
                     loff_t pos, unsigned len, unsigned copied,
                     struct page *page, void *fsdata);
        sector_t (*bmap) (struct address_space *, sector_t);
        int (*invalidatepage) (struct page *, unsigned long);
        int (*releasepage) (struct page *, int);
        int (*direct_IO) (int, struct kiocb *, const struct iovec *,
                     loff_t, unsigned long);
```

```
        int (*get_xip_mem) (struct address_space *, pgoff_t, int,
                            void **, unsigned long *);
        int (*migratepage) (struct address_space *,
                            struct page *, struct page *);
        int (*launder_page) (struct page *);
        int (*is_partially_uptodate) (struct page *,
                                      read_descriptor_t *,
                                      unsigned long);
        int (*error_remove_page) (struct address_space *,
                                  struct page *);
```

각 함수 포인터는 캐시된 객체의 페이지 입출력을 구현한 함수를 가리킨다. 각 배후 저장소는 address_space_operations 구조체를 통해 페이지 캐시를 다루는 방식을 정한다. ext3 파일시스템의 경우에는 fs/ext3/inode.c 파일에 동작들을 정의해 두었다. 이 동작은 페이지 캐시를 관리하는 함수로 가장 공통적인 기능은 페이지를 캐시에 읽어 들이고 캐시의 데이터를 갱신하는 기능이다. 따라서 readpage() 와 writepage() 함수가 가장 중요하다. 페이지 읽기 동작부터 각각의 진행 과정을 살펴보자. 먼저 리눅스 커널은 요청한 데이터를 페이지 캐시에서 찾아본다. find_get_page() 함수를 이용해 확인 작업을 진행한다. 이 함수에 address_space 객체와 페이지 오프셋 값을 전달한다. 이 값을 사용해 페이지 캐시에서 원하는 데이터를 찾는다.

```
page = find_get_page(mapping, index);
```

여기서 mapping은 주어진 address_space이고 index는 파일상의 원하는 오프셋 값이다(맞다. address_space 구조체를 mapping이라고 지칭하는 것은 이름으로 인한 혼란을 더 가중시킨다. 커널 코드와 일관성을 맞추기 위해 그 이름을 그대로 쓰고는 있지만, 정상으로 간주하는 것은 아니다). 페이지가 캐시에 없으면 find_get_page() 함수는 NULL을 반환하고 새로운 페이지가 할당되어 페이지 캐시에 추가된다.

```
struct page *page;
int error;

/* 페이지 할당 */
page = page_cache_alloc_cold(mapping);
if (!page)
        /* 메모리 할당 오류 */

/* 페이지를 페이지 캐시에 추가한다. */
error = add_to_page_cache_lru(page, mapping, index, GFP_KERNEL);
if (error)
        /* 페이지 캐시 추가 오류 */
```

마지막으로, 요청한 데이터를 디스크에서 읽고 페이지 캐시에 추가한 다음 사용자에게 반환한다.

```
error = mapping->a_ops->readpage(file, page);
```

쓰기 동작의 경우에는 약간 다르다. 파일에 대한 페이지인 경우 페이지가 수정될 때마다 VM은 다음 함수만 호출한다.

```
SetPageDirty(page);
```

나중에 커널은 writepage() 함수를 통해 페이지를 기록한다. 특정 파일에 대한 쓰기 동작은 더 복잡하다. mm/filemap.c 파일에 있는 일반적인 쓰기 과정은 다음 단계를 수행한다.

```
page = __grab_cache_page(mapping, index, &cached_page, &lru_pvec);
status = a_ops->prepare_write(file, page, offset, offset+bytes);
page_fault = filemap_copy_from_user(page, offset, buf, bytes);
status = a_ops->commit_write(file, page, offset, offset+bytes);
```

먼저, 원하는 페이지를 페이지 캐시에서 찾는다. 캐시에 없으면 항목을 할당하고 추가한다. 그다음 커널은 쓰기 요청을 준비하고, 사용자 공간에 있는 데이터를 커널 버퍼에 복사한다. 마지막으로, 데이터를 디스크에 기록한다.

모든 페이지 입출력 동작 과정에서 이런 단계를 거치므로 모든 페이지 입출력 내용은 페이지 캐시에 반영된다. 따라서 커널은 모든 읽기 요청을 페이지 캐시를 이용해 처리할 수 있다. 페이지 캐시에 없으면 디스크에서 읽어서 페이지 캐시에 추가한다. 쓰기 동작의 경우 페이지 캐시는 쓰기를 위한 임시 저장소 역할을 한다. 따라서 기록한 모든 페이지도 페이지 캐시에 추가된다.

기수 트리

모든 페이지 입출력 작업을 시작하기 전에 커널이 해당 페이지가 페이지 캐시에 있는지 확인해야 하므로 확인 작업은 빨라야만 한다. 그렇지 않으면 페이지 캐시를 확인하고 탐색하는 비용이 캐시로 인해 얻을 수 있는 이점을 상쇄시켜 버릴 수 있다. 적어도 캐시 적중률이 낮은 경우에는 디스크 대신 메모리에서 데이터를 가져옴으로써 얻을 수 있는 이점을 상쇄시킬 만큼의 엄청난 부가 비용이 될 수 있다.

앞 절에서 보았듯이 address_space 객체와 오프셋 값으로 페이지 캐시를 탐색한다. 각 address_space에는 page_tree라는 이름의 기수 트리가 들어 있다. 기수 트리는 이진 트리의 일종이다. 기수 트리를 이용하면 파일 오프셋만 가지고도 원하는 페이지를 빠르게 탐색할 수 있다. find_get_page() 같은 페이지 캐시 탐색 함수는 radix_tree_lookup() 함수를 호출하고, 이 함수가 트리에서 지정한 객체를 탐색하는 과정을 수행한다.

기수 트리의 핵심 코드는 lib/radix-tree.c 파일에 범용적인 형태로 들어 있다. 기수 트리를 사용하고자 할 경우에는 <linux/radix-tree.h> 파일을 포함해야 한다.

구식 페이지 해시 테이블

2.6 이전 커널에서는 기수 트리를 이용해 페이지 캐시를 탐색하지 않았다. 그 대신 시스템의 모든 페이지에 대한 전역 해시를 가지고 있었다. 해시는 지정한 값과 같은 해시 값을 가지는 이중 연결 리스트를 반환했다. 원하는 페이지가 캐시에 있으면, 리스트 중 한 항목이 해당 페이지가 된다. 그렇지 않고 페이지가 페이지 캐시에 없으면 해시 함수는 NULL을 반환했다.

전역 해시에는 네 가지 주요한 문제점이 있었다.

- 하나의 전역 락으로 해시를 보호했다. 중간 규모의 장비에서도 락 경쟁이 상당히 심했고, 결과적으로 성능 문제를 일으켰다.

- 현재 파일과 상관이 있는 페이지만 관리하는 것이 아니라 페이지 캐시에 있는 모든 페이지가 들어 있었으므로 해시의 크기가 불필요하게 컸다.
- 해시 탐색이 실패했을 때, 즉 지정한 페이지가 페이지 캐시가 없을 때 성능이 기대보다 낮았다. 구체적인 이유는 같은 해시 값을 가지는 리스트를 탐색해야 했기 때문이다.
- 해시는 가능한 다른 해결책에 비해 메모리를 많이 소모했다.

2.6에서 기수 트리 기반의 페이지 캐시가 도입되면서 이런 문제가 해결되었다.

버퍼 캐시

개별 디스크 블록도 블록 입출력 버퍼라는 방법을 통해 페이지 캐시와 연결된다. 버퍼란 하나의 물리적 디스크 블록을 메모리상에 표현하는 방법이라는 14장 "블록 입출력 계층"의 내용을 기억하자. 버퍼는 메모리상의 페이지를 디스크의 블록과 연결 시켜주는 기술자의 역할을 한다. 따라서 페이지 캐시는 디스크 블록을 캐시하고, 블록 입출력 동작을 지연시킴으로써 블록 입출력 동작 중에 필요한 디스크 접근 횟수를 줄여줄 수 있다. 별도로 구현된 캐시가 아니라 페이지 캐시의 일부분이긴 하지만, 이런 캐시를 따로 버퍼 캐시buffer cache라고 부르기도 한다.

블록 입출력 동작은 한 번에 하나의 디스크 블록만을 처리한다. 일반적인 블록 입출력 동작은 아이노드를 읽거나 쓰는 것이다. 커널은 bread() 함수를 통해 디스크의 단일 블록을 저수준 읽기 동작을 제공한다. 버퍼를 통해 디스크 블록은 메모리상의 해당 페이지에 할당되고, 페이지 캐시에 캐시된다.

버퍼와 페이지 캐시가 항상 통합되어 있지는 않았다. 이 둘의 통합은 2.4 리눅스 커널의 주요 기능이었다. 이전 커널에서는 페이지 캐시와 버퍼 캐시, 두 개의 별도 디스크 캐시가 있었다. 전자는 페이지를 캐시했고, 후자는 버퍼를 캐시했다. 두 캐시는 통합되어 있지 않았다. 디스크 블록은 동시에 양쪽 캐시에 들어 있을 수 있었다. 이로 인해 두 벌의 캐시 사본을 동기화하는 데 노력이 낭비되었고 같은 항목을 중복 캐시함으로 인해 메모리가 낭비되었다. 지금은 페이지 캐시라는 하나의 디스크 캐시만 존재한다. 그러나 여전히 커널은 버퍼를 사용해 메모리상의 디스크 블록을 표현한다. 간단하게 말하자면, 버퍼는 블록을 페이지 캐시에 있는 페이지에 할당하는 것이다.

플러시 스레드

페이지 캐시의 쓰기 동작은 지연 처리된다. 페이지 캐시의 데이터가 배후 저장소의 데이터 보다 최신인 경우, 이 데이터를 오염 상태dirty에 있다고 한다. 오염 상태의 페이지가 메모리에 쌓이다 보면, 결국에는 디스크에 기록이 필요하다. 다음 세 가지 상황일 때 오염 상태인 페이지를 지연 기록하게 된다.

- 깨끗한 (오염되지 않은) 메모리만 축출이 가능하므로 가용 메모리가 특정 임계 치 값 이하로 내려가면 커널은 가용 메모리를 확보하려고 오염된 데이터를 디스크에 기록한다. 깨끗한 상태가 되면 커널은 해당 데이터를 캐시에서 축출하고, 캐시 크기를 줄여 가용 메모리를 추가로 확보할 수 있다.
- 데이터가 오염 상태가 된 이후 특정 한계 시간이 지나면 오래된 데이터를 디스크에 기록해 오염 상태인 데이터가 영원히 그 상태에 머무는 것을 방지한다.
- 사용자가 sync(), fsync() 시스템 호출을 실행하면 커널은 즉시 지연 기록 작업을 수행한다.

이 세 가지 작업은 각기 다른 목표를 가지고 있다. 사실 예전 커널에서는 두 개의 다른 커널 스레드가 이런 작업을 처리했다(다음 절 참고). 하지만 2.6에서는 플러시 스레드flusher thread라는 일군의 커널 스레드 갱단gang[5]이 이 세 가지 작업을 모두 처리한다.

먼저 플러시 스레드는 시스템의 가용 메모리가 일정 수준 이하로 내려가면 오염 데이터를 디스크로 밀어내야 한다. 이런 배후 기록 작업의 목적은 물리적 가용 메모리가 적을 때 오염 페이지가 차지하고 있는 메모리를 회수하는 것이다. 이 과정이 시작되는 메모리 수준은 sysctl을 이용해 dirty_background_ratio 값을 조정함으로써 설정할 수 있다. 가용 메모리가 이 한계치 아래로 내려가면 커널은 wakeup_flusher_threads() 함수를 호출해 하나 이상의 플러시 스레드를 깨우게 되고, 이 스레드는 bdi_writeback_all() 함수를 실행해 오염 페이지의 지연 기록 작업을 시작한다. 이 함수는 기록을 시도할 페이지 수를 인자로 받는다. 이 함수는 다음 두 가지 조건을 만족할 때까지 기록 작업을 계속한다.

---

5. '갱단(gang)'이라는 용어는 컴퓨터 과학에서 병렬적으로 동작하는 일군의 작업을 칭할 때 자주 사용하는 말이다.

- 최소한 지정한 개수 이상의 페이지를 기록해야 한다.
- `dirty_background_ratio` 임계치 이상의 가용 메모리를 확보해야 한다.

이 조건을 만족하면 플러시 스레드는 메모리 부족 상황을 타개하기 위한 자신의 역할을 다하는 것이 된다. 조건을 만족하지 않은 상태에서 기록 작업이 중단되는 경우는 모든 오염 페이지를 기록해서 더 이상 처리할 페이지가 남아 있지 않았을 때뿐이다.

두 번째 목표를 처리하기 위해 플러시 스레드는 (메모리 부족 조건과 상관없이) 주기적으로 깨어나 오래된 오염 페이지를 기록한다. 이렇게 함으로써 오염 페이지가 메모리에 영원히 남아 있는 것을 막을 수 있다. 메모리는 휘발성을 가지고 있으므로 시스템에 문제가 발생하면 디스크에 기록하지 못한 메모리상의 오염 페이지 내용은 소실된다. 따라서 주기적으로 페이지 캐시의 내용을 디스크와 동기화시켜주는 것이 중요하다. 시스템 시작 시에 플러시 스레드를 깨우는 타이머가 초기화되고, 이 타이머는 `wb_writeback()` 함수를 호출한다. 이 함수는 `dirty_expire_interval` 밀리초보다 이전에 수정된 모든 데이터를 기록한다. 그후 `dirty_writeback_interval` 밀리초 후로 다시 타이머를 설정한다. 이런 방식으로 플러시 스레드는 주기적으로 깨어나 일정 시간보다 오래된 모든 오염 페이지를 기록한다.

시스템 관리자는 `/proc/sys/vm`이나 **sysctl** 명령을 통해 이 값들을 설정할 수 있다.

표 16.1 페이지 지연 기록 설정

변수	설명
dirty_background_ratio	전체 메모리에 대한 퍼센트 비율로 지정한다. 플러시 스레드가 오염 데이터에 대한 지연 기록 작업을 시작할 페이지 양을 지정한다.
dirty_expire_interval	밀리초 단위로 지정한다. 플러시 스레드가 다음 번 깨어나서 주기적인 기록 작업을 할 때 얼마나 오래된 데이터를 그 대상으로 삼을 것인지 지정한다.
dirty_ratio	전체 메모리에 대한 퍼센트 비율로 지정한다. 프로세스가 오염된 데이터에 대한 기록 작업을 시작하기 전까지 만들 수 있는 페이지 양을 지정한다.
dirty_writeback_interval	밀리초 단위로 지정한다. 데이터를 디스크에 기록하기 위해 플러시 스레드를 얼마나 자주 깨울 것인지 지정한다.
laptop_mode	랩탑 모드를 지정하는 값이다. 다음 절을 참고하라.

플러시 스레드 코드는 `mm/page-writeback.c`, `mm/backing-dev.c` 파일에 들어 있으며, 지연 기록 방식 구현은 `fs/fs-writeback.c` 파일에 들어 있다.

랩탑 모드

랩탑 모드laptop mode는 하드 디스크 동작을 최소화해서 하드 디스크 드라이브의 모터가 꺼진 시간을 가능한 최대화함으로써 배터리 사용 시간을 최적화하는 것을 목적으로 하는 특별한 페이지 지연 기록 전략이다. 이 모드는 `/proc/sys/vm/laptop_mode`를 이용해 설정할 수 있다. 기본적으로 이 파일에는 0이 들어 있으며, 랩탑 모드가 비활성화된다. 이 파일에 1을 써 넣으면 랩탑 모드가 동작한다.

랩탑 모드는 페이지 지연 기록 동작 중 한 가지를 바꾼다. 너무 오래된 오염 페이지의 기록 작업을 수행하면서, 플러시 스레드는 다른 물리적 디스크 입출력 작업에 알림을 보내, 모든 오염 버퍼를 디스크에 기록하게 한다. 이런 방식으로 페이지 지연 기록 때문에 시동이 걸린 디스크를 활용함으로써 나중에 다시 디스크에 시동 거는 일을 줄일 수 있다.

이렇게 동작을 바꾸면 `dirty_expire_interval`, `dirty_writeback_interval` 값을 10 분 정도로 큰 값으로 지정하는 것이 바람직하다. 지연 기록을 오래 미루어 두면, 디스크가 돌아가는 빈도가 내려가게 되고, 랩탑 모드로 인해 한 번 돌아갈 때마다 주어진 기회를 잘 활용하게 된다. 디스크 드라이브를 끄는 것은 상당량의 전원을 절약할 수 있는 방법이므로 랩탑 모드를 통해 랩탑(노트북)의 배터리 사용 시간을 크게 향상시킬 수 있다. 랩탑 모드의 단점은 시스템에 문제가 발생했을 때 많은 양의 데이터를 잃어버릴 수 있다는 점이다.

많은 리눅스 배포판은 배터리 사용 여부에 따라 랩탑 모드 활성화와 다른 지연 기록 설정들을 자동으로 조정해준다. 이를 통해 배터리로 시스템을 구동하고 있을 때는 랩탑 모드의 장점을 취하고, 전원에 연결되어 있을 때는 자동으로 정상적인 페이지 지연 기록 동작으로 전환하게 된다.

역사: bdflush, kupdated, pdflush

2.6 커널 이전에는 플러시 스레드의 역할을 두 가지 다른 커널 스레드 bdflush, kupdated가 담당하고 있었다.

bdflush 커널 스레드는 가용 메모리가 부족할 때 오염 페이지를 기록하는 작업을 수행했다. 플러시 스레드에서와 비슷한 여러 임계 값이 정해져 있었으며, 가용 메모리가 이 임계 값 아래로 내려가면, wakeup_bdflush() 함수를 통해 깨어났다.

현재의 플러시 스레드와 비교했을 때 bdflush에는 두 가지 주요한 차이점이 있다. 다음 절에서 이야기하겠지만, 첫 번째로는 플러시 스레드는 디스크 개수에 따라 여러 개가 존재하는 데 비해 bdflush 데몬은 항상 하나만 존재한다는 점이다. 두 번째 차이점은 bdflush는 버퍼 기반으로 동작한다는 점이다. bdflush는 오염 버퍼를 기록한다. 반면, 플러시 스레드는 페이지 기반이다. 플러시 스레드는 전체 페이지를 기록한다. 물론 페이지가 실질적으로 버퍼일 수도 있지만, 하나의 버퍼가 아니라, 전체 페이지를 실제 입출력 단위로 사용한다. 페이지가 보다 일반적이고 많이 사용하는 단위이기 때문에, 페이지 관리가 버퍼 관리보다 쉬우므로 이점이 된다.

bdflush는 메모리가 부족하거나 버퍼의 수가 너무 많을 때만 버퍼를 비우기 때문에, 주기적으로 오염 페이지를 기록하기 위해 kupdated 스레드를 도입했다. kupdated 스레드는 wb_writeback() 함수와 동일한 목적을 가지고 있다.

2.6 커널에서 bdflush, kupdated 스레드는 pdflush 스레드로 대체되었다. 오염 페이지 처리page dirty flush라는 말을 줄인 것인데(또 하나의 혼란스러운 이름이다), pdflush 스레드는 지금의 플러시 스레드와 유사하게 동작한다. 주요한 차이점은 pdflush 스레드의 수가 시스템의 입출력 부하에 따라 2개에서 8개까지 동적으로 바뀐다는 점이다. pdflush 스레드는 특정 디스크에 종속되어 있지 않기 때문에, 시스템의 모든 디스크에 대해 동작한다. 따라서 간단하게 구현이 가능하다. 그러나 사용 경쟁이 심한 디스크가 있으면, 해당 디스크에 pdflush 스레드가 몰릴 수 있다는 점과 최근 하드웨어에서는 경쟁 현상이 쉽게 발생한다는 점이 단점이다. 디스크 별로 처리하는 방식으로 바꾸면 입출력 작업을 동기화해서 처리할 수 있으므로 경쟁 해소 방법이 간단해지고 성능도 좋아진다. pdflush 스레드는 2.6.32 커널에서 플러시 스레드로 교체되었다. 디스크 별로 스레드를 둔 다는 점이 주요한 차이 점이다. 그 외 이 절에서 언급한 사항들은 모두 pdflush에도 적용 가능한 이야기이므로 모든 2.6 커널에도 적용 가능하다.

다중 스레드 환경의 경쟁 상태 회피

bdflush 방식의 주요 문제점 중의 하나는 bdflush가 하나의 스레드라는 점이다. 이 때문에 페이지 기록 양이 많을 경우 다른 장치 큐가 상대적으로 여유가 있는 상태라고 하더라도, 경쟁 상태에 있는 장치 큐(디스크 작업 대기 중인 입출력 요청 목록) 하나에 bdflush 스레드가 묶여 있는 상황이 발생할 수 있다. 시스템에 여러 개의 디스크가 있고, 디스크 처리 여력이 있다면, 커널은 각각의 디스크를 활용해야 한다. 불행히도, 기록이 필요한 데이터가 상당량 있다고 하더라도, bdflush 스레드가 큐 하나에 묶여 있다면, 모든 디스크를 활용할 수가 없다. 이런 현상은 디스크의 처리 용량throughput 이 유한하기 (게다가 비교적 작다.) 때문에 발생한다. 하나의 스레드만 페이지 기록을 처리한다면, 디스크 하나의 처리 용량이 상당히 제한되므로 디스크를 기다리는 데 많은 시간을 쓰기 쉽다. 이 문제를 해결하기 위해, 커널은 페이지 기록 작업을 멀티 스레드로 처리할 필요가 있다. 이렇게 하면 장치 큐 하나가 병목 현상을 일으키지 못하게 된다.

　2.6 커널에서는 여러 개의 플러시 스레드를 둠으로써 이 문제를 해결한다. 각 스레드는 독자적으로 오염 페이지를 디스크에 기록하며, 플러시 스레드 별로 다른 장치 큐를 처리한다. pdflush 스레드의 경우에는 스레스 개수가 동적으로 변하며, 각 스레드는 수퍼 블록 단위로 존재하는 오염 리스트의 데이터를 가져다가 디스크에 기록하려고 한다. pdflush 방식을 사용하면, 사용이 빈번한 디스크 하나로 인해 다른 디스크의 처리가 불가능해지는 현상을 막을 수 있다. 여기까지는 좋지만, 만일 모든 pdflush 스레드가 경쟁 상태에 빠진 같은 큐의 기록 작업을 처리하는 데 매달리면 어떻게 될까? 이 경우 여러 개의 pdflush 스레드 성능은 단일 스레드보다 나을 게 없는 상태가 된다. 하지만, 메모리 사용량은 훨씬 더 많다. 이런 현상을 해결하기 위해 pdflush 에는 경쟁 회피 기법이 들어 있다. 스레드는 능동적으로 경쟁 상태가 아닌 큐의 페이지를 기록하려고 시도한다. 그 결과 pdflush 스레드가 작업을 분산처리함으로써 바쁜 장치를 다 같이 두드리는 일을 피할 수 있다.

　이 같은 방식은 상당히 잘 동작하지만, 경쟁 회피 기법이 완벽하지는 않다. 입출력 버스 기술의 개선 속도가 컴퓨터의 다른 부분의 개선 속도에 크게 뒤쳐지는 요즘 시스템에서는 경쟁 상태가 쉽게 발생한다. 프로세서는 무어Moore의 법칙에 따라 점점 더 빨라 지고 있지만, 하드 드라이브는 20년 전에 비해 약간 더 빨라졌을 뿐이다. 게다가, pdflush 외의 다른 입출력 시스템은 경쟁 회피 기법이 들어있지 않다. 그래서 특정한 상황에서는 pdflush가 특정 디스크에 대한 기록 작업을 의도한 것보다 훨씬 더 늦게 처리하기도 한다. 2.6.32에서 사용하는 현재 플러시 스레드 모델의 경우에는 각 스레드가 블록 장치에 연결되어 있기 때문에 해당 블록 장치의 오염 리스트에서 데이터를 받아서 디스크에 기록한다. 따라서 기록 작업이 동기적으로 처리되고, 디스크당 하나의 스레드를 두고 있어서 스레드에 복잡한 경쟁 회비 기법을 넣을 필요가 없다. 이 방식은 공정성을 개선하고, 처리가 영원히 지연되는 위험성을 낮춰준다.

pdflush의 도입에서 플러시 스레드로 이어지는 페이지 기록 방식의 개선으로 인해 2.6 커널은 이전 커널보다 더 많은 디스크를 활용할 수 있게 되었다. 부하가 심한 환경에서도 플러시 스레드는 여러 개의 디스크에 대해 높은 처리 용량을 유지한다.

결론

이 장에서는 리눅스의 페이지 캐시와 페이지 지연 기록 방식에 대해 알아보았다. 커널이 어떻게 모든 페이지 입출력 작업을 페이지 캐시를 거쳐서 수행하는지, 데이터를 메모리에 저장해 디스크 입출력을 줄임으로써 페이지 캐시가 어떻게 시스템 성능을 크게 개선시키는지를 살펴보았다. '오염된dirty' 페이지를 메모리에 두고, 나중에 디스크에 기록하는 지연 기록 방식을 통해 페이지 캐시 기록이 어떻게 처리되는지 알아보았다. 플러시 '갱단gang' 커널 스레드가 최종 페이지 기록 작업을 처리한다.

지난 몇 장을 통해 메모리와 파일시스템 관리에 대해 탄탄히 이해하게 되었다. 이제 장치 드라이버와 모듈로 넘어가서 실행 중에 커널 코드를 추가하거나 제거할 수 있는 동적 모듈 구조를 리눅스 커널이 어떻게 제공하는지 알아보자.

17장
장치와 모듈

이 장에서는 장치 드라이버와 장치 관리를 위한 커널의 네 가지 구성 요소에 대해 설명한다.

- 장치 유형 - 일반적인 장치의 동작을 통합하기 위해 모든 유닉스 시스템에서 사용하는 분류 체계
- 모듈 - 오브젝트 코드(object code)를 리눅스 커널에 필요에 따라 불러 오거나 제거하는 수단
- 커널 객체 -부모 자식 관계 및 간단한 객체 지향 동작을 커널 자료구조에 추가하기 위한 지원 장치
- sysfs - 시스템 장치 구조를 파일시스템 형식으로 표현하는 방식

장치 유형

다른 유닉스 시스템과 마찬가지로, 리눅스의 장치는 다음 세 가지 유형으로 분류한다.

- 블록 장치block devices
- 캐릭터 장치character devices
- 네트워크 장치network devices

줄여서 **blkdevs**라고 표시하는 블록 장치는 장치 별로 정해진 블록block이라는 단위로 접근하게 되며, 보통 위치에 상관 없이 데이터에 접근할 수 있는 탐색seeking 기능을 지원한다. 블록 장치의 예로는 하드 드라이브, 블루레이 디스크, 플래시 같은 메모리 장치를 들 수 있다. 블록 장치는 블록 장치 노드block device node라는 특수 파일을 통해 접근하게 되며, 파일시스템으로 마운트하는 것이 일반적이다. 파일시스템에 대해서는 13장 "가상 파일시스템"에서, 블록 장치에 대해서는 14장 "블록 입출력 계층"에서 다룬 바 있다.

줄여서 **cdevs**라고 표시하는 캐릭터 장치는 일반적으로 원하는 위치의 데이터에 접근하는 장치가 아니라 흘러가는 데이터, 연속적인 (바이트 단위의) 문자 데이터를 제공하는 장치다. 캐릭터 장치의 예로는 키보드, 마우스, 프린터 등의 가상 장치들을 들 수 있다. 캐릭터 장치는 캐릭터 장치 노드character device node라는 특수 파일을 통해 접근한다. 블록 장치와 달리 애플리케이션은 장치 노드를 이용해 캐릭터 장치를 직접 사용한다.

가장 일반적인 형태인 이더넷 장치Ethernet device라고 부르기도 하는 네트워크 장치

는 (노트북의 802.11 무선랜카드 같은) 물리적인 어댑터와 (IP와 같은) 특정 프로토콜을 이용해 (인터넷과 같은) 네트워크에 접속하는 장치다. 네트워크 장치는 '모든 것은 파일이다'라는 유닉스의 설계 철학을 깨고, 장치 노드가 아니라 소켓 API_{socket API}라는 별도의 인터페이스를 사용한다.

리눅스는 이 외에도 몇 가지 다른 장치 유형을 지원하지만, 한 가지 목적에 특화된 것들로 일반적이지 않은 장치 유형이다. 이중 줄여서 miscdevs라고 표시하는 기타 장치_{miscellaneous devices} 정도를 예외로 볼 수 있는데, 이 장치는 사실 단순화한 캐릭터 장치다. 장치 드라이버 개발자는 기타 장치를 이용해 공통된 기반 장치를 활용함으로써 간단한 장치의 기능을 쉽게 구현할 수 있다.

모든 장치 드라이버가 물리적 장치를 표현하는 것은 아니다. 일부 장치 드라이버는 가상적_{virutal}으로 존재하며 커널의 특정 기능에 대한 접근을 제공한다. 이런 장치들은 가상 장치_{pseudo devices}라고 부르며, 대표적으로 커널 난수 생성기(kernel random number generator, /dev/random, /dev/urandom을 통해 접근할 수 있다.), 널 장치_{null device}, /dev/null, 제로 장치_{zero device}, /dev/zero, 풀 장치_{full device}, /dev/full, 메모리 장치_{memory device}, /dev/mem 등을 들 수 있다. 하지만 대부분의 장치 드라이버는 물리적인 하드웨어를 표현한다.

모듈

전체 커널이 하나의 주소 공간에서 실행된다는 점에서 리눅스 커널은 '단일_{monolithic}' 커널이지만, 실행 중에 동적으로 코드를 삽입하고 제거하는 기능을 지원하므로 리눅스 커널은 모듈화되어 있기도 하다. 관련 하위 함수, 데이터, 시작 위치 및 종료 위치가 하나로 묶여 있는 바이너리 이미지인, 동적으로 불러 올 수 있는 커널 객체를 모듈_{module}이라고 부른다. 모듈을 사용해, 시스템은 최소한의 기본 커널 이미지만 가지고, 선택적인 기능 및 드라이버는 별도의 적재 가능한 객체로 보관할 수 있다. 또한 모듈을 사용해 커널 코드를 제거하고 다시 넣음으로써 디버깅이 용이해 지며, 동작 중인 시스템에 새로운 장치를 추가하는 경우에도 필요한 드라이버를 새로 불러들이는 것이 가능하다.

이 장에서는 커널의 모듈에 숨겨진 마법과 모듈을 작성하는 방법에 대해 알아본다.

Hello, World!

커널의 핵심 구성 요소를 개발하는 지금까지 살펴본 대부분의 내용과 달리 모듈 개발은 새로운 애플리케이션을 작성하는 것과 더 비슷하다. 모듈은 파일 내에 최소한 자신의 시작 위치와 종료 위치가 있다.

진부하지만, 이 즈음에서 "Hello, World!" 프로그램을 본 따 작성해보는 것도 좋을 것이다. 다음은 커널 모듈에 대한 "Hello, World!" 프로그램이다.

```
/*
 * hello.c - Hello, World! 커널 모듈
 */

#include <linux/init.h>
#include <linux/module.h>
#include <linux/kernel.h>

/*
 * hello_init - 초기화 함수, 모듈이 추가할 때 실행된다.
 * 성공적으로 추가되면 0을 반환하고, 실패하면 0이 아닌 값을 반환한다.
 */
static int hello_init(void)
{
        printk(KERN_ALERT "I bear a charmed life.\n");
        return 0;
}

/*
 * hello_exit - 종료 함수, 모듈이 제거될 때 실행된다.
 */
static void hello_exit(void)
{
        printk(KERN_ALERT "Out, out, brief candle!\n");
}

module_init(hello_init);
module_exit(hello_exit);
```

```
MODULE_LICENSE("GPL");
MODULE_AUTHOR("Shakespeare");
MODULE_DESCRIPTION("A Hello, World Module");
```

　　이는 가능한 가장 간단한 커널 모듈이다. `module_init()` 함수를 통해 모듈의 시작 지점으로 `hello_init()` 함수를 등록한다. 커널은 모듈이 추가될 때 `hello_init()` 함수를 호출한다. `module_init()` 호출은 사실 함수 호출이 아니라 매크로이며, 해당 모듈의 초기화 함수 인자 하나를 받아 설정한다. 모든 **init** 함수는 다음 같은 형태로 되어 있어야 한다.

```
int my_init(void);
```

　　init 함수는 보통 외부 코드에서 직접 호출하지 않으므로 파일 범위 밖으로 해당 함수를 노출할 필요가 없으며, `static`으로 지정할 수 있다.

　　초기화 함수는 `int` 형을 반환한다. 초기화 작업(또는 초기화 함수에서 수행하는 어떤 작업)이 성공했다면 이 함수는 0을 반환해야 한다. 실패했을 경우에는 모든 초기화 작업을 되돌려 놓고 0이 아닌 값을 반환해야 한다.

　　예로 든 초기화 함수는 간단한 메시지를 출력하고 0을 반환한다. 실제 모듈의 경우에는 자원 등록, 하드웨어 초기화, 자료구조 할당 등의 작업을 수행한다. 이 파일이 커널에 정적으로 컴파일되면 초기화 함수는 커널 이미지에 들어가 커널이 시작할 때 실행된다.

　　`module_exit()` 함수는 모듈의 종료 위치를 등록한다. 이 예에서는 `hello_exit()` 함수를 등록한다. 커널은 모듈이 메모리에서 제거될 때, 이 함수를 호출한다. 종료 함수는 자원 해제, 하드웨어 종료 및 재설정 등의 정리 작업을 수행한다. 간단히 말하자면, 종료 함수의 의무는 **init** 함수가 한 작업과 모듈이 실행되는 동안 한 작업을 되돌려 놓는 것이라고 할 수 있다. 종료 함수가 반환된 다음 모듈이 제거된다.

　　종료 함수는 다음 형태로 되어 있어야 한다.

```
void my_exit(void);
```

　　init 함수와 마찬가지로 이 함수도 `static`으로 지정할 수 있다.

　　모듈 파일이 커널 이미지에 정적으로 컴파일되어 들어갈 때 종료 함수는 이미지에 들어가지 않는다. 모듈 형태가 아닐 때는 모듈 코드가 메모리에서 제거될 일이 없으므로 종료 함수는 절대 호출되지 않는다.

MODULE_LICENSE() 매크로로는 해당 파일의 저작권 정보를 지정한다. GPL을 따르지 않는 모듈이 메모리에 추가되면 커널의 오염 플래그tainted flag가 설정된다. 저작권 정보에는 두 가지 목적이 있다. 첫 번째는 정보 제공 목적이다. 커널에 오류가 발생했을 때, 오염 플래그가 설정되어 있으면 바이너리 형태로만 제공되는, 즉 디버그할 수 없는 모듈이 커널에 들어 있었다고 볼 수 있으므로 커널 개발자들은 버그 리포트의 내용을 덜 믿는 경우가 많다. 두 번째로 GPL을 따르지 않는 모듈은 GPL만을 허용하는 심볼을 호출할 수 없다. GPL만을 허용하는 심볼에 대해서는 뒷부분의 "노출 심볼exported symbols" 절에서 자세히 설명한다.

마지막으로 MODULE_AUTHOR()와 MODULE_DESCRIPTION() 매크로는 각각 모듈의 제작자와 모듈에 대한 간단한 설명을 제공한다. 이 매크로의 값들은 전적으로 정보 제공을 목적으로 한다.

모듈 만들기

2.6 커널에서 모듈 만들기는 새로운 kbuild 빌드 시스템 덕분에 이전 버전보다 쉬워졌다. 모듈을 만들기 위해서 첫 번째로 결정해야 할 것은 모듈 소스를 어느 곳에 두느냐는 것이다. 모듈 소스를 패치의 형태나 공식 커널 트리에 병합되는 형태로 커널 소스의 적당한 자리에 추가할 수 있다. 다른 방식으로 커널 소스 트리 밖에서 별도로 모듈 소스를 관리하고 생성하는 방법을 선택할 수도 있다.

소스 트리에 들어 있는 경우

이상적인 경우라면 모듈은 리눅스 공식 배포본의 일부여야 하므로 커널 소스 트리 안에 들어 있어야 한다. 모듈이 커널에 제대로 들어가기 위해서는 선행 작업들이 많다. 하지만 코드가 리눅스 커널에 들어가게 되면 전체 커널 공동체에서 코드 관리 및 디버그 작업을 도와줄 수 있으므로 더 바람직한 방법이다.

모듈을 커널 소스 트리에 넣기로 결정했다면 다음으로 정해야 하는 것은 모듈을 소스 트리 안의 어디에 둘 것인가 하는 점이다. 드라이버는 커널 소스 트리의 최상위에 있는 drivers/ 디렉토리의 하위 디렉토리에 들어 있다. drivers/ 디렉토리 내부는 클래스, 유형, 특정 장치 등에 따라 드라이버들을 구분하고 있다. 예를 들어, 캐릭터 장치는 drivers/char/ 디렉토리에 들어 있으며, 블록 장치는 drivers/block/

디렉토리에, USB 장치는 drivers/usb/ 디렉토리에 들어 있다. 장치가 여러 분류에 속하는 경우가 많기 때문에 규칙은 유연하게 적용된다. 예를 들면, USB 장치는 캐릭터 장치인 경우가 많지만 drivers/char/ 디렉토리가 아닌 drivers/usb/ 디렉토리에 들어 있다. 약간 논란거리가 있긴 하지만 방식만 이해하고 나면 설명이 따로 필요 없는 이해하기 쉬운 구성방식이다.

캐릭터 장치를 drivers/char/ 디렉토리에 추가해야 하는 상황이라고 하자. 이 디렉토리에는 여러 개의 C 소스 파일과 디렉토리가 들어 있다. 소스 파일이 한 두 개 뿐인 드라이버는 간단히 이 디렉토리에 파일을 두면 된다. 소스 파일이 여러 개이거나 부가적인 데이터가 딸려 있는 경우에는 별도의 하위 디렉토리를 만드는 편이 좋을 수 있다. 명확한 법칙이 있는 것은 아니다. 디렉토리를 별도로 추가하는 방식을 사용한다고 가정한다. 이제 Fish Master XL 3000 낚싯대를 컴퓨터에 연결하기 위한 드라이버를 만든다고 하면 drivers/char/ 디렉토리에 fishing 하위 디렉토리를 만들어야 한다.

그다음 drivers/char/ 디렉토리의 Makefile에 내용 추가가 필요하다. drivers/char/Makefile 파일에 다음 내용을 추가한다.

```
obj-m += fishing/
```

이렇게 하면 빌드 시스템은 모듈을 컴파일할 때 fishing/ 하위 디렉토리도 처리한다. CONFIG_FISHING_POLE과 같은 특정 옵션이 설정된 경우에 드라이버를 컴파일하고 싶은 경우가 많을 것이다(설정 옵션을 새로 추가하는 방법에 대해서는 뒷 부분의 "설정 옵션 관리" 절에서 알아본다). 이럴 때는 위의 내용 대신에 다음을 추가한다.

```
obj-$ (CONFIG_FISHING_POLE) += fishing/
```

마지막으로, drivers/char/fishing/ 디렉토리 안에 다음 내용이 들어 있는 Makefile을 생성한다.

```
obj-m += fishing.o
```

이제 빌드 시스템이 fishing/ 디렉토리 안으로 들어가 fishing.c 파일을 컴파일하면 fishing.ko 모듈 파일을 생성한다. 확장자로 .o를 지정했지만, 모듈 파일의 확장자가 .ko라는 점이 약간 혼란스러울 수 있다. 앞서 말했듯이 낚싯대 드라이버 컴파일 여부를 설정 옵션에 따라 결정하고 싶은 경우가 많을 것이다. 이런 경우에는 다음과 같이 지정한다.

```
obj-$(CONFIG_FISHING_POLE) += fishing.o
```

나중에 (낚싯줄 자동 인식 기능이 '반드시 필요한' 상황이 된다든지 해서) 낚싯대 드라이버가 아주 복잡해지면 소스 코드 양이 많아져서 파일이 여러 개가 될 수도 있다. 그래도 문제 없다! Makefile을 다음과 같이 수정하면 된다.

```
obj-$(CONFIG_FISHING_POLE) += fishing.o
fishing-objs := fishing-main.o fishing-line.o
```

이제, CONFIG_FISHING_POLE이 설정되면 fishing-main.c, fishing-line.c 파일을 컴파일해서 fishing.ko 모듈을 생성한다.

한 가지 더. 해당 모듈 빌드 과정에만 C 컴파일러에 특정 컴파일 플래그 지정이 필요할 수 있다. 이를 위해서는 모듈의 Makefile에 다음 내용만 추가하면 된다.

```
EXTRA_CFLAGS += -DTITANIUM_POLE
```

별도의 디렉토리를 생성하지 않고 모듈 소스 파일을 그냥 drivers/char/ 디렉토리에 두기로 했다면 앞에 언급했던(drivers/char/fishing/ 디렉토리의 Makefile에 넣었던) 내용을 drivers/char/Makefile에 추가하면 된다.

컴파일하려면 통상적인 커널 빌드 프로세스를 진행한다. CONFIG_FISHING_POLE 과 같은 설정에 따라 선택적으로 모듈이 빌드되는 경우에는 시작하기 전에 옵션이 설정되었는지 확인해야 한다.

소스 트리 외부에 있는 경우

모듈을 커널 소스 트리 밖에서 빌드하고 관리하는 아웃사이더의 인생을 선택했다면 소스 디렉토리 안에 다음 한 줄이 들어 있는 간단한 Makefile을 만든다.

```
obj-m := fishing.o
```

그러면 fishing.c 파일을 컴파일해 fishing.ko 파일을 만든다. 소스 파일이 여러 개라면 다음 두 줄을 사용한다.

```
obj-m := fishing.o
fishing-objs := fishing-main.o fishing-line.o
```

fishing-main.c, fishing-line.c 파일을 컴파일해 fishing.ko 파일을 생성한다. 커널 소스 트리 외부에 두는 방식의 주요한 차이점은 빌드 과정에 있다. 모듈이 커널 트리 밖에 있으므로 make에 커널 소스 파일의 위치와 기본 **Makefile**을 알려줘야 한다. 이 작업도 다음과 같이 간단히 처리할 수 있다.

```
make -C /kernel/source/location SUBDIRS=$PWD modules
```

이 예에서는 설정된 커널 소스 트리가 /kernel/source/location 디렉토리에 있다고 가정했다. 작업 중인 커널 소스 트리는 /usr/src/linux가 아닌, 쉽게 접근이 가능한 홈 디렉토리 같은 데 두어야 한다는 점을 명심하자.

모듈 설치

컴파일된 모듈은 /lib/modules/버전/kernel/ 디렉토리 아래에 있는 커널 소스 트리 상의 모듈 디렉토리에 해당하는 위치에 설치된다. 예를 들어 모듈 소스의 위치가 drivers/char/ 디렉토리였다면 2.6.34 버전 커널의 낚싯대 모듈의 위치는 /lib/modules/2.6.34/kernel/drivers/char/fishing.ko가 될 것이다.

다음 명령을 사용해 컴파일된 모듈을 올바른 위치에 설치할 수 있다.

```
make modules_install
```

이 명령은 루트 권한으로 실행해야 한다.

모듈 의존성 생성

리눅스 모듈 도구들은 의존성을 인지한다. 이 말은, chum(밑밥) 모듈은 bait(미끼) 모듈에 의존적인 것으로 설정이 가능하며, 이 경우 chum 모듈을 커널에 추가하면 자동으로 bait 모듈도 커널에 추가된다는 것을 뜻한다. 이 같은 의존성 정보를 반드시 생성해야 한다. 대부분의 리눅스 배포판은 연결 정보를 자동으로 생성하고, 시스템을 시작할 때마다 최신 정보로 갱신한다. 모듈 의존성 정보를 생성하려면 루트 권한으로 다음 명령만 실행하면 된다.

```
depmod
```

갱신 작업을 빠르게 하려고 새로 변경된 모듈 정보만 다시 생성하려면 루트 권한으로 다음 명령을 실행한다.

```
depmod -A
```

모듈 의존성 정보는 /lib/modules/버전/modules.dep 파일에 저장된다.

모듈 적재

모듈을 메모리에 추가하는 가장 간단한 방법은 insmod를 사용하는 것이다. 가장 기본적인 도구다. 이 도구는 커널에 지정한 모듈 추가를 요청한다. insmod 프로그램은 의존성 해결이나 복잡한 오류 확인 작업 같은 일을 전혀 하지 않는다. 사용법은 간단하다. 명령을 루트 권한으로 다음과 같이 실행하면 된다.

```
insmod module.ko
```

module.ko는 추가하려는 모듈의 파일명이다. 낚싯대 모듈을 추가하려면 루트 권한으로 다음 명령을 실행하면 된다.

```
insmod fishing.ko
```

비슷한 방식으로 모듈을 제거할 때에는 rmmod 도구를 사용한다. 루트 권한으로 다음 명령을 실행한다. module은 이미 추가된 모듈의 이름이다.

```
rmmod module
```

예를 들면, 다음 명령을 통해 낚싯대 모듈을 제거할 수 있다.

```
rmmod fishing
```

그러나 이 도구들은 지능적이지 않다. modprobe 도구는 의존성 해소, 오류 검사 및 보고, 동작 설정 등의 고급 기능들을 제공한다. modprobe 사용을 적극 권장한다. modprobe를 사용해 커널에 모듈을 추가하려면 루트 권한으로 다음 명령을 실행한다.

```
modprobe module [ 모듈 인자 ]
```

module은 추가하려는 모듈의 이름이다. 뒤에 이어지는 부분은 부가적인 모듈의 인자로 넘어간다. 모듈 인자에 대해서는 "모듈 인자" 절을 참고하라.

modprobe 명령은 요청한 모듈 뿐 아니라, 해당 모듈이 필요로 하는 다른 모듈도 설치한다. 따라서 커널 모듈을 설치할 때는 이 명령을 사용하는 것이 좋다.

커널에서 모듈을 제거할 때도 modprobe 명령을 사용할 수 있다. 모듈을 제거하기 위해서는 루트 권한으로 다음 명령을 실행한다.

```
modprobe -r modules
```

modules 자리에는 제거하고자 하는 하나 이상의 모듈을 지정할 수 있다. rmmod와 달리 modprobe는 지정한 모듈이 의존성을 가지고 있는 다른 모듈도 사용되지 않으면 같이 제거한다. 자주 사용하지 않는 modprobe의 옵션에 대해서는 리눅스 메뉴얼 페이지 8절을 참고하자.

설정 옵션 관리

이 장의 앞 절에서 CONFIG_FISHING_POLE 옵션이 설정된 경우에만, 낚싯대 모듈을 컴파일하는 법을 살펴 보았다. 설정 옵션에 대해서는 다른 장에서도 알아 본 바 있지만, 이번에는 낚싯대 장치 드라이버를 예로 들어 실제 옵션을 추가하는 방법을 살펴 보자.

새로운 2.6 커널의 'kbuild' 시스템 덕분에, 설정 옵션을 쉽게 추가할 수 있다. 커널 소스 트리의 해당 부분을 가리키는 항목을 Kconfig 파일에 추가하기만 하면 된다. 드라이버의 경우에는 소스가 들어있는 디렉토리에 이 파일이 있다. 낚싯대 드라이버가 drivers/char/ 디렉토리에 있다면 drivers/char/Kconfig 파일을 사용하면 된다.

하위 디렉토리를 새로 만들어 새로운 Kconfig 파일을 추가했다면 기존의 Kconfig 파일이 새로 추가한 파일을 읽어야 한다. 기존 Kconfig 파일에 다음 내용을 추가하면 된다.

```
source "drivers/char/fishing/Kconfig"
```

예제에서는 drivers/char/Kconfig 파일에 추가하면 될 것이다.

Kconfig 파일에 항목을 추가하는 것은 간단하다. 낚싯대 모듈의 경우에는 다음과 같이 내용을 추가할 수 있다.

```
config FISHING_POLE
    tristate "Fish Master 3000 support"
    default n
    help
      If you say Y here, support for the Fish Master 3000 with computer
      interface will be compiled into the kernel and accessible via a device
          node.
      You can also say M here and the driver will be built as a module named
          fishing.ko.

      If unsure, say N.
```

첫 번째 줄에서는 해당 항목이 나타내는 설정 옵션을 지정한다. 접두사 CONFIG_는 당연한 것으로 보고 표시하지 않는다.

두 번째 줄에서는 이 옵션이 커널에 포함(Y), 모듈로 빌드(M), 빌드하지 않음(N), 세 가지 선택이 가능한 삼중 선택tristate 옵션이라는 것을 표시하고 있다. 장치 드라이버가 아닌, 기능에 대한 옵션이라 모듈 빌드 옵션이 필요 없는 경우에는 tristate 대신 bool 지시자를 사용한다. 지시자 뒤의 따옴표로 묶인 문자열은 여러 설정 도구에서 사용하는 이 옵션의 이름을 나타낸다.

세 번째 줄에는 이 옵션의 기본값으로 빌드 하지 않음(n)이 지정된다. 커널에 포함(y)이나, 모듈로 빌드(m)하는 경우를 기본값으로 지정할 수도 있다. 장치 드라이버의 경우에는 보통 빌드 하지 않음(n)을 기본값으로 지정한다.

help 지시자는 들여 쓰기된 나머지 부분이 해당 항목에 대한 도움말임을 표시한다. 여러 설정 도구에서 이 내용을 필요에 따라 사용한다. 개발자가 직접 커널을 빌드할 때 참고하는 내용이므로, 간결하고 기술적인 표현을 사용할 수 있다. 보통 일반 사용자는 커널을 직접 빌드하지 않으며, 직접 빌드하는 경우라면 설정 도움말을 이해할 수 있을 것이라고 가정해도 된다.

다른 옵션도 있다. depends 지시자는 해당 옵션을 설정하기 위해 필요한 다른 옵션을 표시한다. 의존성이 해소되지 않은 경우에는 옵션이 활성화되지 않는다. 예를 들어, **Kconfig**에 다음 지시자을 추가한다면 CONFIG_FISH_TANK 옵션이 설정되어 있어야 해당 모듈을 (y 또는 m으로) 활성화시킬 수 있다.

```
depends on FISH_TANK
```

select 지시자는 depends와 비슷하지만, 옵션 설정 시 지정한 옵션을 강제로 활성화시킨다는 점이 다르다. select 지시자는 다른 옵션을 자동으로 활성화시키기 때문에 depends처럼 자주 사용해서는 안 된다. 다음과 같이 설정하면 CONFIG_ FISHING_ POLE 옵션을 설정할 때마다 CONFIG_BAIT 옵션도 설정된다.

```
select BAIT
```

select, depends 지시자는 &&를 사용해 여러 옵션을 지정할 수 있다. depends 지시자의 경우 옵션 이름 앞에 느낌표를 붙여서 활성화되어서는 안 되는 옵션을 지정할 수도 있다. 예를 들어보자.

```
depends on EXAMPLE_DRIVERS && !NO_FISHING_ALLOWED
```

이렇게 지정하면 이 드라이버는 CONFIG_EXAMPLE_DRIVERS가 설정되어 있고, CONFIG_NO_FISHING_ALLOWED는 설정되어 있지 않아야 동작한다.

tristate와 bool 옵션 다음에 if 지시자가 올 수 있는데, 이 경우 전체 옵션이 다른 설정 옵션의 조건에 따르게 된다. 조건을 만족하지 않는 경우에는 설정 옵션이 비활성화될 뿐 아니라, 설정 도구에 표시되지도 않는다. 예를 들어, 다음 구문을 사용하면 설정 시스템이 CONFIG_OCEAN이 설정된 경우에만 해당 옵션을 노출하게 할 수 있다. 즉 deep sea mode는 CONFIG_OCEAN이 설정된 경우에만 제공된다.

```
bool "Deep Sea Mode" if OCEAN
```

if 지시자 다음에는 default 지시자가 올 수 있는데, 이러면 조건을 만족하는 경우에만 기본값을 지정한다.

설정 시스템은 설정을 쉽게 하기 위해 몇 가지 부가옵션을 제공한다. CONFIG_ EMBEDDED 옵션은 (임베디드 시스템에서 메모리를 절약하기 위해) 주요 기능을 비활성화시키는 옵션들을 보고 싶을 때만 사용하는 옵션이다. CONFIG_BROKEN_ON_SMP 옵션은 SMP 에서 안전하게 동작하지 않는 드라이버를 표시하는 옵션이다. 정상적인 경우 이 옵션은 설정되어 있지 않으므로, 사용자가 결함을 명확히 인지하고 사용한다. 새로운 드라이버들은 당연히 이 플래그를 사용해선 안 된다. CONFIG_DEBUG_ KERNEL 옵션은 디버깅 관련 옵션들을 표시해 준다. 마지막으로 CONFIG_ EXPERIMENTAL 옵션은 실험적이거나 아직 베타 수준의 품질을 가지고 있는 옵션을 표시하는 데 사용한다. 이 옵션도 기본적으로 설정되지 않으므로, 관련 드라이버를 활성화할 때, 사용자에게 그 위험성을 명확히 알려줄 수 있다.

모듈 인자

리눅스 커널은 간단한 프레임워크를 통해, 드라이버에서 시스템을 시작할 때나 모듈을 설치할 때 값을 전달할 수 있는 인자를 만들고, 드라이버 안에서 전역 변수로 사용하는 것이 가능하다. 모듈 인자는 (이 장에서 살펴볼) sysfs에도 표시된다. 따라서 여러 방법 중 하나를 선택하는 모듈 인자를 만들고 관리하는 것이 간단해졌다.

모듈 인자를 정의하기 위해서는 module_param() 매크로를 사용한다.

```
module_param(name, type, perm);
```

name은 모듈 내에서 인자 값을 저장하는 변수이며, 사용자에게 노출되는 인자의 이름이다. type은 인자의 데이터 형을 지정한다. byte, short, ushort, int, uint, long, ulong, charp, bool, invbool 중 한 가지를 사용할 수 있다. 각각은 byte, short integer, unsigned short integer, integer, unsigned integer, long integer, unsigned long integer, char 포인터, Boolean, 사용자가 지정한 것과 반대로 동작하는 Boolean 등에 해당한다. byte 형은 하나의 char 형 변수에 저장되며, Boolean 형은 int 형 변수에 저장된다. 나머지는 해당 C의 기본형 데이터를 사용한다. 마지막으로 perm은 인자에 해당하는 sysfs 파일의 권한을 지정한다. 권한은 0644와 같은 (소유자 읽고 쓰기 가능, 그룹 사용자 읽기 가능, 기타 사용자 읽기 가능) 전형적인 8진수 형식을 사용하거나, S_IRUGO | S_IWUSR 처럼(기타 사용자 읽기 가능, 소유자는 쓰기도 가능) S_Ifoo 형식을 조합해서 지정할 수 있다. 이 값으로 0을 지정하면 sysfs에 항목이 생기지 않는다.

이 매크로는 값을 지정해 주지는 않는다. 매크로를 사용하기 전에 값을 지정해 주어야 한다. 따라서 보통 다음과 같은 방식으로 사용한다.

```
/* 낚싯대에 살아 있는 미끼의 허용 여부를 제어하는 모듈 인자 */
static int allow_live_bait = 1; /* 기본값은 허용 */
module_param(allow_live_bait, bool, 0644); /* Boolean 형으로 지정 */
```

이 코드는 모듈 소스 파일의 가장 바깥 쪽에 있어야 한다. 다시 말해, allow_live
_bait는 모듈 내에서 전역 변수다.

외부에 노출되는 인자의 이름과 다른 이름으로 내부 변수를 사용할 수도 있다.
이 경우에는 module_param_named()를 사용한다.

```
module_param_named(name, variable, type, perm);
```

name은 외부에 노출되는 인자의 이름이고, variable은 내부의 전역 변수 이름이다.

```
static unsigned int max_test = DEFAULT_MAX_LINE_TEST;
module_param_named(maximum_line_test, max_test, int, 0);
```

보통 모듈 인자로 문자열을 받을 때 charp 형을 사용한다. 커널은 사용자가 지정
한 문자열을 복사하고 지정한 변수로 복사한 문자열을 가리킨다.

```
static char *name;
module_param(name, charp, 0);
```

정말 필요한 경우라면 사용자가 지정한 문자열을 직접 문자 배열에 복사하라고
커널에 지시할 수 있다. 이 경우에는 module_param_string()을 사용한다.

```
module_param_string(name, string, len, perm);
```

name은 외부에 노출된 인자 이름이며, string은 내부 변수 이름, len은 string
변수의 버퍼 크기(또는 딱히 그럴 필요는 없지만, 버퍼 크기보다 작은 값), perm은 sysfs 파일
권한(0을 지정하면 sysfs 항목 표시 안함)이다.

```
static char species[BUF_LEN];
module_param_string(specifies, species, BUF_LEN, 0);
```

module_param_array()를 사용하면 C 배열에 저장된 쉼표로 구분된 인자 목록
을 처리할 수도 있다.

```
module_param_array(name, type, nump, perm);
```

name은 역시 외부 인자 이름이자, 내부 변수 이름이며, **type**은 데이터 형, perm은 **sysfs** 권한이다. 새로 등장한 nump는 커널이 배열에 저장할 항목 개수가 들어있는 정수를 가리키는 포인터이다. name이 가리키는 배열은 정적으로 할당된 것이어야 한다. 커널은 컴파일 시점에 배열 크기를 고정시키기 때문에 경계를 넘어가는 일이 없어야 한다. 사용법은 간단하다.

```
static int fish[MAX_FISH];
static int nr_fish;
module_param_array(fish, int, &nr_fish, 0444);
```

module_param_array_named()를 사용하면 내부 배열의 이름을 외부에 노출되는 인자 이름과 다르게 지정할 수 있다.

```
module_param_array_named(name, array, type, nump, perm);
```

사용하는 인자는 다른 매크로와 동일하다.

마지막으로 MODULE_PARM_DESC()를 사용해 모듈 인자에 대한 설명을 추가할 수 있다.

```
static unsigned short size = 1;
module_param(size, ushort, 0644);
MODULE_PARM_DESC(size, "The size in inches of the fishing pole.");
```

살펴본 모든 매크로는 <linux/module.h> 파일에 들어 있다.

노출 심볼

모듈이 메모리에 설치되면 모듈은 커널과 동적으로 링크된다. 사용자 공간과 마찬가지로, 동적으로 링크된 실행 코드는 명시적으로 노출된 외부용 함수만 호출할 수 있다. 커널의 경우 EXPORT_SYMBOL() 및 EXPORT_SYMBOL_GPL()이라는 특별한 지시자를 통해 이를 처리한다.

노출 선언된 함수는 모듈에서 사용할 수 있다. 노출 선언되지 않은 함수는 모듈에서 사용할 수 없다. 모듈 코드에 대한 링크 및 호출 규칙은 내부 커널 이미지보다 훨씬 더 엄격하다. 내부 소스 파일들은 모두 하나의 기본 이미지로 링크되기 때문에 내부 코드에서는 정적으로 선언되지 않은 모든 커널 인터페이스를 호출할 수 있다. 노출 선언된 심볼은 당연히 정적 인터페이스가 아니다. 노출 선언된 커널 심볼들을 묶어 노출 커널 인터페이스exported kernel interfaces라고 한다.

심볼을 노출 선언하는 것은 쉽다. 함수를 선언한 다음 EXPORT_SYMBOL()을 뒤에 붙인다.

```
/*
 * get_pirate_beard_color - 현재 해적의 턱수염 색깔을 반환한다.
 * @pirate는 pirate 구조체 포인터다.
 * 색깔은 <linux/beard_colors.h> 파일에 정의된다.
 */
int get_pirate_beard_color(struct pirate *p)
{
        return p->beard.color;
}
EXPORT_SYMBOL(get_pirate_beard_color);
```

헤더 파일을 통해 접근 가능하게 get_pirate_beard_color() 함수를 선언했다면 모든 모듈에서 사용할 수 있다.

GPL을 따르는 모듈에 대해서만 인터페이스에 대한 접근을 허용하고 싶을 수 있다. MODULE_LICENSE() 지시자를 이용하면 이런 제약을 커널 링커가 처리할 수 있다. 앞의 함수에 대해 GPL 라이센스를 따르는 모듈에 대해서만 접근을 허용하고자 한다면 다음과 같이 지정한다.

```
EXPORT_SYMBOL_GPL(get_pirate_beard_color);
```

해당 코드를 모듈로 설정이 가능하다면 모듈로 컴파일되는 소스에서 사용하는 모든 인터페이스가 노출된 인터페이스인지 확인해야 한다. 그렇지 않은 경우에는 링크 오류가 발생한다. 그리고 제대로 동작하지 않는 모듈이 만들어진다.

장치 모델

2.6 리눅스 커널의 새로운 중요한 기능으로 통합 장치 모델device model 추가가 있다. 장치 모델을 통해 시스템의 장치와 장치간 관계를 표현하는 단일 체계를 제공한다. 이 시스템을 통해 다음과 같은 장점을 얻을 수 있다.

- 코드 중복 최소화
- 참조 회수 등의 공통 기능을 제공하는 체계
- 시스템의 모든 장치를 나열하고, 상태를 확인하고, 장치가 연결된 버스를 확인하는 기능
- 버스의 모든 연결 상태를 포함해, 시스템 장치 전체의 유효하고 완전한 트리 구조를 생성하는 기능
- 장치와 장치 드라이버를 서로 연결하는 기능
- 물리적 장치 구조를 알 필요 없이, 장치를 입력 장치, 클래스 등에 따라 분류하는 기능
- 장치를 올바른 순서대로 전원을 차단할 수 있도록, 장치 트리를 말단에서 루트까지 탐색하는 기능

장치 모델을 도입 초기의 궁극적인 의도는 전원 관리 기능 운용에 필요한 정확한 장치 트리를 제공하는 것이다. 커널에 장치 수준의 전원 관리 기능을 구현하기 위해서는 시스템의 장치 구조를 표현하는 트리를 구축할 필요가 있다. 예를 들면, 드라이브가 어느 컨트롤러에 연결됐는지, 어느 장치가 어느 버스에 연결됐는지 등의 정보가 필요하다. 커널이 전원을 차단할 때, 트리의 상위 노드보다 하위 노드(말단)에 연결된 장치부터 차단해야 한다. 커널이 USB 컨트롤러를 끄기 전에 USB 마우스를 꺼야 하며, PCI 버스의 전원을 끄기 전에 USB 컨트롤러를 꺼야 한다. 전체 시스템에 대해 이런 작업을 정확하고 효율적으로 진행하기 위해서는 장치 트리가 필요하다.

Kobjects

장치 모델의 중심에는 커널 객체kernel object를 줄여서 표현한 kobject가 있다. 이 객체는 <linux/kobject.h> 파일에 정의된 struct kobject 구조체로 표현한다. kobject는 C#이나 자바 같은 객체지향 언어에서 사용하는 Object 클래스와 비슷하다. 이

클래스는 참조 횟수, 이름, 부모 포인터, 객체 계층 구조 생성 등과 같은 기본 기능을
제공한다.

더 이상의 설명 없이 구조체를 살펴보자.

```
struct kobject {
        const char              *name;
        struct list_head        entry;
        struct kobject          *parent;
        struct kset             *kset;
        struct kobj_type        *ktype;
        struct sysfs_dirent     *sd;
        struct kref             kref;
        unsigned int            state_initialized:1;
        unsigned int            state_in_sysfs:1;
        unsigned int            state_add_uevent_sent:1;
        unsigned int            state_remove_uevent_sent:1;
        unsigned int            uevent_suppress:1;
};
```

name 포인터는 해당 kobject의 이름을 가리킨다.

parent 포인터는 해당 kobject의 부모 객체를 가리킨다. 이런 방식을 통해 kobject
로 커널 객체의 계층 구조를 만들 수 있고, 여러 객체 간의 관계를 표현할 수 있다.
앞으로 보겠지만, 이는 사실 sysfs에 해당한다. 커널 내부의 kobject 객체 계층 구조를
표현하는 사용자 공간 파일시스템이다.

sd 포인터는 sysfs에 해당 kobject를 표현하는 sysfs_dirent 구조체를 가리킨다.
이 구조체 안에는 sysfs 파일시스템의 kobject를 표현하는 inode 구조체가 들어 있다.

kref 구조체는 참조 횟수를 제공한다. ktype 및 kset 구조체는 kobject 구조체
분류 정보를 제공한다. 이에 대해서는 다음 두 절에서 알아본다.

kobject는 보통 다른 구조체 안에 들어가 있기 때문에, 독자적으로 주목을 받는
경우는 별로 없다. 이보다는 kobj 항목을 가지고 있는 <linux/cdev.h> 파일에 정의
된 struct cdev라는 더 중요한 구조체를 살펴보자.

```
/* cdev 구조체 - 문자 장치를 표현하는 구조체 */
struct cdev {
        struct kobject             kobj;
        struct module              *owner;
        const struct file_operations *ops;
        struct list_head           list;
        dev_t                      dev;
        unsigned int               count;
};
```

kobject가 다른 구조체에 들어가면 해당 구조체는 kobject 객체가 제공하는 표준 함수를 쓸 수 있다. 더 중요한 것은 구조체에 들어간 kobject를 통해, 해당 구조체를 계층 구조에 추가할 수 있다는 것이다. 부모 객체를 가리키는 cdev→kobj.parent 포인터와 cdev→kobj.entry 리스트 포인터를 사용해 kobject 계층 구조 안에 cdev 구조체를 넣을 수 있다.

Ktypes

kobject는 커널 객체 유형kernel object type의 줄임말에 해당하는 ktype이라는 특정 유형에 속한다. ktype은 <linux/kobject.h> 파일에 정의된 struct kobj_type 구조체로 표현한다.

```
struct kobj_type {
        void (*release)(struct kobject *);
        const struct sysfs_ops   *sysfs_ops;
        struct attribute         **default_attrs;
};
```

ktype은 kobject 객체 군의 기본 동작을 정의하는 간단한 역할을 한다. kobject별로 각자 동작을 정의하지 않고, 동작을 ktype에 저장하며, 같은 "유형type"의 kobject는 같은 ktype 구조체를 가리키므로 같은 동작을 사용한다.

release 포인터는 kobject의 참조 횟수가 0이 되면 호출되는 소멸자deconstructor를 가리킨다. 이 함수는 kobject가 사용한 모든 메모리 해제 및 기타 정리 작업을 책임진다.

sysfs_ops 변수는 sysfs_ops 구조체를 가리킨다. 이 구조체는 sysfs 상의 파일을 읽고 쓰는 데 필요한 동작을 정의한다. 이에 대해서는 "sysfs에 파일 추가" 절에서 자세히 설명한다.

마지막으로 default_attrs는 attribute 구조체 배열을 가리킨다. 이 구조체는 해당 kobject와 관련된 기본 속성attribute를 정의한다. 속성은 주어진 객체의 특성을 표현하는 역할을 한다. 해당 kobject가 sysfs를 사용할 경우, 속성은 파일로 표현된다. 배열의 마지막 항목은 NULL 포인터로 마감되어 있어야 한다.

Ksets

커널 객체 집합kernel object set을 뜻하는 kset은 kobject를 모아 놓은 것이다. kset은 커널 객체를 모아 두는 기본 저장 클래스로, "모든 블록 장치"와 같은 방식으로 관련 있는 kobject를 한 곳에 모아 두는 데 사용한다. kset은 ktype과 비슷하게 느껴지기 때문에, 바로 "왜 두 가지가 있는가?"라는 질문이 나올 수 있다. kset은 관련된 커널 객체를 모으는 반면, ktype은 (기능적 관련성 유무와 상관 없이) 공통 동작을 공유하는 커널 객체를 묶는 것이다. 이 때문에 동일한 ktype에 속한 kobject가 다른 kset에 속하는 경우도 가능하다. 즉 리눅스 커널에는 소수의 ktype이 존재하지만 kset의 수는 많다. kset 포인터는 kobject가 속한 kset을 가리킨다. kset은 <linux/kobject.h> 파일에 정의된 kset 구조체로 표현한다.

```
struct kset {
        struct list_headlist;
        spinlock_t  list_lock;
        struct kobject  kobj;
        struct kset_uevent_ops *uevent_ops;
};
```

이 구조체에서 list는 해당 kset에 속하는 모든 kobject가 들어있는 연결 리스트이며, list_lock은 이 리스트의 항목을 보호하는 스핀락이다(스핀락에 대해서는 10장 "커널 동기화 방법"을 참고하라). kobj는 해당 집합의 기본 클래스를 나타내는 kobject를 뜻하며, uevent_ops는 이 kset에 kobject가 추가되었을 때 수행할 동작을 나타내는 구조체를 가리킨다. uevent는 사용자 이벤트user event를 뜻하는 것으로, 시스템 동작 중에 장치가 추가되거나 제거되는 경우에 사용자 공간에 정보를 전달하는 절차를 제공한다.

kobject, ktype, kset의 상관 관계

지금까지 알아본 몇 안 되는 구조체들은 개수나(겨우 세 개 뿐이다) 복잡도(모두 상당히 간단하다) 때문이 아니라, 서로 서로가 얽혀있기 때문에 혼란스럽다. kobject의 세계에서는 다른 구조체를 빼 놓고는 어느 하나의 구조체도 설명하기가 어렵다. 하지만 지금까지 알아본 각 구조체의 기본적인 내용을 바탕으로 살펴보면 이들 간의 관계를 확실히 이해할 수 있을 것이다.

중요한 핵심 객체는 struct kobject로 표현되는 kobject이다. kobject는 참조 횟수, 종속 관계, 이름 같은 커널 자료구조의 기본적인 객체 속성을 제공한다. kobject 구조체는 이런 기능들을 표준화된 단일 방식으로 제공한다. kobject는 그 자체만으로는 특별히 쓰임새가 없다. 그 대신, kobject는 다른 구조체에 들어가서, kobject를 포함한 구조체에 kobject의 기능을 제공하는 방식으로 사용된다.

kobject는 struct kobj_type 형을 사용하는 ktype 변수가 가리키는 특정 ktype에 속한다. ktype은 kobject 관련 기본 속성을 정의한다. 소멸시 동작, sysfs 처리 동작 등의 기본 속성이 이에 해당한다. ktype이라는 구조체 이름은 잘 지어진 것은 아니다. ktype을 객체의 분류라고 생각하지 말고, 공유 동작의 집합이라고 생각하는 것이 좋다.

이제 kobject는 struct kset으로 표현하는 kset이라는 집합으로 묶을 수 있다. kset은 두 가지 기능을 제공한다. 첫째, kset에 들어 있는 kobject는 kobject 묶음의 기본 클래스로 동작한다. 둘째, kset은 연관이 있는 kobject를 모아준다. sysfs에서 kobject는 파일시스템 상의 디렉토리에 해당한다. 연관 디렉토리, 즉, 특정 디렉토리의 모든 하위 디렉토리는 같은 kset에 속하는 것이라 할 수 있다.

자료구조들 간의 관계를 그림 17.1로 나타냈다.

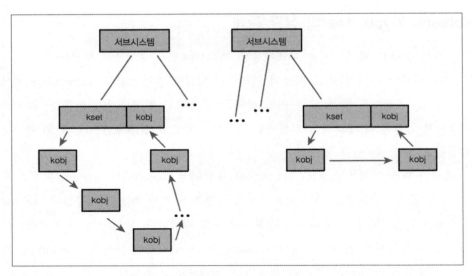

그림 17.1 kobject, kset과 서브시스템 관계

kobject 관리와 변경

kobject를 비롯한 객체의 기본적인 내부구조를 살펴봤으니, 이제 kobject를 관리하고 변경할 때 사용하는 외부 인터페이스에 대해 알아볼 시간이다. 대개의 경우, 드라이버 개발자는 kobject를 직접 다루지 않는다. (앞서 살펴본 캐릭터 장치 구조체처럼) 관련 클래스 구조체에 kobject가 들어 있고, '내부에 숨겨진' 드라이버 서브시스템이 이를 관리한다. 하지만 kobject를 반드시 은닉해서 사용해야 하는 것은 아니기 때문에, 드라이버 코드에 스며들어 있지 않고, 드라이버 서브시스템에서 직접 조작할 수도 있다.

kobject 사용의 첫 단계는 객체를 선언하고 초기화하는 것이다. kobject는 <linux/kobject.h> 파일에 정의된 kobject_init 함수를 이용해 초기화한다.

```
void kobject_init(struct kobject *kobj, struct kobj_type *ktype);
```

함수의 첫 번째 인자는 초기화할 kobject이다. kobject는 이 함수를 호출하기 전에 0 값으로 채워져 있어야 한다. 보통은 kobject가 들어 있는 구조체를 초기화하는 외부 함수에서 이미 이렇게 처리해 둔다. 만일 처리되어 있지 않다면 memset() 함수를 사용해 간단히 처리할 수 있다.

```
memset(kobj, 0, sizeof (*kobj));
```

0 값으로 채운 후 다음과 같이 parent와 kset도 초기화하는 것이 안전하다.

```
struct kobject *kobj;
kobj = kmalloc(sizeof (*kobj), GFP_KERNEL);
if (!kobj)
        return -ENOMEM;
memset(kobj, 0, sizeof (*kobj));
kobj->kset = my_kset;
kobject_init(kobj, my_ktype);
```

kobject_create() 함수를 사용하면 이런 여러 단계를 자동으로 처리할 수 있다. 이 함수는 새로 할당한 kobject를 반환한다.

```
struct kobject * kobject_create(void);
```

사용법은 간단하다.

```
struct kobject *kobj;

kobj = kobject_create();
if (!kobj)
        return -ENOMEM;
```

kobject를 사용하는 대부분의 경우 구조체를 직접 다루기보다는 kobject_create()와 관련 보조 함수를 사용하는 것이 좋다.

참조 횟수

kobject가 제공하는 주요 기능 중의 하나는 통합된 참조 횟수 기록 시스템이다. 초기화되면 kobject의 참조 횟수는 1이 된다. 참조 횟수 값이 0보다 크면 해당 객체는 메모리에 존속하게 되며, 고정되어 있다pinned고 표현한다. 객체를 참조하는 코드는 먼저 참조 횟수를 증가시켜야 한다. 코드가 객체에 대한 접근을 끝내면 참조 횟수를 줄인다. 참조 횟수를 늘리는 것을 '객체의 참조를 획득getting한다'라고 부르고, 참조 횟수를 줄이는 것을 '객체의 참조를 해제putting한다'라고 부른다. 참조 횟수가 0이 되면 객체는 제거되고, 객체가 사용했던 메모리가 해제된다.

참조 횟수 증감

참조 횟수를 늘리는 것은 `<linux/kobject.h>` 파일에 정의된 `kobject_get()` 함수를 사용한다.

```
struct kobject * kobject_get(struct kobject *kobj);
```

이 함수는 **kobject** 포인터를 반환하며, 오류가 발생한 경우 NULL을 반환한다.

참조 횟수를 줄이는 것은 역시 `<linux/kobject.h>` 파일에 정의된 `kobject_put()` 함수를 사용한다.

```
void kobject_put(struct kobject *kobj);
```

kobject의 참조 횟수가 0이 되면 해당 **kobject**의 `ktype`이 가리키는 해제 함수가 호출되고, 관련 메모리가 해제되며, 해당 객체는 더 이상 사용할 수 없게 된다.

krefs

kobject의 참조 횟수는 내부적으로 `<linux/kref.h>` 파일에 정의된 `kref` 구조체를 사용한다.

```
struct kref {
        atomic_t refcount;
};
```

이 구조체에는 참조 횟수를 기록하는 원자적 변수 하나만 들어 있다. 따로 구조체를 사용하는 이유는 자료 형 확인 기능을 제공하기 위해서이다. 사용하기 전에 `kref` 구조체는 `kref_init()` 함수를 사용해 초기화해야 한다.

```
void kref_init(struct kref *kref)
{
        atomic_set(&kref->refcount, 1);
}
```

보다시피 이 함수는 내부 `atomic_t` 변수 값을 1로 초기화하는 일만 한다. 따라서 `kref`는 초기화 되자마자 참조 횟수가 1로 설정된다. 이는 **kobject**의 동작과 같다.

`kref`의 참조를 획득하려면 `<linux/kref.h>` 파일에 정의된 `kref_get()` 함수를 사용한다.

```
void kref_get(struct kref *kref)
{
        WARN_ON(!atomic_read(&kref->refcount));
        atomic_inc(&kref->refcount);
}
```

이 함수는 참조 횟수를 늘린다. 이 함수는 반환값이 없다. 참조를 해제하려면
<linux/kref.h> 파일에 정의된 kref_put() 함수를 사용한다.

```
int kref_put(struct kref *kref, void (*release) (struct kref *kref))
{
     WARN_ON(release == NULL);
     WARN_ON(release == (void (*) (struct kref *))kfree);

     if (atomic_dec_and_test(&kref->refcount)) {
             release(kref);
             return 1;
     }
     return 0;
}
```

이 함수는 참조 횟수를 하나 줄이고, 참조 횟수가 0이 되면 지정한 release()
함수를 호출한다. 불길한 WARN_ON() 구문이 붙어 있는 것에서 짐작할 수 있듯이,
release() 함수는 단순히 kfree()만 호출하는 함수가 아니며, struct kref 인자
하나를 받고, 반환값이 없는 함수이어야 한다. kref_put() 함수는 객체에 대한 마지
막 참조를 해제하는 경우가 아니라면 0을 반환한다. 마지막 참조를 해제하는 경우에
는 1을 반환한다. kref_put() 함수를 호출한 코드에서는 반환값을 신경 쓰지 않는
것이 보통이다.

간단한 '획득get', '해제put' 함수를 이용할 수 있으므로 kref 형과 이미 잘 구현된
커널의 참조 횟수 기록 방식을 사용하는 편이 atomic_t 형을 사용해 자체적으로
참조 횟수를 기록하는 커널 코드를 작성하는 것보다 좋다.

이 모든 함수는 <linux/kref.h> 파일에 선언되며, lib/kref.c 파일에 정의된다.

sysfs

sysfs 파일시스템은 메모리 상에 존재하는 가상 파일시스템으로, kobject 계층 구조를 보여준다. 사용자는 단순한 파일시스템을 통해 시스템의 장치 연결 관계를 볼 수 있다. kobject의 속성을 이용하면 파일을 통해 커널 변수 값을 제공할 수 있으며, 변수 값을 수정하는 것도 가능하다.

장치 모델이 도입된 초기 의도는 전원 관리를 위한 장치 연결 관계 정보 제공이었지만, sysfs를 통해 그 이상을 얻을 수 있게 되었다. 장치 모델 개발자는 디버깅 편의를 위해 장치 트리를 파일시스템 형태로 표시했다. 곧 이 방식이 상당히 유용하다는 것이 밝혀졌고, 처음에는 /proc 디렉토리에 들어 있던 장치 관련 파일을 대체하는 역할을 맡았지만, 나중에는 시스템 객체의 계층 구조를 한 눈에 살펴볼 수 있는 강력한 도구가 되었다. 처음에는 driverfs라고 불렸던 sysfs는 사실 kobject보다 먼저 존재했었다. 마침내 sysfs가 상당히 유용한 객체 모델이라는 것이 명확해진 후에, kobject가 만들어졌다. 오늘날 2.6 커널을 사용하는 모든 시스템에는 sysfs가 있다. 보통 이 파일시스템은 /sys 디렉토리에 마운트한다.

sysfs에 숨겨진 비밀은 구조체 내의 dentry 항목을 통해 kobject를 디렉토리 항목과 연결시킨다는 점이다. 12장에서 봤듯이 디렉토리 항목은 dentry 구조체로 표현한다. kobject를 덴트리와 연결시킴으로써 간단히 kobject를 디렉토리와 연결시킬 수 있다. kobject를 파일시스템 형태로 표현하는 것은 이제 메모리 상에 덴트리 트리를 구축하는 간단한 일이 되었다. 그러나, kobject는 이미 훌륭한 장치 모델을 통해 트리 형태를 갖추고 있다. kobject가 덴트리와 연결되어 있고, 객체의 계층 구조가 이미 메모리 상에서 트리를 이루고 있기 때문에 sysfs 구축은 사소한 일이 된다.

그림 17.2는 /sys 디렉토리에 마운트된 sysfs 파일시스템의 일부분이다.

```
|-- block
|   |- loop0 -> ../devices/virtual/block/loop0
|   |- md0 -> ../devices/virtual/block/md0
|   |- nbd0 -> ../devices/virtual/block/nbd0
|   |- ram0 -> ../devices/virtual/block/ram0
|   `- xvda -> ../devices/virtual/block/xvda
|-- bus
|   |- platform
|   |- serio
|-- class
|   |- bdi
|   |- block
|   |- input
|   |- mem
|   |- misc
|   |- net
|   |- ppp
|   |- rtc
|   |- tty
|   `- vcvtconsole
|-- dev
|   |- block
|   `- char
|-- devices
|   |- console - 0
|   |- platform
|   |- system
|   |- vbd-51712
|   |- vbd-51728
|   |- vif - 0
|   `- virtual
|-- firmware
|-- fs
|   |- ecryptfs
|   |- ext4
|   |- fuse
|   `- gfs2
|-- kernel
|   |- config
|   |- dlm
|   |- mm
|   |- motes
|   |- uevent_helper
|   `- uevent_seqnum
`-- module
    |- ext4
    |- i8042
    |- kernel
    |- keyboard
    |- mousedev
    |- nbd
    |- printk
    |- psmouse
    |- sch_htb
    |- top_cubic
    |- vt
    `- xt_recent
```

그림 17.2 /sys 디렉토리 트리의 일부

sysfs 파일시스템의 루트에는 block, bus, class, dev, devices, firmware, fs, kernel, module, power 등 최소한 10개의 디렉토리가 들어 있다. block 디렉토리에는 시스템에 등록된 블록 장치별로 하나의 디렉토리가 들어 있다. 그리고 그 디렉토리들에는 각 블록 장치의 파티션이 들어 있다. bus 디렉토리는 시스템 버스 정보를 제공한다. class 디렉토리는 시스템 장치의 기능에 따른 구성 정보를 제공한다. dev 디렉토리는 등록된 장치 노드의 정보를 제공한다. devices 디렉토리는 시스템 장치의 연결 정보를 제공한다. 이 정보는 커널 내부에 있는 장치 구조체의 직접적인 연결 정보에 해당한다. firmware 디렉토리는 ACPI, EDD, EFI 등의 시스템의 하부 구성요소 정보를 제공한다. fs 디렉토리는 등록된 파일시스템 정보를 제공한다. kernel 디렉토리는 커널 설정 옵션과 상태 정보를, modules 디렉토리는 시스템에 설치된 모듈 정보를 제공한다. power 디렉토리는 시스템 전반의 전원 관리 데이터를 제공한다. 시스템에 이 모든 디렉토리들이 반드시 있는 것은 아니며, 여기서 언급하지 않은 디렉토리가 있을 수도 있다.

가장 중요한 디렉토리는 장치 모델을 외부로 드러내는 devices 디렉토리다. 이 디렉토리 구조가 시스템 장치의 실제 연결 정보를 나타낸다. 다른 디렉토리에 있는 대부분 데이터는 devices 디렉토리의 데이터를 단순히 재구성한 것에 불과하다. 예를 들어 /sys/class/net/ 디렉토리는 등록된 네트워크 인터페이스를 모아 놓은 상위 개념이다. 이 디렉토리의 eth0 같은 하위 디렉토리에는 devices 디렉토리에 있는 실제 장치를 가리키는 device 심볼릭 링크가 들어 있다.

사용하고 있는 리눅스 시스템의 /sys 디렉토리를 살펴 보라. 시스템 장치에 대해 아주 정확한 정보를 볼 수 있다. 상위 개념을 나타내는 class 디렉토리와 하위 물리적 장치 정보 관계를 보여주는 devices 디렉토리 및 bus 디렉토리의 드라이버 정보를 살펴보는 것은 큰 도움이 될 것이다. 이 과정에서 이 정보들이 커널이 장치 계층 구조를 유지함으로 인해서 부수적으로 공짜로 얻어지는 정보이며, 커널 내부에서 시스템을 표현하는 정보라는 것까지 깨닫는다면 더할 나위가 없다.[1]

---

1. sysfs에 흥미가 생겼다면 하드웨어 추상화 계층(hardware abstraction layer)이라고 부르는 HAL도 재미있게 느껴질 것이다. HAL에 대한 정보는 http://www.freedesktop.org/wiki/Software/hal에서 확인할 수 있다. HAL은 sysfs의 데이터를 바탕으로 클래스, 장치, 드라이버 개념을 서로 엮어서 메모리 상에 데이터베이스를 구축한 것이다. 이 데이터를 가지고 HAL은 보다 똑똑한, 하드웨어를 더 잘 인식하는 애플리케이션을 위한 API를 제공한다.

sysfs에 kobject 추가와 제거

kobject를 초기화했다고 해서 자동으로 sysfs에 드러나지는 않는다. kobject를 sysfs에 표시하려면 kobject_add() 함수를 사용한다.

```
int kobject_add(struct kobject *kobj, struct kobject *parent,
        cont char *fmt, ...);
```

주어진 kobject의 sysfs 내의 위치는 객체 계층 구조 내의 kobject의 위치에 따라 정해진다. kobject의 parent 포인터가 설정되어 있으면 kobject는 parent 객체에 해당하는 sysfs 디렉토리의 하위 디렉토리에 연결된다. parent 포인터가 설정되어 있지 않으면 kobject는 kset→kobj 내부의 하위 디렉토리로 연결된다. kobject에 parent와 kset 항목이 모두 설정되어 있지 않으면 kobject에 부모 객체가 없다고 가정하고 sysfs의 루트에 디렉토리를 연결한다. 대개의 경우 kobject_add()를 호출하기 전에 parent, kset 둘 중 하나, 또는 둘 모두를 적절한 값으로 설정한다. 어쨌든 kobject를 표시하는 sysyfs상의 디렉토리 이름은 printf() 함수 스타일의 형식 문자열인 fmt로 지정한다.

kobject_create_and_add() 함수는 kobject_create() 함수와 kobject_add() 함수가 하는 일을 하나로 합쳐 놓은 것이다.

```
struct kobject * kobject_create_and_add(const char *name, struct kobject
*parent);
```

kobject_create_and_add() 함수는 kobject의 디렉토리 이름을 name 문자열 포인터로 바로 받지만, kobject_add() 함수는 printf() 함수 스타일의 형식 문자열을 사용한다는 점을 주의하자.

kobject의 sysfs 항목은 kobject_del() 함수를 사용해 제거할 수 있다.

```
void kobject_del(struct kobject *kobj);
```

이 모든 함수는 <linux/kobject.h> 파일에 선언되며, lib/kobject.c 파일에 정의된다.

sysfs에 파일 추가

kobject가 디렉토리에 연결되므로, 전체 객체 계층 구조가 sysfs 디렉토리 구조로 멋지게 연결된다. 그러나, 파일은 어떻게 될까? 실제 데이터를 제공하는 파일이 없다면 sysfs는 그냥 예쁜 트리에 불과할 것이다.

기본 속성

kobject 및 kset에 들어 있는 ktype을 통해 기본적인 파일이 제공된다. 따라서 같은 유형의 kobject가 나타내는 sysfs 디렉토리에는 같은 기본 파일이 있다. kobj_type 구조체에는 default_attrs라는 attribute 구조체 배열에 해당하는 항목이 들어 있다. 이 속성을 통해 커널 데이터를 sysfs 파일로 전달한다.

attribute 구조체는 <linux/sysfs.h> 파일에 정의된다.

```
/* attribute 구조체 - 커널 데이터를 sysfs 상의 파일과 연결한다. */
struct attribute {
        const char      *name;      /* 속성 이름 */
        struct module   *owner;     /* 소유 모듈이 있는 경우, 해당 모듈 */
        mode_t          mode;       /* 권한 */
};
```

name 항목은 해당 속성의 이름을 지정한다. 이 이름이 sysfs상에 등장하는 파일의 이름이 된다. owner 항목은 속성이 특정 모듈에 속해 있는 경우, 해당 모듈을 표현하는 module 구조체를 가리키는 포인터이다. 속성을 소유한 모듈이 없는 경우, 이 항목은 NULL이 된다. mode 항목은 sysfs상에 만들어지는 파일의 권한을 지정하는 mode_t 형 값이다. 읽기 전용 속성인 경우, 모든 사용자가 읽을 수 있을 때는 S_IRUGO로, 소유자만 읽을 수 있을 때는 S_IRUSR로 지정한다. 쓰기 가능한 속성인 경우에는 mode를 S_IRUGO | S_IWUSR로 지정하게 될 것이다. sysfs상의 모든 파일과 디렉토리의 소유자 및 소유 그룹 아이디 값은 0이다.

default_attrs를 통해 기본 속성을 기술하지만, 실제 속성 사용 방식은 sysfs_ops로 기술한다. sysfs_ops 항목은 <linux/sysfs.h> 파일에 정의된 같은 이름의 구조체를 가리키는 포인터.

```
struct sysfs_ops {
        /* sysfs상의 파일을 읽을 때 호출되는 함수 */
        ssize_t (*show) (struct kobject *kobj,struct attribute *attr,
            char *buffer);

        /* sysfs상의 파일에 기록할 때 호출되는 함수 */
        ssize_t (*store) (struct kobject *kobj,struct attribute *attr,
            const char *buffer, size_t size);
};
```

show() 함수는 사용자 공간에서 sysfs상의 항목을 읽을 때 호출된다. 이 함수는 attr이 지정한 속성의 값을 buffer가 지정한 버퍼에 복사해야 한다. 버퍼의 길이는 PAGE_SIZE 바이트이다. x86의 경우 PAGE_SIZE는 4096바이트다. 작업에 성공한 경우 함수는 실제 buffer에 기록한 데이터의 바이트 크기를 반환해야 하며, 오류가 발생한 경우에는 음수의 오류 코드를 반환한다.

store() 함수는 쓰기 작업 시에 호출된다. 이 함수는 buffer에서 size만큼의 바이트를 읽어서 attr 속성을 나타내는 변수에 기록해야 한다. 버퍼의 크기는 항상 PAGE_SIZE이거나 그보다 작아야 한다. 작업에 성공한 경우 함수는 buffer에서 읽은 데이터의 바이트 크기를 반환해야 하며, 오류가 발생한 경우에는 음수의 오류 코드를 반환한다.

이런 함수군으로 모든 속성에 대한 파일 입출력 요청을 처리해야 하기 때문에, 각 속성마다 적합한 핸들러를 호출할 수 있도록, 보통 연관 정보를 저장하는 범용 테이블을 관리한다.

새로운 속성 만들기

일반적으로는 kobject가 속한 ktype에서 제공하는 기본 속성으로 충분하다. ktype의 목적 자체가 kobject에 대한 공통된 동작을 제공하는 것이다. kobject 간에 ktype은 공유하는 것은 프로그래밍을 간단하게 해줄 뿐 아니라, 코드 통합 방식과 sysfs 디렉토리 및 관련 객체에 대한 일관된 느낌을 제공해준다.

그럼에도 불구하고, 일부 특정 kobject에 대해서는 특별한 처리가 필요한 경우가 있다. 일반적인 ktype으로 공유할 수 없는 데이터나 기능을 제공하기 위해, 자체적인 속성이 필요할 수 있다. 이를 위해 커널은 기본 속성 집합 위에 새로운 속성을 추가할 수 있는 sysfs_create_file() 인터페이스를 제공한다.

```
int sysfs_create_file(struct kobject *kobj, const struct attribute *attr);
```

이 함수는 attr이 가리키는 attribute 구조체와 kobj가 가리키는 kobject를 연결한다. 이 함수를 호출하기 전에 해당 속성에는 필요한 정보 값이 모두 들어가 있어야 한다. 작업에 성공한 경우 이 함수는 0을 반환하고, 실패한 경우에는 음수의 오류 코드 값을 반환한다.

새로 추가된 속성을 처리하기 위해 **kobject**의 **ktype**에서 지정한 sysfs_ops가 호출된다는 점을 주의하자. 기존의 기본 show(), store() 함수가 새로 추가된 속성을 처리할 수 있어야 한다.

파일을 실제 생성하는 것 뿐 아니라, 심볼릭 링크로 생성하는 것도 가능하다. **sysfs**에 심볼릭 링크를 생성하는 것도 간단하다.

```
int sysfs_create_link(struct kobject *kobj, struct kobject *target, char
*name);
```

이 함수는 kobj와 연결된 디렉토리에 target이 가리키는 디렉토리로 가는 name 이란 이름의 링크를 생성한다. 이 함수는 작업에 성공한 경우 0을 반환하고, 실패한 경우 음수의 오류 코드를 반환한다.

속성 제거

sysfs_remove_file() 함수를 이용해 속성을 제거할 수 있다.

```
void sys_fs_remove_file(struct kobject *kobj, const struct attribute
*attr);
```

함수가 작업을 마치면 지정한 속성은 해당 **kobject**의 디렉토리에 더 이상 존재하지 않게 된다.

sysfs_create_link() 함수로 생성한 심볼릭 링크는 sysfs_remove_link() 함수로 제거할 수 있다.

```
void sysfs_remove_link(struct kobject *kobj, char *name);
```

함수가 작업을 마치면 kobj와 연결된 디렉토리에 있던 name이라는 이름의 심볼릭 링크는 더이상 존재하지 않게 된다.

이 네 함수는 모두 <linux/kobject.h> 파일에 선언된다. sysfs_create_file() 함수와 sysfs_remove_file() 함수는 fs/sysfs/file.c 파일에 정의되어 있고, sysfs_create_link() 함수와 sysfs_remove_link() 함수는 fs/sysfs/symlink.c 파일에 정의된다.

sysfs 관례

이전에 장치 노드나 procfs 파일시스템에 ioctl() 시스템 호출을 사용함으로써 구현하던 기능들을 현재 제공하는 곳이 sysfs 파일시스템이다. 요즘 커널 개발자들은 구닥다리 커널 인터페이스를 사용하는 대신 적절한 디렉토리에 있는 sysfs 속성을 이용해 해당 기능을 구현한다. 예를 들면, 장치 노드에 새로운 ioctl() 호출을 추가하는 대신, 드라이버의 sysfs 디렉토리에 sysfs 속성을 추가한다. 이런 접근 방식을 사용하면 ioctl() 시스템 호출에 모호한 인자를 사용함으로써 발생하는 불안전한 형 지정 문제와 /proc 디렉토리를 난장판으로 만드는 문제를 피할 수 있다.

그러나 sysfs의 깨끗하고 직관적인 상태를 유지하기 위해서는 개발자들이 몇 가지 관례를 따라야 한다. 첫째, sysfs 속성은 파일 당 하나의 값을 표시해야 한다. 값은 문자 기반으로 표시해야 하며, 간단한 C 자료형을 사용해야 한다. 현재의 /proc에서 볼 수 있듯이 데이터를 고도로 구조화해서 복잡하게 표현하는 것을 막으려는 것이 목적이다. 파일 당 하나의 값을 표시하게 함으로써 명령행에서 값을 읽고 쓰는 것이 간단해지며, C 프로그램도 sysfs를 통해 커널 데이터 값을 자체 변수에 쉽게 저장할 수 있다. 파일 당 하나의 값을 표시하는 방식이 비효율적인 데이터의 경우에는 하나의 파일에 같은 형식의 값을 여러 개 넣는 것도 허용된다. 값들을 적절한 방식으로 기술하면 된다. 간단히 공백으로 구분하는 방식이 가장 상식적인 방법이다. 본질적으로 sysfs 속성은 커널 변수를 표시하는 것이라고 생각하고,(사실 보통 그렇다.) 특히 쉘과 같은 사용자 공간에서 쉽게 사용할 수 있어야 한다는 점을 염두에 두자.

둘째, sysfs의 데이터가 깔끔한 계층 구조를 가지도록 구성한다. 부모 kobject를 올바르게 지정함으로써 직관적인 sysfs 트리를 구성할 수 있다. 속성을 올바른 kobject에 할당해야 한다는 점, kobject 계층 구조는 커널 내부에만 존재하는 것이 아니라, 사용자 공간에 트리 형태로 표시된다는 점을 명심하자. sysfs 트리가 조직적인 계층 구조를 가지도록 관리해야 한다.

마지막으로 sysfs는 커널에서 사용자에게kernel-to-user 제공하는 서비스이므로, 일종의 유저 공간 ABI라는 사실을 유념해야 한다. 사용자 프로그램은 sysfs 디렉토리와 파일의 존재 여부, 위치, 값, 동작 등에 의존한다. 기존 파일을 어떤 방식으로든 변경하는 것은 바람직하지 않으며, 특정 속성의 이름과 위치를 그대로 유지한 채 동작을 수정해 버리는 것은 틀림없이 문제를 일으킬 것이다.

이런 간단한 관례를 따르면 sysfs는 사용자 공간에 풍부하고 직관적인 인터페이스를 제공할 수 있다. sysfs를 올바르게 사용하면 사용자 공간 개발자에게 간단하고 깔끔하면서도 강력하고 직관적인 커널 인터페이스를 제공할 수 있다.

커널 이벤트 계층

커널 이벤트 계층Kernel Events Layer은 kobject를 기반으로 커널에서 사용자에게 알림을 전달하는 시스템을 구현한 것이다. 2.6.0 버전 배포 이후, 커널에서 사용자 공간으로 이벤트를 전달하는 체계가 필요하다는 것이 명백해졌다. 특히 데스크탑 시스템의 경우에는 더 잘 통합된 비동기적인 시스템이 필요했다. 처음 방식은 커널은 이벤트를 스택에 넣는 것이었다. 하드 드라이브가 꽉 차 버렸다! 프로세서는 과열! 파티션도 마운트!

초기 버전의 이벤트 계층이 나왔다가 사라지고, 곧 모든 것이 kobject와 sysfs에 밀접하게 연결되었다. 결과적으로 상당히 깔끔한 결과를 얻게 되었다. 커널 이벤트 계층은 이벤트를 객체가 내보내는, 구체적으로 kobject가 내보내는 신호signal로 간주한다. kobject는 sysfs 경로와 연결되어 있으므로, 각 이벤트의 발원지source도 sysfs 경로가 된다. 대상 이벤트가 첫 번째 하드 드라이브에 대한 것이라면 /sys/block /hda가 발원지가 된다. 커널 내부적으로는 이벤트가 해당 kobject에서 발생한 것으로 본다.

각 이벤트에는 시그널을 표현하는 동작(verb 또는 action) 문자열이 있다. 이 문자열은 무슨 일이 벌어졌는지를 알려주는 modified, unmounted 같은 용어들이다.

마지막으로 각 이벤트에는 부가 데이터payload가 있을 수 있다. 커널 이벤트 계층에서는 사용자 공간에 부가 데이터로 임의의 문자열을 전달할 수 있는 것은 아니고, sysfs 속성을 부가 데이터로 사용할 수 있다.

커널 이벤트는 내부적으로 네트링크netlink를 통해 커널 공간에서 사용자 공간으로 전송된다. 네트링크는 네트워크 정보를 전송하는 고속 멀티캐스트 소켓이다. 네트링크를 사용한다는 것은 사용자 공간에서 커널 이벤트를 받는 것이 소켓에서 데이터를 받는 것처럼 간단해진다는 것을 뜻한다. 사용자 공간에서 소켓을 처리하는 시스템 데몬을 구현하고, 이벤트를 받아 처리해 시스템 스택으로 이벤트를 전송하는 것을 의도한 것이다. 이런 사용자 공간 데몬을 적용할 수 있는 경우로, 시스템 메시지 버스 구현에 이미 사용하고 있는 D-BUS[2]의 이벤트 처리가 있다. 이런 방식으로 커널은 시스템의 다른 구성 요소와 마찬가지로 시그널을 전송할 수 있다.

커널 코드에서 이벤트를 사용자로 보내기 위해서는 kobject_uevent() 함수를 사용한다.

```
int kobject_uevent(struct kobject *kobj, enum kobject_action action);
```

첫 번째 인자는 시그널을 발생시킨 kobject를 지정한다. 실제 커널 이벤트에는 이 kobject와 연결된 sysfs 경로가 들어간다.

두 번째 인자는 시그널의 동작 문자열을 지정한다. 실제 커널 이벤트에는 enum kobject_action 값과 연결된 문자열이 들어간다. 변수 값 재사용, 형 안정성 보장, 입력 오류 등의 실수를 예방하기 위해 이 함수에서는 문자열을 직접 사용하지 않고 열거형 값을 사용하고 있다. 사용하는 열거형 값은 <linux/kobject.h> 파일에 정의되며, KOBJ_foo 형태로 된다. 현재 사용하는 값에는 KOBJ_MOVE, KOBJ_ONLINE, KOBJ_OFFLINE, KOBJ_ADD, KOBJ_REMOVE, KOBJ_CHANGE 등이 있다. 이 값들은 각각 move, online, offline, add, remove, change 문자열과 연결된다. 기존 값들로 불충분한 경우에는 새로운 동작을 추가하는 것도 가능하다.

sysfs 방식에 딱 맞는 이벤트에 대해서는 kobject 및 속성을 사용하는 것이 좋지만, 아직 sysfs를 통해 표현하지 않는 객체와 데이터를 표현할 수 있는 새로운 kobject 및 속성을 만드는 것도 바람직한 방향이다.

커널 이벤트 계층 및 관련 함수는 <linux/kobject.h> 파일에 선언되며, lib/kobject_uevent.c 파일에 정의된다.

---

2. D-BUS에 대한 상세한 정보는 http://dbus.freedesktop.org/에서 얻을 수 있다.

결론

이 장에서는 장치 드라이버를 구현하고 장치 트리를 관리하는 데 필요한 커널 기능인 모듈, kobject(및 관련 kset, ktype도 함께), sysfs에 대해 알아보았다. 이를 통해 모듈화된 고급 드라이버를 작성할 수 있으므로 이런 기능은 장치 드라이버 개발자에게 중요한 기능이다.

마지막 세 장에서는 리눅스 커널 서브시스템에 대한 구체적인 내용이 아닌 커널과 관련된 일반적인 문제들에 대해 알아본다. 18장에서 리눅스 커널의 디버깅 처리부터 알아본다.

18장
디버깅

커널 개발과 일반 사용자 공간 프로그램 개발이 다른 점 하나는 디버깅과 관련한 곤란함이다. 사용자 공간 프로그램에 비해 커널을 디버깅하는 일은 어렵다. 일을 더 복잡하게 만드는 것은 위험성도 훨씬 더 크다는 점이다. 커널의 문제 하나로 인해 전체 시스템이 망가질 수 있다.

성공적인 커널 디버깅과 궁극적으로 성공적인 커널 개발은 운영체제에 대한 이해와 경험으로 얻어지는 것이다. 물론 외모와 매력도 중요하지만 성공적으로 커널을 디버깅하려면 커널을 이해해야 한다. 이 장에서는 커널을 디버깅하는 방법을 살펴본다.

시작하기

커널 디버깅은 시간이 오래 걸리고 골치 아픈 일인 경우가 많다. 전체 커널 개발 공동체를 몇 달 동안 당황스럽게 만드는 버그도 있다. 다행히 이 모든 힘든 문제 중에는 간단히 고칠 수 있는 간단한 버그도 많다. 운이 좋다면 발생 버그가 모두 간단하고 사소한 문제일 수도 있다. 하지만 조사해보기 전에는 알 수 없는 법이다. 이를 판단하려면 다음 내용이 필요하다.

- 버그. 장난처럼 들리겠지만 잘 정의된 구체적인 버그가 필요하다. 특정 사용자만이라도 안정적으로 재현이 가능하다면 도움이 된다. 안타깝게도 버그가 항상 잘 정의되고, 잘 동작하는 것은 아니다.
- 버그가 존재하는 커널 버전. 버그가 처음 등장한 버전을 알면 더욱 좋다. 아직 발생 버전을 모른다면 이 장의 내용을 통해 발생 버전을 빠르게 찾는 방법을 알 수 있다.
- 관련 코드에 관한 지식이나 행운. 커널 디버깅은 매우 까다로운 작업이며, 관련 코드를 잘 이해하고 있을수록 좋다.

이 장에서 소개하는 기법은 버그를 안정적으로 재현할 수 있는 상황을 가정한다. 성공적인 디버깅은 문제를 다시 재현할 수 있는 능력에 달렸다. 문제를 재현할 수 없다면 버그를 고치는 작업은 문제를 개념화하고 코드상의 결점을 찾는 작업 이상이 될 수 없다. 어쩔 수 없이 이런 상황이 되는 경우도 많지만 문제를 재현할 수 있다면 분명 성공 기회가 훨씬 커진다.

특정 사용자는 재현할 수 없는 버그가 있다는 점이 좀 이상하게 들릴지도 모른다. 사용자 공간 프로그램의 경우 버그가 직선적인 경우가 상당히 많다. 예를 들면, foo

동작을 하면 애플리케이션이 코어를 내고 죽는 식이다. 커널 버그는 덜 명확한 경우가 많다. 커널, 사용자 공간, 하드웨어 사이의 상호작용은 아주 섬세하다. 경쟁 조건이 알고리즘이 백만 번 실행될 때마다 한 번씩 불쑥 머리를 들이밀 수도 있다. 형편없이 설계되거나 심지어 잘못 컴파일된 코드도 어떤 시스템에서는 봐줄 만한 성능을 보여주기도 하고, 또 어떤 시스템에서는 끔찍한 성능을 보여주기도 한다. 일반적으로 볼 수 없는 버그가 특정 설정, 특정 장비, 이상한 부하 조건에서만 발생하는 경우가 있다. 버그를 붙잡고 씨름할 때는 정보가 많으면 많을수록 좋다. 여러 번 말하지만, 버그를 안정적으로 재현할 수 있다면 목적지에 절반 이상 다가간 것이다.

커널 버그

커널의 버그는 다양하다. 수많은 이유로 버그가 발생하고 버그가 드러나는 모습도 다양하다. (올바른 값을 적절한 곳에 저장하지 않는 것처럼) 명백히 잘못된 코드부터 (공유 변수에 대해 적절히 잠금을 수행하지 않는) 동기화 오류, (다른 제어 레지스터에 잘못된 명령을 보내는) 부정확한 하드웨어 관리에 이르기까지 다양한 버그가 있다. 이런 버그는 성능이 낮아지거나 오동작, 데이터 손상, 시스템 데드락 등의 형태로 드러난다.

코드상의 오류가 사용자에게 오류로 드러나기까지는 여러 사건이 연쇄적으로 일어나는 경우가 많다. 예를 들어, 공유 구조체에 참조 횟수가 기록되어 있지 않으면 경쟁 조건이 발생할 수 있다. 횟수를 제대로 기록하지 않으면 다른 프로세스가 사용 중임에도 구조체 자원을 해제할 수 있다. 나중에 이미 유효하지 않은 포인터를 이용해 다른 프로세스가 존재하지 않는 구조체에 접근을 시도할 수 있다. 이 경우 NULL 포인터 참조가 발생하거나, 잘못된 데이터를 읽을 수도 있고, 데이터가 아직 덮어쓰이지 않은 경우 전혀 나쁜 일이 일어나지 않을 수도 있다. NULL 포인터 참조는 웁스oops를 발생시키고, 잘못된 데이터를 읽으면 데이터 손상이 발생한다. 그리고 이로 인해 오동작이나 웁스가 발생한다. 사용자가 신고하는 것은 웁스나 오동작이다. 커널 개발자는 오류로부터 자원이 해제된 다음에 접근이 발생했고, 자원 경쟁이 있었고, 수정하려면 공유 구조체에 참조 횟수를 적절히 기록해야 한다는 사실을 역추적해야만 한다.

커널 디버깅이 어렵게 들리지만, 사실 커널은 다른 커다란 소프트웨어 프로젝트와 다르지 않다. 커널 내부에서 동시에 여러 스레드를 실행시킴으로 인해 발생하는 시간 제약, 경쟁 조건 등의 커널만의 고유한 문제가 있기는 하다.

출력을 이용한 디버깅

커널 출력 함수인 `printk()`는 C 라이브러리의 `printf()` 함수와 거의 동일하게 동작한다. 이 책에서 사용한 경우를 살펴보면 실제 차이점이 거의 없다. 대개의 목적에서 이 정도면 충분하다. `printk()` 함수는 커널의 형식화 출력 함수 이름일 뿐이다. 하지만 이 함수에는 특별한 기능이 있다.

견고함

`printk()` 함수에서 당연하게 여겨지기 쉬운 속성 중 하나는 견고함robustness이다. `printk()` 함수는 커널의 어느 곳에서도 언제든지 호출할 수 있다. 인터럽트 컨텍스트나 프로세스 컨텍스트 모두에서 호출할 수 있다. 어떤 락을 소유하고 있든 상관없이 호출할 수 있다. 락을 사용하지 않고도 다중 프로세서에서 동시에 호출할 수도 있다.

`printk()`는 유연한 함수다. 이 유연성은 중요한 문제인데, `printk()` 함수의 유용성은 어디서나 항상 동작한다는 데 있기 때문이다.

`printk()`의 견고한 갑옷에도 틈은 있다. 커널 부팅 과정에서 콘솔이 초기화되기 이전 시점에서는 사용할 수 없다. 콘솔이 초기화되지 않았다면 출력을 어디로 보낼 수 있겠는가? 디버깅하는 문제가 (아키텍처 종속적인 초기화를 수행하는 `setup_arch()` 같은) 초기 부팅 과정에서 발생하는 경우가 아니라면 이 점은 보통 문제가 되지 않는다. 이런 초기 상태의 디버깅은 참 난감한 과제로 출력할 방법이 전혀 없기 때문에 문제가 심각해진다.

하지만 이런 경우에도 크진 않지만 작은 희망은 있다. 골수 아키텍처 개발자는 동작 가능한 하드웨어(예를 들면, 시리얼 포트 등)를 이용해 외부 세계와 통신하기도 한다. 보통 사람에게는 그다지 매력적이지 않은 방법이다. 다른 해결책으로는 초기 부팅과정에서도 사용할 수 있는 `printk()` 함수 변종인 `early_printk()` 함수를 사용하는 것이다. 이 함수는 보다 이른 시기에 동작할 수 있게 변경되었다는 점만 제외하면 `printk()` 함수와 동일하다. 하지만 모든 아키텍처에 구현되지는 않으므로 이식성 있는 해결책은 아니다. 하지만 사용하는 아키텍처에 이 함수가 구현된다면 가장 희망적인 방법일 것이며, x86을 포함한 대부분의 아키텍처에 구현된다.

초기 부팅 과정에서 콘솔 출력이 필요한 경우가 아니라면 항상 동작하는 `printk()` 함수를 사용하면 된다.

로그수준

printk() 함수와 printf() 함수의 주요한 차이점은 printk() 함수에는 로그수준 loglevel을 지정할 수 있다는 점이다. 커널은 로그수준을 이용해 메시지의 콘솔 출력 여부를 결정한다. 커널은 특정 값 이하의 로그수준에 해당하는 모든 메시지를 콘솔에 출력한다.

로그수준은 다음과 같은 방식으로 지정한다.

```
printk(KERN_WARNING "이것은 경고!\n");
printk(KERN_DEBUG "이것은 디버그 알림!\n");
printk("로그수준을 지정하지 않았음!\n");
```

KERN_WARNING, KERN_DEBUG 문자열에 대한 정의는 <linux/kernel.h> 파일에 들어 있다. 이 문자열은 '<4>', '<7>' 등으로 바뀌어 printk() 메시지 앞부분에 부착된다. 그러면 커널은 여기에 지정된 로그수준과 현재 콘솔의 로그수준인 console_loglevel 값에 따라 콘솔에 출력할 메시지를 결정한다. 사용 가능한 전체 로그수준을 표 18.1에 정리했다.

표 18.1 사용 가능한 로그수준

로그수준	설명
KERN_EMERG	비상 상황. 시스템이 중단될 수도 있음
KERN_ALERT	즉시 주의를 기울여야 할 문제
KERN_CRIT	치명적인 상황
KERN_ERR	오류
KERN_WARNING	경고
KERN_NOTICE	일반적이지만, 주의가 필요한 상황
KERN_INFO	정보 제공을 위한 메시지
KERN_DEBUG	디버그 메시지. 보통은 불필요함

로그수준을 지정하지 않으면 DEFAULT_MESSAGE_LOGLEVEL 값으로 지정되며, 현재 이 값은 KERN_WARNING으로 정해져 있다. 하지만 이 값은 바뀔 수 있으므로 메시지에 항상 로그수준을 지정하는 것이 좋다.

커널은 가장 중요한 로그수준인 KERN_EMERG를 <0>으로, 그리고 가장 덜 중요한 KERN_DEBUG 로그수준을 <7>로 지정한다. 앞에서 예로 든 코드는 전처리기를 거치면 다음과 같은 형태가 된다.

```
printk("<4>이것은 경고!\n");
printk("<7>이것은 디버그 알림!\n");
printk("<4>로그수준을 지정하지 않았음!\n");
```

printk() 로그수준을 지정하는 방식은 개발자에게 달렸다. 물론 출력을 의도했던 일반적인 메시지에는 적당한 로그수준을 지정해야 한다. 하지만 문제의 원인을 찾아내려고 사방에 뿌려 놓은 (솔직히 모두들 그렇게 한다. 그리고 이렇게 해서 원인을 찾아낸다) 디버깅 메시지에는 로그수준을 원하는 대로 지정할 수 있다. 한 가지 선택은 기본 콘솔 로그수준을 그대로 사용해서 디버깅 메시지가 모두 KERN_CRIT 등으로 설정되게 하는 것이다. 다른 방법으로는 디버깅 메시지의 로그수준을 KERN_DEBUG로 지정하고 콘솔의 로그수준을 변경하는 것이다. 각자 장단점이 있으므로 상황에 맞게 선택하면 된다.

로그 버퍼

커널 메시지는 크기가 LOG_BUF_LEN인 원형 버퍼에 저장된다. 이 크기는 커널 컴파일 시에 CONFIG_LOG_BUF_SHIFT 옵션을 통해 설정할 수 있다. 단일 프로세서 시스템에서의 기본 값은 16KB이다. 다시 말해 커널은 동시에 16KB 만큼의 커널 메시지만 저장할 수 있다는 뜻이다. 메시지 큐가 이 최대치에 이른 상태에서 또 다른 printk() 함수가 호출되면 새로운 메시지가 제일 오래된 메시지를 덮어쓴다. 이렇게 읽기와 쓰기가 원형 패턴으로 진행되므로 로그 버퍼를 원형이라고 한다.

원형 버퍼 사용에는 여러 장점이 있다. 원형 버퍼는 동시에 읽고 쓰기가 쉬워 인터럽트 컨텍스트에서도 간단히 printk() 함수를 사용할 수 있다. 게다가 로그 관리도 쉬워진다. 메시지가 너무 많아지면 새로운 메시지가 오래된 메시지를 덮어쓰게 될 뿐이다. 어떤 문제로 인해 메시지가 많이 발생해도 통제할 수 없는 수준으로 메모리를 소모하는 것이 아니라 그저 이전 로그를 덮어 쓸 뿐이다. 원형 버퍼의 유일한 단점은 메시지를 소실할 가능성이 있다는 것인데, 원형 버퍼가 제공하는 단순함과 견고함에 비한다면 작은 대가라고 할 수 있다.

syslogd와 klogd

표준 리눅스 시스템에서는 사용자 공간의 klogd 데몬이 로그 버퍼에서 커널 메시지를 꺼내고 syslogd 데몬을 거쳐서 시스템 로그 파일에 기록한다. 로그를 읽기 위해 klogd 프로그램은 /proc/kmsg 파일을 읽거나 syslog() 시스템 호출을 사용한다. 기본적으로는 /proc 파일을 사용한다. 어느 방식을 사용하든 klogd는 새로운 커널 메시지를 읽을 때까지 대기 상태에 머무른다. 그리고 깨어나면 새로운 메시지를 읽고 처리한다. 메시지를 syslogd 데몬으로 보내는 것이 기본 동작이다.

syslogd 데몬은 받은 모든 메시지를 파일에 추가한다. 기본적으로 /var/log/messages 파일을 사용하며, /etc/syslog.conf 파일을 통해 설정할 수 있다.

klogd를 시작할 때 -c 플래그를 사용하면 klogd가 사용하는 콘솔 로그수준을 변경할 수 있다.

printf( )와 printk( ) 사용 혼동

커널 코드 개발을 처음 시작하면 printk() 대신에 printf()를 사용하게 되는 경우를 많이 겪을 것이다. 사용자 공간 프로그램 개발에서 printf()를 사용한 수년의 시간을 부정할 수 없으므로, 이런 혼동은 자연스러운 것이다. 반복되는 링커 오류가 점점 성가시게 느껴지면서 다행히 이런 실수는 오래 가지 않는다.

언젠가는 사용자 공간 코드에서 printf() 대신에 실수로 printk()를 사용자는 자신을 발견하게 될 것이다. 이런 날이 오면 자신을 진정한 커널 개발자라고 말할 수 있을 것이다.

웁스

웁스oops는 커널이 사용자게 무언가 나쁜 일이 있어났다는 사실을 알려주는 일반적인 방법이다. 커널은 전체 시스템의 관리자이므로 사용자 공간이 엉망이 되었을 때처럼 프로세스를 종료하거나 스스로 문제를 수정하는 방법을 사용할 수 없다. 대신 커널은 웁스를 발생시킨다. 웁스 발생 과정에는 콘솔 오류 메시지를 출력, 레지스터의 내용물과 역추적 정보 제공 등의 작업이 포함된다. 커널에서 발생한 오류는 관리가 어려우므로 커널은 여러 단계를 거쳐야 웁스를 발생시킬 수 있고, 그 이후에 정리 작업을 진행해야 한다. 웁스가 발생하면 커널의 일관성이 깨지는 경우가 많다. 예를 들면, 웁스가 발생한 시점에 커널이 중요한 데이터를 처리하던 중일 수도 있다. 락을 잡고 있었을 수도 있고, 하드웨어와 통신을 하던 도중이었을 수도 있다. 커널은 현재 컨텍스트에서 무리없이 적절하게 빠져나와야 하며 시스템을 계속 제어할 수 있어야 한다. 이런 일이 불가능한 경우가 많다. 인터럽트 컨텍스트에서 웁스가 발생하면 더 이상 커널 실행이 불가능하며 패닉 상태가 된다. 패닉 상태가 되면 바로 시스템이 정지된다. (pid가 0)인 idle 태스크나 (pid가 1)인 init 태스크에서 웁스가 발생하면 이런 중요 프로세스 없이 더 이상 커널 실행이 불가능하므로 역시 패닉 상태가 된다. 하지만 이 외의 프로세스에서 웁스가 발생하면 커널은 해당 프로세스를 강제로 종료하고 실행을 계속 시도한다.

웁스가 발생하는 이유는 메모리 접근 위반, 유효하지 않은 명령 사용 등 여러 가지가 있다. 커널 개발자라면 웁스를, 그리고 당연히 그 원인도 처리해야 하는 경우가 많다.

다음은 PPC 시스템의 튤립 네트워크 인터페이스 카드의 타이머 핸들러에서 발생한 웁스의 예다.

```
Oops: Exception in kernel mode, sig: 4
Unable to handle kernel NULL pointer dereference at virtual address 00000001

NIP: C013A7F0 LR: C013A7F0 SP: C0685E00 REGS: c0905d10 TRAP: 0700
Not tainted
MSR: 00089037 EE: 1 PR: 0 FP: 0 ME: 1 IR/DR: 11
TASK = c0712530[0] 'swapper' Last syscall: 120
GPR00: C013A7C0 C0295E00 C0231530 0000002F 00000001 C0380CB8 C0291B80
       C02D0000
GPR08: 000012A0 00000000 00000000 C0292AA0 4020A088 00000000 00000000
       00000000
GPR16: 00000000 00000000 00000000 00000000 00000000 00000000 00000000
       00000000
GPR24: 00000000 00000005 00000000 00001032 C3F7C000 00000032 FFFFFFFF
       C3F7C1C0
Call trace:
[c013ab30] tulip_timer+0x128/0x1c4
[c0020744] run_timer_softirq+0x10c/0x164
[c001b864] do_softirq+0x88/0x104
```

```
[c0007e80] timer_interrupt+0x284/0x298
[c00033c4] ret_from_except+0x0/0x34
[c0007b84] default_idle+0x20/0x60
[c0007bf8] cpu_idle+0x34/0x38
[c0003ae8] rest_init+0x24/0x34
```

　　PC 사용자라면 32개나 되는 레지스터의 개수에 감탄할지도 모르겠다. 익숙한 x86-32 시스템에서 발생한 웁스라면 훨씬 간단할 것이다. 어쨌든 중요한 정보는 아키텍처와 상관없이 동일하다. 레지스터의 내용과 역추적 정보다.

　　역추적 정보는 문제에 이르게 된 정확한 함수 호출 순서를 보여준다. 예제를 보면 무슨 일이 일어났는지 정확히 알 수 있다. 시스템은 유휴 상태에 있었고, 유휴 상태서 실행하는 cpu_idle() 루프를 실행했으며, 루프 안에서 default_idle() 함수를 호출했다. 타이머 인터럽트가 발생해 타이머 처리를 하게 되었다. 타이머 핸들러인 tulip_timer() 함수를 호출했고, 여기서 NULL 포인터 참조가 있어났다. (함수 오른편에 0x128/0x1c4 같은 숫자로 표현된) 오프셋 정보를 이용하면 문제가 되는 행을 정확하게 찾을 수 있다.

　　흔하지는 않지만, 레지스터의 내용물도 마찬가지로 도움이 될 수 있다. 어셈블리로 변환된 함수 코드와 레지스터 값을 이용하면 문제를 일으킨 사건을 정확하게 재구성할 수 있다. 레지스터에 들어 있는 예상치 않은 값이 문제의 근원을 밝혀줄 수도 있다. 예제의 경우 (값이 모두 0인) NULL이 들어 있는 레지스터를 볼 수 있고, 이를 통해 함수의 변수에 이상한 값이 들어 있었다는 사실을 알 수 있다. 이런 상황에서는 경쟁 조건과 관련된, 이 경우에는 타이머와 네트워크 카드의 다른 부분 사이에서 문제가 발생하는 경우가 많다. 경쟁 조건을 디버깅하는 일은 언제나 어려운 작업이다.

ksymoops

앞에서 살펴본 웁스는 메모리 주소가 해당하는 함수로 변환되어 있어서 해석된decoded 웁스라고 한다. 앞의 웁스가 미해석 상태일 때는 다음과 같이 표시된다.

```
NIP: C013A7F0 LR: C013A7F0 SP: C0685E00 REGS: c0905d10 TRAP: 0700
Not tainted
MSR: 00089037 EE: 1 PR: 0 FP: 0 ME: 1 IR/DR: 11
TASK = c0712530[0] 'swapper' Last syscall: 120
GPR00: C013A7C0 C0295E00 C0231530 0000002F 00000001 C0380CB8 C0291B80
       C02D0000
GPR08: 000012A0 00000000 00000000 C0292AA0 4020A088 00000000 00000000
       00000000
GPR16: 00000000 00000000 00000000 00000000 00000000 00000000 00000000
       00000000
GPR24: 00000000 00000005 00000000 00001032 C3F7C000 00000032 FFFFFFFF
C3F7C1C0
Call trace: [c013ab30] [c0020744] [c001b864] [c0007e80] [c00061c4]
[c0007b84] [c0007bf8] [c0003ae8]
```

역추적 정보의 주소를 각각에 해당하는 이름으로 바꿀 필요가 있다. 이 변환 작업
은 ksymoops 명령어가 커널 컴파일 시에 만들어진 System.map 파일을 이용해 처리
한다. 모듈을 사용하고 있다면 모듈에 대한 정보도 필요하다. ksymoops 명령은 이런
대부분의 정보를 알아서 찾아내므로, 보통은 다음과 같이 실행하면 된다.

```
ksymoops saved_oops.txt
```

이러면 해석된 버전의 웁스를 출력한다. ksymoops가 사용하는 기본 정보가 적절
치 않거나 정보가 저장된 다른 장소를 지정하고자 하는 경우에는 여러 옵션을 사용
하면 된다. ksymoops의 매뉴얼 페이지에는 사용하기 전에 읽어야 할 많은 정보가
들어 있다. ksymoops 프로그램은 대개의 배포판에 들어 있다.

kallsyms

다행히 ksymoops 관련 처리는 더 이상 필요하지 않다. 개발자는 ksymoops를 별 문
제 없이 사용했다 하더라도, 일반 사용자는 잘못된 System.map 파일을 사용해 웁스
를 해석하지 못하는 경우가 많았으므로 큰 문제를 가지고 있었다.

2.5 개발 커널에서 CONFIG_KALLSYMS 설정 옵션을 통해 사용할 수 있는 kallsyms
기능이 도입됐다. 이 옵션은 커널 함수 이름과 커널 이미지 내의 주소 연결 정보를
저장해서 커널이 역추적 정보를 해석된 상태로 출력할 수 있게 해준다. 따라서 웁스

를 해석하는 데 System.map이나 ksymoops가 더 이상 필요 없다. 단점은 주소와 이름 연결 정보가 커널 상주 메모리에 들어가야 하므로, 커널 크기가 약간 커진다는 점이다. 하지만 개발 단계뿐 아니라 실사용 환경에서도 이 정도의 메모리 사용은 감수할 만하다. CONFIG_KALLSYMS_ALL 설정 옵션을 사용하면 함수 이름뿐만 아니라 모든 이름의 정보를 저장한다. 특수한 디버거를 사용할 경우에만 이 옵션이 필요하다. CONFIG_KALLSYMS_EXTRA_PASS 옵션을 사용하면 커널은 커널의 오브젝트 코드를 후처리하는 별도 프로세스를 생성한다. 이 옵션은 kallsyms 기능 자체를 디버깅할 때만 사용한다.

커널 디버깅 옵션

커널 코드 테스트와 디버깅을 도와줄 수 있는 커널 컴파일 옵션이 여러 가지가 있다. 이런 옵션은 커널 설정 편집기Kernel Configuration Editor의 커널 해킹Kernel Hacking 항목에 들어 있다. 이 옵션들은 모두 CONFIG_DEBUG_KERNEL 옵션이 필요하다. 커널을 해킹할 때는 실제 도움이 되는 옵션을 최대한 많이 설정하는 것이 좋다.

슬랩 계층 디버깅, 상위 메모리 디버깅, I/O 연결 디버깅, 스핀락 디버깅, 스택 경계 넘침 확인 등의 옵션은 상당히 유용하다. 하지만 가장 유용한 설정 중 하나는 기대 이상의 효과를 얻을 수 있는 스핀락 소유 상태에서 휴면 상태에 들어가는지를 확인해주는 기능이다.

2.5 버전부터 커널에는 모든 종류의 원자성 위반을 감지하는 훌륭한 기반 구조가 갖춰져 있다. 9장 "커널 동기화 개요"에서 살펴보았듯이 원자성atomic은 작업을 나누지 않고 하나의 단위로 실행하는 것을 말한다. 도중에 중단되지 않고 작업을 완료하거나, 아니면 전혀 실행하지 않은 상태가 되는 코드를 말한다. 스핀락을 가지고 있거나 커널 선점이 비활성화된 코드는 원자성을 가지고 있다. 원자적 코드는 휴면 상태로 들어갈 수 없다. 락을 소유한 채로 휴면 상태에 들어가는 것이 바로 데드락 제조법이다.

커널 선점 기능으로 인해 커널에는 원자성 지표 값이 있다. 원자적 작업이 휴면 상태로 들어가거나 휴면 상태로 들어갈 것 같은 작업이 실행되면 커널은 이 값을 설정하고, 경고 메시지를 출력한 다음 역추적 정보를 제공한다. 락을 소유한 상태에서 schedule() 함수를 호출, 락을 소유한 상태에서 작업이 중단될 수 있는 메모리 할당 작업 수행, 특정 CPU 전용 데이터에 대한 참조를 가지고 있는 상태에서 휴면 상태로 전환 등의 잠재적인 버그를 감지할 수 있다. 이런 디버깅 기반 구조를 사용하면 아주 많은 버그를 감지할 수 있으므로 사용을 적극적으로 권장한다.

이 기능을 잘 활용하려면 다음 설정을 사용하면 된다.

```
CONFIG_PREEMPT=y
CONFIG_DEBUG_KERNEL=y
CONFIG_KALLSYMS=y
CONFIG_DEBUG_SPINLOCK_SLEEP=y
```

버그 확인과 정보 추출

몇 가지 커널 함수를 사용하면 버그 표시, 버그 확인, 정보 추출 등을 쉽게 할 수 있다. 가장 많이 사용하는 것은 BUG()와 BUG_ON()이다. 이 함수가 호출되면 웁스가 발생해 커널에 스택 추적 정보와 오류 메시지가 전달된다. 이 구문이 어떤 방식으로 웁스를 발생시키는지는 아키텍처에 따라 다르다. 대다수 아키텍처는 BUG()와 BUG_ON() 함수에서 잘못된 명령어를 사용해 웁스 발생을 유도한다. 이 함수는 보통 발생해서는 안 되는 상황을 표시하고, 상황 발생을 확인하는 데 사용한다.

```
if (bad_thing)
        BUG();
```

좀 더 간단하게는 다음과 같이 사용하면 된다.

```
BUG_ON(bad_thing);
```

대부분의 커널 개발자는 BUG()에 비해 BUG_ON()를 사용하는 것이 코드를 읽기 편하고, 문서화를 더 간단하게 해준다고 생각한다. 또한 BUG_ON() 함수는 조건 확인 코드에 unlikely() 구문을 사용한다. 컴파일 시에 BUG_ON() 구문을 제거해 커널에 들어가는 공간을 절약할 수 있게 해주는 옵션에 대한 논의가 일부 개발자 사이에 있었다. 이를 위해서는 BUG_ON() 함수 안에 들어 있는 조건 확인 코드에 부작용이 전혀 없어야 한다는 것을 뜻한다. BUILD_BUG_ON() 매크로는 같은 동작을 컴파일 시점에 수행한다. 컴파일 시점에 지정한 조건을 만족한다면 오류를 내고 컴파일이 중단된다.

좀 더 치명적인 오류의 경우에는 panic() 함수를 통해 표시한다. panic() 함수를 호출하면 오류 메시지를 출력하고 커널을 중지시킨다. 당연히 이 함수는 최악의 상황에서만 사용해야 한다.

```
if (terrible_thing)
        panic("terrible_thing is %ld!\n", terrible_thing);
```

디버깅을 위해 스택 역추적 정보만을 콘솔에 표시하고 싶을 때가 있다. 이런 경우에는 dump_stack() 함수를 사용한다. 이 함수는 레지스터의 내용물과 함수 역추적 정보를 콘솔에 출력하는 일만 한다.

```
if (!debug_check) {
        printk(KERN_DEBUG "provide some information...\n");
        dump_stack();
}
```

만능 SysRq 키

사용할 수 있는 비상 수단으로 CONFIG_MAGIC_SYSRQ 설정 옵션을 통해 활성화시킬 수 있는 만능 SysRq 키가 있다. SysRq(시스템 요청) 키는 거의 모든 키보드에 있는 표준 키다. i386과 PPC에서는 Alt + PrintScreen 키 조합으로 누를 수 있다. 설정 옵션이 활성화되면 특정 키를 조합해서 눌러 진행 중인 작업과 상관없이 커널과 통신할 수 있다. 이 방법을 통해 죽어가는 시스템에서는 유용한 작업을 실행할 수 있다.

설정 옵션을 사용하는 방법 외에 sysctl을 이용해서도 이 기능을 켜고 끌 수 있다. 기능을 활성화시키려면 다음 명령을 실행하면 된다.

```
echo 1 > /proc/sys/kernel/sysrq
```

콘솔에서 SysRq-h 키를 누르면 사용 가능한 명령어 목록을 볼 수 있다. SysRq-s 키를 누르면 변경된 버퍼를 디스크에 기록한다. SysRq-u 키를 누르면 모든 파일시스템의 마운트를 해제한다. SysRq-b 키를 누르면 시스템을 재시작한다. 이 세 가지 키 조합을 연속으로 사용하는 것이 그냥 리셋 스위치를 누르는 것보다는 더 안전하게 죽어가는 시스템을 재시작하는 방법이다.

시스템이 아주 심하게 먹통이 된 경우에는 만능 SysRq 키 조합에 전혀 반응하지 않거나, 명령 수행에 실패하기도 한다. 하지만 운이 좋으면 이런 기능을 통해 데이터를 지키거나 디버깅에 도움이 될만한 정보를 얻을 수 있다. 표 18.2에 사용 가능한 SysRq 명령어를 정리했다.

표 18.2 지원하는 SysRq 명령어

키 명령어	설명
SysRq-b	시스템을 다시 시작한다.
SysRq-e	init을 제외한 모든 프로세스에 SIGTERM 시그널을 보낸다.
SysRq-h	콘솔에 SysRq 도움말을 출력한다.
SysRq-i	init을 제외한 모든 프로세스에 SIGKILL 시그널을 보낸다.
SysRq-k	안전 접근 키: 현 콘솔의 모든 프로그램을 종료한다.
SysRq-l	init을 포함한 모든 프로세스에 SIGKILL 시그널을 보낸다.
SysRq-m	메모리 정보를 콘솔에 출력한다.
SysRq-o	시스템을 종료한다.
SysRq-p	레지스터 정보를 콘솔에 출력한다.
SysRq-r	키보드의 raw 모드를 끈다.
SysRq-s	마운트된 모든 파일시스템의 변경 사항을 디스크에 저장한다.
SysRq-t	태스크 정보를 콘솔에 출력한다.
SysRq-u	마운트된 모든 파일시스템의 마운트를 해제한다.

더 자세한 정보는 커널 소스 트리의 Documentation/sysrq.txt 파일에 들어 있다. 실제 구현은 drivers/char/sysrq.c 파일에 있다. 만능 SysRq 키는 디버깅이나 죽어가는 시스템을 구하는 데 중요한 도구다. 하지만 이 기능은 콘솔 앞에 앉은 사용자에게 강력한 기능을 제공하므로 중요한 장비에서 사용할 때는 각별히 주의해야 한다. 그러나 개발 장비에서는 아주 큰 도움이 될 것이다.

커널 디버거의 전설

대다수 커널 개발자가 커널에 디버거가 내장되기를 오랫동안 고대했다. 안타깝게도 리누스는 커널 소스 트리에 디버거가 들어가는 것을 원치 않는다. 리누스는 디버거로 인해 잘못된 정보를 가진 개발자가 나쁜 수정 방법을 사용할 수 있다고 생각한다.

그의 논리를 반박할 수 있는 사람은 없다. 진정하게 코드를 이해한 상태에서 나온 해결책이 더 올바른 해결책일 가능성이 크다. 그럼에도 불구하고, 상당수의 개발자는 공식적으로 커널에 포함된 디버거를 바란다. 가까운 시일에 이런 일이 현실화되기 어려워 보여 표준 리눅스 커널에 커널 디버깅을 지원하는 패치가 몇 가지 나와 있다. 외부의 비공식적인 패치이긴 하지만 상당히 좋은 기능을 제공하는 강력한 도구라 할 수 있다. 하지만 이런 해결책에 대해 알아보기 전에 표준 리눅스 디버거인 gdb를 통해 어떤 도움을 얻을 수 있는지 살펴보는 것이 좋을 것이다.

gdb

표준 GNU 디버거를 사용해 실행 중인 커널을 엿볼 수 있다. 커널에 디버거를 사용하는 방법은 실행 중인 프로세스에 디버거를 사용하는 방법과 거의 같다.

```
gdb vmlinux /proc/kcore
```

vmlinux 파일은 빌드 디렉토리의 루트 디렉토리에 저장된 압축되지 않은 커널 이미지다. 압축된 zImage나 bzImage가 아니다.

선택적으로 사용하는 /proc/kcore 인자는 gdb가 실행 중인 커널의 실제 메모리를 엿볼 수 있도록 해주는 코어 파일의 역할을 한다. 이 파일을 읽으려면 관리자 권한이 필요하다.

정보를 읽기 위해서 gdb의 모든 명령을 사용할 수 있다. 예를 들어 특정 변수의 값을 출력하려면 다음 명령을 사용한다.

```
p global_variable
```

함수를 역어셈블하려면 다음 명령을 사용한다.

```
disassemble function
```

-g 옵션을 사용해 (커널 Makefile의 CFLAGS 변수에 -g를 추가해) 커널을 컴파일했다면 gdb는 더 많은 정보를 제공한다. 예를 들면, 구조체의 내용물을 출력하거나 포인터를 따라가는 것이 가능하다. -g 옵션을 사용하면 커널의 크기가 훨씬 커지므로 일반적인 상황에서는 디버깅 정보를 넣고 컴파일해서는 안 된다.

안타깝게도 여기까지가 gdb가 할 수 있는 한계다. gdb는 어떤 방식으로든 커널의 데이터를 변경할 수 없다. 커널 코드는 한 단계씩 실행하거나 중지 지점을 설정할 수 없다. 커널의 자료구조를 변경할 수 없다는 점은 아주 큰 단점이다. 필요할 때 gdb를 사용해 함수를 역어셈블할 수 있다는 것은 의심할 바 없이 유용한 기능이지만, 데이터도 변경할 수 있다면 훨씬 더 유용할 것이다.

kgdb

kgdb는 gdb로 시리얼 연결을 통해 원격에서 커널을 제대로 디버깅할 수 있게 해주는 패치다. 이를 사용하려면 두 대의 컴퓨터가 필요하다. 첫 번째 컴퓨터는 kgdb 패치가 된 커널을 실행한다. 두 번째 컴퓨터는 시리얼 연결(두 시스템을 연결해 주는 널 모뎀 케이블)을 통해 gdb로 첫 번째 컴퓨터를 디버깅한다. kgdb를 사용하면 gdb의 전체 기능을 모두 사용할 수 있다. 모든 변수를 읽고 쓰기, 중지 지점 설정, 감시 지점 설정, 단계별 실행 등이 모두 가능하다! 특별한 버전의 kgdb를 사용하면 함수 실행도 가능하다.

kgdb 설정과 시리얼 연결이 약간 까다롭긴 하지만, 환경을 설정하면 디버깅이 간단해진다. 패치를 적용하면 Documentation 디렉토리에 문서도 많이 설치되므로 이를 참고하자.

여러 아키텍처와 커널 배포판에 따라 여러 다른 사람들이 kgdb 패치를 관리한다. 사용하는 커널에 적합한 패치를 찾으려면 온라인 검색을 해보는 것이 좋다.

시스템 찔러 보기와 조사

커널 디버깅을 경험하면 답을 찾으려고 커널을 찔러보고 조사하는 방법을 몇 가지 익히게 될 것이다. 커널 디버깅은 상당히 도전적인 작업이므로 간단한 팁과 기법으로도 도움을 받을 수 있다. 몇 가지 기법을 살펴보자.

조건에 따른 UID 사용

프로세스와 관련된 코드를 개발하고 있다면 기존의 코드를 건드리지 않고 새로운 구현 방식을 개발하고 싶을 때가 있다. 중요한 시스템 호출을 재작성하고 있고 완전히 동작하고 있는 시스템에서 해당 코드를 디버깅하고 싶을 때 이런 방식을 사용할 수 있으면 좋다. 예를 들어, 재미있는 새로운 기능을 사용하는 fork() 알고리즘을 다시 작성한다고 하자. 한 번에 관련 코드를 모두 제대로 작성하지 않으면 시스템 디버깅 작업은 쉽지 않을 것이다. 동작하지 않는 fork() 시스템 호출이라면 당연히 시스템도 동작하지 않을 것이다. 하지만 늘 그렇듯이 희망은 있다.

기존 알고리즘을 그대로 두고 대체 알고리즘을 같이 만드는 것이 안전할 때가 많다. 사용 알고리즘을 사용자 id(UID)에 따라 선택적으로 적용하는 방식으로 이런 결과를 얻을 수 있다.

```
if (current->uid != 7777) {
    /* 이전 알고리즘 .. */
} else {
    /* 새 알고리즘 .. */
}
```

UID가 7777이 아닌 사용자는 모드 이전 알고리즘을 사용한다. 새 알고리즘을 테스트하는 용도로 UID가 7777인 사용자를 별도로 생성할 수 있다. 이렇게 하면 프로세스와 관련된 중요한 코드를 쉽게 테스트할 수 있다.

조건 변수

문제가 되는 코드가 프로세스 컨텍스트에 있지 않거나, 더 직접적인 방식으로 기능을 제어하고자 한다면 조건 변수를 사용한다. 이 방식은 UID를 사용하는 것보다 훨씬 더 간단하다. 전역 변수를 하나 만들고 코드에서 이 변수를 사용해 조건을 확인하면 된다. 변수 값이 0이면 어느 한 편의 코드를 따라간다. 0이 아니면 다른 편 코드를 따라간다. 별도로 제공하는 인터페이스나 디버거의 기능을 사용해 이 변수를 설정한다.

통계

특정한 사건이 얼마나 자주 일어나는지에 대한 느낌을 확인하고 싶을 때가 있다. 여러 사건을 비교하고 비교를 위해 특정 비율을 뽑아보고 싶을 때도 있다. 통계 값을 생성하고 이 값을 제공하는 체계를 사용하면 이런 작업을 쉽게 처리할 수 있다.

예를 들어, foo가 발생하는 빈도와 bar가 발생하는 빈도를 확인하고 싶다고 하자. 각 사건이 일어나는 곳이면 더 좋겠지만, 어쨌든 파일에 다음과 같이 두 전역 변수를 선언한다.

```
unsigned long foo_stat = 0;
unsigned long bar_stat = 0;
```

각 사건이 일어날 때마다 변수의 값을 적절히 증가시킨다. 그리고 데이터를 입맛에 맞는 형태로 제공한다. 예를 들어, /proc 디렉토리의 파일에 값을 기록할 수도 있고, 별도의 시스템 호출을 만들 수도 있다. 간단히 디버거에서 값을 읽는 방법을 사용할 수도 있다.

이런 접근 방식은 SMP 환경에서 안전하게 동작하지 않는다는 점을 조심하자. 이상적으로는 원자적 동작을 사용해야 할 것이다. 하지만 한 번 사용하고 마는 사소한 디버깅용 통계에서는 그런 보호장치까지는 필요 없다.

디버깅 작업의 빈도와 발생 제한

문제를 찾아내기 위해 특정 영역에 (출력 구문을 사용하는) 디버깅용 확인 코드를 추가하는 경우가 많다. 하지만 커널 함수 중에는 일 초에 여러 번 호출되는 경우도 있다. 이런 함수에 printk() 구문을 추가하면 시스템이 디버깅 출력으로 넘쳐서 금방 사용이 불가능해진다.

이런 문제를 예방하는 비교적 간단한 두 가지 방법이 있다. 첫 번째 방법은 비율 제한rate limiting으로, 자주 일어나는 사건에 대해 사건의 진행 과정을 살펴보는 데 적합한 방법이다. 디버깅 출력이 폭주하는 것을 막기 위해 디버그 메시지 출력(또는 디버깅을 위한 작업)을 수초마다 한 번씩만 하는 것이다. 예를 들면, 다음과 같은 방식으로 사용한다.

```
static unsigned long prev_jiffy = jiffies; /* 비율 제한 */

if (time_after(jiffies, prev_jiffy + 2*HZ)) {
    prev_jiffy = jiffies;
    printk(KERN_ERR "blah blah blah\n");
}
```

이 예에서 디버그 메시지는 2초마다 한 번씩 출력된다. 이렇게 하면 콘솔에 정보가 넘쳐나서 컴퓨터를 사용할 수 없게 만드는 일을 막을 수 있다. 필요에 맞게 발생 비율을 가감할 수 있을 것이다.

printk() 함수만 사용하는 경우라면 printk() 함수 호출 빈도를 제한하는 전용 함수를 사용할 수 있다.

```
if (error && printk_ratelimit())
        printk(KERN_DEBUG "error=%d\n", error);
```

printk_ratelimit() 함수는 비율 제한에 걸린 경우에는 0을 반환하고, 아닌 경우에는 0이 아닌 값을 반환한다. 이 함수는 기본적으로 5초당 하나의 메시지를 허용하지만, 상한 값이 적용되지 않는 초기에는 10개의 메시지까지 허용한다. 이 값은 sysctl 인터페이스의 printk_ratelimit, printk_ratelimit_burst 값을 통해 조정 가능하다.

또 다른 성가신 상황으로 특정 경로로 코드가 실행되었는지를 확인해야 하는 경우를 들 수 있다. 앞의 예와 달리, 이런 경우에는 실시간 알림이 필요하지 않다. 한 번 조건에 발생하면 계속 많이 발생하는 경우는 특히 더 성가신 상황이 된다. 이 경우의 해결책은 디버깅 메시지 비율을 제한하는 것이 아니라, 디버깅 상황이 발생하는 한도를 제한하는 것이다.

```
static unsigned long limit = 0;

if (limit < 5) {
    limit++;
    printk(KERN_ERR "blah blah blah\n");
}
```

이 예에서는 디버깅 출력을 다섯 번으로 제한한다. 메시지를 다섯 번 출력하면 항상 조건을 만족하지 않게 된다.

두 예에서 사용한 변수는 보다시피 static으로 선언된 함수의 지역 변수이어야 한다. 이렇게 선언해야 함수가 여러 번 호출되는 동안 그 값이 유지된다.

예로 든 코드는 원자적 동작으로 바꾸어 안전한 코드로 쉽게 전환할 수는 있지만, 모두 SMP나 선점에 안전하지 않은 상태다. 디버깅 작업을 위한 임시 코드에 대해서는 그렇게 까다롭게 굴지 않아도 된다.

문제를 일으킨 변경 사항을 찾기 위한 이진 탐색

커널 소스에 버그가 언제 유입되었는지를 알면 유용한 경우가 많다. 버그가 2.4.29에서는 발생하지 않았고, 2.6.33에서는 발생한다는 사실을 안다면 버그를 발생시킨 변화에 대한 명확한 그림을 갖는다. 잘못 변경된 부분을 되돌려 놓거나 바로 잡는 것이 버그 수정이 되는 경우가 많다.

하지만 버그가 유입된 커널 버전을 모르는 경우가 많다. 현재 버전의current 커널에 버그가 있다는 사실은 알지만, 사용 중인 커널은 항상 현재 버전이었을 것이다! 약간의 노력을 기울이면 문제를 일으킨 변경 사항을 찾을 수 있다. 변경 사항을 알고 있다면 버그 수정이 가까운 경우가 보통이다.

확인 작업을 시작하려면 문제를 안정적으로 재현할 수 있어야 한다. 시스템 시작 직후에 바로 버그를 확인할 수 있다면 더 좋다. 그다음 정상적이라고 알려진 커널이 필요하다. 이미 이 커널은 확보했을 것이다. 예를 들어, 몇 달 전의 커널에서는 정상적으로 동작했다면 그 시점의 커널을 선택하면 된다. 그 선택이 틀렸다면 그 이전 버전으로 시도해본다. 버그가 없는 커널 버전을 찾는 작업은 그다지 어렵지 않을 것이다.

그 다음 문제가 있다고 알려진 커널이 필요하다. 일을 쉽게 하려면 버그가 있는 것을 알고 있는 가장 오래된 커널을 가지고 시작하는 것이 좋다.

이제 문제가 있다고 알려진 커널과 정상적이라고 알려진 커널 사이에서 이진 탐색을 시작한다. 예를 들어보자. 정상적이라고 알려진 마지막 커널 버전이 2.6.11이고 문제가 있다고 알려진 가장 오래된 커널 버전이 2.6.20이라고 하자. 2.6.15 같은 가운데 커널 버전에서 시작하자. 2.6.15 버전에 대해 버그를 확인한다. 2.6.15 버전이 정상적으로 동작한다면 그 이후 커널에서 문제가 시작된 것이므로, 2.6.15와 2.6.20 사이의 2.6.17 같은 커널을 선택한다. 2.6.15 버전이 동작하지 않았다면 그 이전 버전에서 문제가 발생한 것이므로 2.6.13 버전을 시도해 볼 수 있다. 이 과정을 반복한다.

결국에는 하나는 버그가 있고 하나는 버그가 없는 연속된 두 커널로 문제의 범위를 좁힐 수 있다. 그러면 버그를 발생시킨 변경 사항을 명확히 알 수 있다. 이 방식을 사용하면 모든 커널을 일일이 살펴보지 않아도 된다.

Git을 사용한 이진 탐색

git 소스 관리 도구는 이진 탐색을 수행하는 데 유용한 기능을 제공한다. 리눅스 소스 트리 관리에 git을 사용하고 있다면 이진 탐색 과정을 자동화할 수 있다. 게다가 git 도구는 리비전revision 단위로 이진 탐색을 수행하므로 버그를 유발한 특정 커밋을 바로 집어낼 수 있다. git을 사용하는 다른 작업들과 달리, git을 이용한 이진 탐색은 그다지 어렵지 않다. 시작하려면 먼저 git에게 이진 탐색을 시작한다는 사실을 알려 줘야 한다.

```
$ git bisect start
```

그다음 문제가 있는 것으로 알려진 가장 오래된 리비전을 지정한다.

```
$ git bisect bad <revision>
```

문제가 있는 것으로 알고 있는 가장 오래된 리비전이 현재 커널 버전이라면 리비전 지정을 생략할 수 있다.

```
$ git bisect bad
```

그다음 정상적으로 동작하는 것으로 알려진 가장 최근 리비전을 지정한다.

```
$ git bisect good v2.6.28
```

그러면 git은 자동으로 정상 리비전과 비정상 리비전 사이를 가르는 리눅스 소스 트리를 받아 온다. 그러면 이 리비전을 컴파일하고 버그를 확인한다. 정상적으로 동작하면 다음 명령을 실행한다.

```
$ git bisect good
```

정상 적으로 동작하지 않으면, 즉 해당 커널 리비전에서 버그가 재현되면 다음 명령을 실행한다.

```
$ git bisect bad
```

명령을 실행할 때마다 git은 리비전 단위로 소스 트리를 분할해서 다음 작업에 필요한 소스를 받아온다. 더 이상의 분할이 불가능할 때까지 이 과정을 반복한다. 그러면 git이 문제가 되는 리비전 번호를 출력한다.

이 과정은 오래 걸릴 수 있지만 git을 이용해 작업을 좀 더 편하게 할 수 있다. 버그가 있는 소스를 알고 있다면, 예를 들어 x86 관련 부트 코드에 대한 버그라는 점이 명확하다면 git 명령을 다음과 같이 사용하면 지정한 디렉토리 목록의 내용을 변경한 커밋에 대해서만 분할 작업을 진행한다.

```
$ git bisect start - arch/x86
```

모든 방법이 실패했을 때: 공동체

생각할 수 있는 모든 수단을 시도해봤을 수 있다. 수많은 시간, 아니 수많은 날을 키보드를 붙들고 보냈지만 해결책을 찾지 못했을 수 있다. 리눅스 커널 중심부에 해당하는 버그라면 커널 공동체의 다른 개발자의 도움을 언제라도 끌어낼 수 있다.

버그를 기술하고 그 동안 알아낸 바를 정리한 간결한, 하지만 빠진 내용이 없는 이메일을 커널 메일링 리스트에 보내면 해결책을 발견하는 데 도움이 된다. 어쨌든 버그를 좋아하는 사람은 없다.

20장 "패치, 해킹, 공동체"에 공동체와 주 모임인 리눅스 커널 메일링 리스트의 구체적인 주소를 실어두었다.

결론

이 장에서는 왜 구현한 내용이 의도에서 벗어나는 지를 밝혀내는 과정인 커널 디버깅에 대해서 알아보았다. 커널에 내장된 디버깅 지원 체계에서부터 디버거까지, 로그를 활용하는 방법에서부터 git을 사용한 이진 탐색까지의 여러 디버깅 기법을 알아보았다. 리눅스 커널을 디버깅하는 것은 사용자 공간 애플리케이션을 디버깅하는 것보다 훨씬 더 어려운 작업이므로 실제 커널 코드를 작성하려는 사람에게 이 장에서 다룬 내용은 상당히 중요하다.

다음 장에서는 또 다른 일반적인 주제인 리눅스 커널의 이식성에 대해 알아보자. 계속 나가보자!

19장

이식성

리눅스는 다양한 컴퓨터 아키텍처를 지원하는 이식성 있는 운영체제다. 이식성(portability)은 특정 시스템 아키텍처의 코드가 (가능하다면) 얼마나 쉽게 다른 아키텍처로 이동이 가능한가를 의미한다. 리눅스는 이미 여러 시스템으로 이식(port)되었으므로 이식성 있는 운영체제라는 것을 알고 있다. 하지만 이런 이식성은 하루 아침에 이루어진 것이 아니다. 이식성 있는 코드를 지향하는 근면함이 필요하다. 이로 인해 지금은 리눅스를 새로운 시스템으로 옮기는 것이 비교적 쉽다고 말할 수 있다. 이 장에서는 이식성 있는 코드를 작성하는 방법에 대해 알아본다. 핵심 커널 코드나 장치 드라이버를 작성할 때 꼭 염두에 두어야 하는 사항이다.

이식성 있는 운영체제

일부 운영체제는 이식성을 주요 기능으로 설계되었다. 특정 시스템에서만 사용 가능한 코드를 최소화한다. 어셈블리 사용을 최소화하고 인터페이스와 기능을 충분히 일반적인 형태로 추상화해서 광범위한 아키텍처에서 동작하게 만든다. 이렇게 하면 새로운 아키텍처를 비교적 쉽게 지원할 수 있다는 이점을 얻을 수 있다. 매우 이식성이 좋은 간단한 시스템의 경우, 단 수백 줄의 독자적인 코드만 추가해서 새 아키텍처를 지원할 수 있는 경우도 있다. 단점은 아키텍처의 고유 기능을 지원하지 못한다는 점과 특정 시스템에 적합한 코드로 직접 최적화할 수 없다는 점이 있다. 이런 설계 방식을 선택하면 이식성 있는 코드를 위해 최적의 코드를 희생해야 한다. 극도로 이식성이 좋은 운영체제의 예로 미닉스Minix, NetBSD 등의 많은 학문적 시스템을 들 수 있다.

정 반대로 이식성을 모두 포기하고 최적의 코드를 위해 극도로 맞춰진 운영체제가 있다. 최대한 어셈블리로 코드를 작성하거나 아키텍처에 적합한 설계를 사용한다. 구체적인 아키텍처 기능에 맞춰 커널 기능을 설계한다. 따라서 새로운 아키텍처로 운영체제를 이식하는 일은 사실상 커널을 바닥에서부터 다시 만드는 일이 된다. 심지어는 운영체제를 다른 아키텍처에 사용하는 것이 적합하지 않을 가능성도 있다. 이런 설계 방식을 선택하면 최적의 코드를 위해 코드 이식성을 희생해야 한다. 이런 시스템은 이식성이 좋은 시스템보다 유지 보수가 어려운 경우가 많다. 이 시스템이 이식성이 좋은 시스템보다 반드시 더 효율적이지는 않다. 하지만 기꺼이 이식성을 무시하는 방식은 타협을 고려할 수 있는 설계가 아니다. 이런 설계를 선택한 예로 마이크로소프트 DOS와 윈도우95가 있다.

리눅스는 이식성을 위한 중간의 길을 선택했다. 현실적으로 인터페이스와 핵심 코드는 최대한 아키텍처 독립적인 C 코드를 사용한다. 하지만 성능이 중요한 곳에는 커널 기능을 각 아키텍처에 최적화시킨다. 예를 들어, 대부분의 하위 수준 고속 코드는 아키텍처별로 작성되며, 어셈블리로 작성되는 경우가 많다. 이런 방식을 통해 리눅스는 최적화를 무시하지 않으면서도 이식성을 유지한다. 이식성이 성능의 걸림돌의 되는 곳에서는 성능을 우선시 하는 것이 일반적이다. 그렇지 않은 곳의 코드는 이식성을 유지한다.

외부로 드러나는 커널 인터페이스는 보통 아키텍처와 상관없다. 함수의 어떤 부분이 (성능상 또는 다른 이류로 인해) 지원 아키텍처별로 달라져야 하는 경우에는 코드를 별도의 함수로 구현하고 필요에 따라 호출한다. 그리고 지원하는 아키텍처별로 각자 해당 함수를 구현하고 커널 이미지와 링크한다.

좋은 예로 스케줄러를 들 수 있다. 스케줄러의 대부분은 kernel/sched.c 파일에 들어 있는 아키텍처 독립적인 C 코드로 작성된다. 프로세서 상태 전환 또는 주소 공간 전환 같은 스케줄러의 일부 작업은 아키텍처에 따라 달라진다. 따라서 프로세스를 전환하는 context_switch() C 함수는 프로세서 상태와 주소 공간을 전환하기 위해 switch_to(), switch_mm() 함수를 호출한다.

switch_to(), switch_mm() 함수는 리눅스가 지원하는 아키텍처별로 따로따로 구현한다. 새로운 아키텍처로 리눅스를 이식할 경우, 새 아키텍처는 이 함수를 구현해야 한다.

아키텍처 전용 파일은 arch/architecture 디렉토리에 들어 있다. architecture 자리에는 리눅스가 지원하는 아키텍처의 줄임말이 들어간다. 예를 들어, 인텔 x86 아키텍처의 경우에는 x86이라는 이름을 사용한다(이 아키텍처는 x86-32와 x86-64를 모두 지원한다). 이 시스템의 아키텍처 전용 파일은 arch/x86 디렉토리에 들어 있다. 2.6 커널이 지원하는 아키텍처에는 alpha, arm,avr32, blackfin, cris, frv, h8300, ia64, m32r, m68k, m68knommu, mips, mn10300, parisc, powerpc, s390, sh, sparc, um, x86, xtensa 등이 있다. 각각에 해당하는 전체 아키텍처는 이 장 뒷부분의 표 19.1에 정리되어 있다.

리눅스 이식성의 역사

리누스가 미지의 세상에 리눅스를 내놓았을 때 리눅스는 인텔 i386 시스템에서만 동작했다. 상당히 일반적인 형태로 잘 작성된 운영체제이긴 했지만 이식성은 주 관심사가 아니었다. 심지어 리누스는 리눅스를 i386 아키텍처에서만 사용하자고 제안하기도 했다! 하지만 1993년 리눅스를 디지털 사의 알파 아키텍처로 이식하는 작업이 시작되었다. 디지털 알파는 64비트 메모리 접근이 가능한 현대적인 고성능 RISC 기반 아키텍처였다. 이는 애초에 리누스가 사용한 386과는 극명하게 대조를 이루는 아키텍처였다. 어쨌든, 알파로 이식된 리눅스 첫 버전이 나오는 데 일 년이 걸렸고, 알파는 x86 다음으로 리눅스가 공식적으로 지원하는 아키텍처가 되었다. 처음이라서 겪을 수밖에 없었던 많은 어려움으로 인해 이 이식 작업은 상당히 어려웠다. 단순히 알파 아키텍처에 대한 지원을 접목시키는 것이 아니라 커널의 여러 곳을 이식성을 고려해 다시 작성해야 했다.[1] 이로 인해 전체적인 작업량이 더 많아졌지만 더 깔끔한 코드를 얻을 수 있었고 향후 이식 작업이 훨씬 더 쉬워졌다.

첫 번째 리눅스 버전은 인텔 i386 아키텍처만 지원했지만 1.2 커널에는 약간 실험적인 성격으로 디지털 알파, MIPS, SPARC의 지원이 추가되었다.

2.0 커널을 배포할 때 리눅스 커널에는 모토롤라 68k와 PowerPC의 지원이 공식적으로 추가되었다. 그리고 1.2 버전에서 지원하던 아키텍처는 안정적인 공식 지원 아키텍처가 되었다.

2.2 커널 시리즈에는 ARM, IBM S/390, UltraSPARC 등 더 많은 아키텍처를 지원하게 되었다. 몇 년 뒤 2.4 커널은 지원 아키텍처의 수가 15개로 거의 두 배가 되었다. CRIS, IA-64, 64비트 MIPS, HP PA-RISC, 64비트 IBM S/390, 히타치 SH 등에 대한 지원이 추가되었다.

현재 2.6 커널에는 AVR, FR-V, MMU 없는 모토롤라 68k, M32xxx, H8/300, IBM POWER, Xtensa, 가상 머신에서 실행되는 커널 버전인 유저모드 리눅스가 추가되어, 지원 아키텍처의 수가 21개가 되었다.

각 아키텍처별로 여러 종류의 칩과 시스템을 지원한다. ARM, PowerPC 같은 일부 아키텍처는 여러 가지 칩과 시스템 유형을 지원한다. 반면, x86이나 SPARC 같은 경우에는 32비트와 64비트 두 프로세서를 지원한다. 따라서 21개의 다양한 아키텍처

---

1. 이는 커널 개발 과정에서 흔히 벌어지는 일이다. 무언가를 해내야 한다면 제대로 해야만 한다. 커널 개발자는 완벽을 위해 대량의 코드를 다시 작성하는 일을 두려워하지 않는다.

에서 리눅스가 실행된다고 하지만 실제로는 훨씬 더 다양한 시스템에서 동작하는 것이다!

워드 크기와 데이터 형

워드는 시스템이 한 번에 처리할 수 있는 데이터 양을 말한다. (보통 8비트인) 문자나 (많은 워드가 들어 있고, 용량이 4KB 또는 8KB인) 페이지와 마찬가지로 데이터의 측정 단위를 문서로 비유한 것이다. 워드는 1개, 2개, 4개 또는 8개와 같은 정수 개의 바이트로 구성된다. 어떤 시스템이 '몇 비트'라고 이야기할 때는 해당 시스템의 워드 크기를 말하는 것이 일반적이다. 예를 들어, 인텔 i7이 64비트 칩이라고 한다면 이 프로세서의 워드 크기는 64비트, 8바이트라는 뜻이다.

프로세서의 범용 레지스터GPR, general-purpose register의 크기는 워드 크기와 같다. 메모리 버스와 같은 해당 아키텍처 구성 요소의 데이터 폭도 워드 크기 이상인 경우가 보통이다. 일반적으로, 적어도 리눅스가 지원하는 아키텍처의 경우에는 가상 메모리 주소 공간도 워드 크기와 같다. 물리적 주소 공간은 더 작을 때도 있다. 따라서 포인터의 크기는 워드 크기와 같다. 게다가, C의 long 데이터 형의 크기는 워드 크기와 동일하며, int 데이터 형의 크기는 워드 크기보다 작을 때도 있다. 예를 들어, 알파 아키텍처의 워드 크기는 64비트다. 따라서 알파 아키텍처의 레지스터, 포인터, long 데이터 형의 크기는 64비트다. 하지만 int 데이터 형의 크기는 32비트다. 알파 아키텍처는 한 번에 한 워드, 64비트의 데이터를 조작할 수 있다.

> **워드와 더블워드에 대한 혼란**
> 일부 운영체제나 프로세서는 표준 데이터 크기를 워드라고 부르지 않는다. 대신 역사적인 이유 또는 어쩌다가 사용한 명명규칙에 따라 워드라는 용어를 고정된 크기로 사용한다. 예를 들면, 해당 시스템이 32비트 아키텍처임에도 불구하고, 데이터 크기를 바이트(8비트), 워드(16비트), 더블워드(32비트), 쿼드워드(64비트)로 구분하는 운영체제도 있다. 윈도우7과 같은 윈도우NT 기반 시스템이 이런 명명 방식을 사용한다. 이 책과 일반적인 리눅스에서는 워드라는 용어를 앞에서 논의한 대로 프로세서의 표준 데이터 크기로 사용한다.

리눅스를 지원하는 아키텍처마다 `<asm/types.h>` 파일에서 시스템의 워드 크기인 C `long` 데이터 형 크기로 `BITS_PER_LONG` 값을 지정한다. 리눅스가 지원하는 모든 아키텍처와 해당 아키텍처의 워드 크기를 표 19.1에 정리했다.

표 19.1 리눅스가 지원하는 아키텍처

아키텍처	설명	워드 크기
alpha	Digital Alpha	64비트
arm	ARM과 StrongARM	32비트
avr	AVR	32비트
blackfin	Blackfin	32비트
cris	CRIS	32비트
frv	FR-V	32비트
h8300	H8/300	32비트
ia64	IA-64	64비트
m32r	M32xxx	32비트
m68k	모토롤라 68k	32비트
m68knommu	MMU 없는 m68k	32비트
mips	MIPS	32비트 및 64비트
parisc	HP PA-RISC	32비트 및 64비트
powerpc	PowerPC	32비트 및 64비트
s390	IBM S/390	32비트 및 64비트
Sh	히타치 SH	32비트
Sparc	SPARC	32비트 및 64비트
Um	유저모드 리눅스	32비트 및 64비트
x86	x86-32와 x86-64	32비트 및 64비트
xtensa	Xtensa	32비트

전통적으로 리눅스는 특정 아키텍처의 32비트 버전과 64비트 버전을 별도로 구현했다. 예를 들어, 2.6 커널 초기에는 i386과 x86-64, mips와 mips64, ppc와 ppc64 아키텍처가 모두 존재했다. 상당 기간의 노력을 통해 하나의 코드로 32비트와 64비트를 모두 지원할 수 있게 arch/ 아래 하나의 디렉토리로 각각의 아키텍처를 통합하는 작업이 완료되었다.

C 표준은 표준 변수형의 크기를 구현 단계에서 정하도록 명시된다.[2] 아키텍처에 따라 C 표준 형의 크기가 불명확한 것에는 장점과 단점이 있다. 장점을 꼽자면 표준 데이터 형이 다양한 아키텍처별 워드 크기를 사용함으로써 명시적으로 데이터 형의 크기를 지정하지 않아도 된다는 점을 들 수 있다. C의 long 데이터 형의 크기는 시스템의 워드 크기와 동일하다는 점이 보장된다. 하지만 코드상에서 표준 데이터 형의 크기를 짐작하기 어렵다는 단점이 있다. 뿐만 아니라, int 형의 크기가 long 형과 같다는 보장도 없다.[3]

사용자 공간의 자료형과 커널 공간의 자료형이 같을 필요가 없으므로 상황은 더욱 더 혼란스러워진다. sparc64 아키텍처는 32비트 사용자 공간을 제공한다. 따라서 포인터와 int 형, long 형이 모두 32비트다. 하지만 커널 공간에서 sparc64의 int 형은 32비트이고, 포인터와 long 형은 64비트다. 물론 이것이 일반적인 상황은 아니다.

염두에 두어야 할 몇 가지 규칙은 다음과 같다.

- ANSI C 표준에 지정되어 있듯이 char 데이터 형은 항상 1바이트다.
- int 데이터 형이 32비트라는 규칙은 정해져 있지 않지만 현재 리눅스가 지원하는 모든 아키텍처에서 int 형은 32비트다.
- short 데이터 형도 마찬가지로 명시적으로 정해진 바는 없지만 현재 모든 아키텍처에서 short 형은 16비트다.
- 포인터나 long 데이터 형의 크기를 절대로 추측하지 마라. 현재 리눅스가 지원하는 시스템에서 포인터나 long 데이터 형의 크기는 32비트일 수도 있고, 64비트일 수도 있다.
- 아키텍처에 따라 long 데이터 형의 크기가 다르므로 절대로 sizeof(int) 값과 sizeof(long) 값이 같을 거라고 생각해선 안 된다.
- 마찬가지로 포인터와 int 데이터 형의 크기가 같을 거라고 생각해서도 안 된다.

운영체제가 사용하는 데이터 형의 크기를 기억하는 간단한 기억 방법이 있다. 예를 들어, 64비트 윈도우는 LLP64라고 부르는데, 이는 long long 데이터 형과 포인터

---

2. char 데이터 형은 예외다. char 데이터 형은 항상 1바이트다.
3. 사실 리눅스가 지원하는 64비트 아키텍처에서 int 형과 long 형의 크기는 다르다. int 형은 32비트이고, long 형은 64비트다. 리눅스가 지원하는 32비트 아키텍처에서는 int 형과 long 형이 모두 32비트다.

가 64비트라는 뜻이다. 64비트 리눅스 시스템은 LP64라고 한다. long 형과 포인터가 64비트다. 32비트 리눅스 시스템은 ILP32라고 한다. int 형과 long 형, 그리고 포인터가 모두 32비트다. 데이터 형 선택으로 얻을 수 있는 점과 잃을 수 있으므로 이런 기억 방법을 사용하면 운영체제가 어떤 데이터 형을 사용해 워드 크기를 구현했는지 한눈에 알 수 있다.

ILP64, LP64, LLP64를 생각해보자. ILP64에서 int 형, long 형, 포인터 형은 크기가 모두 64비트다. 주요 C 데이터 형의 크기가 같아서 프로그래밍이 쉬워지지만(정수 형과 포인터 형의 크기가 다름으로 인해 프로그래밍 오류가 발생하는 경우가 많다), 일반적인 정수 형이 불필요하게 커지는 단점이 있다. LP64에서는 개발자가 크기가 다른 정수 형을 선택해 사용할 수 있지만 int 데이터 형의 크기가 포인터보다 작다는 점을 명심해야 한다. LLP64인 경우 개발자가 사용하는 int 데이터 형과 long 데이터 형의 크기가 같으며 정수 형과 포인터 형의 크기가 다르다는 점을 고려해야 한다. 대부분의 개발자는 리눅스가 채용한 LP64를 선호한다.

불투명 데이터 형

불투명 데이터 형opaque type은 내부 형식이나 구조를 드러내지 않는 데이터 형을 말한다. 이런 데이터 형은 C 상에서 볼 때는 '블랙 박스'처럼 보인다. 이런 형을 지원하는 언어는 많지 않다. 그래서 개발자는 불투명 데이터 형을 typedef로 선언해 지정하고, 이 데이터 형을 원래의 표준 C 데이터 형으로 변환하지 않기를 바란다. 일반적으로 이런 데이터 형은 개발자가 만든 특별한 인터페이스를 통해 사용한다. 프로세스 인식 번호를 저장하는 pid_t 데이터 형을 예로 들어보자. 요령을 아는 사람이라면 누구라도 잠깐 살펴보면 이 데이터 형이 실제로는 int 형이라는 것을 알 수 있겠지만 그냥은 데이터 형의 실제 크기가 드러나지 않는다. 이 데이터 형의 크기를 명시적으로 사용하는 코드가 없다면 많은 어려움 없이 실제 데이터 형을 바꿀 수 있다. 실제 이런 일이 벌어진 적이 있다. 오래된 유닉스 시스템에서는 pid_t가 short 데이터 형으로 선언되었다.

불투명 데이터 형의 다른 예로 atomic_t가 있다. 10장 "커널 동기화 방법"에서 살펴봤듯이 이 데이터 형에는 원자적으로 변경이 가능한 정수 값이 들어간다. 실제 이 데이터 형은 int 형이지만 불투명 데이터 형을 사용함으로써 해당 데이터를 특별한 원자적 동작 함수에서만 사용할 수 있게 해준다. 또한 불투명 데이터 형을 사용함으로써 atomic_t 형에서 사용 가능한 값의 범위를 숨길 수 있다. 32비트 SPARC은 아키텍처의 한계로 인해 32비트 범위를 모두 사용할 수 없다.

커널에서 사용하는 불투명 데이터 형의 다른 예로 dev_t, gid_t, uid_t 등이 있다. 불투명 데이터 형을 다룰 때는 다음 규칙을 지켜야 한다.

- 데이터 형의 크기를 추정하지 마라. 시스템에 따라 32비트일 수도 있고 64비트일 수도 있다. 게다가 나중에 커널 개발자가 그 크기를 바꿀 수도 있다.
- 데이터 형을 표준 C 데이터 형으로 변환하지 마라.
- 데이터 형 크기에 대해 불가지론자가 되어라. 데이터 형이 실제 필요로하는 공간과 형태가 바뀌어도 상관없게 코드를 작성하라.

특수 데이터 형

불투명 데이터 형을 사용하지는 않지만 특별한 데이터 형을 필요로 하는 일부 커널 데이터가 있다. 한 예로 인터럽트 제어에서 사용하는 flags 인자가 있는데, 이 데이터 형은 항상 unsigned long 형을 사용한다.

실제 데이터를 저장하거나 변경할 때는 데이터를 표시하는 데 사용하는 형을 항상 확인하고 사용해야 한다. 이런 값을 unsigned int 형과 같이 다른 형에 저장하는 것은 실수를 자주 범한다. 32비트 아키텍처에서는 이로 인해 문제가 발생하지 않겠지만 64비트 시스템에서는 문제가 될 수 있다.

명시적으로 크기가 정해진 데이터 형

개발자로서 코드에서 명시적으로 크기가 정해진 데이터 형 사용해야 할 때가 많다. 이런 경우는 보통 하드웨어, 네트워킹 또는 바이너리 파일을 다루는 경우처럼 외부 요구사항을 지켜야 하는 경우다. 예를 들면, 사운드 카드에 32비트 레지스터가 있을 수도 있고, 네트워크 패킷에 16비트 항목이 있을 수도 있으며, 실행 파일에 8비트 쿠키가 들어 있을 수도 있다. 이러면 데이터를 표현하는 데이터 형의 크기가 정확히 맞아야 한다.

커널은 명시적으로 크기가 정해진 데이터 형을 <asm/types.h> 파일에 정의해 두었으며, <linux/types.h> 파일이 이 파일을 포함한다. 표 19.2에 전체 데이터 형 목록을 실었다.

표 19.2 명시적으로 크기가 정해진 데이터 형

데이터 형	설명
s8	부호가 있는 바이트 형
u8	부호가 없는 바이트 형
s16	부호가 있는 16비트 정수
u16	부호가 없는 16비트 정수
s32	부호가 있는 32비트 정수
u32	부호가 없는 32비트 정수
s64	부호가 있는 64비트 정수
u64	부호가 없는 64비트 정수

부호가 있는 형을 사용하는 경우는 드물다.

명시적으로 크기가 정해진 데이터 형은 사실 표준 C 데이터 형을 typedef한 것뿐이다. 64비트 시스템의 경우 선언문은 다음과 같다.

```
typedef signed char s8;
typedef unsigned char u8;
typedef signed short s16;
typedef unsigned short u16;
typedef signed int s32;
typedef unsigned int u32;
typedef signed long s64;
typedef unsigned long u64;
```

하지만 32비트 시스템에서는 다음과 같이 정의된다.

```
typedef signed char s8;
typedef unsigned char u8;
typedef signed short s16;
typedef unsigned short u16;
typedef signed int s32;
typedef unsigned int u32;
typedef signed long long s64;
typedef unsigned long long u64;
```

크기가 정해진 데이터 형은 사용자 공간에는 절대 드러나지 않는, 즉 사용자가 볼 수 있는 헤더 파일의 구조체 같은 곳이 아닌 커널 내부 코드에서만 사용해야 한다. 이는 이름공간namespace 문제 때문이다. 커널은 앞에 밑줄을 두 개 붙인 형태로 사용자 공간에 노출할 수 있는 데이터 형도 정의한다. 예를 들어, 부호가 없는 32비트 정수형은 __u32 형을 사용하면 안전하게 사용자 공간에 노출할 수 있다. 이 데이터 형은 u32 형과 동일하다. 이름만 다를 뿐이다. 커널 내부에서는 두 가지 이름을 모두 사용할 수 있지만 사용자에게 노출해야 하는 데이터 형인 경우에는 사용자 공간의 이름공간을 어지럽히지 않도록 밑줄이 붙은 형태를 사용해야 한다.

문자 데이터 형의 부호 유무

C 표준에 따르면 char 데이터 형은 부호가 있을 수도 있고 없을 수도 있다. char 데이터 형의 기본 값으로 어느 형태가 적당한지를 결정하는 것은 컴파일러나 프로세서 또는 양쪽 모두의 책임이다.

대부분의 아키텍처에서 char 데이터 형에는 기본적으로 부호가 있으며, −128에서 127까지의 값을 가질 수 있다. ARM 같은 일부 아키텍처에서는 char 데이터 형에 기본적으로 부호가 없으며, 0에서 255까지의 값을 가질 수 있다.

예를 들어, char 데이터 형에 기본적으로 부호가 없는 시스템에서 다음과 같은 코드는 i에 −1이 아닌 255 값을 저장한다.

```
char i = -1;
```

기본적으로 char 데이터 형에 부호가 있는 다른 시스템에서는 위의 코드는 올바르게 i에 −1을 저장한다. 개발자의 의도가 −1을 저장하려는 것이었다면 위의 코드는 다음과 같이 작성해야 한다.

```
signed char i = -1;
```

그리고 개발자의 의도가 255를 저장하려는 것이었다면 다음과 같이 코드를 작성해야 한다.

```
unsigned char i = 255;
```

코드에서 char 데이터 형을 사용할 때는 char 데이터 형이 signed char가 될 수도 있고, unsigned char가 될 수도 있다고 생각해야 한다. 확실하게 어느 한 쪽 형태이기를 원한다면 그 형태로 선언해야 한다.

데이터 정렬

정렬이란 데이터 일부분의 메모리상 위치를 말한다. 어떤 변수가 변수 크기의 정수 배에 해당하는 메모리 주소에 위치해 있으면 자연 정렬naturally aligned 상태에 있다라고 한다. 예를 들어, 32비트 형은 4의 배수인 메모리 주소에 있으면, 즉 주소의 마지막 두 비트가 0이면 자연 정렬 상태에 있는 것이다. 따라서 데이터 형의 크기가 2n 바이트이면 주소의 하위 n개 비트 값이 0이어야 한다.

일부 아키텍처는 데이터 정렬에 대해 요구 사항이 엄격하다. 보통 RISC 기반인 경우가 많은데, 특정 아키텍처에서는 정렬되지 않은 데이터를 읽으려고 하면 프로세서 트랩(처리 가능한 오류)이 발생한다. 정렬되지 않은 데이터에 접근은 가능 하지만 성능이 떨어지는 시스템도 있다. 이식성 있는 코드를 작성할 때는 정렬로 인해 발생하는 문제를 피해야만 하며, 모든 데이터 형이 자연 정렬 상태에 있어야 한다.

정렬 문제 피하기

일반적으로 컴파일러가 모든 데이터 형을 자연 정렬 상태로 만들어 정렬 문제를 피한다. 사실 정렬 문제는 커널 개발자의 주된 관심사가 아니다. gcc 개발자가 신경을 쓰고 있으므로 다른 개발자는 신경 쓸 필요가 없다. 하지만 개발자가 포인터를 너무 복잡하게 사용해 컴파일러가 예측하지 못한 환경에서 데이터에 접근하면 문제가 발생한다.

정렬된 주소를 더 크게 정렬된 주소 포인터로 변환해서 접근하면 (특정 아키텍처에만 해당되는 이야기일 수도 있지만) 정렬 문제가 발생한다. 즉 나쁜 소식이다.

```
char wolf[] = "Like a wolf";
char *p = &wolf[1];
unsigned long l = *(unsigned long *)p;
```

이 예에서는 char 형으로 가는 포인터를 부호가 없는 long 형 포인터로 사용한다. 이로 인해 32비트 또는 64비트의 크기를 가지는 unsigned long 값을 4나 8의 배수가 아닌 주소를 사용해 읽는다.

이런 식의 복잡한 접근 방식이 난해하게 느껴질 것이며, 난해한 것이 사실이다. 하지만 실제 이런 일이 벌어지는 경우가 있으므로 주의해야 한다. 실제 벌어지는 상황은 아주 명확하지도 않지만 아주 난해하지도 않다.

비표준 데이터 형의 정렬

앞서 말했듯이, 표준 데이터 형의 정렬된 주소는 해당 데이터 형 크기의 정수배가 되어야 한다. 비표준 (복합) C 데이터 형은 다음과 같은 정렬 규칙을 따른다.

- 배열의 정렬은 배열 기본형의 정렬 방식을 따른다. 이렇게 하면 나머지 각 배열 항목도 올바르게 정렬된다.
- union 데이터 형은 포함된 데이터 형 중 가장 큰 데이터 형에 맞춰 정렬된다.
- 구조체의 경우는 구조체를 배열로 사용할 때 배열의 각 항목이 제대로 정렬되게 맞춘다.

구조체의 경우에는 다음에 설명할 채우기padding 기능도 필요하다.

구조체 채우기

구조체는 구조체의 각 항목들이 자연 정렬 상태가 되도록 빈 칸을 채운다. 이렇게 해서 프로세서가 구조체의 각 항목에 접근할 때도 정렬 상태를 유지할 수 있다. 예를 들어, 32비트 시스템에서 다음 구조체를 사용하는 경우를 생각해보자.

```
struct animal_struct {
        char dog;                /* 1바이트 */
        unsigned long cat;       /* 4바이트 */
        unsigned short pig;      /* 2바이트 */
        char fox;                /* 1바이트 */
};
```

이러면 구조체의 각 항목이 자연 정렬 상태가 되지 않으므로 실제 메모리에는 이렇게 배치하지 않는다. 대신, 컴파일러가 메모리상에서 사용할 구조체를 다음과 같은 형태로 만든다.

```
struct animal_struct {
        char dog;                       /* 1바이트 */
        u8 __pad0[3];                   /* 3바이트 */
        unsigned long cat;              /* 4바이트 */
        unsigned short pig;             /* 2바이트 */
        char fox;                       /* 1바이트 */
        u8 __pad1;                      /* 1바이트 */             .
};
```

자연 정렬 상태를 유지하기 위해 채우기 변수padding variables를 둔다. cat 변수를 4바이트 경계에 두려고 첫 번째 채우기 변수를 사용하므로 3바이트의 공간을 낭비한다. 이 변수를 추가하면 cat보다 크기가 작은 나머지 변수는 자동으로 정렬 상태가 된다. 두 번째의 마지막 채우기 변수는 struct 구조제의 크기를 맞추기 위해 들어간 것이다. 한 바이트를 추가하면 구조체의 크기가 4의 배수가 되므로, 이 구조체를 배열로 사용하는 경우에도 배열의 각 항목이 자연 정렬 상태가 될 수 있다.

대부분의 32비트 시스템에서 위에서 살펴본 구조체에 대한 sizeof(animal_struct) 값은 12라는 점을 기억하자. C 컴파일러가 적절히 정렬 상태를 만들기 위해 자동으로 채우기 변수를 추가한다.

구조체 항목의 순서를 바꿈으로써 채우기 필요성을 배제할 수 있는 경우가 많다. 이렇게 하면 채우기 변수를 추가하지 않고도 적절히 정렬된 데이터를 얻을 수 있어서 더 작은 구조체를 사용할 수 있다.

```
struct animal_struct {
        unsigned long cat;      /* 4바이트 */
        unsigned short pig;     /* 2바이트 */
        char dog;               /* 1바이트 */
        char fox;               /* 1바이트 */
};
```

이 구조체의 크기는 8바이트밖에 안 된다. 하지만 구조체의 순서를 바꿔서 정의하는 것이 항상 가능한 것은 아니다. 예를 들어, 구조체가 표준의 일부로 정해져 있다거나 기존 코드에서 사용하는 구조체라면 그 순서가 이미 고정된 것이다. 다만, 사용자 공간에 비해 (공식 ABI가 없는) 커널 내부에 이런 제약 사항이 있는 경우는 흔치 않다. 캐시 동작을 최적화할 수 있게 변수 배열을 조정하는 것과 같은 다른 이유로 인해 특정 순서를 사용해야 하는 경우도 있을 수 있다. ANSI C 표준에 따르면 컴파일러는 구조체 항목의 순서를 절대 바꿀 수 없다.[4] 이 부분의 역할은 개발자에게 달렸다. 하지만 컴파일러가 도움을 줄 수는 있다. gcc에 -Wpadded 플래그를 지정하면 구조체에 채우기 변수를 사용할 때마다 경고 메시지를 출력한다.

커널 개발자는 구조체 전체를 사용할 때 구조체에 채우기 변수가 있을 수 있다는 점에 주의해야 한다. 왜냐하면 네트워크를 통해 구조체를 전송하거나, 디스크에 직접 구조체를 기록할 때 필요한 채우기 바이트 크기가 아키텍처에 따라 달라질 수 있기 때문이다. C 언어에 구조체를 비교하는 기본 연산자가 없는 것도 이 때문이다. 구조체의 채우기 바이트 자리의 값이 엉터리일 수 있으므로 바이트 단위로 두 구조체를 비교하는 것이 불가능하다. C 설계자는 개발자가 구조체의 내용을 이용해 상황에 맞는 비교 함수를 작성하는 것이 최선이라고 올바른 판단을 했다.

바이트 순서

바이트 순서는 워드 안에 들어 있는 바이트의 순서를 말한다. 프로세서는 워드 내의 바이트에 최하위 비트가 워드의 첫 번째(가장 왼쪽) 바이트가 되도록 순서를 정할 수도 있고, 마지막(가장 오른쪽) 바이트가 되도록 순서를 정할 수도 있다. 최상위 바이트가 먼저 나오고 차례대로 하위 바이트가 나오는 바이트 순서를 빅-엔디언big-endian이라고 부른다. 최하위 바이트가 먼저 나오고 차례대로 상위 바이트가 나오는 바이트 순서를 리틀-엔디언little-endian이라고 부른다.

(특정 아키텍처 전용 코드를 작성하는 경우가 아니라면) 커널 코드를 작성할 때 절대 바이트 순서를 예측해선 안 된다. 리눅스는 두 가지 바이트 순서 시스템(시스템 시작 시에 사용할 바이트 순서를 선택할 수 있는 시스템을 포함)을 지원하며, 범용 코드는 두 시스템에서 모두 동작해야 한다.

그림 19.1은 빅-엔디언 바이트 순서를 표시한 것이다. 그림 19.2는 리틀-엔디언 바이트 순서의 예다.

---

4. 컴파일러가 임의로 구조체 항목의 순서를 바꾼다면 구조체를 사용하는 기존 코드가 망가진다. C 언어의 경우 함수는 구조체 기본 주소 값에 변수의 오프셋을 더하는 단순한 방식으로 구조체 내 변수의 위치를 계산한다.

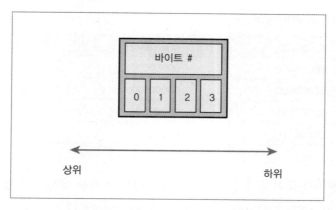

그림 19.1 빅-엔디언 바이트 순서

x86 아키텍처는 32비트, 64비트 모두 리틀-엔디언을 사용한다. 다른 대부분의 아키텍처는 빅-엔디언을 사용한다.

이 방식들이 실제 무엇을 뜻하는지 살펴보자. 숫자 1027을 생각해보자. 4바이트 정수 형에 저장된 이 값을 이진수로 표현하면 다음과 같다.

```
00000000 00000000 00000100 00000011
```

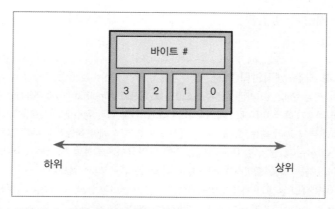

그림 19.2 리틀-엔디언 바이트 순서

표 19.3을 보면 빅-엔디언과 리틀-엔디언 시스템 각각에서 메모리 내부에 저장되는 방식의 차이점을 알 수 있다.

표 19.3 빅-엔디언과 리틀-엔디언

주소	빅-엔디언	리틀-엔디언
0	00000000	00000011
1	00000000	00000100
2	00000100	00000000
3	00000011	00000000

빅-엔디언 아키텍처의 경우에는 최상위 바이트를 가장 낮은 주소에 저장하는 것을 볼 수 있다. 리틀-엔디언의 경우에는 반대로 저장한다.

마지막으로 주어진 아키텍처가 빅-엔디언인지 리틀-엔디언인지를 판별하는 간단한 코드를 예로 들어본다.

```
int x = 1;

if (*(char *)&x == 1)
    /* 리틀 엔디언 */
else
    /* 빅 엔디언 */
```

이 코드는 사용자 공간과 커널 내부에서 모두 동작한다.

빅-엔디언과 리틀-엔디언의 역사

빅-엔디언과 리틀-엔디언이라는 용어는 조나단 스위프트(Jonathan Swift)의 1726년 작 풍자소설 "걸리버 여행기"에서 나온 것이다. 소설에 나오는 가상 국가 릴리푸트 사람들이 계란을 뭉툭한 곳(big end)부터 깨야 하는 지, 뾰족한 곳(little end)부터 깨야 하는지에 대해 정치적 논쟁을 벌이는 장면이 나온다. 뭉툭한 곳부터 깨는 것을 좋아하는 사람들을 빅-엔디언이라고 불렀고, 뾰족한 곳부터 깨는 것을 좋아하는 사람들을 리틀-엔디언이라고 불렀다.

릴리푸트 사람들의 논쟁과 지금의 빅-엔디언, 리틀-엔디언 논쟁 사이에는 기술적인 이점보다는 정치적인 면이 더 깊은 논쟁이라는 유사점이 있다.

리눅스를 지원하는 아키텍처는 시스템에 해당하는 바이트 순서에 따라 <asm/byteorder.h> 파일에 __BIG_ENDIAN, __LITTLE_ENDIAN 둘 중 하나를 정의한다.

이 헤더 파일에는 include/linux/byteorder/ 디렉토리에 있는 여러 가지 바이트 순서의 변환을 도와주는 매크로도 들어 있다. 가장 많이 필요한 매크로는 다음과 같다.

```
u23 __cpu_to_be32(u32); /* CPU가 사용하는 바이트 순서로 된 것을 빅-엔디언으로 변환 */
u32 __cpu_to_le32(u32); /* CPU가 사용하는 바이트 순서로 된 것을 리틀-엔디언으로 변환 */
u32 __be32_to_cpu(u32);  /* 빅-엔디언을 CPU가 사용하는 바이트 순서로 변환 */
u32 __le32_to_cpus(u32); /* 리틀-엔디언을 CPU가 사용하는 바이트 순서로 변환 */
```

이를 통해 바이트 순서를 전환할 수 있다. 바이트 순서가 같은 경우(예를 들어, 프로세서도 빅-엔디언을 사용하는데 빅-엔디언 바이트 순서를 사용하는 데이터를 변환하려고 하는 경우), 이 매크로는 아무 일도 하지 않는다. 바이트 순서가 다른 경우에는 변환된 값을 반환한다.

시간

시간 측정 단위도 아키텍처, 심지어는 커널 리비전에 따라 달라질 수 있는 커널 개념이다. 타이머 인터럽트의 주기나 초당 지피 횟수를 절대 특정 값으로 가정해서는 안 된다. 올바른 시간 측정 단위를 위해서는 그 대신 HZ 값을 사용해야 한다. 타이머 주기가 아키텍처에 따라 다를 수 있을 뿐만 아니라 같은 아키텍처라 하더라도 다음 번 커널 배포 시에 바뀔 수도 있으므로 이는 중요한 사항이다.

예를 들어, x86 아키텍처의 경우 HZ 값은 100이다. 즉 초당 100회, 10밀리 초마다 타이머 인터럽트가 발생한다. 하지만 2.6 커널 초기에는 x86의 HZ 값이 1000이었다. 아키텍처에 따라서도 값이 다르다. 알파 아키텍처의 HZ 값은 1024이며, ARM의 경우에는 100이다.

절대로 jiffies 값을 100 같은 숫자 값과 비교하거나, 그 값이 항상 바뀌지 않으리라고 생각해서는 안 된다. 시간을 제대로 측정하기 위해서는 HZ 값으로 곱하거나 나눠야 한다. 사용 방식의 예를 들면 다음과 같다.

```
HZ              /* 1초 */
(2*HZ)          /* 2초 */
(HZ/2)          /* 0.5초 */
(HZ/100)        /*10밀리초 */
(2*HZ/100)      /* 20밀리초 */
```

HZ 값은 <asm/param.h> 파일에 정의된다. HZ 값에 대한 자세한 내용은 10장에서 다룬다.

페이지 크기

메모리 페이지를 다룰 때도 절대 페이지 크기를 고정된 값으로 생각하면 안 된다. x86-32 개발자는 페이지 크기를 4KB로 생각하는 실수를 자주 한다. x86-32 시스템에서는 이 값이 맞지만 다른 아키텍처의 크기는 다르다. 여러 가지 페이지 크기를 지원하는 아키텍처도 있다! 표 19.4에 지원하는 아키텍처별로 유효한 페이지 크기를 정리했다.

표 19.4 아키텍처별 페이지 크기

아키텍처	PAGE_SHIFT	PAGE_SIZE
alpha	13	8KB
arm	12, 14, 15	4KB, 16KB, 32KB
avr	12	4KB
cris	13	8KB
blackfin	12	4KB
frv	14	16KB
h8300	12	4KB
	12, 13, 14, 16	4KB, 8KB, 16KB, 64KB
m32r	12	4KB
m68k	12, 13	4KB, 8KB
m68knommu	12	4KB
mips	12	4KB
mn10300	12	4KB
parisc	12	4KB
powerpc	12	4KB
s390	12	4KB
sh	12	4KB
sparc	12, 13	4KB, 8KB
um	12	4KB
x86	12	4KB
xtensa	12	4KB

메모리 페이지를 다룰 때는 페이지 크기를 바이트 값이 아닌 PAGE_SIZE 단위로 사용해야 한다. PAGE_SHIFT 값은 페이지 번호를 얻기 위해 주소를 왼쪽으로 몇 비트 시프트시켜야 하는지를 나타내는 값이다. 예를 들어, 4KB 페이지를 사용하는 x86-32 시스템의 경우 PAGE_SIZE 값은 4096이고, PAGE_SHIFT 값은 12이다. 이 값은 <asm/page.h> 파일에 정의된다.

프로세서 순서

9장 "커널 동기화 개요"와 10장에서 아키텍처마다 다양한 방식으로 프로세서 처리 순서를 지킨다는 것을 보았다. 일부 아키텍처는 순서를 엄격하게 제한해 코드상에서 지정한 순서대로만 데이터를 읽고 저장한다. 순서 제한이 약한 프로세서에서는 읽기와 저장 작업 순서를 프로세서가 적당히 재조정한다.

코드상에 데이터 처리 순서에 의존적인 부분이 있어 프로세서가 정확한 순서대로 읽기 및 쓰기 작업을 진행해야 한다면 rmb()와 wmb() 함수를 통해 배리어를 적절히 사용해야 한다. 더 자세한 정보는 10장에 있다.

SMP, 커널 선점, 상위 메모리

대칭형 다중 프로세싱, 커널 선점, 상위 메모리를 이식성 항목에 포함시키는 것이 적절치 않아 보일 수도 있다. 어쨌든 이것은 운영체제에 영향을 미치는 장비의 특성이 아니라 어느 정도 아키텍처와 상관없이 사용할 수 있는 리눅스의 기능이기 때문이다. 하지만 이런 기능은 코드상에 언제나 등장할 수 있는 중요한 설정 옵션이다. 즉 항상 SMP, 선점, 상위 메모리 사용을 가정하고 프로그램을 작성한다면, 어떤 설정하에서도 안전하다. 앞에서 살펴본 이식성 문제와 함께 다음 규칙을 따를 필요가 있다.

- 코드가 항상 SMP 시스템에서 동작할 것이라고 가정하고 락을 적절히 사용하라.
- 코드가 항상 커널 선점 기능이 활성화된 상태에서 동작할 것이라고 가정하고 락과 커널 선점 구문을 적절히 사용하라.
- 코드가 항상 상위 메모리를 사용하는(메모리가 영구적으로 할당되지 않는) 시스템에서 동작할 것이라고 가정하고 필요 시 kmap()을 사용하라.

결론

이식성 있고, 깔끔하고 적절한 리눅스 커널을 작성한다는 것에는 다음 두 가지 주요한 의미가 있다.

- 항상 공통 요소를 최대화되게 코드를 작성하라. 무슨 일이든 발생할 수 있고 모든 잠재적인 제한 상황이 있다고 가정하라.
- 항상 최소한의 공통 기능만을 사용할 수 있다고 가정하라. 특정 커널 기능을 당연히 사용할 수 있을 거라고 가정하거나, 최소한의 아키텍처 고유 기능만을 사용할 거라고 가정하지 마라.

이식성 있는 코드를 작성하려면 워드 크기, 데이터 형 크기, 정렬, 채우기, 바이트 순서, 부호 여부, 엔디언 종류, 페이지 크기, 프로세서 데이터 처리 순서 등 다양한 문제를 고려해야 한다. 대부분의 커널 프로그래밍에서 주요 관심사는 데이터 형을 올바르게 사용했는지 확인하는 것이다. 그럼에도 불구하고 어느날 구닥다리 아키텍처 관련 문제가 발생할 수 있으므로 이식성 관련 문제를 이해하고, 항상 커널 내에 깔끔하고 이식성 있는 코드를 작성하는 일은 중요하다.

20장
패치, 해킹, 공동체

리눅스의 가장 큰 장점 중 하나는 리눅스를 둘러싼 대규모 사용자와 개발자 공동체가 있다는 점이다. 이 공동체는 코드를 살펴보는 눈, 조언을 제공하는 전문가, 테스트하고 문제를 알려주는 사용자를 제공한다. 더 중요한 것은 공동체가 리누스의 공식 커널 트리에 들어갈 코드를 결정하는 마지막 중재자 역할을 한다는 점이다. 공동체의 운영 방식을 이해하는 것은 아주 중요하다.

공동체

어딘가를 리눅스 공동체의 집이라고 불러야 한다면, 아마도 리눅스 커널 메일링 리스트Linux Kernel Mailing List를 집이라고 할 수 있을 것이다. 리눅스 커널 메일링 리스트(보통 줄여서 lkml이라고 쓴다)는 커널에 대한 대부분의 공지, 논의, 토론, 논쟁이 벌어지는 곳이다. 논의가 필요한 새로운 기능이나 대다수 코드가 실제 동작을 취하기 전에 먼저 리스트에 올라온다. 리스트에는 하루에 300개 이상의 메시지가 올라오므로, 마음을 단단히 먹어야 한다. 진지하게 커널 개발에 관심을 두고 있는 사람이라면 메일링 리스트를(아니면, 요약본이나 기록 저장본이라도) 구독하는 것이 좋다. 고수가 작업하는 것을 지켜보는 것만으로도 많은 것을 배울 수 있다.

메일링 리스트를 구독하려면 서식이 없는 텍스트로 다음 메시지를 `majordomo@vger.kernel.org` 주소로 보낸다.

```
subscribe linux-kernel <수신 메일 주소>
```

메일링 리스트에 대한 더 자세한 정보는 `http://vger.kernel.org/` 사이트와 `http://www.tux.org/lkml/` 사이트에 있는 FAQ 문서를 참고하라.

리눅스에 대한 일반적인 내용과 커널의 구체적인 내용을 다루는 메일링 리스트와 사이트가 여럿 있다. 커널 해킹을 시작하는 사람에게 좋은 자료를 제공해주는 곳으로 `http://kernel-newbie.org/` 사이트가 있다. 커널을 처음 경험하는 사람들에게 입맛에 맞는 음식을 제공해주는 웹사이트다. 커널에 대한 정보를 얻을 수 있는 좋은 사이트로, 훌륭한 커널 뉴스 지면을 가지고 있는 리눅스 주간 뉴스(Linux Weekly News: http://www.lwn.net) 사이트와 커널 개발에 대한 통찰력 있는 설명을 제공하는 커널 트랩Kernel Trap 사이트 http://www.kerneltrap.org가 있다.

리눅스 코딩 스타일

다른 대규모 소프트웨어 프로젝트와 마찬가지로 리눅스 커널도 서식, 스타일, 코드 배치에 대해 규정한 코딩 스타일을 가지고 있다. 이런 스타일을 정하는 것은 리눅스 커널의 스타일이 우월하거나(실제 그럴 수도 있지만), 다른 스타일이 이해하기 어려워서 가 아니라, 코딩 스타일의 일관성이 코딩 생산성에 미치는 영향이 크기 때문이다. 컴파일된 오브젝트 코드와 상관 없기 때문에 코딩 스타일은 불필요한 것이라는 논란 이 많다. 커널 같은 대규모 프로젝트는 많은 개발자가 참여하게 되고, 코딩 스타일의 일관성이 중요해진다. 일관성은 친숙함을 의미한다. 친숙해지면 있는 코드를 읽기 쉬워지고 혼동의 여지가 적어지며, 앞으로도 특정 스타일을 계속 유지할 것을 기대하 게 된다. 이렇게 되면 코드를 읽는 개발자의 수도 늘어나고, 읽을 수 있는 코드의 수도 늘어난다. 오픈 소스 프로젝트는 참여하는 사람이 많으면 많을수록 좋다.

어느 하나를 선택하고 그걸 잘 지키는 한, 어느 스타일을 선택하는 가는 중요하지 않다. 다행히 리누스가 이미 오래 전에 사용해야 할 스타일을 정해 놓았으며, 대부분 의 코드가 이를 따른다. 스타일의 대부분 내용은 커널 소스 트리의 Documentation/ CodingStyle 파일을 통해 리누스가 재미있게 설명하고 있다.

들여 쓰기

들여 쓰기에 대한 규칙은 8글자 폭의 탭을 사용하는 것이다.

이 말은 공백 8개로 들여 쓰기를 해도 된다는 뜻이 아니다. 이 전보다 하나 더 들여 쓰기 할 때는 8글자 폭의 탭을 사용해야 한다. 예를 들면, 다음과 같다.

```
static void get_new_ship(const char *name)
{
        if (!name)
                name = DEFAULT_SHIP_NAME;
        get_new_ship_with_name(name);
}
```

분명한 이유는 모르겠지만, 가독성에 미치는 영향이 큼에도 불구하고 이 규칙은 가장 잘 지켜지지 않는 규칙이다. 8글자 폭의 탭을 사용하면 여러 시간의 코딩 작업 에서도 코드 블록을 훨씬 더 명확하게 인식할 수 있다. 물론 8글자 길이 탭은 몇 차례 들여 쓰기가 반복되면, 사용할 수 없는 왼쪽 공간이 너무 많아진다는 단점이 있다. (다음 절에서 알아볼) 한 줄의 길이를 80글자로 제한하는 규칙이 상황을 더 악화시킨다. 이 문제에 대한 리누스의 답변은 두 세 단계 이상의 들여 쓰기가 필요하지 않도록 복잡하게 꼬여 있지 않은 코드를 작성하라는 것이다. 그는 더 깊은 들여 쓰기가 필요한 상황이라면, 깊이 들여 쓰기된 복잡한 부분을 별도의 함수로 끌어 내어 코드를 재구성해야 한다고 주장한다.

switch 구문

switch 구문에 딸려 있는 case 구문은 8글자 탭으로 인한 효과를 줄일 수 있도록 같은 위치로 들여 쓰기한다. 예를 들면, 다음과 같다.

```
switch (animal) {
case ANIMAL_CAT:
    handle_cats();
    break;
case ANIMAL_WOLF:
    handle_wolves();
    /* 다음 과정으로 연결 */
case ANIMAL_DOG:
    handle_dogs();
    break;
default:
    printk(KERN_WARNING "Unknown animal %d!\n", animal);
}
```

이 예제처럼 특정 case 구문을 고의적으로 다른 case 구문으로 연결시킬 때에는 주석을 달아두는 것이 일반적이다. 그리고 좋은 습관이다.

공백

이번 절에서는 앞 두 절에서 살펴본 들여 쓰기에 관한 공백말고, 변수명과 키워드 주변의 공백에 대해서 설명한다. 일반적인 리눅스 코딩 스타일은 대부분의 키워드 주변에 공백을 두고 함수명과 괄호 사이에는 공백을 두지 않는 것이다. 예를 들면, 다음과 같다.

```
if (foo)
while (foo)
for (i = 0; i < NR_CPUS; i++)
switch (foo)
```

이와 달리 함수, 매크로, sizeof, typeof, alignof 등 함수처럼 보이는 키워드의 경우에는 괄호 사이에 공백을 두지 않는다.

```
wake_up_process(task);
size_t nlongs = BITS_TO_LONG(nbits);
int len = sizeof(struct task_struct);
typeof(*p)
__alignof__(struct sockaddr *)
__attribute__((packed))
```

괄호 안에 있는 인자의 앞뒤에는 위의 예와 같이 공백을 두지 않는다. 예를 들어, 다음과 같은 방식은 금지된다.

```
int prio = task_prio( task ); /* 잘못된 양식! */
```

대부분의 이항 연산자와 삼항 연산자는 연산자 양쪽에 공백을 둔다. 예를 들면, 다음과 같다.

```
int sum = a + b;
int product = a * b;
int mod = a % b;
int ret = (bar) ? bar : 0;
return (ret ? 0 : size);
int nr = nr ? : 1; /* allowed shortcut, same as "nr ? nr : 1" */
if (x < y)
if (tsk->flags & PF_SUPERPRIV)
mask = POLLIN | POLLRDNORM;
```

반면, 대부분의 일항 연산자는 연산자와 연산항 사이에 공백을 두지 않는다.

```
if (!foo)
int len = foo.len;
struct work_struct *work = &dwork->work;
foo++;
—bar;
unsigned long inverted = ~mask;
```

역참조 연산자의 오른편에 공백을 둔다는 점은 특히 중요하다. 올바른 양식은 다음과 같다.

```
char *strcpy(char *dest, const char *src)
```

역참조 연산자의 양쪽에 공백을 두는 것은 잘못된 양식이다.

```
char * strcpy(char * dest, const char * src) /* 잘못된 양식 */
```

C++ 방식으로 데이터 형 다음에 역참조 연산자를 두는 것도 잘못된 양식이다.

```
char* strcpy(char* dest, const char* src) /* 잘못된 양식 */
```

괄호

괄호의 위치는 특별한 기술적인 문제보다는 개인적인 이유로 방식이 정해지는 경우가 많지만, 역시 무언가 결론을 만들어야 한다. 커널에서 허용하는 방식은 구문의 끝에 해당하는 첫 번째 줄에서 괄호를 여는 것이다. 닫는 괄호는 새로운 줄의 첫 번째 글자이어야 한다. 예를 들면, 다음과 같다.

```
if (strncmp(buf, "NO_", 3) == 0) {
    neg = 1;
    cmp += 3;
}
```

그 다음 이어지는 내용이 같은 구문의 연장이라면, 그 줄에 닫는 괄호만 두지 않고 이어지는 구문을 붙여서 쓴다. 예를 들면, 다음과 같다.

```
if (ret) {
        sysctl_sched_rt_period = old_period;
        sysctl_sched_rt_runtime = old_runtime;
} else {
        def_rt_bandwidth.rt_runtime = global_rt_runtime();
        def_rt_bandwidth.rt_period = ns_to_ktime(global_rt_period());
}
```

다른 예를 들면 다음과 같다.

```
do {
    percpu_counter_add(&ca->cpustat[idx], val);
    ca = ca->parent;
} while (ca);
```

함수의 경우에는 함수 안에 다른 함수가 들어갈 수 없으므로, 이 규칙을 따르지 않는다.

```
unsigned long func(void)
{
    /* ... */
}
```

마지막으로 괄호가 필요 없는 구문에서는 괄호를 생략할 수 있다. 예를 들어, 다음과 같은 경우에 괄호가 있으면 더 좋겠지만, 반드시 괄호를 쓰지 않아도 된다.

```
if (cnt > 63)
        cnt = 63;
```

기본적인 이 규칙은 모두 K&R[1]을 따른 것이다. 커널 코딩 스타일 대부분은 이 유명한 책에서 사용한 C 코딩 방식인 K&R 스타일을 따른다.

---

1. K&R은 C 언어 작성자와 동료가 함께 쓴, C 언어의 바이블인 『The C Programming Language』 책의 애칭이다(Brian Kernighan, Dennis Ritchie 공저. Prentice Hall, ISBN# 0-13-11-362-8).

줄 길이

소스 코드의 줄 길이는 80글자 이하이어야 한다. 이렇게 하면 80 × 24 크기의 표준 터미널 폭에 딱 맞는다.

코드를 80 글자 폭에 맞춰야만 하는 경우, 어떤 방식을 사용해야 하는가에 대해서는 정해진 표준이 없다. 개발자가 특별히 신경 쓰지 않고, 편집기가 읽기 편하게 코드를 정리해주는 대로 사용하기도 한다. 적절한 위치에서 줄바꿈하고 탭을 추가해 원래 줄이 시작하던 위치로 들여 쓰기하는 방식으로 줄을 쪼개는 개발자도 있다.

마찬가지로 폭을 맞추려고 여는 괄호에 맞춰 함수 인자를 정렬하는 개발자도 있다. 예를 들면, 다음과 같다.

```
static void get_new_parrot(const char *name,
                           unsigned long disposition,
                           unsigned long feather_quality)
```

반면 줄바꿈을 하지만 인자별로 들여 쓰기를 맞추지 않고 탭 문자를 두 개 사용하는 개발자도 있다.

```
int find_pirate_flag_by_color(const char *color,
                const char *name, int len)
```

이런 경우에 대한 명확한 규정은 없다. 선택은 개발자의 몫이다. 나를 포함한 대다수 커널 개발자는 직접 줄바꿈을 하고, 들여 쓰기를 이전 내용과 맞춰 깔끔하게 정리하는 전자의 방식을 선호한다.

명명 방식

단어별로 대문자를 사용(예, CamelCase)하거나, 첫 문자에 대문자를 사용(예, Studly Caps)하는 등의 대소문자를 혼합하는 방식의 이름을 사용해선 안 된다. 하는 역할이 분명하다면, 지역 변수의 이름을 idx로 하든, i라고 하든 아무 상관 없다. theLoopIndex 같은 예쁘장한 이름은 사용할 수 없다. (변수 자료 형을 변수 이름에 명시하는) 헝가리안 표기법도 불필요하며 절대 사용해선 안 된다. 지금 있는 곳은 자바가 아니라 C이며, 윈도우가 아니라 유닉스다.

하지만 전역 변수와 전역 함수의 이름은 그 내용을 잘 설명하도록 지어야 한다.

밑줄로 적절히 구분된 소문자 이름을 사용한다. atty() 같은 이름의 전역 변수를 호출하는 것은 혼란스럽다. get_active_tty() 같은 이름이 훨씬 더 적합하다. 지금 있는 곳은 BSD가 아니라 리눅스다.

함수

간단한 규칙을 생각해보면, 함수의 길이는 한두 화면을 넘지 말아야 하며, 10개 이하의 지역 변수를 사용해야 한다. 함수는 한 가지 일만 처리해야 하며, 그 일을 잘 처리해야 한다. 하나의 함수를 여러 개의 작은 함수로 나눈다고 해서 나쁠 것이 없다. 함수 호출 과정에 따른 부가 비용이 걱정된다면 inline 키워드를 사용해 인라인 함수로 선언한다.

주석

코드에 주석을 추가하는 것은 중요하지만 주석을 올바르게 달아야 한다. 일반적으로 주석은 코드가 하는 일이 무엇인지, 그리고 그 일을 왜 하는지 설명하기 위해 추가한다. 어떻게 하는지 설명하려는 것이 아니다. 처리하는 방법은 코드 자체로 명확히 보여줘야 한다. 그렇지 못하다면, 다시 고민해보고 코드를 개선해야 한다. 그리고 주석에는 코드를 작성한 사람이나 수정한 날짜 같이 쓸모 없는 내용을 넣어서는 안 된다. 그러나 일반적으로 이런 정보를 소스 파일의 최상단에 두는 것은 허용한다.

gcc가 C++ 방식의 주석도 지원하지만 커널은 C 방식의 주석을 사용한다. 커널에서 주석을 사용하는 일반적인 방식은 다음과 같다.

```
/*
 * get_ship_speed() - 해적선의 현재 속도를 반환한다.
 * 배의 좌표를 개산하기 위해 이 함수가 필요하다. 이 함수는 실행 중 휴면 상태로
   전환될 수 있으므로,
 * 스핀락을 가지고 있을 때는 호출하면 안 된다.
 */
```

주석에서 중요한 부분에는 'XXX:' 같은 표시를 앞에 붙여 둔다. 버그의 경우에는 'FIXME:' 같은 표시를 달아 두는 경우가 많다.

```
/*
 * FIXME: dog == cat으로 가정하고 있지만, 향후 바뀔 가능성이 있다.
 */
```

커널에는 문서를 자동으로 생성하는 기능이 있다. 이 기능은 GNOME-doc을 기반으로 하는데, 약간의 수정을 거쳐 Kernel-doc이라고 부른다. 문서를 HTML 형태로 별도로 생성하려는 경우에는 다음 명령을 실행한다.

```
make htmldocs
```

포스트스크립트 형식을 원한다면 다음과 같이 실행한다.

```
make psdocs
```

이 기능을 사용해 함수에 대한 문서를 만들려면, 다음과 같이 특별한 형태의 주석을 사용한다.

```
/**
 * find_treasure - 지도에 X 표시된 곳을 찾는다.
 * @map - 보물 지도
 * @time - 보물이 숨겨진 시간
 *
 * pirate_ship_lock을 가지고 있는 상태에서 호출해야 한다.
 */
void find_treasure(int map, struct timeval *time)
{
    /* ... */
}
```

더 자세한 정보는 Documentation/kernel-doc-nano-HOWTO.txt 문서를 참고하라.

형 지정

리눅스 커널 개발자들은 typedef 연산자 사용을 아주 싫어한다. 그 이유는 다음과 같다.

- typedef는 실제 자료구조형을 감춘다.
- 데이터 형이 감추어져 있기 때문에 스택에 저장된 구조체를 참조에 의한 전달이 아닌, 값에 의한 전달을 하는 등의 실수 가능성이 더 커진다.
- typedef는 게으른 자가 사용하는 것이다.

따라서 말도 안 되는 상황을 피하려면 typedef를 사용하지 마라.

물론 typedef 사용이 유용한 경우가 가끔 있다. 아키텍처 의존적으로 구현된 변수를 숨기는 경우, 앞으로 바뀔 가능성이 있는 데이터 형에 대해 향후 호환성을 보장하려는 경우 등이 이에 해당한다. typedef 사용이 정말 필요한지, 단지 입력 글자 수를 줄이려고 사용하는 것은 아닌지 충분히 검토하고 결정하라.

기존 함수 사용

이미 있는 수레바퀴를 다시 만들지 마라. 커널은 문자열 조작 함수, 압축 기능, 연결 리스트 인터페이스 등을 제공하므로, 있는 것을 사용하자.

기존 인터페이스를 감싸서 범용 인터페이스로 만들지 마라. 다른 운영체제에서 리눅스로 이식되면서 여러 커널 인터페이스가 지저분한 변환 함수로 감싸져 있는 코드를 발견할 때가 종종 있다. 아무도 이런 코드를 좋아하지 않으므로 제공하는 인터페이스를 바로 사용하자.

소스에서 `ifdef` 사용 최소화

C 소스에 직접 ifdef 선처리 지시자를 사용하는 것은 눈살을 찌푸리게 만드는 일이다. 절대로 다음과 같은 방식으로 함수 안에서 ifdef를 사용해서는 안 된다.

```
    ...
#ifdef CONFIG_FOO
```

```
    foo();
#endif
    ...
```

그보다는 CONFIG_FOO가 설정되어 있지 않으면 아무 일도 하지 않는 함수로 foo()를 선언하자.

```
#ifdef CONFIG_FOO
static int foo(void)
{
    /* .. */
}
#else
static inline int foo(void) { }
#endif /* CONFIG_FOO */
```

이렇게 하면, 조건을 확인하지 않고 foo() 함수를 호출할 수 있다. 나머지는 컴파일러가 알아서 하게 하면 된다.

구조체 초기화

구조체를 초기화하기 위해 라벨 식별자labeled identifier를 사용할 수 있다. 이를 사용하면 잘못 초기화해서 구조체가 바뀌는 것을 막을 수 있기 때문에 좋은 방식이다. 값 지정을 생략하는 것도 가능하다. 안타깝게도 C99 표준에서 상당히 괴상한 라벨 식별자 사용 방식을 채택했기 때문에, 더 멋져 보이던 이전 GNU 스타일의 사용 방식을 gcc도 지원하지 않게 되었다. 따라서 커널 코드도 괴상한 방식이지만, 새로운 C99 표준의 라벨 식별자를 사용해야 한다.

```
struct foo my_foo = {
    .a = INITIAL_A,
    .b = INITIAL_B,
};
```

이 코드에서 a, b는 struct foo 구조체에 속한 항목 이름이고, INITIAL_A, INITIAL_B는 각 항목의 초기값이다. 별도로 지정하지 않은 구조체 항목은 ANSI

C 표준에 따른 기본값으로(예를 들면, 포인터는 NULL, 정수는 0, 실수는 0.0) 설정된다. 예를 들어, struct foo에 int c 항목이 있다면 위 코드는 c 값을 0으로 초기화한다.

과거에 작성한 코드 소급 적용

리눅스 커널 코딩 스타일에 전혀 맞지 않는 코드 더미가 떨어졌다고 하더라도 초조해하지 마라. 약간의 번거로운 작업과 indent 프로그램만 있으면 모든 것을 완벽하게 만들 수 있다. 훌륭한 GNU 도구인 indent 프로그램은 대부분의 리눅스 시스템에 들어 있는 것으로, 소스 코드를 지정한 규칙에 맞게 바꿔준다. 기본 설정은 GNU 코딩 스타일에 맞추어져 있는데, 썩 예쁘지는 않다. 이 도구를 사용해 리눅스 커널 스타일 코드로 바꾸려면 다음 명령을 실행한다.

```
indent -kr -i8 -ts8 -sob -l80 -ss -bs -psl <file>
```

이 명령을 실행하면 코드를 커널 코딩 스타일에 맞게 바꿔준다. 다른 방법으로 scripts/Lindent 스크립트를 사용하면, 적절한 옵션으로 들여 쓰기를 자동 실행한다.

지휘 계통

커널 해커는 커널을 가지고 작업하는 개발자다. 이 일을 직업으로 하는 사람도 있고, 취미로 하는 사람도 있지만, 거의 대부분은 재미로 한다. 커널 소스 트리의 CREDITS 파일에는 공헌도가 큰 커널 해커의 명단이 들어 있다.

커널의 주요 부분마다 담당 관리자maintainer가 있다. 관리자는 커널의 특정 부분을 책임지는 개인(또는 개인들)이다. 예를 들어, 각 드라이버마다 담당 관리자가 있다. 네트워크 같은 커널의 서브시스템에도 담당 관리자가 있다. 커널 소스 트리에 있는 MAINTAINERS 파일에 특정 드라이버나 서브시스템의 관리자 명단이 들어 있다.

커널 관리자라고 하는 특별한 관리자가 있다. 이 사람이 실제 커널 트리를 관리한다. 역사적으로 리누스가 (정말 재미있는) 개발 버전 커널과 개발이 끝난 뒤의 안정 버전 커널을 한동안 관리한다. 개발 버전 커널이 안정 버전 커널이 되면, 리누스는 상위 커널 개발자 중 한 명에게 이를 넘긴다. 리누스가 새로운 개발 버전 트리에 대한 작업을 시작하는 동안 이 개발자가 커널 소스 트리를 계속 관리한다. 2.6 버전에서 개발이 계속 지속되는 '신세계 질서'가 적용되기 때문에, 여전히 리누스가 2.6 커널의 관리자로 남아 있다. 버그 수정 작업만 진행되는 2.4 버전은 다른 개발자가 관리한다.

버그 리포트 제출

버그를 만났을 때 가장 좋은 작업 순서는 버그를 수정하고, 패치를 만들고, 테스트한 다음, 아래에서 설명할 방법을 사용해 제출하는 것이다. 물론 문제를 보고해 다른 사람이 수정하게 할 수도 있다.

버그 리포트 제출에서 가장 중요한 부분은 문제를 제대로 설명하는 것이다. 발생한 증상, 모든 시스템 출력, (읍스가 발생했다면) 읍스의 내용을 모두 해석한 내용을 설명해야 한다. 더 중요한 것은, 가능하다면 안정적으로 문제를 재현할 수 있는 방법과 간단한 하드웨어 사양을 제공하는 것이다.

버그 리포트를 누구에게 보낼 것인가를 정하는 것이 다음 단계다. 커널 소스 트리에 있는 MAINTAINERS 파일에 각 드라이버와 서브시스템의 담당자 목록이 들어 있다. 담당자는 자신이 관리하는 코드와 관련된 문제를 알아야 한다. 관심 있는 집단을 찾을 수 없다면 버그 리포트를 커널 메일링 리스트, linux-kernel@vger.kernel.org로 보낸다. 관리자를 찾았다 하더라도 커널 메일링 리스트를 참조에 넣는다.

더 자세한 정보는 REPORTING-BUGS, Documentation/oops-tracing.txt 파일을 참고하자.

패치

리눅스 커널의 모든 변경 사항은 패치 형태로 배포된다. 패치는 GNU diff(1) 프로그램에서 출력한 형태로 patch(1) 프로그램이 이를 사용한다.

패치 만들기

패치를 만드는 가장 간단한 방법은 두 소스 트리를 사용하는 것이다. 하나는 원본 커널이 들어 있는 것이고, 다른 하나는 수정 사항이 적용된 것이다. 많이 사용하는 방식은 원본 트리의 이름을 (tar로 묶인 커널 소스를 풀었을 때, 만들어지는 이름인) linux-x.y.z로 두고, 수정한 커널 트리의 이름은 그냥 linux로 두는 것이다. 그다음 두 트리의 패치를 생성하려면 두 소스 트리의 상위 디렉토리에서 다음 명령을 실행한다.

```
diff -urN linux-x.y.z/ linux/ > my-patch
```

이 작업은 /usr/src/linux 디렉토리가 아닌 사용자 홈 디렉토리 어딘가에서 진행할 것이므로 관리자 권한이 필요하지 않다. -u 플래그는 통합 diff 형식을 사용한다는 뜻이다. 이 플래그를 사용하지 않으면 괴상한 형식으로 패치가 생성되기 때문에 사람이 알아보기 어렵다. -r 플래그는 모든 하위 디렉토리에 대해 diff를 수행한다는 뜻이며, -N 플래그는 수정한 소스 트리에 새로 추가된 파일도 패치에 추가하라는 뜻이다. 하나의 파일에 대해서만 diff를 처리해야 할 때에는 다음과 같이 실행한다.

```
diff -u linux-x.y.z/some/file linux/some/file > my-patch
```

diff를 항상 소스 트리의 바로 위 상위 디렉토리에서 실행해야 한다. 이렇게 패치를 만들어야 다른 디렉토리 이름을 사용하는 사람도 이 패치를 쓸 수 있다. 이렇게 만들어진 패치를 적용하려면 소스 트리 루트에서 다음과 같은 명령을 실행한다.

```
patch -p1 < ../my-patch
```

이 예에서 my-patch라는 패치는 현재 디렉토리의 바로 위 상위 디렉토리에서 생성되었다. -p1 플래그는 패치에 들어 있는 첫 번째 디렉토리 이름을 diff가 제거하라는 것을 의미한다. 이 옵션을 사용하면 패치 생성자가 사용한 디렉토리 이름과 상관없이 패치를 적용할 수 있다.

유용한 도구로 패치 (코드가 추가된 양과 제거된 양을 나타내는) 변경 사항의 통계 그래프를 만들어 주는 diffstat이 있다. 패치에 대한 정보를 얻어내려면 다음 명령을 실행한다.

```
diffstat -p1 my-patch
```

패치를 리눅스 커널 메일링 리스트에 제출할 때, 이 출력 결과도 포함시키면 도움이 되는 경우가 많다. patch(1) 프로그램은 변경 사항에 대한 내용이 나오기 전의 모든 내용을 무시하므로 패치 앞부분에 간단한 설명을 추가할 수도 있다.

Git을 사용해 패치 생성

Git을 사용해 소스 트리를 관리한다면 패치를 생성할 때도 Git을 사용할 수 있다. 앞서 설명한 모든 수작업을 거치고 또 다시 복잡한 Git 사용을 감수할 필요는 없다. Git을 사용한 패치 생성은 두 단계로 간단하다. 먼저 변경 사항을 정리하고 로컬 장비에 반영commit해야 한다. Git 소스 트리 변경 작업은 표준 소스 트리 변경 작업과 동일하다. Git에 저장된 파일을 편집하기 위해 먼가 특별한 작업이 필요하지는 않다. 변경 작업을 마치고, 변경 내용을 로컬 Git 저장소에 반영해야 한다.

```
git commit -a
```

-a 플래그를 사용하면 Git은 모든 변경 사항을 반영한다. 특정 파일에 대한 변경 사항만 반영하고 싶다면 다음과 같이 한다.

```
git commit some/file.c
```

하지만 -a 플래그를 사용하는 경우에도 새로 생성된 파일은 저장소에 명시적으로 추가하지 않는 한 반영되지 않는다. 파일을 추가하고 (파일에 대한 모든 변경 사항을) 반영하려면 다음 두 명령을 사용한다.

```
git add some/other/file.c
git commit -a
```

git commit을 실행하면 Git은 변경 사항을 기록할 기회를 준다. 반영되는 내용을 완벽히 설명할 수 있게, 이 곳에 상세하게 빠짐 없이 기록하자(이곳에 정확이 무엇을 넣어야 하는지에 대해서는 다음 절에서 설명한다). 저장소 반영 작업을 여러 번 수행할 수도 있다. Git 설계 덕분에 반영 작업을 같은 파일에 여러 번 할 수도 있고, 그 작업을 서로 구별할 수도 있다. 트리에 (하나 또는 둘의) 반영 작업을 하면, 각각의 반영 작업에 대한 패치를 만들 수 있다. 이렇게 만들어진 패치는 앞 절에서 설명한 것과 동일하게 사용할 수 있다.

```
git format-patch origin
```

이 명령은 원본 트리에 없는, 현 저장소에 반영된 모든 사항의 패치를 생성한다. Git은 커널 소스 트리의 루트 디렉토리에 패치를 생성한다. 최근 N 개의 반영 사항에 대한 패치만 생성하려면 다음 명령을 실행한다.

```
git format-patch -N
```

다음 명령을 실행하면 가장 마지막으로 반영한 사항에 대한 패치를 생성한다.

```
git format-patch -1
```

패치 제출

패치는 앞서 설명한 방식으로 만들어야 한다. 패치가 특정 드라이버나 서브시스템을 건드린다면, MAINTAINER에 언급된 담당자에게 해당 패치를 보내야 한다. 어떤 경우든 리눅스 커널 메일링 리스트, linux-kernel@vger.kernel.org를 참조 수신자로 지정해야 한다. 커널 관리자(예를 들면, 리누스)에게 패치를 보낼 때는 광범위한 토론을 거친 다음이거나, 내용이 아주 사소하고 명확한 패치인 경우에만 보내야 한다.

보통 패치가 들어 있는 이메일의 제목은 '[PATCH] 짧은 설명' 형식으로 쓴다. 이메일 본문에는 패치가 변경하는 내용에 대한 기술적인 상세 설명과 작업에 대한 이유를 쓴다. 가능한 구체적으로 써야 한다. 이메일 어딘가에 패치를 생성한 대상 커널 버전을 명시한다.

대다수 커널 개발자는 패치 내용을 이메일에서 직접 확인하고, 필요할 경우 전체 내용을 파일로 저장할 수 있기를 원한다. 따라서 패치 내용을 이메일 뒷부분에 직접 추가하는 것이 가장 좋다. 일부 이메일 클라이언트는 줄바꿈 등의 형식을 변경하는 경우가 있으므로 조심해야 한다. 이메일 클라이언트가 이런 동작을 하는 경우, 인라인 삽입insert inline, 프리포맷preformat 등의 기능이 있는지 확인해보자. 해당 기능이 없다면, 패치를 변환 작업이 일어나지 않게 단순 텍스트 파일로 첨부하는 방식을 사용해도 된다.

패치의 양이 많거나 여러 개의 논리적 변경 사항이 들어 있다면, 하나의 논리적 변경 사항을 나타내는 묶음chunk으로 패치를 분할해야 한다. 예를 들어, 새로운 API를 도입하고, 그 API를 사용하도록 일부 드라이버를 변경하는 경우라면 변경 사항을 (새로운 API 추가와 드라이버 변경) 두 개의 패치와 두 개의 이메일로 나눌 수 있다. 변경 사항 묶음이 이전 패치를 필요로 하는 경우에는 해당 사항을 명시적으로 기술한다.

패치를 제출한 다음에는 인내심을 가지고 답을 기다린다. 부정적인 답변에 실망하지 마라. 최소한 답변은 받은 것이다! 문제에 대해 논의하고 필요하다면 수정한 패치를 제공한다. 아무런 답변도 받지 못했다면 무엇이 잘못되었는지 찾아보고 해결하려는 노력을 한다. 메일링 리스트나 관리자에게 추가적인 설명을 부탁해본다. 운이 좋다면 다음 커널 배포에 수정 사항이 적용되는 것을 볼 수 있을 것이다. 축하한다!

결론

해커의 가장 중요한 자질은 욕망과 추구다. 긁고 싶어서 몸이 근질거리는 것과 긁으려는 투지가 필요하다. 이 책을 통해 커널의 핵심 부분을 둘러보고, 인터페이스, 자료구조, 알고리즘, 구현 의도 등을 알아보았다. 여러분의 호기심을 만족시키고 커널을 이해하려는 시도가 성공할 수 있도록 실용적인 방식으로 커널 내부의 관점을 제공했다.

하지만 앞에서 말했듯이, 코드를 읽고 작성하는 것을 진정한 시작이라고 할 수 있다. 리눅스에는 이 일들을 할 수 있게 해줄 뿐 아니라, 용기를 북돋워줄 공동체가 있다. 그러므로 코드를 읽고 작성하는 것을 시작해보자! 즐거운 해킹이 되길 빈다!

참고 문헌

참고 문헌은 이 책의 내용을 보완해 줄 수 있는 책들이다. 하지만 이 책의 내용을 보완해 주는 절대적인 최선의 '참고 문헌'은 커널 소스라는 점을 기억하자. 현대적인 운영체제의 소스 코드 전체를 제한 없이 접근할 수 있다는 점은 리눅스를 사용하는 데 있어서 큰 축복이다. 이를 당연한 걸로 생각하면 안 된다. 뛰어들자! 코드를 읽고 작성해보자!

운영체제 설계에 관한 책

다음은 운영체제 설계에 대해 학부 수준으로 설명한 책이다. 모두 기능적인 운영체제 설계와 관련된 개념, 알고리즘, 문제 및 해결책 등을 다룬다. 모두 추천할 만한 책이지만 한 권을 꼽아야 한다면 이해하기 쉽고 읽기 편한 Deitel의 책을 추천한다.

- 『Operating Systems』, H. Deitel, P. Deitel, D. Choffnes 공저, Prentice Hall, 2003
  운영체제 이론에 대한 놀라운 역작이다. 이론을 실제에 적용하는 훌륭한 사례들이 들어 있다.

- 『Modern Operating Systems』, Andrew Tanenbaum 저, Prentice Hall, 2007 (『운영체제론, 3판』, 노삼혁, 이동희, 전홍석 공역, YOUNG, 2009)
  표준 운영체제 설계 문제에 관한 전통적인 개념을 살펴본다. 유닉스나 윈도우 같은 오늘날의 현대 운영체제에서 사용하는 개념도 많이 다룬다.

- 『Operating Systems: Design and Implementation』, Andrew Tanenbaum 저, Prentice Hall, 2006
  유닉스와 유사한 Minix 시스템의 설계 및 구현에 관한 내용을 다루는 입문용으로 좋은 책이다.

- 『Operating System Concepts』, A. Silberschatz, P. Galvin, G. Gagne 공저, John Wiley and Sons, 2008

  실제 공룡과 별 관련성은 없지만 표지에 공룡 그림이 있어서 '공룡 책'으로 알려진 책이다. 운영체제 설계에 대한 훌륭한 입문서다. 이 책은 여러 가지 개정판이 있는데, 어느 판을 보더라도 괜찮다.

유닉스 커널에 관한 책

다음은 유닉스 커널 설계와 구현을 다른 책이다. 처음 다섯 권은 특정 버전의 유닉스를 다루고, 나머지 두 책은 모든 유닉스에 공통되는 문제를 다룬다. 이중에서 두 권만 사야 한다면 마지막 두 권을 추천한다.

- 『The Design of the Unix Operating System』, Maurice Bach 저, Prentice Hall, 1986 (『유닉스의 내부구조』, 조유근 역, 홍릉과학출판사, 1991)

  유닉스 System V Release 2(SVR2)의 설계를 잘 설명한 책이다.

- 『The Design and Implementation of the 4.4BSD Operating System』, M. McKusick, K. Bostic, M. Karels, J. Quarterman 공저, Addison-Wesley, 1996

  시스템 설계자들이 4.4BSD 시스템 설계에 대해 잘 설명한 책이다.

- 『The Design and Implementation of the FreeBSD Operating System』, M. McKusick, G. Neville-Neil 공저, Addison-Wesley, 2004

  FreeBSD 5.2 시스템의 설계와 구현을 잘 설명한 책이다.

- 『Solaris Internals: Solaris and OpenSolaris Kernel Architecture』, R. McDougall, J. Mauro 공저, Prentice Hall, 2006

  솔라리스 커널의 핵심 서브시스템과 알고리즘을 재미있게 설명한 책이다.

- 『HP-UX 11i Internals』, C. Cooper, C. Moore 공저, Prentice Hall, 2004

  HP-UX 운영체제와 PA-RISC 아키텍처 내부를 살펴볼 수 있는 책이다.

- 『Unix Internals: The New Frontiers』, Uresh Vahalia 저, Prentice Hall, 1995 (『UNIX의 내부』, 조유근 역, 홍릉과학출판사, 2001)

  스레드 관리와 커널 선점 같은 현대적인 유닉스 기능에 대해 설명하는 최고의 책이다.

- 『UNIX Systems for Modern Architectures: Symmetric Multiprocessing and Caching for Kernel Programmers』, Curt Schimmel 저, Addison-Wesley, 1994
현대적인 유닉스를 최근 아키텍처에서 구현할 때 부딪히는 위험성을 다루는 대단히 훌륭한 책이다. 강력히 추천한다.

리눅스 커널에 관한 책

다음은 이 책처럼 리눅스 커널을 다루는 책이다. 이 분류에는 좋은 책이 그다지 많지 않다. 하지만 다음 두 권을 추천한다.

- 『Understanding Linux Network Internals』, Christian Benvenuti 저, O'Reilly and Associates, 2005
리눅스의 네트워크 기능을 자세히 알아보는 책이다.

- 『Linux Device Drivers』, J. Corbet, A. Rubini, G. Kroah-Hartman 공저, O'Reilly and Associates, 2005 (『리눅스 디바이스 드라이버』, 박재호 역, 한빛미디어, 2005)
2.6 커널에서 장치 드라이버 작성하는 방법을 알아보는 훌륭한 책으로, 다양한 장치 유형을 지원하는 프로그래밍 인터페이스를 중점적으로 다룬다.

그 밖에 커널에 관한 책

경쟁 커널에 대해 알아보는 것도 절대 나쁘지 않다. 다음은 리눅스가 아닌 다른 운영체제의 설계와 구현을 다루는 책들이다. 다른 운영체제가 무엇을 잘 하고 무엇을 잘 못하는지 알아보자.

- 『The Design of OS/2』, M. Kogan, H. Deitel 공저, Addison-Wesley, 1996
OS/2 2.0을 다루는 재미있는 책이다.

- 『Mac OS X Internals: A Systems Approach』, Amit Singh 저, Addison-Wesley Professional, 2006
Mac OS X 시스템 전체를 넓고 깊게 다룬 책이다.

■ 『Windows Internals: Covering Windows Server 2008 and Windows Vista』, D. Solomon, M. Russinovich 공저, Microsoft Press, 2009 (『Windows Internals, 5판』, 안철수 연구소 기반기술팀 역, 에이콘출판사, 2010)
비유닉스 운영체제를 다루는 재미있는 책이다.

유닉스 API에 관한 책

강력한 사용자 공간 프로그램을 작성하기 위해서뿐만 아니라, 커널의 책임을 잘 이해하기 위해서도 유닉스 시스템과 유닉스 시스템 API를 깊이 있게 알아보는 것이 중요하다.

■ 『Linux System Programming』, Robert Love 저, O'Reilly and Associates, 2007 (『리눅스 시스템 프로그래밍』, 박재호 역, 한빛미디어, 2009)
시스템 수준의 리눅스 프로그래밍을 다루는 저자의 책이다. 리눅스 시스템 호출과 libc API를 다루며, 리눅스에서만 사용 가능한 기법들을 소개한다.

■ 『Advanced Programming in the UNIX Environment』, W. R. Stevens, S. Rago 공저, Addison- Wesley, 2008 (『UNIX 고급 프로그래밍』, 류광 역, 대웅, 2008)
유닉스 시스템 호출 인터페이스를 다루는 거의 완벽한, 훌륭한 책이다. 역서도 같은 2판이긴 하나 출판 시점의 차이로 원서에 수정된 부분이 있을 수 있다.

■ 『UNIX Network Programming,Volume 1』, W. Richard Stevens 저, Prentice Hall, 2004 (『UNIX Network Programming, Volume 1』, 김치하 외 공역, 교보문고, 2005)
유닉스 시스템에서 사용하는 소켓 API를 다루는 전통적인 교과서다. 역서도 같은 3판이긴 하나 출판 시점의 차이로 원서에 수정된 내용이 있을 수 있다.

C 프로그래밍 언어에 관한 책

대부분의 리눅스 시스템과 마찬가지로 리눅스 커널도 C 언어로 작성된다. 다음 두 책은 이 C 언어에 대한 책이다.

■ 『The C Programming Language』, B. Kernighan, D. Ritchie 공저, Prentice Hall, 1988 (『C 언어 프로그래밍, 2판』, 김석환 외 공역, 대영사, 2002)
C 언어 창시자와 그 동료가 저술한 C 프로그래밍 언어에 대한 최고의 책이다.

- 『Expert C Programming』, Peter van der Linden 저, Prentice Hall, 1994
  C 언어에 대해 잘 알려지지 않은 세부 내용을 다루는 좋은 책이다. 저자의 유머 감각도 훌륭하다.

그 밖의 책

다음 책은 운영체제와 직접 관련은 없지만 운영체제에 분명히 영향을 미치는 주제를 다룬다.

- 『Gö del, Escher, Bach: An Eternal Golden Braid』, Douglas Hofstadter 저, Basic Books, 1999 (『괴델, 에셔, 바흐: 영원한 황금 노끈 – (상), (하)』, 박여성 역, 까치, 1999)
  컴퓨터 과학을 포함한 여러 학문을 넓게 파고드는, 심오하고 필수적인 인간의 사고방식을 살펴보는 책이다.

- 『The Art of Computer Programming, Volume 1』, Donald Knuth 저, Addison-Wesley, 1997 (『The Art of Computer Programming. 1: 기초 알고리즘』, 류광 역, 한빛미디어, 2006)
  메모리 관리에 사용하는 최적, 최악의 알고리즘과 같은 컴퓨터 과학의 기본적인 알고리즘을 다루는 매우 소중한 성전같은 책이다.

웹사이트

- Kernel.org
  커널 소스의 공식 저장소다. 대다수 핵심 커널 개발자들이 패치를 제공하는 공간이기도 하다.
  www.kernel.org

- 리눅스 주간 뉴스 Linux Weekly News
  리눅스와 관련한 한 주간의 소식에 대해 똑똑하고 정확한 견해를 접할 수 있는 훌륭한 뉴스 사이트다. 강력히 추천한다.
  www.lwn.net

- OS News
  운영체제 관련 뉴스와 여러 원문 기사, 인터뷰, 리뷰 등을 제공한다.
  www.osnews.com

찾아보기

(개정 3판) 리눅스 커널 심층 분석

발 행 | 2012년 8월 6일

지은이 | 로버트 러브
옮긴이 | 황 정 동

펴낸이 | 권 성 준
편집장 | 황 영 주
편 집 | 김 다 예
디자인 | 윤 서 빈

에이콘출판주식회사
서울특별시 양천구 국회대로 287 (목동)
전화 02-2653-7600, 팩스 02-2653-0433
www.acornpub.co.kr / editor@acornpub.co.kr

한국어판 ⓒ 에이콘출판주식회사, 2012
ISBN 978-89-6077-331-8
ISBN 978-89-6077-330-1 (세트)
http://www.acornpub.co.kr/book/linux-kernel-3rd

이 도서의 국립중앙도서관 출판시도서목록(CIP)은 e-CIP 홈페이지(http://www.nl.go.kr/cip.php)에서
이용하실 수 있습니다. (CIP제어번호: 2012003431)

책값은 뒤표지에 있습니다.